本书精彩案例欣赏

Dreamweaver篇

02 网页形象设计

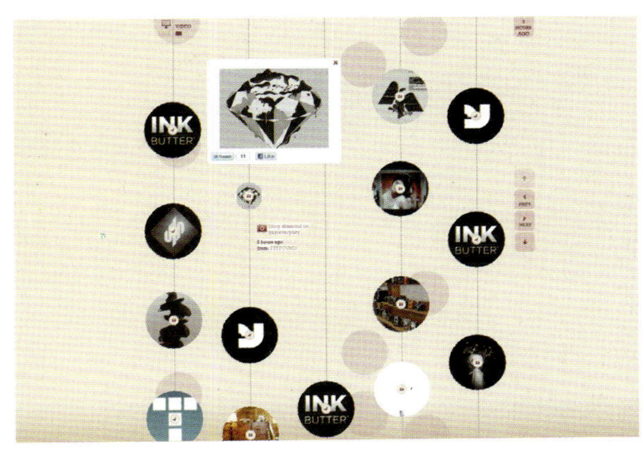

以点为主要形式语言的网页

通过线分割画面

以黄色为主色调的网页

以绿色为主色调的网页

Photoshop篇

12 调色命令和修复工具

使用“色彩平衡”命令调整图像色调

去除背景上的杂斑

本书精彩案例欣赏

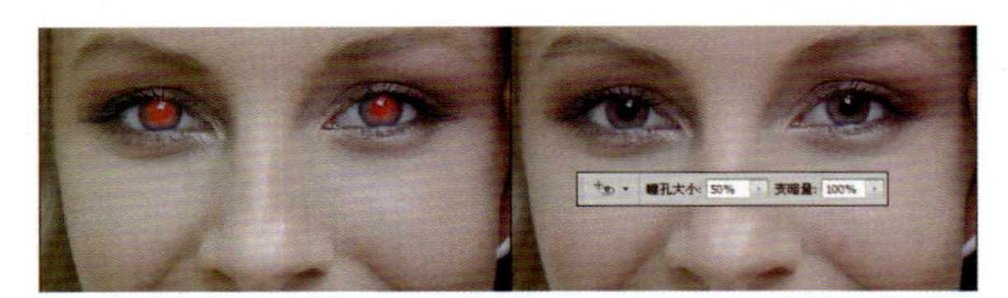

去除红眼

修复图像

调色命令和修复工具综合应用案例

14 图层和通道的应用

创建文字剪贴蒙版

应用图层样式效果

合并通道效果

图层和通道综合应用案例

本书精彩案例欣赏

15 滤镜和动作

设置渐隐效果

设置图像液化

调整图像曲线

滤镜和动作综合应用案例

16 Photoshop应用案例

相机网站完成效果

平板电脑网站效果

本书精彩案例欣赏

Flash篇 ▶▶▶

17　初识Flash CS5.5

社会热点动画

文字描边效果

制作嘴巴

调整帽子形状

20　创建网页动画

制作补间动画

制作遮罩动画

Photoshop+Dreamweaver+Flash+CSS
完美网页设计经典范例

尼春雨　尚　峰　　　编著
飞思数字创意出版中心　监制

電子工業出版社
Publishing House of Electronics Industry
北京·BEIJING

内容简介

本书围绕网页设计的主题，对Dreamweaver、Flash和Photoshop在网页设计方面的知识进行了详细的讲解。全书共分为20章，主要内容包括网页制作概述，网页形象设计，HTML、XHTML和XML基础，Dreamweaver基础，创建网页对象，模板与框架，使用CSS样式表，Div+CSS布局，使用Spry框架技术，构建动态网站及站点分布，Photoshop的基础操作，调色命令和修复工具，图层的使用，图层和通道的应用，滤镜和动作，Photoshop应用案例，初识Flash CS5.5，文本与图形的编辑，元件、库与实例的应用，以及创建网页动画等。

本书附带光盘中提供了本书实例源文件及素材，供读者在学习过程中参考。

本书内容全面实用，结构合理清晰，案例精美，既可以作为网页设计爱好者的自学用书，也可以作为大中专院校的教材，可谓是网页设计人员的入门宝典。

图书在版编目（CIP）数据

Photoshop+Dreamweaver+Flash+CSS完美网页设计经典范例 / 尼春雨，尚峰编著. -- 北京：电子工业出版社，2012.8

（网页设计师案头书）

ISBN 978-7-121-17343-1

Ⅰ. ①P… Ⅱ. ①尼… ②尚… Ⅲ. ①网页制作工具 Ⅳ. ①TP393.092

中国版本图书馆CIP数据核字(2012)第125188号

责任编辑：侯琦婧

特约编辑：陈晓婕　李新承

印　　刷：北京天宇星印刷厂

装　　订：三河市鹏成印业有限公司

出版发行：电子工业出版社

北京市海淀区万寿路173信箱　邮编100036

开　　本：787×1092　1/16　印张：13.75　字数：352千字　彩插：112

印　　次：2012年8月第1次印刷

定　　价：89.00元（含光盘1张）

Foreword/前言

随着网络技术的快速发展，网站的建设也被众多的企事业单位所重视，这就为网页设计从业人员提供了广阔的发展空间。而作为相关从业人员则要掌握必要的操作技能，以满足工作的需要。作为目前流行的多媒体网页设计工具，Dreamweaver、Flash和Photoshop则以其强大的功能和易学易用的特性深受广大设计人员的喜爱。其中，Dreamweaver自问世以来就一直备受广大网页制作人员的推崇，而Flash强大的动画处理功能则至今还没有哪个软件可以超越，至于Photoshop则更是平面设计领域的龙头软件。这三者的有效结合，对于网页设计人员来讲，将会很轻松地完成各类页面的设计和制作。

本书特点

本书以CS5.5为版本进行讲解，全面细致地讲解了Dreamweaver、Flash和Photoshop在网页设计领域的相关知识。对于网页设计的初学者来讲，是一本难得的实用型自学教程。本书主要有以下特点。

紧扣主题，内容实用

全书各章节均围绕着网页设计与制作的主题进行展开，所列举的实例也均与网页设计相关，并且案例精美，内容实用性强。

图解步骤，易学易用

书中所列举的实例均采用一步一图的图解方式进行讲解，步骤叙述简洁清晰，读者可以根据步骤进行操作并实现效果，易学易懂。

实例精讲，视频演示

书中大部分章节在每章的最后都有1～2个实例，每个步骤的讲解都非常细致，且全部录有视频步骤，读者朋友可以根据视频进行操作。

主要内容

全书共分为21章，主要内容包括网页制作概述，网页形象设计，HTML、XHTML和XML基础，Dreamweaver基础，创建网页对象，模板与框架，使用CSS样式表，Div+CSS布局，使用Spry框架技术，构建动态网站及站点分布，Photoshop的基础操作，调色命令和修复工具，图层的使用，图层和通道的应用，滤镜和动作，Photoshop应用案例，初识Flash CS5.5，文本与图形的编辑，元件、库与实例的应用，以及创建网页动画等章节。

本书附带光盘中提供了本书实例源文件及素材，供读者在学习过程中参考。

关于作者

本书由资深设计出版团队精心打造，尼春雨、尚峰、姬朝阳三位老师编写，同时王国胜、张荟惠、蔡大庆、蒋军军、刘松云、张丽、尼朋、赵丹丹、陈丽丽、伏银恋和孟倩等人也参与了本书部分章节的编写和校对工作，在此表示感谢。在编写的过程中，我们力求做到完美，但由于编者水平所限，加之时间仓促，书中难免存在疏漏之处，恳请广大读者给予批评指正。如果在阅读的过程中有什么疑问或者问题需要交流，可以随时与我们联系：it_book@126.com。

编著者

Contents/目录

Contents/目录

Contents/目录

Contents/目录

Contents/目录

Contents/目录

Contents/目录

01 网页制作概述

随着网络技术的发展，网页设计与制作的应用也越来越广泛，Web页面技术也随之得到长足发展。综合文字、图片、声音和视频等效果于一体的万维网站点，为世界各地的人们提供了数以万计的信息服务，使人们发布和获取信息变得更加方便与快捷。

1.1 网络知识

为了更好地学习网页设计的相关内容，掌握一些与网页设计制作相关的网络基础知识是必要的，这将为后续的学习做好准备。

1.1.1 Internet 的起源和发展

Internet的中文名称为因特网，是全球最大的、开放的计算机互连网络，它由位于不同地区且规模大小不一的计算机网络相互连接而成。这些网络通过普通电话线、光缆等各种通信线路或通信方式连接起来，进行信息交换和资源共享。因特网拥有多种服务项目，例如WWW、BBS、FTP和MAIL等。

Internet最早起源于20世纪60年代美国军方的一些科研机构的实验网络，到了20世纪70年代到80年代初，计算机网络蓬勃发展，在网络的规模和数量都得到很大发展的情况下，产生了不同网络之间互连的需求。ARPA的研究人员协调和指导网际互联协议和体系结构的设计，制定了新的网络协议，名为TCP/IP，即传输控制协议/网际协议。从1982年开始，所有连入ARPAnet的网络都要求采用IP互连。美国国家科学基金会于1985年出资建立了一个名为NSFnet的高速信息网络，该网络链接美国的多个超级计算机中心、大学和科研机构，并连入了ARPAnet。这样，NSFnet成为了Internet的主干网。因为NSFnet面向全社会开放，这使Internet真正开始了以资源共享为中心的实用服务阶段，随着Web技术和浏览器的出现，Internet开始商业化运行并迅速发展，很快便走向了整个世界。

1.1.2 网络协议、IP地址与域名

在Internet 这个庞大的网络系统中，各个主机之间的相互通信都离不开网络协议。用户可以通过IP 地址或域名这两种方式访问Internet 上的各个站点。

网络协议

世界上有各种不同类型的计算机，也有不同的操作系统，要想让一些装有不同操作系统的不同类型的计算机互相通信，就必须有统一的网络通信协议。TCP/IP正是具有统一标准的一组协议。TCP/IP有100多个协议，其中使用最广的是SMTP（电子邮件协议）、FTP（文件传输协议）和Telne（远程登录协议）。其中最重要的两个协议就是底层的IP和TCP。利用IP可以实现信息的实际传送，而TCP则可以保证所传送的信息是正确的。

IP 地址

按照TCP/IP，接入Internet 中的每一台计算机都有一个唯一的地址标识，这个地址被称为IP（Internet Protocol）地址，它是用Internet 协议语言表示的地址。目前在Internet 中，IP 地址是通过一组数字字符来表示一台计算机在Internet 中的位置的。例如，某服务器的IP 地址是210.171.189.69，该IP地址表示如下。

网络标识：210.171.189.0

主机标识：69

合起来写：210.171.189.69

域名

因为接入Internet 的某台计算机要与另一台计算机进行通信，就必须确切地知道对方的IP 地址。要记住这么多枯燥的数字可不是一件容易的事情，所以在Internet 上建立了域名管理系统DNS（Domain Name System），用来为在Internet 上的每台计算机确定一个名称，这个名称就是域名（Domain name）。

域名由英文字母和数字组成，域名各个部分用圆点“.”分隔，这种名称被称为域名（Domain name），例如，www.sina.com.cn 就一个域名。域名和IP 地址一一对应，在实际上网过程中，可以输入这个站点的IP 地址，进行登录，也可以输入对应的域名，域名服务器（DNS）会搜索其对应的IP地址，然后访问该地址，从而登录到同一网站。常见的域名后缀有代表组织机构的，如com（商业机构）、gov（政府机构）、edu（教育机构）和net（网络组织机构）等；也有代表国家和地区的，如cn（中国）、us（美国）和hk（香港）等。

1.1.3 URL

URL的英文全称是Uniform Resource Locator，中文名称是“统一资源定位器”。URL用来指明主机或文件在Internet 上的唯一地址，提供在Web上访问资源的统一方法和路径。此处的资源是指在网络上能够获得的文字、图形、图像、声音和动画等信息，这些信息可以是各种不同类型的文件，分布在Internet 上的各个主机系统中。由于在Internet上各个主机系统的网络结构、操作系统和文件格式等都可能存在很大差别，所以用户在访问不同系统中的资源时，必须指明访问资源的方法。

URL 由协议类型、存放资源的主机域名和资源文件路径3部分组成，URL 的一般格式表示如下（带方括号[]的为可选项）。

protocol :// hostname[:port] / path / [;parameters][?query]#fragment

例如，http://www.stone36.com/abc/index.htm表示位于www.stone36.com主机中abc 目录下的index.htm 网页文件，采用HTTP访问。

1.1.4 WWW、Web服务器和Web浏览器

Internet 之所以会像今天这样如此精彩，与WWW 有着很大的关联，因为WWW 的图文并茂并且不需要关心一些技术性的细节，才吸引了越来越多的用户加入其中。

WWW

WWW 是 World Wide Web的简写，中文名称为“万维网”，它是Internet 上被广泛使用的一种信息服务和传输媒介。万维网由应用Web 服务器的计算机和安装了Web 浏览器软件的计算机组成，万维网最基本的信息传输单位是Web 页面。

通过万维网，使用者只需单击链接就可以获得资源，可以很迅速方便地取得丰富的信息资料。由于用户在通过 Web 浏览器访问信息资源的过程中无须再关心一些技术性的细节，而且界面非常友好，因而在Internet 上一经推出就受到了热烈的欢迎。

Web 浏览器

Web 浏览器是指在用户计算机上安装的用来显示指定Internet 文件的程序，其实质是一个翻译机，浏览器把各种从Web 上接收到的信息翻译成合适的屏幕显示方式呈现在用户面前。浏览器是WWW 的窗口，用户可以利用浏览器从一个文档跳转到另一个文档，实现对整个网络的浏览，也可以利用它下载文本、动画和图形等资料。

Web 浏览器有多种版本，常用的浏览器包括Internet Explorer、Firefox等。需要注意的是，不同的浏览器对同一控制字符的解释方式不完全相同，所以相同的页面在不同的浏览器上显示的内容可能会有所不同。

Web 服务器

Web服务器是指对浏览器的请求提供服务的计算机及其相应的服务程序。服务器所指的既是在网络环境下为网上用户提供共享信息资源和各种服务的一种高性能计算机，也是这台计算机上所运行的为用户提供服务的相应应用软件。服务器是局域网的核心设备，管理着局域网中的各种资源，其基本功能是提供网络通信服务，管理和提供网络共享资源，以及进行网络管理。网站动态的数据必须通过网站服务器的服务才能运作。服务器工作模式显示如图1-1所示。

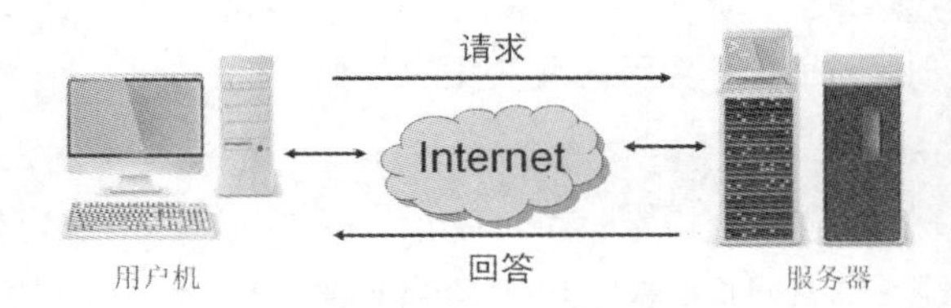

图1-1 服务器工作模式

Web 服务器作为程序来说，它是一种被动程序，只有当Internet上运行在其他计算机中的浏览器发出请求时，服务器才会响应。当浏览器连接到服务器上并请求文件时，服务器将处理该请求并将文件发送到该浏览器上，附带的信息会告诉浏览器如何查看该文件。服务器不仅能够存储信息，还能在用户通过浏览器提供的信息的基础上运行脚本和程序。

1.2 认识网页

网页是网络信息发布与表现的一种主要形式。网页的内容与发布信息的目的及要求相关，网页的表现形式与制作工具和创意水平有关。

1.2.1 网页的基本概念

网页是用HTML语言编写的、通过WWW网络传输并被浏览器翻译成可以显示出来的一个页面文件，它集合了文本、图片、声音和数字电影等信息。

网页的本质是什么呢？在浏览器窗口中任意打开一个网页，选择“页面>查看源文件”命令，如图1-2所示，系统会启动“记事本”程序，显示其中包含的一些文本信息，如图1-3所示。

图1-2 选择“查看源文件”命令

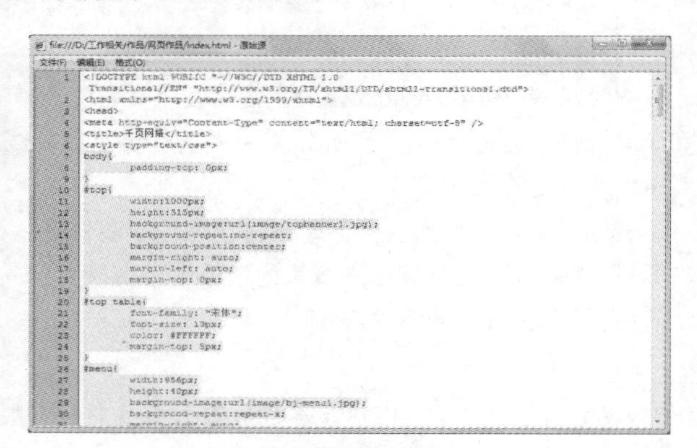

图1-3 网页的HTML源代码

这些文本就是网页的本质——HTML源代码。网页是用HTML写成的文档，在Internet中通过浏览器查看。

根据页面内容，可以把网页分为首页、主页、专栏网页、内容网页和功能网页等类型，在这些网页中最重要的是网站的主页。在访问一个网站时，首先看到的网页称为该网站的首页。有的网站首页只起到欢迎访问者的作用，是网站的开场页。单击该页面上的链接文字或图片，即可进入网站主页。网站主页与首页的主要区别在于主页设有网站的导航栏，是站点中所有网页的链接中心。目前，多数网站都把首页与主页合并为一个页面，直接显示主页。这种向来访者同时传递欢迎与引导信息的网站页面，既是主页也是首页，专栏网页也称主题网页，用于对网站内容做进一步细化和归类，是主页和内容网页的中转站。内容网页是网站所传达信息的具体体现，位于网站链接结构的终端。功能网页是指一些专门用于访问者的信息反馈和网站用户注册等方面的、为网站用户服务的网页。

1.2.2 网页的类型

通常网页都是以.htm 或.html结尾的文件，也有以.cgi、.asp、.php和.jsp等其他后缀结尾的网页文件，不同的后缀代表使用不同技术制作出的不同类型的网页文件。根据制作网页的技术不同，可以将网页分成静态网页和动态网页。

静态网页

Internet最早出现时，站点内容都是以HTML静态页面形式存放在服务器上的，这里所说的静态，并不是指网页中的元素都是静止不动的，而是指网页制作完成后，静态网页内容一经发布到网站服务器上，无论是否有用户访问，每个静态网页的内容都保存在网站服务器上不再发生动态改变。也就是说，静态网页是指保存在服务器上的内容不变的文件，每个网页都是一个独立的文件。

浏览器“阅读”静态网页的执行过程较为简单，如图1-4所示。首先浏览器向网络中的Web服务器发出请求，指向某一个普通网页。Web服务器接收到请求信号后，将该网页传回浏览器，此时传送的只是文本文件。浏览器接到Web服务器送来的信号后开始解读html标签，然后进行转换，将结果显示出来。

由于静态网页的内容相对稳定，因此容易被搜索引擎搜索到。但是，静态网页没有数据库的支持，在网站制作和维护方面工作量较大，因此当网站信息量很大时，完全依靠静态网页的制作方式比较困难。静态网页的交互性也较差，在功能方面有较大的限制。

动态网页

动态网页是指浏览器可以和服务器数据库进行实时数据交互的网页。动态网页并不是指加上了动画等效果的动感网页，动态网页中除了普通网页中的元素外，还包括一些应用程序，这些应用程序可以使浏览器与Web服务器之间发生交互行为。

应用程序服务器读取网页上的代码，根据代码中的指令形成发送给客户端的网页，然后将代码从网页中去掉，所得的结果就是一个静态网页。应用程序服务器将该网页传递回Web服务器，然后再由Web服务器将该网页传回浏览器，当该网页到达客户端时，浏览器得到的内容是HTML格式，如图1-5所示。

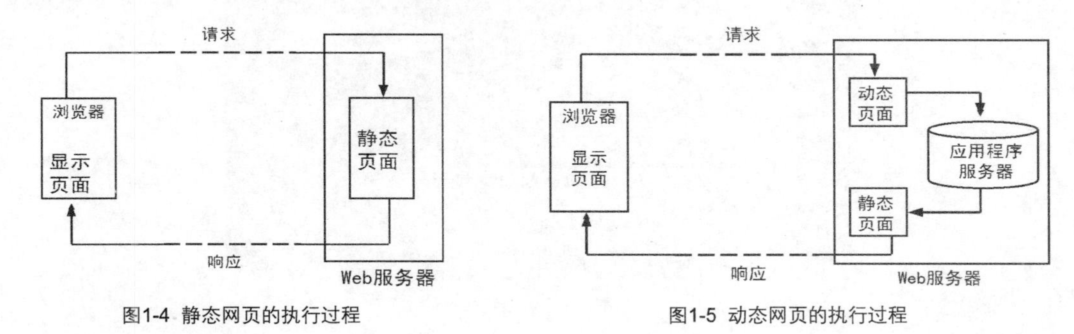

图1-4 静态网页的执行过程　　图1-5 动态网页的执行过程

1.2.3 网页的构成元素

网页由文本、图像、动画和超链接等基本元素构成，本节将对这些基本元素进行简单介绍，为后面各章中运用这些元素制作网页奠定基础。

文本

通常情况下网页中最多的内容是文本，文本不如图像那样能很快吸引浏览者的目光，但却能准确地表达消息的内容和含义。为了使文字变得美观或突出，可以根据需要对其字体、大小、颜色、底纹和边框等属性进行设置，从而给网页中的文本赋予新的生命力。

在编辑网页中的文本时要注意网页正文的字号一般不要太大，一般使用9磅或12像素左右即可。另外，网页中也不要使用过多的字体，为了避免同一网页在不同计算机或不同浏览器中的显示效果有较大差异，中文文字一般可以使用宋体和黑体。

图像

丰富多彩的图像是美化网页必不可少的元素，图像在网页中具有提供信息、展示作品、装饰网页和表示风格的作用。网页中的图像主要是用于点缀标题的小图片，介绍性的图片，代表企业形象或栏目内容的标志性图片，以及用于宣传广告等多种形式。用于网页上的图像一般为JPG、PNG和GIF格式。

图像虽然在网页中起到非常重要的作用，但如果网页中加入的图像过多，不仅会影响网页整体的视觉效果，而且下载速度也会下降。

超链接

超链接是Web网页的主要特色，是万维网方便实用的主要原因。超链接是指从一个网页指向另一个目的端的链接，这个目的端通常是另一个网页，也可以是一个下载的文件、一幅图片、一个E-mail或相同网页上的不同位置等。超链接的载体可以是文本、按钮或图片等。

当浏览者单击超链接时，其目的端将显示在Web浏览器上，并根据目的端的类型以不同方式进行链接。例如，如果单击的是一个指向AVI文件的超链接，该文件将在媒体播放软件中打开；如果单击的是一个指向网页的超链接，则该网页将显示在Web浏览器上。

导航栏

导航栏是一组超链接，用来方便地浏览站点。导航栏一般由多个按钮或者多个文本超链接组成。导航栏的作用就是要让浏览者在浏览站点时不会“迷路”。在设计站点的每个网页时，可以在每个网页都显示导航栏，这样浏览者可以方便地转向站点的其他网页。网页中的导航菜单示例如图1-6所示。

图1-6 导航菜单

表格和框架

表格是HTML语言中的一种元素，主要用于网页内容的布局，以及组织整个网页的外观，通过表格可以精确地控制各网页元素在网页中的位置。用表格定位的示例如图1-7所示。

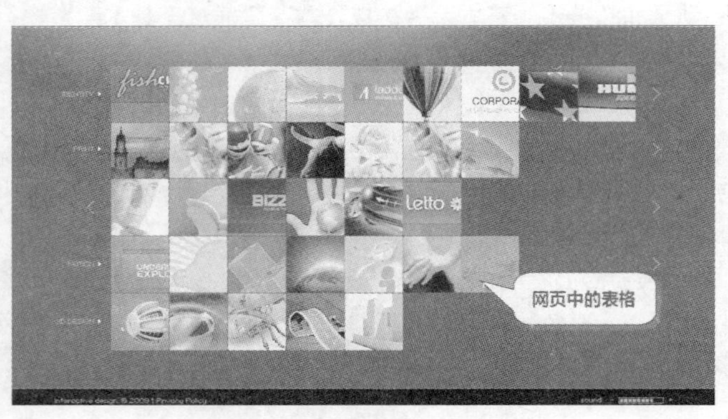

图1-7 网页中的表格

框架是网页的一种组织形式，将相互关联的多个网页内容组织在一个浏览器窗口中显示。例如，在一个框架内放置导航栏，另一个框架中的内容可以随着单击导航栏中的链接而改变。

表单

表单用于接受用户在浏览器上的输入，然后将信息打包发送到用户的目标端，如图1-8所示。这个目标可以是文本文件、网页或电子邮件，也可以是服务器端程序。用户填写表单的方式是输入文本、选择单选按钮或复选框，以及从下拉列表框中选择选项等。表单的用途通常有以下几个方面。

（1）收集联系信息。

（2）接受用户要求。

（3）收集订单、出货和收费细则。

（4）获得反馈意见。

（5）让浏览者输入关键字，在站点中搜索相关网页。

（6）让浏览者注册为会员并以会员身份登录站点。

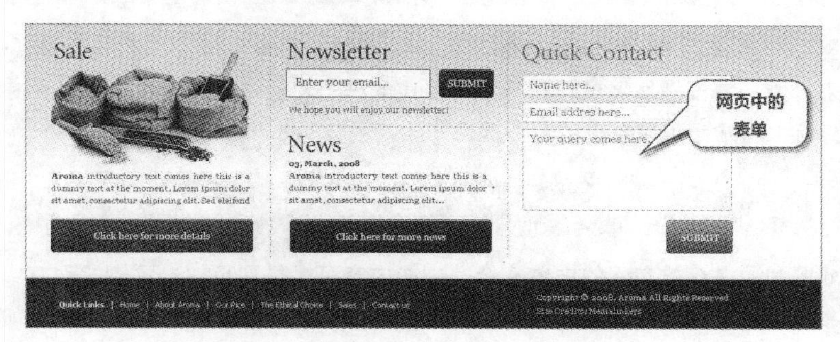

图1-8 网页中的表单

动画、声音和视频

动画是网页中最活跃的元素，创意出众、制作精致的动画是吸引浏览者眼球的最有效方法之一。但是如果网页动画太多，也会物极必反，使人眼花缭乱，进而产生视觉疲劳。

声音是多媒体网页的一个重要组成部分。当前存在着一些不同类型的声音文件和格式，也有不同的方法将这些声音加到网页中，在决定添加的声音格式和方式之前，要考虑声音的用途、格式和文件大小等。不同浏览器对声音文件的处理方式是不同的。

用于网络的声音文件格式非常多，常用的有MIDI、WAV和MP3等，设计者在使用这些格式的文件时要加以区分。很多浏览器不用插件也可以支持MIDI、WAV等文件，而MP3和RM格式的声音文件则需要专门的浏览器才能播放。

通常不建议使用声音文件作为背景音乐，因为这样会影响网页的下载速度。视频文件的格式也非常多，常见的有RealPlayer、MPEG和AVI等，视频文件的采用让网页变得精彩生动，许多插件的出现也使得在网页中插入视频文件的操作变得更加简单。

其他特效

网页中除了以上几种最基本的元素外，还有一些其他元素，如悬停按钮、Java特效和ActiveX等各种特效。它们不仅能点缀网页，使网页变得生动活泼，而且在网页游戏、电子商务等方面有着不可忽视的作用。

1.2.4 网页的制作工具

目前有许多设计Web 页面的工具软件，总体上可以分为两大类。一类为用HTML 语言直接编制Web 的编辑软件，另一类为使用Dreamweaver 等页面设计软件。直接编写HTML 语言要求掌握大量的HTML 标记，制作效率低，但制作的页面简洁，可用各种文本编辑工具直接制作，适合于对HTML 语法比较熟悉的用户。使用Dreamweaver 这类软件制作网页不要求掌握大量复杂的HTML 标记，用多种可视化专用工具进行制作，制作效率高，但是用这种方法形成的页面最终都要被翻译为HTML源文。

Dreamweaver 是一个专业的网页设计软件，它包括可视化编辑和HTML 代码编辑的软件包，支持

ActiveX、JavaScript、Java、Flash和ShockWave 等特性，并支持动态网页的设计，而且Dreamweaver 与Flash和Fireworks 实现了无缝链接，可以方便地调用Fireworks 进行网页图像的处理，也可以方便地把Flash设计的动画插入到网页中，从而形成了一个完美的网页设计开发环境。

1.3 认识网站

最早的时候，网站只能保存单纯的文本，经过之后的发展，图像、声音、动画、视频，甚至3D技术开始在因特网上流行起来，网站慢慢地发展成现在的图文并茂的样子。通过动态网页技术，用户可以与其他用户或者网站管理者进行交流。网站为越来越多的用户提供了丰富的体验。

1.3.1 网站的基本概念

网站是有独立域名和独立存放空间的内容集合，这些内容可能是网页，也可能是程序或其他文件。可以把网站看做是一系列文档的组合，这些文档通过各种链接关联起来，可能拥有相似的属性，如描述相关的主体、采用相似的设计或实现相同的目的等，也可能只是毫无意义的链接。利用浏览器，就可以从一个文档跳转到另一个文档，从而实现对整个网站的浏览。

根据不同的标准可将网站进行不同的分类。根据网站的用途进行分类，可分为门户网站（综合网站）、行业网站和娱乐网站等；根据网站的功能进行分类，可分为单一网站（企业网站）、多功能网站（网络商城）等；根据网站所用编程语言进行分类，可分为ASP 网站、PHP 网站、JSP 网站和ASP. NET 网站等；根据网站的持有者进行分类，可分为个人网站、商业网站和政府网站等。

从名称上理解，网站就是计算机网络上的一个站点，网页是站点中所包含的内容，网页可以是站点的一部分，也可以独立存在。一个站点通常由多个栏目构成，包含个人或机构用户需要在网站上展示的基本信息页面，同时还包括有关的数据库等。当用户通过IP 地址或域名登录一个站点时，展现在浏览者面前的是该网站的主页。

1.3.2 建站流程

网站的分析和规划

网站设计一开始要解决的问题就是确定网站主题和表现风格，然后再进行网站的整体规划，也就是组织网站的内容和其他结构设计。网页制作者在明确网页制作的目的及内容后，接下来就是应该对网站进行规划，以确保文件内容条理清楚，结构合理，这样不仅可以很好地体现设计者的意图，也将增强网站的可维护性与可扩展性。

组织网站的内容可以从两个角度来考虑。从设计者的角度来考虑，可以依据被描述对象的组织结构和类别划分来组织内容；从浏览者的角度来考虑，就应该将各种素材依据浏览者的需要进行内容分类，以便浏览者可以快捷地获取所需的信息及相关内容。当然，设计网页时通常需要全方位、多方面考虑设计者和浏览者的需要，使网站最大限度地实现设计者的目标，并为浏览者提供最有效的信息服务。

合理的结构设计对于网站的规划也是至关重要的，常用的结构类型有以下3种。

1. 层状结构

层状结构（如图1-9所示）类似于目录系统的树状结构，由网站文件的主页开始，依次划分为一级标题、二级标题等，逐级细化，直至提供给浏览者最具体的信息。在层状结构中，主页是对整个网站文件的概括和归纳，同时提供了与下一级的链接。层状结构具有很强的层次性。

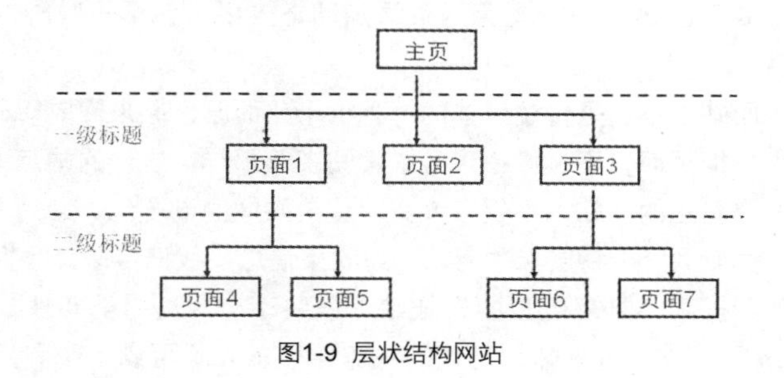

图1-9 层状结构网站

2. 线性结构

线性结构类似于数据结构中的线性表（如图1-10所示），用于组织本身的以线性顺序形式存在的信息，可以引导浏览者按部就班地浏览整个网站文件。这种结构一般都用在意义平行的页面上。

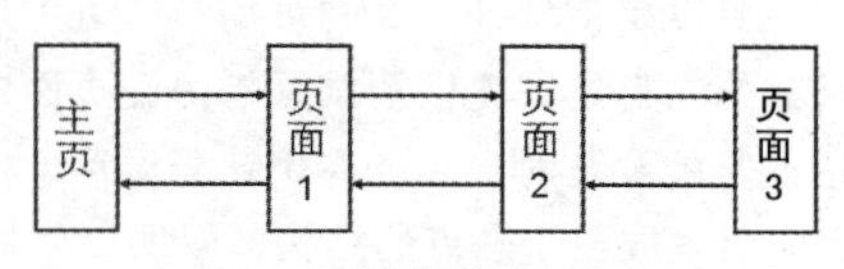

图1-10 线性结构网站

通常情况下，网站文件的结构是层状结构和线性结构相结合的，这样可以充分利用两种结构各自的特点，使网站文件既具有条理性和规范性，又可同时满足设计者和浏览者的要求。

3. Web 结构

Web 结构类似于Internet 的组成结构，各网页之间形成网状链接（如图1-11所示），允许用户随意浏览。

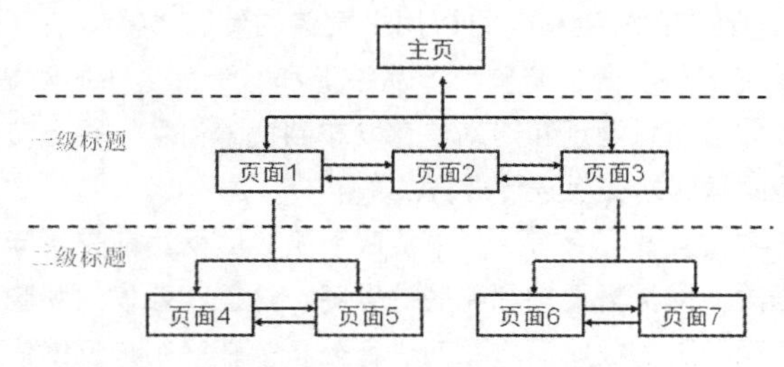

图1-11 Web结构网站

在实际设计时，应该根据需要选择适合于网站文件的结构类型。

确定完网站结构之后，要完成的工作就要根据网站所要展示的内容，从各个部门去收集和整理资料。为了更好地反映这些内容，还需要准备一些素材，如图片、图标等。最后，再对所搜集的资料进行整理，完成整体规划。

网页的制作

1. 静态网页的设计与制作

在开始制作网页之前，建议应花费少量时间对自己要制作的主页进行总体设计，例如，希望主页是什么样的风格，应该放一些什么信息，其他网页如何设计，以及分几层来处理等。通常在进行网页开发时，首先进行静态网页的制作，然后再在其中加入脚本程序、表单等动态内容。静态网页仅仅用来被动地发布消息，而不具有任何交互功能，是Web 网页的重要组成部分。

2. 为网页添加动态效果

静态网页制作完成后，接下来的工作就是为网页添加动态效果，包括一些脚本语言程序和数据库程序的设计，以及加入动画效果等。

仅仅由静态页面组成的网站，不过是传统媒体的一种电子化而已，原来需要印刷在纸张上的内容现在被放到了网络上，用户在站点中切换页面，不过像在现实中翻阅书籍那样，这样的站点不仅生命力有限，也无法体现网络时代带来的优势。一个真正的网站，不仅应该实现传统媒体的电子化，给用户提供需要的内容，而且还应该做更多的事情，完成比页面浏览更高层次的需求，如收集信息、数据传递、数据存储和系统维护等。

随着Internet技术的不断提高，越来越多的人开始意识到动态网页的重要性，“动态”页面的编写也逐渐替代了“静态”页面的编写，成为当今站点创作的主流。很多人不再满足于利用网上免费的“个人主页空间”，而是将目光放到构建真正的个人站点上来。

网站的维护

当网页设计人员制作完所有网站页面之后，需要对所设计的网页进行审查和测试，测试内容包括功能性测试和完整性测试两个方面。所谓功能性测试是指保证网页的可用性，达到最初的内容组织设计目标，实现所规定的功能，读者可方便快速地找到所需的内容。完整性测试是指保证页面内容显示正确，链接正确，无差错，无遗漏。如果在测试过程中发现了错误，就要及时更正，在确认无误后，方可正式在Internet 上发布。在进行功能性测试和完整性测试后，有时还需要掌握整个站点的结构，以便日后进行修改。

网页设计好了，必须把它放到因特网上，否则网站形象仍然不能展现出来。一般的ISP都提供相应的服务，网页的上传大致分为3种形式：E-mail、FTP和WWW，分别使用相应的软件，如以FTP上传使用CuteFTP 。用户上传完毕后，也就在Internet 上拥有了一席之地。

目前，Internet上的各种网站像天上的繁星一样数不胜数，因此，对外发布的网站如果不进行宣传和推广，将无人知晓，无人问津。网站的宣传和推广一般有两种途径和方法，一种是通过传统媒体进行广告宣传，还有一种是利用Internet自身的特点向外宣传。可以用来宣传的传统媒体包括电视、广播、报纸、广告牌、海报和黄页等，对于公司来说，还可以在通信资料、产品手册和宣传品上印刷网站宣传信息。在Internet上宣传网站的方法也是多种多样的，如可以将网址和网站信息发布到搜索引擎、网上黄页和新闻组，以及邮件列表上进行宣传推广，也可以与其他同类网站交换宣传广告。

网站注重信息的不断更新和交互性，只有这样才能吸引更多的网民前来访问和参与。那么，如何知道哪些网页内容需要调整、更新和修改，网页需要增加哪些内容呢？这些不能靠主观臆断来确定，而是需要得到访问者的反馈意见，也可以根据不同网页的被访问次数来进行分析。获得用户反馈信息的方法有很多，常用的有计数器、留言板和调查表等，也可以建立系统日志来记录网页的被访问情况。

1.4 本章小结

本章主要介绍了网络的一些相关知识，了解了网页和网站的一些基本概念，并对网页的构成元素及建站流程进行了讲解。通过本章的学习，读者应该对网站和网页制作相关的基础知识有了一定的掌握，这是学习后面章节的基础。

网页形象设计

02

网页设计是指在网页制作中运用平面设计原理将页面中的视觉元素进行合理的组合和安排，从而达到信息传达和审美的目的。网页中的各视觉元素及其组合构成方式，是网页设计准确传递信息并符合视觉审美规律的信息传达方式。美的形式不仅可以感染受众，还能更有效地表现和传达网站的主题和内容。

2.1 网页布局

网页布局是指在有限的显示器屏幕空间上将网页元素进行排列组合，使网页在传递信息的同时也能给浏览者的视觉感官上带来美的享受。要想使网页页面产生最近的视觉效果，设计师需要仔细推敲版面布局的合理性，给浏览者一个流畅的视觉体验。

2.1.1 网页的形式语言

点、线、面是构成视觉空间的基本元素，是表现视觉形象的基本形式语言。网页页面中的点可以是一个按钮或一个图标，线可以是一行文字或一行按钮，面可以是一张图片或一段文字，网页的视觉形象就是通过这些点、线、面的构成营造起来的。点、线、面相互作用组合成千变万化的视觉形象。在网页设计中处理好三者之间的关系，合理地运用形式语言，可以创造出独特的网页视觉形象，从而进一步吸引浏览者。

点

在网页中可以把一个单独的形象称为点，比如一个标志或一个按钮。单个的点在画面中形成视觉中心，产生吸引力。点的位置、聚集、发散和方向都会给人带来不同的心理感受，页面通过点以不同的色彩出现，起到活跃画面的作用。图2-1～图2-3所示的网页是以点为主要形式语言的。

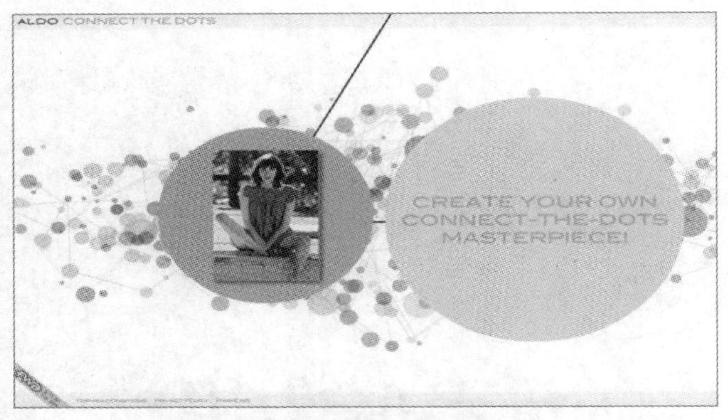

图2-1 以点为主要形式语言的网页1

图2-2 以点为主要形式语言的网页2

图2-3 以点为主要形式语言的网页3

线

线在页面中起到分割画面和引导视线的作用。在网页设计中，利用线对页面空间进行分割的方法也十分常见。经过线的分割可以产生各种特征的面，如图2-4所示。

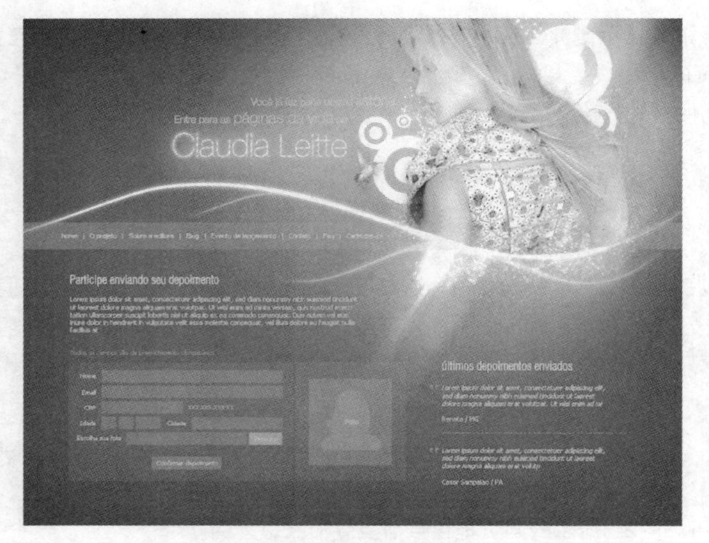

图2-4 通过线分割画面

不同形态的线会给人以不同的感受，垂直的线给人以挺拔的感觉，水平的线显得平稳，曲线给人以动感和活力。在如图2-5所示的网站中，运用线条勾勒出不同的形态，贯穿整个网站始终，给网站增添了活力和感情。

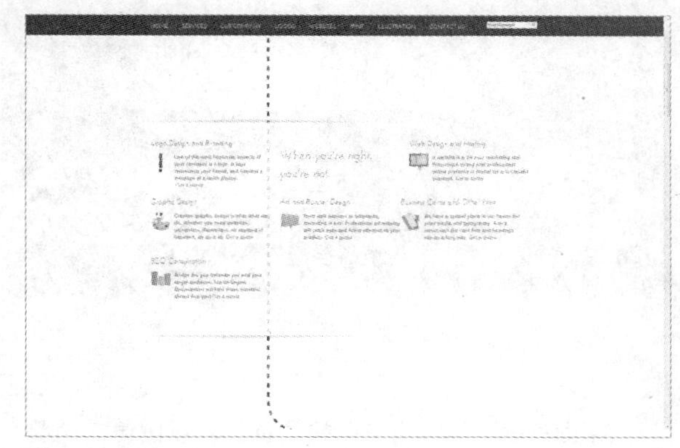

图2-5 线贯穿多个网页引导视线

面

面是网页中最常见的构成元素，表格、图片等都是面。面的大小、形态和变化关系到页面的整体布局。通过面的分割、组合和虚实交替的方式，可以使网页产生井然有序的效果，如图2-6和图2-7所示。

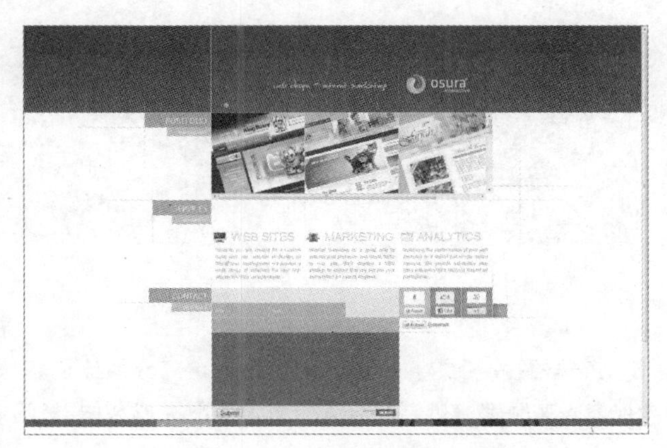

图2-6 以面为页面中的主要形式1

图2-7 以面为页面中的主要形式2

2.1.2 网页布局类型

根据不同的组织形式，可以将网页的版式分成很多种，最常见的是网格型、封面型、分割型和焦点型4种，其他的版面布局方式多是在这4种方式的基础上经过变异和加工而成。

网格型

网格型是网页设计中最常用的一种布局方式，主要以横向两栏、三栏或纵向两栏、三栏居多。网格版式是一种规范、严谨的版面布局方式，给人以条理清晰的感觉。综合类门户网站基本都采用网格型的版式布局方式，如图2-8和图2-9所示。

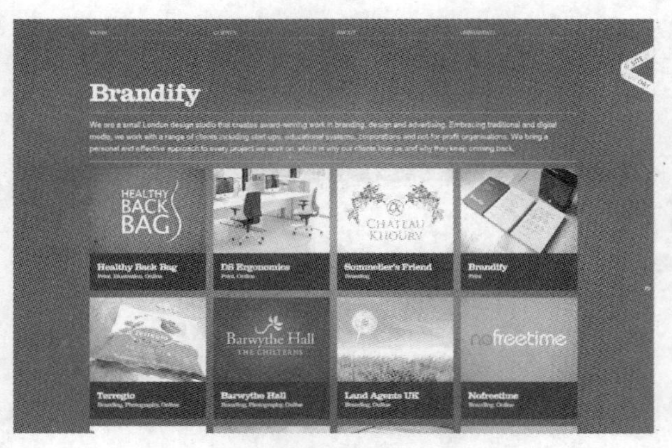

图2-8 网格型布局方式1

图2-9 网格型布局方式2

封面型

封面型布局通常用在网站的首页，以图像充满整个版面，再加上链接的按钮或文字。封面型的网页视觉效果直观突出，给人以生动、大方的感觉，如图2-10和图2-11所示。

图2-10 封面型布局方式1

图2-11 封面型布局方式2

分割型

分割型布局是指把页面分成上下或左右两部分，分别安排图片和文字内容。图片和文字部分的比例相当，形成对比效果。在整个页面中图片部分感性而有表现力，文字部分则理性有说服力，如图2-12和图2-13所示。

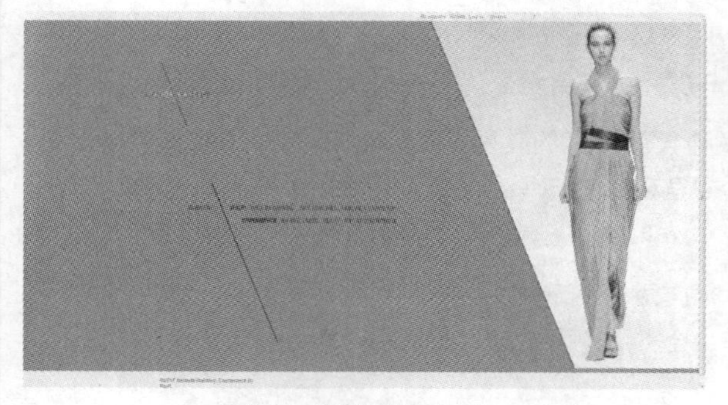

图2-12 分割型布局方式1

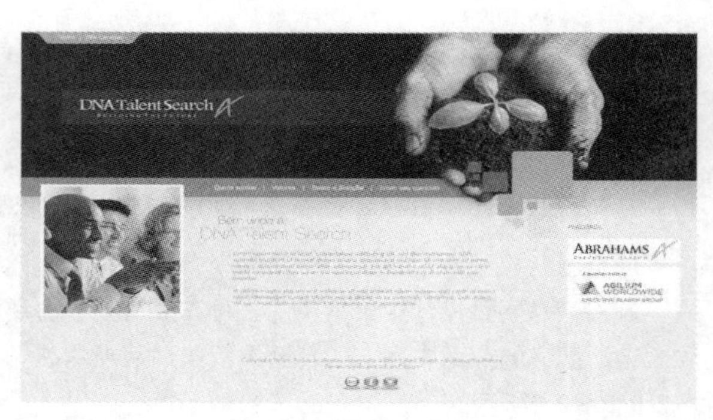

图2-13 分割型布局方式2

焦点型

焦点型布局是指将图片或文字置于页面的视觉中心，然后安排其他视觉元素引导浏览者的视线向页面中心聚集或向外辐射，形成收缩或膨胀的视觉感受。通过对视觉流程的设计在页面中形成焦点，给浏览者带来强烈的视觉效果，如图2-14和图2-15所示。

图2-14 焦点型布局方式1

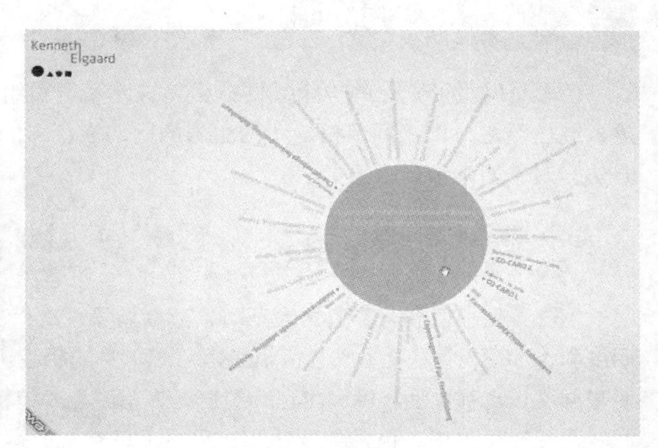

图2-15 焦点型布局方式2

2.1.3 网页布局方法

在开始动手制作网页之前，要先构思页面的布局方式，这是第一步工作。在实际网页设计工作中，页面布局的划分有固定的基本流程，具体步骤如下。

建立秩序

版面布局的第一步就是根据网页的风格、主题和页面内容多少来确定页面要采取的版式类型。如果是主题比较庄重的网页，可采用网格型布局方式；如果是风格比较轻松的网页，则可采用封面型或焦点型布局方式；如果是页面内容较多的网页，也可采用网格型布局方式，帮助建立页面秩序；如果是页面内容较少的网页可采用封面型或焦点型布局方式，着重宣传主体对象。

确定页面采用的布局类型后，将页面涵盖的内容依整体布局的需要进行分组归纳，将有一定内在联系的页面进行组织排列，推敲标题文字和图形在页面中的主次地位，从而确定其在页面中的位置。另外，还要考虑页面排版要符合浏览者的阅读习惯、思维发展等逻辑顺序，例如，网站制作者或者公司信息通常放置在页脚，这是为了符合浏览者已经形成的浏览习惯。通过设计者的精心构思，将页面中的构成元素组合成为丰富多彩、简洁明确的统一整体。

突出中心

网页中的构成元素根据其传递信息的内容不同有着主次之分，所以在构思页面布局时，注意将重要的图片和文字安排在页面的视觉中心部分，稍次要的内容安排在视觉中心以外的位置。网页页面的视觉中心通常在屏幕中央或中央偏上的部位，将主要内容放在这些位置可以强调重点。另外，页面上方或左侧的醒目位置通常用来放置像导航栏这样有着重要功能的页面构成元素，这样可以方便浏览者顺利浏览该网站。

整体协调

形式多变的布局可以给网页带来丰富的表现力，但在组织页面内容时要努力做到布局的有序化和整体化，也就是整个页面的协调统一。如果只考虑将各种网页构成元素强加进页面，或是各个页面构成元素的位置安排不合理，这都将会使页面陷入杂乱、失去均衡的整体美感。所以，在设计中注意对比与调和、对称与平衡、节奏与韵律，以及留白等手法的运用，可以让页面形成不同的造型效果，从而创造出风格新颖、效果独特的页面。

2.2 网页配色

色彩是网页形象中的一个重要方面，决定了网页给浏览者的第一印象。页面的整体色调有活泼或严肃、热烈或庄重之分，不同风格、不同主题的网站在色彩的运用上都有所不同。了解和掌握色彩知识及色彩搭配方法，对于网站设计很重要。

2.2.1 色彩的基础概念

色彩分无彩色和有彩色两大范畴，前者如黑、白、灰，后者如红、黄、蓝等。有彩色的色彩主要由色相、明度和饱和度3个要素组成。色相是指色彩本身的相貌，由波长决定，是色彩最基本的特征。明度是指色彩的明暗程度，也称亮度。饱和度也称纯度，是指颜色的纯粹程度，即与中性灰的掺杂程度。

在设计过程中，色彩的选择和运用并不单单与色彩的物理性质有关，影响更多的是色彩带给人的视觉感受和心理感受。色彩的视错觉和色彩的情感是色彩的重要特性，了解这些特性对设计出精彩的作品会有很大的帮助。

色彩的视错觉

色彩的视错觉主要表现在色彩的冷与暖、兴奋与沉静、膨胀与收缩、前进与后退、轻与重等感觉方面。

色彩的冷暖视错觉是视觉和生理、心理上相互关联产生的一种视错觉效果。橙红色是火焰的颜色，因而引起的暖感最强；蓝色使人联想到冰和水，所以它引起的冷感最强。这两种颜色被称为“暖极”和“冷极”。其他颜色的冷暖感根据其在色相环上距离冷暖两极的位置而定，靠近暖极的称为暖色，靠近冷极的称为冷色，部分颜色和两端的距离差不多，则称为中性色。无彩色的黑、白、灰也被视为中性色。

色彩的兴奋与沉静的错觉主要是由不同颜色对人的视网膜及脑神经的刺激不同而形成的。暖色的、波长较长、明度纯度高的色彩，对人的视网膜及脑神经刺激较强，会促使血液循环加快，进而产生兴奋的情绪反应，所以称这部分色彩为兴奋色。冷色的、波长较短、明度纯度低的色彩，对人的视网膜及脑神经刺激较弱，眼睛注视这部分颜色时，会产生沉静的情绪，所以称这部分颜色为沉静色。

色彩有膨胀和收缩的视觉错觉，造成这种错觉的原因有多种，一方面是色光本身，波长长的暖色光和光度强的色光对眼睛成像作用比较强，视网膜接受这类光时会产生扩散性，造成成像的边缘有一条模糊带，产生膨胀感。反之波长短的冷色光和光度弱的色光成像清晰，对比之下就有收缩感。另一方面，色彩的胀缩感不仅和色相有关，还与明度有关。明度高的有扩张和膨胀感，明度低的有收缩感。如图2-16所示，两个圆大小相同，但给人的视觉感受是白色的圆要比黑色的圆看上去大一些。

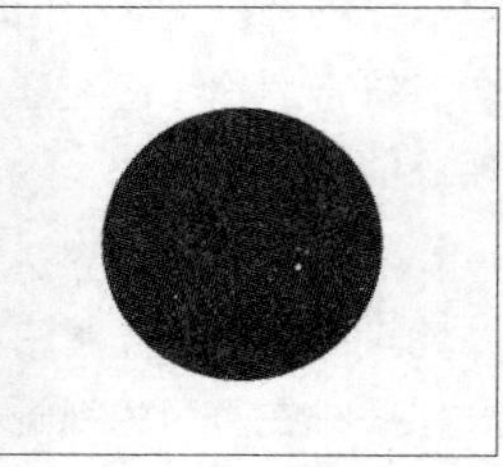

图2-16 色彩的膨胀与收缩

色彩的进退错觉由色彩的冷暖、明度、纯度和面积等多种对比造成。通常暖色、亮度高、纯度高的色彩有前进感，冷色、亮度低、纯度低的颜色有后退感。如图2-17所示，在蓝底色上画一个黄色的圆，会感觉圆在上底在下，但在黄底上画蓝色的圆，却会感觉是在黄色画纸上开了个洞，下面衬了张蓝色的纸。

图2-17 色彩的前进与后退

色彩产生轻重的视错觉有直觉的因素，也有联想的因素。接近黑的颜色会联想到铁、煤等具有重量感的物质，而白色则会让人联想到白云、棉花等质感轻的物质。通常情况下，如果色相相同，明度高的色彩会感觉轻。而不同的色相轻重感也不同，按白、黄、橙、红、灰、绿、紫、蓝、黑的依次顺序视觉感由轻到重。

色彩的情感

色彩只是一种物理现象，它本身是没有感情的，但色彩却能表达感情，因为色彩能让人们通过视觉产生联想，从而引起心理作用。色彩的联想是通过经验、记忆或相关知识而吸取的，这些色彩经过长久的反复比较，逐渐固定了它们专有的表情，不同色彩也逐渐形成了不同的象征，分别介绍如下。

白色象征雅致、干净、纯洁，出污泥而不染。图2-18所示为以白色为主色调的网页。

黑色给人的心理影响有两类，一是消极感，使人产生恐惧忧伤的印象，同时又有肮脏、黑暗之感。二是黑色显得严肃、庄重，象征着权利与威仪。图2-19所示为以黑色为主色调的网页。

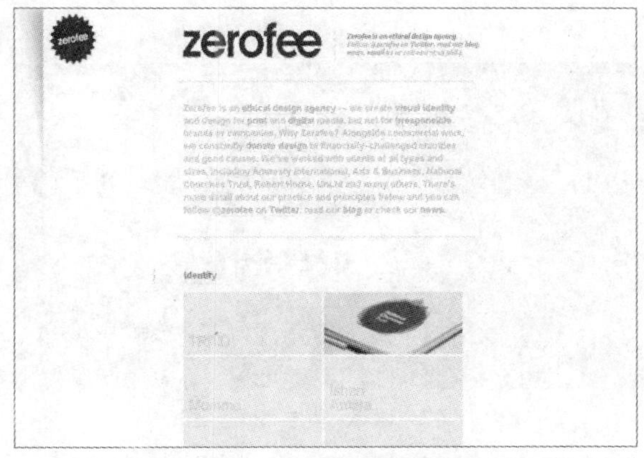

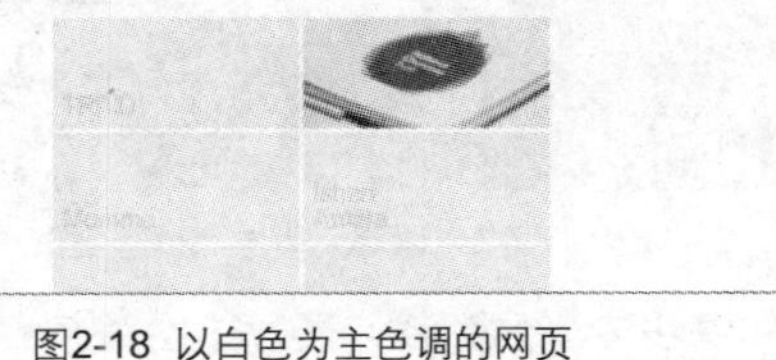

图2-18 以白色为主色调的网页

图2-19 以黑色为主色调的网页

红色是一种刺激性较强的色彩，在革命的年代常被认为是斗争、光明和力量的象征。在中国民间，红色常与吉庆、幸福联系在一起。由于红色富有刺激性，同时它又象征着危险，例如交通信号的停止色和消防车的色调都采用红色。图2-20所示为以红色为主色调的网页。

黄色象征日光，同时也象征着神圣和至高无上。黄色是一种温和的暖色，显得轻快、明亮，不同的黄色会产生不同的感受，嫩黄色给人以天真、稚嫩的美感，而成熟的谷物及秋天树叶的金黄色则意味着收获和欢乐。图2-21所示为以黄色为主色调的网页。

图2-20 以红色为主色调的网页

图2-21 以黄色为主色调的网页

蓝色是色彩中最含蓄、最内向的颜色，给人以纯洁、透明的感觉，也给人以理性的感觉，但蓝色也是悲哀的表现色。图2-22所示为以蓝色为主色调的网页。

绿色与大自然中草木同色，因此绿色象征着自然、生命、生长、青春和活泼等，同时象征着和平与环保，在交通信号中又象征着前进与安全。图2-23所示为以绿色为主色调的网页。

紫色是优雅、高贵的色彩，另外紫色容易与夜空和阴影相联系，所以富有神秘感，容易引起心理上的忧郁和不安。图2-24所示为以紫色为主色调的网页。

图2-22 以蓝色为主色调的网页

图2-23 以绿色为主色调的网页

图2-24 以紫色为主色调的网页

色彩有着丰富的感情内涵，因为它包含着无穷无尽的色相和深浅浓淡的关系，通过这些关系相互搭配和组合，可以形成各种各样的色彩氛围。

2.2.2 网页色彩的特性

色彩在计算机中的表达

计算机采用的是二进制计数方式，在对颜色的描述上也采用这种方法。如果是1位二进制，那么可以描述两种颜色，2位二进制就可以描述4种颜色，以此类推，8位二进制可以描述256种颜色。因为用二进制计数比较麻烦，在HTML中使用十六进制的数值来表示某个具体颜色。十六进制值描述的颜色方式是#号加上一个十六进制数值。例如，某种颜色由 20% 的红色、80% 的绿色和40% 的蓝色混合而成，其十六进制表述就是#33CC66。常用颜色的代码列表如下。

白色 #FFFFFF 。
黑色 #000000 。
蓝色 #0000FF 。
绿色 #008000 。
红色 #FF0000 。
黄色 #FFFF00 。

在计算机的图形处理软件中，一种颜色的数值通常用RGB值来表示。RGB值是指该颜色中红（Red）、绿（Green）、蓝（Blue）的成分，通常情况下RGB每个颜色各有256级，用数字表示为0～255。按照计算，256级的RGB色彩总共能组合出约1 678万种色彩，即256×256×256＝16 777 216，也称为24位色（2的24次方）。从理论上讲，红、绿、蓝3种基色按照不同的比例混合可以调配出任何一种颜色来。白色的十六进制表述为#FFFFFF，它的RGB值为R：255，G：255，B：255，可以写为RGB（255，255，255）。

网页安全色

网页安全色是早期网页设计中经常提到的概念，是指在不同硬件环境、不同操作系统及不同浏览器中都能够正常显示的颜色集合。网页中的显示效果与所处的平台及不同的浏览用户所使用的显示设备有很大关系，选择使用网页安全色可以避免原有的颜色失真问题，从而保证这些颜色在任何终端浏览用户显示设备上的显示效果都是相同的。网页安全色的具体范围是指当红色（Red）、绿色（Green）、蓝色（Blue）的颜色数字信号值为0、51、102、153、204、255时构成的颜色组合，它一共有 6 × 6 × 6 = 216 种颜色，其中彩色为210种，非彩色为6种。

因为网页安全色的色彩范围有限，很难表达渐变或者真彩图像等内容，所以在实际设计过程中并不是一定只使用网页安全色。而且如今，绝大多数显卡和显示器都使用24位真彩色，网页设计师已经不再严格坚持只使用网页安全色，但如果希望网页能在计算机以外的设备（如手机）上保持足够出色的显示品质，那么设计师还是应该注意从这216种颜色中寻找配色方案。

2.2.3 网页色彩搭配的原则和方法

色彩在网页设计中主要有划分页面区域、强调重要信息和增添页面吸引力的作用。根据网页中色彩使用的部位不同，可以分为背景色、基本色、辅助色和强调色，在网页设计过程中注意这几种色彩彼此之间的平衡、主次和比例，可以得到一个精彩的配色方案，从而实现页面形式的统一和美观。目前，常用的配色方案有以下几种。

有彩色和无彩色的搭配

有彩色和无彩色的搭配能给人带来较强的视觉冲击，这种方案能在强调网站主题的基础上控制画面平衡，给浏览者留下深刻印象，如图2-25和图2-26所示。

图2-25 有彩色和无彩色的搭配1

图2-26 有彩色和无彩色的搭配2

相近色的搭配

相近色是指在色相环上位置比较接近的两个或几个颜色，使用相近色的搭配可以给浏览者以既协调又富于变化的视觉感受，如图2-27和图2-28所示。

图2-27 相近色的搭配1

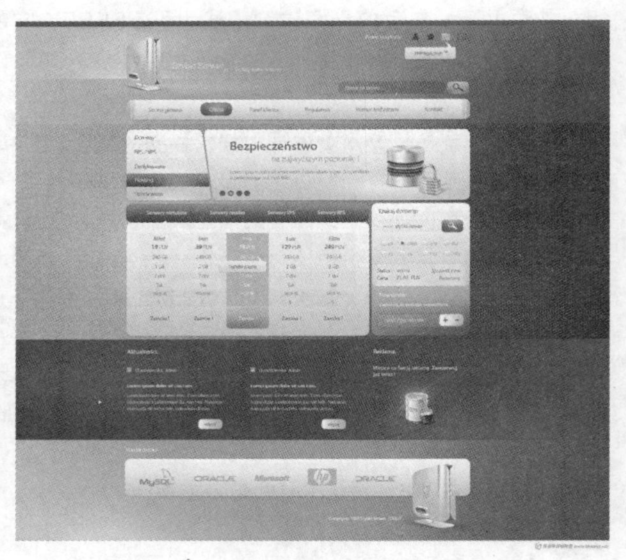

图2-28 相近色的搭配2

对比色的搭配

对比色是指色相环中位置相对的两种色彩，通常也是两种可以明显区分的色彩。由于对比色有强烈的分离性，在网页设计中可以营造出强烈的对比和平衡效果。这是目前网页设计中时比较常用的一种配色方案，如图2-29和图2-30所示。

除了不同色相对比的这种配色方案外，同一色相不同纯度和明度对比的配色方案在网页设计中的使用也比较普通。这类配色方案的页面协调一致，通常带给浏览者非常强烈的整体感。图2-31和图2-32所示的网页是选取同一色相但不同明度、不同纯度的色彩进行搭配的。

图2-29 对比色的搭配1

图2-30 对比色的搭配2

图2-31 同一色相1

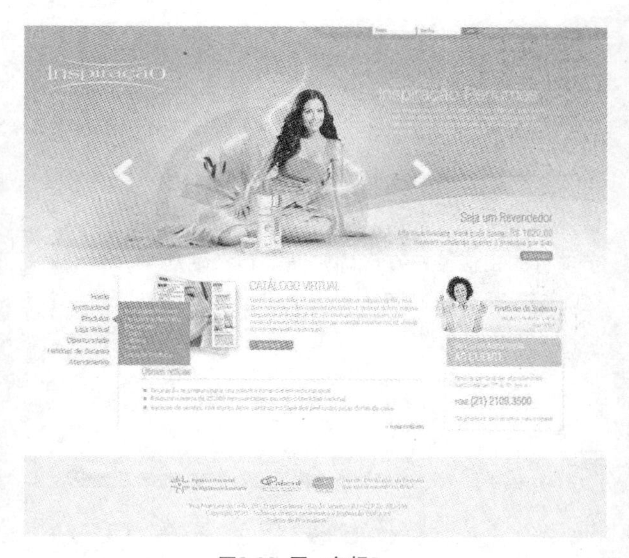

图2-32 同一色相2

2.3 网页构成元素设计

网站的品质常常体现在网页细节的设计上，而不仅仅是网页页面的布局和配色。网页中的导航菜单、网站标志和Loading 画面等各种页面构成元素都参与决定网页的精美程度。所以，网站是否能给人以耳目一新的感觉，页面构成元素的设计很重要。

2.3.1 网站标志的设计

网站标志是网站独有的传媒符号，它的主要作用是传递网站定位，表达网站理念，便于人们识别。网站标志是网站内涵的集中体现，通常出现在页面的上方。

标志设计追求的是以简洁的符号化视觉艺术形象向人们传达网站的主题和理念。网站标识设计的设计手法有很多，常用的有表征性手法、借喻性手法和标识性手法等，其表现形式通常分为图案型、文字型和图文型等。

图案型标志可选择抽象图形或具象图形作为其形式主体，通过隐喻、联想、概括和抽象等表现方法对标识体进行加工，从而设计出独特、醒目的图案。图案型标志属于表象符号，其对理念的表达概括而形象，所以容易区分和记忆。图2-33所示为图案型网站标志。

图2-33 图案型网站标志

文字型标志是指将标识体的名称或其产品名的文字形态进行字体设计，这种表现形式与被标识体的联系密切，易于被受众理解。文字型标志属于表意符号，其含义直接，对所表达的理念具有说明的作用。但是因为文字本身的相似性，在实际沟通与传播活动中，受众对标识本身的记忆容易模糊，从而弱化对被标识体的长久记忆。图2-34和图2-35所示为文字型网站标志。

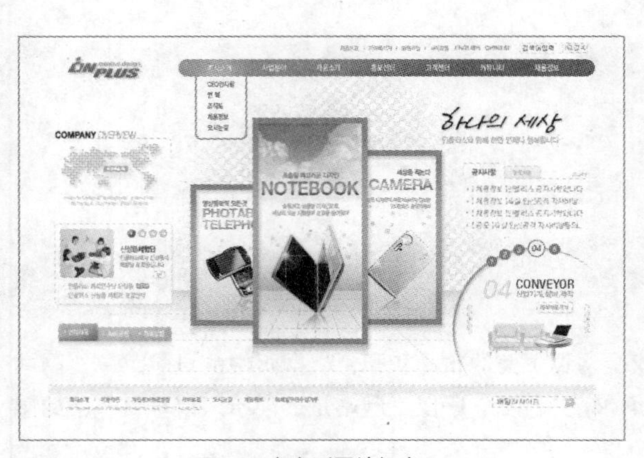

图2-34 文字型网站标志1

图2-35 文字型网站标志2

图文型标志是指将文字与图案进行结合的设计，是一种表象表意的综合。图文型标志兼具文字与图案的属性，但都容易导致影响力相对弱化，所以出于不同取向的考虑，通常标志会制作成偏图案或偏文字的设计，这会在表达时产生较大的差异。图2-36和图2-37所示为图文型网站标志。

图2-36 图文型网站标志1

图2-37 图文型网站标志2

2.3.2 网站导航的设计

网站的导航栏可以引导浏览者迅速找到想要的信息。目前在网页设计中，导航栏的形式很丰富，常见的是在网页的上方或两侧，以文字列表的形式展示导航栏，如图2-38所示。也有为追求特色的艺术效果，将文字和图形结合设计出的导航栏，如图2-39所示。

在设计过程中，可以根据网站风格和主题合理地设计导航栏的形式。文字列表形式的导航菜单可以用CSS来设置显示样式，如果需要特殊艺术效果的导航形式，可以利用Photoshop 进行图片化处理。

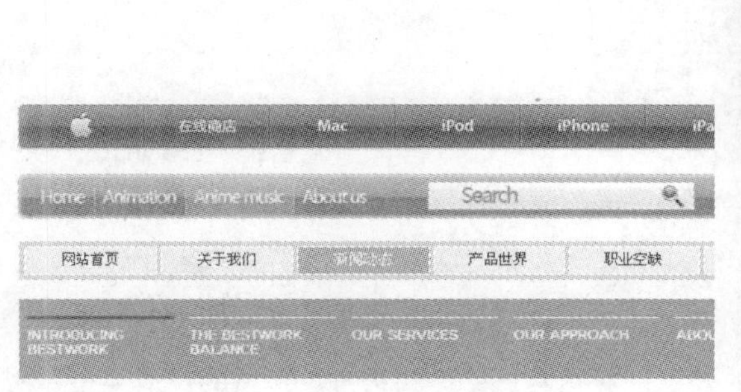

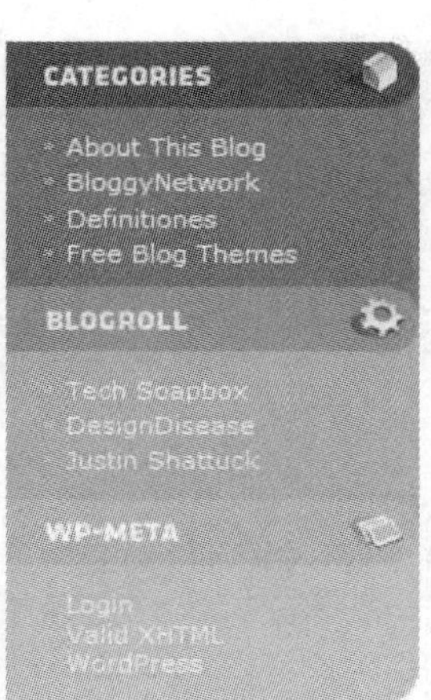

图2-38 导航菜单1

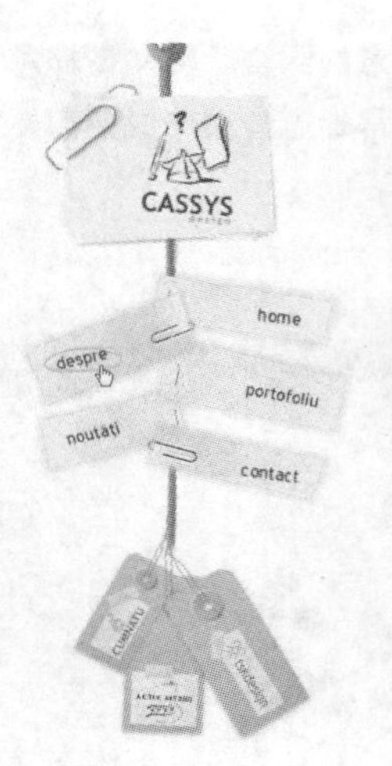

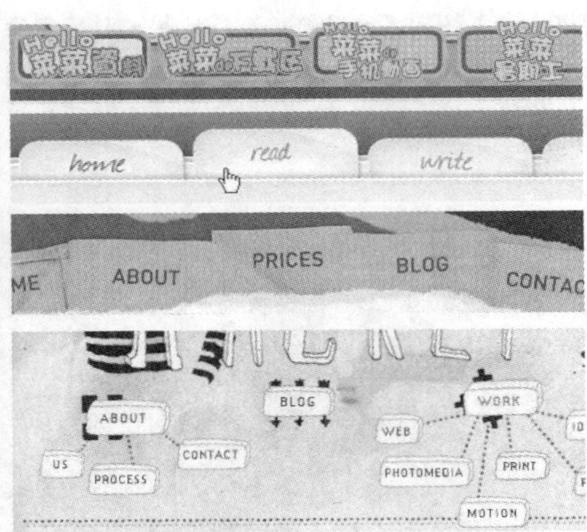

图2-39 导航菜单2

2.3.3 其他网页视觉元素的设计

能让网站变得更精彩的还有很多其他细节的设计，比如网站中ICON 的设计、网站404错误页面的设计等，还有最经常遇到也是最人性化的设计，即Loading 的设计。好的Loading 设计可以让消费者耐心地等待网站的下载，帮助他们愉快地度过等待的时间。Loading 设计的方式和手段也有很多，例如最常见的百分比提示，还有很多其他饱含设计师的创意和心血的方式，如图2-40～图2-43所示。

图2-40 Loading设计1

图2-41 Loading设计2

图2-42 Loading设计3

图2-43 Loading设计4

2.4 本章小结

本章主要学习了网页形象设计相关的知识，包括网页的形式语言、网页的布局类型、网页的色彩基础和配色方案，以及各类网页构成元素的设计等内容。通过本章的学习，读者朋友应该对网页的审美有了一定的认识，这将为今后制作出精美的网页打下坚实的基础。

03 HTML、XHTML和XML基础

网页由最初只能显示文本发展到如今各种多媒体综合的精彩效果，这种本质的改变除了与HTML（超文本标记语言）不断升级有关外，各种编程语言和技术的加入也起到了重要作用，其中最核心的就是HTML、XHTML和XML。

3.1 HTML 基础

HTML 的英文全称是Hyper Text Markup Language ，中文意思为超文本标记语言，是目前Internet 上用于编写网页的主要语言。HTML 是一种描述文档结构的标记语言，并不是一种程序设计语言。HTML 直接由浏览器解释执行，通过标签来告诉浏览器怎样显示标签中的内容。

3.1.1 HTML简介

HTML 是用来描述网页的语言，用于描述超文本各个部分的内容。网页设计者通过HTML 语言建立文本、图形等网页元素结合的复杂页面，由浏览器解释执行后显示在浏览者面前。用HTML 编写的文件将保存成.htm 或.html 的文件，一个HTML文件包含了所有将显示在网页上的对象的信息，也包括对浏览器的指示，如文字该放置在何处等。图像、动画、视频或其他形式的资源，HTML 文件也会告知浏览器到哪里去寻找这些资源，以及这些资源将显示在网页中的什么位置。

HTML 文件是一种可以用任何文本编辑器创建的ASCII 码文档。常见的文本编辑器如记事本、写字板等都可以编写HTML 文件，在保存时以.htm 或.html作为文件扩展名，当使用浏览器打开这些文件时，浏览器对文件中的各种代码进行解释，浏览者就可以从浏览器窗口中看到页面内容。当设计网页时需要编写的内容非常多时，用记事本写会比较麻烦，使用Dreamweaver 等专业的网页编辑软件可以方便很多。在Dreamweaver 的“代码”视图中可以直接编写HTML 文件。而且Dreamweaver有智能感应功能，当输入代码的开头字母后，

软件会自动搜索相关的标签单词，从而简化设计人员的代码输入工作，还能避免单词的拼写错误。另外，像EditPlus 这样的专门代码编辑软件，以及像java 语言这样的编写环境也可以写HTML 代码。

3.1.2 HTML的基本结构

标记和属性

HTML 文件由标记和被标记的内容组成。标记被封装在“<”和“> ”所构成的一对尖括号中，如<P>，在HTML中表示段落。标记分为单标记和双标记，双标记就是用一对标记对所标识的内容进行控制，包括开始标记符和结束标记符。而单标记则无须成对出现。这两种标记的格式分别如下。

- 双标记格式：<标记>内容</标记>。
- 单标记格式：<标记>内容。

标记规定的是信息内容，但这些文本、图片等信息内容将怎样显示，还需要在标记后面加上相关的属性。标记的属性是描述对象特征的，用来控制标记内容的显示和输出格式，标记通常都有一系列属性。属性的一般格式如下。

```
<标记 属性1=属性值 属性2=属性值…>内容</标记>
```

例如，要将页面中段落文字的颜色设置为红色，则设置其color 属性的值为red，具体格式为：<p color=red>内容</p>。

需要说明的是，并不是所有的标记都有属性，例如，换行标记
 就没有属性。一个标记可以有多个属性，在实际使用时根据需要设置其中一个或多个属性即可，这些属性之间没有先后顺序之分。

HTML 文档结构

HTML 文档必须以<html > 标记开始，以</html> 标记结束，其他标记都包含在这里面。在这两个标记之间，HTML 文件主要包括文件头和文书体两部分。下面以一个简单的网页为例。

```
<html >
<head>
<title>网页设计</title>
</head>
<body>
Hello world!
</body>
</html>
```

整个文档包含在HTML 标记中，<html>和</html>成对出现，<html> 位于文件的第一行，表示文档的开始，</html> 位于文件的最后一行，表示文档的结束。

文件头部分用<head> 标记表示，处于第二层，<head>和</head> 成对出现，包含在<html>和</html>中。<head>和</head> 之间包含的是文件标题标记，它位于第三层。网页的标题内容“网页设计”写在<title></title>之间。文件头部分是对网页信息进行说明，在文件头部分定义的内容通常不在浏览器窗口中出现。

文件体部分用<body> 标记表示，它也位于第二层，包含在<html> 内，在层次上和文件头标记并列。网页的内容如文字、图片和动画等就写在<body>和</body> 之间，它是网页的核心。

网页在浏览器中的显示效果如图3-1所示，可以看到浏览器顶端标题栏中显示的文字就是网页的标题，是<title>和</title> 之间的内容。而源代码<body>和</body>之间的内容则显示在浏览器窗口中。

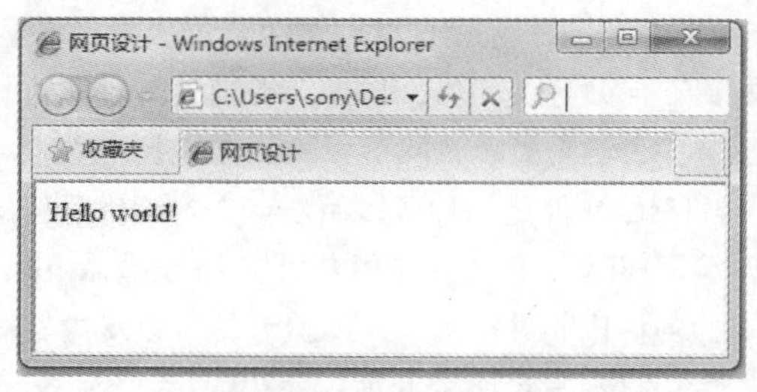

图3-1 网页在浏览器中的运行效果

3.2 HTML的标记

在3.1节中介绍了HTML 文档的基本结构框架及框架所涉及的标记，下面将介绍一些基本的HTML 标记。网页中常见的标记有文本标记、图像标记、表格标记和超链接标记等。

3.2.1 文本标记

在HTML中，通过<hn>标记来标识文档中的标题和副标题，*n*代表从1～6的数字，数字越大，所标记的标题字越小。

用<hn>标记设置标题示例，代码显示如下。

```
<html>
<head>
<title>标题文字标记</title>
</head>
<body>
<h1>标题文字h1</h1>
<h2>标题文字h2</h2>
<h3>标题文字h3</h3>
<h4>标题文字h4</h4>
<h5>标题文字h5</h5>
<h6>标题文字h6</h6>
</body>
</html>
```

显示效果如图3-2所示。

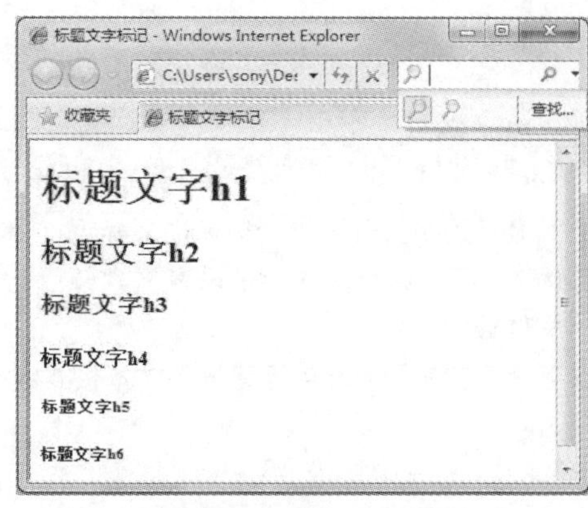

图3-2 标题文字标记运行效果

3.2.2 段落标记

段落文本是通过<p>标记定义的，文本内容写在开始标记<p>和结束标记</p>之间。属性align可以用来设置段落文本的对齐方式，属性值有3个，分别是left（左对齐）、center（居中对齐）和right（右对齐）。当没有设置align属性时，默认为左对齐。

以下代码就是用<p>标记设置段落文本的示例。

```
<html>
<head>
<title>段落文字的对齐方式</title>
</head>
<body>
<p >段落文本</p>
<p align="left">段落文本</p>
<p align="center">段落文本</p>
<p align="right">段落文本</p>
</body>
</html>
```

显示效果如图3-3所示。

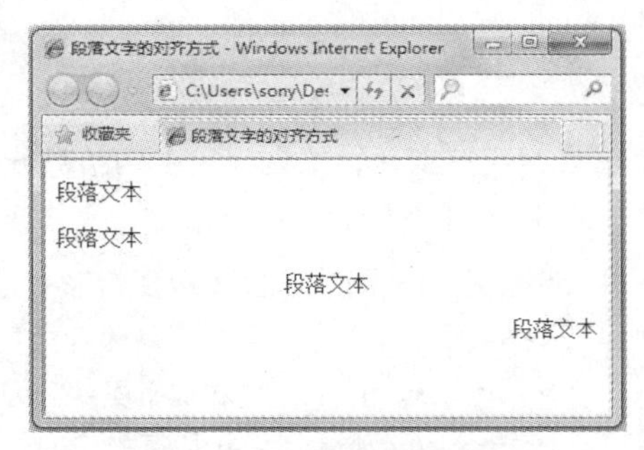

图3-3 段落文本标记运行效果

可以用来进行段落处理的还有强制换行标记
，
放在一行的末尾，可以使后面的文字、图片和表格等显示在下一行。它和<p>标记的区别是，用
分开的两行之间不会有空行，而<p>却会有空行。

以下代码就是用< br >标记强制换行的示例。

```
<html>
<head>
<title>强制换行标记</title>
</head>
<body>
<p>段落文本</p>
<p>段落文本</p>
强制换行标记<br />强制换行标记
</body>
</html>
```

显示效果如图3-4所示。

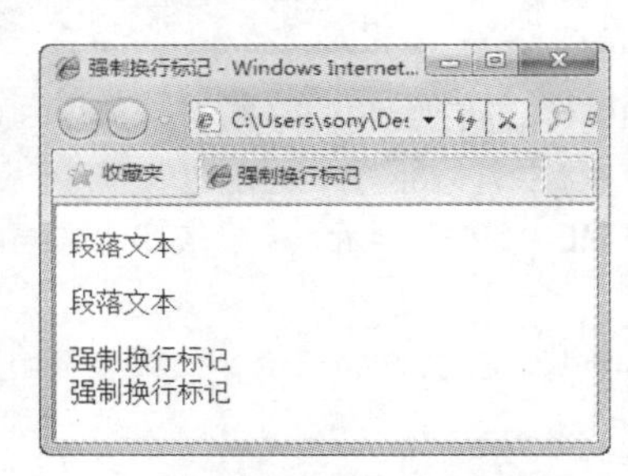

图3-4 强制换行标记运行效果

3.2.3 文本格式标记

文本显示的格式通过<font>标记来标识。<font>标记常用的属性有3个，size用来设置文本字号大小，取值范围为0～7；color属性用来设置文本颜色，取值为十六进制RGB颜色；face用来设置字体，取值可以是宋体、黑体等。

以下代码就是用<font>标记设置文本格式的示例。

```
<html>
<head>
<title>文本格式标记</title>
</head>
<body>
<font size="3">这是size="3"的文本</font><br />
<font size="6">这是size="6"的文本</font><br />
<font color="#000000">这是color="#000000"的文本
</font><br />
<font color="red">这是color="red"的文本</font><br />
<font face="黑体">这是face="黑体"的文本</font><br />
<font face="宋体">这是face="宋体"的文本</font><br />
</body>
</html>
```

显示效果如图3-5所示。

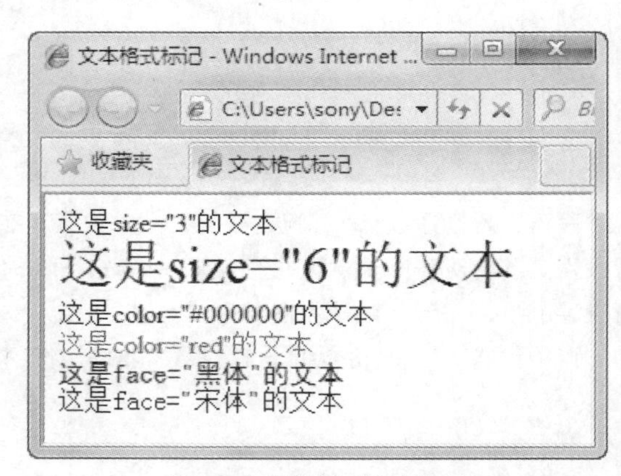

图3-5 文本格式标记运行效果

为了让文字有变化，或者为了强调某部分文字，可以设置一些其他的文本格式标记。这些单独的文本格式标记有以下几种。

- <b> </b> 文本以加粗形式显示。
- <i> </i> 文本以斜体形式显示。
- <u> </u> 文本加下画线显示。
- <strong> </strong> 文本加重显示通常黑体加粗。

其他文本格式标记示例的代码如下。

```
<html >
<head>
<title>文本格式标记</title>
</head>
<body>
<b>加粗字</b><br />
<i>斜体字</i><br />
<u>加下画线</u><br />
<strong>强调文本</strong>
</body>
</html>
```

显示效果如图3-6所示。

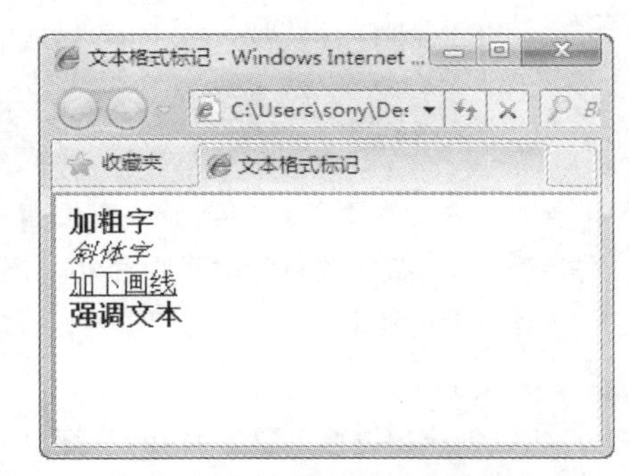

图3-6 其他文本格式标记运行效果

3.2.4 图像标记

在页面中插入图片用<img>标记，<img>是单向标记，不成对出现，如<img src="image01.jpg">。src属性用来设置图片所在的路径和文件名。图片标记常用的属性还有width和height，用来设置图片的宽和高。另外，alt也是一个常见的属性，用来设置替代文字属性，当浏览器尚未完全读入图片时，或浏览器不支持图片显示时，在图片位置显示这些文字。

以下代码就是<img>标记的使用示例。

```
<html>
<head>
<title>图像标记</title>
</head>
<body>
<img src="image3.jpg" alt="image3" width="360" height="200" />
<img src="1101/image/image2.jpg" alt="image2" width="360" height="200" /></body>
</html>
```

显示效果如图3-7所示。

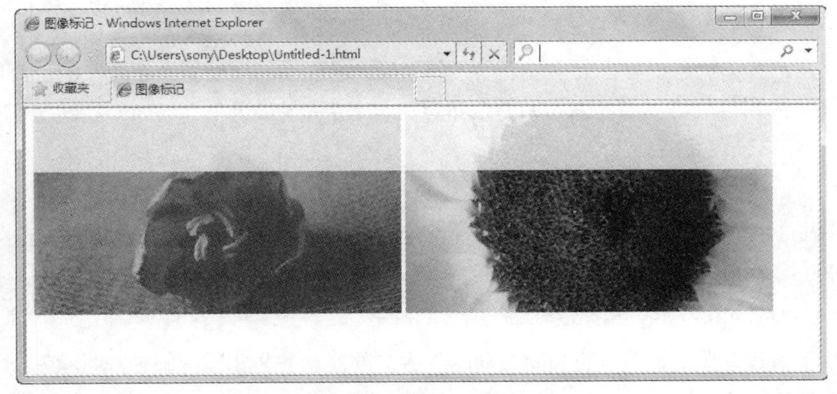

图3-7 图像格式标记运行效果

在上例中，图像“image3.jpg”和网页保存在同一目录下，所以在属性src后面的引号内直接输入图像名就可以了。图像“image2.jpg”和网页没有保存在同一目录下，所以属性src后面的引号内要输入图像的完整地址。

3.2.5 超链接标记

超链接是指从一个页面跳转到另一个页面，或者是从页面的一个位置跳转到另一个位置的链接关系，是HTML的关键技术。链接的目标除了页面外，还可以是图片、多媒体和电子邮件等。有了超链接。各个孤立的页面才可以相互联系起来。

页面链接

在HTML中创建超链接需要使用<a>标记，具体格式如下。

```
<a href="URL" target="_blank">链接</a>
```

href属性控制链接到的文件地址，target属性控制目标窗口，target=blank表示在新窗口中打开链接文件。如果不设置target 属性，则表示在原窗中口中打开链接文件。在<a>和</a>之间可以用任何可单击的对象作为超链接的源，如文字或图像。

常见的超链接为指向其他网页的超链接，如果超链接的目标网页位于同一站点，则可以使用相对URL；如果超链接的目标网页位于其他位置，则需要指定绝对URL。例如，以下的HTML代码显示了创建超链接的方式。

```
<a href="http://www.baidu.com" >百度搜索</a>
<a href="test2.htm" >网页test2</a>
```

锚记链接

如果要对同一网页的不同部分进行链接，则需要建立锚记链接。

要设置锚记链接，首先为页面中要跳转到的位置命名。命名时使用<a>标记的name属性，此处的<a>与</a>之间可以包含内容，也可以不包含内容。

例如，在页面开始处用以下语句进行标记。

```
<a name="top" >顶部</a>
```

对页面进行标记后，可以用<a>标记设置指向这些标记位置的超链接。如果在页面开始处标记了“top”，则可以用以下语句进行链接。

```
<a href="#top" >返回顶部</a>
```

这样设置后，用户在浏览器中单击文字“返回顶部”时，将显示“顶部”文字所在的页面部分。

需要注意的是，应用锚记链接要将其href的值指定为符号#后跟锚记名称。如果将该值指定为一个单独的#，则表示空链接，不做任何跳转。

电子邮件链接

如果将href属性的取值指定为“mailto:电子邮件地址”，则可以获得指向电子邮件的超链接。例如，使用以下HTML代码可以设置电子邮件超链接。

```
<a href=" mailto:zyy@dma800.com" >zyy的邮箱</a>
```

当浏览用户单击该超链接后，系统将自动启动邮件客户程序，并将指定的邮件地址填写到“收件人”文本框中，用户可以编辑并发送邮件。

3.2.6 列表标记

列表分为有序列表、无序列表和定义列表3种。有序列表是指带有序号标志（如数字）的列表，无序列表是指，没有序号标志的列表，定义列表则可以对列表项做出解释。

有序列表

有序列表的标记是<ol>，其列表项标记是<li>。具体格式如下。

```
<ol type="序号类型">
 <li>列表项1 </li>
 <li>列表项1 </li>
 <li>列表项1 </li>
</ol>
```

type属性可取的值有以下几种。

- 1：序号为数字。
- A：序号为大写英文字母。
- a：序号为小写英文字母。
- I：序号为小写罗马字母。
- i：序号为小写罗马字母。

有序列表示例代码如下。

```
<html>
<head>
<title>有序列表</title>
</head>
<body>
<ol>
 <li>文字 </li>
 <li>图片 </li>
 <li>表格 </li>
 <li>表单 </li>
</ol>
<ol type="A">
 <li>文字 </li>
 <li>图片 </li>
 <li>表格 </li>
 <li>表单 </li>
</ol>
</body>
</html>
```

显示效果如图3-8所示。

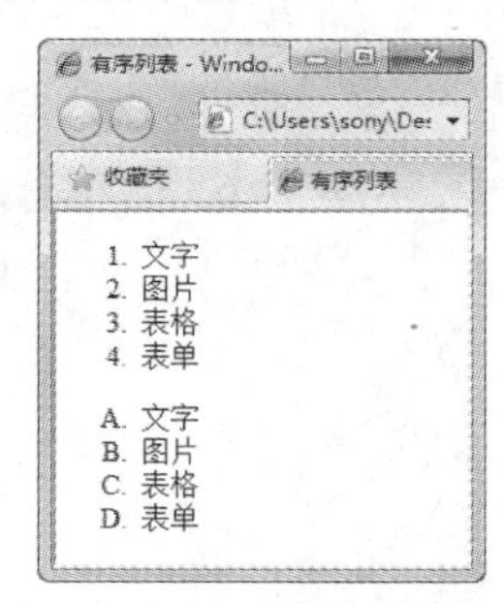

图3-8 有序列表

无序列表

无序列表的标记是<ul>，其列表项标记是<li>。具体格式如下。

```
<ul type="符号类型">
 <li>列表项1 </li>
 <li>列表项1 </li>
 <li>列表项1 </li>
</ul>
```

type属性控制的是列表在排序时所使用的字符类型，可取的值有以下几种。

- disc：符号为实心圆。
- circle：符号为空心圆。
- square：符号为实心方点。

无序列表示例代码如下。

```
<html>
<head>
<title>无序列表</title>
</head>
<body>
<ul type="circle">
  <li>文字 </li>
  <li>图片 </li>
  <li>表格 </li>
</ul>
<ul type="disc">
  <li>文字 </li>
  <li>图片 </li>
  <li>表格 </li>
</ul>
<ul type="square">
  <li>文字 </li>
  <li>图片 </li>
  <li>表格 </li>
</ul>
</body>
</html>
```

显示效果如图3-9所示。

定义列表

定义列表用于对列表项目进行简短说明的情况下，具体格式如下。

```
<dl>
<dt></dt>
<dd></dd>
</dl>
```

定义列表在HTML中的标签是<dl>，列表项的标签是<dt>和<dd>。<dt>标签所包含的列表项目标识一个定义术语，<dd>标签包含的列表项目是对定义术语的定义说明。举例如下。

```
<dl>
    <dt>www</dt>
            <dd>World Wide Web的缩写</dd>
    <dt>cn</dt>
            <dd>域名的后缀</dd>
</dl>
```

显示效果如图3-10所示。

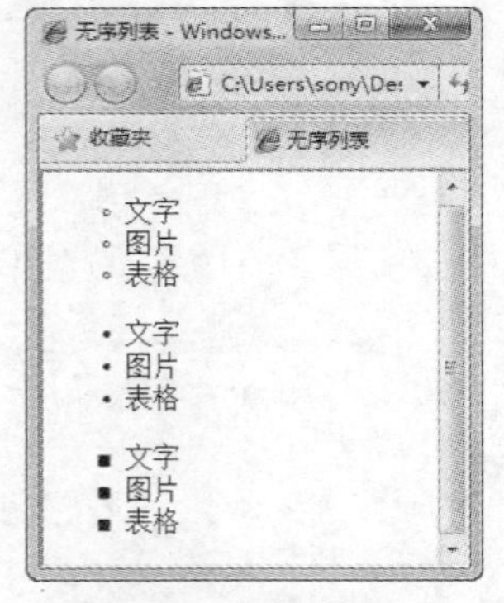

图3-9 无序列表

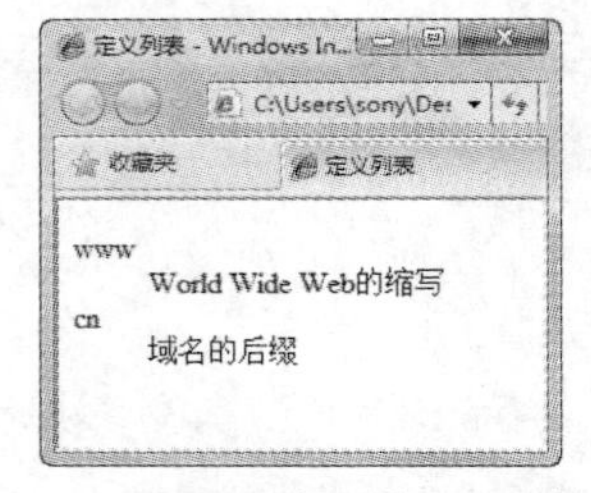

图3-10 定义列表

3.2.7 表格标记

表格的主要用途是显示数据，它是进行信息管理的有效手段。通常表格由3个部分组成，即行、列和单元格。使用表格会用到3个标签，即<table>、<tr>和<td>。<table>表示表格对象，<tr>表示表格中的行，<td>表示单元格，<td>必须包含在<tr>标签内。具体格式如下。

```
<table >
 <tr><td>表项目1</td>…<td>表项目n</td></tr>
 …
 <tr><td>表项目1</td>…<td>表项目n</td></tr>
</table>
```

表格的属性设置如宽度、边框等包含在<table>标记内。如果要在页面中创建一个3行、3列，宽度为400，边框为1的表格，其代码如下。

```
<table width="400" border="1">
 <tr>
   <td> </td>
   <td> </td>
   <td> </td>
 </tr>
 <tr>
   <td> </td>
   <td> </td>
   <td> </td>
 </tr>
 <tr>
   <td> </td>
   <td> </td>
   <td> </td>
 </tr>
</table>
```

显示效果如图3-11所示。

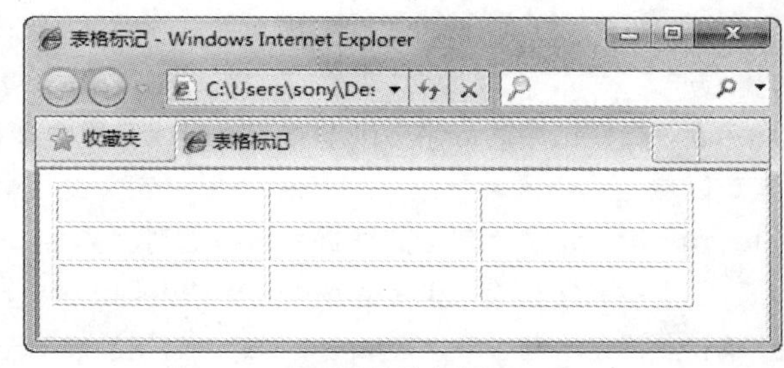

图3-11 其他表格标记

table、tr和td三者是组成表格最基本的标签，另外，还有一些其他标签可用于控制表格。

caption

<caption>标签用于定义表格标题，它可以为表格提供一个简短说明，把要说明的文本插入在<caption>标签内。<caption>标签必须包含在<table>标签内，可以放在任何位置，显示的时候表格标题显示在表格的上方中央。

th

<th>标签用于设定表格中某一表头的属性，适当标出表格中行或列的头可以让表格更有意义。<th>标签必须在<tr>标签内，使用<th>标签替代<td>标签。

以下代码是一个课程表表格。

```
<html>
<head>
<title>表格标记</title>
</head>
<body>
<table width="400" border="1">
<caption>课程表</caption>
 <tr>
  <td> </td>
  <td>星期一</td>
  <td>星期二</td>
  <td>星期三</td>
  <td>星期四</td>
  <td>星期五</td>
 </tr>
 <tr>
  <th>上午</th>
  <td>语文</td>
  <td>数学</td>
  <td>语文</td>
  <td>数学</td>
  <td>语文</td>
 </tr>
 <tr>
  <th>下午</th>
  <td>英语</td>
  <td>化学</td>
  <td>体育</td>
```

```
    <td>物理</td>
    <td>生物</td>
  </tr>
  </table>
```

显示效果如图3-12所示。

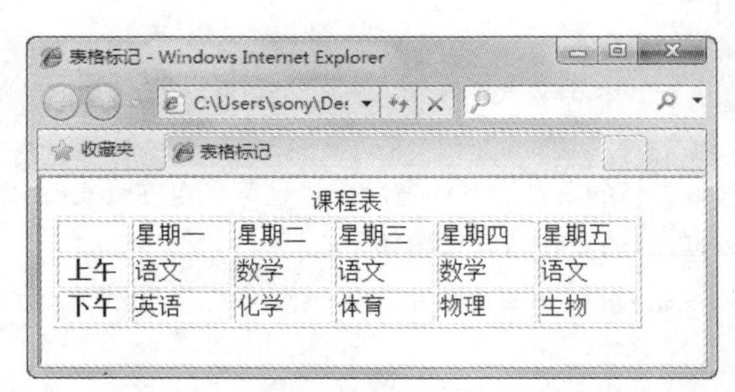

课程表					
	星期一	星期二	星期三	星期四	星期五
上午	语文	数学	语文	数学	语文
下午	英语	化学	体育	物理	生物

图3-12 表格标记

3.2.8 表单标记

表单在网络中的应用范围非常广，可以实现很多功能，如网站登录、账户注册等。表单是网页上的一个特定区域，这个区域是由一对<form>标记定义的。<form>标记声明表单，定义了采集数据的范围，也就是<form></form>里面包含的数据将被提交到服务器。表单的元素有很多，包括常用的输入框、文本框、单选项、复选框和按钮等。大多的表单元素都由<input>标记定义，表单的构造方法则由type属性声明。不过下拉菜单和多行文本框这两个表单元素例外。常用的表单元素有以下几种。

- 文本框：用来接受任何类型的文本的输入。文本框的标记为<input>，其type属性为text。
- 复选框：用于选择数据，它允许在一组选项中选择多个选项。复选框的标记是<input>，其type属性为checkbox。
- 单选按钮：也是用于选择数据，不过在一组选项中只能选择一个选项。单选按钮的标记也是<input>，其type属性为radio。
- 提交按钮：单击提交按钮后，将把表单内容提交到服务器。提交按钮的标记是<input>，其type属性为submit。除了提交按钮外，预定义的还有重置按钮。另外，还可以自定义按钮的其他功能。
- 多行文本框：其标记是<textarea>，可以创建一个对数据的量没有限制的文本框。通过rows属性和cols属性定义多行文本框的宽和高。当输入内容超过其范围时，该元素可以自动出现一个滚动条。
- 下拉菜单：在一个滚动列表中显示选项值，用户可以从滚动列表中选择选项。下拉菜单的标记是<select>，它的选项内容用<option>标记定义。

有了上面介绍的这些标记后，就可以创建表单并能实现一些功能了。但除了普通表单元素标记外，XHTML中还有一些其他很有用的表单标记，可以帮助表单定义结构或者添加意义。

label

使用<label>标记可以将文本与其他任何HTML对象或内部控件相关联。无论用户单击<label>标记或者HTML对象，引发和接收事件时的行为均一致。要把<label>标记和HTML对象相关联，就将for属性设置为HTML对象的ID属性即可。一般把<label>标记用在表单里比较多，label可以给表单组件增加可访问性。

在页面中创建一个表单域，插入文本框、多行文本框和提交按钮3个表单元素。在每个表单元素的前面插入一个<label>标记，<label>标记内的文本为其后对应的表单元素的文字解释。设置每个<label>标记的for属性为对应的表单元素的id，具体代码如下。

```
<html>
<head>
<title>表单标记</title>
</head>
```

```
<body>
<form  method="post">
  <label for="name">姓名</label>
    <input name="name" type="text" id="name"  /><br />
  <label for="comment">评论</label>
        <textarea cols="30" rows="5"
name="comment" id="comment" > </textarea><br />
  <label for="submit"></label>
      <input name="submit" type="submit"
id="submit" value="提交" />
</form>
</body>
</html>
```

显示效果如图3-13所示。使用<label>标记文本和表单元素相关联，单击文本和单击表单元素，所引发的事件相同。

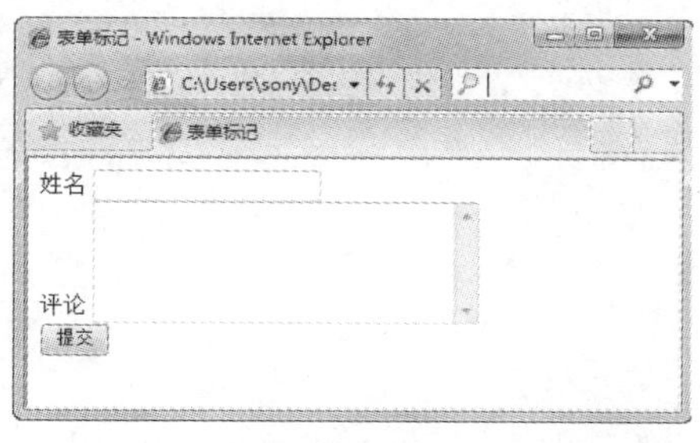

图3-13 表单标记

fieldset

fieldset元素可以给<form>标记内的表单元素分组。一般情况下，在CSS中容器的创建需要一个<div>标记，但使用<fieldset>标记可以在表单域内创建一个完美的容器。默认情况下，<fieldset>标记在内容周围画一个简单的边框，以定义分组的表单内容。

例如，在页面中创建一个表单，插入两对<fieldset>标记将表单内容分成两组，代码如下。

```
<html>
<head>
<title>表单标记</title>
</head>
<body>
<form  method="post">
<fieldset class="fieldset">
    <label for="name">姓名</label>
      <input name="name" type="text"  id="name"  /><br />
    <label for="comment">评论</label>
      <textarea cols="30" rows="5" name="comment" id="comment" > </textarea><br />
  </fieldset>
<fieldset class="fieldset">
    <label for="name">姓名</label>
      <input name="name" type="text" class="text1"  id="name"  /><br />
    <label for="comment">评论</label>
      <textarea cols="30" rows="5" name="comment" id="comment" > </textarea><br />
  </fieldset>
 <label for="submit"></label>
   <input name="submit" type="submit" id="submit" value="提交" />
</form>
</body>
</html>
```

查看浏览效果，如图3-14所示。两对<fieldset>标记将表单内容分成两组，两个组周围分别画一个简单的边框。

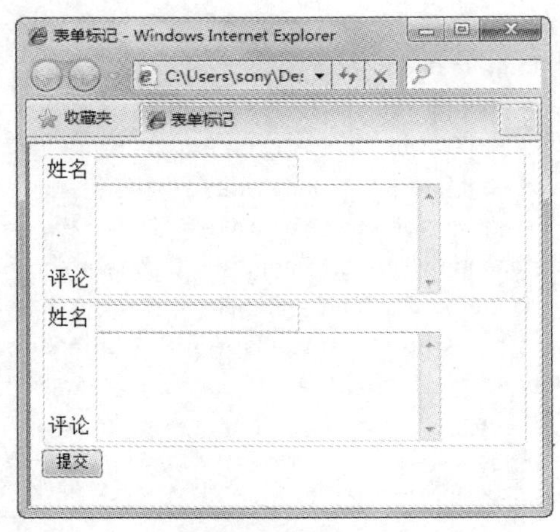

图3-14 <fieldset>标记

legend

<legend>标记的功能和表格中<caption>标记的功能相似，可以用来描述它的父元素<fieldset>标记内的内容。一般情况下，浏览器会将<legend>标记内的文本放置在fieldset对象边框的上方。

在上面实例的基础上，在两对<fieldset>标记内插入<legend>标记，将描述文本放置在<legend>标记内，代码如下。

```
<html>
<head>
<title>表单标记</title>
</head>
<body>
<form  method="post">
<fieldset class="fieldset">
<legend>评论1</legend>
    <label for="name">姓名</label>
      <input name="name" type="text"  id="name"  /><br />
    <label for="comment">评论</label>
      <textarea cols="30" rows="5" name="comment" id="comment" ></textarea><br />
  </fieldset>
<fieldset class="fieldset">
<legend>评论2</legend>
    <label for="name">姓名</label>
      <input name="name" type="text" class="text1"  id="name"  /><br />
    <label for="comment">评论</label>
      <textarea cols="30" rows="5" name="comment" id="comment" ></textarea><br />
  </fieldset>
 <label for="submit"></label>
   <input name="submit" type="submit" id="submit" value="提交" />
```

```
</form>
</body>
</html>
```

查看浏览效果，如图3-15所示。两对<fieldset>标记将表单内容分成两组，<legend>标记内的描述文本放置在fieldset对象边框的上方。

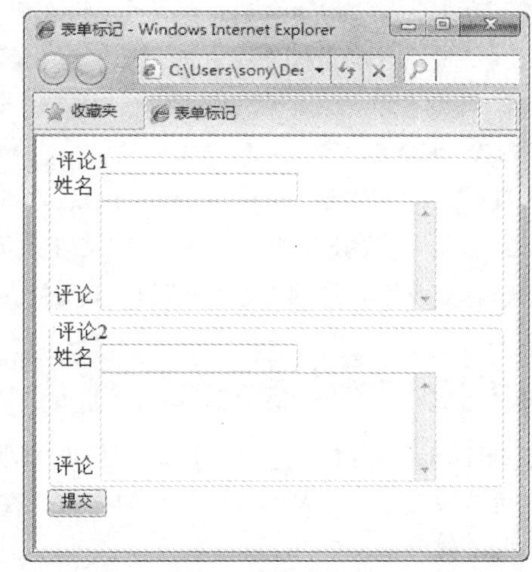

图3-15 <legend>标记

3.3 XHTML基础

XHTML 用于定义网页的结构，是制作网页的基础语言。现在，许多所见即所得的网页制作工具（如Dreamweaver 等）制作出来的网页都是以XHTML 为基础的。学习XHTML 可以精确地控制页面内容，并实现更多功能。

3.3.1 XHTML产生的背景

XHTML的全称是可扩展超文本标记语言（Extensible HyperText Markup Language）。XHTML 是HTML的继承者，HTML语法要求比较松散，这样对网页编写者来说比较方便，但对于机器来说，语言的语法越松散，处理起来就越困难，而且很多其他网络终端设备，比如手机，处理语法松散的语言难度更大。因此，产生了由DTD 定义规则，语法要求更加严格的XHTML。

XHTML 是一种增强了的HTML，XHTML 看起来与HTML 有些相似，但却有着一些很重要的区别。从本质上说，XHTML 是一个过渡技术，结合了部分XML 的强大功能及大多数HTML 的简单特性。要介绍XHTML，就要先介绍HTML 的产生和发展。

HTML 最早源于SGML（Standard General Markup Language），即标准通用化标记语言，它由Web 的发明者tim berners-lees 和其同事daniel w.connolly 于1990年创立的。

1993年，WWW 协会作为制定HTML 标准的国际性正式组织，正式推出HTML1.0版，提供简单的文本格式功能。

1995年2月，推出HTML 2.0版，增加了表格处理、图形和图像等功能。

1995年10月，推出HTML 3.0版。

1996年3月，推出HTML 3.2版，加入了<applet> 标记，用于嵌入javaapplet 程序，增加了图像映像、地图索引等功能。

1997年12月，W3Cianm发布了HTML 4.0版本。

HTML 是建立网页的规范和标准，从它出现并发展到现在，其规范不断完善，功能越来越强。但HTML 依然有着缺陷和不足，人们仍在不断地改进它，以使它更加便于控制和富有弹性，从而适应网络的应用需求。2000年，W3C组织发布了XHTML1.0版本。

XHTML1.0版本是一种在HTML 4.0版本基础上优化和改进的新语言，其目的是实现基于XML 的应用。XHTML 是增强了的HTML，它的可扩展性和灵活性更适应未来网络应用的需求。但是由于HTML 长久的应用，已经有数以百万的网页是用HTML 编写的，所以现在HTML 仍在使用，但XHTML 最终将取代HTML。

3.3.2 XHTML文档结构

在XHTML 文档中，可以将其分为DTD 声明区和HTML 数据区。而HTML 数据区可以看成是一个XHTML 文档的主体，在该区中又可以拆分为文档头和文档体两个部分。

XHTML 文档是一种纯文本格式文档的文件，由被标记的内容和标记组成，其基本结构如图3-16所示。

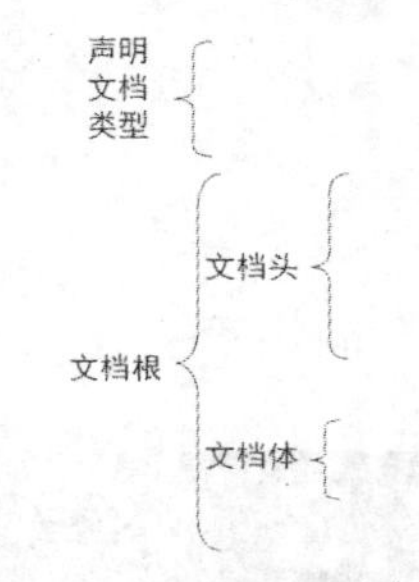

图3-16 XHTML 文档结构

例如，下面的代码就是一个简单的XHTML文档。

```
<!DOCTYPE html PUBLIC "-//W3C//DTD XHTML 1.0 Transitional//EN" "http://www.w3.org/TR/xhtml1/DTD/xhtml1-transitional.dtd">
<html xmlns="http://www.w3.org/1999/xhtml">
<head>
<meta http-equiv="Content-Type" content="text/html; charset=utf-8" />
<title>网页标题</title>
</head>
<body>
网页内容
</body>
</html>
```

声明文档类型

XHTML 文档的第一行为DOCTYPE 声明，用来说明该XHTML 或HTML 文档是什么版本。要建立符合标准的网页，DOCTYPE 声明必不可少。DOCTYPE 声明的格式如下。

```
<!DOCTYPE element-name  DTD-type DTD-name DTD-url>
```

在声明文档类型格式中，各部分的含义如下。

- <!DOCTYPE 表示开始声明DTD ，注意DOCTYPE 必须大写。
- element-name 是指定DTD 的根元素名称。在HTML 文件中所有的控制标记必须以HTML 为根控制标记，所以在DTD 的声明中element-name 必须是html。
- DTD-type 指定DTD 是属于标准公用的还是私人制定的，若设为PUBLIC ，则表示该DTD 是标准公用的，若设为SYSTEM ，则表示是私人制定的。

- DTD-name 指定DTD 的文件名称。其中的DTD 称为文档类型定义，里面包含了文档的规则，浏览器根据设计者定义的DTD 来解释页面中的标记，并展现出来。XHTML1.0提供了3种DTD 声明可供选择，其名称分别如下。
  - "-//W3C//DTD XHTML 1.0 Transitional//EN"
  - "-//W3C//DTD XHTML 1.0 Strict//EN"
  - "-//W3C//DTD XHTML 1.0 Frameset//EN"
  - 过渡的（Transitional）：要求非常宽松的DTD，它允许继续使用HTML 的标记。
  - 严格的（Strict）：要求严格的DTD，不能使用任何表现层面的标记和属性。
  - 框架的（Frameset）：专门针对框架页面设计使用的DTD，如果页面中包含框架，则需要使用这种DTD。
- DTD-url 指出DTD 文件所在的URL 地址。当浏览器解读HTML 文件时，在需要时通过指定的网址下载DTD 。这3种DTD 文件所在的URL 地址分别如下。
  - "http://www.w3.org/TR/xhtml1/DTD/xhtml1-transitional.dtd"
  - "http://www.w3.org/TR/xhtml1/DTD/xhtml1-strict.dtd"
  - "http://www.w3.org/TR/xhtml1/DTD/xhtml1-frameset.dtd"
- >表示DTD 声明结束。

XHTML文档根标记

XHTML 文档根标记的格式如下。

```
<html xmlns="http://www.w3.org/1999/xhtml">
文档的内容
</html>
```

<html> 表示文档的开始，</html> 表示文档的结束。

xmlns 是XHTML namespace 的缩写，称为“命名空间”声明。由于XML允许设计者定义自己的标记，一个人定义的标记与另一个人定义的标记可能形式相同但含义不同，当文件交换或者共享时就会产生错误。为了避免这种错误发生，XML 采用声明命名空间的方式，允许通过一个网址指向来识别不同的标记。由于XHTML是HTML 向XML 过渡的标记语言，它需要符合XML 文档规则，因此也需要定义命名空间。但XHTML 不能自定义标记，所以采取折中办法，让它的命名空间都一样，即www.w3.org/1999/xhtml。

XHTML文档头标记

XHMTL 文档包括头部（head）和主体（body）两部分。由<head>开始至</head> 所构成的区域称为文档头，主要是用来描述此XHTML 文档的一些基本数据，或设置一些特殊功能，如调用外部样式表。文档头内所设置的内容并不会显示在浏览器的窗口中。

XHML 文档头标记的格式如下。

```
<head>
<meta http-equiv="Content-Type" content="text/html; charset=utf-8" />
<title>网页标题</title>
</head>
```

在以上语句中，<meta http-equiv="Content-Type" content="text/html; charset=utf-8" /> 用于定义所有的语言编码。为了被浏览器正确解释和通过W3C代码校验，所有的XHTML 文档都必须声明所使用的编码语言。前面实例中选用的utf-8编码是一种目前广泛应用于网页的编码，也可以选用其他的编码语言，比如GB2312，是简体中文编码。

XHTML文档体标记

XHTML 文档体标记的格式如下。

```
<body>
网页内容
</body>
```

文档体位于头部之后，以<body>为开始标记，以</body> 为结束标记。它定义网页上显示的主要内容，是整个网页的核心。这部分HTML 近似，但在编写规则上要注意XHTML比HTML更加严格。

3.3.3 XHTML语法规范

XHTML 比HTML 在编写规则上有更多的要求，这都是为了使代码有一个统一的标准，便于以后的数据再利用。相比于HTML，XHTML 规范的编写规则主要有以下几个方面。

（1）所有的标记都必须要有一个相应的结束标记。在以前的HTML 中，可以不需要结束标记。例如<p>和<li> 不必写对应的</p>和</li> 来关闭它们。但在XHTML 中这是不合法的，XHTML 要求有严谨的结构，所有标记必须关闭。如果是单独不成对的标记，则在标记最后加一个“/ ”来关闭它，/> 前必须有一个空格（例如
，而不是
）。

（2）所有标记的名称和属性名都必须使用小写。与HTML 不一样，XHTML 对大小写是敏感的，<p>和<P> 是不同的标记。XHTML 要求所有的标记和属性的名称都必须使用小写。大小写混写也是不被认可的。

（3）所有的标记都必须合理嵌套。由于XHTML 要求有严格的结构，因此所有的嵌套都必须按顺序一层一层地对称嵌套。以前允许的代码如<p><b></p></b>，现在必须修改为<p><b></b></p>。

（4）所有属性必须用引号括起来。在HTML 中可以不给属性值加引号，但是在XHTM中，它们必须被加引号“""”。例如：

```
<p align=center>段落内容</p>
```

必须修改为：

```
<p align="center" >段落内容</p>
```

（5）将所有的“<”、“>”和“&”特殊符号用编码表示。如果要在浏览器中显示小于号“<”，必须使用编码<； 如果要显示大于号“>”，必须使用编码> ；如果要显示“&”符号，必须使用编码&。

（6）给所有属性赋一个值。XHTML 规定所有属性都必须是一个值，没有值的就重复本身。例如：

```
<hr align="center"size="3"width="360"color="red"noshade/>
```

必须修改为：

```
<hr align="center"size="3"width="360"color="red"noshade="noshade"/>
```

（7）不能在注释内容中使用“--”。“--”只能发生在XHTML 注释的开头和结束。例如，下面的代码是错误的。

```
<!--这里是注释------------这里是注释-->
```

这时可以用等号或者空格替换内部的虚线。

```
<!--这里是注释========这里是注释-->
```

XHTML 的编写规范并不止以上这些，这里列出的是最普遍的规范。养成规范编写代码的习惯可以帮助用户完成一个符合W3C标准的网页，有利于网页信息的传播和页面数据的再次利用。

3.4 XML基础

如今，网络的应用越来越广泛，如手机、家用电器等各种设备上网应用越来越普遍，仅仅只靠单一的HTML 文件来处理千变万化的文档或数据，显然有点力不从心。而且，HTML 本身语法并不严密，这也影响网络的数据传送。为了解决这些问题，万维网联盟W3C推出了一种功能强大，既具有扩展性又简单易用的语言，这就是XML。

3.4.1 什么是XML

XML 的英文全称是Extensible Markup Language，中文名称是“可扩展标记语言”。XML 具有扩展性、文件自我描述特性，以及强大的文件结构化功能，它提供了一套跨平台、跨网络和跨程序语言的数据描述方式，使用XML 是Internet 发展的一个重要方向。

XML 和HTML

XML 同HTML 一样，都来自SGML（Standard Generalized Markup Language），即标准通用标记语言。早在Web 未出现之前，SGML 就已存在，它是一种用标记来描述文档资料的通用语言，包含了一系列的文档类型定义（简称DTD）。另外，SGML 的语法是可以扩展的。

HTML 是从SGML 语言导出的，是SGML 的一个子集。因为SGML十分庞大，不容易学也不容易使用，在计算机上实现也十分困难。于是Web 的发明者提出了HTML 语言,它是用来创作万维网页面的描述语言。HTML 只使用SGML 中的很小一部分标记，为了便于在计算机上实现，HTML 规定的标记是固定的，即HTML 语法是不可扩展的，它不需要包含DTD。HTML 这种固定的语法使它易学易用，在计算机上开发 HTML 的浏览器也十分容易。正是由于HTML 的简单性，使 Web 技术从计算机界走向了全社会。

随着 Web 的应用越来越广泛和深入，人们渐渐觉得HTML 过于简单的语法严重阻碍了用它来表现复杂的形式。尽管HTML 推出了一个又一个新版本，但始终满足不了不断增长的需求，所以开始考虑开发一种新的Web 页面语言。如果直接使用SGML 作为Web语言，这固然能解决HTML 遇到的困难。但SGML 太庞大了，用户学习和使用起来都不方便，而且要全面实现SGML 的浏览器也很困难。于是Web 标准化组织W3C建议使用SGML 的子集，由此XML ——一种精简的SGML 版本应运而生，它是一种既方便使用又实现容易的语言。

XML 也是SGML 的一个子集，但在很多方面，它更像SGML 的一个Web 版本，更加适合Web 的发布式环境。XML 保留了SGML80%的功能，复杂程度降低了20%。

XML 不是HTML 的替代品，也不是HTML 的简单扩展。HTML 是一种显示输出标记语言，只显示信息，不描述信息；XML 是一种描述信息的标记语言，它不涉及任何显示信息的处理。在将来的网页开发中，XML 将被用来描述和存储数据，而HTML 则用来显示数据。

XML 的特点

XML 实际上是Web 表示结构信息的标准文本格式，它没有复杂的语法和包罗万象的数据定义。XML 的主要特点是良好的数据存储方式、可扩展性、高度结构化，以及便于网络传输。

XML 集成了SGML 的许多特性，首先是可扩展性。XML 允许使用者创建和使用他们自己的标记而不是HTML 的有限词汇表。XML 的核心在于以一种标准化的方式来建立数据表示的结构，将具体标识的定义留给用户。XML 的可扩展性使XML 可以满足不同领域数据描述的需要，并可对计算机之间交换的任何数据进行编码。

其次是灵活性。XML 提供了一种结构化的数据表示方式，是用户界面分离于结构化的数据。HTML 因为其格式、超文本和图形用户界面语义的混合，要同时发展这些混合在一起的功能是很困难的。由于XML 的灵活性，用户可以快速、方便地描述任意内容。

第三是自描述性。XML 文档通常包含一个文档类型声明，因而XML 文档是自描述的。XML 表示数据的方式真正做到了独立于应用系统，并且数据能够重用。XML 文档被看做是文档的数据库化和数据的文档化。

第四是简明性。XML 只有SGML 约20%的复杂性，但却具有SGML约80%功能。XML 也吸取了人们多年来在Web 上使用HTML 的经验。XML 支持世界上几乎所有的主要语言，并且不同语言的文本可以在同一文档中混合使用，应用XML 的软件能处理这些语言的任何组合。

XML 简化了定义文件类型的过程，简化了编程和处理SGML 文件的过程，简化了在Web 上的传送和共享；XML 可以广泛地应用于Web 的任何地方，可以满足网络应用的需求。

XML 的作用

XML 是为存储数据、携带数据和交换数据而设计的，而不是为了显示数据而设计的。

通过XML 可以在HTML 文件之外存储数据。在不使用XML 时，HTML 用于显示数据，数据必须存储在HTML 文件之内；使用XML 时，数据可以存放在分离的XML 文档中。这种方法可以让用户集中精力在使用HTML 做好数据的显示和布局，并确保数据更改时HTML 文件不更改，从而方便页面维护。

通过XML 纯文本文件可以用来存储和共享数据。大量的数据可以存储到XML 文件或数据库中。应用程序可以读写和存储数据，一般的程序可以显示数据。XML 数据共享与软硬件无关，所以数据可以被更多的用户和设备利用。不仅仅是HTML 标准的浏览器，别的客户端和应用程序也可以把XML 文档作为数据源来处理。

通过XML可以在不兼容的系统之间交换数据。在现实生活中，计算机系统和数据库系统所存储的数据有很多形式，对于开发者来说，最耗费时间的工作就是在遍布网络的系统之间交换数据。把数据转换为XML 格式将大大减少交换数据时的复杂性，并且可以保证这些数据能被不同的程序读取。

XML 还可以用于创建新的语言。用于标记运行在手持设备（如手机）上的Internet程序语言WML（The Wireless Markup Language，无线标记语言），就采用XML 标准。

XML 将结构、内容和表现分离，同一个XML 源文档只写一次，可以用不同方法表现在计算机或手机显示屏上，甚至能在为盲人服务的设备上翻译成语音等，所以XML 有着广阔的应用前景和长久的生存周期。

3.4.2 XML文件结构

XML 文档由命名容器及这些命名容器所包含的数据值组成。这些容器通常表示为声明、元素和属性。声明（declaration）确定了XML 的版本。在XML 中，元素（element）这一术语用于表示一个文本单元，可视为一个结构化组件。可以定义元素容器来保存数据和其他的元素，元素中也可以什么都不保存。

XML 声明

XML 文档中开头必须标记一个XML 声明，XML 处理软件会根据声明来确定如何处理后面的内容。下面就是一个XML 声明示例。

```
<?xml version="1.0" standalone="yes" encoding="UTF-8"?>
```

声明以 <? 开始，以 ?> 结束，其中version、standalone和encoding 是3个属性，属性是由等号分开的名称和数值，等号左边是特性名称，等号右边是特性的值。这3个属性具体含义如下。

- version：说明这个文档符合1.0规范。
- standalone：说明文档是在这一个文件里还是需要从外部导入。将standalone 的值设置为yes，说明所有的文档都在这一文件里完成。
- encoding：指文档字符编码。

元素

XML 文档的内部结构大致上类似于层次性的目录或文件结构。XML文档最顶端的一个元素称为根元素。元素的内容可以是字符数据、其他的嵌套元素，或者是这两者的组合。包含在其他元素中的元素称为嵌套元素，包含其他元素的元素称为父元素，而嵌套元素则称为子元素。

包含在文档中的数据值称为文档的内容。由于元素通常有一个说明性的名称，并且元素的属性包含元素值，因此文档的内容通常是直观、透明的。

不同类型的元素具有不同的名称，但是对于特定类型的元素，XML 并不提供表示这些类型元素的具体含义的方法，而是表示了这些元素类型之间的关系。

属性

在XML文档中存放数据的另一种方式是在起始标记中添加属性。使用属性可以向被定义的元素中添加信息，从而可以更好地表示元素的内容。属性是通过与元素关联的名和值来表示的。每一个属性都是一对名和值，名和值由等号分开，等号左边是属性名称，等号右边是属性的值，其中值必须括在单引号或双引号中。与元素不同，属性不可以嵌套，并且必须在元素的起始标签中进行声明。

一个XML 文档也称为一个实例或者称为XML 文档实例。下面是一个简单XML 文档的示例。

```
<?xml version="1.0" encoding="GB2312"?>
<?xml-stylesheet type="text/xsl" hrdf="test1.xsl"?>
<图书类>
<图书>
    <书名>网页设计全书<书名>
<作者>力行文化传媒<作者>
<出版社>电子工业出版社<出版社>
    <页数>500<页数>
    <价格>65<价格>
    <出版日期>2012.1<出版日期>
</图书>
<图书>
    <书名>Dreamweaver CS5.5从入门到精通<书名>
<作者>力行文化传媒<作者>
<出版社>电子工业出版社<出版社>
    <页数>391<页数>
    <价格>45<价格>
    <出版日期>2012.1<出版日期>
</图书>
</图书类>
```

本例是一个标准的XML 文档，但要结合“test1.xsl”文件才能显示描述数据。

因为XML 不是担任输出任务的语言，所以要使得用户最后能够在客户端看到应用XML技术后所产生的效果，需要其他的实现手段。通常做法是让XML 文档和与其关联的XSL（Extensible StyleSheet Language, 可扩展样式语言）同时被传送到客户端（通常使用浏览器），然后在客户端让XML 文档根据XSL 定义的显示内容显示其内容。

3.5 本章小结

HTML语言是网页制作的基础，任何一个网页设计人员都要掌握这一基本语言的使用方法。本章主要介绍了HTML的基本结构，并详细介绍了HTML常见的标记使用方法。另外，对XHTML和XML也做了简要介绍。通过本章的学习，读者应该对HTML语言常见的标记用法有一个足够的认识，这是今后学好网页制作的基础。

04 Dreamweaver基础

在众多网页设计程序中，Dreamweaver因为同时具备网页设计功能和网页编程功能，而受到业内人士的青睐。Dreamweaver是适用于从个人主页设计到企业站点开发等众多领域的工具，是现在普遍应用的网页设计软件，本章将对Dreamweaver的基础知识进行讲解。

4.1 Dreamweaver CS5.5简介

Dreamweaver作为可视化的网页编辑软件，能够帮助用户迅速地创建页面，同时其所集成的源代码编辑功能为编程人员提供了面向细节的功能。Dreamweaver CS5.5扩充和加强了原有的功能，使得设计人员的工作变得更加快捷和方便。

4.1.1 Dreamweaver CS5.5典型特征

Dreamweaver之所以受到网页设计人员的青睐，成为现在普通应用的网页设计软件之一，与其自身的很多特性是紧密相关的，其最主要的功能及典型特征有以下几点。

网页制作更加轻松

使用Dreamweaver，即使不熟悉HTML和Javascript，也能轻松制作网页。Dreamweaver是所见即所得的编辑软件，用户可以直接在文档窗口中将各种元素添加到页面中或进行修改。所有在文档窗口中制作的内容都将原封不动地反应到页面上，所以整个设计过程非常直观，如图4-1和图4-2所示。

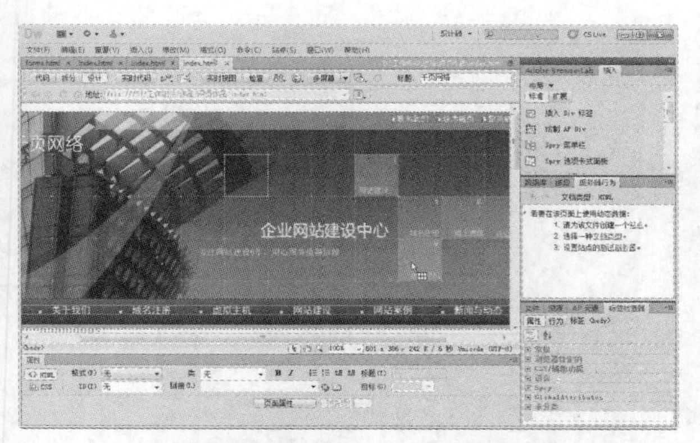

图4-1 网页在Dreamweaver中编辑时的显示效果

图4-2 网页在浏览器中的显示效果

集成网页设计功能和网络编程功能

Dreamweaver将网页设计的HTML编辑功能、论坛和在线购物等服务器开发环境所需的网络编程功能集成在一起，可以支持多种类型网页文件的编辑。图4-3所示为在Dreamweaver中制作的办公系统页面。

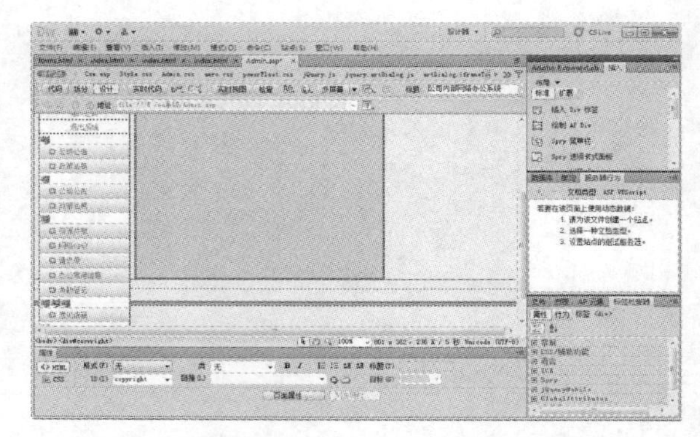

图4-3 利用Dreamweaver实现网络编程功能

可以使用DHTML和JavaScript功能

使用DHTML技术，网页设计者可以创建出能够与用户交互并包含动态内容的页面，可以动态地隐藏或显示内容、修改样式定义、激活元素，以及为元素定位，还可以在网页上显示外部信息。所有这些功能均可用浏览器完成，而无须请求Web服务器，同时也无须重新装载网页。利用Dreamweaver，操作者可以通过最简单的方法，轻松地制作出动态的、活灵活现的网页。

在Dreamweaver的“行为”面板中包含了使用频率较高且具有代表性的JavaScript功能，设计者可以通过该面板直接添加效果，同时其他的JavaScript可以通过下载相应的插件获得。

用CSS 功能支持页面布局和美化

CSS的应用使网页排版和显示效果发生了很大的变化。Dreamweaver通过“CSS样式”面板简化了设计者在实际工作过程中的操作，另外，Dreamweaver还提供了大量预制的CSS布局模板，从而让设计者可以更加方便、快捷地完成页面设计工作。

通过插件可扩展功能

Dreamweaver有着很强的扩展性，其功能并不是固定不变的。Adobe公司和很多其他开发者提供了大量增强功能的插件，设计者可以根据自己的需要下载使用。有了这些插件功能，初学者也可以使用专家水准的高级功能。

4.1.2 Dreamweaver CS5.5新增功能

Dreamweaver CS5.5新增的功能主要在跨平台设计方面，如“多屏预览”面板同时为手机、平板电脑和计算机进行设计；使用“媒体查询”功能为各个设备编写和呈现单独的样式；借助“构件浏览器”功能可以快速放入 jQuery 移动用户界面构件等。

“多屏预览”面板

借助“多屏预览”面板，开发人员可以为智能手机、平板电脑和个人计算机进行设计，如图4-4所示。同时，借助媒体查询支持，还可以通过一个面板为各种设备设计样式并实现渲染可视化。

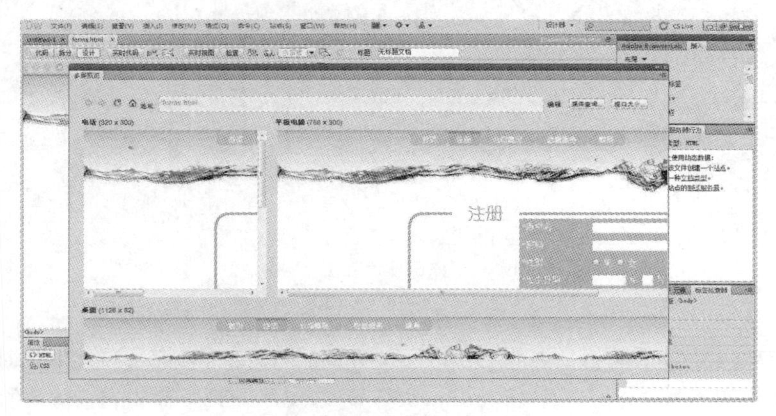

图4-4 “多屏预览”面板

jQuery 集成

jQuery 是行业标准 JavaScript 库，可以为网页轻松加入各种交互性。Dreamweaver借助 jQuery 代码提示，让设计者可以轻松加入高级交互性。同时还借助针对手机的起动模板快速启动，方便跨平台的设计，如图4-5所示。

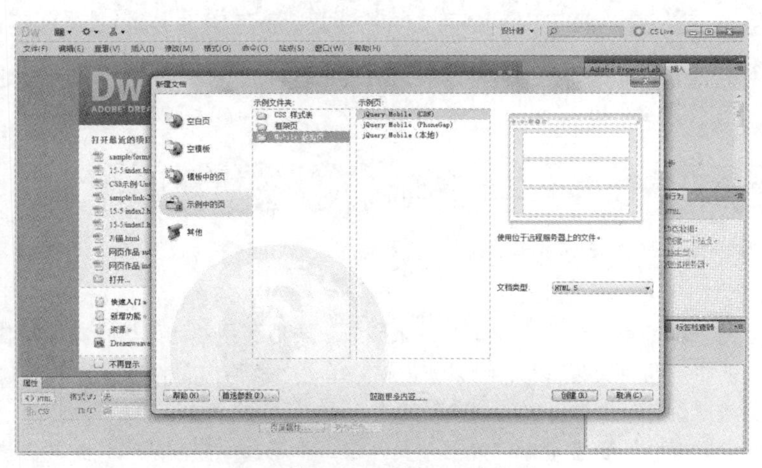

图4-5 借助jQuery创建mobil起始页

尖端的实时视图渲染

Dreamweaver配备一个经过更新的 Webkit 渲染引擎，这样可以通过实时视图检查页面。借助实时媒体查询支持，针对多个设备的设计进行预览。另外，HTML 5和CSS3功能的增强进一步提高了移动设备的设计效率，如图4-6所示。

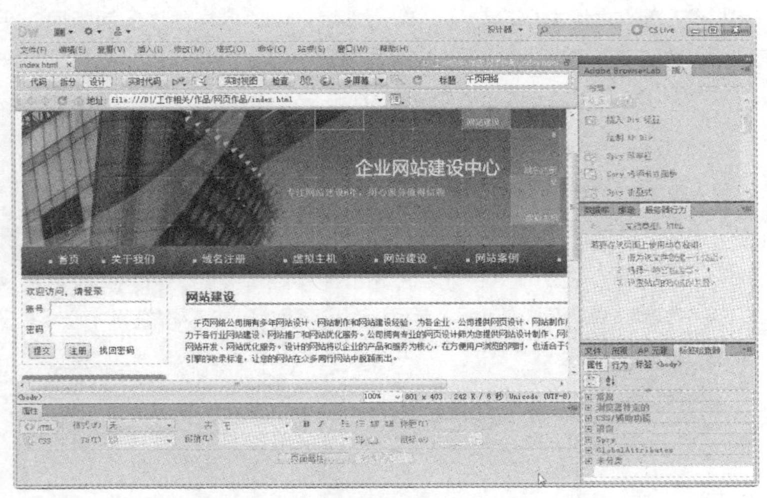

图4-6 实时视图

CSS3/HTML 5 支持

“CSS 样式”面板经过更新可支持新的 CSS3 规则，同时“设计”视图支持媒体查询功能，这样可以在调整屏幕尺寸的同时应用不同的样式。通过Dreamweaver可以使用 HTML 5 进行前瞻性的编码，同时提供代码提示和设计视图渲染支持。

Dreamweaver CS5.5新增和增强的功能还包括支持BusinessCatalst集成、站点特定的代码提示等，这都让网页设计者们能够更轻松方便地制作出精美的网页。

4.2 Dreamweaver CS5.5的工作环境

Dreamweaver 的功能和特性需要自身的外观灵活方便，这样，不同级别、不同经验水平的使用者都可以轻松使用它并能提高了工作效率。

4.2.1 Dreamweaver CS5.5的工作界面

Dreamweaver的操作环境主要包括菜单栏、文档窗口、“属性”面板和浮动面板等几部分，如图4-7所示。

- 菜单栏：所有的工作都可通过执行菜单命令来完成。虽然利用浮动面板可减少操作时间，但在需要更大的屏幕空间而将浮动面板关闭时，可以通过在菜单栏中执行相应的命令来完成。
- 文档窗口：文档窗口显示的是当前所创建和编辑的HTML文档内容。
- “属性”面板：“属性”面板显示了在当前文档窗口中所选中元素的属性，并允许用户在“属性”面板中对元素属性直接进行修改。选中的元素不同，“属性”面板的内容也不同。如果选择的是一张图片，那么“属性”面板将显示该图片的相应属性；如果选择的是一个表格，则变成表格的相应属性。在默认情况下，“属性”面板显示的是文字属性。

- 浮动面板：Dreamweaver中有各种工具，如文件、行为等。为方便用户使用，每个工具都要有自己的窗口和选项面板。为了减少单个窗口的占用空间而同时又能保持它们的功能，Dreamweaver采用了浮动面板。

图4-7 Dreamweaver的操作环境

4.2.2 Dreamweaver CS5.5的面板

随着Dreamweaver软件自身的不断发展，满足不同功能的面板也越来越多，这些面板主要可以分为两类，分别是各种对象的“属性”面板和集合了各种工具的浮动面板。

“属性”面板

“属性”面板显示了在当前文档窗口中所选中元素的属性，并允许用户在“属性”面板中对元素属性直接进行修改，如图4-8所示。选择“窗口>属性”命令，可以打开或关闭“属性”面板。

图4-8 “属性”面板

单击右下角的三角形按钮，可以切换“属性”面板的全部属性和常用属性。当按钮为△时，将显示所有属性，当按钮为▽时，将显示常用属性，如图4-9所示。

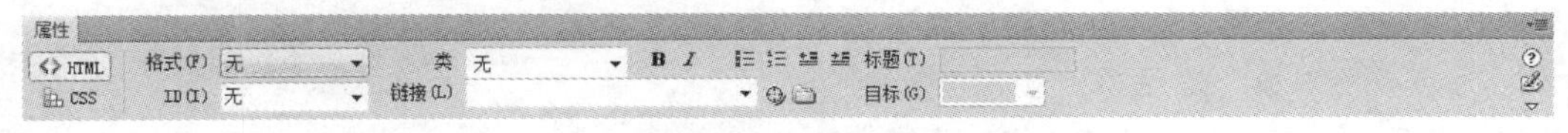

图4-9 “属性”面板常用属性

选中的元素不同，“属性”面板的内容也不同。如果选择的是一张图片，那么“属性”面板将显示该图片的相应属性，如图4-10所示；如果选择的是一个表格，则变成表格的相应属性，如图4-11所示。在默认情况下，“属性”面板显示的是文字属性。

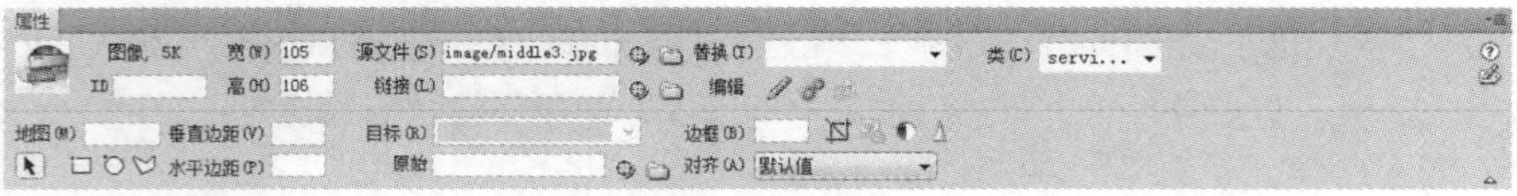

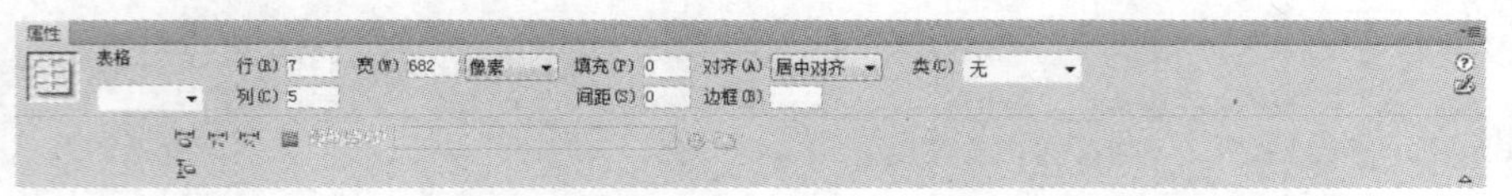

图4-10 图像的属性

图4-11 表格的属性

浮动面板

Dreamweaver的工具随着软件的发展也越来越多，越来越全，每个工具都有自己的窗口和选项面板，为了减少在窗口中占有的空间，Dreamweaver采用了浮动面板的方式。最常用的是“插入”面板，如图4-12所示，其他面板如“文件”、“CSS样式”等，分别如图4-13和图4-14所示。利用“窗口”菜单可以将相应的面板打开或关闭。

图4-12 “插入”面板

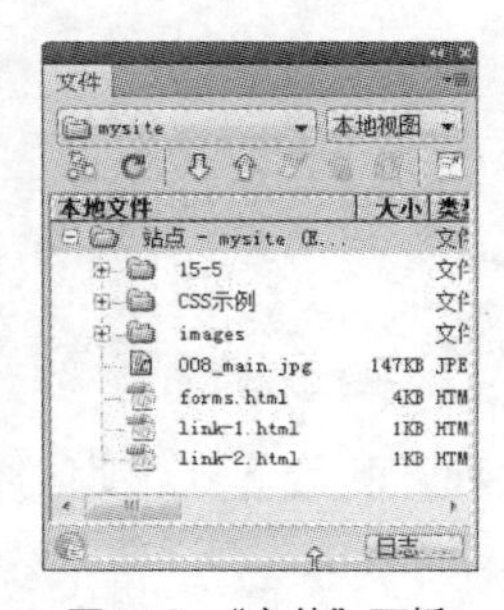

图4-13 “文件”面板

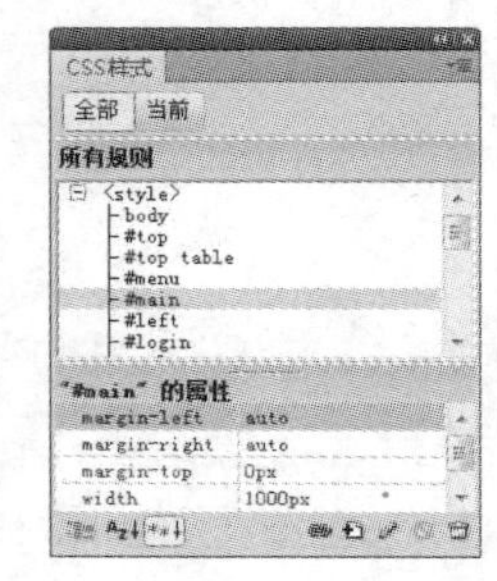

图4-14 “CSS样式”面板

4.3 站 点

在利用Dreamweaver创建网页前，要先在本地计算机的磁盘上建立一个站点，同一网站的页面和其中的图像，以及其他文件要放置在同一个站点内，以方便控制站点结构和系统管理站点中的每个文件。

4.3.1 站点的新建和管理

新建站点

要创建本地站点，选择“站点>新建站点”命令，弹出“站点设置对象”对话框，如图4-15所示。在其中可指定本地站点的名称和本地站点文件夹等，从而进行站点的创建。

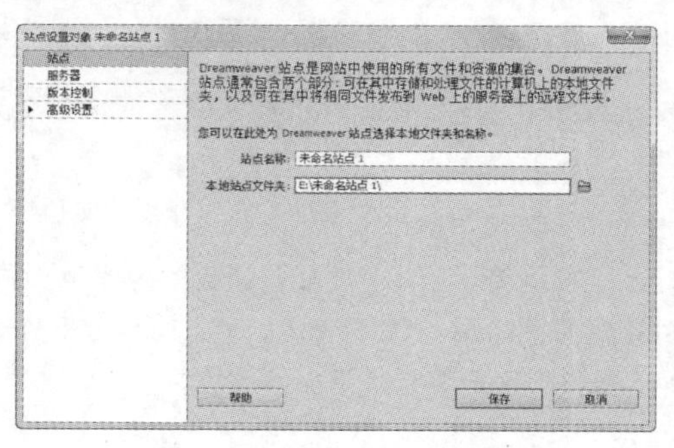

图4-15 “站点设置对象”对话框

在“站点设置对象”对话框中主要设置的内容包括4部分：站点、服务器、版本控制和高级设置，分别介绍如下。

- 站点：定义本地站点信息。在“站点名称”文本框中输入站点的名称，在“本地站点文件夹”文本框中指定站点所在具体位置。
- 服务器：在“服务器”选项中，允许用户指定远程服务器和测试服务器。远程服务器用于指定远程文件夹的位置，该文件夹将存储生产、协作、部署或许多其他方案的文件。远程文件夹通常位于运行Web 服务器的计算机上，如图4-16所示。
- 版本控制：使用Subversion获取和存回文件，可以输入“服务器地址”、“存储库路径”等信息来获取或存回文件，如图4-17所示。
- 高级设置：设置如遮盖、设计备注和文件视图列等多项内容，如图4-18所示。

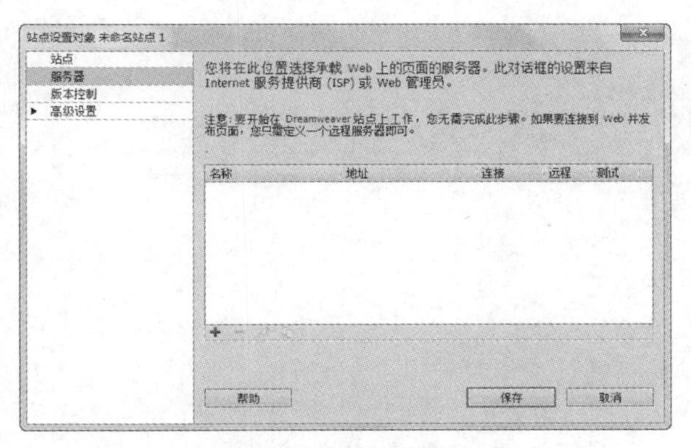

图4-16 “服务器”设置

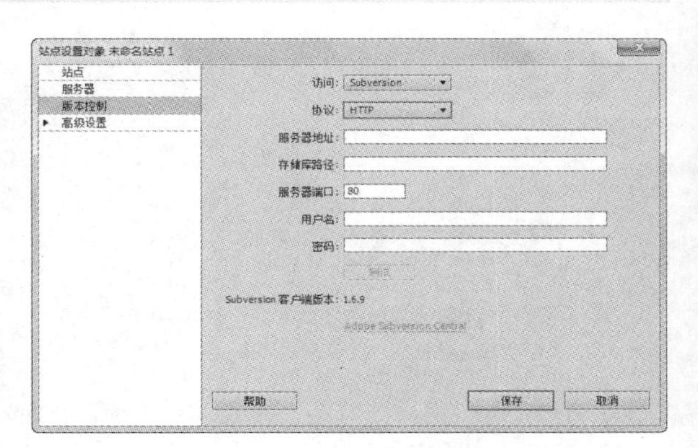

图4-17 “版本控制”设置

管理站点

完成本地站点规划设计后，就可以将创建或收集的素材分别放进相应的文件夹中。选择“站点>管理站点”命令，弹出“管理站点”对话框，如图4-19所示。通过该对话框可实现对站点的管理，包括新建、编辑、复制、删除、导入和导出等操作。

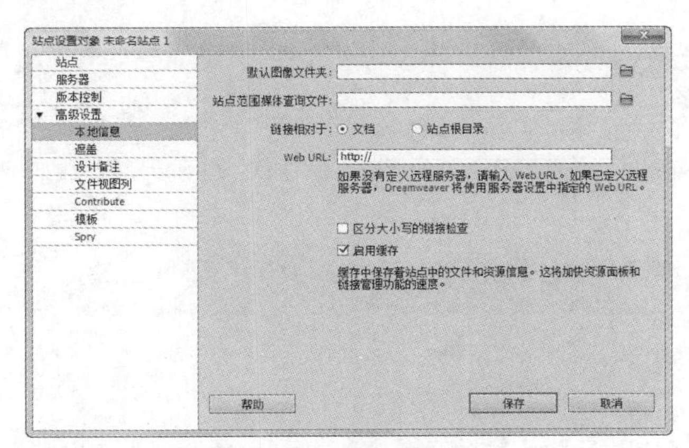

图4-18 “高级设置”设置

图4-19 “管理站点”对话框

4.3.2 站点文件管理

建立站点后，主要就是进行站点文件的管理工作。Dreamweaver提供了专门的文件管理窗口，用户可以方便地对本地站点和远程站点的文件进行管理。选择“窗口>文件”命令，打开“文件”面板，通过该面板来实现站点文件的管理，如图4-20所示。通过它可以实现文件和站点管理的全部功能，特别是本地站点设计完成后，通过“文件”面板可以链接远程服务器，完成对站点文件的测试、上传和下载等工作。和大多数的文件管理器一样，可以通过剪切、复制和粘贴操作来实现文件或文件夹的移动，要删除某个文件也是一样。从文件列表框中选择要执行相应操作的文件，用鼠标右键单击该文件，在弹出的快捷菜单中选择相应的命令即可，如图4-21所示。

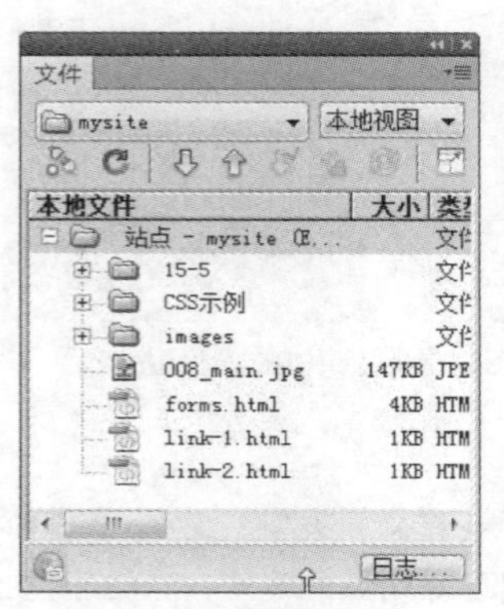

图4-20 “文件”面板

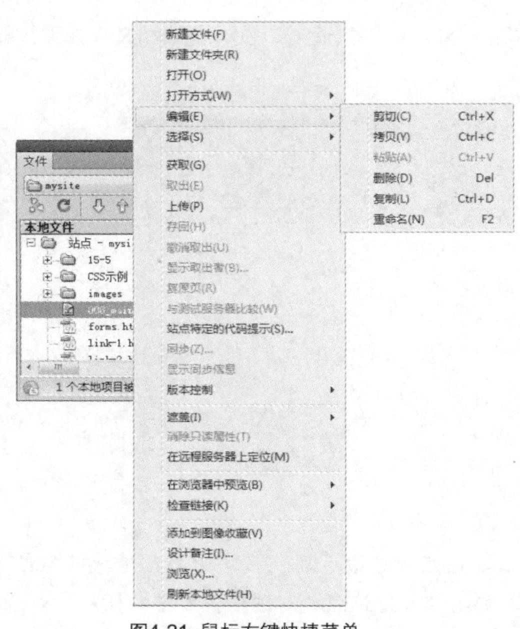

图4-21 鼠标右键快捷菜单

4.4 网页文档的基本设置

在开始网页设计和制作之前，要进行基本的文档操作，包括网页文件的新建、保存等，也可以对网页的一些属性进行设置，以保证页面的显示效果。

4.4.1 网页文档操作

网页文档的操作包括网页文件的新建、保存和打开等，这是制作网页的基本操作。

文件的新建

启动Dreamweaver应用程序，在应用程序启动界面中就可以选择要创建的文件类型，直接创建一个新的网页文件，如图4-22所示。

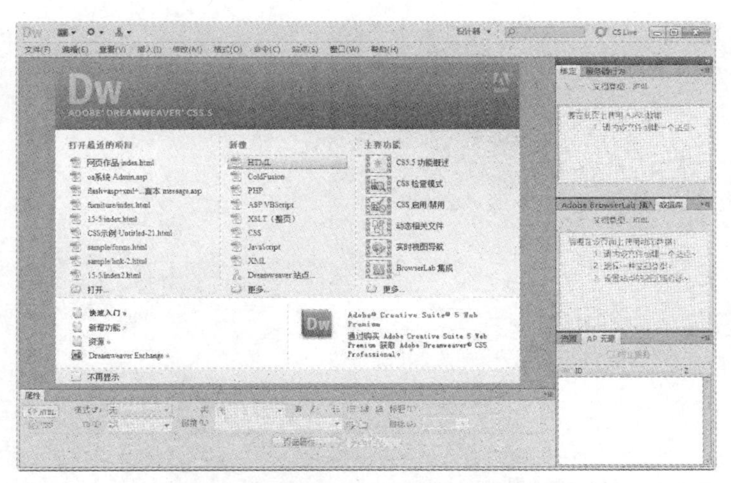

图4-22 Dreamweaver的应用程序启动界面

也可以选择“文件>新建”命令，在弹出的“新建文档”对话框中选择需要创建的文件类型。如果要基于模板创建文档，则可选择“空模板”选项，如图4-23所示。在“模板类型”列表框中选择具体的文件类型，可通过预览区域预先浏览所选择模板的样式，以确定是否符合需要。选择需要使用的模板后，单击“创建”按钮，即可基于模板创建新文档。

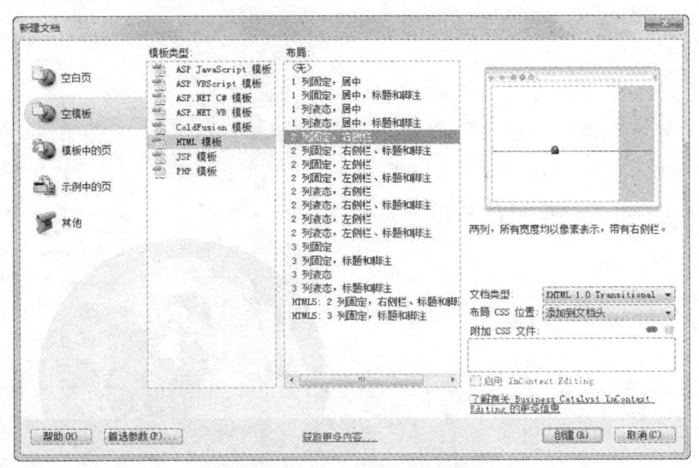

图4-23 “新建文档”对话框

网页文件的保存

根据文件格式的不同，保存网页文件的方法也有所区别。如果是保存普通网页，则选择“文件>保存”命令，在弹出的“另存为”对话框中选择路径并输入文件名即可，如图4-24所示，单击“保存”按钮，即可存储文档。

如果所需要保存的网页文件带有框架，并要保存该网页文件中所有的文件，则选择“文件>保存全部”命令，然后按照提示保存所有框架文件。

如果希望将一个网页文档以模板的形式保存，则选择“文件>另存为模板”命令，弹出“另存模板”对话框，如图4-25所示。在“站点”下拉列表框中选择一个保存该模板文件的站点，并在“另存为”文本框中输入文件名，最后单击“保存”按钮即可。

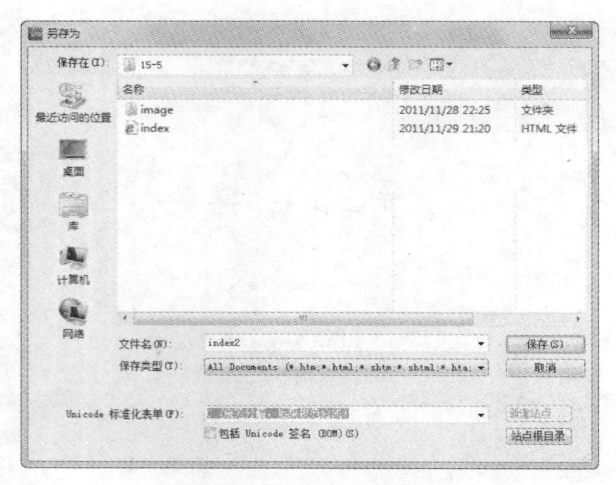
图4-24 “另存为”对话框

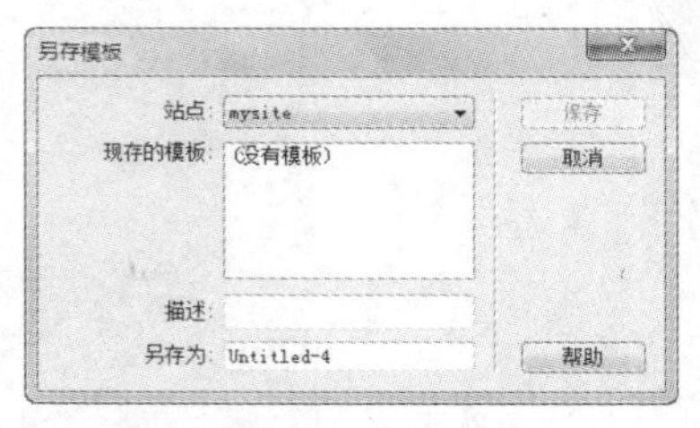
图4-25 “另存模板”对话框

文件的打开

Dreamweaver可打开多种格式的文件，它们的扩展名包括.html、.asp、.js、.dwt和.css等。若要直接打开文件，可以选择“文件>打开”命令，弹出“打开”对话框，如图4-26所示，选择要打开的文件，单击“打开”按钮即可。

在框架网页中，可以选择将网页文件在特定的框架内打开。选择“文件>在框架中打开”命令，如图4-27所示，则会弹出“选择HTML文件”对话框，如图4-28所示（在此方式下只能打开.html格式的文件）。

图4-26 “打开”对话框

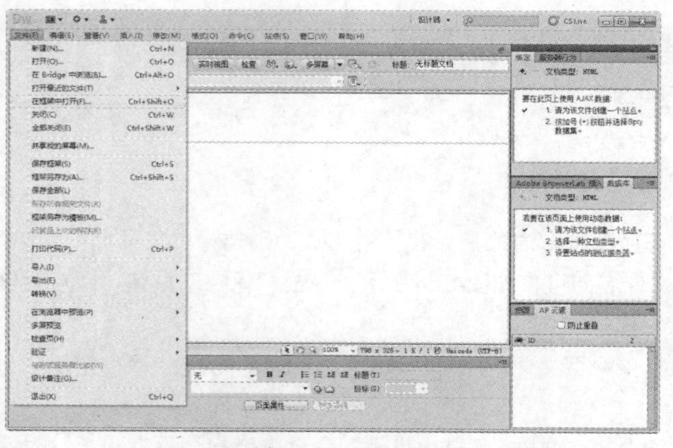
图4-27 选择“在框架中打开”命令

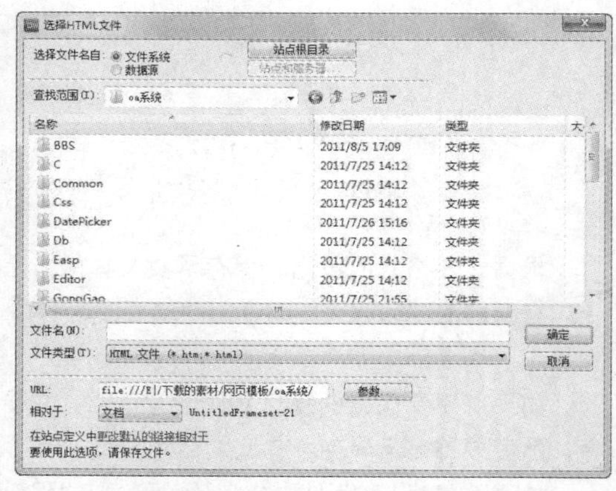
图4-28 “选择HTML文件”对话框

4.4.2 设置页面属性

创建新的网页文档后，可以通过设置页面属性，对整个文档的显示效果进行统一设定。选择“修改>页面属性”命令，弹出“页面属性”对话框，如图4-29所示。具体内容和设置如下。

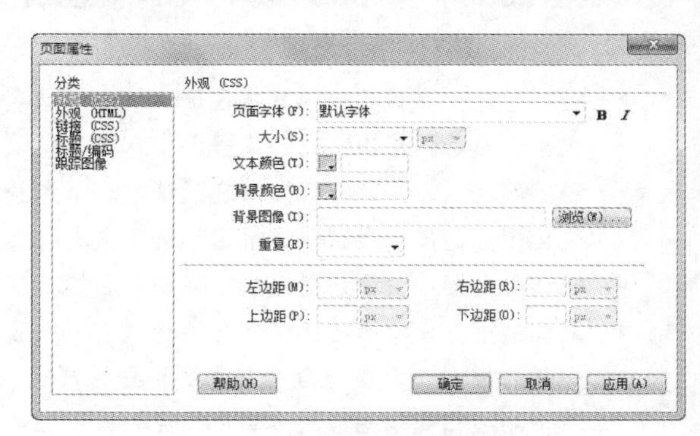

图4-29 “页面属性”对话框

外观（CSS）

“外观（CSS）”以CSS层叠样式表的形式设置页面的一些基本属性，各选项的具体含义如下。

- 页面字体：定义页面中文本的字体，可以在下拉列表框中进行选择。
- 大小：设置文本的字号大小，在文本框中输入数值，在后面的下拉列表框中选择数值的单位。
- 文本颜色：设置文本在默认情况下的颜色。
- 背景颜色：设置页面的背景颜色。
- 背景图像：设置页面的背景图像，可以单击“浏览”按钮，在弹出的对话框中从本地计算机上选择，也可以输入URL，选择网络中的图像作为背景。
- 重复：设置背景图像在水平或垂直方向是否重复。
- 左边距、右边距、上边距、下边距：设置页面中的元素和页面边缘的距离。

外观（HTML）

“外观（HTML）”以HTML语言的形式设置页面的基本属性，如图4-30所示，各选项的具体含义如下。

- 背景图像：设置页面的背景图像。
- 背景：设置页面的背景颜色。
- 文本：设置默认情况下页面中文本的颜色。
- 链接：设置超链接文本在默认状态下的颜色。
- 已访问链接：设置超链接文本在访问后的状态下的颜色。
- 活动链接：设置超链接文本在活动状态下的颜色。
- 左边距、上边距：设置页面元素与页面左边缘或上边缘的间距。
- 边距宽度、边距高度：设置页面元素和页面边缘的距离，主要针对Netscape浏览器而设置。

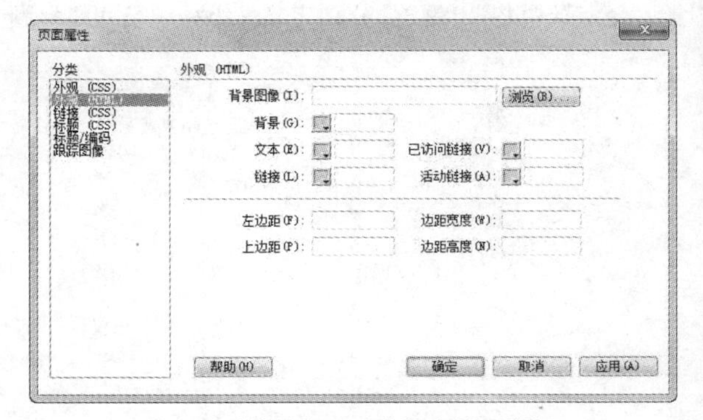

图4-30 “外观（HTML）”选项设置界面

链接（CSS）

“链接（CSS）”以CSS层叠样式表的形式设置页面中和链接相关的基本属性，如图4-31所示，各选项的具体含义如下。

- 链接字体：设置超链接文本在默认状态下的字体。
- 大小：设置超链接文本的字号大小。
- 链接颜色：设置超链接文本在默认状态下的颜色。
- 变化图像链接：设置鼠标经过超链接文本时文本的颜色。
- 已访问链接：设置超链接文本在访问后的状态下的颜色。
- 活动链接：设置超链接文本在活动状态下的颜色。
- 下画线样式：设置超链接文本的下画线样式，包括始终有下画线、始终无下画线、仅在变换图像时显示下画线和变换图像时隐藏下画线4种。

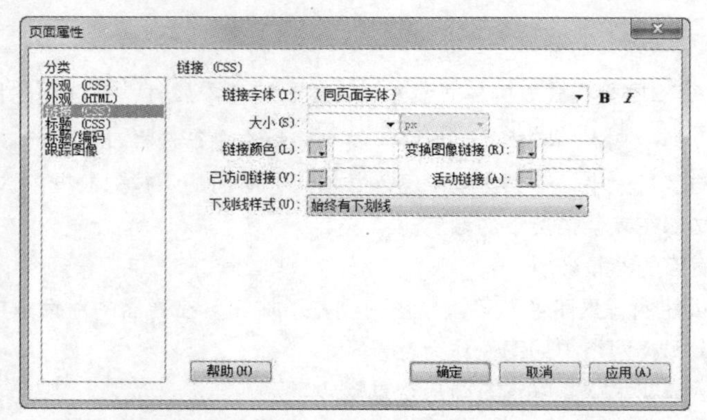

图4-31 “链接（CSS）”选项设置界面

标题（CSS）

“标题（CSS）”以CSS层叠样式表的形式设置页面中标题文字的一些基本属性，如图4-32所示，各选项的具体含义如下。

- 标题字体：定义标题文字的字体，也可以设置样式是否加粗或斜体。
- 标题1～标题6：分别定义一级标题至六级标题文本的字号大小和颜色。

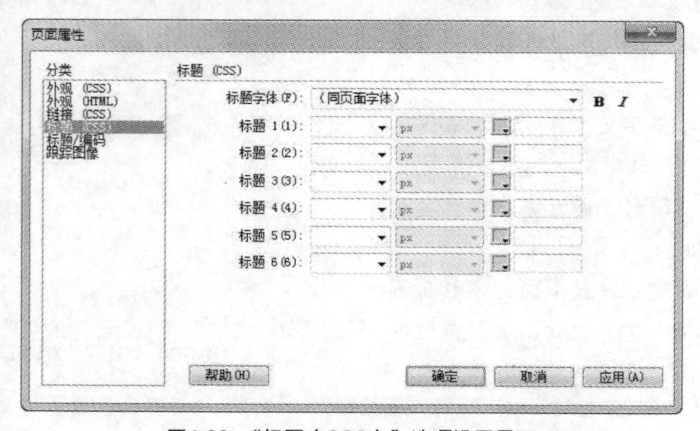

图4-32 “标题（CSS）”选项设置界面

标题/编码

“标题/编码”选项的设置界面如图4-33所示，各选项的具体含义如下。

- 标题：定义网页文档的标题，即网页在浏览器中预览时显示在标题栏中的内容。
- 文档类型：设置页面的DTD文档类型。
- 编码：定义页面使用的字符集编码。
- Unicode标准化表单：设置表单的标准化类型。

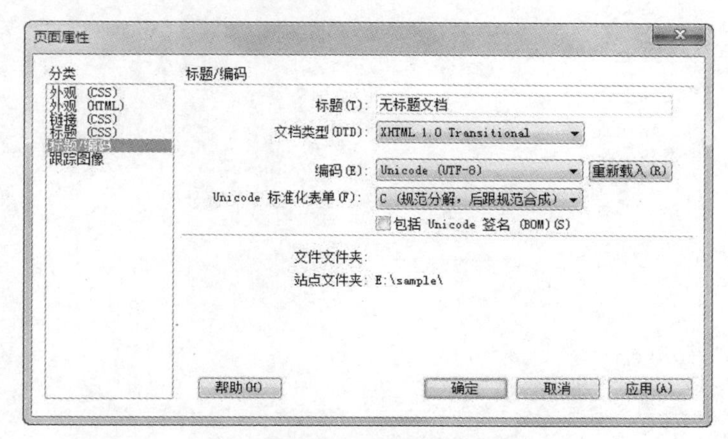

图4-33 “标题/编码”选项设置界面

跟踪图像

使用跟踪图像，可以依照已经设计好的草图快速进行网页布局及其他设计，如图4-34所示，各选项的具体含义如下。

- 跟踪图像：选择跟踪图像源文件。
- 透明度：调节跟踪图像的透明度。

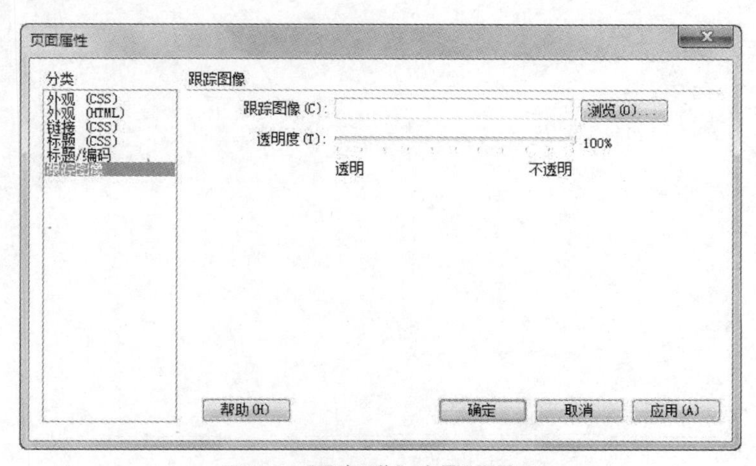

图4-34 “跟踪图像”选项设置界面

4.5 本章小结

本章介绍了Dreamweaver CS5.5的一些基本知识，主要包括Dreamweaver CS5.5的典型特征、新增功能、工作环境、站点的建立和管理，以及网页文档的基本设置等内容，为后面进一步学习Dreamweaver 打下了良好的基础。

05 创建网页对象

网页中的基本元素有文本、图像、动画、超链接、表格和表单等，不同对象在Dreamweaver 中的添加方法及属性设置方法都有所不同。本章将学习如何创建网页对象，并通过具体实例来巩固所学的内容。

5.1 文 本

文本是网页的重要组成部分，担负着传递信息的任务。网站的主题、内容等都靠文本来表达，但没有排版和美化的纯文本网页会显得单调，所以要注意网页文本的编排，包括其样式、大小和颜色等。

5.1.1 文本的添加

在Dreamweaver 中添加文本主要有两种方式：一是直接通过键盘输入，二是导入已有的Word 文档。通过键盘输入是最简单、最直接的方法，也可以将其他应用程序窗口中的文本复制并粘贴到Dreamweaver 中。

导入已有的Word 文档

要导入一个已有的Word 文档，操作步骤如下。

Step 01 选择“文件>导入>Word 文档”命令，如图5-1所示。

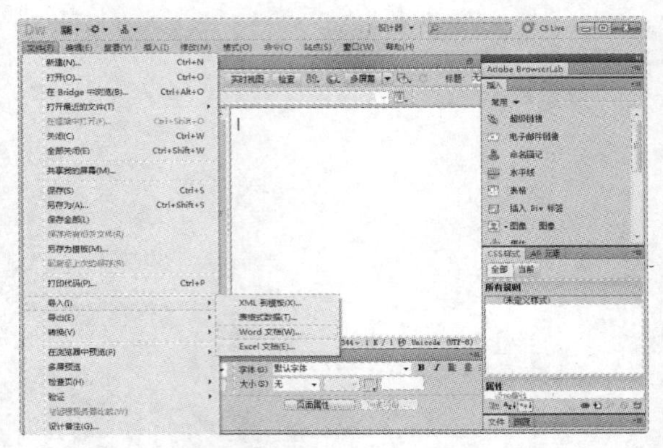

图5-1 选择“Word文档”命令

Step 02 弹出“导入Word 文档”对话框，选择要导入的Word 文档，然后单击“打开”按钮，如图5-2所示。

图5-2 导入“Word文档”对话框

Step 03 文本被导入后，其显示效果如图5-3所示。

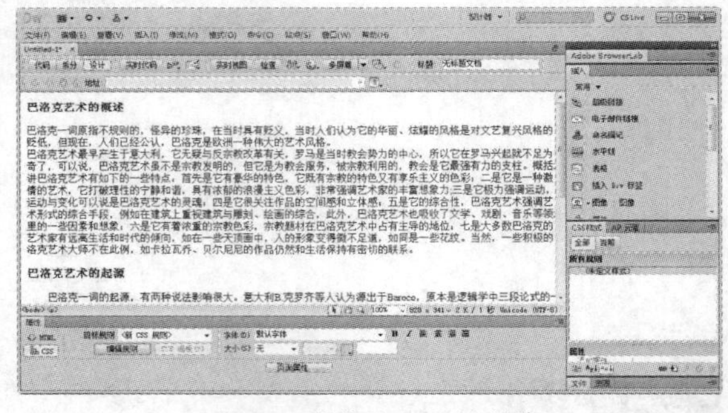

图5-3 Word文档导入页面中的效果

直接通过键盘输入

将光标定位到要添加文本的位置，通过键盘直接输入文本。

复制和粘贴文本

要将现有的文本添加到页面中，操作步骤如下。

Step 01 选中要添加到页面中的文本，并对该文本进行复制操作。

Step 02 返回到Dreamweaver 工作界面，将光标定位到需要添加文本的位置，进行粘贴操作。

其他文档中的文本格式有可能不被Dreamweaver 识别，因此，来自其他文档的文本在网页中将以默认格式显示。

5.1.2 特殊符号的添加

在Dreamweaver 中，如果需要插入常用的特殊字符，可以选择“插入>HTML >特殊字符”命令，如

图5-4所示。也可以通过在“插入”面板的“文本”选项组中选择“字符”选项，如图5-5所示。特殊字符包括版权、货币和注册商标等。

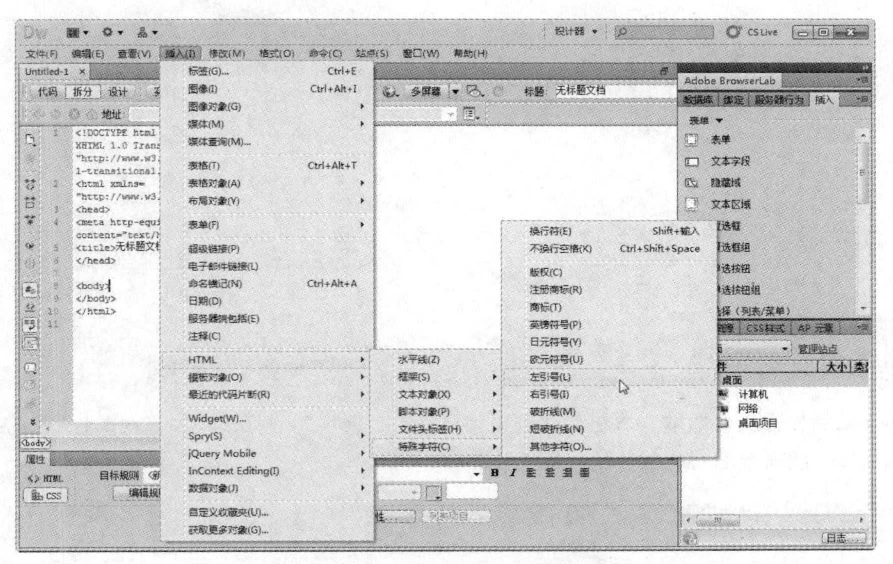

图5-4 “特殊字符”子菜单

插入空格

Dreamweaver中的默认设置只允许字符之间包含一个空格，若要在文本中添加多个连续空格，则可以在“插入”面板的“文本”选项组的“字符”下拉列表中选择“不换行空格”选项，如图5-6所示。也可以选择“插入>HTML>特殊字符>不换行空格 ”命令。

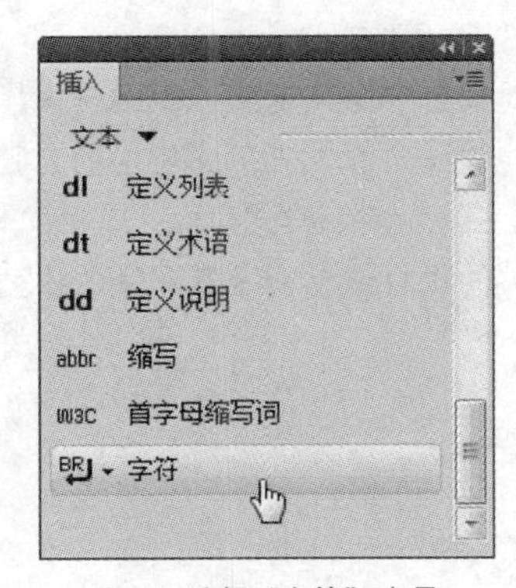

图5-5 选择“字符”选项

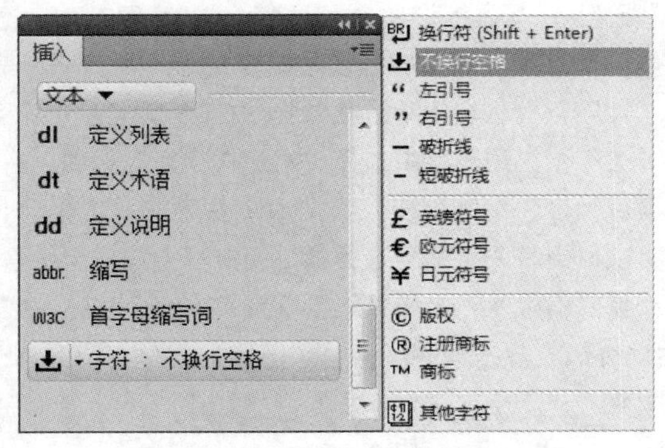

图5-6 选择“不换行空格”选项

插入日期

在网页制作中经常要插入最后的修改日期，插入日期的具体操作步骤如下。

Step 01 打开文档窗口，将光标定位在需要插入日期的位置。

Step 02 在“插入”面板的选择“常用”选项组中选择“日期”选项，如图5-7所示。弹出“插入日期”的对话框，在其中可以设置日期的格式，如图5-8所示。

图5-7 选择“日期”选项

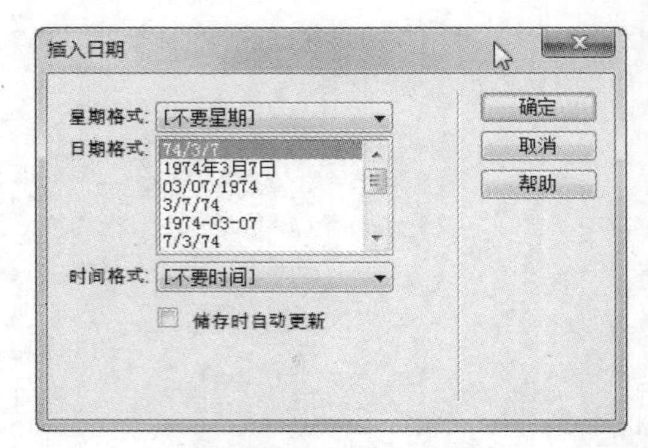

图5-8 “插入日期”对话框

5.1.3 文本属性的设置

在Dreamweaver中，大多数的文本格式化选项都要通过“属性”面板来控制。“属性”面板分为HTML部分和CSS部分。图5-9所示为HTML部分的“属性”面板。

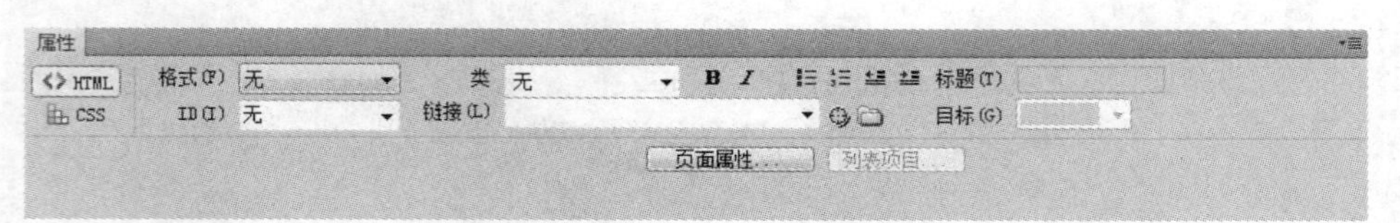

图5-9 文本HTML部分的“属性”面板

在HTML部分的“属性”面板中可以控制的文字属性主要有以下几个。

- 格式：提供系统预先定义好的标准格式，在“格式”下拉列表框中可以设置文本的格式，包括“无”、“段落”、“标题1”～“标题6”和“预先格式化的”等几种类型。
- 类：通过类引用CSS样式来改变文本的样式。如果使用者在当前文档中已经定义了CSS样式，可以在“类”下拉列表框中直接选择该CSS样式进行引用。如果CSS样式是定义在外部文件中的，则可以在“类”下拉列表框中选择“附加样式表”选项，在弹出的对话框中导入外部样式表。
- 项目列表、编号列表：为文本建立列表，通常用于描述一组相关的栏目信息。没有顺序的排列方式称为项目列表，有编号进行编排的排列方式称为编号列表。
- 删除内缩区块、内缩区块：设置文本增大右缩进或减少右缩进。

CSS部分的“属性”面板如图5-10所示。

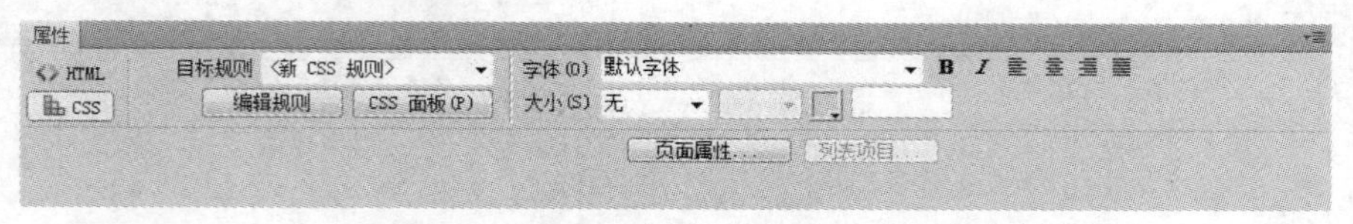

图5-10 文本CSS部分的“属性”面板

在CSS部分的“属性”面板中可以控制的文字属性主要有以下几个。

- 字体：设置文本的字体。
- 大小：设置文本的大小。

- 文本颜色：设置文本的颜色。可以利用颜色选择器或吸管选择，也可以直接输入。
- B：将文本设置为粗体。
- /：将文本设置为斜体。
- 对齐：文本的对齐方式有左对齐、居中对齐、右对齐和两端对齐4种方式。

在Dreamweaver CS5.5中，设置文本的字体、大小等属性要在CSS中新建规则，然后将规则应用到文本上，这部分内容将在第7章“使用CSS样式表”中进行详细介绍。

5.2 图 像

几乎所有的网页都以添加图像来增添其吸引力。因为图像更能吸引浏览者的注意力，其影响比文字要丰富。图片的使用是网页设计的关键。

在网页中可以插入多种格式的图像，Web 页中常用的有3种，即GIF、JPEG 和PNG。

5.2.1 图像的添加

要在网页中插入图像，可以选择“插入>图像”命令，也可以通过在“插入”面板的“常用”选项组中选择“图像”选项，如图5-11所示。弹出“选择图像源文件”对话框中，设置要插入的图像文件，如图5-12所示。

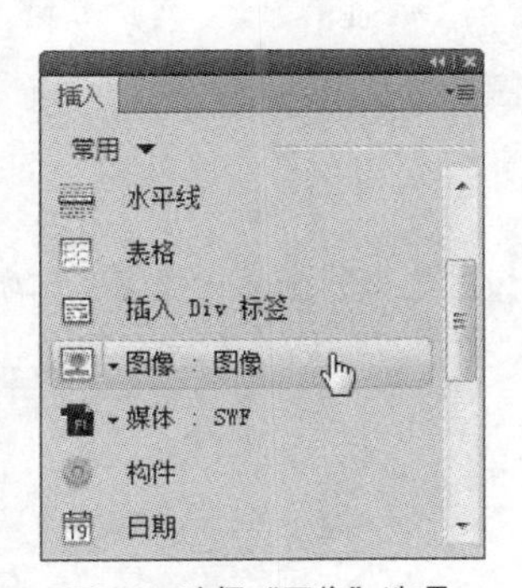

图5-11 选择“图像”选项

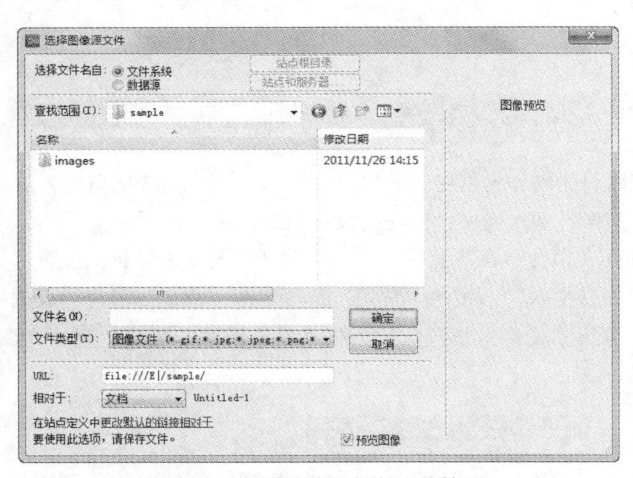

图5-12 “选择图像源文件”对话框

插入的图像文件将以原尺寸显示，如果插入的是GIF动画文件，则必须打开浏览器才能看到效果。

5.2.2 图像的属性设置

插入图像文件后，选中该图像，查看“属性”面板，如图5-13所示。可以在图像“属性”面板的左上角看到图像的缩略图、图像大小、图像原始尺寸，以及图像的来源地址等信息。可以使用“属性”面板或相关命令来设置图像的属性。

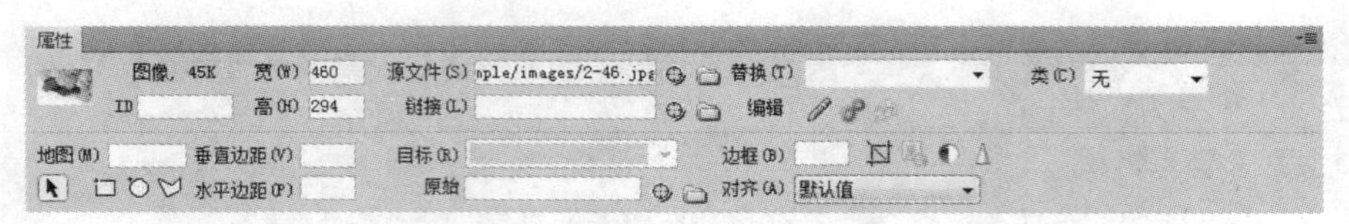

图5-13 图像的“属性”面板

图像的相关属性主要有以下几个。

- 宽、高：设置图像的宽度和高度。
- 源文件：图像源文件的地址。如果要改选图像，可以单击“浏览文件”按钮，在弹出的对话框中选择新图像。
- 链接：设置图像链接到的目标路径。
- 替换：设置图像的说明文字，主要用于图像无法显示或鼠标停留在此图上时说明图像。
- 类：将定义的类样式应用到图像上。
- 垂直边距、水平边距：为图像的上下和左右指定边距。
- 目标：在图像应用链接时，指定链接文档显示的位置。
- 边框：设置图像边框的宽度，单位为像素，数值越大，边框越粗。
- 对齐：设置图像在页面中的对齐方式。
- 编辑：调出图像对应的编辑软件进行图像的编辑工作。
- 裁剪：使用Dreamweaver内置的裁剪工具对图像进行裁切。
- 亮度和对比度：调整图像的亮度和对比度。
- 锐化：调整图像的锐化程度。

5.2.3 插入图像占位符

在网页的制作过程中，有时需要插入的图像尚未准备好，这时可以利用图像占位符功能先创建页面，最后再插入图像。插入图像占位符的操作步骤如下。

Step 01 在文档窗口，将光标定位在需要插入图像占位符的位置。

Step 02 在“插入”面板的“常用”选项组的“图像”下拉列表框中选择“图像占位符”选项，如图5-14所示。

Step 03 弹出“图像占位符”对话框，设置图像占位符的尺寸、颜色等属性，如图5-15所示，完成后单击“确定”按钮。

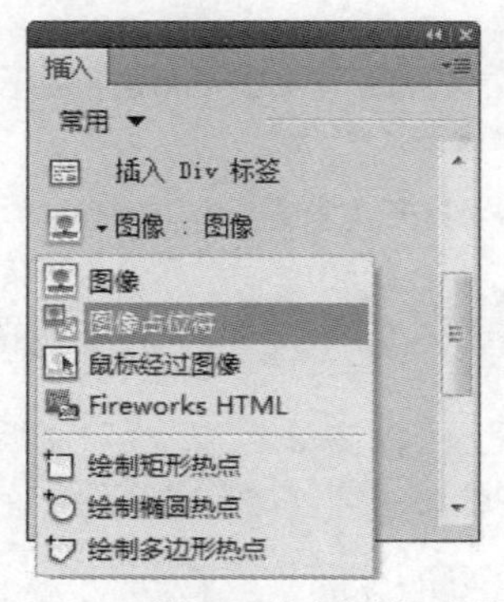

图5-14 选择“图像占位符”选项

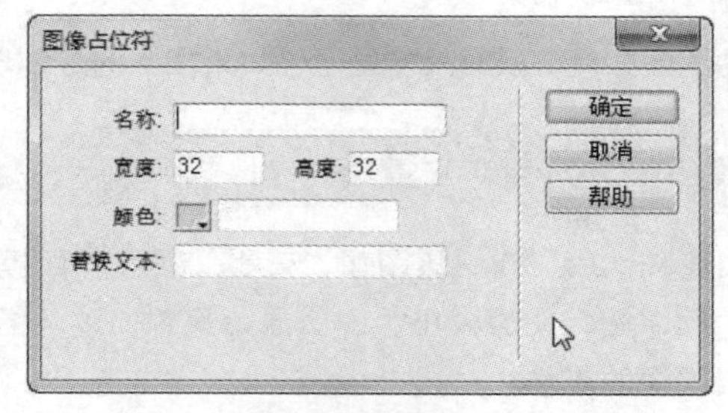

图5-15 “图像占位符”对话框

Step 04 在Dreamweaver 的文档窗口中会出现表示图像的图像占位符，如图5-16所示。

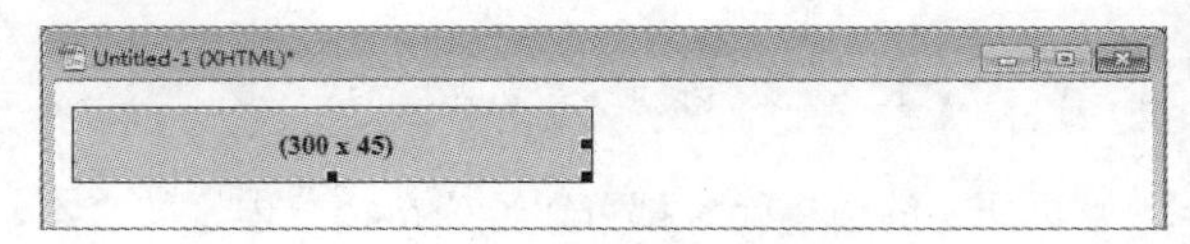

图5-16 图像占位符

图像占位符的属性和普通图像文件的属性状态相同，只是“源文件”的状态为空。要将图像占位符替换为图像，可以在“属性”面板的“源文件”文本框中输入图像文件的路径，这样就可以显示图像文件了。

5.2.4 插入鼠标经过图像

鼠标经过图像是网页中图像轮替的一种效果，当鼠标指针移动到某一图像时，该图像将变成另一幅图片，当鼠标移开时，又恢复成原来的图像。制作鼠标经过图像的操作步骤如下。

Step 01 在文档窗口中将光标定位在需要插入鼠标经过图像的位置。

Step 02 在“插入”面板的“常用”选项组的“图像”下拉列表框中选择“鼠标经过图像”选项，如图5-17所示。

Step 03 弹出“插入鼠标经过图像”对话框，如图5-18所示。

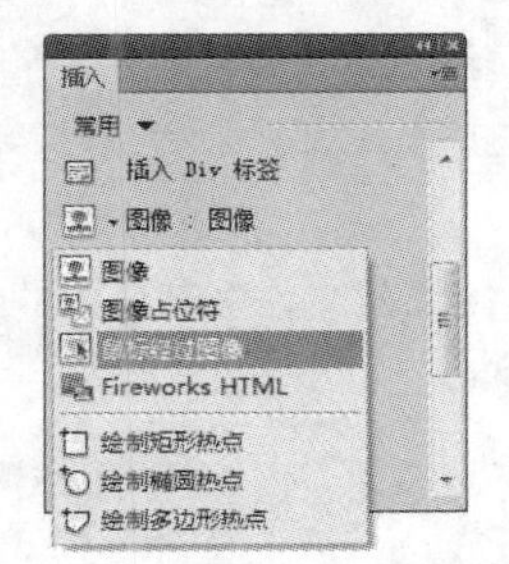

图5-17 选择“鼠标经过图像”图标

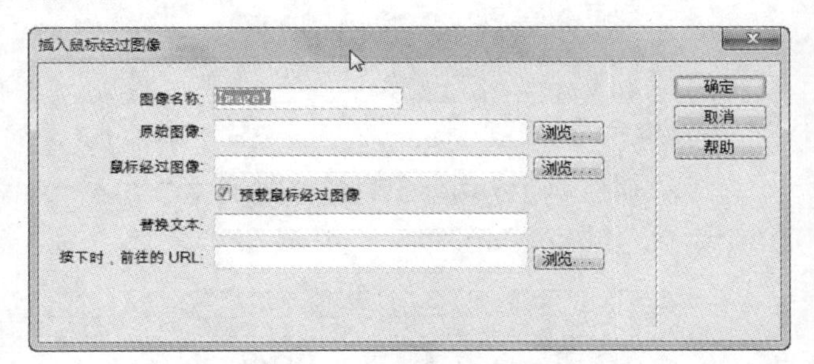

图5-18 “插入鼠标经过图像”对话框

该对话框中各选项的含义如下。

- 图像名称：设置该图像的名称，便于脚本程序引用图像。
- 原始图像：通过输入地址或单击“浏览”按钮，选择最初的图像文件。
- 鼠标经过图像：通过输入地址或单击“浏览”按钮，选择鼠标经过时变化的图像文件。
- 预载鼠标经过图像：选择该复选框，页面在载入时会将鼠标经过的图像预先下载到本地缓存中。若没有选择该复选框，在浏览器中用鼠标指向原始图像，显示了经过图像后才将图像存放到缓存中。
- 替换文本：当图像未被完全载入或无法载入时替换的说明文本。
- 按下时，前往的URL：设置鼠标经过图像链接的目标文件的地址。

实际上鼠标经过图像由两张图像组成：主图像（网页打开时显示的图像）和次图像（鼠标经过时显示的图像）。这两张图像的大小规格要相同，如果不相同，系统将自动调整次图像，使之与主图像大小相同。

5.3 超链接

超链接是指站点内不同页面之间、站点与Web 之间的链接关系，它可以使站点内的网页成为有机整体，还能够使不同站点间建立联系。超链接由两部分组成：链接载体和链接目标。

5.3.1 链接载体

页面中的很多元素都可以作为链接载体，如文本、图像和图像热点等。常见的链接载体主要是文本和图像两类。

文本链接

将文本作为链接载体，设置链接的具体方法是：选中相应的文本，在其“属性”面板的“链接”文本框中输入链接目标的地址，也可以单击文本框后的“浏览文件”按钮，在弹出的对话框中选择要链接的目标文件。

当链接的目标文件位于本地站点时，可以通过“指向文件”按钮定义按钮，具体操作步骤如下。

Step 01 选择作为链接载体的文本，单击“属性”面板的“链接”文本框右侧的“指向文件”按钮。

Step 02 按住鼠标并拖曳“指向文件”按钮到右侧的“文件”面板中，找到希望链接到的文件后松开鼠标，如图5-19所示。

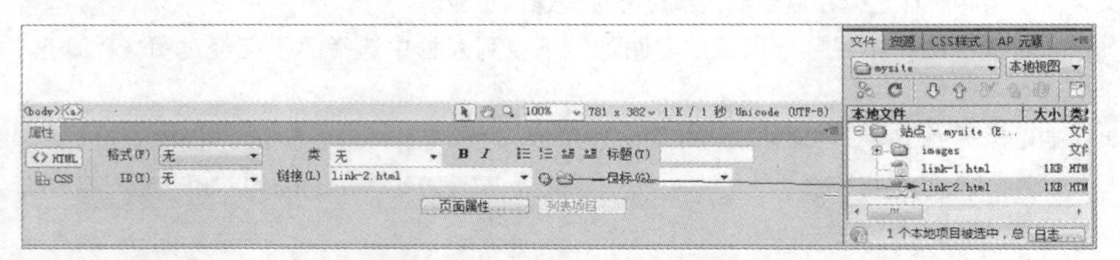

图5-19 使用“指向文件”按钮设置链接

文本“属性”面板中的“目标”属性也是与链接相关的，用来设置链接目标文件在窗口中的打开方式，共有5个选项，如图5-20所示。

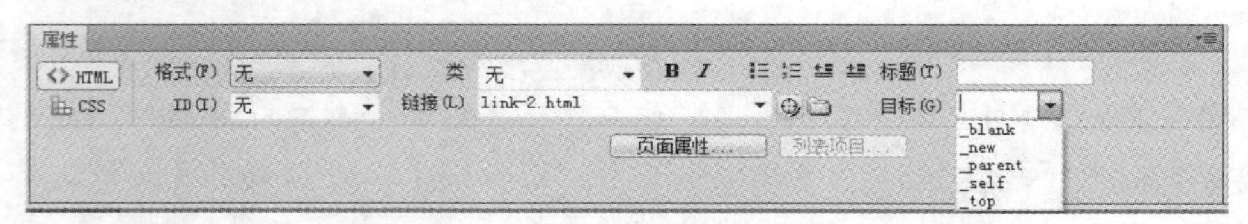

图5-20 “目标属性”

各选项具体含义分别如下。

- _blank：链接目标文件在新的浏览器窗口中打开，链接载体所在窗口不会关闭。
- _new：链接目标文件在新的浏览器窗口中打开，但多次单击链接载体，目标都在同一个新窗口中显示。而每次使用_blank单击链接载体，都将新打开一个浏览器窗口来显示目标文件。
- _self：将链接目标文件在当前窗口中打开，这通常是默认选项。
- _parent：若网页中划分了框架，链接目标文件在当前文档的父级框架中显示。若网页未划分框架，则目标文件将显示在原来的浏览器窗口中，链接载体所在的窗口被覆盖。
- _top：链接目标文件在整个浏览器窗口中显示，并取消所有框架。

图像链接

图像作为链接载体与其他对象基本一致，但图像多了热点选择功能，所以可以实现图像映射链接。

通过图像设置链接只能链接到一个目标，但有时一个图像可能需要添加多个链接，而使用图像映射则可以解决这个问题。图像映射是指利用热点工具将一幅图像划分为几个部分，每个部分称为热点，每个热点对应不同的链接。制作图像映射的具体步骤操作如下。

Step 01 选择要创建图像映射的图像，打开图像的“属性”面板，根据实际需要选择适当的热点工具，用热点工具画出一个区域，这个区域就是映射的热点。

Step 02 热点创建成功后显示为半透明的绿色区域，覆盖在图像上，如图5-21所示。

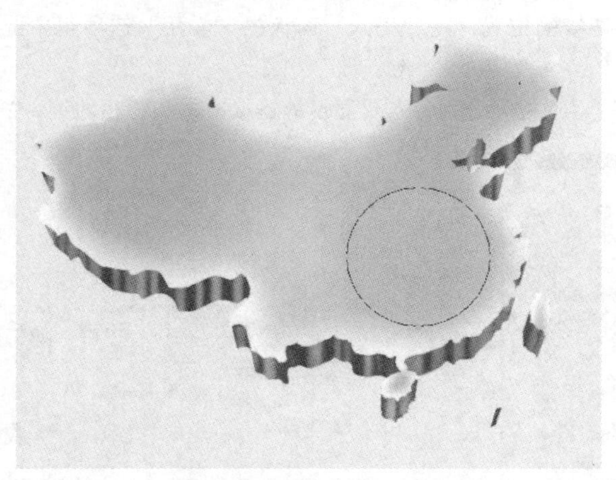

图5-21 创建的热点

Step 03 选择画出的热点，打开其“属性”面板，如图5-22所示，设置热点的属性。

图5-22 设置热点的属性

热点的常用属性有以下几个。

- 地图：设置该图像映射的名称。
- 链接：设置该热点链接目标的地址。
- 目标：设置链接目标文档显示的窗口。
- 替换：设置对该选定区域的说明，在鼠标指针移到热点上方时显示说明文字。

5.3.2 链接目标

链接的目标可以是任意网络资源，如页面、图像、声音、E-mail和程序等，不同目标的链接设置方法也有所不同。

站内链接和站外链接

从网页到网页是最常见的链接方式，如果链接载体所在的网页和链接目标所在的网页都在同一站点中，这种链接称为站内链接。设置站内链接的方法是：选择链接载体，在其“属性”面板的“链接”文本框中输入链接目标的地址。如果不知道链接目标的确切地址，可以单击“链接”文本框右侧的“浏览文件”按钮，在弹出的对话框中选择相应的文件。

设置站外链接的方法是：选择链接载体，在其“属性”面板的“链接”文本框中输入链接目标的地址。例如，要添加到Adobe 帮助中心的的链接，就在链接载体的“属性”面板的“链接”文本框中输入http://help.adobe.com。

E-mail 链接

当访问者单击E-mail 链接时，将调用系统中设置的默认邮件程序，弹出一个邮件发送窗口。为页面设置电子邮件链接的操作步骤如下。

Step 01 将光标定位到要插入链接的位置，在“插入”面板的“常用”选项组中选择“电子邮件链接”选项，如图5-23所示。

Step 02 弹出“电子邮件链接”对话框，分别输入要显示的链接文本和邮箱地址，如图5-24所示。

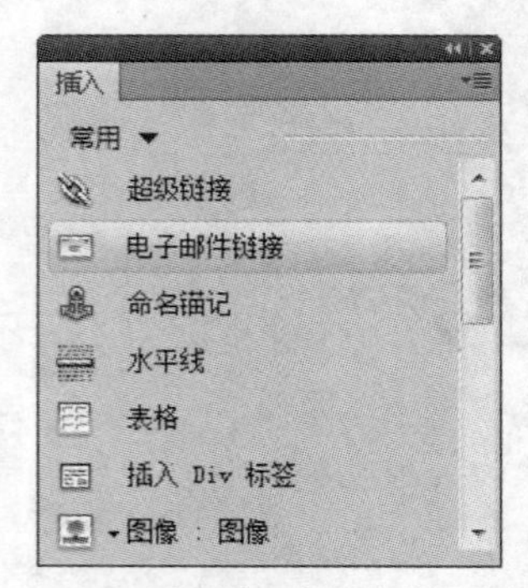

图5-23 选择“电子邮件链接”选项

图5-24 “电子邮件链接”对话框

Step 03 设置完毕后，单击“确定”按钮即可。

电子邮件链接也可以通过“属性”面板中的“链接”文本框来设置，在其中输入mailto：webmaster@dma800.com，就可创建到该地址的电子邮件链接。

锚记链接

创建到命名锚记的链接方法包括两个步骤：一是设置锚记，二是创建到该位置的链接。

在网页中创建锚记的操作步骤如下。

Step 01 将光标定位到希望作为锚记的位置。

Step 02 选择“插入>命名锚记”命令，或在“插入”面板的“常用”选项组中选择“命名锚记”选项，如图5-25所示。

Step 03 弹出“命名锚记”对话框，输入锚记名称，如图5-26所示。完成后单击“确定”按钮，系统将在设置位置显示一个锚记图标。

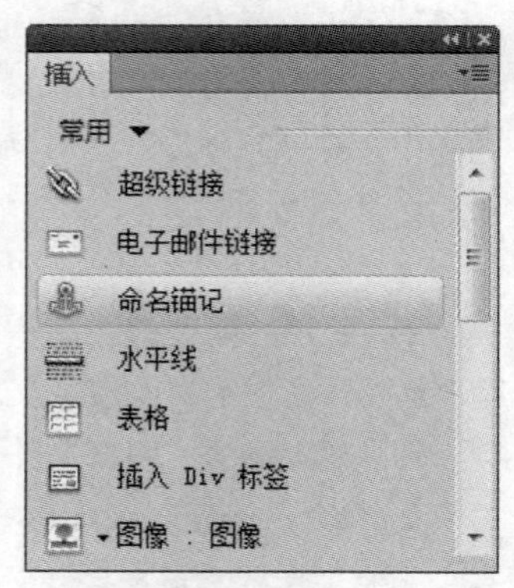

图5-25 选择“命名锚记”选项

图5-26 “命名锚记”对话框

要设置到锚记位置的链接，只需在链接载体的“属性”面板的“链接”文本框中输入“#锚记名称”即可。也可以在选择链接载体后，在其“属性”面板中单击“链接”右侧的“指向文件”按钮，再将其拖曳到锚记位置来创建到锚记的链接。

5.4 动画和声音

网页中可以插入各种多媒体文件，包括声音、影片和Flash 对象等。具体文件不同，操作方法也有所不同。

5.4.1 插入动画

插入Flash 动画文件的操作步骤如下。

Step 01 将光标定位到要插入Flash 文件的位置，选择“插入>媒体>SWF ”命令，如图5-27所示。

Step 02 弹出“选择SWF”对话框，选择要插入的Flash 文件，如图5-28所示，然后单击“确定”按钮。

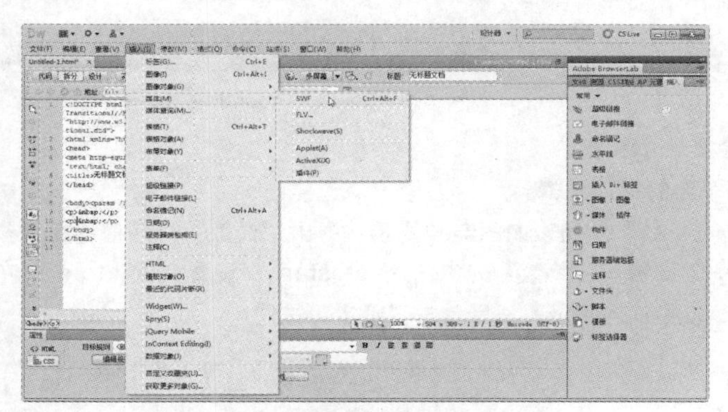

图5-27 选择“SWF”命令

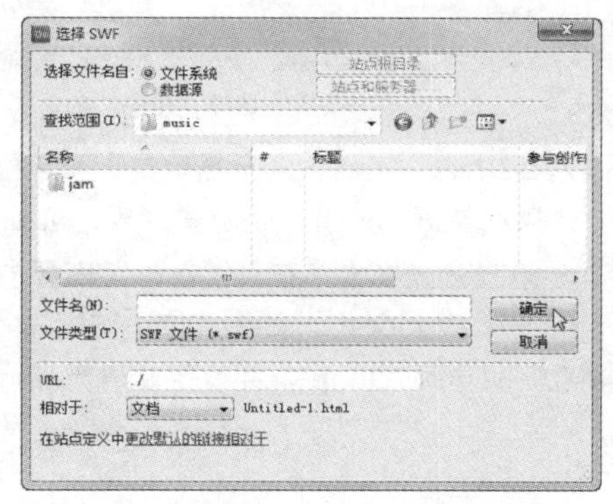

图5-28 “选择SWF”对话框

返回Dreamweaver文档窗口中，在光标位置处会出现插入的动画文件的图标。

如果希望将Flash的背景透明化，可以进行以下操作。

Step 01 选择动画文件，在“属性”面板中单击“参数”按钮，如图5-29所示。

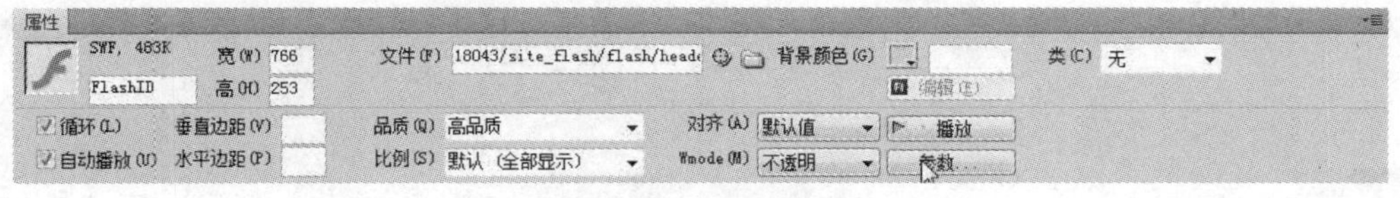

图5-29 单击“参数”按钮

Step 02 弹出“参数”对话框，在“参数”列中输入wmode，并在“值”列中输入transparent，如图5-30所示，然后单击“确定”按钮。这样动画背景就会变为透明，并能融入到网页背景中。

图5-30 “参数”对话框

5.4.2 插入声音

在网页中可以插入.mp3、.rm和.mid 等格式的音频文件。在网页中插入音频文件的操作步骤如下。

Step 01 将光标定位到要插入音乐文件的位置，选择“插入>媒体>插件 ”命令，如图5-31所示。

Step 02 弹出“选择文件”对话框，选择要插入的音频文件，如图5-32所示，然后单击“确定”按钮。

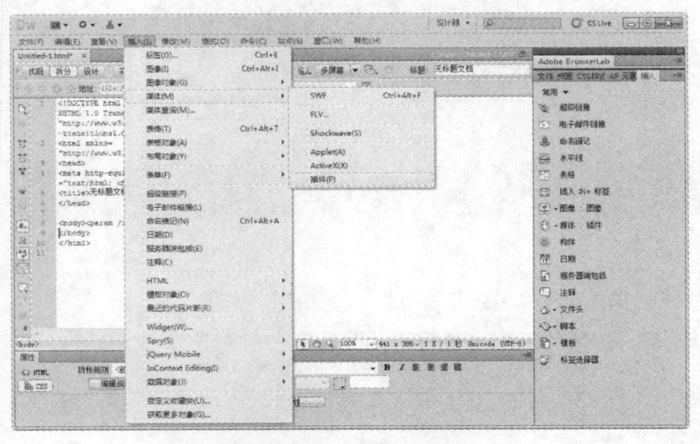

图5-31 选择“插件”命令

图5-32 “选择文件”对话框

返回Dreamweaver的文档窗口，光标位置会出现图标。

如果希望添加的音乐是背景音乐，可以继续下面的操作步骤。

Step 03 选择音频文件，在其“属性”面板中单击“参数”按钮，如图5-33所示，弹出“参数”对话框，在“参数”列中输入hidden ，并在“值”列中输入true ；接着在“参数”列中输入autostart ，设置其值为true ；在“参数”列中输入loop ，并设置其值为infinite ，如图5-34所示，然后单击“确定”按钮。

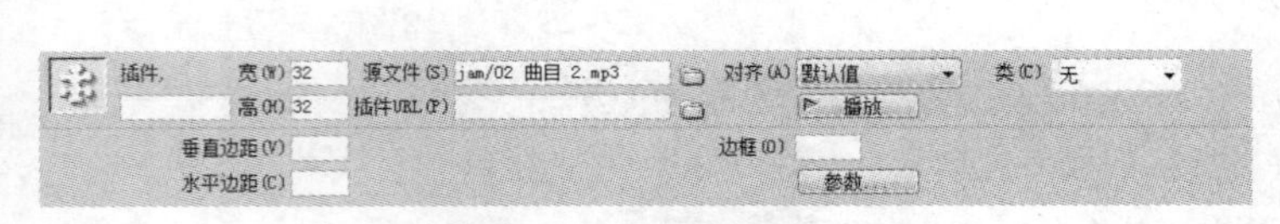

图5-33 单击“参数”按钮

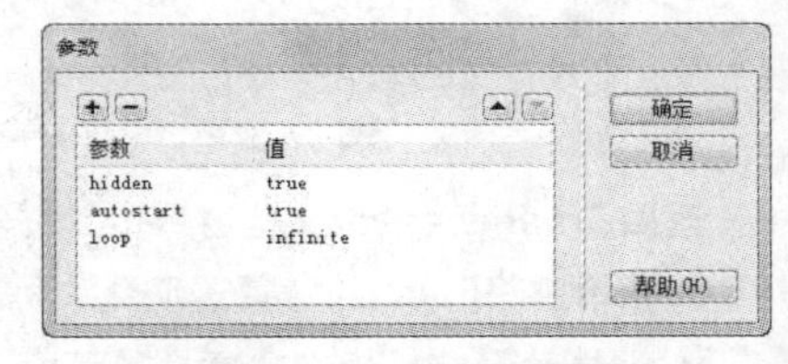

图5-34 设置“参数”对话框

参数hidden 用来设置是否隐藏面板；参数autostart 用来设置是否自动开始播放；参数loop 用来设置音乐播放的次数。

5.5 表 单

Dreamweaver 表单包括文本域、按钮、图像域、复选框和列表/菜单等，在添加这些表单对象前，首先要创建表单。

5.5.1 创建表单

创建表单的方法有以下两种。

- 选择“插入>表单>表单 ”命令，如图5-35所示。
- 在“插入”面板的“表单”选项组中选择“表单”选项，如图5-36所示。

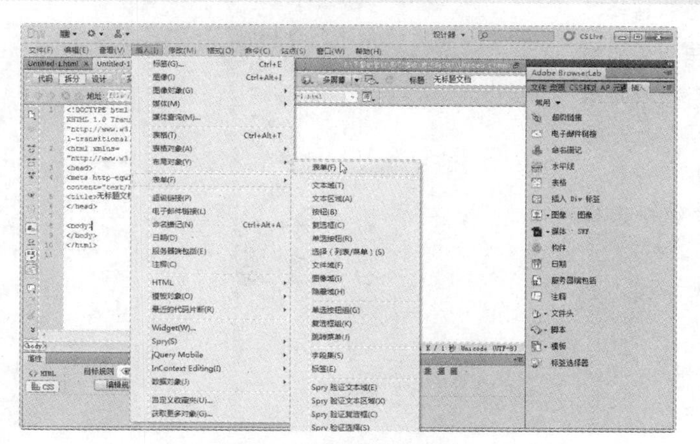

图5-35 选择“表单”命令

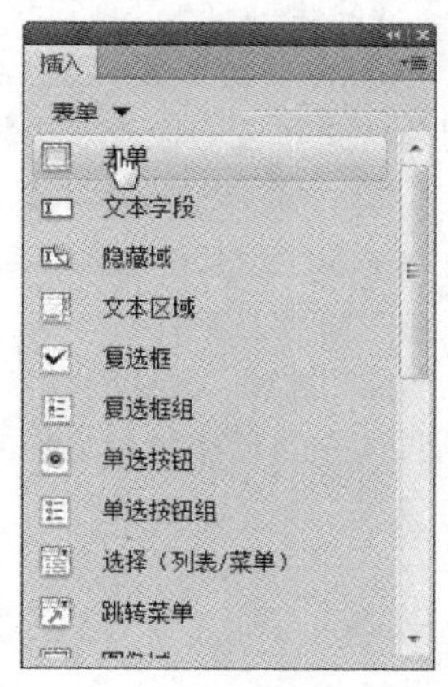

图5-36 选择“表单”选项

创建的表单效果如图5-37所示。

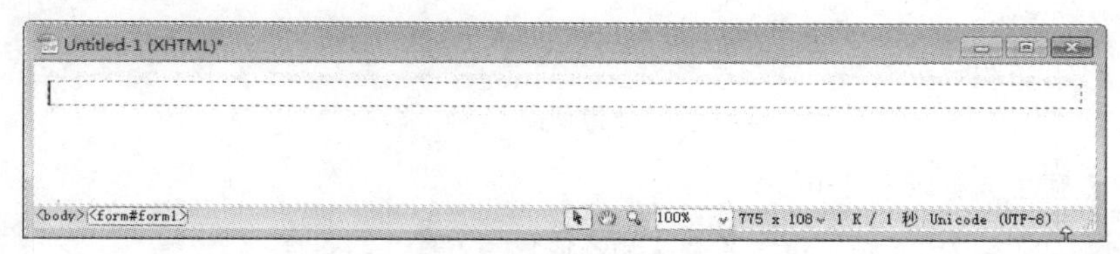

图5-37 表单

选择表单后可以在“属性”面板中设置表单属性，如图5-38所示。

图5-38 表单的“属性”面板

表单的属性主要有以下几个。

- 表单ID：在下面的文本框中为表单输入ID。输入ID后可以用 Javascript或VBScript之类的脚本语言进行控制。
- 动作：可以在此输入一个在服务器端出现表单的应用程序的URL。
- 方法：可以在下拉列表框中选择数据传送给服务器的方式。
  - POST：用标准方式将数据传送给服务器。
  - GET：将表单内的数据附加到URL后面传送给服务器。
  - 默认：使用浏览器的默认设置，通常默认方法为GET方式。

5.5.2 表单对象的添加

可以将表单看做是一组网页容器，里面包含标准的表单对象，如文本域、按钮、图像域、列表/菜单 、复选框、单选按钮和文件域等。

文本域

当用户要在网页中输入文本信息时，都会用到文本域。文本域是可输入文本的表单对象，它有单行、多行和密码3种类型。通常登录界面输入用户名的部分使用单行文本域，输入密码部分则使用密码文本域。插入文本域的操作步骤如下。

Step 01 将光标定位到要插入文本域的位置。

Step 02 在“插入”面板的“表单”选项组中选择“文本字段”选项，如图5-39所示。

Step 03 插入到页面中的文本域及其“属性”面板如图5-40所示。

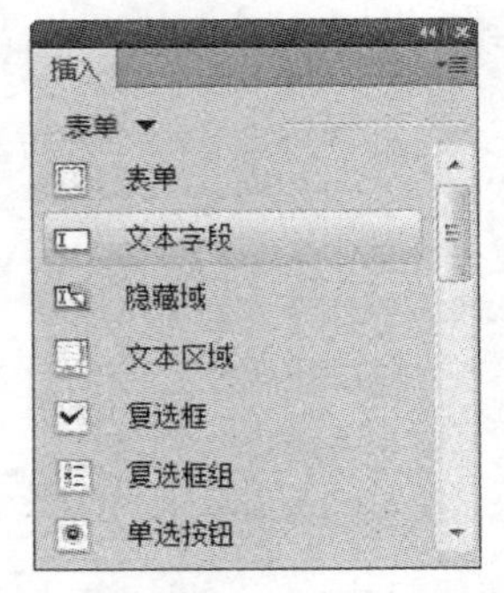

图5-39 选择“文本字段”选项

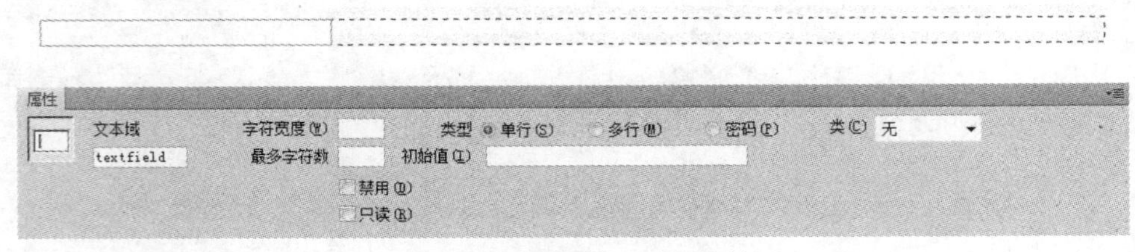

图5-40 文本域及其“属性”面板

文本域的属性设置主要有以下几个。

- 文本域：设置文本域的名称，每个文本域都必须有一个唯一的名称。
- 字符宽度：设置文本域的宽度，单位是英文字符数。
- 最多字符数：设置可以在文本域中最多可输入的字符数。
- 类型：选择文本域为单行、多行或密码。
- 初始值：设置首次载入表单时文本域中显示的值。
- 类：设置应用在文本域上的样式。

多行文本域可以输入多行文本，插入多行文本域的操作步骤如下。

Step 01 将光标定位到要插入多行文本的位置。

Step 02 在“插入”面板的“表单”选项组中选择“文本字段”选项，在文档中插入了一个文本域，在其“属性”面板中将“类型”设置为“多行”，如图5-41所示。

图5-41 选择“多行”单选按钮

在“行数”文本框中设置要显示的最大行数，默认设置为两行。

单行文本域、多行文本域及密码域的显示分别如图5-42所示。

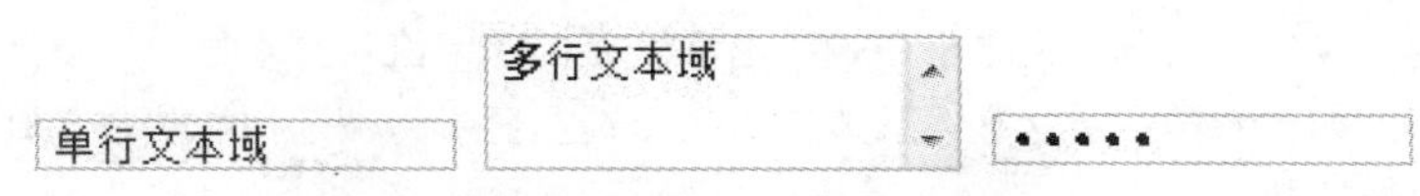

图5-42 单行文本域、多行文本域和密码域

隐藏域

隐藏域用来收集有关用户信息的文本域。在提交表单时，该域中存储的信息将被发送回服务器。在插入隐藏域时，Dreamweaver 会在文档中创建标记。

创建隐藏域的具体操作步骤如下。

Step 01 将光标定位到要插入隐藏域的位置。

Step 02 在“插入”面板的“表单”选项组中选择“隐藏域”选项，如图5-43所示。

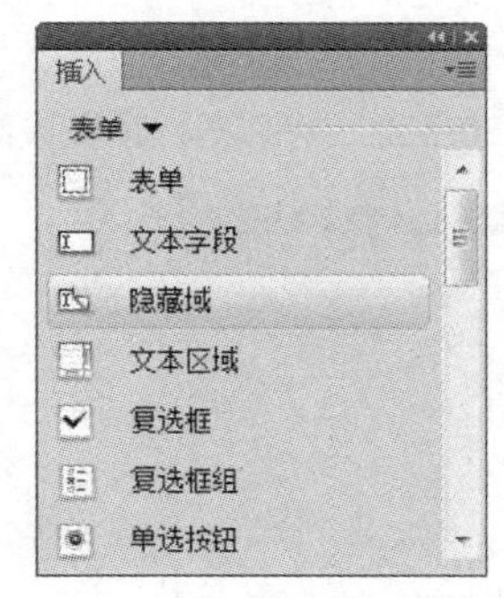

图5-43 选择“隐藏域”选项

Step 03 插入到页面中的隐藏域显示如图5-44所示。在其“属性”面板的“隐藏区域”文本框中输入隐藏域的名称，在“值”文本框中输入要传送给服务器的信息。

图5-44 隐藏域及其“属性”面板

复选框

要在一组选项中选择多个选项时，可以使用复选框。创建复选框的具体操作步骤如下。

Step 01 将光标定位到要插入复选框的位置。

Step 02 在“插入”面板的“表单”选项组中选择“复选框”选项，如图5-45所示。

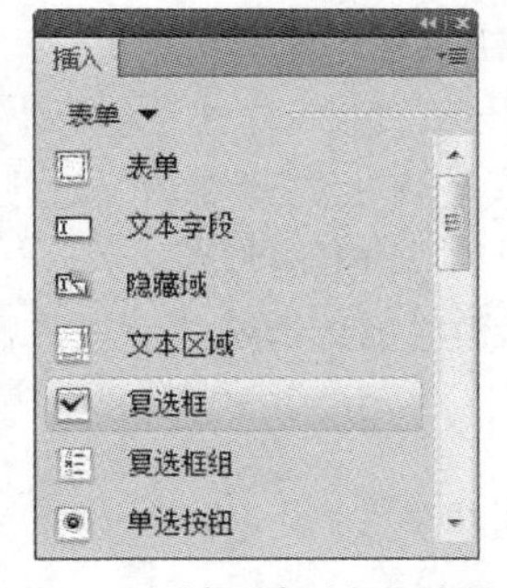

图5-45 选择“复选框”选项

Step 03 插入到页面中的复选框及其“属性”面板如图5-46所示。

图5-46 复选框和其“属性”面板

在“属性”面板的“复选框名称”文本框中输入名称。在“选定值”文本框中为复选框输入值，选定值可以用各项名称内容输入。如果希望在首次载入该表单时某个选项显示为被选择的状态，则在“初始状态”选项组中选择“已勾选”单选按钮。

使用复选框组可以将多个选项一组插入，具体操作步骤如下。

Step 01 将光标定位在要插入复选框组的位置，在“插入”面板的“表单”选项组中选择“复选框组”选项，如图5-47所示。

Step 02 弹出“复选框组”对话框，设置该组按钮的选项，如图5-48所示。

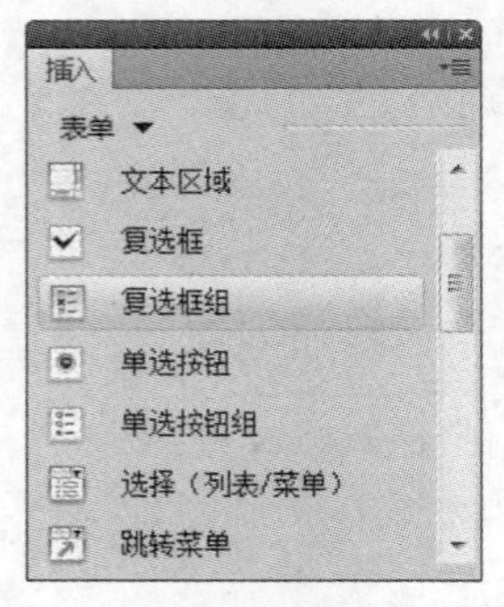

图5-47 选择“复选框组”选项

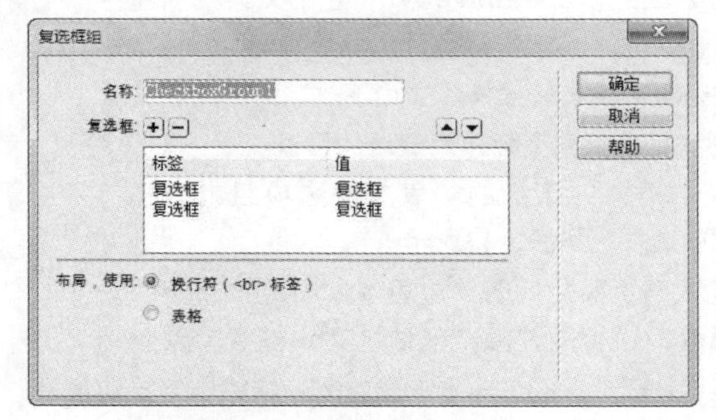

图5-48 “复选框组”对话框

Step 03 在“名称”文本框中输入该复选框组的名称。单击加号按钮，可以向组中添加复选框。设置完成后，单击“确定”按钮。

单选按钮

需要在一组选项中选一个选项时，就需要用到单选按钮。单选按钮通常成组使用，一个组中所有按钮必须拥有相同的名称，而且包含不同的域值。

创建单选按钮的具体操作步骤如下。

Step 01 将光标定位到要插入单选按钮的位置。

Step 02 在“插入”面板的“表单”选项组中选择“单选按钮”选项，如图5-49所示。

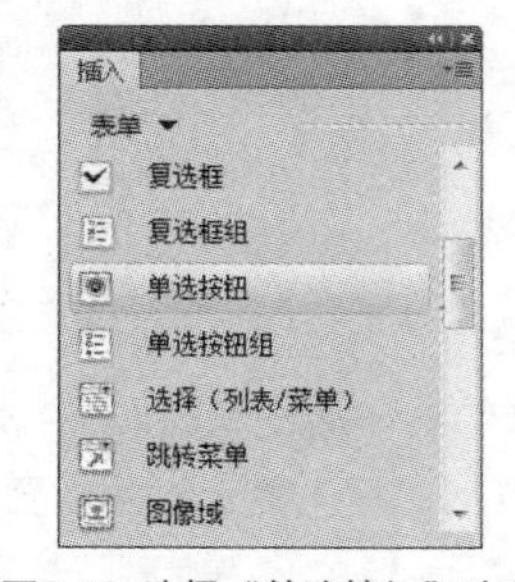

图5-49 选择“单选按钮”选项

Step 03 插入到页面中的单选按钮及其“属性”面板如图5-50所示。

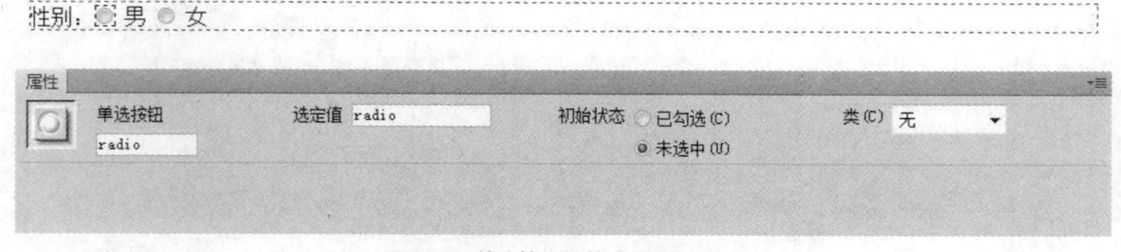

图5-50 单选按钮及其“属性”面板

在“属性”面板的“单选按钮”文本框中为该选项输入名称。在“选定值”文本框中输入选择此单选按钮将发送到服务器端脚本或应用程序的值。如果希望在首次载入该表单时某个选项显示为被选择的状态，则在“初始状态”选项组中选择“已勾选”单选按钮。

使用单选按钮组可以将多个选项一组插入，具体操作步骤如下。

Step 01 将光标定位到要插入单选按钮组的位置，在“插入”面板的“表单”选项组中选择“单选按钮组”选项，如图5-51所示。

Step 02 弹出“单选按钮组”对话框，设置该组按钮的选项，如图5-52所示。

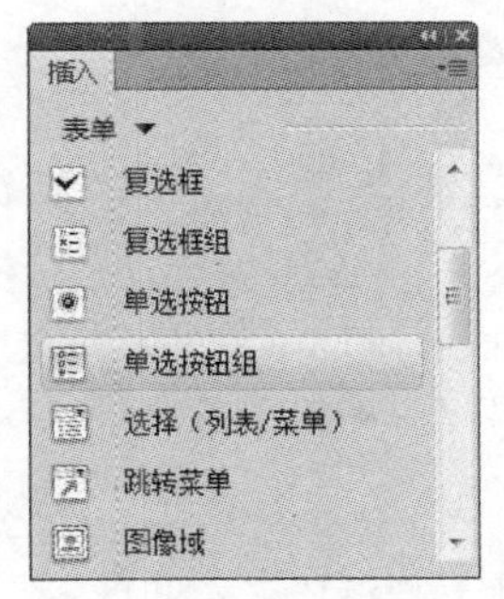

图5-51 选择“单选按钮组”选项

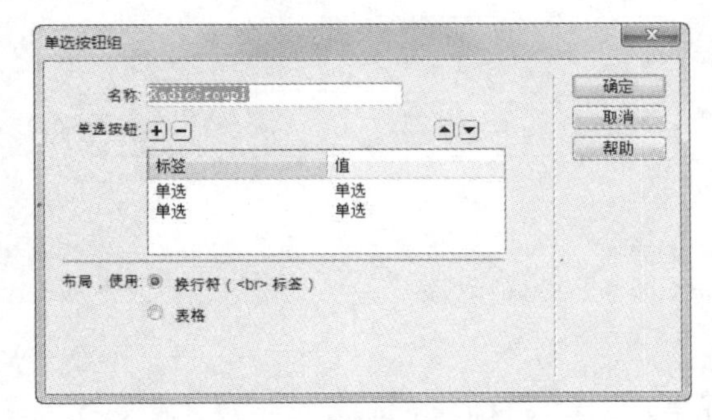

图5-52 “单选按钮组”对话框

Step 03 在“名称”文本框中输入该单选按钮组的名称。单击加号按钮，可以向组中添加单选按钮。设置完成后，单击“确认”按钮。

列表/菜单

列表/菜单是指可以让用户进行选择的表单对象，通常以下拉菜单或滚动列表的形式来显示所有的可用选项。创建列表/菜单的具体操作步骤如下。

Step 01 将光标定位到要插入列表/菜单的位置。

Step 02 在“插入”面板的“表单”选项组中选择“选择（列表/菜单）”选项，如图5-53所示。

Step 03 插入到页面中的列表/菜单及其“属性”面板如图5-54所示。

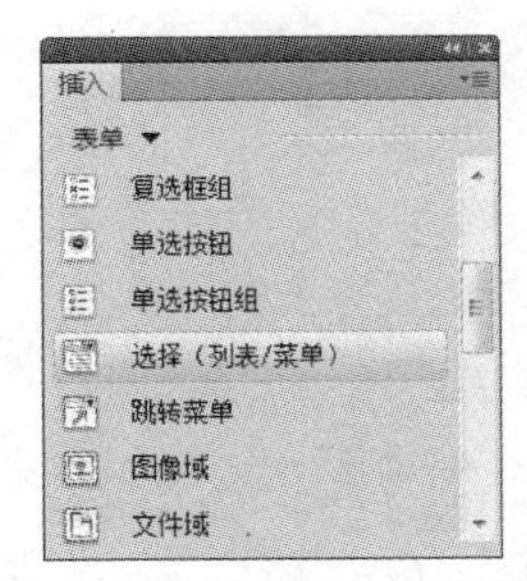

图5-53 选择“选择（列表/菜单）”选项

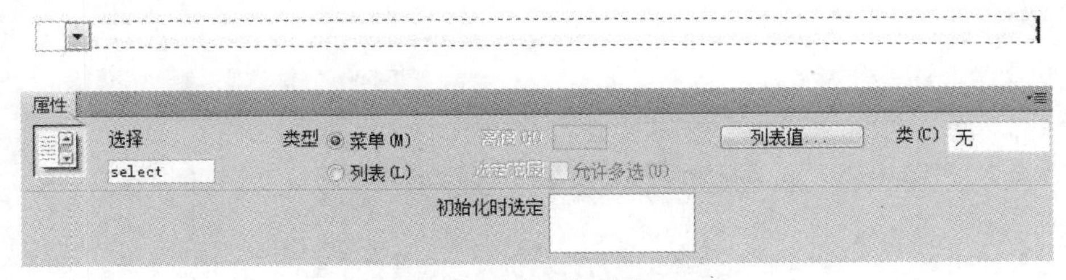

图5-54 列表/菜单及其“属性”面板

列表/菜单的属性主要有以下几个。

- 选择：在下面的文本框中可以设置名称。
- 类型：指定该对象是下拉菜单还是滚动列表框。选择“列表”单选按钮后，可以设置高度。
- 列表值：单击该按钮，将弹出“列表值”对话框。列表中的每个选项都有一个“项目标签”（在列表中显示的文本）和“值”（发送给处理应用程序的值）。如果没有指定值，则把标签文字发送给处理应用程序。使用加号或减号按钮可以在列表框中添加或删除项目，如图5-55所示。

在“列表值”对话框中设置完成后单击“确定”按钮，“属性”面板的显示效果如图5-56所示。在“初始化时选定”列表框中可以选择初始状态的显示。如果不设定，在浏览器载入页面时，列表框中的第一个选项为选择项目。

图5-55 “列表值”对话框

图5-56 列表/菜单的“属性”面板

跳转菜单

跳转菜单的形式和列表/菜单相似，但其带有链接功能。创建跳转菜单的具体操作步骤如下。

Step 01 将光标定位到要插入跳转菜单的位置。

Step 02 在“插入”面板的“表单”选项组中选择“跳转菜单”选项，如图5-57所示。在弹出的“插入跳转菜单”对话框中添加选项，如图5-58所示。

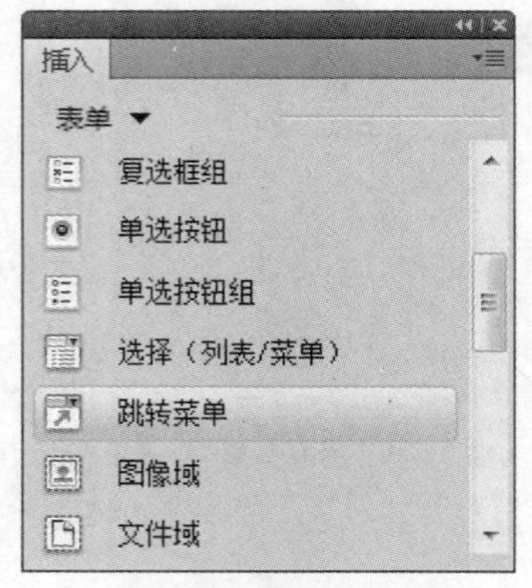

图5-57 选择“跳转菜单”选项

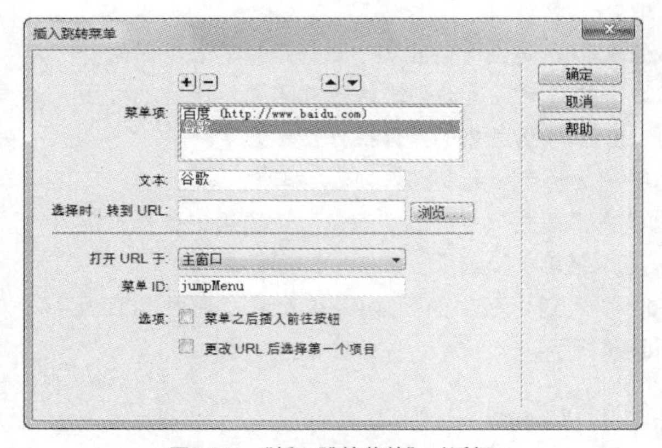

图5-58 “插入跳转菜单”对话框

Step 03 在“文本”文本框中输入要在菜单列表中显示的文字。

Step 04 在“选择时，转到URL”文本框中输入要链接的目标文件地址。如果是链接到某个网站，则输入网站全称。

Step 05 在“打开URL于”下拉列表框中选择文件打开的位置。选择“主窗口”选项，表示在同一个窗口中打开文件。选择“框架”选项，表示在所选框架中打开文件。

Step 06 单击加号按钮，可以在列表框中添加项目，单击减号按钮，可以将选择的项目删除。

Step 07 在“菜单ID”文本框中输入菜单的名称。

Step 08 选择“菜单之后插入前往按钮”复选框，可添加一个“前往”按钮。选择“更改URL后选择第一个项目”复选框，可以使用菜单选择提示。

Step 09 单击“确定”按钮，添加得到的跳转菜单如图5-59所示，其“属性”面板是以“列表/菜单”形式出现的，可以单击“列表值”按钮，在弹出的对话框中修改参数。

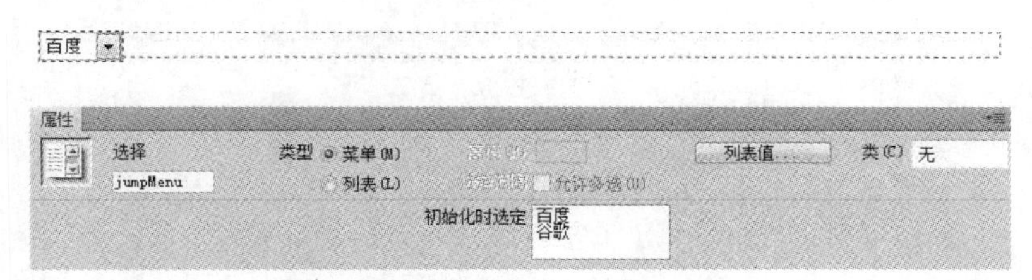

图5-59 跳转菜单及其“属性”面板

表单按钮

按钮是很重要的表单对象，在用户利用各种表单对象填写完信息后，需要单击“提交”按钮，将信息发送给服务器。没有按钮，在客户和服务器之间就不能产生交互作用。

创建表单按钮的具体操作步骤如下。

Step 01 将光标定位到要插入表单按钮的位置。

Step 02 在“插入”面板的“表单”选项组中选择“按钮”选项，如图5-60所示。

图5-60 选择“按钮”选项

Step 03 插入到页面中的表单按钮及其“属性”面板如图5-61所示。

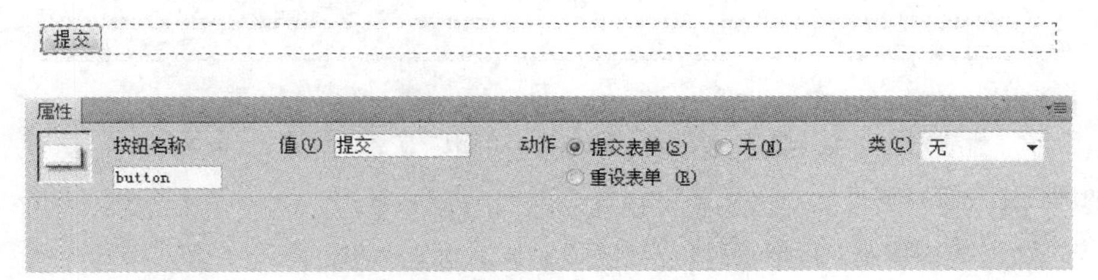

图5-61 表单按钮及其“属性”面板

表单按钮的属性主要有以下几个。

- 值：设置希望显示在按钮上的文字。
- 动作：设置单击按钮后将执行的任务。选择“提交表单”单选按钮，单击该按钮后表单将被提交；选择“重设表单”单选按钮，则单击该按钮后表单将被清空，可以重新填写。

图像域

在网页设计过程中，并不是只有默认的表单按钮才能实现用户和服务器交互的功能，用户也可将图像作为提交或重置按钮。插入图像域的操作步骤如下。

Step 01 将光标定位到要插入图像域的位置。

Step 02 在“插入”面板的“表单”选项组中选择“图像域”选项，如图5-62所示。

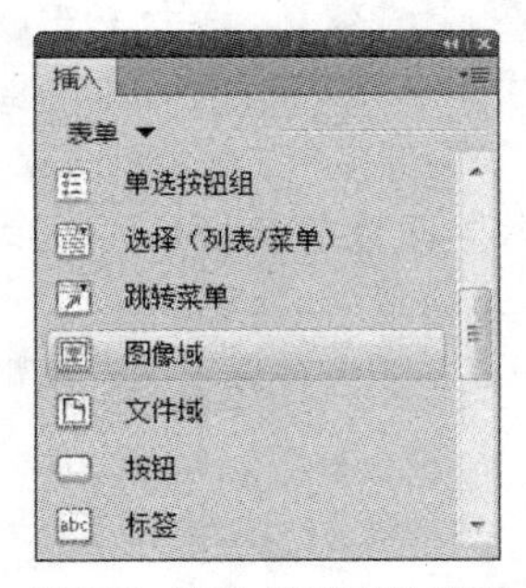

图5-62 选择“图像域”选项

Step 03 弹出“选择图像源文件”对话框，在其中选择图像文件，如图5-63所示。

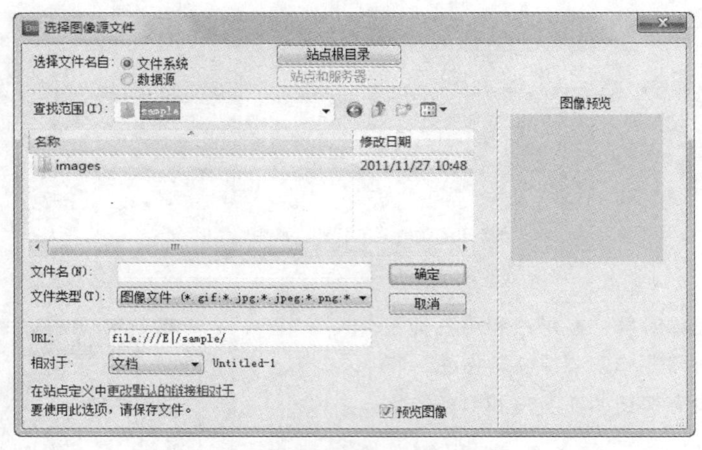

图5-63 “选择图像源文件”对话框

Step 04 单击“确定”按钮，图像域即被插入到页面中。图像域及其“属性”面板如图5-64所示。

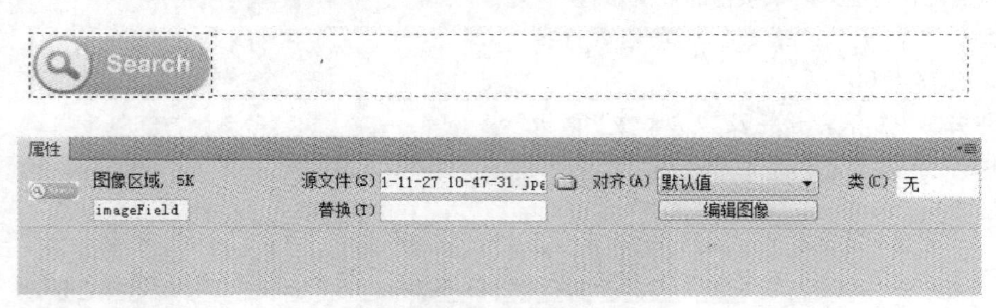

图5-64 图像域及其“属性”面板

图像域的属性主要有以下几个。

- 图像区域：设置图像域的名称。
- 源文件：显示图像文件的路径。
- 替换：设置图像的说明文字，当浏览器不显示图像时可以显示该文字。
- 对齐：设置图像的对齐方式。
- 编辑图像：可利用外部图像编辑软件来编辑图像。

文件域

利用文件域可以将存储在用户计算机中的文件附加到表单中，与其他数据一起发送给服务器。插入文件域的操作步骤如下。

Step 01 将光标定位到要插入文件域的位置。

Step 02 在“插入”面板的“表单”选项组中选择“文件域”选项，如图5-65所示。

Step 03 插入到页面中的文件域及其“属性”面板如图5-66所示。

图5-65 选择“文件域”选项

图5-66 文件域及其“属性”面板

文件域的属性主要有以下几个。

- 文件域名称：设置文件域的名称。
- 字符宽度：设置文件域的宽度，单位是英文字符数。
- 最多字符数：设置可以在文件域中最多可输入的字符数。
- 类：设置应用在文件域上的样式。

5.6 表格

表格不仅是常用的页面元素，在网页排版方面也有着重要地位。通过设置表格及单元格的属性，可以对页面中的元素进行准确定位。

5.6.1 插入表格

在Dreamweaver 中插入表格的方法很简单，具体操作步骤如下。

Step 01 打开一个网页，将光标定位在要插入表格的位置，选择“插入>表格 ”命令，如图5-67所示。

Step 02 弹出“表格”对话框，在该对话框中设置表格大小为4行3列，“表格宽度”为99，单位为“百分比”，“边框粗细”为0像素，“单元格边距”为0，“单元格间距”为2，然后单击“确定”按钮，如图5-68所示。

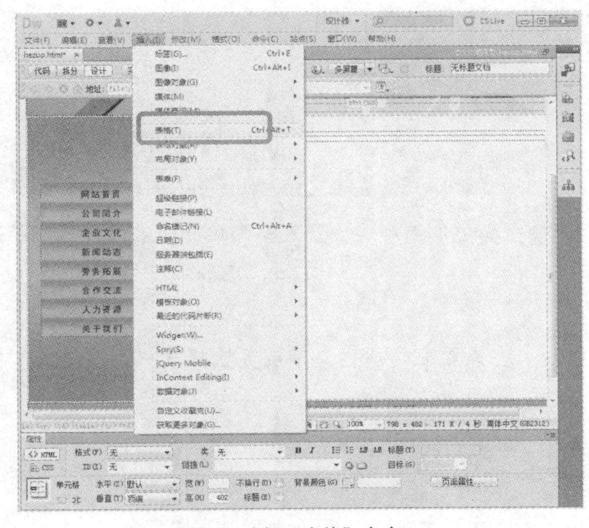

图5-67 选择“表格”命令

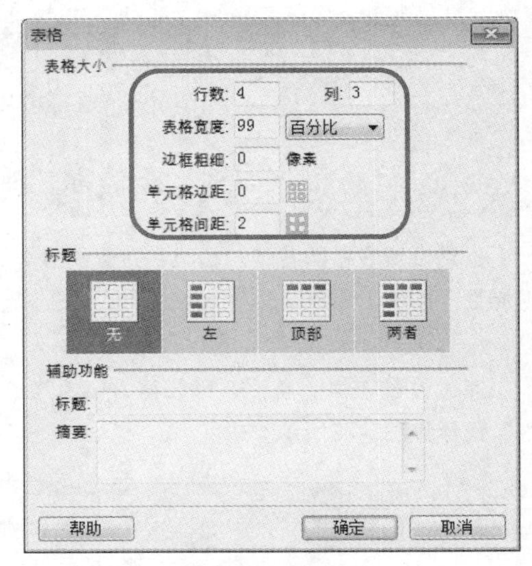

图5-68 设置表格参数

Step 03 此时，在Dreamweaver 中将插入一个4行3列的表格，如图5-69所示。

Step 04 在相应的单元格中输入文本内容并插入图片，效果如图5-70所示。

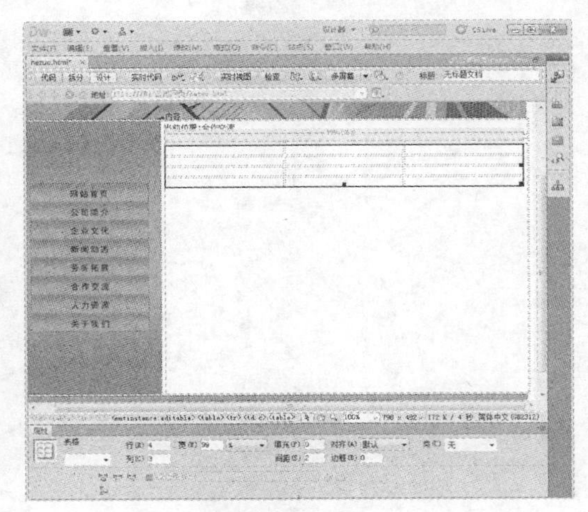

图5-69 插入的表格

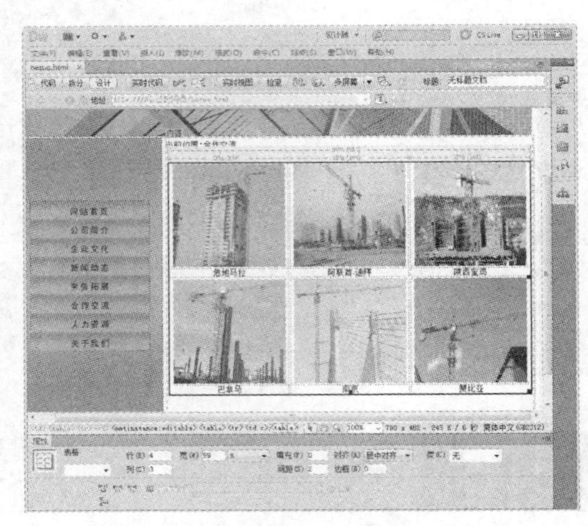

图5-70 添加文本和图片

另外，在“插入”面板的“布局”选项组中选择“表格”选项，也可以弹出“表格”对话框，如图5-71所示。

图5-71 通过“插入”面板插入表格

5.6.2 设置表格和单元格属性

灵活设置表格的背景、框线和背景图像等属性还可以使页面更加美观，设置表格和单元格的属性可以通过“属性”面板来完成。

设置表格属性

通过设置表格的属性，可以很方便地修改表格的外观。在设置表格属性之前要先选择表格，表格的“属性”面板如图5-72所示。

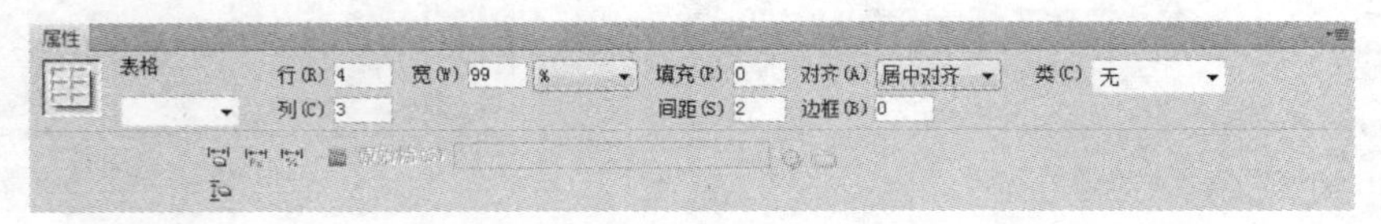

图5-72 表格的“属性”面板

在表格的“属性”面板中，各选项的含义如下。

- “行”和“列”：表格中行和列的数量。
- 宽：以“像素”为单位或表示为占浏览器窗口宽度的百分比。
- 填充：单元格内容和单元格边界之间的像素数。
- 间距：相邻的表格单元格之间的像素数。
- 对齐：设置表格的对齐方式。在该下拉列表框中有4个选项，分别是默认、左对齐、居中对齐和右对齐。
- 边框：用来设置表格边框的宽度。
- 类：对该表格设置一个CSS类。
- “清除列宽”按钮：清除表格的宽度。
- “将表格宽度转换成像素”按钮：用于把表格的宽度单位改为像素。
- “将表格宽度转换成百分比”按钮：用于把表格的宽度单位改为百分比。
- “清除行高”按钮：清除表格的高度。

设置单元格属性

将光标置于单元格中，该单元格就处于选择状态，此时“属性”面板显示单元格的属性，如图5-73所示。

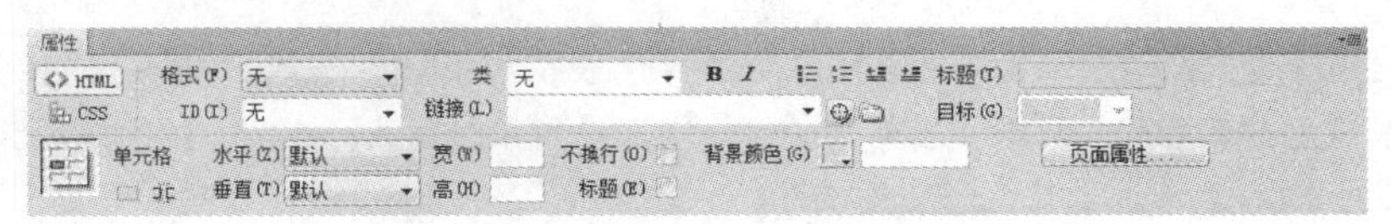

图5-73 单元格的“属性”面板

在单元格的“属性”面板中，各选项的含义如下。

- “合并所选单元格，使用跨度”按钮和“拆分单元格为行或列”按钮：用于合并和拆分单元格。
- 水平：设置表格的单元格、行或列中内容的水平对齐方式，包括默认、左对齐、居中对齐和右对齐4种。
- 垂直：设置表格的单元格、行或列中内容的垂直对齐方式，包括默认、顶端、居中、底部和基线5种。
- 不换行：选择该复选框后，浏览器将把选择单元格的内容显示在同一行中。
- “宽”和“高”：用于设置单元格的宽和高。
- 标题：选择该复选框，将当前单元格设置为标题行。
- 背景颜色：用于设置单元格的颜色。
- 页面属性：用于设置单元格的页面属性。

5.6.3 表格的编辑

在网页文档中插入表格后，用户可以对其进行编辑，如调整表格宽度或高度、添加或删除行或列，以及拆分或合并单元格等。下面将分别进行具体介绍。

调整表格和单元格的大小

若想改变表格的高度和宽度，可以先选择该表格，在出现3个控制点后，将鼠标移动到控制点上，当鼠标指针变成如图5-74和图5-75所示的形状时，按住鼠标并拖曳，即可改变表格的高度和宽度。

图5-74 调整表格的高度

图5-75 调整表格的宽度

此外，还可以在“属性”面板的“行”和“列”文本框中改变表格的宽和高。

添加或删除行或列

用户在新建表格时，难免会算错表格的行或列，使用插入和删除行或列命令，可以方便地设置表格的行数或列数。

1. 添加单行或单列

在表格内单击鼠标右键，在弹出的快捷菜单中选择“表格>插入行 ”或“插入列”命令（如图5-76所示），即可在当前行上方新增加一行或在当前列左侧新增加一列。以插入行为例，效果如图5-77所示。

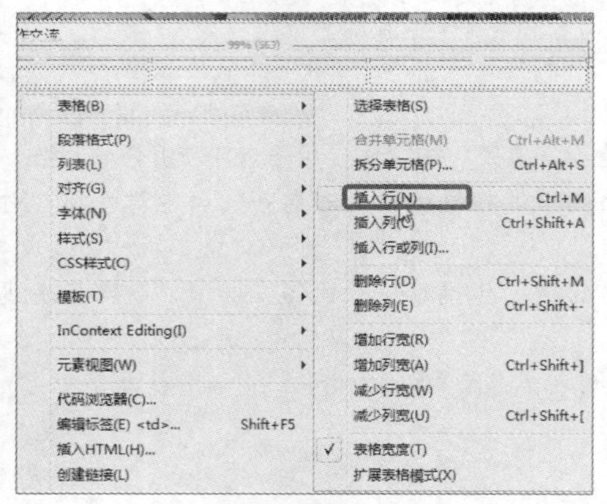

图5-76 选择“插入行”命令

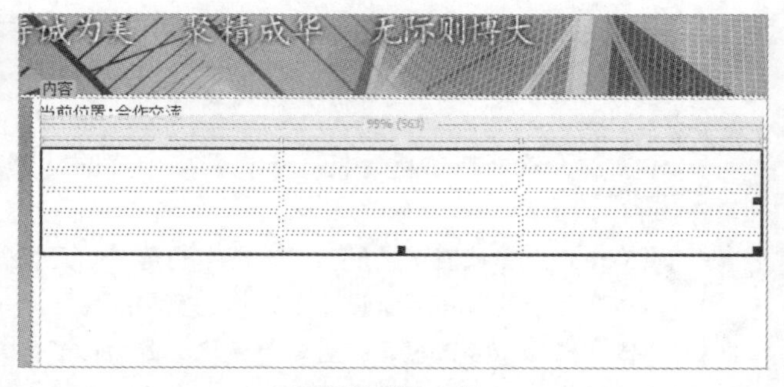

图5-77 插入一行

此外，通过菜单命令也可以插入行或列，具体操作方法为：选择“修改>表格>插入行”或“插入列”命令，则在当前光标位置的上方新增加一行或在左侧新增加一列。

2. 添加多行或多列

将鼠标光标移至要增加行或列的位置，单击鼠标右键，在弹出的快捷菜单中选择“表格>插入行或列”命令，在弹出的对话框中设置要插入的多行或多列，具体操作步骤如下。

Step 01 在表格中定位光标，单击鼠标右键，在弹出的快捷菜单中选择“表格>插入行或列 ”命令，如图5-78所示。

Step 02 弹出“插入行或列”对话框，如图5-79所示，选择“列”单选按钮，输入要插入列的数值2，选择位置为“在当前列之后”，然后单击“确定”按钮，即可在当前位置右侧插入两列。

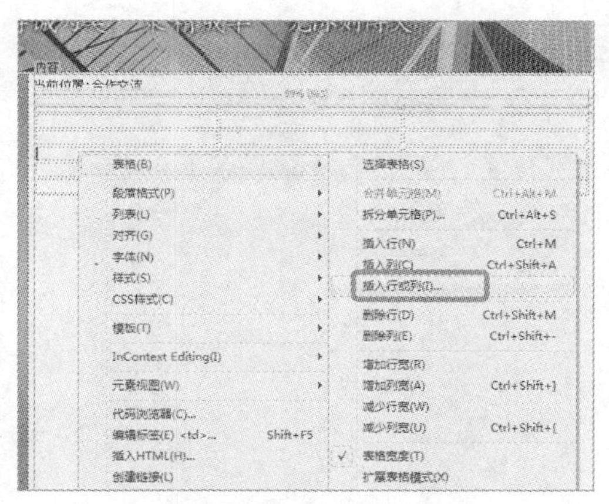

图5-78 选择“插入行或列”命令

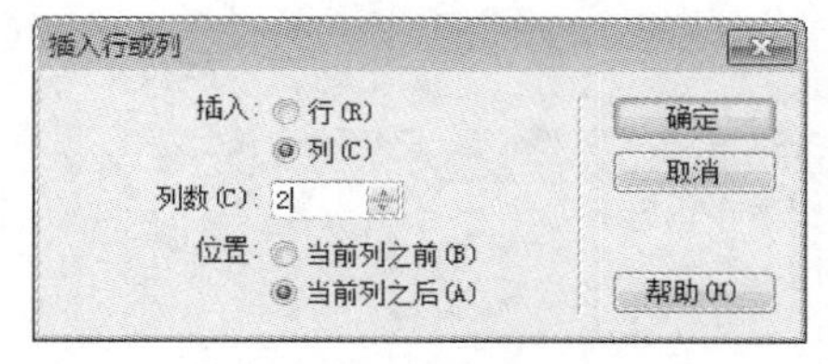

图5-79 设置参数

在表格的“属性”面板中，增加“行”或“列”文本框中的数值也可以增加多行或多列，只是新增加的行或列将显示在表格的最下方或最右侧。

3. 删除行或列

删除表格的行或列主要有以下两种方法。

- 选择要删除的行或列，按【Delete】键即可。
- 选择要删除的行或列后，单击鼠标右键，在弹出的快捷菜单中选择“表格>删除行”或“删除列”命令也可以将其删除，如图5-80和图5-81所示。

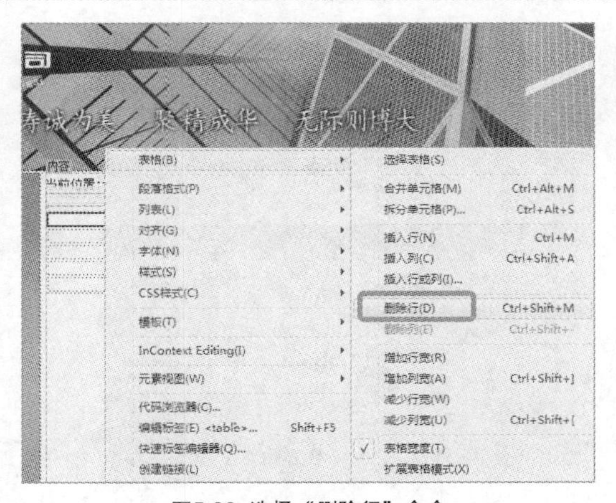

图5-80 选择“删除行”命令

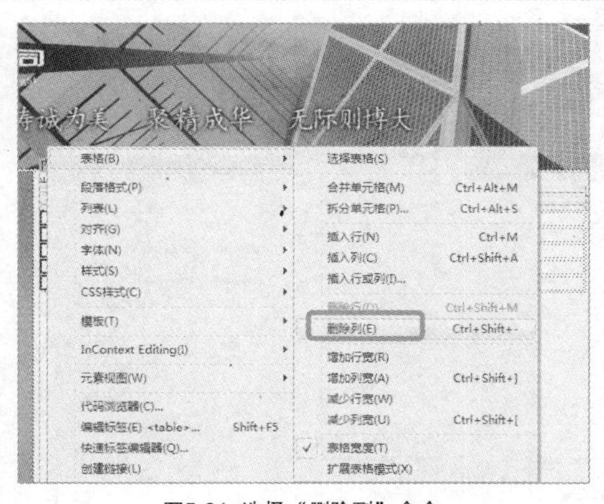

图5-81 选择“删除列”命令

如果用户在选择行或列之后，通过执行“剪切”命令，也可以将选择的行或列删除。

拆分单元格

在使用表格的过程中，直接插入的表格往往不能满足设计者的需求，而拆分单元格则能达到用户需求的效果。拆分单元格的具体操作步骤如下。

Step 01 将光标定位在要拆分的单元格中，单击单元格“属性”面板中的“拆分单元格为行或列”按钮，弹出“拆分单元格”对话框，设置需要拆分的行数或列数。在这里设置“行”为2，如图5-82所示。

Step 02 单击“确定”按钮，这时，将该单元格已经拆分为两行了，如图5-83所示。

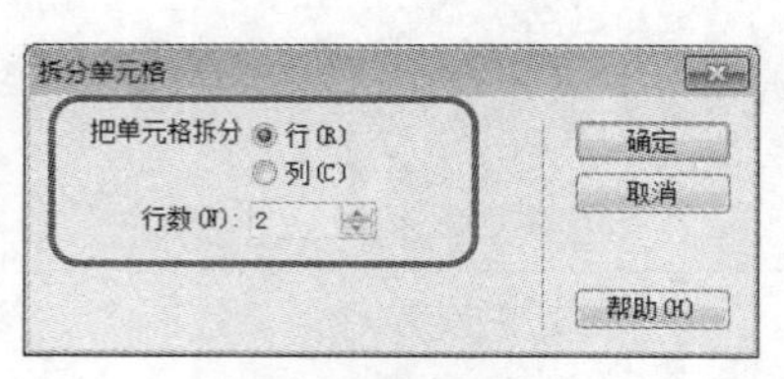

图5-82 设置参数

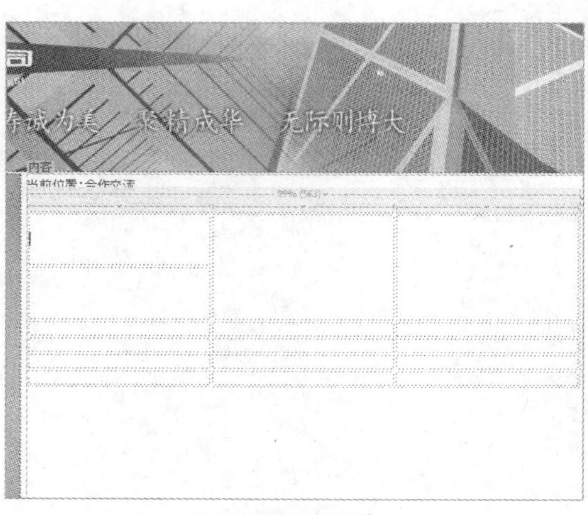

图5-83 拆分单元格

拆分单元格还有以下两种方法。

- 将光标置于要拆分的单元格中，选择“修改>表格>拆分单元格 ”命令（如图5-84所示），弹出“拆分单元格”对话框，然后进行相应的设置。
- 将光标置于要拆分的单元格中，单击鼠标右键，在弹出的菜单中选择“表格>拆分单元格”命令，如图5-85所示），将弹出“拆分单元格”对话框，然后进行相应的设置即可。

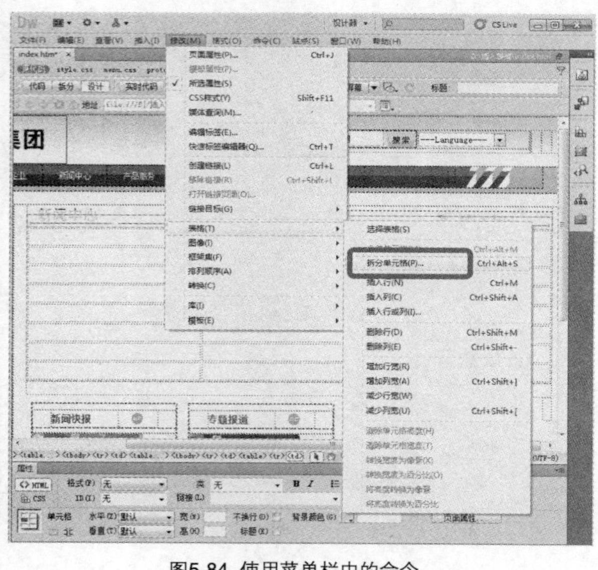

图5-84 使用菜单栏中的命令

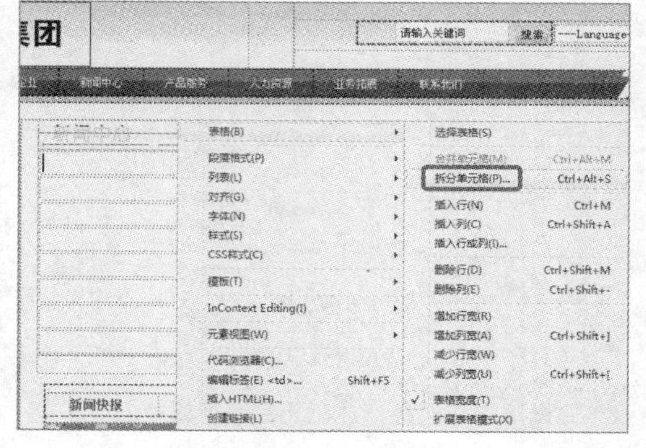

图5-85 使用右键快捷菜单

合并单元格

合并单元格就是将选择的单元格的内容合并到一个单元格，在Dreamweaver 中可以合并任意多个连续的单元格，具体操作步骤如下。

Step 01 选择需要合并的相邻单元格，如图5-86所示。

Step 02 单击单元格“属性”面板中的“合并所选单元格，使用跨度”按钮即可，如图5-87所示。

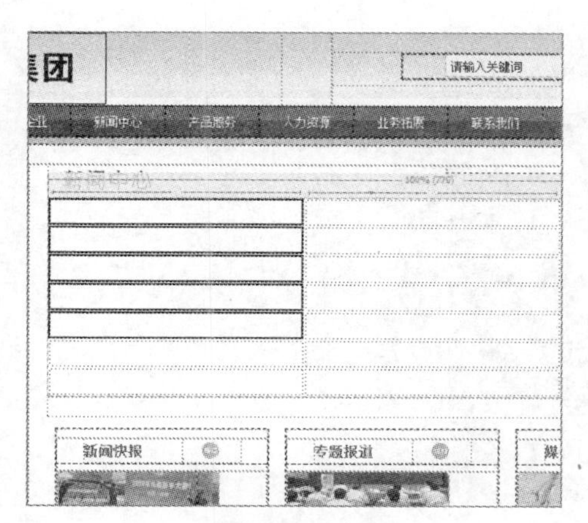
图5-86 选择单元格

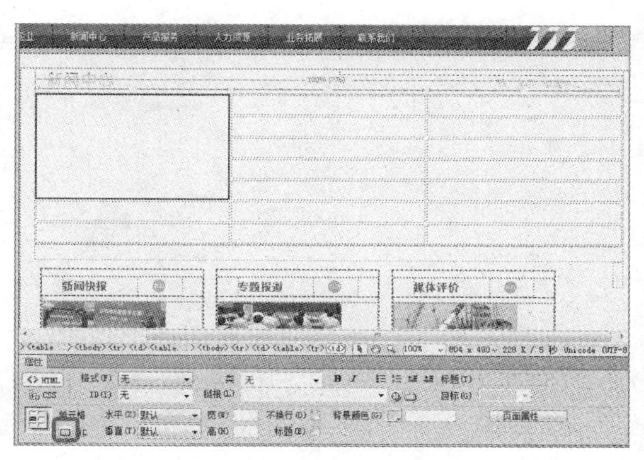
图5-87 合并单元格

合并单元格还有以下两种方法。

- 选择要合并的单元格，选择“修改>表格>合并单元格 ”命令，如图5-88所示，将多个单元格合并成一个单元格。
- 选择要合并的单元格，单击鼠标右键，在弹出的快捷菜单中选择“表格>合并单元格 ”命令，如图5-89所示，即可合并单元格。

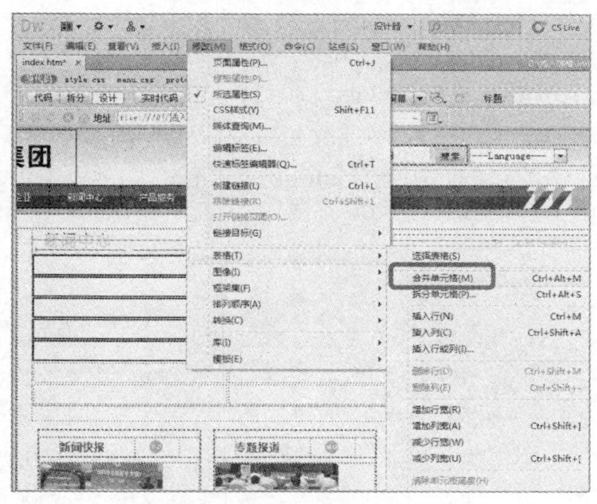
图5-88 使用菜单栏中的命令

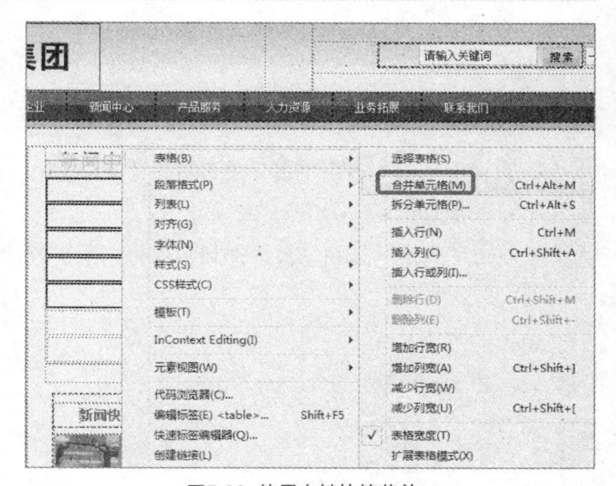

图5-89 使用右键快捷菜单

5.7 实例精讲

前面我们学习了文本、图像、表单和表格等网页元素的使用，下面通过两个实例对前面所学的知识加以巩固。

5.7.1 制作水果店网站首页

经过前面一系列关于创建网页基本对象的学习后，下面将通过一个实例，帮助读者了解基本网页的建立流程，以及不同网页对象在页面中的添加方法。本例最终完成效果如图5-90所示。

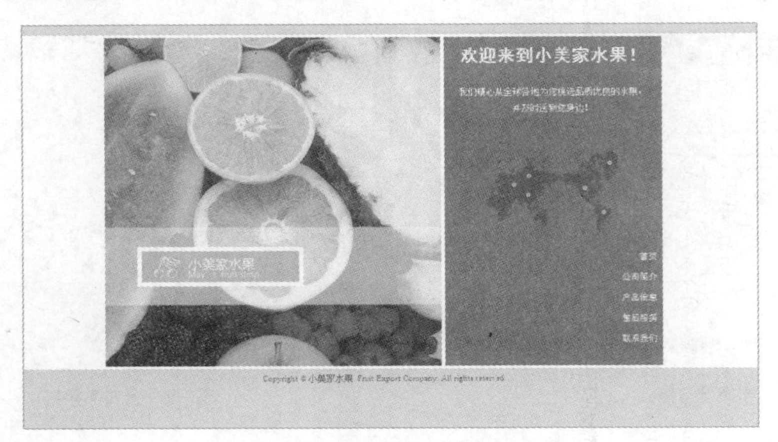

图5-90 页面显示效果

具体操作步骤如下。

Step 01 打开随书附带光盘中的“素材\Chapter-05\制作水果网站首页\原始文件\index.htm”文件，在“属性”面板中单击“页面属性”按钮，如图5-91所示。

图5-91 单击“页面属性”按钮

Step 02 在弹出的对话框中设置“背景颜色”为#D7CCB6，“背景图像”选择“image/3_02.jpg”，并设置重复方式为“repeat-x”，如图5-92所示。

Step 03 单击“确定”按钮，页面的显示效果如图5-93所示。

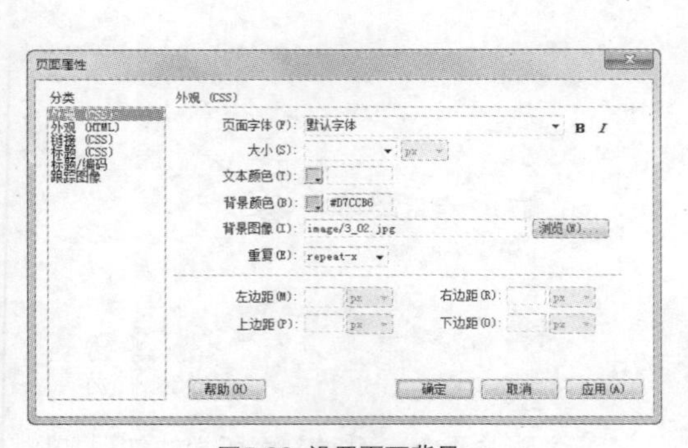

图5-92 设置页面背景

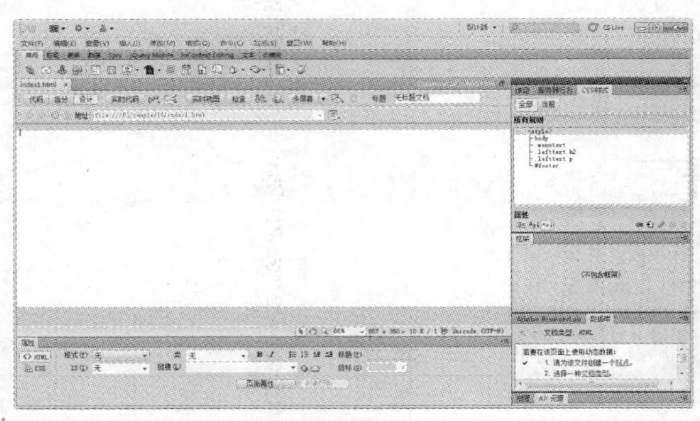

图5-93 页面背景

Step 04 将插入点置于页面上方中间空白位置，选择“插入>表格”命令，在弹出的“表格”对话框中设置“行数”为2，“列”为2，“表格宽度”为750像素，“单元格间距”为5，如图5-94所示。

Step 05 单击“确定”按钮，页面中将插入一个表格，显示效果如图5-95所示。

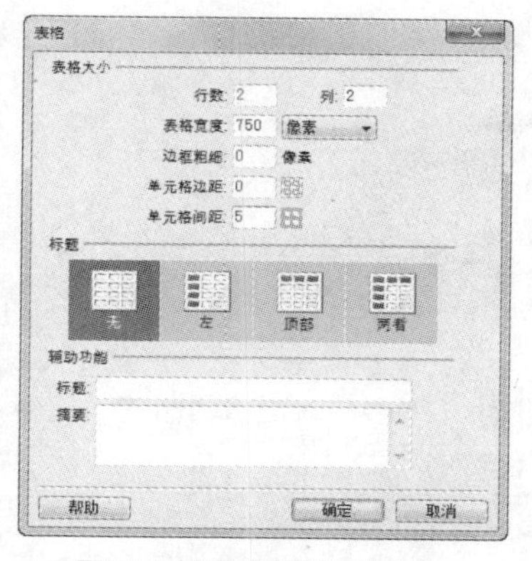

图5-94 设置“表格”对话框

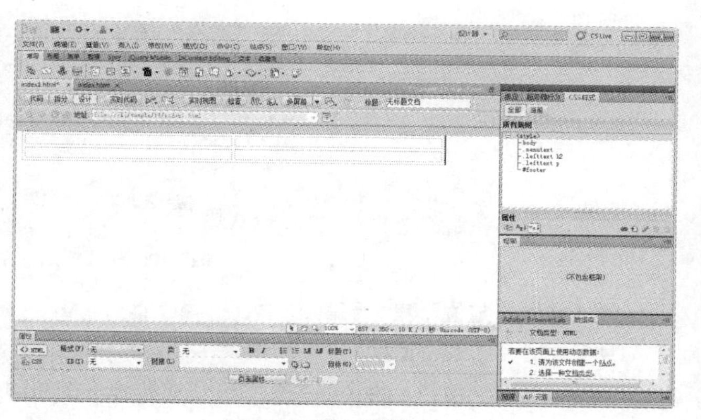

图5-95 插入表格

Step 06 选择整个表格，在“属性”面板中设置“对齐”方式为“居中对齐”，如图5-96所示。

Step 07 将插入点置于表格左上第一个单元格，选择“插入>媒体>SWF”命令，在弹出的对话框中选择“image\piantou.swf”影片文件，如图5-97所示。

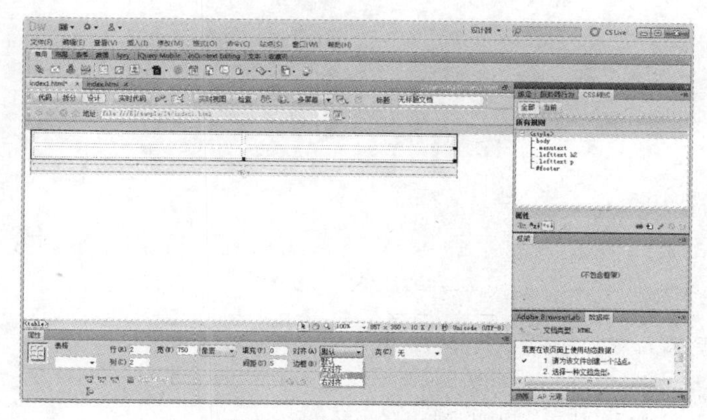

图5-96 设置表格居中对齐

图5-97 插入片头动画

Step 08 单击“确定”按钮，弹出“对象标签辅助功能属性”对话框，如图5-98所示，提醒设计者输入标题等内容，这里可暂不填写，稍后在“属性”面板中进行设置。

Step 09 单击“确定”按钮，首页中的片头动画即被插入到页面中，如图5-99所示。

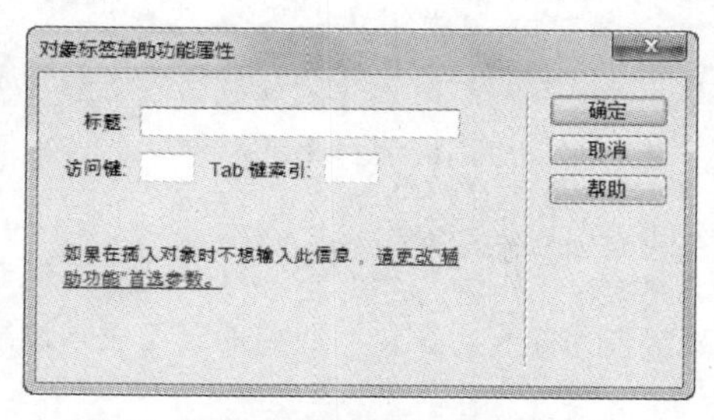

图5-98 “对象标签辅助功能属性”对话框

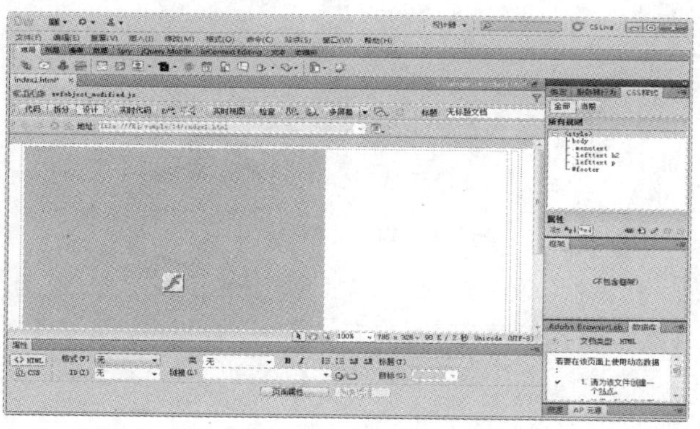

图5-99 插入片头动画

Step 10 将光标定位于第1行第2列中，在“属性”面板中设置该单元格的“背景颜色”为#A51F16，如图5-100所示。

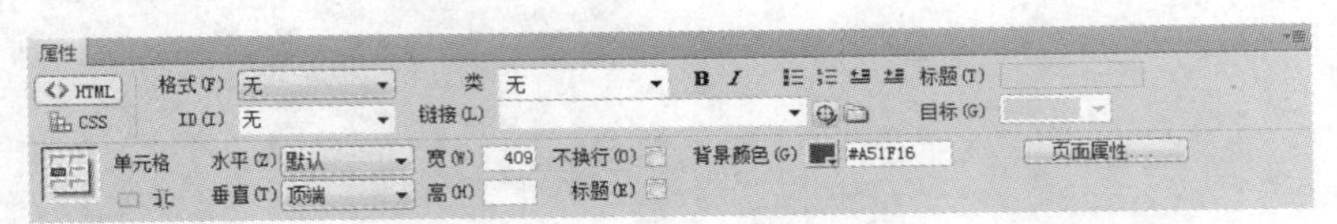

图5-100 设置单元格背景色

Step 11 仍然将光标定位于第1行第2列中，选择“插入>表格”命令，在弹出的“表格”对话框中设置“行数”为3，“列”为1，“表格宽度”为280像素，“单元格间距”为5，如图5-101所示。

Step 12 单击“确定”按钮，将在原来的单元格中嵌套一个新的表格，如图5-102所示。

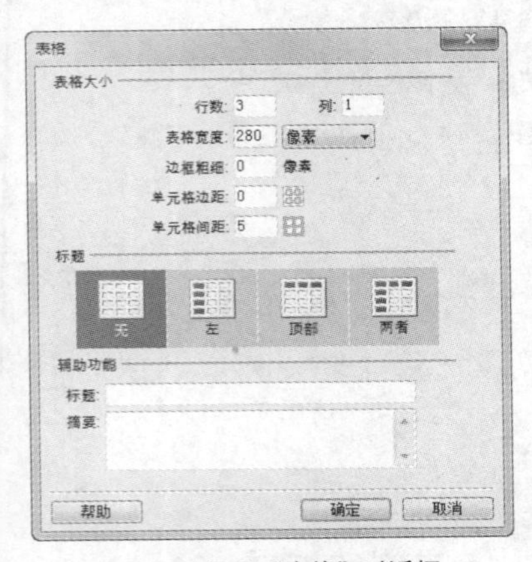

图5-101 设置“表格”对话框

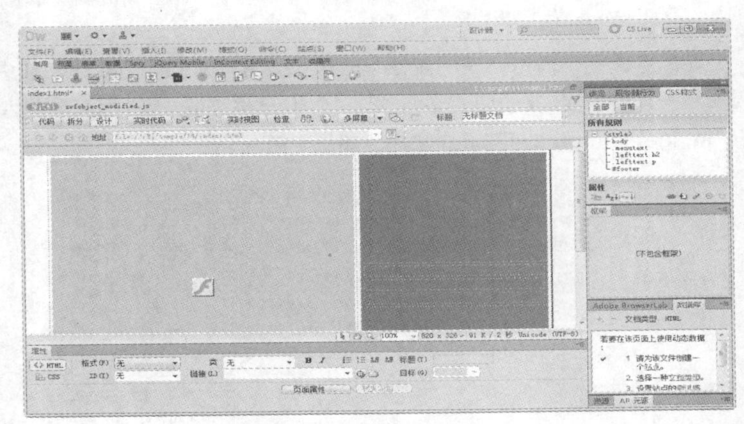

图5-102 插入嵌套表格

Step 13 将光标置于嵌套的表格的第1行中，然后输入文本内容，如图5-103所示。

Step 14 选择第1行文本，在“属性”面板中设置“格式”为“标题2”，如图5-104所示。

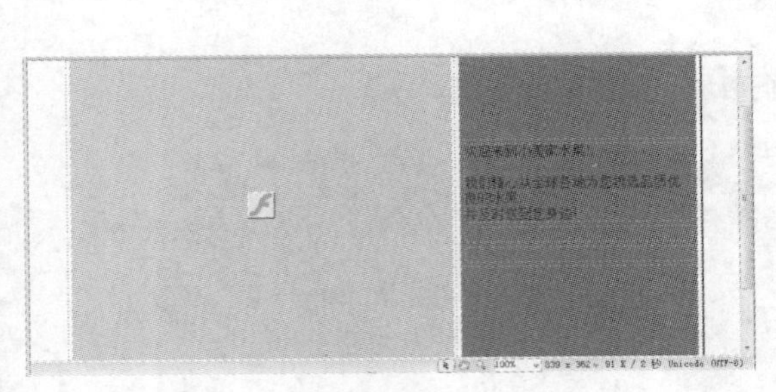

图5-103 输入文本内容

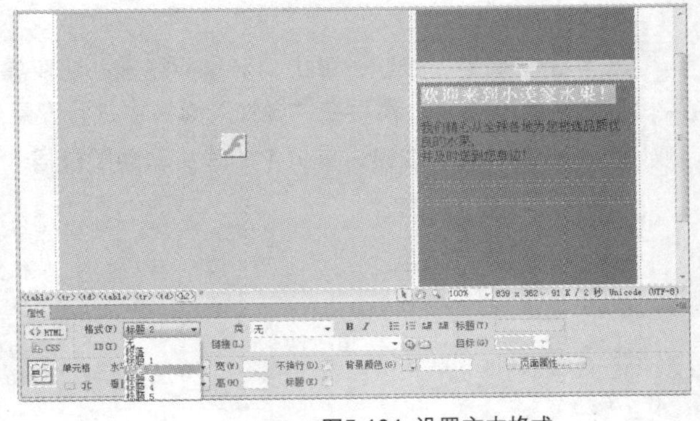

图5-104 设置文本格式

Step 15 选择其余文本，在“属性”面板中设置“格式”为“段落”，如图5-105所示。

Step 16 选择被嵌套的表格，在“属性”面板中设置“类”为“lefttext”，如图5-106所示。这是已经设置好的CSS定义，具体的设置方法将在后面进行详细介绍，这里只需直接使用即可。设置完成后的页面显示效果如图5-107所示。

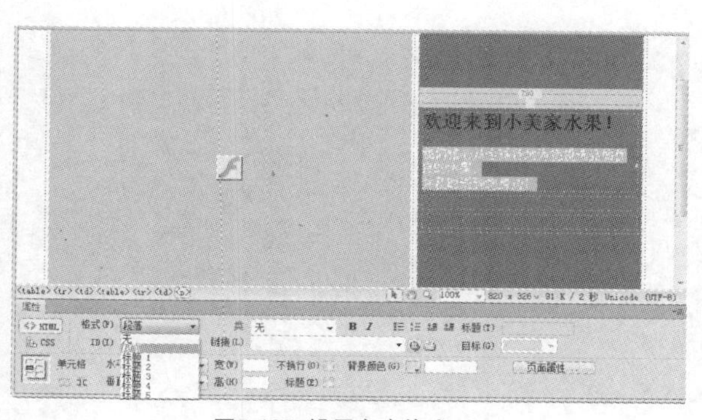

图5-105 设置文本格式

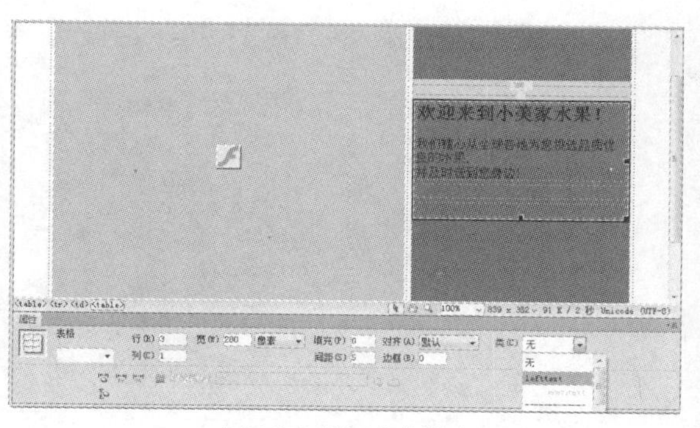

图5-106 设置文本样式

Step 17 将光标置于嵌套的表格的第2行中，选择“插入>图像”命令，在弹出的对话框中选择图像“image\3_07.jpg”，如图5-108所示。

图5-107 文本样式效果

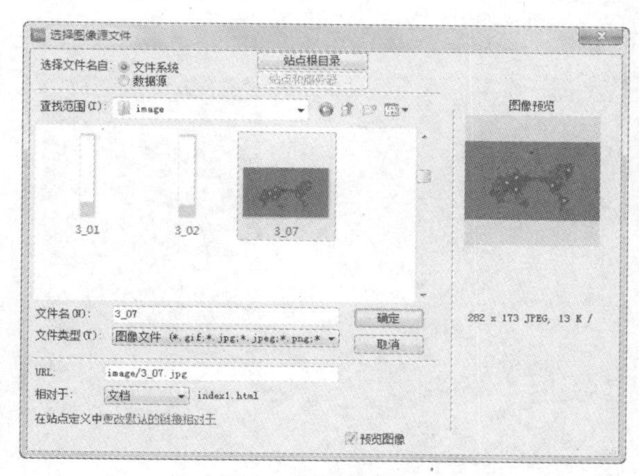

图5-108 插入图像

Step 18 单击“确定”后，页面显示效果如图5-109所示。

Step 19 将光标定位于嵌套的表格的第3行，在“属性”面板中设置“水平”方向的对齐方式为“右对齐”，如图5-110所示。

图5-109 插入图像

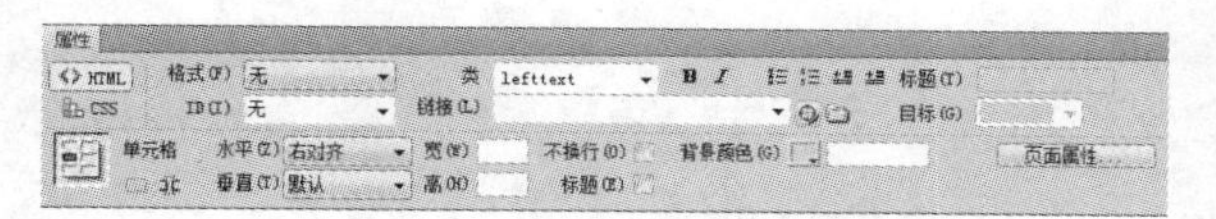

图5-110 设置单元格的对齐方式

Step 20 将光标定位于嵌套的表格的第3行，选择“插入>表格”命令，在弹出的“表格”对话框中设置“行数”为5，“列”为1，“表格宽度”为100像素，“单元格间距”为2，单击“确定”按钮后，页面显示效果如图5-111所示。

Step 21 在表格中分别输入文本，如图5-112所示。

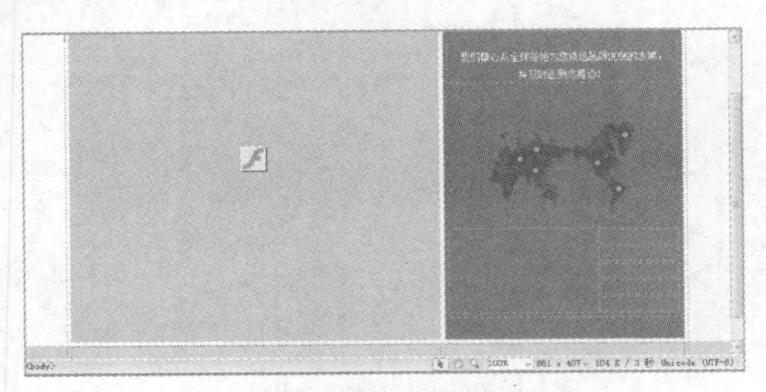

图5-111 插入嵌套表格

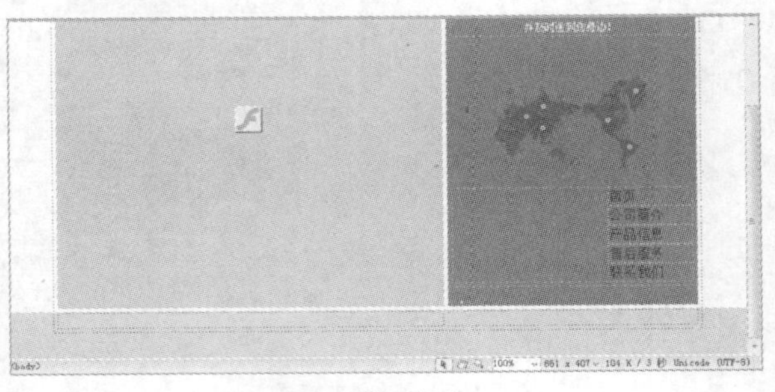

图5-112 输入文本

Step 22 选择表格，在“属性”面板中设置“类”为“lefttext”。设置完成后的效果显示如图5-113所示。

Step 23 选择最大的表格中的第2行的两列，在“属性”面板中单击“合并所选单元格，使用跨度”按钮，如图5-114所示。

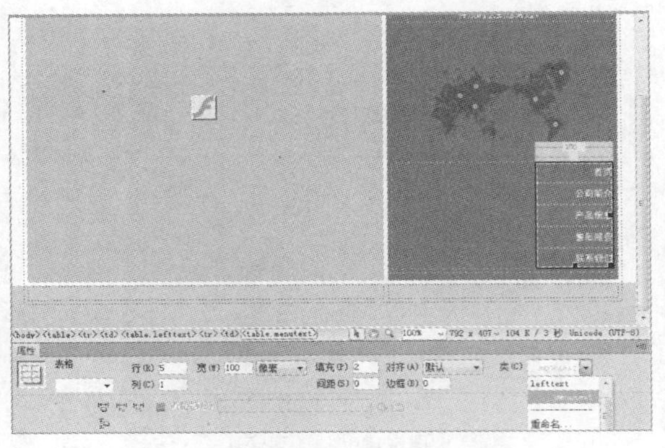

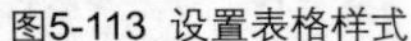

图5-113 设置表格样式

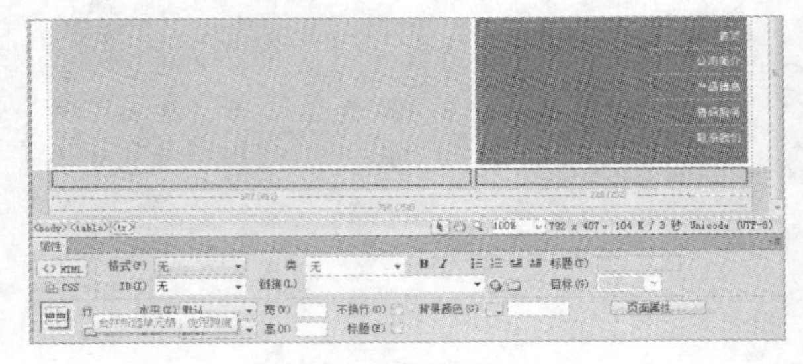

图5-114 合并单元格

Step 24 将光标置于合并后的单元格中，在单元格的“属性”面板中设置“水平”方向的对齐方式为“居中对齐”，如图5-115所示。

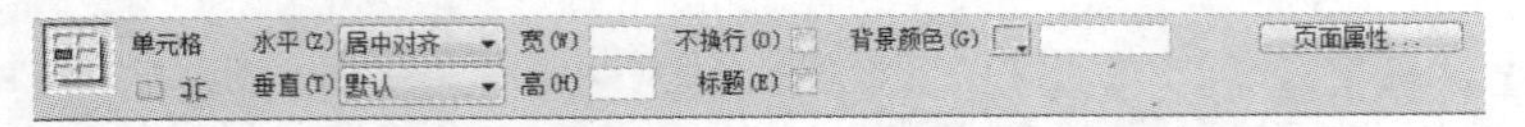

图5-115 设置单元格对齐方式

Step 25 继续将光标置于该单元格中，在其中输入脚注信息的文本内容，如图5-116所示。

图5-116 输入文本内容

Step 26 选择输入的文本，在其“属性”面板中设置“ID”为“footer”，如图5-117 所示。这也是已经设置好的CSS定义，在这里只需直接使用即可。

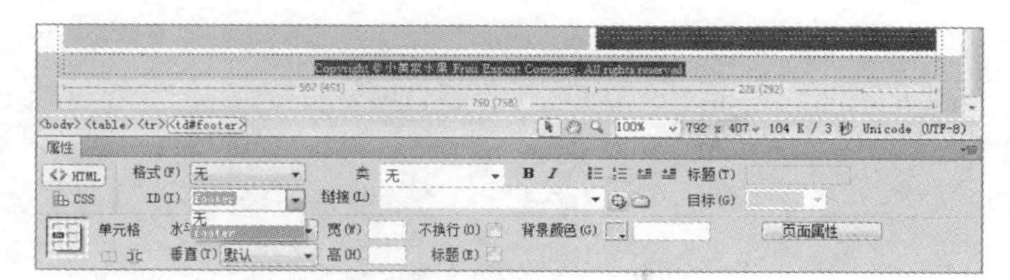

图5-117 设置文本样式

Step 27 设置完成后整个页面的显示效果如图5-118所示。

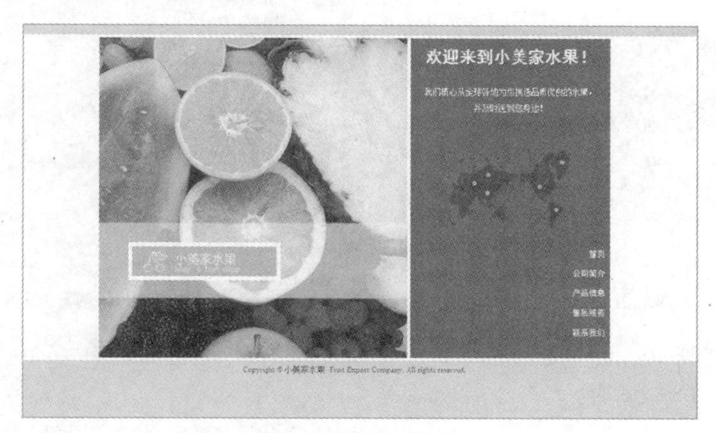

图5-118 页面完成效果

5.7.2 制作产品订购网页

在本例中将制作一个“产品订购”的页面，通过该实例帮助读者了解网页中表单的创建方法，最终完成效果如图5-119所示。

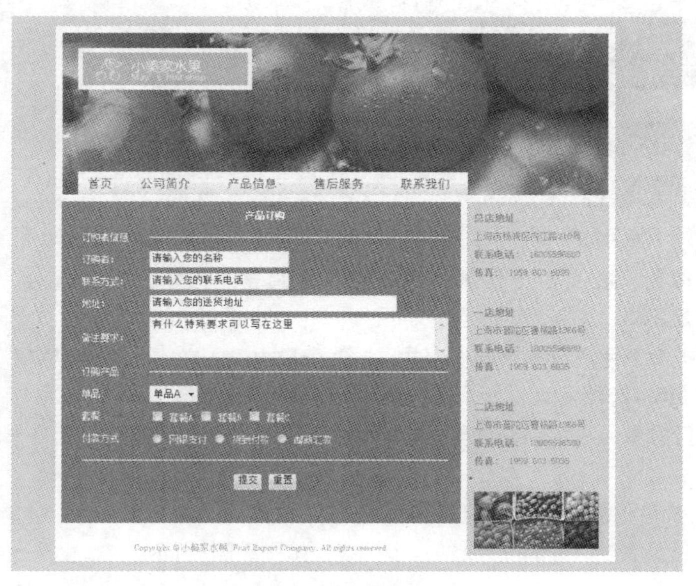

图5-119 “产品订购”页面

具体制作步骤如下。

Step 01 打开随书附带光盘中的“素材\Chapter-05\制作产品订购网页\原始文件\form.htm”文件，将光标移至页面中要添加表单的空白区域，如图5-120所示。

Step 02 选择“插入>表单>表单”命令，如图5-121所示，将会在光标处插入一个表单，如图5-122所示。

图5-120 原始页面

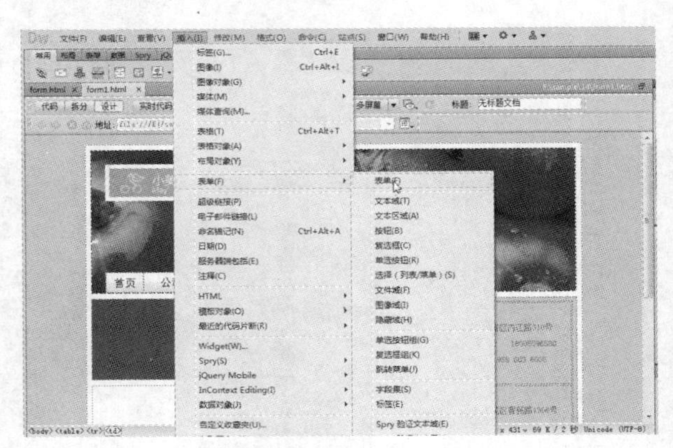

图5-121 选择“表单”命令

Step 03 将光标置于表单内，选择“插入>表格”命令，在弹出的“表格”对话框中设置表格属性，如图5-123所示。

图5-122 插入的表单

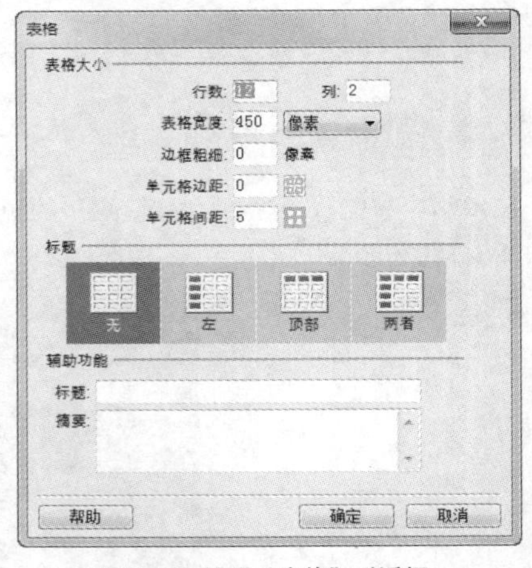

图5-123 设置“表格”对话框

Step 04 单击“确定”按钮，在页面中插入一个表格。选择整个表格，在“属性”面板中设置“类”为“order”，如图5-124所示。

Step 05 将表格中的第1行和最后两行的单元格合并，并在表单中输入文字。输入文字后，字体将自动按照CSS样式中的设置显示，如图5-125所示。

Step 06 将光标置于第1行的单元格中，在“属性”面板中设置其“水平”方向的对齐方式为“居中对齐”，如图5-126所示。

Step 07 将光标置于“订购者信息”所在行的第2列，选择“插入>HTML>水平线”命令，在该单元格中插入水平线。在“订购产品”行及倒数第2行也分别插入水平线，如图5-127所示。

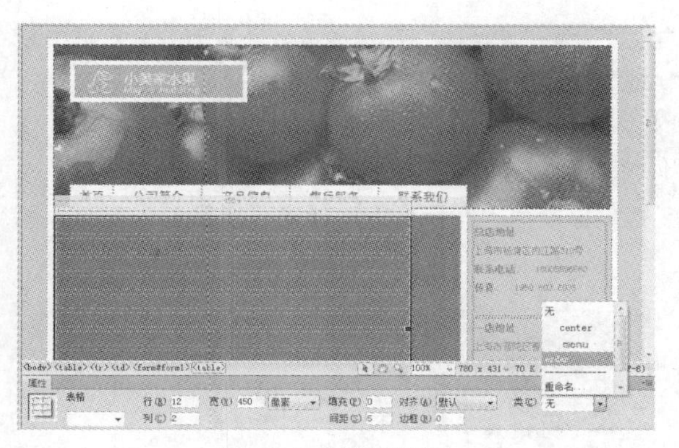

图5-124 设置表格样式

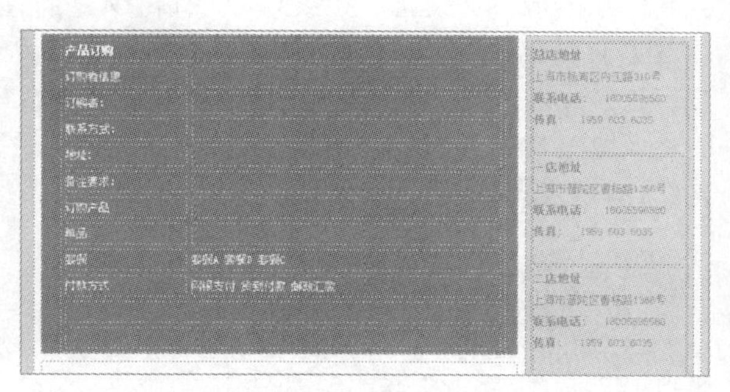

图5-125 输入文本

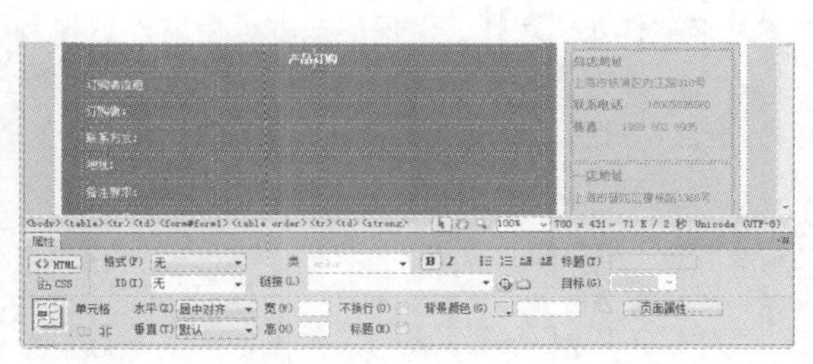

图5-126 设置单元格对齐方式

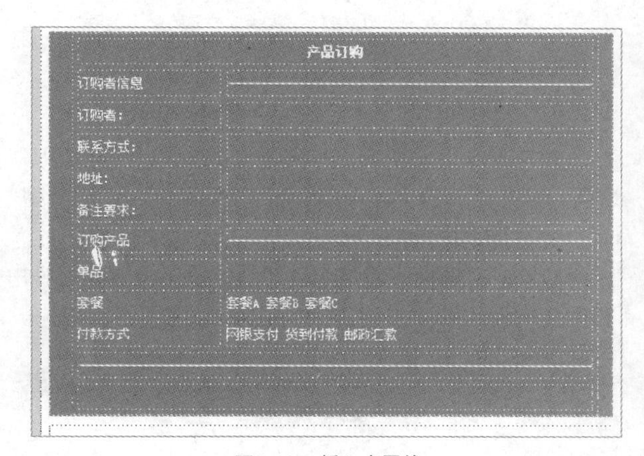

图5-127 插入水平线

Step 08 将光标置于“订购者”行的第2列中，在“插入”面板的“表单”选项组中选择“文本字段”选项，插入文本域。

Step 09 在“属性”面板中设置“字符宽度”为24，“类型”为“单行”，在“文本域”下面的文本框中输入名称为name，设置“初始值”为“请输入您的名称”，如图5-128所示。

Step 10 将光标置于“联系方式”行的第2列中，在“插入”面板的“表单”选项组中选择“文本字段”选项，插入文本域。在“属性”面板中设置“字符宽度”为24，“类型”为“单行”，在“文本域”下面的文本框中输入名称为phone，设置“初始值”为“请输入您的联系电话”，如图5-129所示。

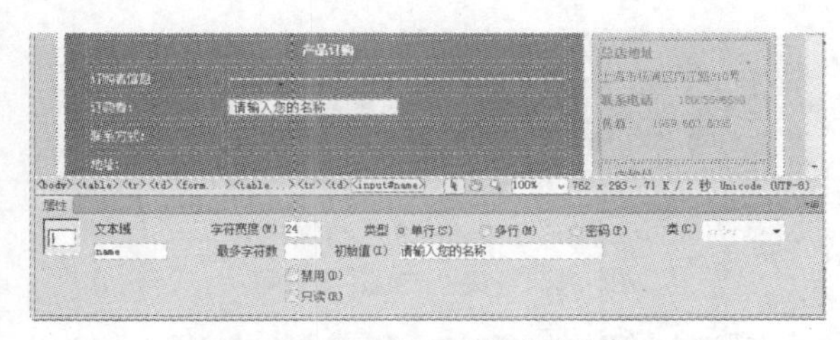

图5-128 设置“订购者”文本字段

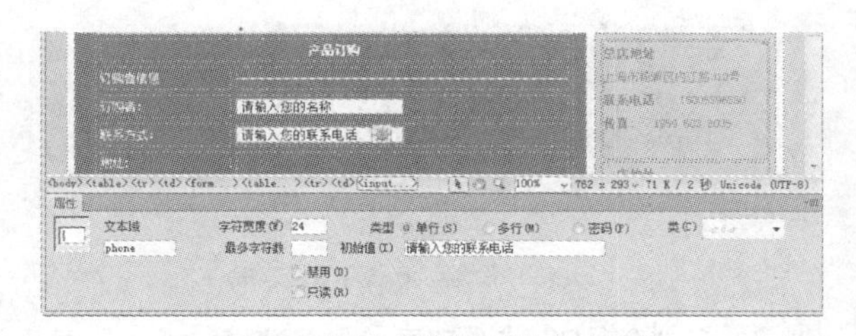

图5-129 设置“联系方式”文本字段

Step 11 将光标置于“地址”行的第2列中，在“插入”面板的“表单”选项组中选择“文本字段”选项，插入文本域。在“属性”面板中设置“字符宽度”为47，“类型”为“单行”，在“文本域”下面的文本框中输入名称为address，设置“初始值”为“请输入您的送货地址”，如图5-130所示。

Step 12 将光标置于“备注要求”行的第2列中，在“插入”面板的“表单”选项组中选择“文本区域”选项，插入文本区域。在“属性”面板中设置“类型”为“多行”，“字符宽度”为45，“行数”为3，在“文本域”下面的文本框中输入名称为remarks，设置“初始值”为“有什么特殊要求可以写在这里”，如图5-131所示。

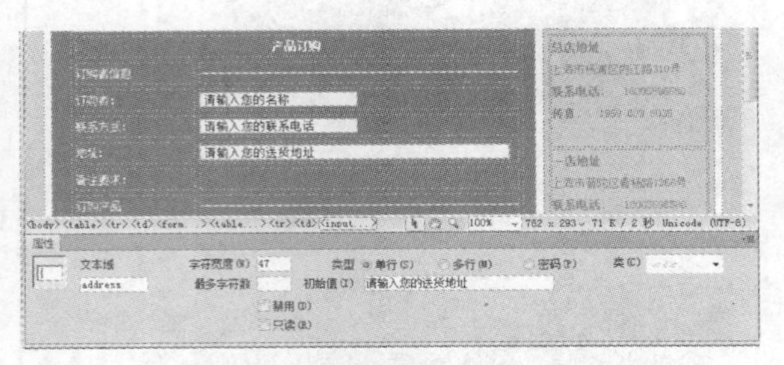

图5-130 设置“地址”文本字段

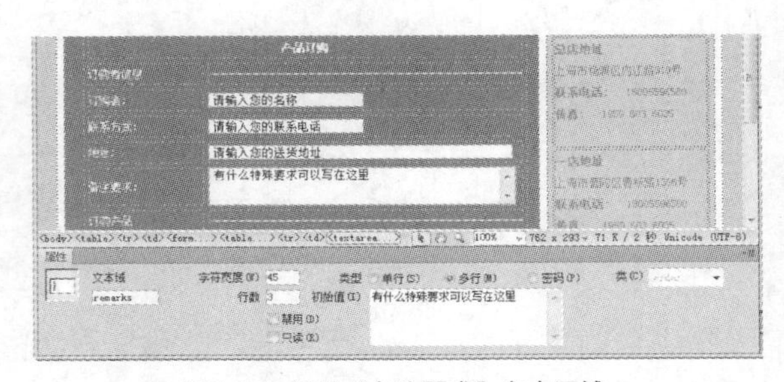

图5-131 设置“备注要求”文本区域

Step 13 将光标置于“单品”行的第2列中，在“插入”面板的“表单”选项组中选择“选择（列表/菜单）”选项，插入选择菜单。在“属性”面板中设置“类型”为“菜单”，在“选择”下面的文本框中输入名称为product，如图5-132所示。

Step 14 单击“属性”面板中的“列表值”按钮，在弹出的“列表值”对话框中设置“项目标签”和“值”，如图5-133所示。

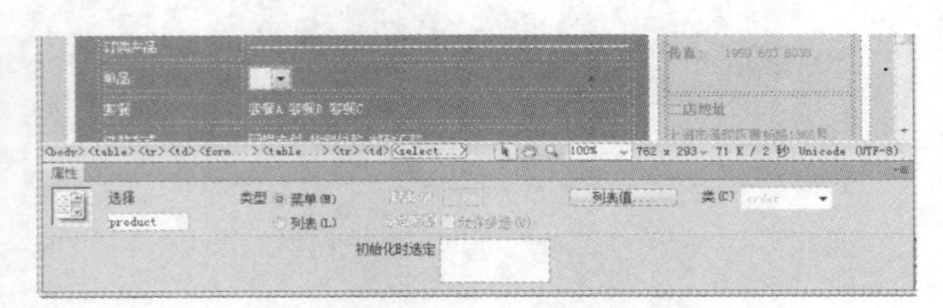

图5-132 选择菜单

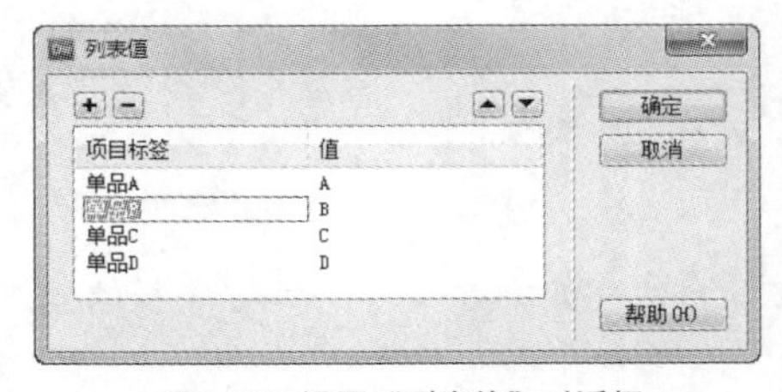

图5-133 设置“列表值”对话框

Step 15 将光标置于“套餐”行的第2列中，在“套餐A”选项前面的位置选择“插入”面板的“表单”选项组中的“复选框”选项，在“属性”面板中将其命名为“pack1”，设置“选定值”为“on”，如图5-134所示。

Step 16 在“套餐B”选项前面的位置选择“插入”面板的“表单”选项组中的“复选框”选项，在“属性”面板中将其命名为pack2，设置“选定值”为on，如图5-135所示。

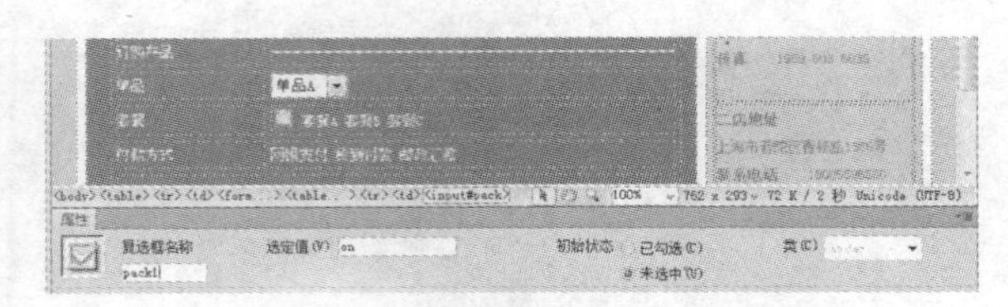

图5-134 设置“套餐A”复选框

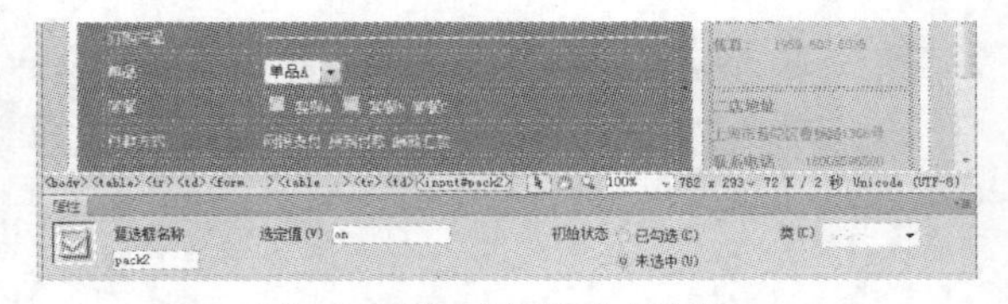

图5-135 设置“套餐B”复选框

Step 17 在“套餐C”选项前面的位置选择“插入”面板的“表单”选项组中的“复选框”选项，在“属性”面板中将其命名为pack3，设置“选定值”为on，如图5-136所示。

Step 18 将光标置于“付款方式”行的第2列中，在“网银支付”选项前面的位置选择“插入”面板的“表单”

选项组中的“单选按钮”选项，在“属性”面板中将其命名为pay，设置“选定值”为a，如图5-137所示。

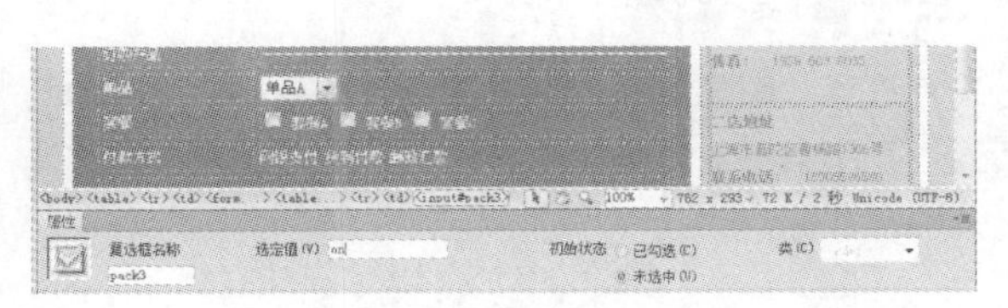

图5-136 设置“套餐C”复选框

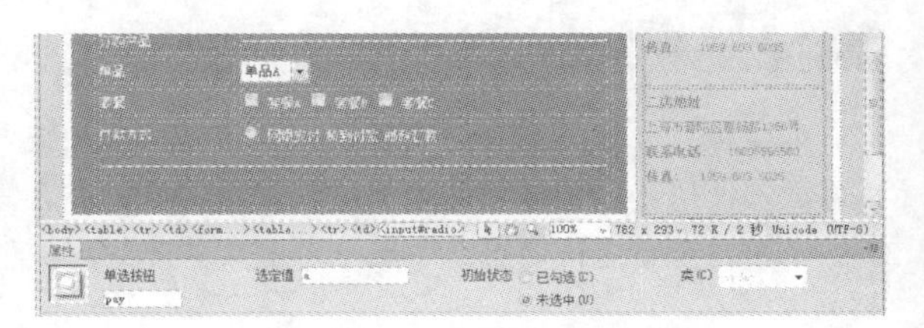

图5-137 设置“付款方式”单选按钮

Step 19 在“货到付款”选项前面的位置选择“插入”面板的“表单”选项组中的“单选按钮”选项，在“属性”面板中将其命名为pay，设置“选定值”为b，如图5-138所示。

Step 20 在“邮政汇款”选项前面的位置选择“插入”面板的“表单”选项组中的“单选按钮”选项，在“属性”面板中将其命名为pay，设置“选定值”为c，如图5-139所示。

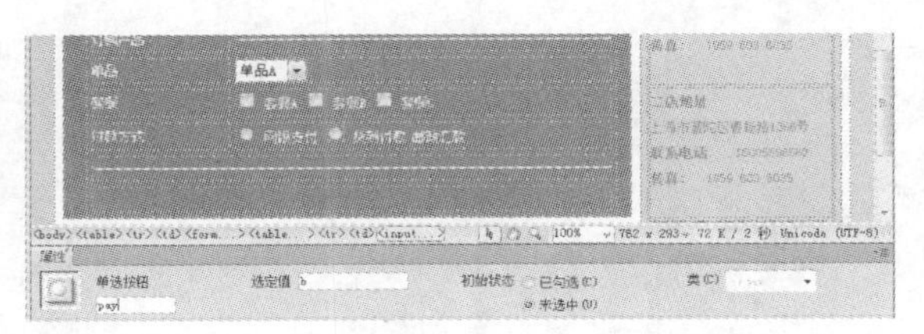

图5-138 设置“付款方式”单选按钮

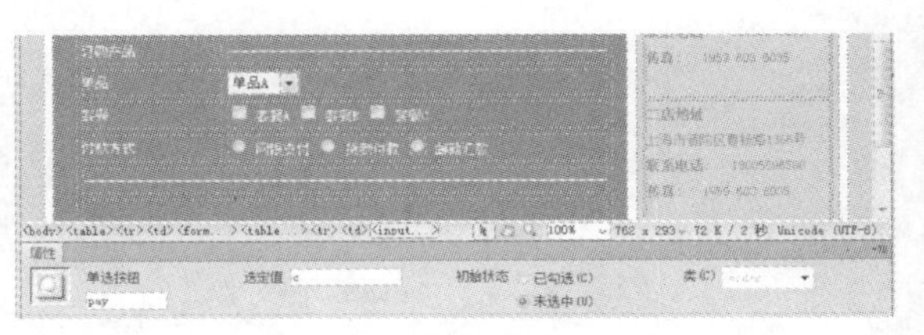

图5-139 设置“邮政汇款”单选按钮

Step 21 将光标置于表格的最后一行，在“属性”面板中将其“水平”方向的对齐方式设置为“居中对齐”。

Step 22 在“插入”面板的“表单”选项组中选择“按钮”选项，插入一个按钮，在“属性”面板将“动作”设置为“提交表单”，如图5-140所示。

Step 23 选择“插入”面板的“表单”选项组中的“按钮”选项，插入另一个按钮，在“属性”面板将动作选择为“重设表单”，如图5-141所示。

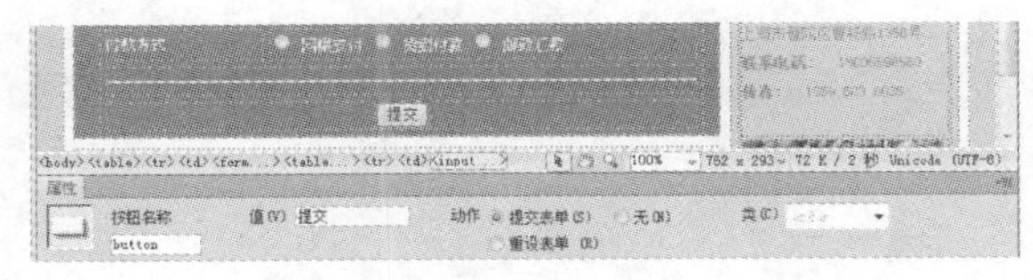

图5-140 选择“提交表单”按钮

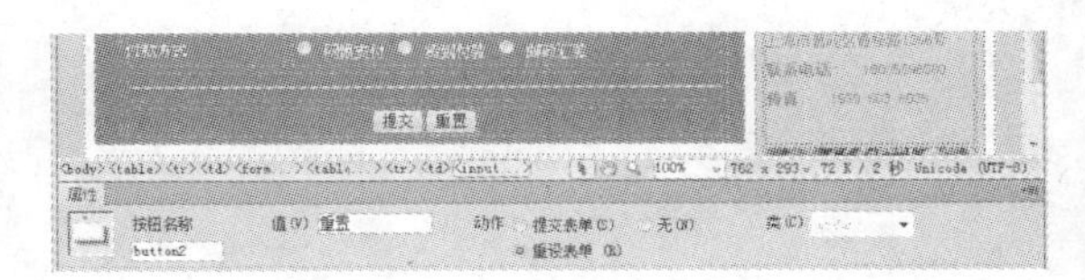

图5-141 选择“重设表单”单选按钮

Step 24 设置完成后预览整个页面，显示效果如图5-142所示。

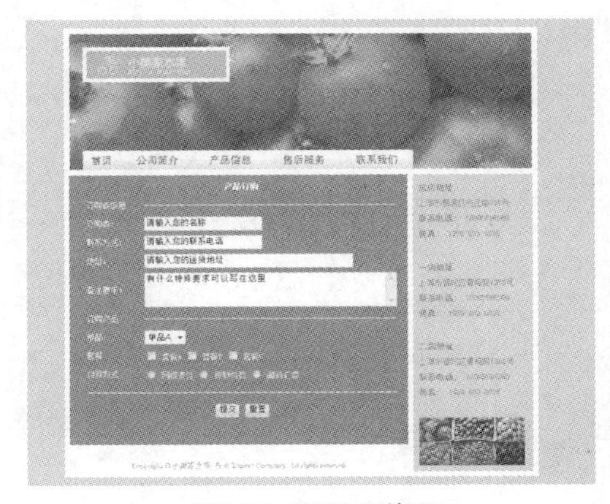

图5-142 页面显示效果

5.8 本章小结

本章学习了网页基本对象的使用，包括文本的输入与属性设置、图像的插入与设置、超链接的使用、动画和声音的使用，以及表单和表格的使用等内容，并在最后通过两个实例对本章的内容进行了综合运用。通过本章的学习，读者应该能够制作出一个图文并茂的网页了。

06 模板与框架

一个完整的网站是由多个页面构成的，使用模板不仅可以统一整个网站的风格，还可以大大缩短网站的开发时间。框架是非常重要的网页布局工具，使用框架可以将多个网页集中在同一浏览器窗口中互相切换。本章将介绍模板与框架的相关知识。

6.1 使用模板

模板可以被理解为一种模型，用这个模型可以对网站中的网页进行改动，并加入个性化的内容。也可以把模型理解为一种特殊类型的网页，主要用于创建具有固定结构和共同格式的网页。模板的主要功能就是把网页布局和内容分离，布局设计好后可以存储为模板，这样具有相同布局的页面就可以通过模板来创建，能够极大地提高工作效率。

6.1.1 模板的特点

Dreamweaver模板是一种特殊类型的文档，从模板创建的文档与该模板保持链接状态，修改模板即可立即更新所有基于该模板的文档。模板最大的作用就是可以一次更新多个页面，如果将具有相同版面结构的页面制作成模板，然后通过模板来创建其他页面，将大大提高网站的工作效率。

在Dreamweaver模板中，可以通过标记可编辑区域和锁定区域来设置站点中各页面的风格统一区域，避免因操作失误导致模板被修改。创建模板时，可编辑区域和锁定区域都可以更改，但在应用模板的文档中，只能修改可编辑区域，无法修改锁定区域。若要修改网页的风格，可以只修改相应的模板文件，然后全面更新利用该模板创建的所有文档即可。

6.1.2 创建模板

创建模板可以基于新文档，也可以基于现有文档，下面将分别进行介绍。

基于新文档创建模板

1. 利用工具栏创建空白模板

Step 01 新建网页文档，打开“插入”面板，在“常用”选项组中单击“模板”选项旁边的下拉按钮，在打开的下拉列表框中选择“创建模板”选项，如图6-1所示。

Step 02 弹出“另存模板”对话框，在“另存为”文本框中输入模板的名称，然后单击“保存”按钮，如图6-2所示。

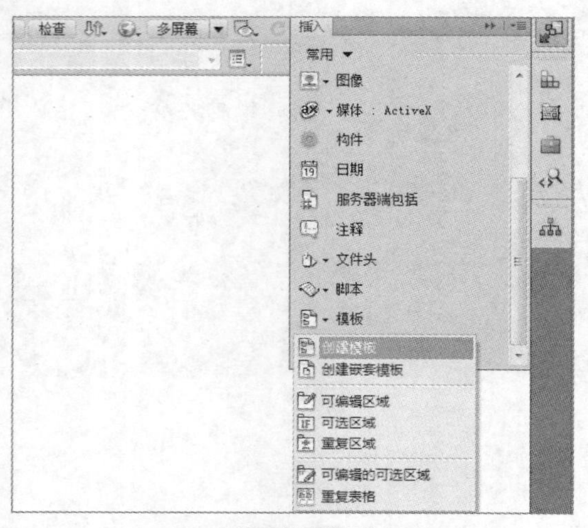

图6-1 选择“创建模板”选项

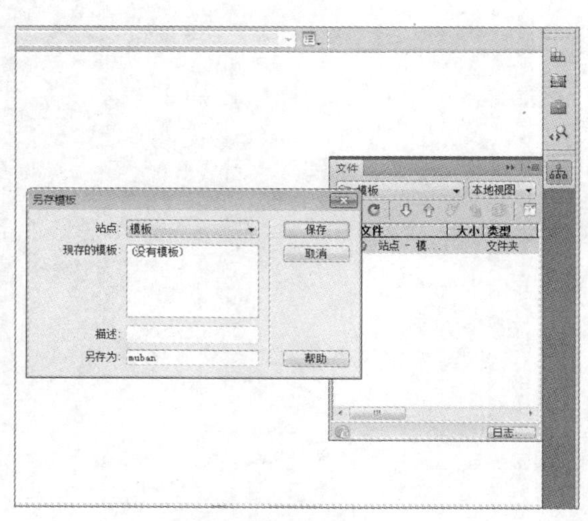

图6-2 输入模板名称

Step 03 打开“文件”面板，可以看到系统自动在站点根目录下创建了一个名为“Templates”的模板文件夹，如图6-3所示。

Step 04 这时，展开“Templates”文件夹，用户可以看到刚刚创建的名为“muban.dwt”的文件，如图6-4所示。

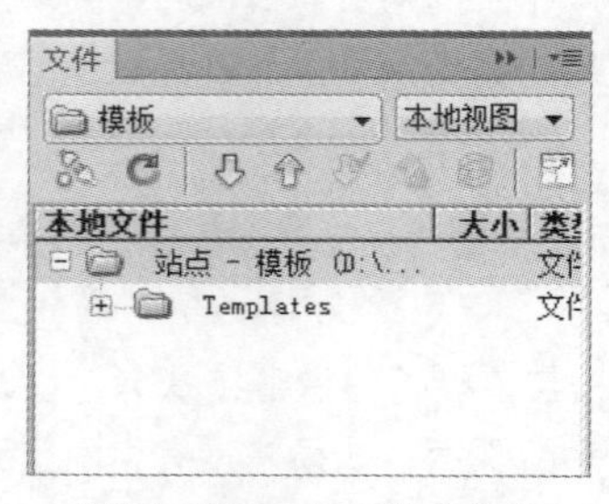

图6-3 “Templates”文件夹

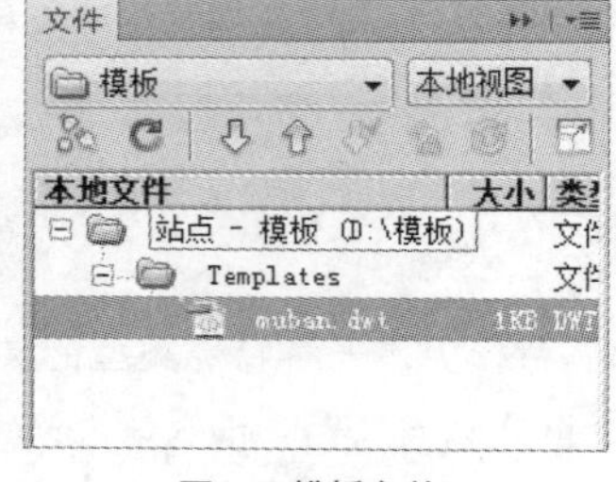

图6-4 模板文件

2. 利用“资源”面板创建空白模板

Step 01 选择“窗口>资源 ”命令，打开“资源”面板，单击左侧的“模板”按钮，然后单击面板底部的“新建模板”按钮，如图6-5所示。

Step 02 创建了如图6-6所示的模板文件后，只需将该模板文件进行重命名即可。

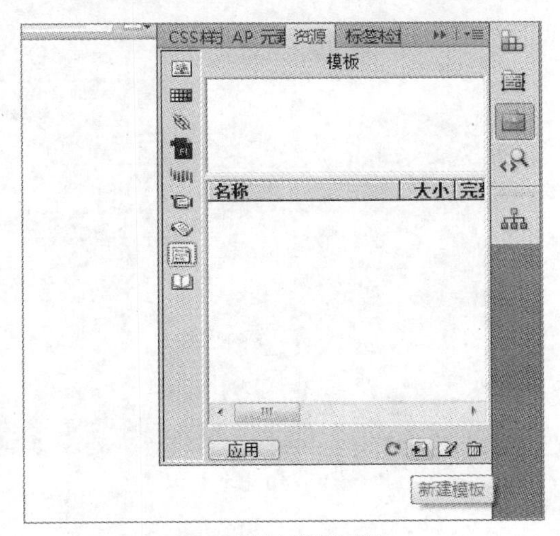

图6-5 “新建模板”按钮

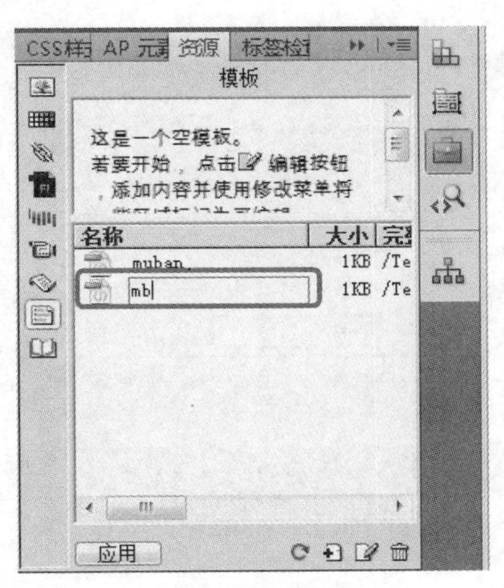

图6-6 输入模板名称

基于现有文档创建模板

在Dreamweaver 中，用户既可以创建空白模板，也可以基于现有文档创建模板，具体操作步骤如下。

Step 01 启动Dreamweaver 应用程序，打开已有的网页文档，如图6-7所示。

Step 02 选择“文件>另存为模板 ”命令，如图6-8所示。

图6-7 打开网页文档

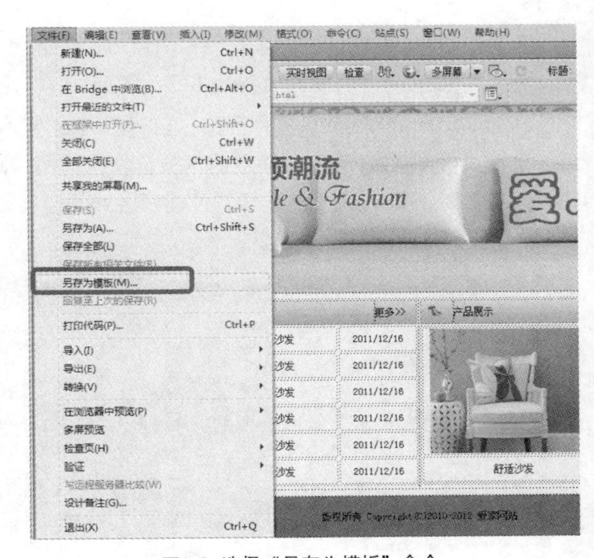

图6-8 选择“另存为模板”命令

Step 03 弹出“另存模板”对话框，在“另存为”文本框中输入模板名称，然后单击“保存”按钮，如图6-9所示。

Step 04 这时，打开“文件”面板，用户就可以看到保存的模板文件（mb.dwt），如图6-10所示。

图6-9 “另存模板”对话框

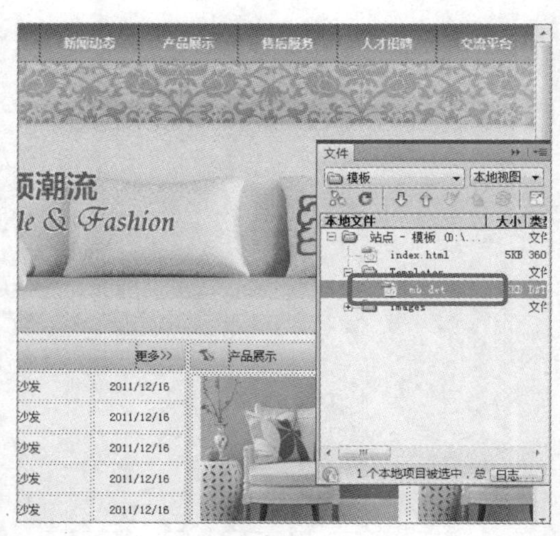
图6-10 模板文件

6.1.3 创建可编辑区域

创建好模板以后，还必须创建编辑区域，才能正常使用模板来创建网页。模板文件包括可编辑区域和锁定区域，所谓锁定区域，也就是在整个网站中这些区域是相对固定和独立的，如网页背景、导航栏和网站Logo等内容，也可以说是不可编辑区域；而可编辑区域则是用来定义网页具体内容的部分，如图像、文本、表格和层等页面元素。

插入可编辑区域

插入可编辑区域的操作步骤如下。

Step 01 启动Dreamweaver应用程序，打开已有的网页模板，如图6-11所示。

Step 02 选中需要创建可编辑区域的位置，在“插入”面板的“常用”选项组中单击“模板”选项旁边的下拉按钮，在打开的下拉列表框中选择“可编辑区域”选项，如图6-12所示。

图6-11 打开网页文档

图6-12 选择“可编辑区域”选项

Step 03 弹出“新建可编辑区域”对话框，输入可编辑区域的名称，这里保持默认设置，然后单击“确定”按钮，如图6-13所示。

Step 04 新添加的可编辑区域有颜色标签，还有名称显示，如图6-14所示。

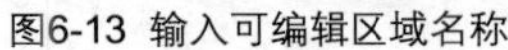
图6-13 输入可编辑区域名称

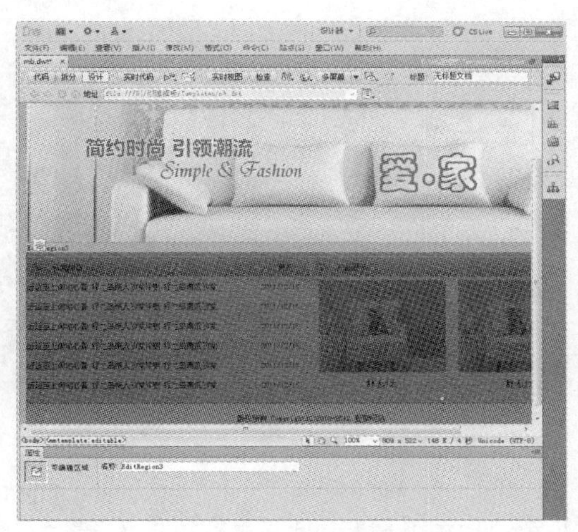

图6-14 新添加的可编辑区域

还可以通过选择“插入>模板对象>可编辑区域”命令，弹出“新建可编辑区域”对话框。在命名可编辑区域时，不能使用某些特殊的字符，如单引号“’”、双引号“””等。

选择可编辑区域

在模板中插入可编辑区域后，选择该可编辑区域的方法很简单：只需单击可编辑区域左上角的选项卡，或者选择“修改>模板”命令，在打开的下拉菜单中选择区域的名称即可，如图6-15和图6-16所示。

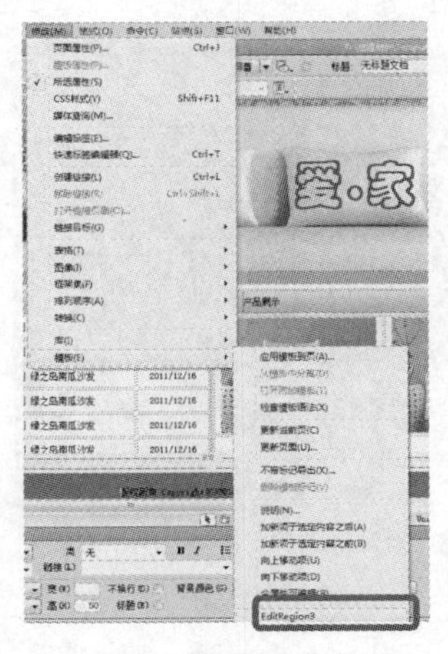

图6-15 执行菜单命令

图6-16 选择可编辑区域

删除可编辑区域

插入可编辑区域后，如果用户希望删除可编辑区域，可以按以下步骤进行操作。

Step 01 将光标定位到要删除的可编辑区域之内，选择“修改>模板>删除模板标记 ”命令，如图6-17所示。

Step 02 此时，可编辑区域标签已经被删除，如图6-18所示。

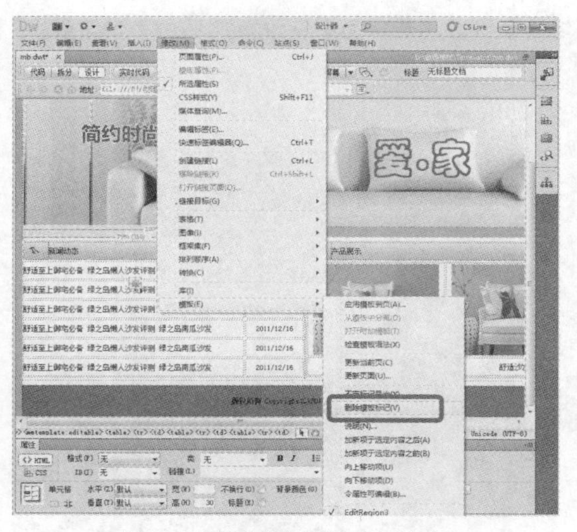

图6-17 选择“删除模板标记“命令

图6-18 已删除标记

更改可编辑区域的名称

插入可编辑区域后，可以更改其名称，具体操作步骤如下。

Step 01 单击可编辑区域左上角的标签，将其选中，如图6-19所示。

Step 02 在“属性”面板的“名称”文本框中输入新名称即可，如图6-20所示。

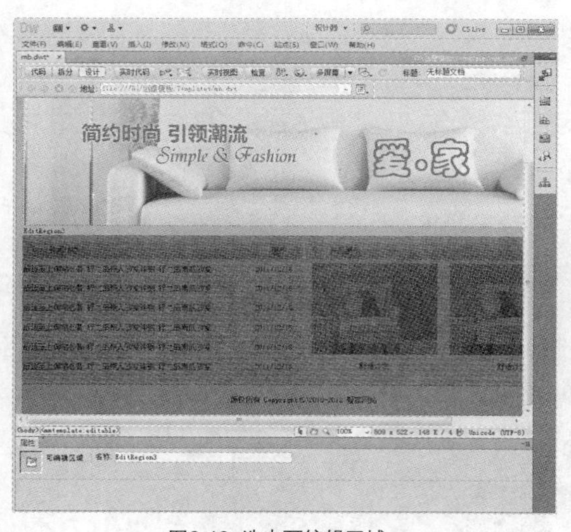

图6-19 选中可编辑区域

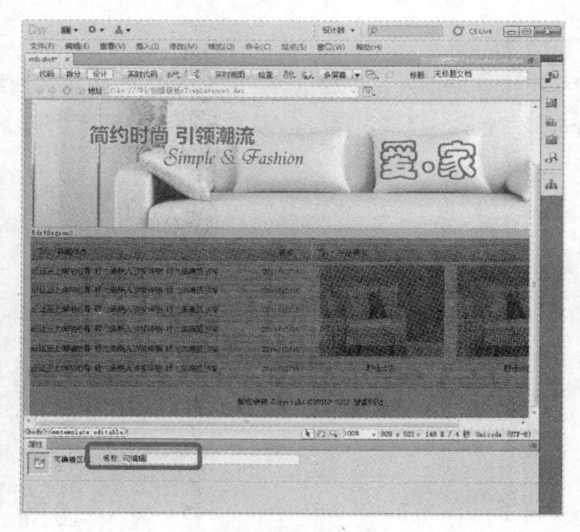

图6-20 输入新名称

6.1.4 插入可选区域

使用可选区域可以控制不一定在基于模板的文档中显示的内容。可选区域分为以下两类。

- 不可编辑的可选区域：使模板用户能够显示和隐藏特别标记的区域，但却不允许编辑相应区域的内容。
- 可编辑的可选区域：使模板用户能够设置是显示还是隐藏区域，并能够编辑相应区域的内容。 定义这两种区域的操作方法基本相同，下面以定义可编辑的可选区域为例来进行讲述，具体操作步骤如下。

Step 01 启动Dreamweaver应用程序，打开一个模板文档，选择要定义为可编辑的可选区域对象，如图6-21所示。

Step 02 在“插入”面板的“常用”选项组中单击“模板”选项旁边的下拉按钮，在打开的下拉列表框中选择“可编辑的可选区域”选项，如图6-22所示。

图6-21 打开模板文档

图6-22 选择“可编辑的可选区域”选项

Step 03 弹出“新建可选区域”对话框，在其中输入区域名称，这里保持默认设置，然后单击“确定”按钮，如图6-23所示。

Step 04 新添加的可编辑的可选区域有颜色标签，还有名称显示，如图6-24所示。

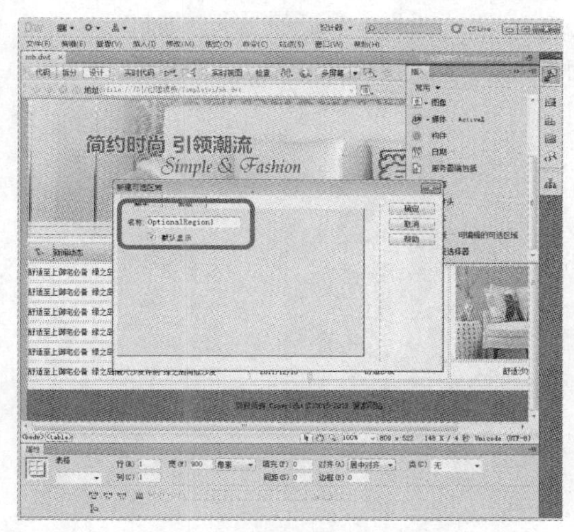

图6-23 “新建可选区域”对话框

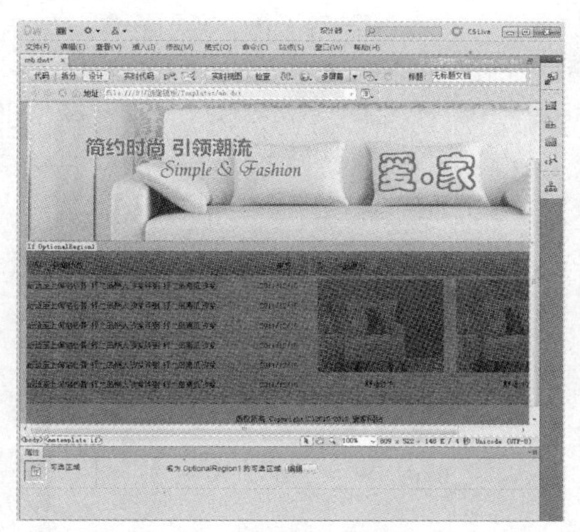

图6-24 新添加的可编辑的可选区域

6.1.5 创建重复区域

重复区域可以在基于模板的页面中重制多次。重复区域通常与表格一起使用，但也可以为其他页面元素定义重复区域。

使用重复区域，可以通过重复特定项目来控制页面布局，例如目录项、说明布局或重复数据行（如项目列表）。

在模板中创建重复区域

模板用户可以使用重复区域在模板中重复任意次数的指定区域。重复区域不必是可编辑区域。要将重复区域中的内容设置为可编辑（例如，允许用户在基于模板的文档的表格单元格中输入文本），必须在重复区域中插入可编辑区域。具体操作步骤如下。

Step 01 打开模板文件，选择想要设置为重复区域的文本或内容，选择“插入>模板对象>重复区域 ”命令，如图6-25所示。

Step 02 弹出“新建重复区域”对话框，在“名称”文本框中为该模板区域输入唯一的名称。注意不能对一个模板中的多个重复区域使用相同的名称，这里保持默认设置，然后单击“确定”按钮，如图6-26所示。

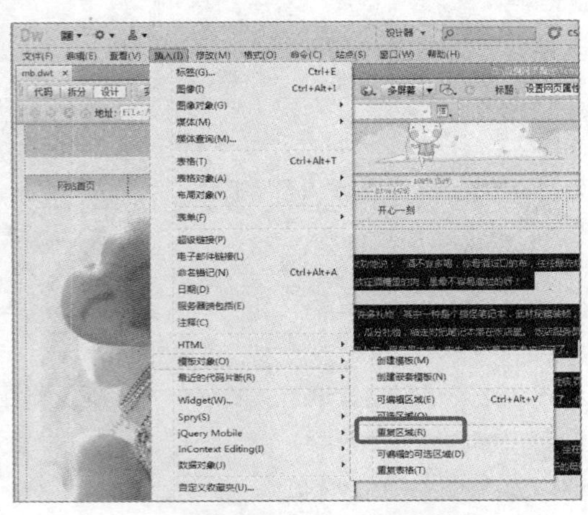

图6-25 选择“重复区域”命令

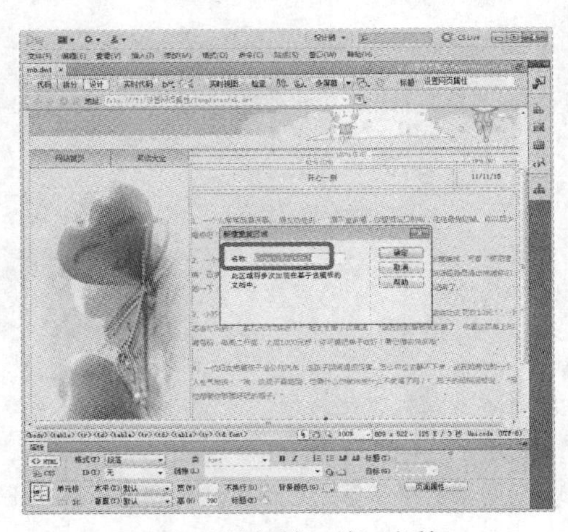

图6-26 “新建重复区域”对话框

Step 03 此时，在模板文档中创建了重复区域，新建一个网页文档，并应用模板文件，单击重复区域右侧的“+”按钮，则可以创建相同的文本内容，如图6-27和图6-28所示。

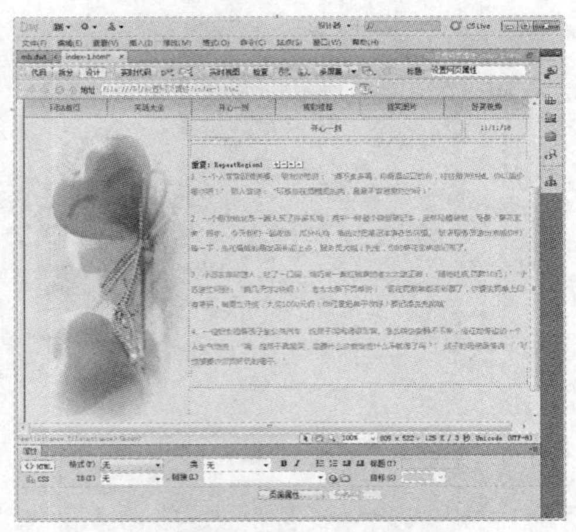

图6-27 插入重复区域

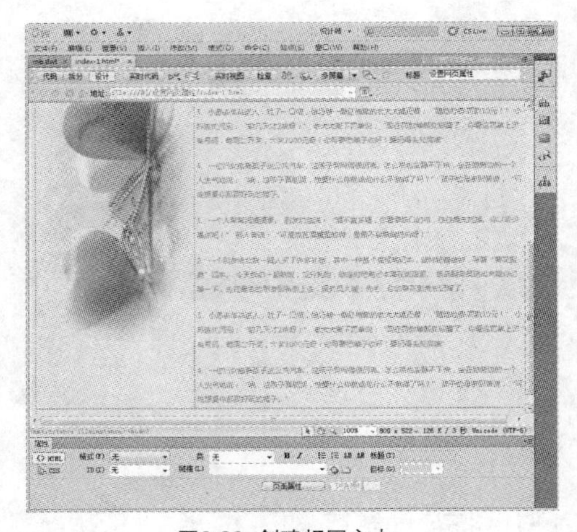

图6-28 创建相同文本

插入重复表格

在Dreamweaver中，可以使用“重复表格”命令创建包含重复行的表格格式的可编辑区域，同时还可以定义表格属性并设置哪些表格单元格可编辑。具体操作步骤如下。

Step 01 打开模板文档，将光标定位到要插入重复表格的位置，选择“插入>模板对象>重复表格 ”命令，如图6-29所示。

Step 02 弹出“插入重复表格”对话框，在该对话框中设置“行数”为4，“列”为1，“单元格间距”为2，“宽度”为100%，“边框”为0；设置“起始行”为1，“结束行”为2，“区域名称”保持默认设置，然后单击“确定”按钮，如图6-30所示。

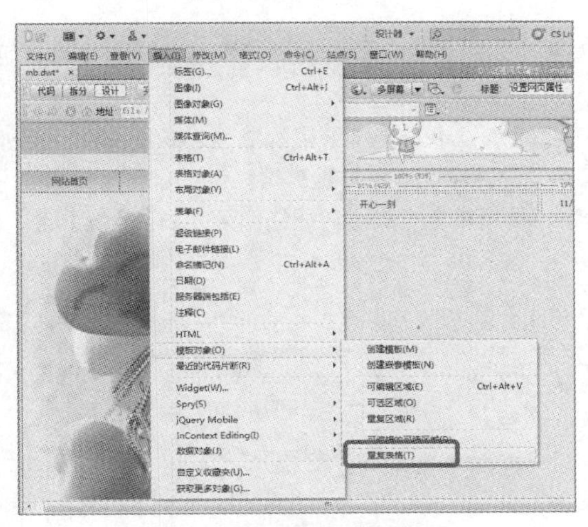

图6-29 选择“重复表格”命令

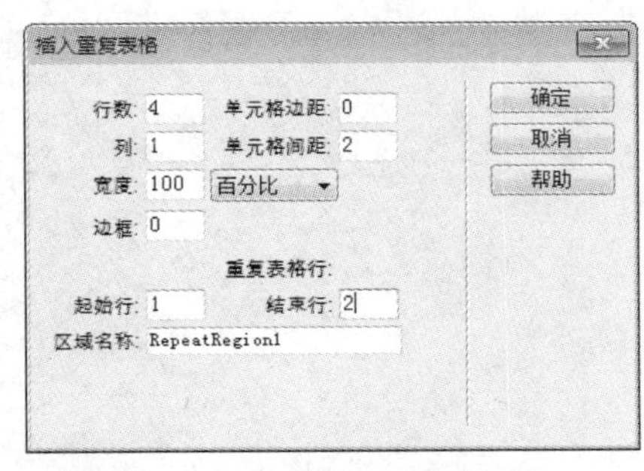

图6-30 “插入重复表格”对话框

Step 03 此时，就在模板文件中插入了重复表格，并在各单元格中输入文本内容，如图6-31所示。

Step 04 新建一个网页文档，并应用该模板文件，单击重复表格区域右侧的“+ ”号按钮，则可以创建重复表格行，如图6-32所示。

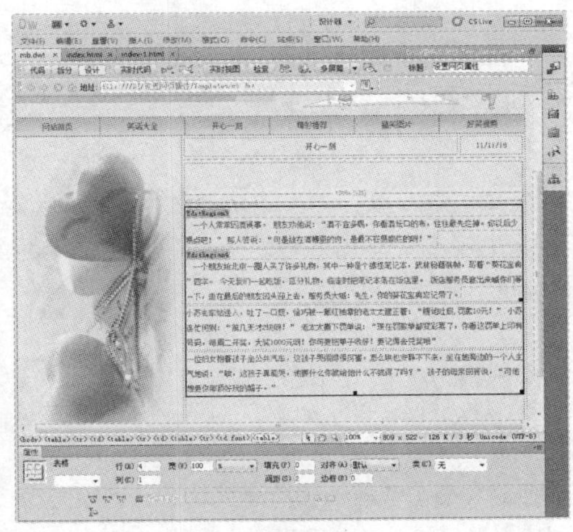

图6-31 添加文本内容

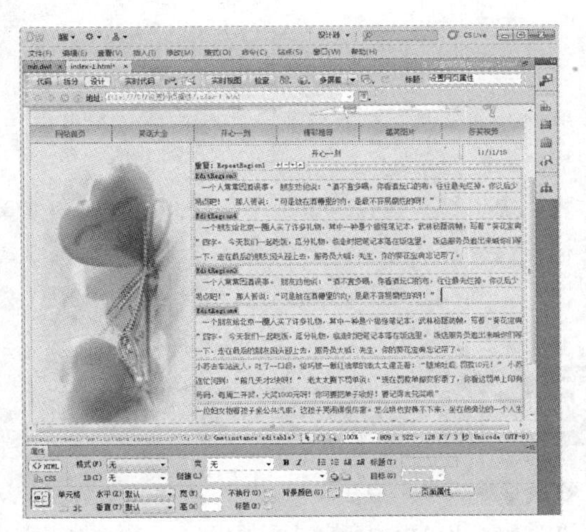

图6-32 创建重复表格行

在“插入重复表格”对话框中，可以设置以下参数。

- 重复表格行：指定表格中的哪些行包括在重复区域中。
- 起始行：将输入的行号设置为要包括在重复区域中的第一行。

- 结束行：将输入的行号设置为要包括在重复区域中的最后一行。
- 区域名称：用于设置重复区域的唯一名称。

6.1.6 定义可编辑标签属性

用户可以在页面中设置多个可编辑属性，这样模板用户就可以在基于模板的文档中修改这些属性。具体操作步骤如下。

Step 01 在模板文档中，选择要设置可编辑标签属性的对象（如图像），然后选择“修改>模板>令属性可编辑”命令，如图6-33所示。

Step 02 弹出“可编辑标签属性”对话框，在“属性”下拉列表框中选择可编辑的属性，或者单击“添加”按钮，添加没有在“属性”下拉列表框中显示的属性，选择“令属性可编辑”复选框，在“标签”文本框中输入属性的唯一名称，在“类型”下拉列表框中选择值的类型，然后单击“确定”按钮即可，如图6-34所示。

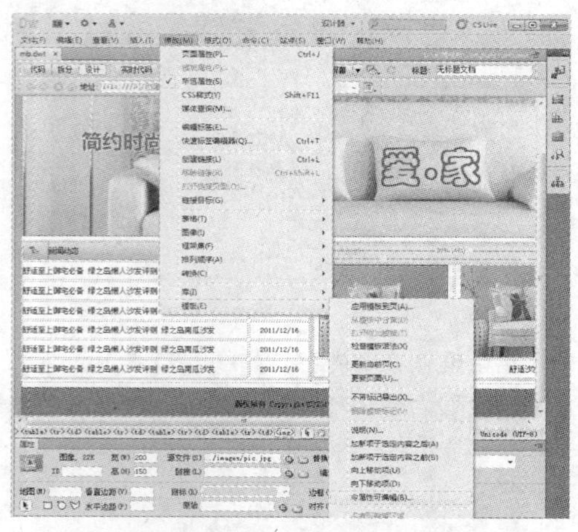

图6-33 选择“令属性可编辑”命令

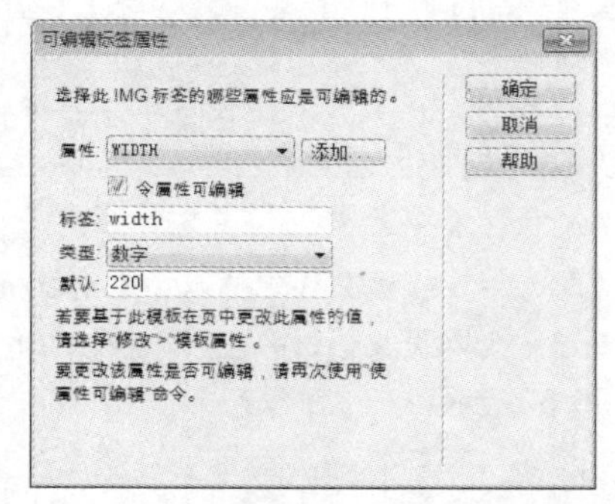

图6-34 “可编辑标签属性”对话框

另外，“默认”文本框显示模板中所选标签属性的值。在此文本框中输入一个新值，可以为基于模板的文档中的参数设置另外一个初始值。

将可编辑标签属性设置为不可编辑的方法很简单：在模板文档中，单击与可编辑属性相关联的元素，或使用标签选择器来选择标记。选择“修改>模板>令属性可编辑”命令，弹出“可编辑标签属性”对话框，在“属性”下拉列表框中选择属性，然后取消选择“令属性可编辑”复选框即可。

6.2 为网页应用模板

模板最强大的用途在于可以一次更新多个页面。从模板创建的文档与该模板保持连接状态，可以修改模板并立即更新基于该模板的所有文档的设计。使用模板可以快速创建大量风格一致的网页，大大提高了工作效率。

6.2.1 创建基于模板的页面

模板是具有固定格式和内容的文件，文件的扩展名为.dwt。在模板中，通过定义和锁定可编辑区域可以保护模板的格式和内容不会被修改，只有可编辑区域才能输入新的内容。利用模板能够快速生成新的网页，也可以将模板应用于已经存在的网页。下面将利用模板制作新的网页，具体操作步骤如下。

Step 01 打开一个网页模板，并定义可编辑区域，如图6-35所示。

Step 02 新建一个网页文档，并将其保存，然后选择“窗口>资源 ”命令，打开“资源”面板，选择要使用的模板文件，单击面板底部的“应用”按钮，如图6-36所示。

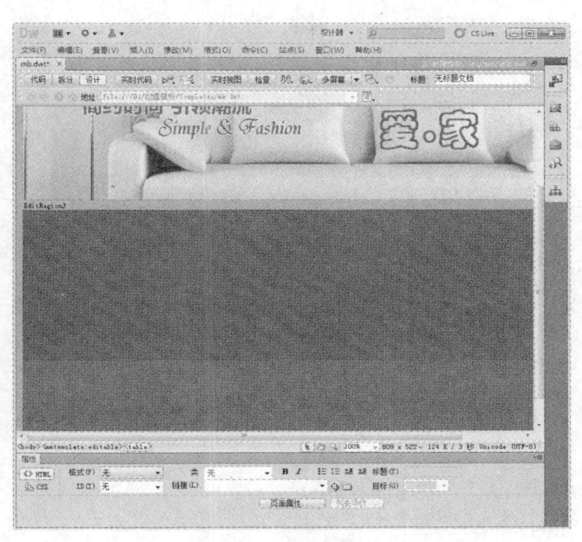

图6-35 打开网页模板

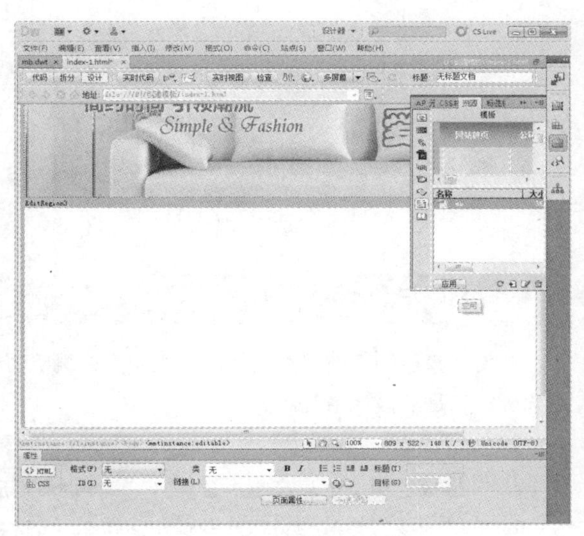

图6-36 新建网页应用模板

Step 03 在可编辑区域中输入新的内容，如图6-37所示。

Step 04 保存文件，按【F12】键预览网页，效果如图6-38所示。

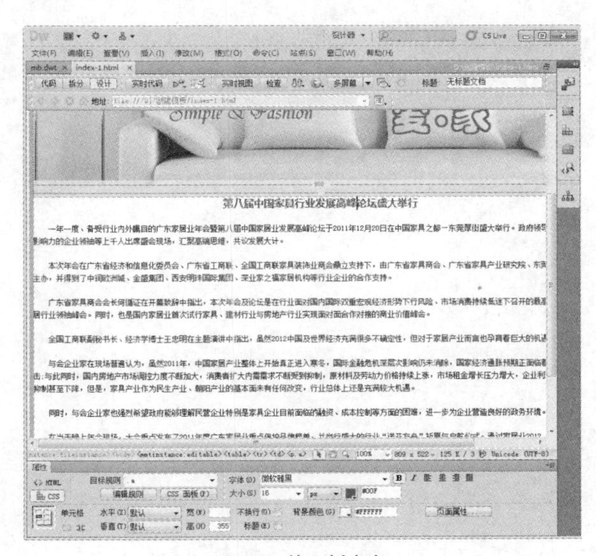

图6-37 输入新内容

图6-38 预览网页效果

如果文档中存在不能自动指定到模板区域的内容，将弹出“不一致的区域名称”对话框，如图6-39所示。

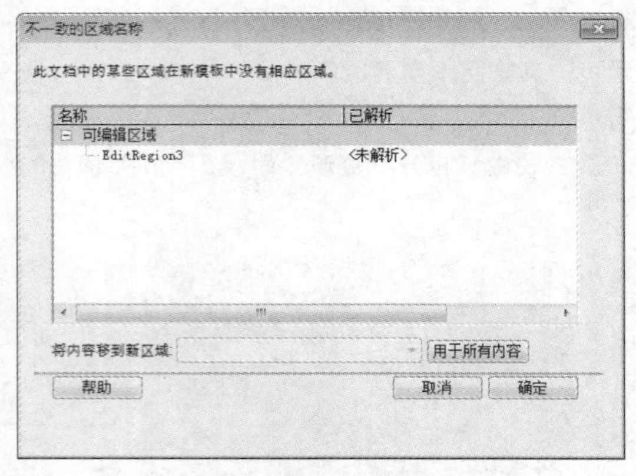

图6-39 “不一致的区域名称”对话框

通过选择以下两项中的一种操作，以选择内容的目标位置。

- 在新模板中选择一个要将现有内容移动到其中的区域。在“将内容移到新区域”下拉列表框中选择“不在任何地方”选项，可将该内容从文档中删除。
- 若要将所有未解决的内容移到选定的区域，单击“用于所有内容”按钮。

6.2.2 删除页面中所使用的模板

在使用模板制作新的页面后，如果用户想删除页面中所使用的模板，可以使用以下两种方法：一是撤销应用模板；二是从模板中脱离。

撤销应用模板

Step 01 将模板应用于现有文档后，选择“编辑>撤销应用模板 ”命令，如图6-40所示。

Step 02 这时，该网页文档将恢复到使用该模板前的状态，如图6-41所示。

图6-40 选择“撤销应用模板”命令

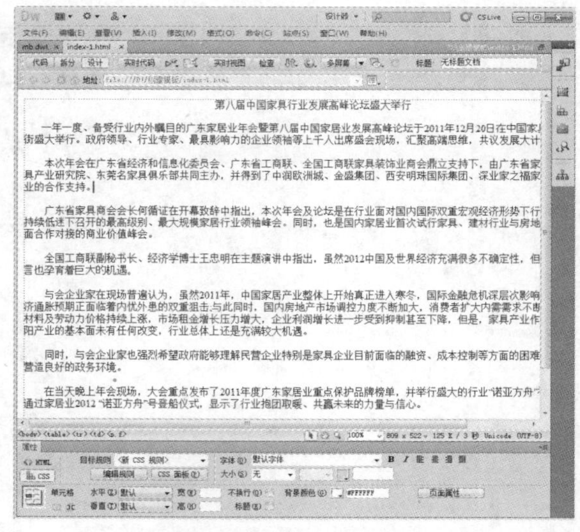

图6-41 应用模板前的状态

从模板中脱离

Step 01 打开一个应用了模板的网页，然后选择“修改>模板>从模板中分离 ”命令，如图6-42所示。

Step 02 此时，在模板网页中刚才不可编辑的区域现在就可以编辑了，如图6-43所示。

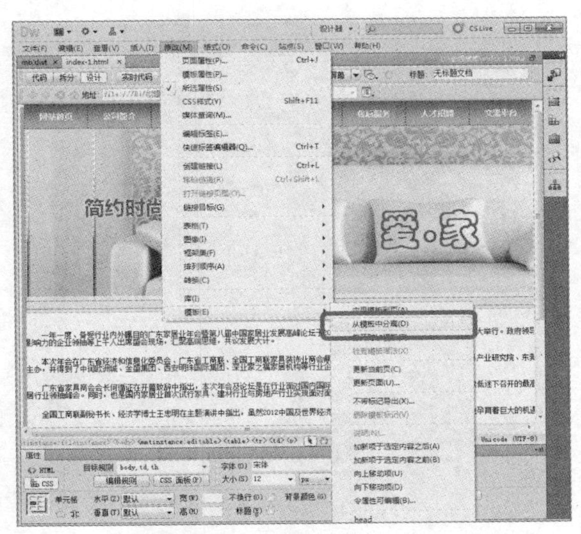

图6-42 选择“从模板中分离”命令

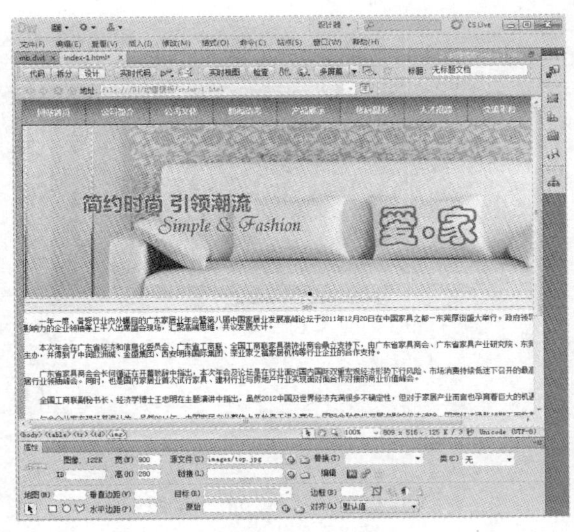

图6-43 脱离使用模板

6.2.3 更新模板及基于模板的网页

前面提到使用模板最强大的用途之一就是可以一次更新网站中的很多页面。如果要更改网站的结构或其他设置，只需修改模板就可以了，非常方便。具体操作步骤如下。

Step 01 启动Dreamweaver 应用程序，打开一个用模板文件创建的网页，如图6-44所示。

Step 02 然后打开模板网页，修改模板文件，这里将导航栏中的“交流平台”改为“在线留言”，如图6-45所示。

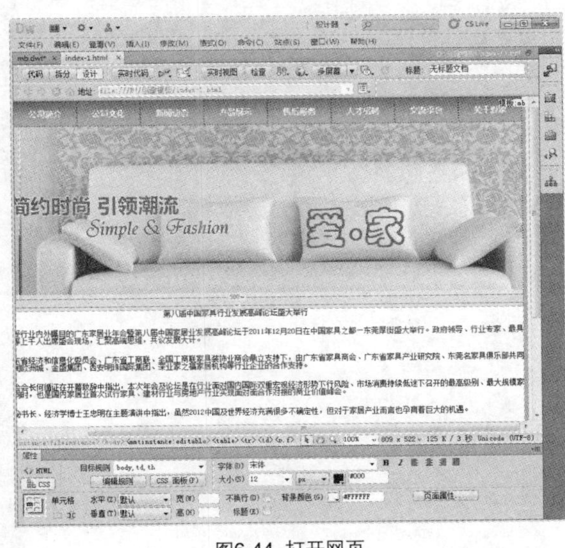

图6-44 打开网页

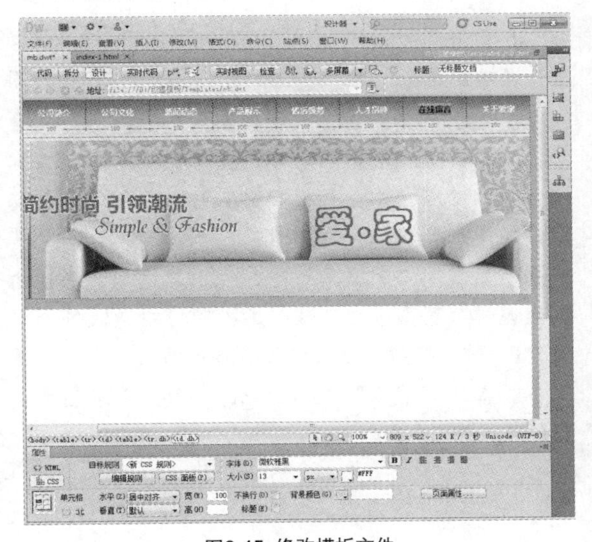

图6-45 修改模板文件

Step 03 按【Ctrl+S】组合键，保存修改过的模板文件，将弹出“更新模板文件”对话框，单击“更新”按钮，如图6-46所示。

Step 04 弹出“更新页面”对话框，表示基于该模板的网页更新已经完成，单击“关闭”按钮即可，如图6-47所示。

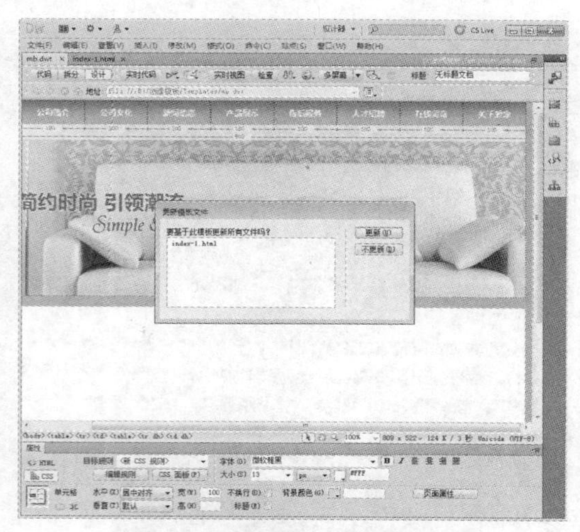
图6-46 “更新模板文件”对话框

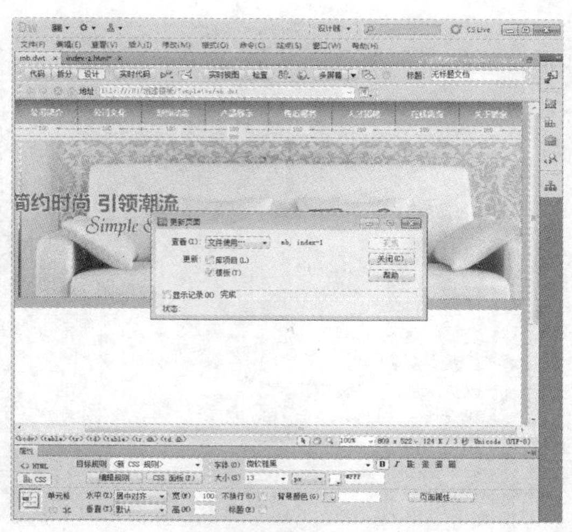
图6-47 更新完成

6.3 使用框架排版网页

框架也是网页布局排版的一个工具，一直应用于页面导航中。使用框架技术，可以将多个网页集中在同一浏览器窗口中进行显示，并可以使不同的页面在同一浏览窗口中互相切换。

6.3.1 创建框架和框架集

在Dreamweaver 中预定义了多种框架集，可以很方便地创建各种框架网页。使用预定义框架集，可以简单快速地创建基于框架的排版结构，具体操作步骤如下。

Step 01 将光标置于要插入框架集的编辑窗口，选择“插入>HTML>框架”命令，在“框架”命令的下拉菜单中选择预定义的框架集。这里选择“上方及左侧嵌套”命令，如图6-48所示。

Step 02 选择一个框架集之后，弹出“框架标签辅助功能属性”对话框，在该对话框中可以设置各个框架，也可以保存默认设置，如图6-49所示。

Step 03 单击“确定”按钮，此时，就插入了预定义框架集，如图6-50所示。

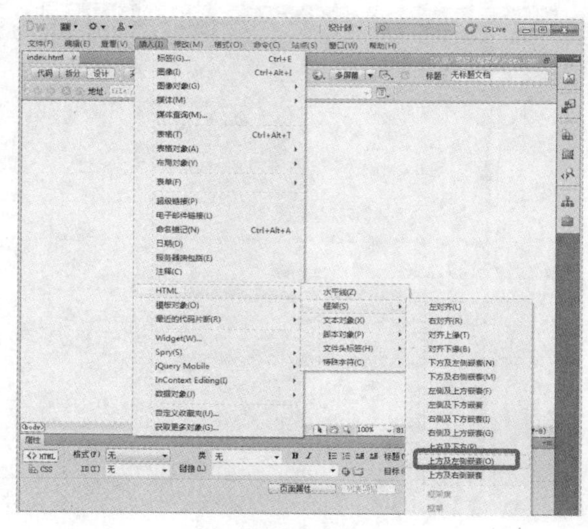
图6-48 选择框架集样式

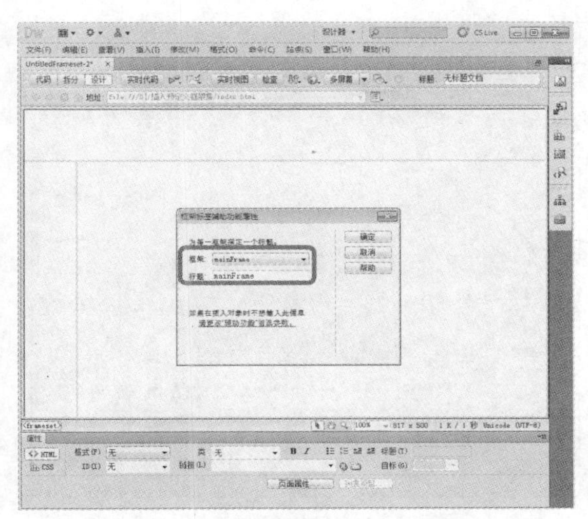

图6-49 “框架标签辅助功能属性”对话框

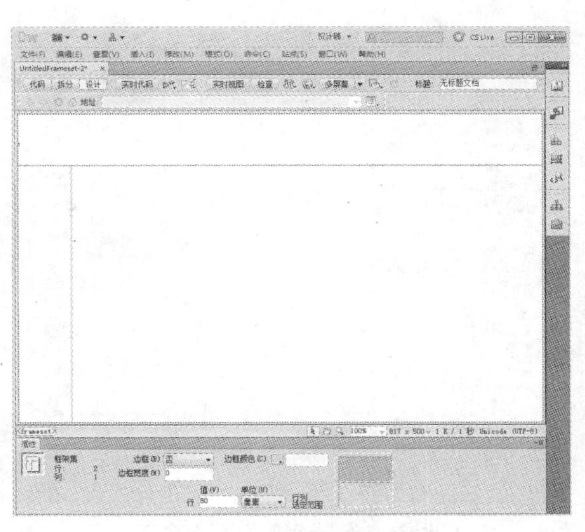

图6-50 插入预定义框架集

该框架集分为3个部分，分别是顶部框架、左侧框架和主框架，一般在顶部框架中放置网页的Logo和Banner等信息，在左侧框架中放置栏目列表，在主框架中显示具体内容。

此外，用户还可以在Dreamweaver应用程序的启动界面中单击“更多”链接，如图6-51所示，弹出“新建文档”对话框，在左侧列表框中选择“示例中的页”选项，在“示例文件夹”列表框中选择“框架页”选项，并在“示例页”列表框中选择框架集类型，然后单击“创建”按钮，也可以插入预定义框架集，如图6-52所示。

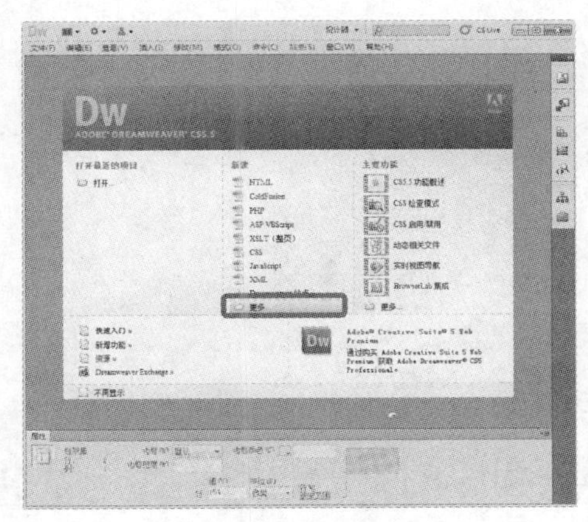

图6-51 应用程序启动界面

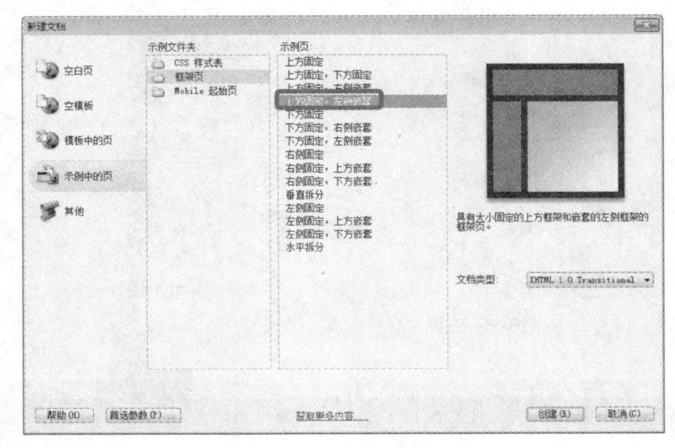

图6-52 选择预定义框架集

6.3.2 保存框架

若想要在浏览器中预览框架集，就必须保存框架集文件及在框架中显示的所有文档。具体操作步骤如下。

Step 01 打开“框架”面板，单击整个框架的外框，选择“文件>框架集另存为”命令，如图6-53所示。

Step 02 弹出“另存为”对话框，设置保存路径与文件名，然后单击“保存”按钮，如图6-54所示。

Step 03 将光标定位在顶部框架，选择“文件>保存框架”命令，如图6-55所示。

Step 04 弹出“另存为”对话框，将顶部框架命名为“top.html”，如图6-56所示。使用同样的方法，分别保存左框架、主框架和右框架。

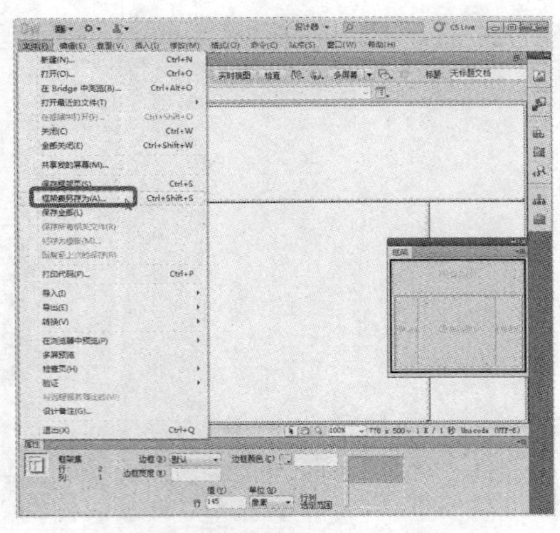

图6-53 选择“框架集另存为”命令

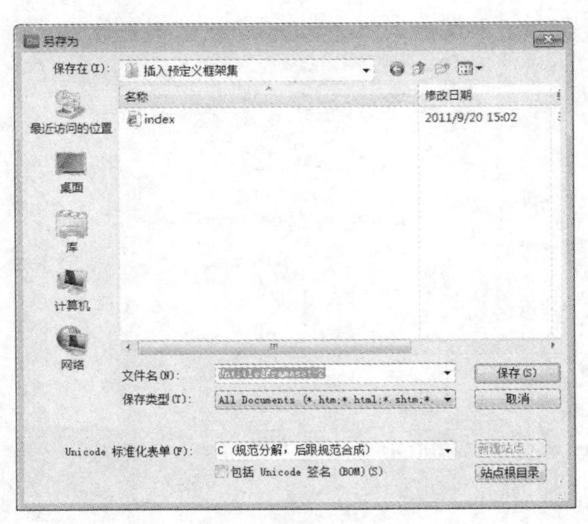

图6-54 “另存为”对话框

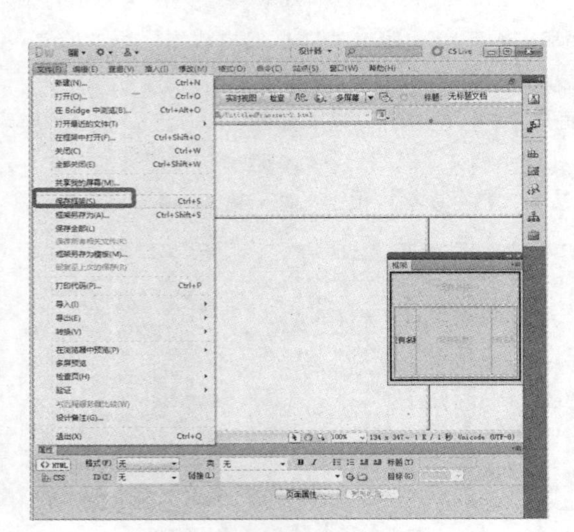

图6-55 选择“保存框架”命令

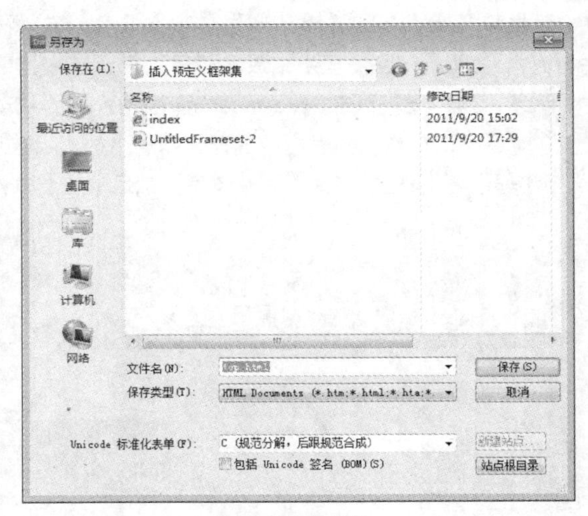

图6-56 命名框架

6.3.3 设置框架的属性

框架创建完成后，可以通过“属性”面板对框架的样式进行定义，如设置边框、添加滚动条等。具体操作步骤如下。

Step 01 打开一个利用框架制作的网页，如图6-57所示。

Step 02 选择“窗口>框架”命令，打开“框架”面板。单击整个框架的边框，选中框架集，然后在“属性”面板中单击“边框”后面的下拉按钮，在打开的下拉列表框中选择“是”选项，设置“边框宽度”为2，如图6-58所示。

Step 03 打开“框架”面板，单击leftFrame框架，选择左框架。在“属性”面板中取消选择“不能调整大小”复选框，并设置显示边框和滚动条，在“边框”下拉列表框中选择“是”选项，设置“边界宽度”和“边界高度”均为1，“边框颜色”为#DD1CC5，如图6-59所示。

Step 04 保存框架集，按【F12】键预览网页，可以看到设置的边框及滚动条，并且可以用鼠标拖动左框架，如图6-60所示。

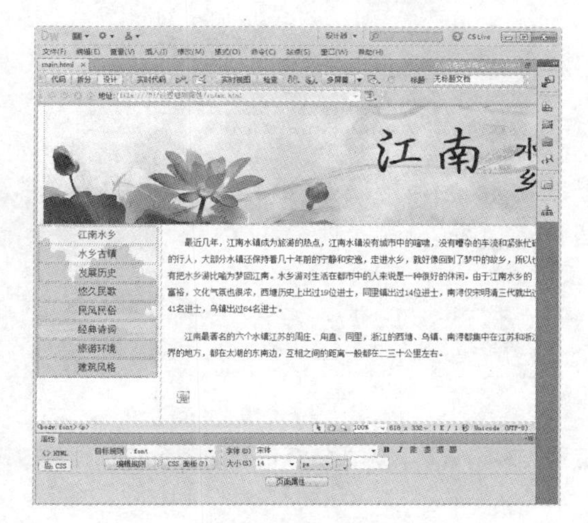

图6-57 打开框架网页

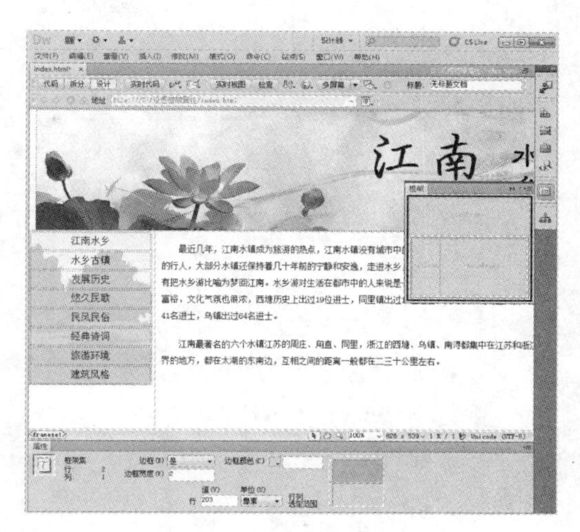

图6-58 设置框架集属性

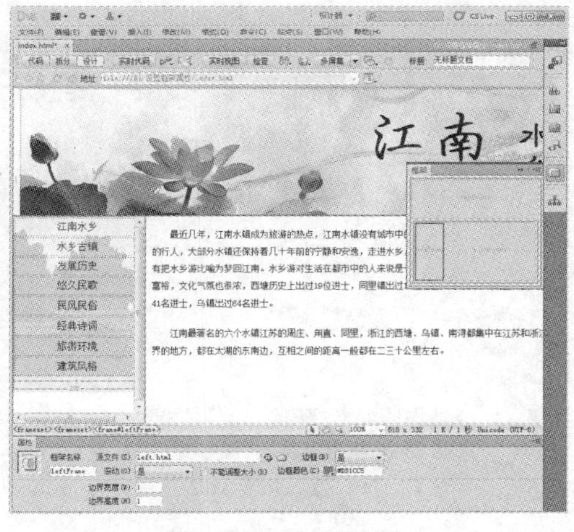

图6-59 设置左框架属性

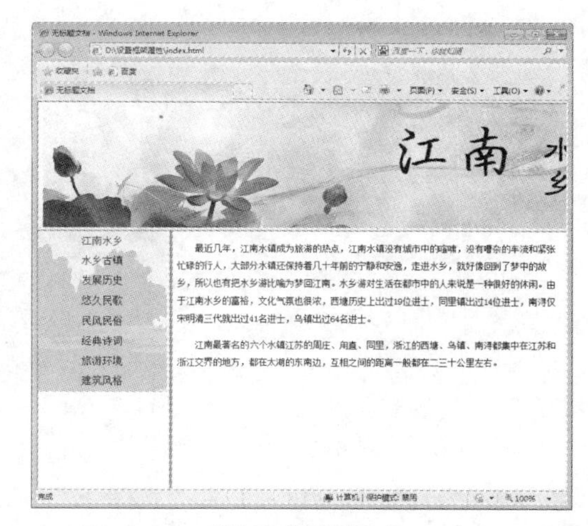

图6-60 预览网页

框架边框可选择的项目有“是”、“否”和“默认”3个选项，框架边框的设置会优先于框架结构属性中边框的设置，但是在很多情况下，不应该让框架网页显示边框。同样，对框架边框颜色的设置要优先于对框架结构边框颜色的设置。框架颜色的设置会影响到相邻框架的颜色。

6.3.4 为框架设置链接

如果用户想要在一个框架中使用链接打开另一个框架中的文档，必须设置链接目标。链接的target属性用于指定在其中打开所链接内容的框架或窗口。具体操作步骤如下。

Step 01 打开一个利用框架制作的网页，选中左边框架导航栏中的“经典诗词”文本，如图6-61所示。

Step 02 在“属性”面板的“链接”文本框中输入链接的网页，单击“目标”后面的下拉按钮，在打开的下拉列表框中选择链接打开的目标位置为“mainframe”，即主框架，如图6-62所示。

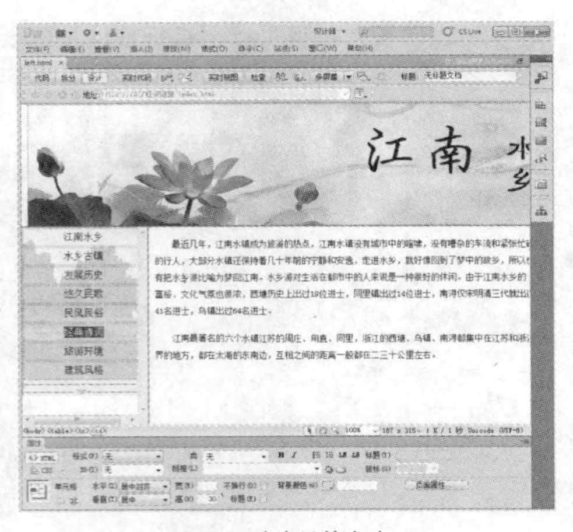

图6-61 选中链接文本

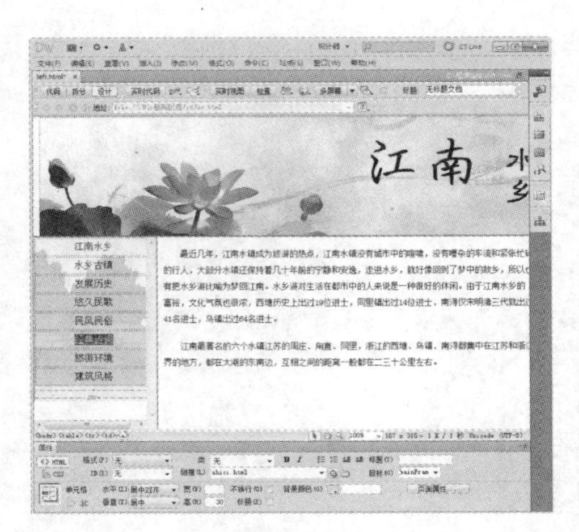

图6-62 设置参数

Step 03 保存文件，按【F12】键预览网页，当单击“经典诗词”文本链接时，所链接的页面就会在主框架内打开，如图6-63和图6-64所示。

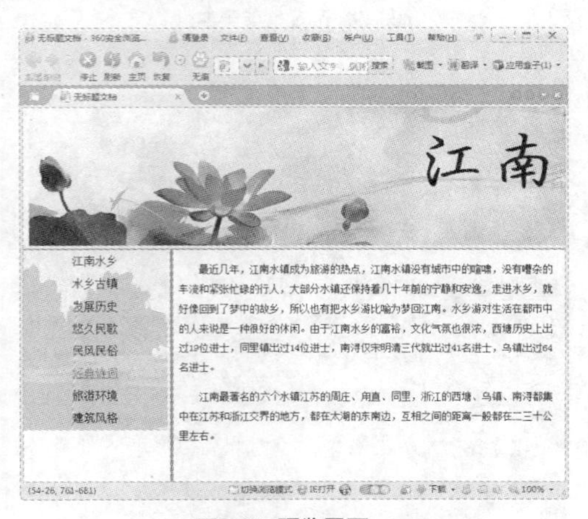

图6-63 预览网页

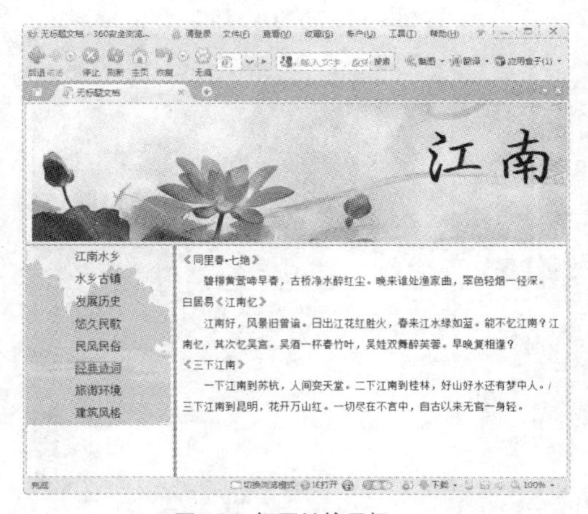

图6-64 打开链接目标

在“属性”面板的“目标”下拉列表框中，可以选择应显示链接文档的框架或窗口，有以下几个选项。

- _blank：在新的浏览器窗口中打开链接的文档，同时保持当前窗口不变。
- _parent：在显示链接的框架的父框架集中打开链接的文档，同时替换整个框架集。
- _self：在当前框架中打开链接，同时替换该框架中的内容。
- _top：在当前浏览器窗口中打开链接的文档，同时替换所有框架。

6.4 本章小结

本章学习了模板与框架的应用，包括创建模板、创建可编辑区域和使用模板创建网页等，创建与保存框架和框架集，以及框架链接的设置等。用户可以自行尝试使用模板和框架制作网页，另外，在第8章中也将介绍框架应用的实例，本章不再单独进行举例。

07 使用CSS样式表

符合Web 标准是网页设计的一项重要要求， CSS 正是帮助用户实现这一目标的有力工具。熟练掌握HTML 语言的网页设计者们早已发现，要做出美观大方的网页仅仅依靠HTML 语言是不够的。用CSS 扩展HTML语法的功能，不仅能改变网页的视觉效果，还能方便地进行修改与维护。

7.1 CSS基础

CSS已被广泛地应用在网页设计中，它不仅可以控制格式属性，如字体、颜色等，还可以控制定位、鼠标滑过等HTML 属性。并且，一个CSS 文件不仅可以控制单个文档中的网页对象样式，还可以控制多个文档中的网页对象样式。

7.1.1 CSS的概念

CSS 是Cascading Style Sheets的缩写，中文译为层叠样式表。CSS 是一种格式化网页的标准方式，它以HTML 语言为基础，有效地实现了对页面的布局、字体、颜色、背景和其他效果更加精确的控制。CSS 不是程序设计语言，而是用于控制网页样式的一种标记性语言，是对现有HTML 的补充和扩展。

CSS 实现了样式信息与网页内容的分离，让HTML 语言能够更好地适应页面的美工设计。并且网页设计者可以针对不同的浏览设备设置不同的样式风格，包括显示器、打印机、投影仪和PDA 等。结构式XHTML与纯CSS 布局的结合实现了外观与结构的分离，站点的访问及维护也变得更加容易。

使用CSS，除了可以在单独网页中应用一种格式以外，对于大型网站的格式设置和维护更具有重要意义。将CSS样式定义到样式表文件中，然后在多个网页中同时应用该文件中的样式，就可以确保多个网页具有一致的格式，而且只要更改该样式表文件就能实现全部网页的更新，从而大大降低了网站开发和维护的工作量。

7.1.2 CSS选择器

那么，CSS 是怎样将原有的HTML 标记定义成自己想要的效果的呢？这都是依靠选择器，HTML 有标签（tag），CSS 就有选择器（selector）。选择器是CSS中一个很重要的概念，所有HTML 语言中的标记都是通过不同的选择器进行控制的。用户通过给不同选择器赋予各种样式，从而对HTML 标签进行控制，以实现各种效果。

标签选择器

CSS 的定义由3个部分构成：选择器（selector）、属性（properties）和属性的取值（value）。其基本语法是在选择器名称后加上{}（大括号），在括号中设置属性和属性的取值，属性和属性值之间用冒号“：”隔开。格式如下。

```
selector { property:value}
选择器 { 属性:值}
```

选择器可以是多种形式，一般是要定义样式的HTML 标记，例如BODY、P和TABLE等。在其后的{}（大括号）内的内容称为规则，规则是成组出现的属性和属性设置的值。例如，要把<P> 标记的段落文字改为＃333333的灰色，其语句书写如下。

```
P  {color : # 333333}
```

选择符p 是指页面中被<p> 标记的段落部分，color 是控制文字颜色的属性，＃333333是颜色的值，此例的效果是使段落中的文字变为＃333333的灰色。如果属性的值由多个单词组成，则必须在值上加引号，比如，字体的名称经常是几个单词的组合。

```
p { font-family:"sans serif"}        （定义段落字体为sans serif）
```

如果要对同一元素定义多个属性，语法方法是{}（大括号）中输入多组属性和设置值，每一组属性和值之间用分号“；”间隔，格式如下。

```
p { text-align:center; color:red}   （段落居中排列；并且段落中的文字为红色）
```

在前面的实例中，都是通过标签选择器来应用样式的。标签选择器是针对已有的（X）HTML 标签，通过定义标签的属性为元素加上样式。

类选择器

网页设计者可以自己定义一个类选择器，设置好属性和值后，在XHTML中应用。在CSS中通过一个句点来标识类选择器，句点加上类名，在后面的{}（大括号）内书写属性和值。类别定义的方法如下。

```
.A  {color :#333333 ; }
.类别名称 {类别的定义}
```

使用类的方法是在XHTML中通过元素的class = "name"属性来引用的。例如，要使<P>和<h1>标记使用定义好的类，方法如下。

```
<p class="A">Hello CSS</p>
<h1 class="A">Hello CSS</h1>
```

这样，<P>和<h1>标记的文字都改变颜色，变成A这个选择器中定义的颜色。任何一个类选择器都适用于所有HTML标记，而且类选择器可以在页面中多次使用。

ID选择器

ID选择器的使用方法与类选择器基本相同，区别在于类选择器可以在页面中重复使用，而ID选择器在XHTML中只能使用一次。具体使用方法是，在CSS中通过＃来标识ID选择器，语法为＃加上ID名，在后面的{}（大括号）内书写属性和值。

```
# A {color :#333333;}
#类别名称 { 类别的定义}
```

应用ID的方法是以id＝“类别名称”的形式引入到XHTML，跟在元素的起始标签之后。前面定义了名为A的ID，那应用到段落语句中书写格式如下。

```
<p id=A>
```

需要注意的是，每个ID在一个页面上只能使用一次，所以ID应该留给每个页面上唯一的并只使用一次的元素。如果有多个地方需要使用同一个CSS规则，那就不应该使用ID，可以使用类选择器或者其他方法来提供样式。

7.1.3 选择器的声明

全局声明

当要设置页面上的所有标记有部分属性都使用同一种CSS样式时，如果每个标记都一一声明会比较麻烦，这时可以使用全局声明的通配选择器。通配选择器用“*”符号来进行规则的声明。

```
* {property :value}
```

例如，要想页面中的所有文字都显示灰色，那么可以这样定义。

```
*{color:gray;}
```

集体声明

对于一些规则完全一样的选择器，如果一一声明，会增加没必要的重复操作，也使得样式表变得很庞大。使用选择器分组可以解决这一问题，把具有相同属性和值的选择器组合起来书写，用逗号将选择器分开，这样可以减少样式重复定义，从而缩减了空间。格式如下。

```
h1,h2,h3 {color:#0033CC;}
```

这个组里包括的标题元素的文字颜色都是#0033CC。效果完全等同于如下格式。

```
h1 { color:#0033CC;}
h2 { color:#0033CC;}
h3 { color:#0033CC;}
```

嵌套声明

嵌套声明是可以单独对某种对象中所嵌套的对象进行定义的选择器，语法如下。

```
Elements1 Elements2 { sRules }
元素1 元素2 { 规则 }
```

元素Elements1和元素Elements2之间用空格隔开，在后面的{}（大括号）内定义属性和值。所有被Elements1包含的Elements2将遵循选择器声明的规则。这种方式只对在元素Elements 1中包含的元素Elements2定义，对单独的元素Elements1或元素Elements2无作用。如下面的代码所示。

```
table a { color:red; }
```

在表格内的链接将改变样式，文字颜色变为红色，而表格外的链接的文字仍为默认颜色。

7.2 在网页中添加CSS样式

在网页中引用CSS 的方法有多种，如行内样式、内嵌样式、链接样式和导入样式等。这几种引用方式之间也有着优先顺序。

7.2.1 行内样式

行内样式通过style属性直接套进HTML中，这是所有样式方法中最直接的一种。例如，要设置<p>标签内的文本为红色，可以使用下面的代码。

```
<p style="color:red">text</p>
```

这将会使指定的段落变成红色，而其他标签内的内容则不受影响。

不过HTML应该是独立的、样式自由的文档，所以，行内样式应该尽量避免使用。将行内样式散布在XHTML代码中会使页面变得很复杂，可以想象每个段落、每个链接都是这样的声明样式，页面的XHTML代码会有多复杂。而如果要对这些行内样式进行修改，又是多么头疼的事情。

7.2.2 内嵌样式

内嵌样式只应用于当前页面，将所有的样式定义集在一起放在样式标签<style>里，<style>标签放置在页面的<head>标签内。

例如，要定义链接对象<a>标签的文本颜色为蓝色，采取内嵌样式，代码如下。

```
<html>
<head>
<title>CSS Example</title>
<style type="text/css">
p { color:red; }
a { color:blue; }
</style>
</head>
…
```

上述的CSS代码将使该页面所有的链接文字都变成蓝色的。

将所有的样式定义放在一起，查找和修改都会比较方便。但是和行内样式一样，内嵌样式也是把页面的表现部分加入到XHTML文档内，这样XHTML文档会变大。另外，这些样式需要随每个网页的加载而重复下载。如果网站的每个页面都使用它自己的内嵌样式，那么整个网站的样式改变也会很麻烦。

7.2.3 链接样式

链接样式的使用频率最高，它将HTML和CSS分为两个或多个文件，实现HTML和CSS代码的完全分离。将所有的样式定义保存为扩展名为.css的文件，网页要使用该文件时，必须在<head>标签中使用<link>标签。例如，要在页面中链接一个名为style的css文件，代码如下。

```
<html>
<head>
<title>CSS Example</title>
<link href="style.css" rel="stylesheet" type="text/css" />
</head>
…
```

使用链接样式，同一个CSS文件可以链接到多个HTML文件中，甚至可以链接到整个网站的所有页面中，使得网站整体风格统一。要修改样式，工作量也大大减小，只需修改CSS文件即可。在加载页面时浏览器时会先显示XHTML内容，然后根据样式表修改外观，所以，在网速不够的情况下浏览者可以先看到内容。而且样式表文件只需下载一次，就可以在其他链接了该文件的页面上使用。

不过，如果由于某种原因无法获得CSS文件，XHTML文件将没有任何样式，只能显示内容。

7.2.4 导入样式

导入样式表和链接样式表的功能基本相同，只是在语法和运作上有些区别。采用import方式导入的样式表，在HTML文件初始化时会被导入HTML文件内，作为文件的一部分，类似内嵌式的效果。例如，要将一个名为style的css文件导入页面中，代码如下。

```
<html>
<head>
<title>CSS Example</title>
<style>
<!--
@ import url(style.css)
-->
</style>
</head>
…
```

使用导入样式表可以在一个XHTML文件中导入多个CSS文件。

使用导入样式表，对不能很好地支持CSS的浏览器比较有效。如果使用其他方法为XHTML文件提供CSS，而浏览器并不能很好地支持这些规则，则有可能产生一些错落的代码。如果使用导入样式表，则浏览器会对CSS部分不处理，这样，XHTML不带任何样式，但还是能正常显示内容。

以上介绍了多种使用CSS的方式，这些方式之间有优先顺序。经过实际的测试证明，行内样式的优先级别最高，其次是采用<link>标签的链接样式，再次是位于<style>和</style>间的内嵌样式，最后是@ import导入样式。在网站建设过程中，最好只使用1～2种样式，便于后期管理和维护。当网页中套用了多层次的样式表时，一定要检查优先次序，否则很容易出现显示错误。

7.3 CSS样式的管理

在Dreamweaver 中，创建CSS 样式后，可以对其进行管理。下面将具体介绍CSS 样式的管理操作。

7.3.1 认识“CSS样式”面板

“CSS 样式”面板提供了对样式表的设置和管理的全部功能。打开文档后，选择“窗口>CSS样式”命令，可以打开“CSS 样式”面板。未定义样式时，“CSS 样式”面板不显示任何内容，如图7-1所示。定义了样式后，“CSS 样式”面板将显示已有的样式和选中对象的样式信息，如图7-2所示。

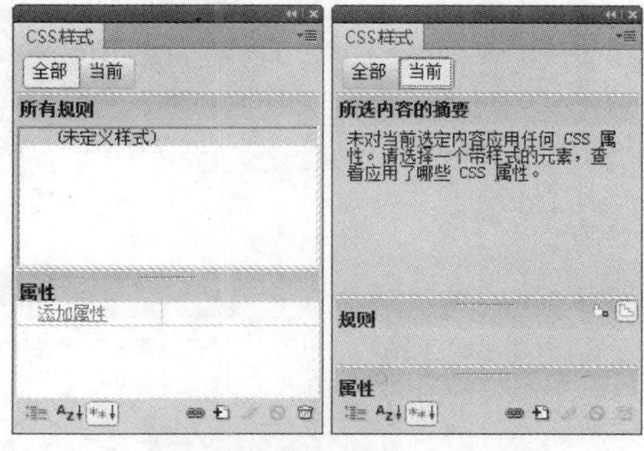

图7-1 未定义样式时的“CSS样式”面板

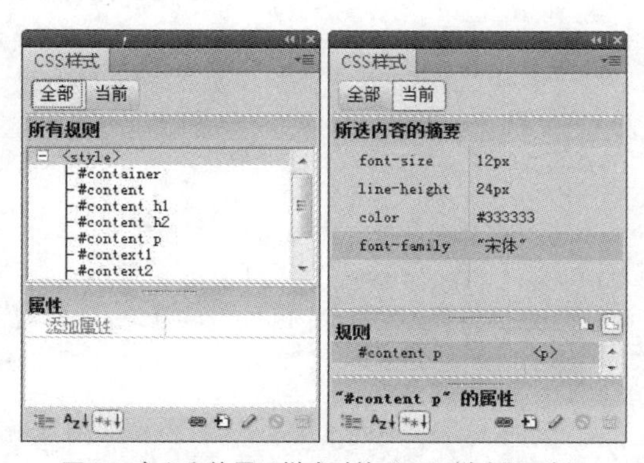

图7-2 定义和使用了样式时的“CSS样式”面板

"全部"视图和"当前"视图

"CSS 样式"面板有两个视图："全部"视图和"当前"视图。"全部"视图显示当前文档中定义的样式和附加到当前文档中的样式，"当前"视图只显示当前文档的选定项目中的样式。

"全部"视图结构

"全部"视图的"CSS样式"面板由"所有规则"窗口和"属性"窗口构成。"所有规则"窗口显示当前文档可用样式的列表，在该窗口中选中样式时，该样式中定义的所有属性都将出现在"属性"窗口中。凡是在"属性"窗口中显示的属性，均可立即修改。默认情况下，"属性"窗口仅显示已经设置的属性，并按字母顺序排列。

"当前"视图结构

"当前"视图的"CSS样式"面板由"所选内容的摘要"窗口、"规则"窗口和"属性"窗口构成。

"所选内容的摘要"窗口显示文档中当前所选项目的CSS 属性的摘要。该摘要显示直接应用于所选内容的所有规则的属性。

"规则"窗口根据所选内容的不同显示两个不同视图："关于"视图或"规则"视图。在"关于"视图中，此窗口显示所选CSS 属性的规则和名称，以及包含该规则的文件名称，如图7-3所示；在"规则"视图中，此窗口显示直接或间接应用于当前所选内容的所有规则的层级结构，如图7-4所示。

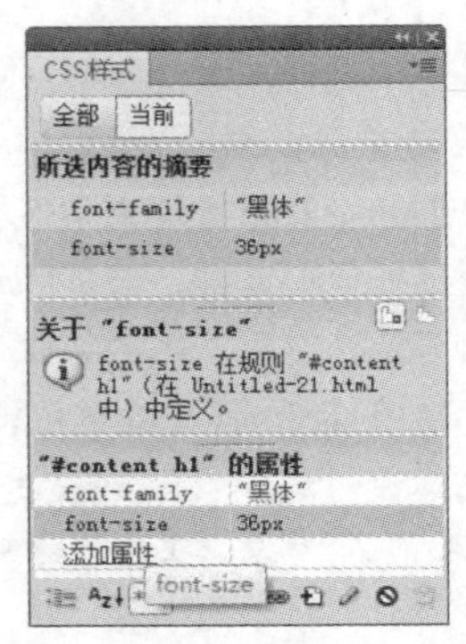

图7-3 "规则"窗口的"关于"视图

"属性"窗口中显示当前选中的样式定义的所有属性。"属性"窗口有"类别"、"列表"和"只显示设置属性"3种视图。"类别"视图显示按类别分组的属性（如"背景"、"边框"等），如图7-5所示；"列表"视图则显示所有可用的属性，如图7-6所示；"只显示设置属性"视图则使那些尚未设置的属性不显示，如图7-7所示。

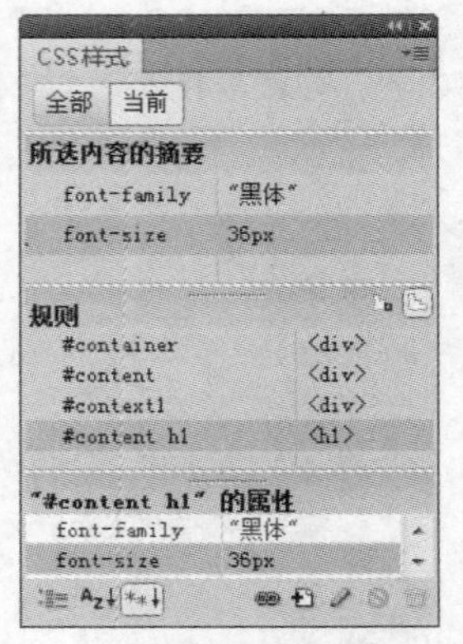

图7-4 "规则"窗口的"规则"视图

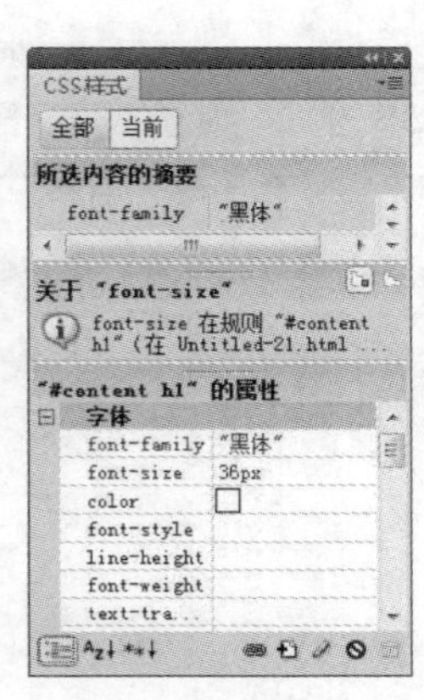

图7-5 "类别"视图

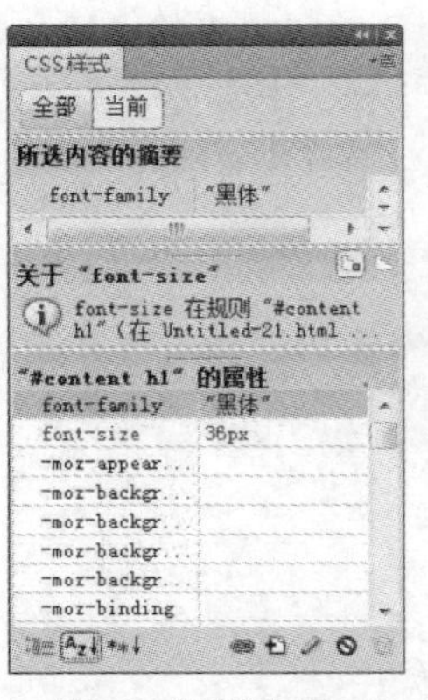

图7-6 "列表"视图

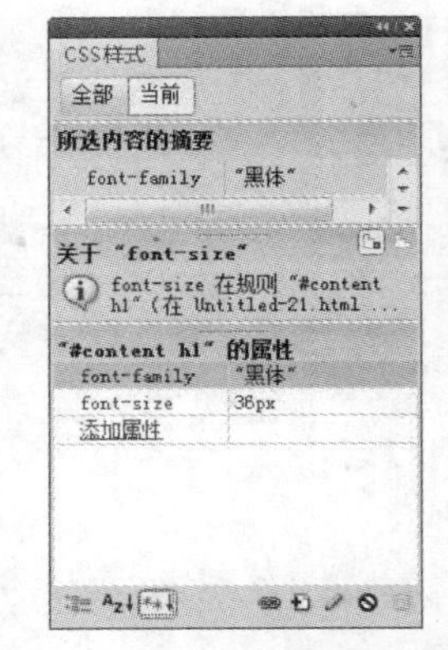

图7-7 "只显示设置属性"视图

7.3.2 新建层叠样式表

要在Dreamweaver 中创建内部CSS样式，具体操作步骤如下。

Step 01 在文档窗口中选择“窗口>CSS 样式”命令，打开“CSS 样式”面板。

Step 02 单击“新建CSS 规则”按钮，弹出“新建CSS 规则”对话框，如图7-8所示。

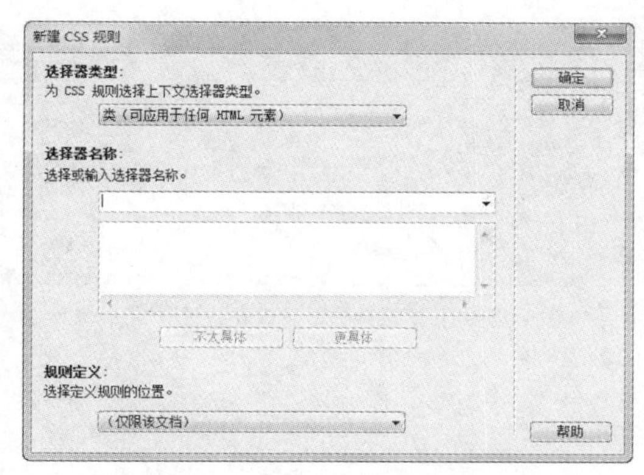

图7-8 “新建CSS规则”对话框

该对话框中各选项的含义如下。

- 选择器类型：设置定义样式的类型，即设置该样式是标签选择器、类选择器、ID选择器还是复合内容。
- 选择器名称：设置新建的样式定义的名称。
- 规则定义：设置新建的CSS定义所在的位置。CSS样式按引用方式可分为内部样式和外部样式两种。默认选择“仅限该文档”选项，新建的CSS语句在网页内部。

Step 03 设置完成后单击“确定”按钮，弹出“CSS规则定义”对话框，如图7-9所示，在该对话框中可以设置具体的属性。

Step 04 样式设置完成后，“CSS样式”面板中会出现新建的新样式，如图7-10所示。

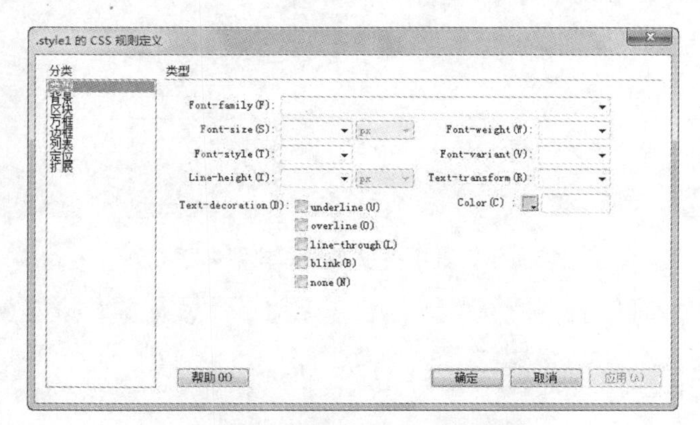

图7-9 “CSS规则定义”对话框

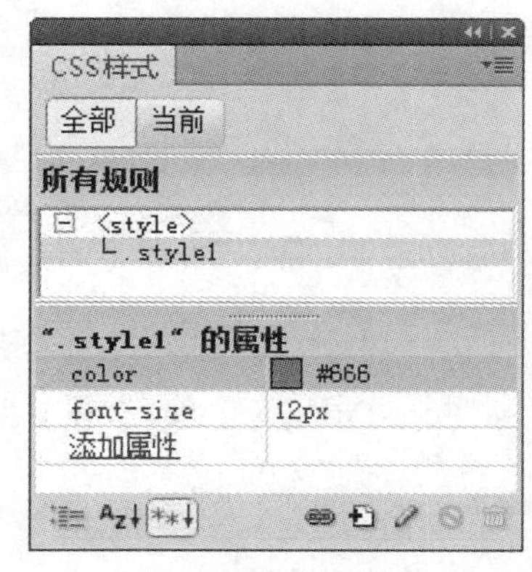

图7-10 建立好的样式

7.3.3 链接外部CSS样式表文件

在设计大型站点时，使用外部样式表文件可以减轻工作量。

要链接一个外部样式表，操作步骤如下。

Step 01 在文档窗口中选择“窗口>CSS 样式”命令，打开“CSS 样式”面板。

Step 02 单击“附加样式表”按钮。

Step 03 弹出“链接外部样式表”对话框，设置要链接的样式表文件，如图7-11所示。

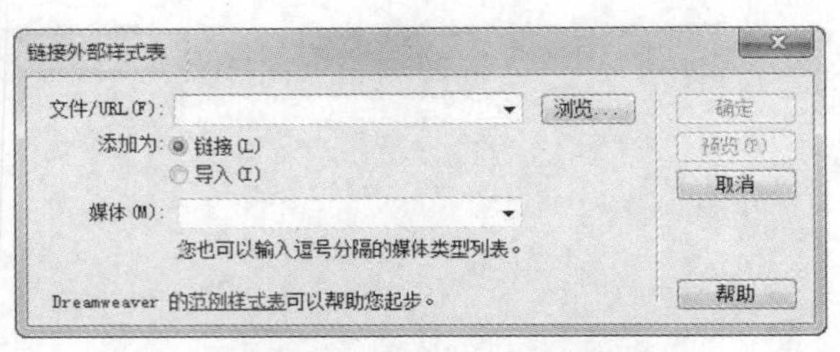

图7-11 “链接外部样式表”对话框

该对话框中各选项的含义如下。

- 文件/URL：单击“浏览”按钮，可以在弹出的对话框中选择要链接的样式表文件。
- 添加为：选择“链接”或“导入”单选按钮，设置样式表文件的附加方式是链接样式还是导入样式。
- 媒体：选择CSS样式表符合的媒体类型。样式表支持的媒体类型有计算机显示器、电视和打印机等，默认值为计算机显示器。

Step 04 设置完成后单击“确定”按钮。

7.4 CSS控制页面元素样式

Dreamweaver 提供的“CSS 规则定义”对话框可以帮助设计者定义自己的样式表，如图7-12所示。对话框的左侧列出了样式表包含的8种类型样式，包括类型、背景、区块、方框、边框、列表、定位和扩展。右侧则列出某种具体类型中可以设定的属性。

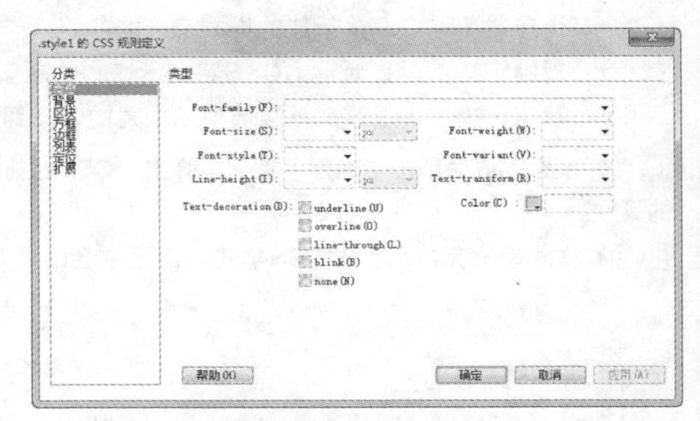

图7-12 “CSS规则定义”对话框

7.4.1 类型属性的设置

使用“类型”选项可以定义样式的基本类型，如图7-13所示，其中各项属性和功能如下。

- Font-family（字体）：在下拉列表框中可以选择当前样式所应用的字体。
- Font-size（字号）：设置文本的字号大小。可以选用绝对大小或相对大小。绝对大小就是在文本框内输入相应数值并在右侧的下拉列表框中选择单位；相对大小则是选择如小或大之类的选项。
- Font-style（文字样式）：设置字体的特殊格式。可以选的值有normal（正常）、italic（斜体）和oblique（偏斜体）。

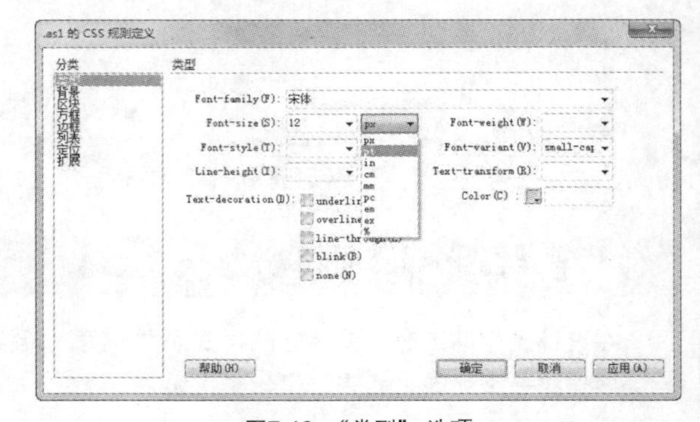

图7-13 “类型”选项

- Line-height（行高）：设置文本的行高。若要设置具体行高，在文本框中输入数值，在右侧的下拉列表框中选择单位。通常情况下，若不设置，系统会根据字号计算行高。
- Text-decoration（文字修饰）：设置文字的一些装饰效果，包括underline（下画线）、overline（上画线）、line-through（删除线）和blink（文字闪烁）等格式。选择相应的复选框，则应用相应的格式。默认情况下，普通文本的修饰格式是none（无），链接文本的修饰格式为underline（下画线）。
- Font-weight（字体粗细）：设置字符的粗细。可选用绝对粗细程度和相对粗细程度。绝对粗细是设置具体数值；相对粗细则通过选择bold（粗体）、bolder（特粗）等选项设置字体的粗细程度。
- Font-variant（字体变体）：设置小型大写字母的字体显示。设置该属性的值为small-caps时，则所有的小写字母均会被转换为大写字母。但使用小型大写字体的字母与其余文本相比，其字体尺寸较小。
- Text-transform（文字大小写）：设置文本的大小写。该属性有 4 个值，分别为none（无）、uppercase（大写）、lowercase（小写）和capitalize（首字母大写）。通常默认值为none，对文本不做任何改动，使用源文档中的原有大小写。
- Color（颜色）：设置文本的颜色。单击该按钮，将打开Dreamweaver 色板，或通过直接输入颜色的十六进制编码来设定。

7.4.2 背景属性的设置

使用“背景”选项可以为各种标签或对象定义背景样式，如图7-14所示，其中各项属性和功能如下。

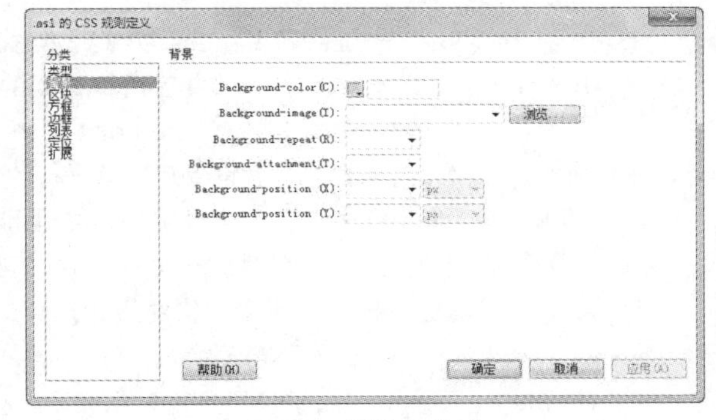

图7-14 “背景”选项

- Background-color（背景颜色）：设置页面或标签对象的背景颜色。
- Background-image（背景图像）：设置页面或标签对象的背景图像。单击“浏览”按钮，可以在弹出的对话框中选择图像源文件。
- Background-repeat（背景重复）：当使用背景图像时，用于设置是否需要重复显示。该属性有4种值：“no-repeat（不重复）”表示只显示一次该图像；“repeat（重复）”表示在应用样式的元素背景上的水平方向和垂直方向重复显示该图像；“repeat-x（横向重复）”表示在应用该样式元素的背景上以水平方向重复显示该图像；“repeat-y（纵向重复）”表示在应用该样式元素的背景上以垂直方向重复显示该图像。
- Background-attachment（背景固定）：用于设定对象的背景图像是随对象内容滚动还是固定的。属性值有“fixed（固定）”与“scroll（滚动）”两种。
- Background-position（X）（水平位置）：用于指定背景图像相对于应用样式的元素的水平位置。属性的值可以是“left（左对齐）”、“right（右对齐）”、“center（居中对齐）”或具体值。如果是输入数值，可以在右侧的下拉列表框中选择数值单位。如果前面的附件选项设置为固定，则元素的位置是相对于文档窗口，而不是元素本身的。

- Background-position（Y）（垂直位置）：用于指定背景图像相应于应用样式的元素的垂直位置。属性的值可以是“top（顶部）”、“bottom（底部）”、“center（居中）”或具体数值。如果输入的是数值，还可以在右侧的下拉列表框中选择数值单位。如果前面的附件选项设置为固定，则元素的相对位置是相对于文档窗口，而不是元素本身的。

7.4.3 区块属性的设置

“区块”选项可以对字间距、排列方式等属性进行设置，如图7-15所示，其中各项属性和功能如下。

- Word-spacing（单词间距）：设置单词间的间距。若要设置特点的值，则输入具体数值，在右侧的下拉列表框中设置数值的单位。输入的数值要根据浏览器而定，因为有很多浏览器并不支持负值。
- Letter-spacing（字母间距）：设置字母间的间距。与单词间距相同，可以在字符之间添加额外的间距，可以通过输入负值来缩小字符间距。另外，字母间距选项的优先级高于单词间距选项。

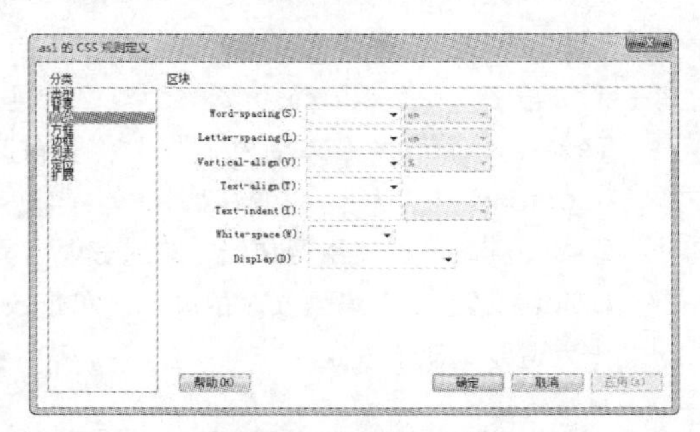

图7-15 “区块”选项

- Vertical-align（垂直对齐）：设置页面元素的垂直对齐方式。
- Text-align（文本对齐）：设置应用该样式的对象中文本的对齐方式。该属性的值可以是“left（居左）”、“right（居右）”、“center（居中）”或“justify（绝对居中）”。
- Text-indent（文字缩进）：设置每段第一行的缩进距离，允许输入负值，将会有凸出的效果。
- White-space（空格）：用于设置如何处理元素中的空白部分。有3个值供选择，选择“normal（正常）”选项，则按照正常的方式处理空格，可以使多重的空白合并成一个；选择“pre（保留）”选项，则保留应用样式元素中空格的原始形象，不允许多重的空白合并成一个；选择“nowrap（不换行）”选项，则长文本不自动换行。
- Display（显示）：用于设置是否显示元素，以及如何显示元素。选择“none”选项，将会关闭应用了该样式的元素的显示。

7.4.4 方框属性的设置

“方框”选项可以对应用该样式的元素在页面上的放置方式的标签和属性定义进行设置，如图7-16所示，其中各项属性和功能说明如下。

- Width（宽）：设置元素的宽度。可以在下拉列表框中选择“auto（自动）”选项，由浏览器自行控制，也可以输入一个值。

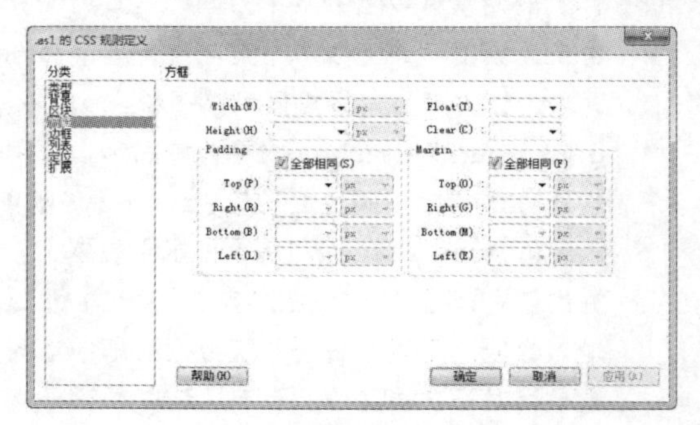

图7-16 “方框”选项

- Height（高）：设置元素的高度。同样可以在下拉列表框中选择“auto（自动）”选项，由浏览器自行控制，也可以直接输入一个具体的值。
- Float（浮动）：设置应用样式的元素的浮动位置。通常属性值有“left（居左）”、“right（居右）”和“none（无）”。如果定义某个元素，若将“Float”属性设置为“right”，它将脱离文档流并且向右移动，直到它的右边缘碰到包含框的右边缘。
- Clear（清除）：用于设置不允许分层。其属性值可以是“left（左对齐）”、“right（右对齐）”、“both（二者）”或“none（无）”。如果某个元素的“Clear”属性的值为“left（左对齐）”，则表明该元素右侧不允许分层出现。
- Padding（填充）：用于定义应用该样式的元素内容和元素边界之间的空白大小。可以分别在“Top（上）”、“Bottom（下）”、“Left（左）”和“Right（右）”4个下拉列表框中输入相应的值，然后在右侧的下拉列表框中选择适当的数值单位。
- Margin（边界）：用于定义应用该样式的元素边界和其他元素之间的间隔大小。同样可以分别在“Top（上）”、“Bottom（下）”、“Left（左）”和“Right（右）”4个下拉列表框中输入具体的值，并设置相应的数值单位。

7.4.5 边框属性的设置

“边框”选项用于定义元素的边框样式，如图7-17所示，其中各项属性和功能如下。

- Style（样式）：用于设置边框样式。该属性的值共9个选项，如“double（双线）”、“dotted（点线）”等。“Top（上）”、“Bottom（下）”、“Left（左）”和“Right（右）”4条边的样式可以单独设定。
- Width（宽度）：用于定义应用该样式的元素的边框宽度。可以分别设置“Top（上）”、“Bottom（下）”、“Left（左）”和“Right（右）”4条边的宽度。该属性的值可以是“thin（细）”、“medium（中）”、“thick（粗”）或直接输入一个数值。

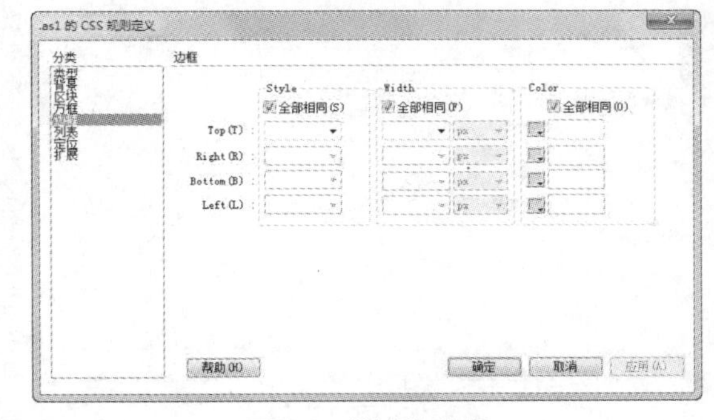

图7-17 “边框”选项

- Color（颜色）：用于设置“Top（上）”、“Bottom（下）”、“Left（左）”和“Right（右）”4条边框的颜色。如果选择“全部相同”复选框，则所有边线使用相同的颜色。

7.4.6 列表属性的设置

“列表”选项中的属性定义主要针对列表对象。CSS 列表属性允许改变列表项标志，或者将图像作为列表项标志，以及其他的样式定义，如图7-18所示，其中各项属性和功能如下。

- List-style-type（列表类型）：为每个列表项设置项目符号或编号。属性值可选“square（正方形）”、“circle（圆形）”等。
- List-style-image（列表项图像）：可以将图像设置为列表项的项目符号。单击“浏览”按钮，可以在弹出的对话框中选择要作为项目符号的图片。

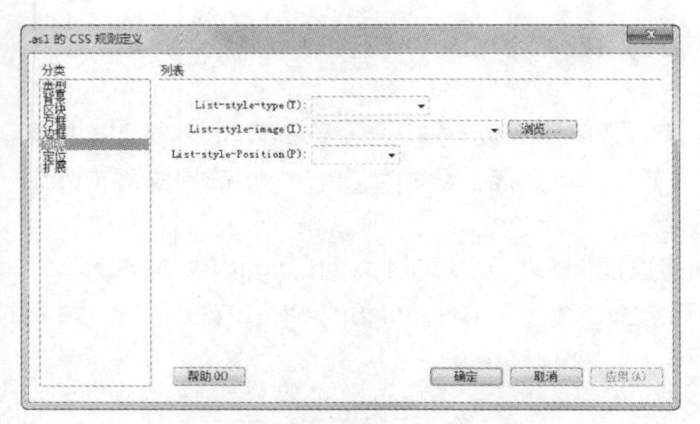

图7-18 “列表”选项

- List-style-Position（位置）：设置列表项的项目符号在列表中的位置。属性值有“inside（内部）”和“outside（外部）”。设置属性值为“inside”时，列表项的项目符号包含在列表中；设置属性值为“outside”时，列表项的项目符号在列表外。

7.4.7 定位属性的设置

利用“定位”选项中的各种属性设置可以对标签或页面对象进行精确定位，如图7-19所示，其中各项属性和功能如下。

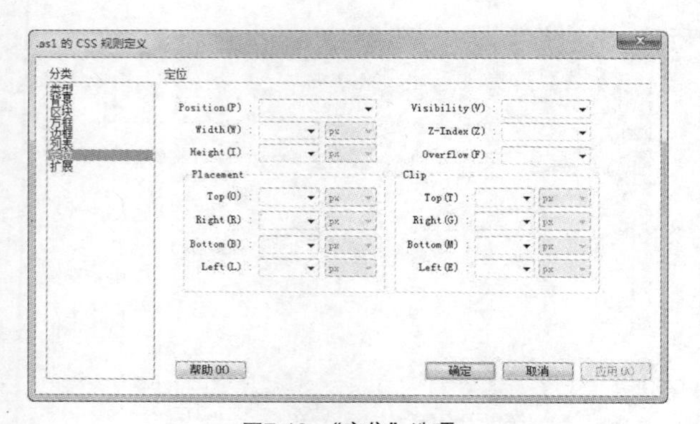

图7-19 “定位”选项

- Position（位置）：用于设置浏览器如何定位层。该属性的值可以是“absolute（绝对）”、“relative（相对）”、“static（静态）”和“fixed（固定）”。选择“absolute”选项，表示使用绝对坐标放置层，可以在对话框的“Placement”选项组中输入相对于页面左上角的绝对位置值。选择“relative”选项，表示使用“Placement”选项组中输入的坐标，相对于对象在文档文本中的位置来放置层。选择“static”选项，表示在文本层中的位置上放置层。选择“fixed”选项，类似于将“Position”设置为“absolute”，不过其包含块是窗口本身。
- Width（宽）：设置元素的宽度。
- Height（高）：设置元素的高度。
- Visiblity（显示）：设置层的初始显示位置。属性可选择的值有“inherit（继承）”、“visible（可见）”和“hidden（隐藏）”。选择“inherit”选项，表示继承分层父级元素的可视性属性；选择“visible”选项，表示无论分层的父级元素是否可见，都显示层内容；选择“hidden”选项，表示无论分层的父级元素是否可见，都隐藏层内容。
- Z-Index（z轴）：用于设定层的上下顺序。可以在下拉列表框中选择“auto（自动）”选项，或输入相应的数值值。可以输入正数或负数，较高值所在的层会位于较低值所在的层的上方。

- Overflow（溢出）：用于设置当层中的内容超出了层的边界后如何显示。该属性的值有“visible（可见）”、“hidden（隐藏）”、“scroll（滚动）”和“auto（自动）”4个。选择“visible”选项，表示当层中的内容超出层范围时，层会自动向下或向右扩展它的大小，以容纳分层内容，使之可见；选择“hidden”选项，表示当层中的内容超出层范围时，层的大小不变，超出层部分的内容不显示；选择“scroll”选项，表示无论层内的内容是否超出层范围，层都出现滚动条；选择“auto”选项，表示当层内的内容不超出层范围时，层大小不变也没有滚动条，当层内的内容超出层范围时，层大小不变，但出现滚动条帮助显示。
- Placement（放置）：用于设置层位置的坐标。通过在“Top（上）”、“Right（右）”、“Bottom（下）”和“Left（左）”的下拉列表框中分别输入相应的值，并选择数值单位进行定位。
- Clip（裁切）：用于设置元素可视局部区域的位置和大小。如果指定了裁切区域，可通过脚本语言来访问，添加特殊效果。

7.4.8 扩展属性的设置

使用“扩展”选项，可对自定义功能进行扩展。“扩展”选项中主要包含“分页”和“视觉效果”两个选项组，如图7-20所示。在“视觉效果”选项组中主要可以设置光标效果，以及通过滤镜为页面添加其他视觉效果。

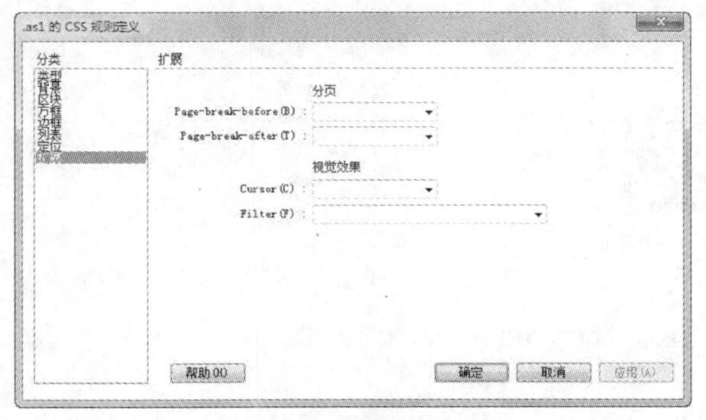

图7-20 “扩展”选项

- 分页：通过样式为网页添加分页符号。当打印到由样式所控制的对象时强制换页，将接下来的内容打印到下一页上。
- Cursor（光标）：设置鼠标形状的样式。当光标放置于被此样式设定的区域时，形状根据设置发生改变。
- Filter（滤镜）：滤镜效果样式。在下拉列表框中可选择特定的滤镜效果。

7.5 实例精讲

经过前面一系列关于CSS样式表的学习后，下面将通过一个具体实例帮助学习者了解CSS 样式表的建立流程，并通过“CSS 规则定义”对话框、“CSS 样式”面板等工具的综合运用来对网页进行排版和美化。

本实例将在一个完整结构的XHTML 文档的基础上，对原来的网页进行重构，重新排版并添加样式。原文档没有添加任何相关CSS 的规则，网页是按XHTML 文档流的结构显示的，其效果如图7-21所示。

通过CSS的设计和定义，对页面进行了新的排版并添加了样式，形成了新的视觉效果。最终页面的显示结果如图7-22所示。

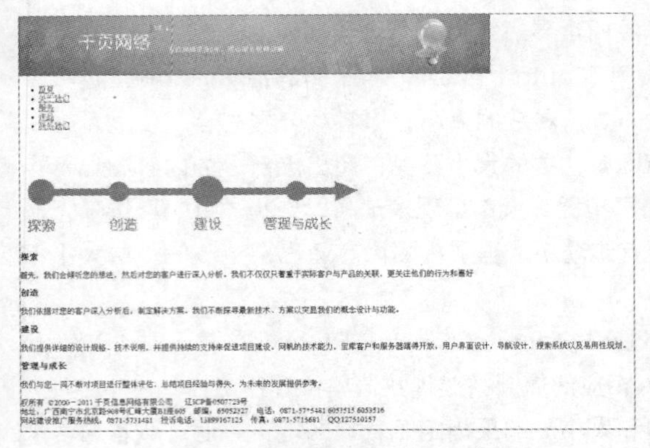
图7-21 未添加CSS样式的显示效果

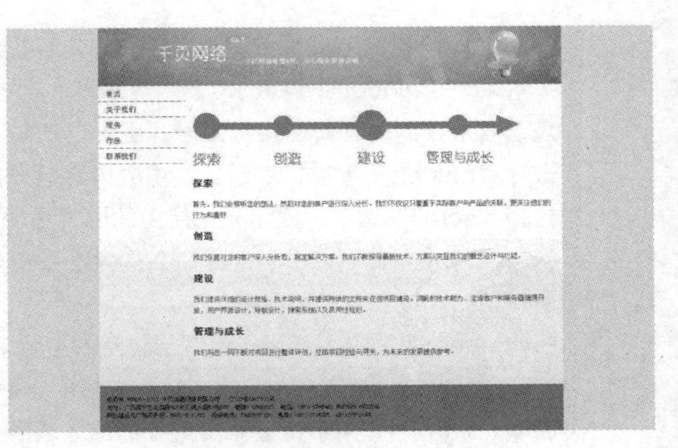
图7-22 添加CSS样式后的显示效果

具体操作步骤如下。

Step 01 首先根据布局分析中块的划分为给XHTML 文档添加<div> 标签。选中页面中的所有内容，如图7-23所示。

Step 02 在“插入”面板的“布局”选项组中选择“Div 标签”选项，如图7-24所示。

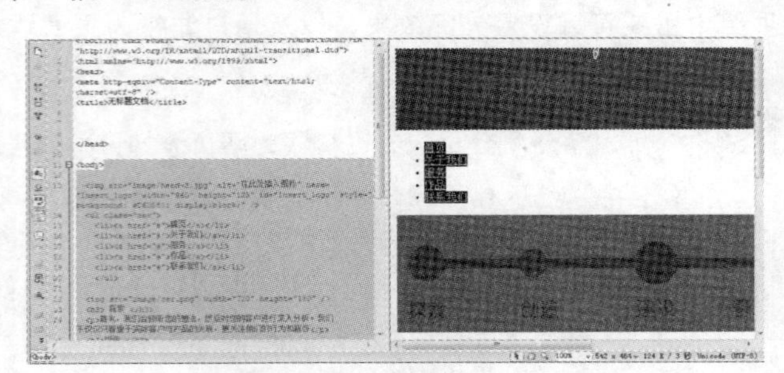
图7-23 选中所有内容

图7-24 选择“插入Div标签”选项

Step 03 弹出“插入Div标签”对话框，在“ID”文本框中输入“container”，然后单击“确定”按钮，如图7-25所示。

Step 04 现在页面中所有内容都放置在名为“container”的Div标签中。

Step 05 打开“CSS样式”面板，单击“新建CSS规则”按钮，在弹出的对话框中设置“选择器类型”为“ID”，将“选择器名称”设置为“#container”，在“规则定义”下拉列表框中选择“仅限该文档”选项，如图7-26所示。

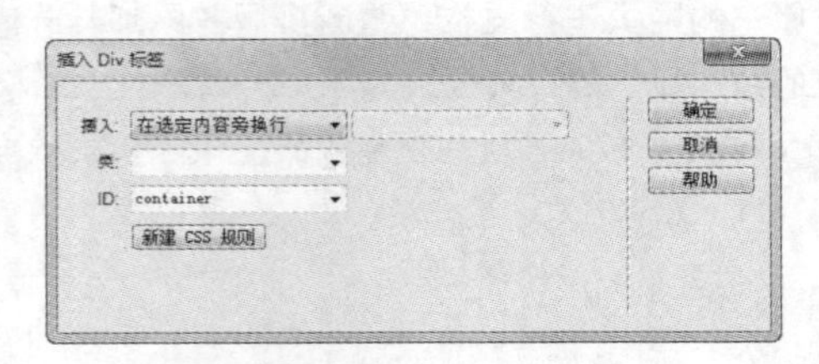

图7-25 “插入Div标签”对话框

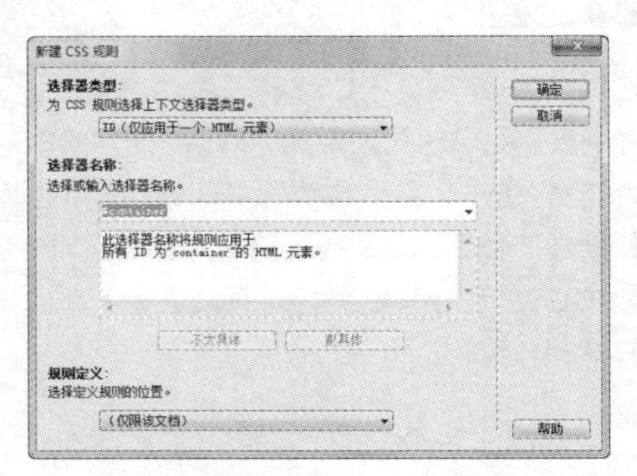

图7-26 “新建CSS规则”对话框

Step 06 设置完成后单击“确定”按钮，这时会弹出“#container的CSS规则定义”对话框，在其中选择“背景”选项，设置“Background-color（背景颜色）”属性值为#FFF，如图7-27所示。切换到“方框”选项，设置“Width（宽）”属性值为960px，“Margin（边界）”属性值为“0”、“auto”、“0”、“auto”，如图7-28所示。设置完成后单击“确定”按钮。

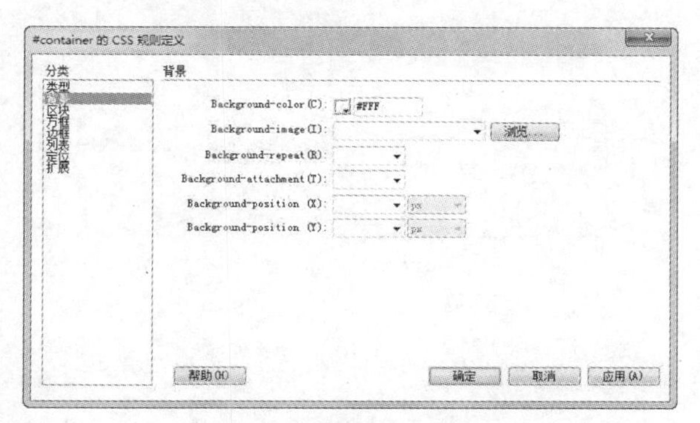

图7-27 设置“背景”选项

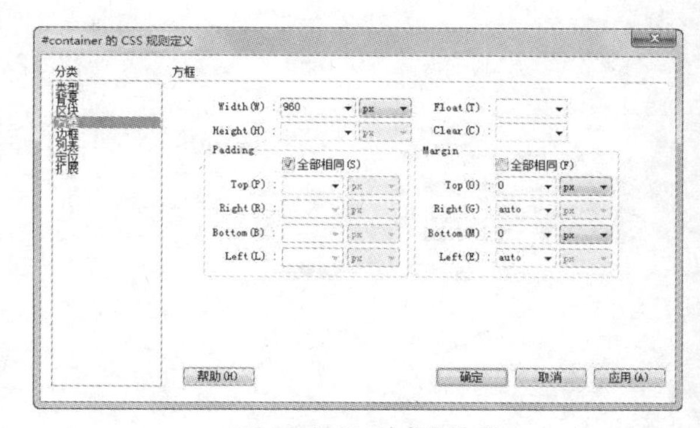

图7-28 设置“方框”选项

Step 07 在“CSS样式”面板中单击“新建CSS规则”按钮，在弹出的对话框中设置“选择器类型”为“标签”，将“选择器名称”设置为“body”，在“规则定义”下拉列表框中选择“仅限该文档”选项，如图7-29所示。

Step 08 设置完成后单击“确定”按钮，在弹出的“body的CSS规则定义”对话框中选择“背景”选项，设置“Background-image（背景图片）”为本书附带光盘中的“素材\Chapter-07\原始文件\image\bg2.jpg”，如图7-30所示。

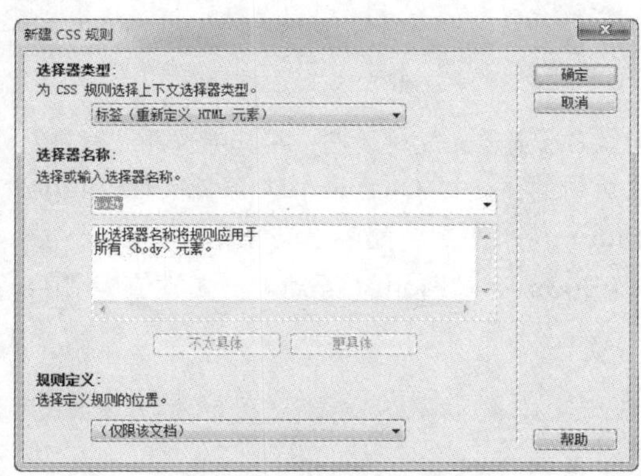

图7-29 “新建CSS规则”对话框

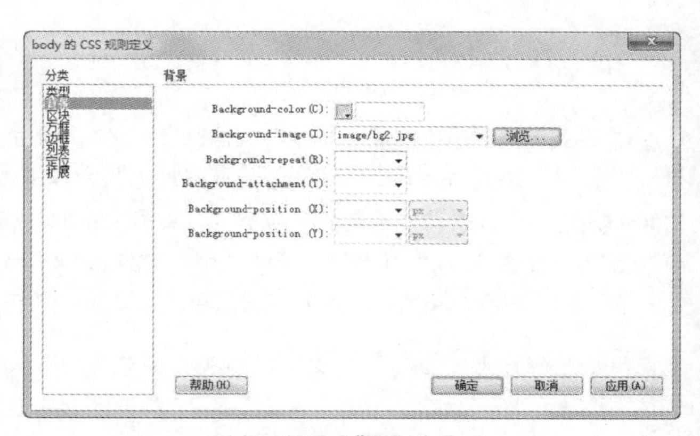

图7-30 设置“背景”选项

Step 09 设置完成后单击“确定”按钮，可以在浏览器中预览网页效果，如图7-31所示。

Step 10 接着设置页面中导航菜单部分的样式，选择列表，如图7-32所示。

Step 11 在“插入”面板的“布局”选项组中选择“Div 标签”选项，弹出“插入Div标签”对话框，在“ID”文本框中输入“sidebar”，如图7-33所示，然后单击“确定”按钮。

Step 12 在“CSS样式”面板中单击“新建CSS规则”按钮，弹出“新建CSS规则”对话框，设置“选择器类型”为“ID”，将“选择器名称”设置为“#sidebar”，在“规则定义”下拉列表框中选择“仅限该文档”选项，如图7-34所示。

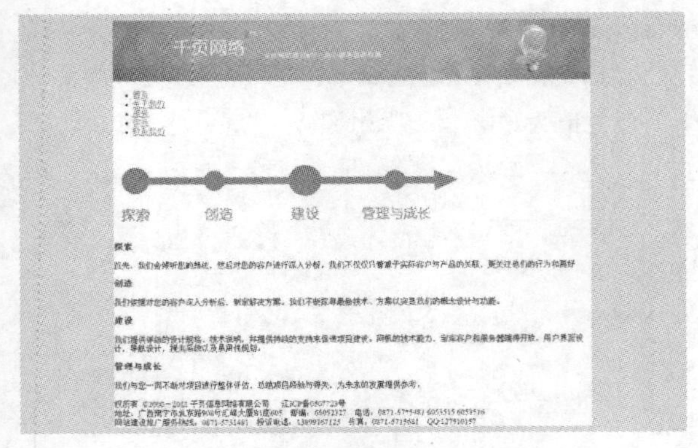

图7-31 显示效果

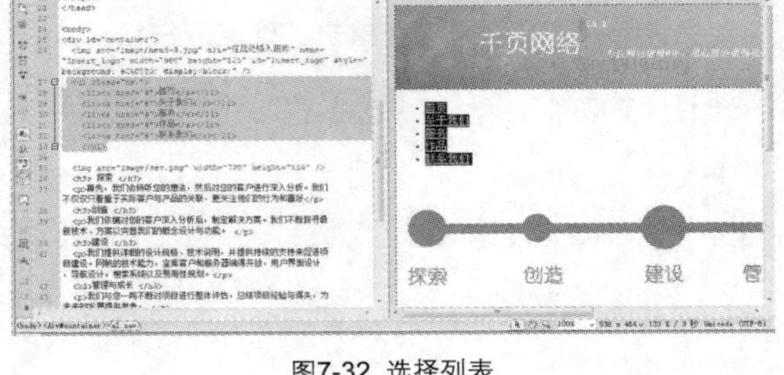

图7-32 选择列表

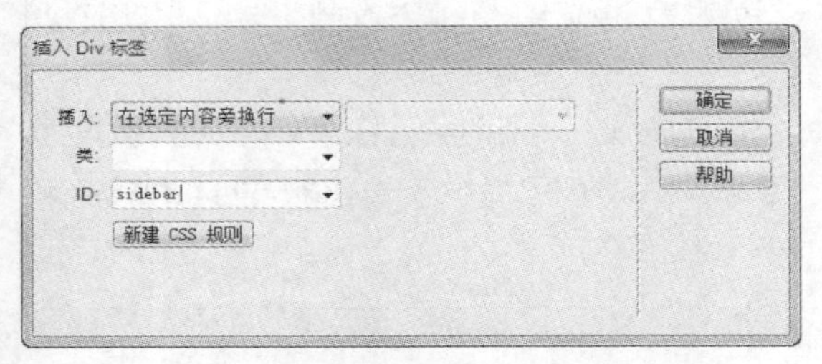

图7-33 “插入Div标签“对话框

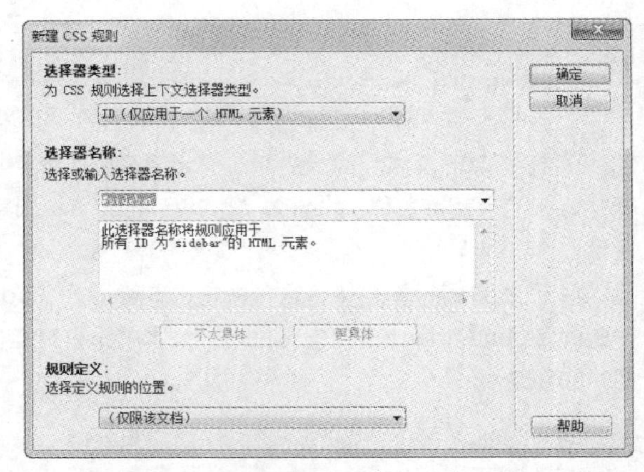

图7-34 “新建CSS规则“对话框

Step 13 设置完成后单击“确定”按钮，这时会弹出“#sidebar的CSS规则定义”对话框，在其中选择“背景”选项，设置“Background-image（背景图片）”为本书附带光盘中的“素材\Chapter-07\原始文件\image\bjcon1.jpg”，背景图片不重复，位置为“Left（左）”和“Bottom（下）”，如图7-35所示。切换到“方框”选项，设置“Width（宽）”为180px，“Height（高）”为600px，“Float（浮动）”属性值为“left（居左）”，如图7-36所示。设置完成后单击“确定”按钮。

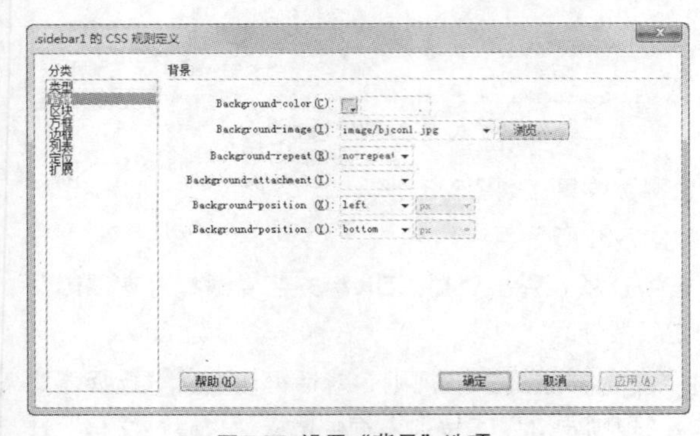

图7-35 设置“背景”选项

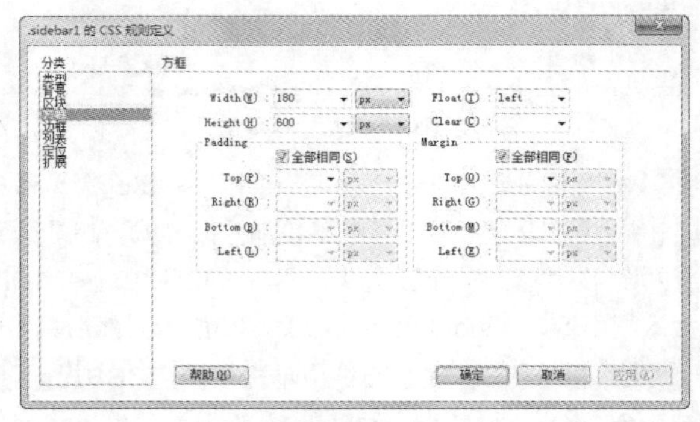

图7-36 设置“方框”选项

Step 14 选择图片和正文部分，如图7-37所示。

Step 15 在“插入”面板的“布局”选项组中选择“Div 标签”选项，弹出“插入Div标签”对话框的“ID”文本框中输入“content”，如图7-38所示，然后单击“确定”按钮。

Step 16 在“CSS样式”面板中单击“新建CSS规则”按钮，在弹出的“新建CSS规则”对话框中设置“选择器类型”为“ID”，将“选择器名称”设置为“#content”，在“规则定义”下拉列表框中选择“仅限该文档”选项，如图7-39所示。

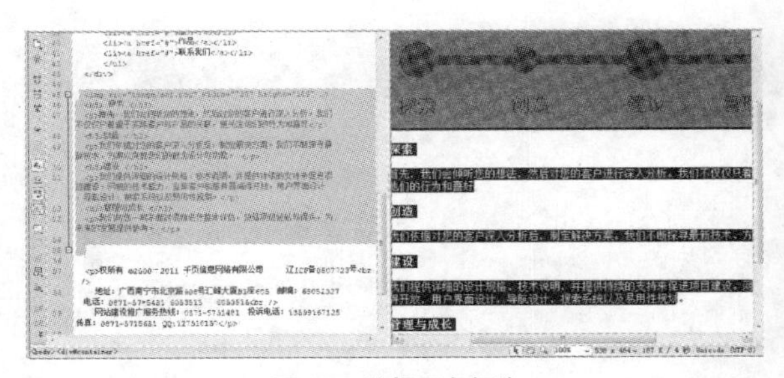

图7-37 选择正文部分

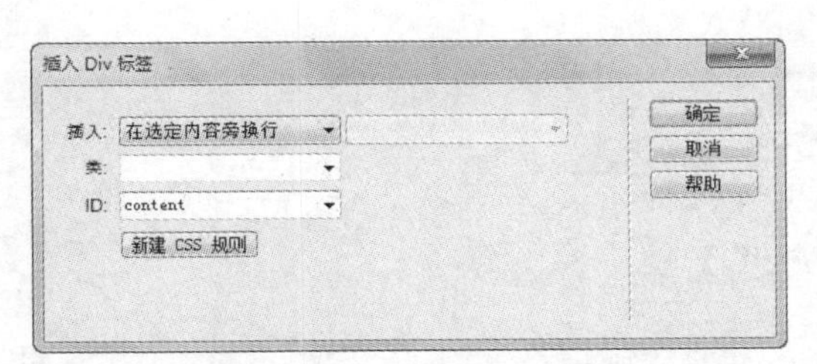

图7-38 “插入Div标签”对话框

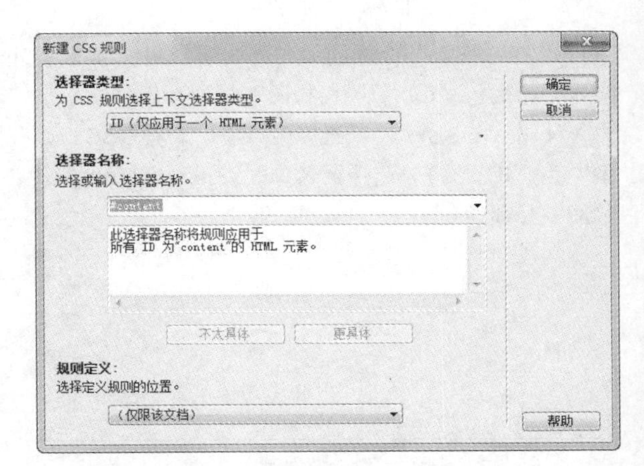

图7-39 “新建CSS规则”对话框

Step 17 设置完成后单击“确定”按钮，这时会弹出“#content的CSS规则定义”对话框，在其中选择“背景”选项，设置“Background-image（背景图片）”为本书附带光盘中的“素材\Chapter-07\原始文件\image\bjcon.jpg”，背景图片不重复，位置为“Right（右）”和“Bottom（下）”，如图7-40所示。切换到“方框”选项，设置“Width（宽）”为780px，“Height（高）”为600px，“Float（浮动）”属性值为“right（居右）”，如图7-41所示。

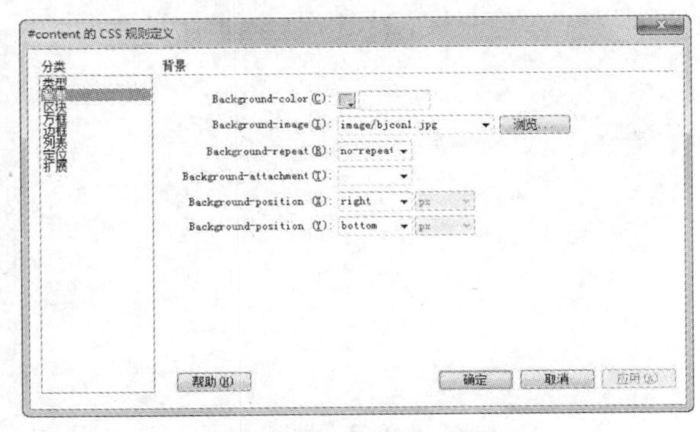

图7-40 设置“背景”选项

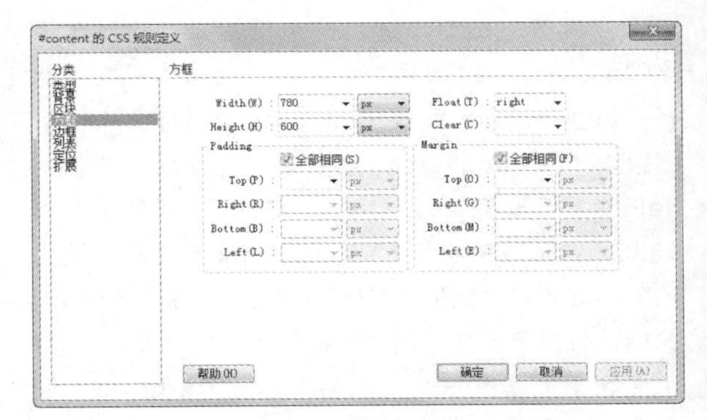

图7-41 “方框”选项

Step 18 设置完成后单击“确定”按钮，可以在浏览器中预览网页效果，如图7-42所示。

Step 19 选择脚注部分文本，如图7-43所示。

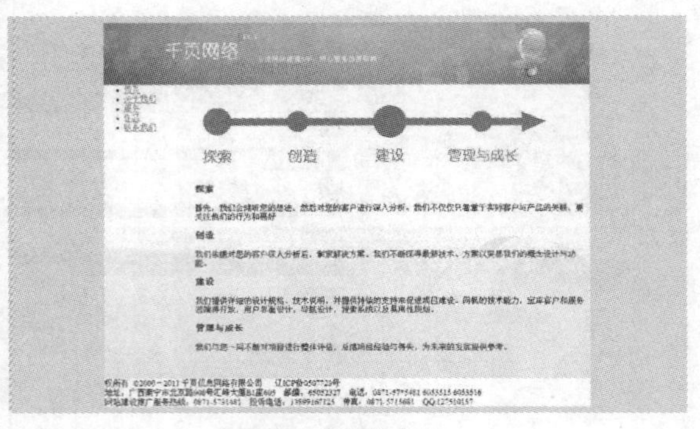

图7-42 显示效果

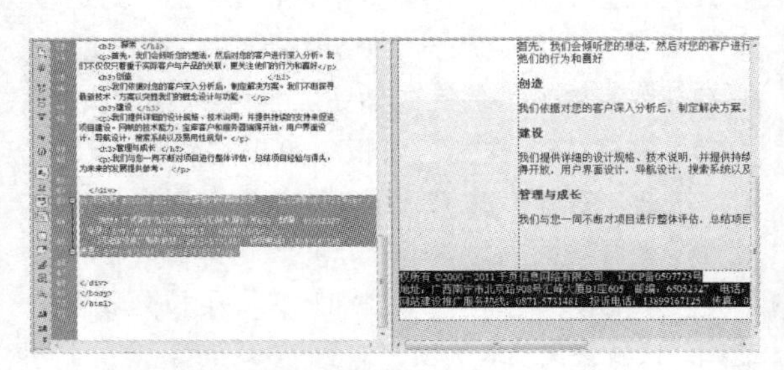

图7-43 选择脚注部分文本

Step 20 在“插入”面板的“布局”选项组中选择“Div 标签”选项，弹出“插入Div标签”对话框，在“ID”文本框中输入“footer”，如图7-44所示，然后单击“确定”按钮。

Step 21 在“CSS样式”面板中单击“新建CSS规则”按钮，弹出“新建CSS规则”对话框，设置“选择器类型”为“ID”,将“选择器名称”设置“#footer”，在“规则定义”下拉列表框中选择“仅限该文档”选项，如图7-45所示。

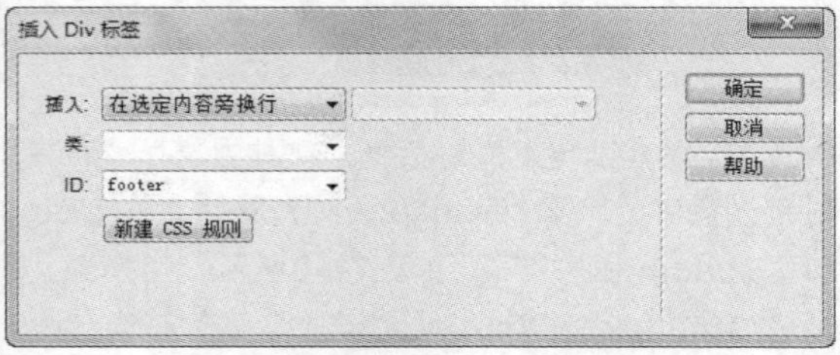

图7-44 “插入Div 标签”对话框

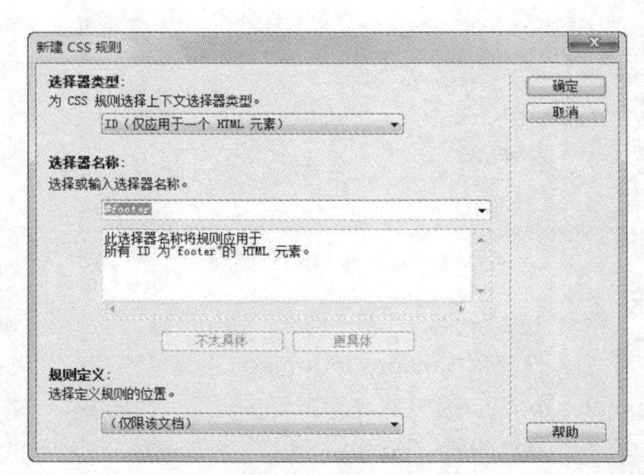

图7-45 “新建CSS规则“对话框

Step 22 设置完成后单击“确定”按钮，这时会弹出“#footer的CSS规则定义”对话框，在其中选择“类型”选项，设置“Font-family（字体）”为“宋体”，“Font-size（字号）”为12px，“Line-height（行高）”为24px，“Color（颜色）”为#333，如图7-46所示。切换到“背景”选项，设置“Background-color（背景颜色）”为#418700，如图7-47所示。切换到“方框”选项，设置“Clear（清除）”属性值为“both”，“Padding（填充）”属性值为“5“、”0“、”5“和”0“，如图7-48所示。

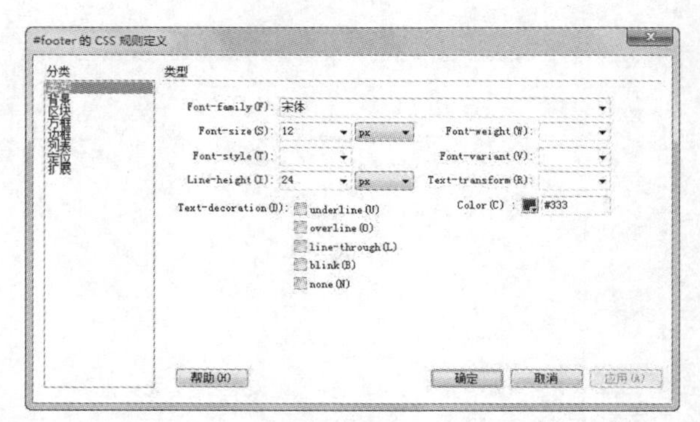

图7-46 设置“类型”选项

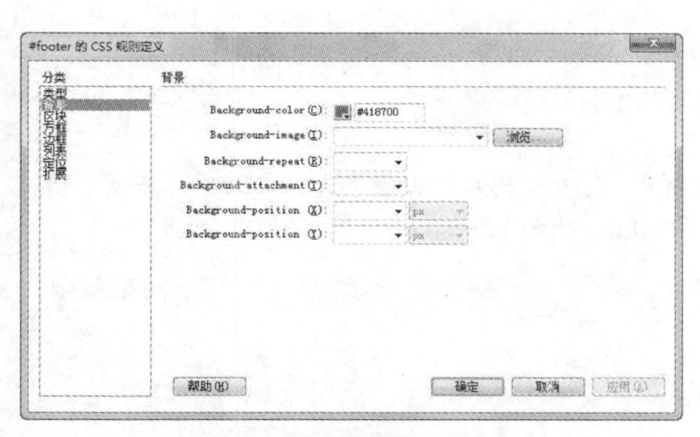

图7-47 设置“背景”选项

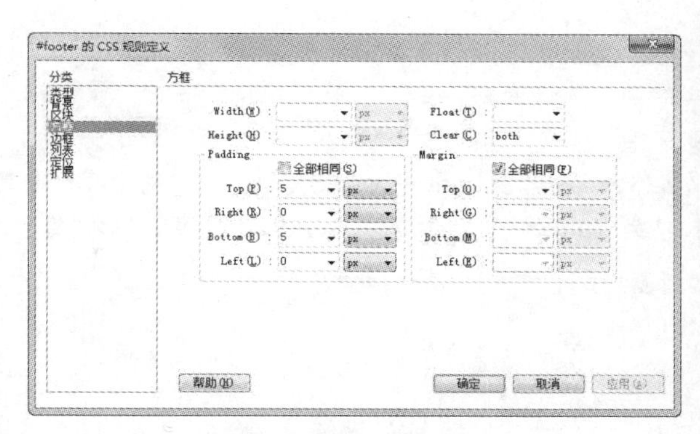

图7-48 设置“方框”选项

Step 23 设置完成后单击“确定”按钮，可以在浏览器中预览网页效果，如图7-49所示。

Step 24 最后设置导航菜单部分的列表样式。在“CSS样式”面板中单击“新建CSS规则”按钮，弹出“新建CSS规则”对话框，设置“选择器类型”为“复合内容”,将“选择器名称”设置为“ul.nav”，在“规则定义”下拉列表框中选择“仅限该文档”选项，如图7-50所示。

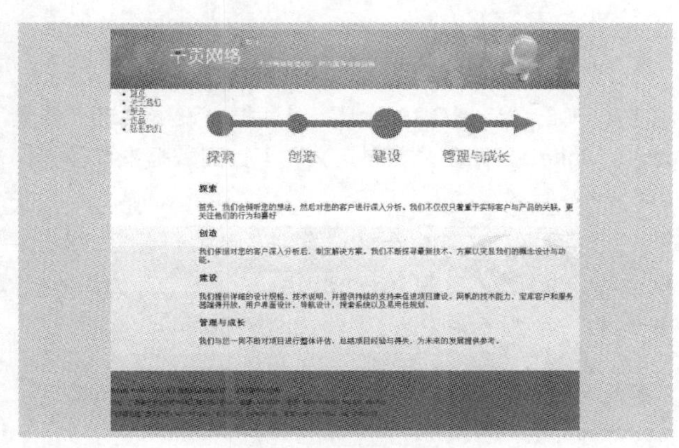

图7-49 显示效果

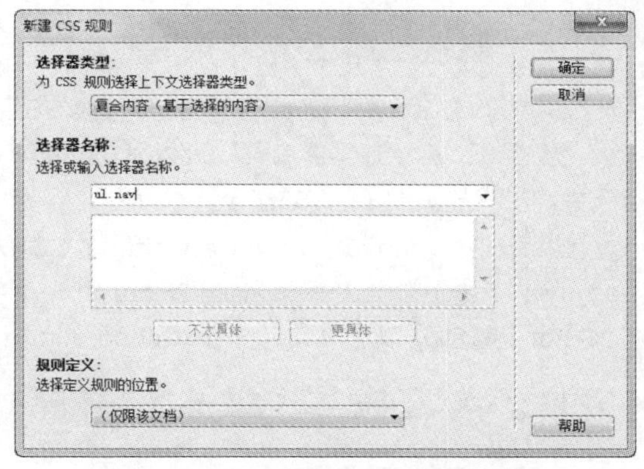

图7-50 “新建CSS规则“对话框

Step 25 弹出“ul.nav的CSS规则定义”对话框，在其中选择“列表”选项，设置“List-style-type（列表类型）”属性值为“none”，如图7-51所示。切换到“方框”选项，设置“Padding（填充）”属性和“Margin（边界）”属性的值都是0，如图7-52所示。

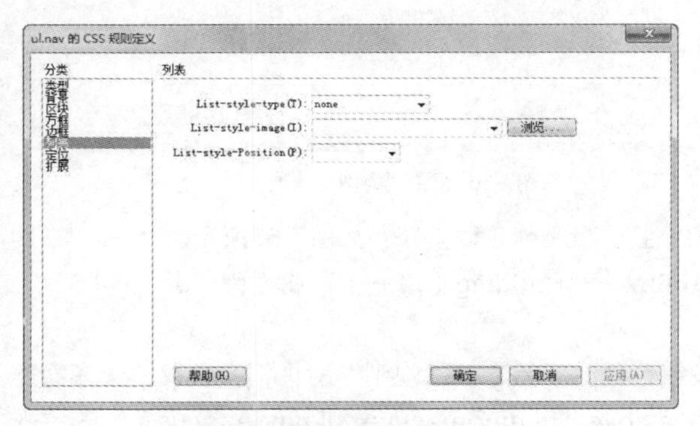

图7-51 设置“列表”选项

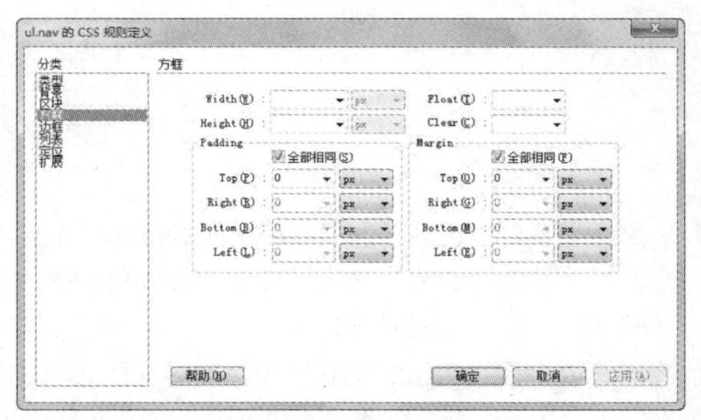

图7-52 设置“方框”选项

Step 26 在“CSS样式”面板中单击“新建CSS规则”按钮，弹出“新建CSS规则”对话框，设置“选择器类型”为“复合内容”，将“选择器名称”设置为“ul.nav li”，在“规则定义”下拉列表框中选择“仅限该文档”选项，如图7-53所示。

Step 27 弹出“ul.nav li的CSS规则定义”对话框，在其中选择“边框”选项，设置下边框“Style（样式）”属性为“solid（固定）”，“Width（宽度）”为1像素，“Color（颜色）”为#666，如图7-54所示。

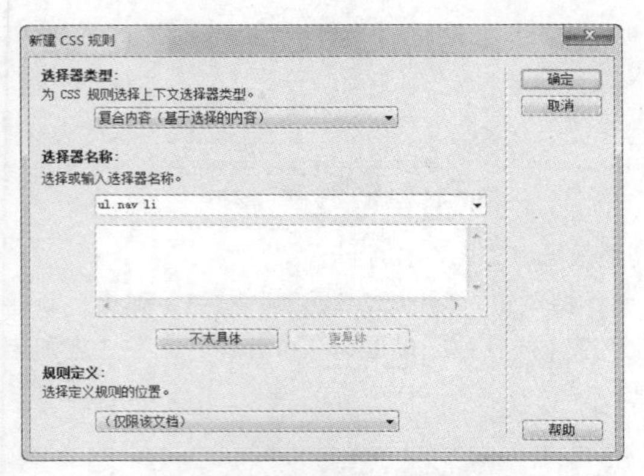

图7-53 “新建CSS规则”对话框

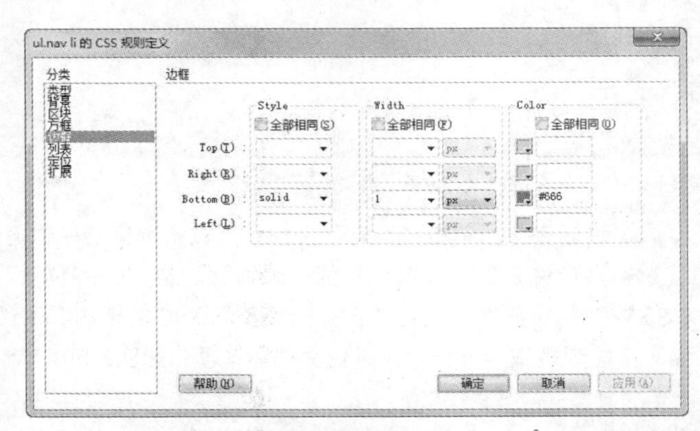

图7-54 设置“边框”选项

Step 28 在“CSS样式”面板中单击“新建CSS规则”按钮，弹出“新建CSS规则”对话框，设置“选择器类型”为“类”,将“选择器名称”设置为“ul.nav a,ul.nav a:visited”，在“规则定义”下拉列表框中选择“仅限该文档”选项，如图7-55所示。

Step 29 弹出“ul.nava, ul.mav a:visited的CSS规则定义”对话框，在其中选择“类型”选项，设置“Font-family（字体）”为“黑体”，“Font-size（字号）”大小为16px，“Line-height（行高）”为32px，“Color（颜色）”为#333，“Text-decoration（文字修饰）”为“none（无）”，如图7-56所示。

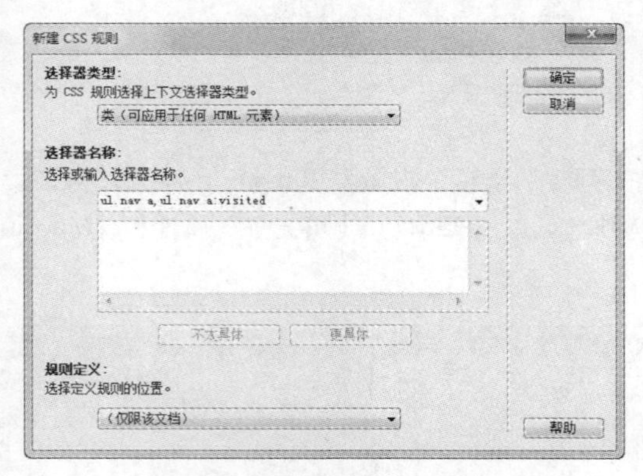

图7-55 “新建CSS规则”对话框

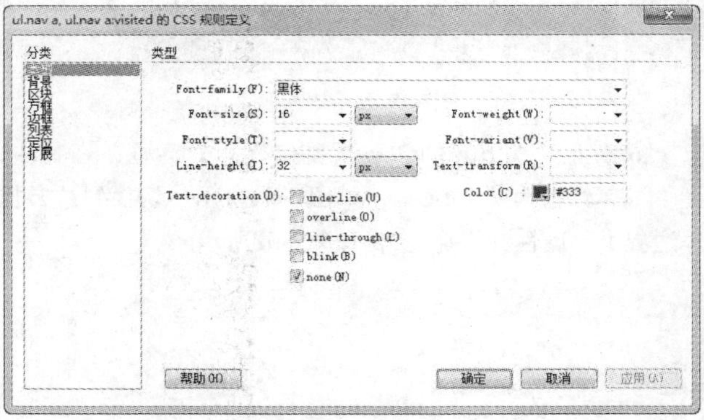

图7-56 设置“类型”选项

Step 30 切换到“区块”选项，设置“Display（显示）”属性为“block（块）”，如图7-57所示。

Step 31 切换到“方框”选项，设置“Width（宽）”为160px，“Padding（填充）”属性为“5”、“5”、“5”和“15”，如图7-58所示。

Step 32 在“CSS样式”面板中单击“新建CSS规则”按钮，弹出“新建CSS规则”对话框，设置“选择器类型”为“复合内容”，将“选择器名称”设置为“ul.nav a:hover, ul.nav a:active, ul.nav a:focus”，在“规则定义”下拉列表框中选择“仅限该文档”，如图7-59所示。

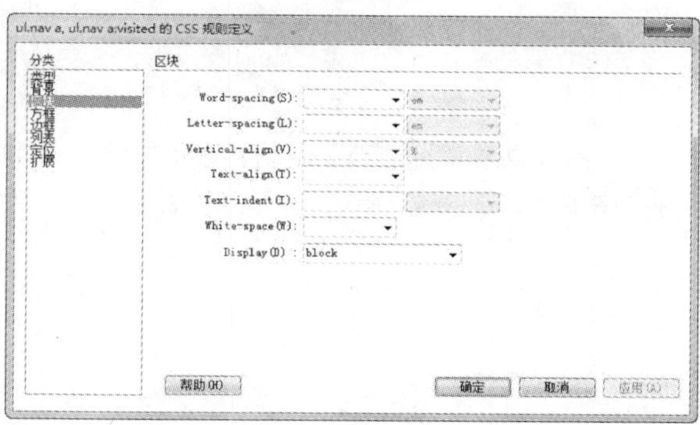

图7-57 设置“区块”选项

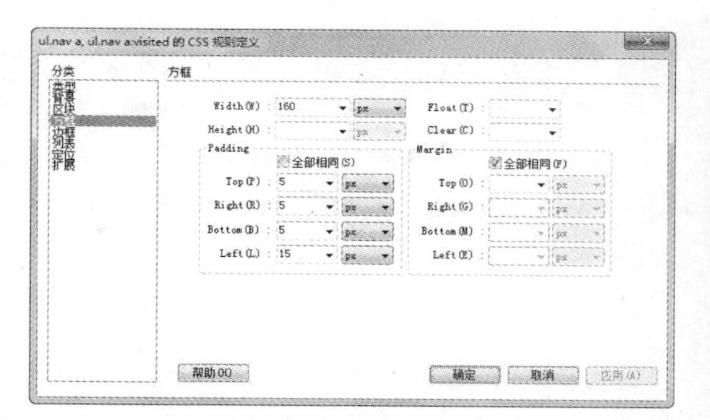

图7-58 设置“方框”选项

Step 33 弹出“ul.nav a:hover, ul.nav a:active, ul.nav a:focus的CSS规则定义”对话框，选择“类型”选项，设置“Font-size（字号）”为16px，“Color（颜色）”为#FFFF，“Text-decoration（文字修饰）”为“none（无）”，如图7-60所示。

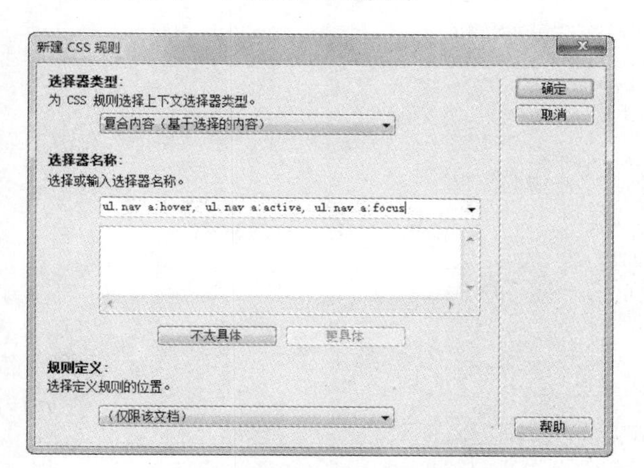

图7-59 “新建CSS规则“对话框

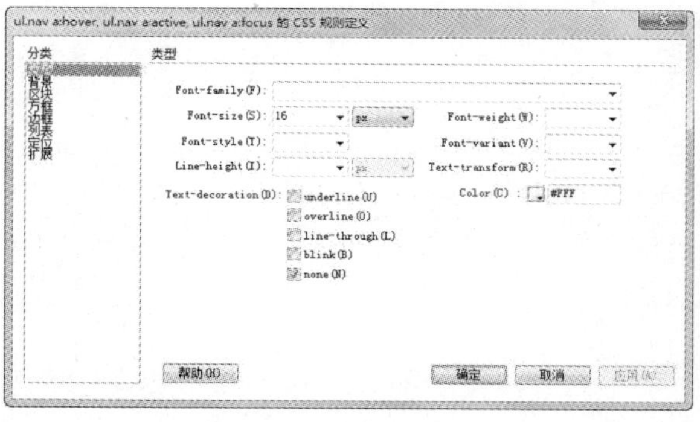

图7-60 设置“类型”选项

Step 34 切换到“背景”选项，设置“Background-color（背景颜色）”为#fb4329，设置完成后单击“确定”按钮，如图7-61所示。

Step 35 最终完成效果如图7-62所示。

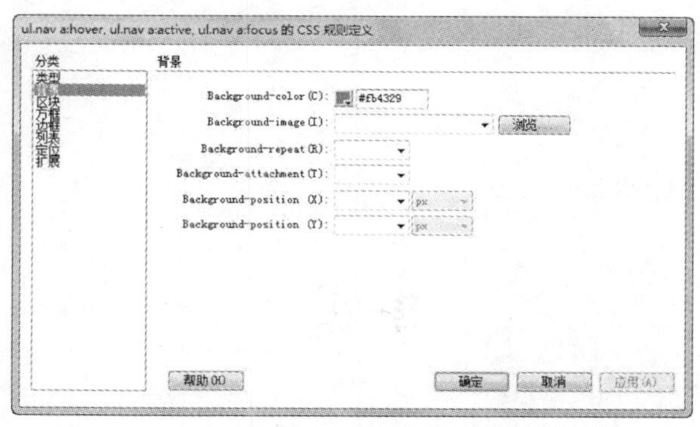

图7-61 设置“背景”选项

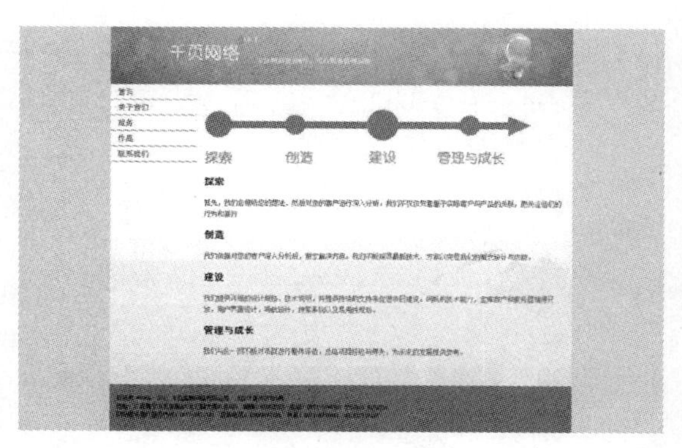

图7-62 显示效果

7.6 本章小结

CSS在网页布局和美化中起着非常重要的作用，本章对CSS的建立和使用进行了详细介绍，并结合具体实例对其使用方法进行了讲解。通过本章的学习，读者应该能够掌握CSS的具体用法，并能应用到实践中。当然，这需要今后多加练习。

08 Div + CSS 布局

在过去，表格基本上是网页布局的首选工具，然而，随着Web标准的推广，表格的应用已经越来越少了，大多数的网页设计者已经采用了Div+CSS布局，相对表格来说，Div+CSS布局更加灵活方便，并可以实现内容和表现的分离。

8.1 Div+CSS布局网页

Div布局是利用构造块做容器来放置网页元素的，通过一个个构造块的定位来实现页面的排版。一般情况下，构造块是通过Div标记来创建的，而元素的样式则通过CSS样式表进行定义，这样就实现了内容和表现的分离。使用Div+CSS布局代码结构清晰，而且因为样式设计的代码都写在独立的CSS文件里，所以，网站版面布局的修改也变得简单方便。

8.1.1 Div简介

在CSS出现以前，Div标记并不常用，随着CSS的加入，Div标记才渐渐发挥出优势。Div来源于英文division，意思是区分、分开或部分，Div 标记可以被理解为用它来分割文档的不同区域。网页设计师通常是在规划网页的结构时用<Div>标签来创建构造块，并给Div分配一个ID选择器名称，例如id="main"、id="sider"等，这样就使得文档具有了结构的意义并获得了样式。

Div标记作为容器应用在HTML中，即<div></div>之间相当于一个容器，可以放置段落、标题、表格和图片等HTML元素在其中。把<div></div>中的内容看做一个整体，通过CSS声明就可以进行样式的控制。

例如，将以下代码放入文档主体部分，就在HTML中创建了一个div元素，该元素中包含一个h1标题元素。

```
<div>
<h1>content</h1>
</div>
```

之前已学过如何运用ID或类给XHTML元素添加标识，在div中可以应用相同的方法，创建ID选择器来控制元素样式，通过id="name"或class="name"应用选择器。

```
#container{
    background-color: #CCCCCC;
    border: 1px solid #000000;
}
```

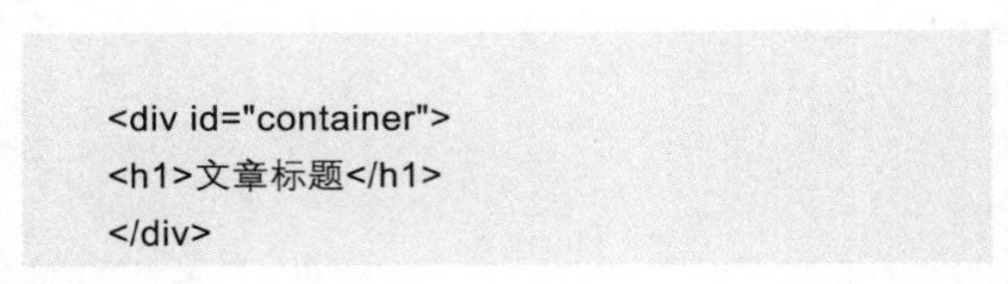

```
<div id="container">
<h1>文章标题</h1>
</div>
```

通过将选择器中定义的样式应用于标记，容器显示灰色背景黑色边框，标题<h1>中的内容位于其中。用<Div>标记创建的容器效果如图8-1所示。

图8-1 用Div标记的样式

<Div>标记可以嵌套，也就是可以一个容器包含着一个子容器。以下代码是父容器中包含了两个子容器。

```
<div id="container">
<h1>文章标题</h1>
<div >段落一</div>
<div >段落二</div>
</div>
```

如果希望两个子容器样式一样，那可以定义一个类选择器，两个子容器都引用。

```
#container{
    background-color: #CCCCCC;
    border: 1px solid #000000;
}
.content{
    background-color: #999999;
    border: 1px solid #000000;
    margin: 10px;
}

<div id="container">
<h1>文章标题</h1>
<div class="content">段落一</div>
<div class="content">段落二</div>
</div>
```

查看显示效果，如图8-2所示。

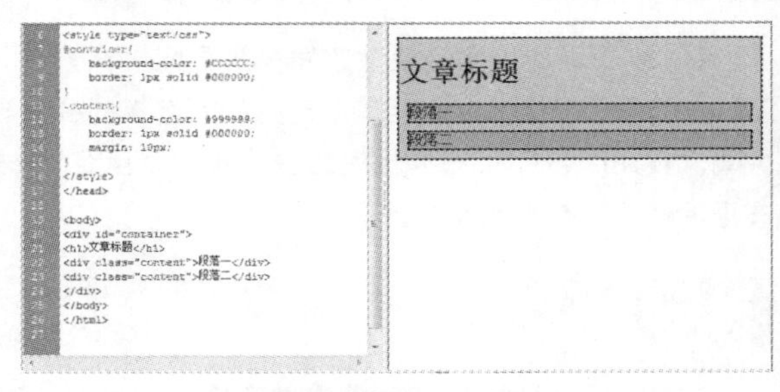

图8-2 嵌套的<Div>标记

8.1.2 盒模型

盒模型是CSS 控制页面时一个很重要的概念。只有很好地掌握了盒模型及其中每个元素的用法，才能真正地控制好页面中的各个元素。

一个盒模型是由content（内容）、border（边框）、padding（填充）和margin（边界）4部分组成，如图8-3所示。

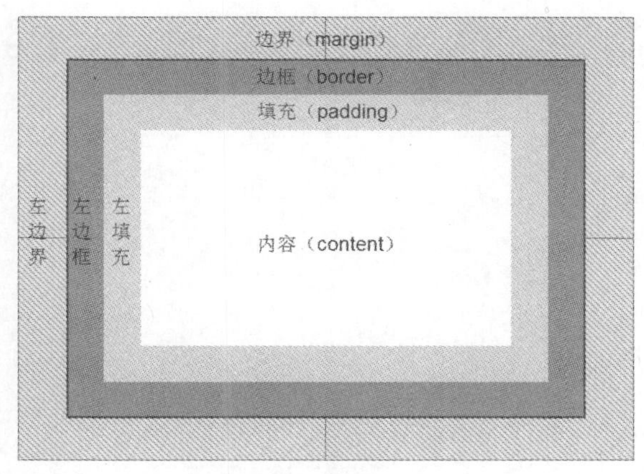

图8-3 盒模型

边界（margin）

margin 边界环绕在该元素的margin 区域的四周，如果margin 的宽度为0，则margin 边界与border 边界重合。这4个margin 边界组成的矩形框就是该元素的 margin 盒子。

margin 简写属性在一个声明中设置所有外边距属性。这个简写属性设置一个元素所有外边距的宽度，或者设置各边上外边距的宽度。

例如下面的代码所示。

```
margin:20px 15px 20px 15px;
```

该句代码是指页面边界的上外边距是20px，右外边距是15px，下外边距是 20px，左外边距是15px。

再如下面的代码所示。

```
margin:20px;
```

它所指的是页面边界的4个外边距都是20px。

边框（border）

border 边界环绕在该元素的border 区域的四周，如果border 的宽度为0，则border边界与padding 边界重合。这4个border 边界组成的矩形框就是该元素的 border 盒子。

例如，在Dreamweaver 中新建一个空白文档，在“代码”视图下的<body>与</body> 标签中输入以下代码来显示边框的样式。

```
<div style="border-style:dotted">圆点边框.</div>
<br />
<div style="border-style:double">双线边框.</div>
<br />
<div style="border-style:groove">凹陷边框.</div>
```

保存页面，按【F12】键，即可在浏览器窗口中预览定义的边框样式，如图8-4所示。

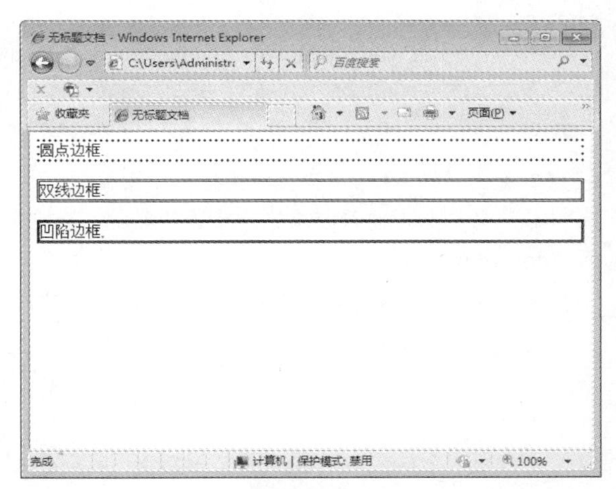

图8-4 边框样式

填充（padding）

padding 控制块级元素内部content与border之间的距离。内联对象要使用该属性，必须先设定对象的height或width属性，或者设定position属性为absolute，但是不允许负值。

例如下面的代码所示。

```
padding:10px;
```

其含义是上下左右填充距离为10px，等同于padding-top:10px; padding-bottom:10px; padding-left:10px;代码。

8.1.3 使用Div+CSS布局

使用Div+CSS进行布局，完全有别于传统的排版习惯，要先对页面上的元素进行Div标记的分块，然后对各个块进行CSS定位，接着在各个块内添加相应的内容，最后对各个块进行样式的设置。下面通过一个具体的实例来进行学习。该页面包含网站标题、主要内容、导航菜单和脚注4部分，页面的总体规划如图8-5所示。

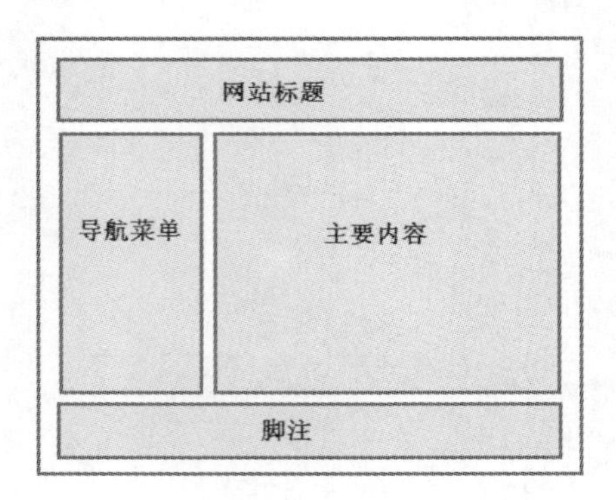

图8-5 页面结构规划

划分页面

在开始动手制作之前，设计者要先对页面有一个整体的规划，页面中包含哪些模块，以及每个模块的内容和位置，都要心中有数，甚至可以先画个草图。首先来完成页面的划分，具体操作步骤如下。

Step 01 对于页面划分有了整体设计后，先在Dreamweaver 中实现Div 块的创建工作，在“插入”面板的“常用”选项卡中单击“插入Div标签”按钮，如图8-6所示。

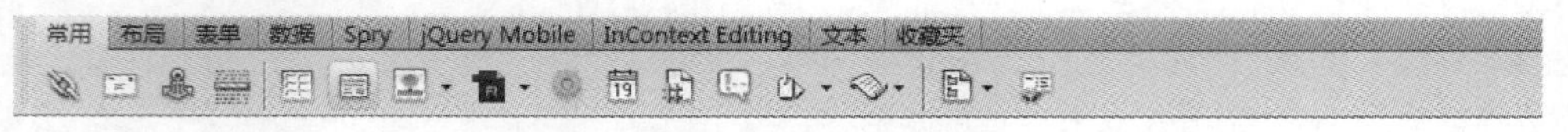

图8-6 单击“插入Div标签”按钮

Step 02 弹出“插入Div标签”对话框，如图8-7所示。在“插入”下拉列表框中选择标签插入的位置，在“类”或“ID”文本框中输入应用的选择器的名称。在这里创建的是包含整个页面内容的Div，在“ID”文本框中输入“container”。

Step 03 插入的Div标签会以一个方框的形式出现在文档中，并自动添加了标签内的内容，如图8-8所示。

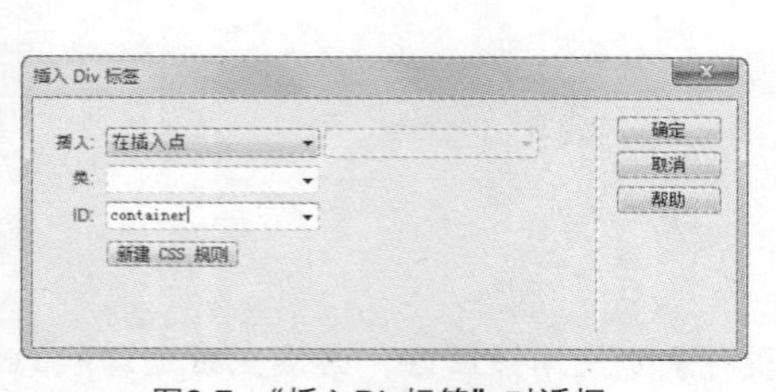

图8-7 “插入Div标签”对话框

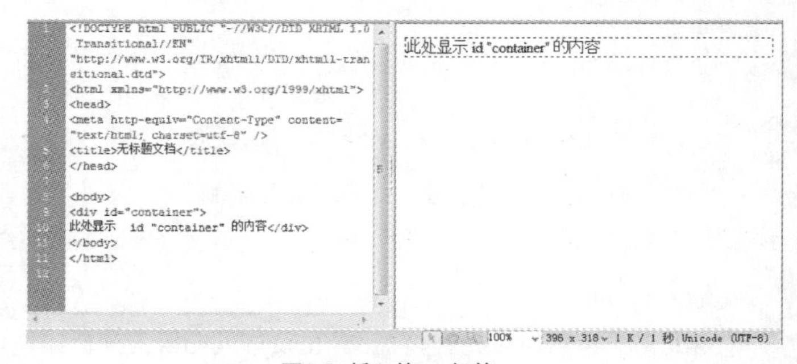

图8-8 插入的Div标签

Step 04 可以看到，页面中网站标题、主体内容、导航菜单和脚注4部分的Div块都包含在ID为container的Div标签内。现在要为网站标题部分的内容添加Div标记，所以要先将光标置于ID为container的Div块的虚线框内，再在“插入”面板的“常用”选项卡中单击“插入Div 标签”按钮，在弹出的“插入Div标签”对话框中设置“ID”为“header”，如图8-9所示。

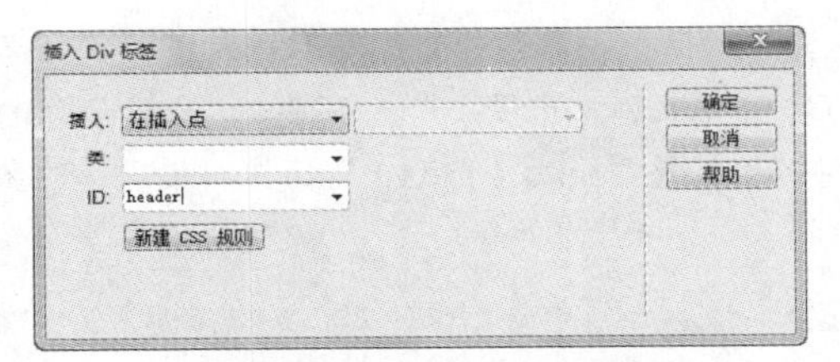

图8-9 “插入Div标签”对话框

Step 05 设置完成后，单击“确定”按钮，显示效果如图8-10所示。

Step 06 用同样的方法将主体内容、导航菜单和脚注等几个部分所用的Div标记分别插入到页面中，设置完成后的显示效果如图8-11所示。

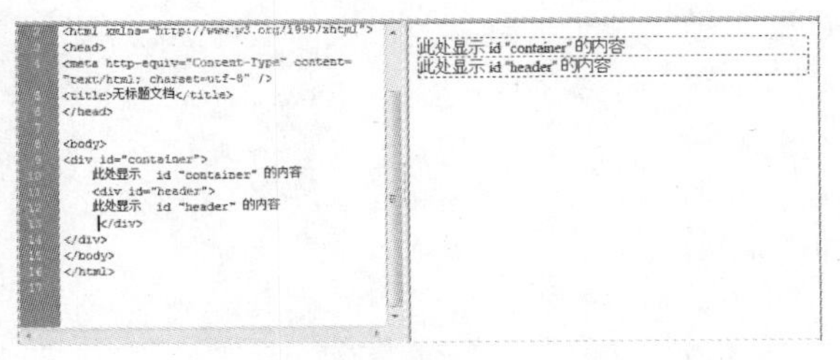

图8-10 插入的Div标签

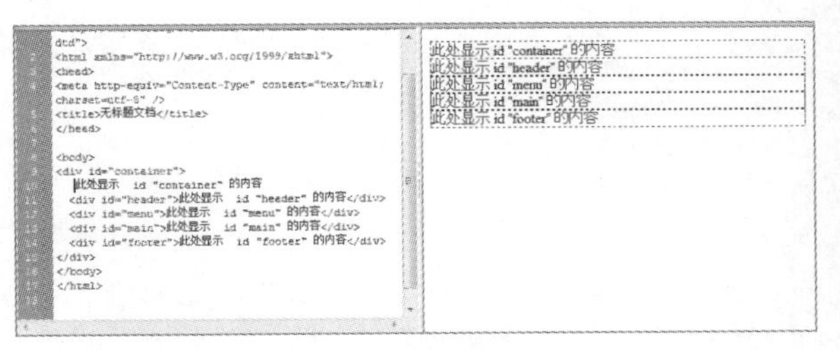

图8-11 插入全部的Div标签

CSS定位

Step 01 在页面中插入Div标签后，不做任何设置，Div块的显示是按照文档流的形式排列的。默认的显示状况的结构示意图如图8-12所示。

Step 02 要使得页面排版按照设计要求来显示，就要做相关的设置。首先对包含页面所有内容的ID为container的Div标签进行属性的定义。在“CSS样式”面板中单击“新建CSS规则”按钮，如图8-13所示。在弹出的“新建CSS规则”对话框中设置“选择器类型”为“ID”，“选择器名称”为“#container”，“规则定义”为“仅限该文档”，如图8-14所示。

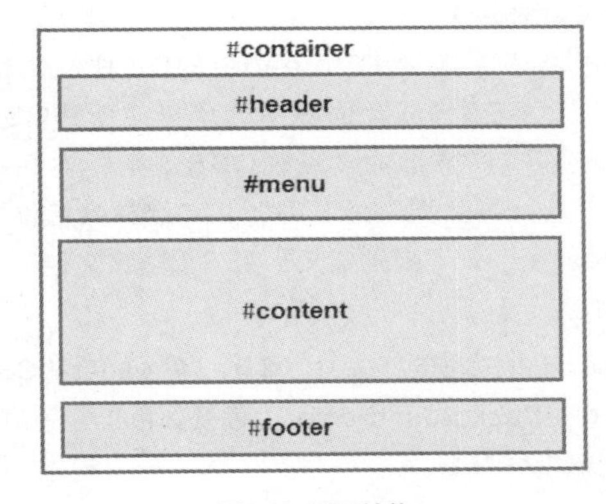

图8-12 页面结构

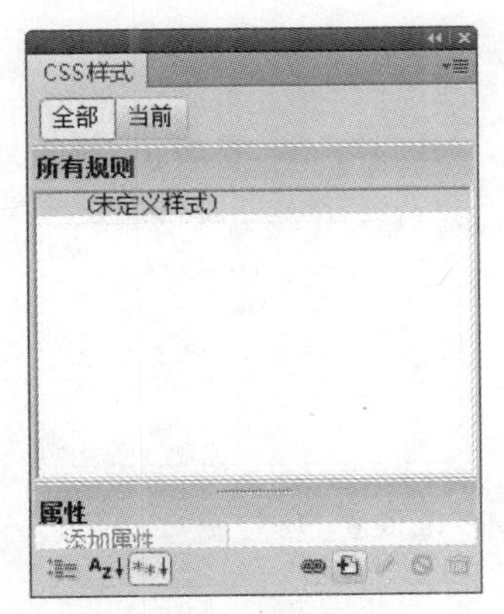

图8-13 “CSS样式”面板

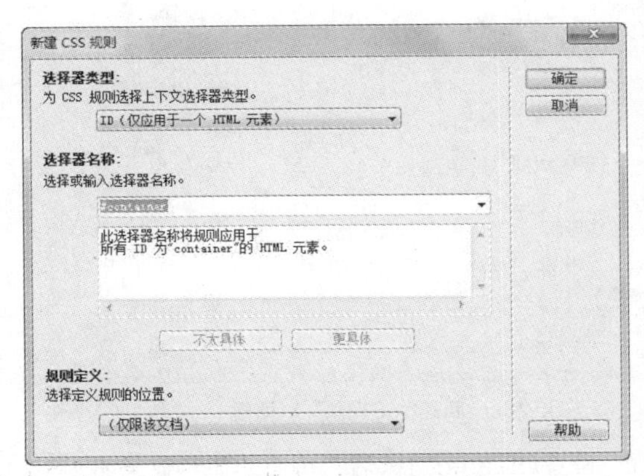

图8-14 “新建CSS规则”对话框

Step 03 单击“确定”按钮，弹出“#container的CSS规则定义”对话框，参数设置如图8-15和图8-16所示。在其中设置“Background-color（背景颜色）”为#72BAFC，“Width（宽度）”为100%，设置“Margin（边界）”选项组中的“Left（左）”和“Right（右）”属性的值都是“auto（自动）”，这样使得该对象可以居中。

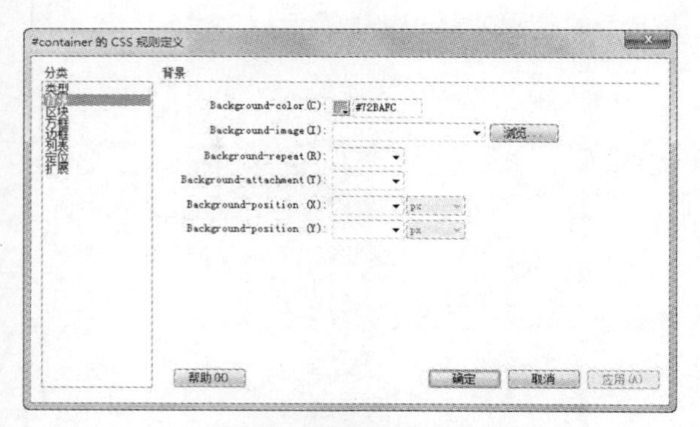

图8-15 设置“背景”选项

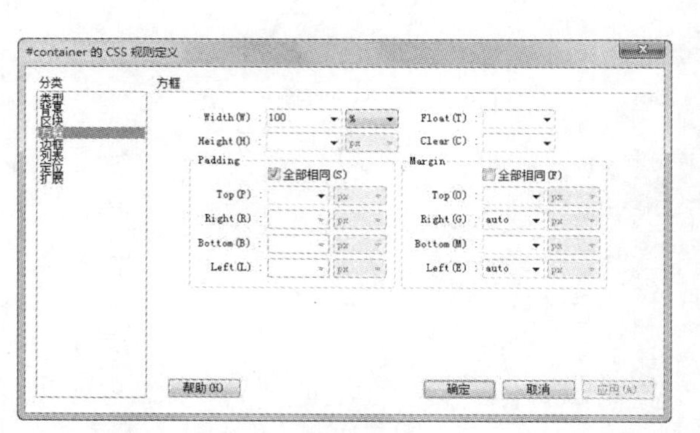

图8-16 设置“方框”选项

Step 04 设置完成后单击“确定”按钮，页面中的显示效果如图8-17所示。

Step 05 接下来定义ID为header的Div块的CSS样式。在“CSS样式”面板中，单击“新建CSS规则”按钮，在弹出的“新建CSS规则”对话框中设置“选择器类型”为“ID”，“选择器名称”为“#header”，“规则定义”为“仅限该文档”，如图8-18所示。

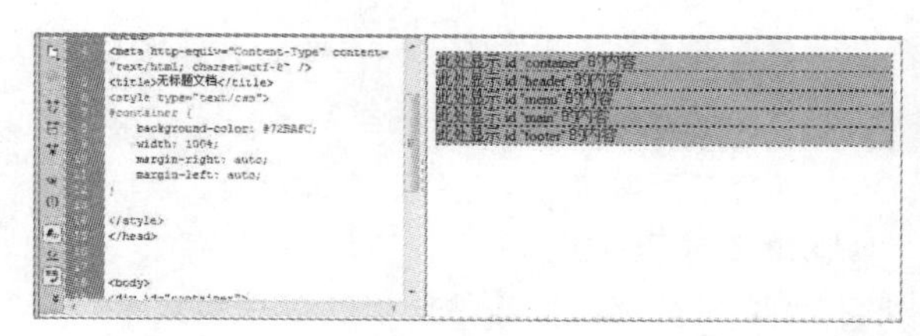

图8-17 页面显示效果

Step 06 单击“确定”按钮，弹出“#header的CSS规则定义”对话框，参数设置如图8-19和图8-20所示。在其中设置“Background-color（背景颜色）”为#FFF，“Height（高度）”为80像素，“Margin（边界）”属性的值均为“5”。

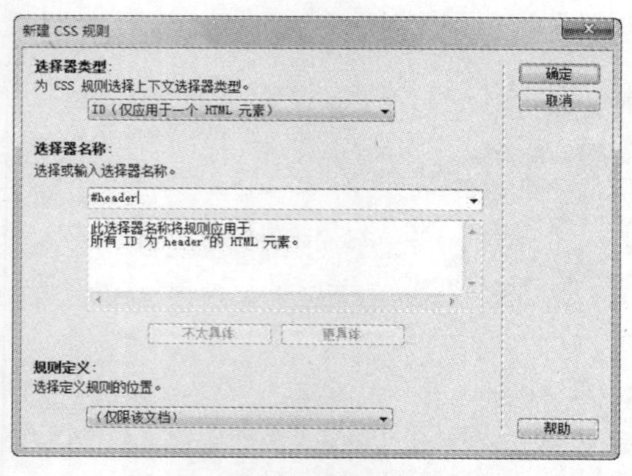

图8-18 “新建CSS规则”对话框

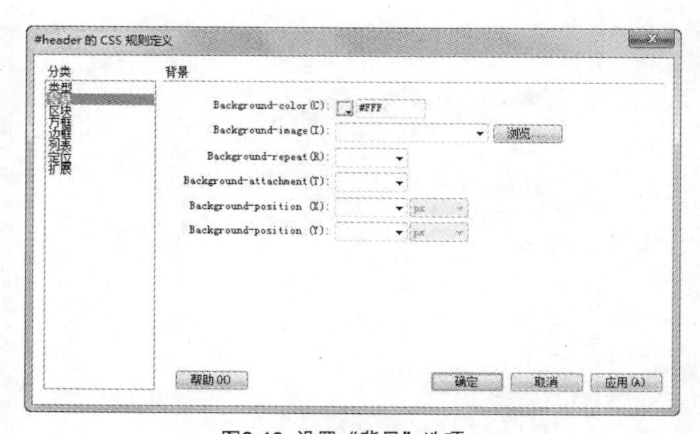

图8-19 设置“背景”选项

Step 07 设置#header对象后，页面的显示效果如图8-21所示。

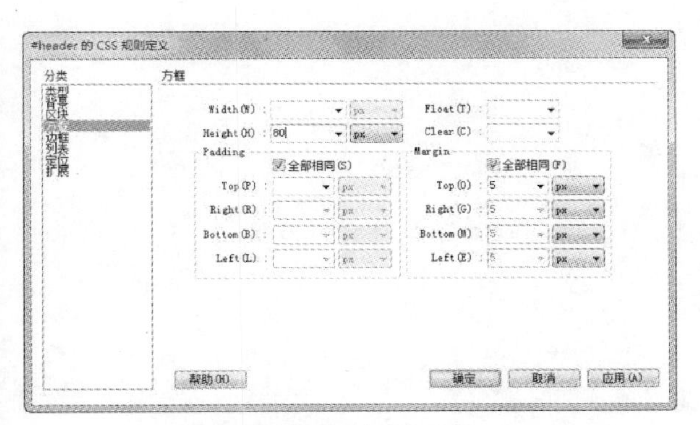

图8-20 设置“方框”选项

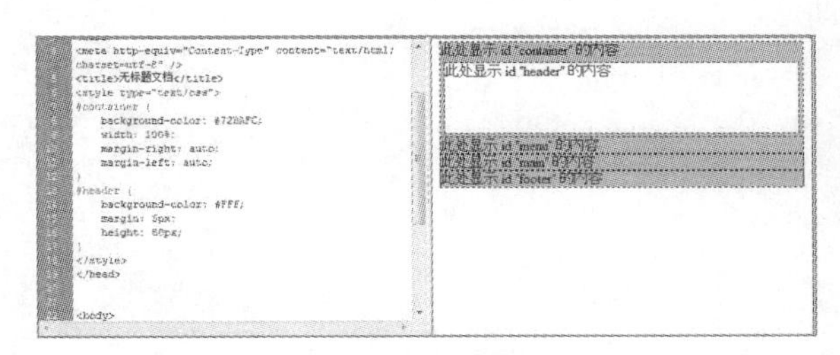

图8-21 页面显示效果

Step 08 接下来定义ID为menu的Div块的CSS样式。在“CSS样式”面板中单击“新建CSS规则”按钮，在弹出的“新建CSS规则”对话框中设置“选择器名称”为“#menu”，然后单击“确定”按钮，弹出“#header的CSS规则定义”对话框，参数设置如图8-22和图8-23所示。在其中设置“Background-color（背景颜色）”为#FFF，“Width（宽度）”为60像素，“Height（高度）”为200像素，“Float（浮动）”属性值为“left（居左）”，让其左浮动，“Margin（边界）”属性的值均为“5”。

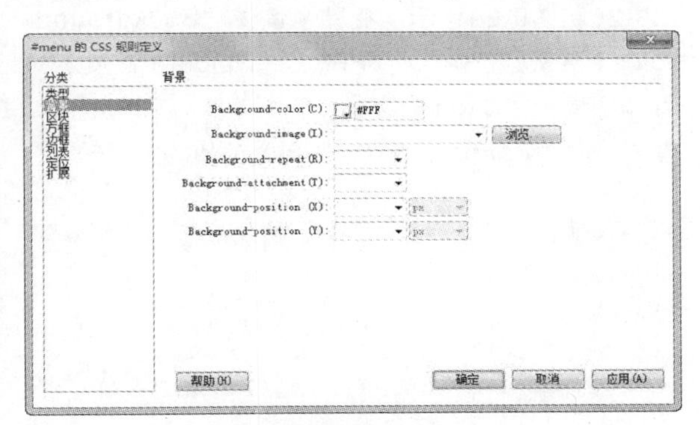

图8-22 设置“背景”选项

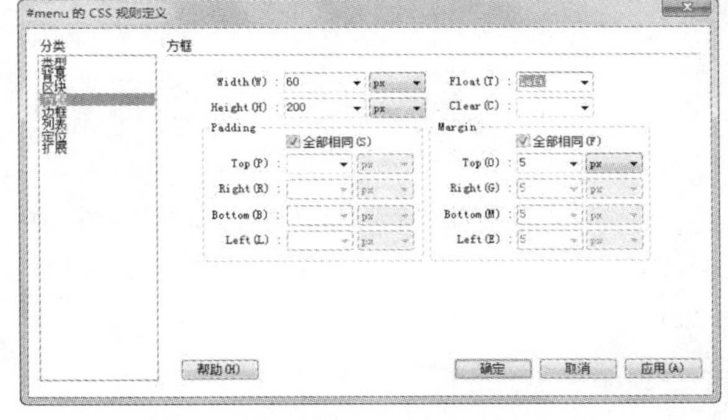

图8-23 设置“方框”选项

Step 09 设置#header对象后，页面的显示效果如图8-24所示。

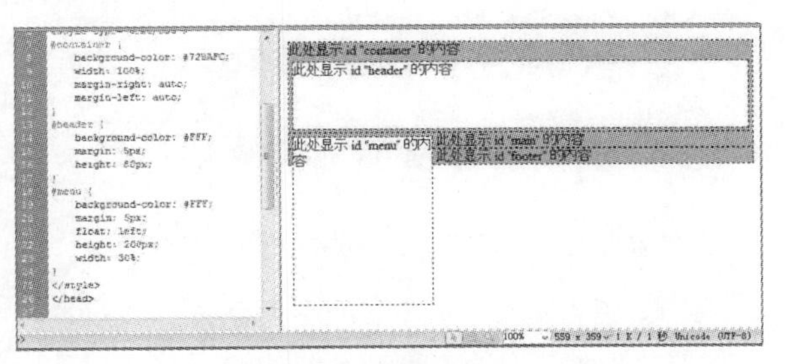

图8-24 页面显示效果

Step 10 接着定义ID为main的Div块的CSS样式。在“CSS样式”面板中单击“新建CSS规则”按钮，在弹出的“新建CSS规则”对话框中设置“选择器名称”为“#main”，单击“确定”按钮，弹出“#main的CSS规则定义”对话框，参数设置如图8-25和图8-26所示。在其中设置“Background-color（背景颜色）”为#FFF，“Width（宽度）”为65%，“Height（高度）”为200像素，“Float（浮动）”属性值为“right（居右）”，让其右浮动，“Margin（边界）”属性的值均为“5”。

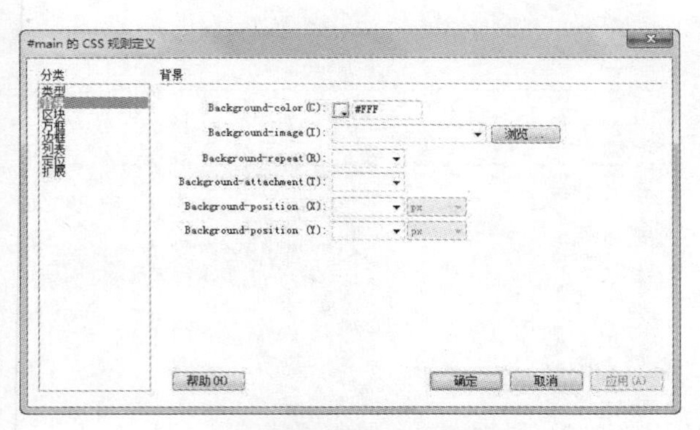

图8-25 设置“背景”选项

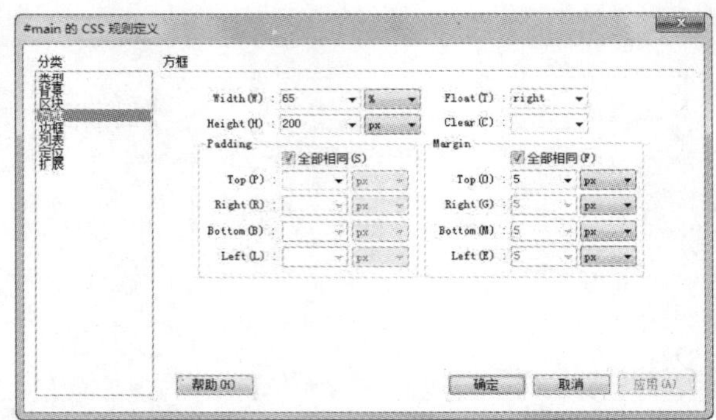

图8-26 设置“方框”选项

Step 11 设置#header对象后，页面的显示效果如图8-27所示。

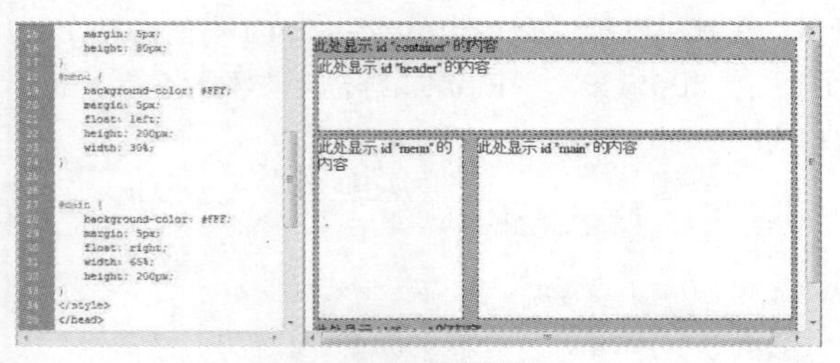

图8-27 页面显示效果

Step 12 最后定义ID为footer的Div块的CSS样式。在“CSS样式”面板中单击“新建CSS规则”按钮，在弹出的“新建CSS规则”对话框中设置 “选择器名称”为“#footer”，单击“确定”按钮，弹出“#footer的CSS规则定义”对话框，参数设置如图8-28和图8-29所示。在其中设置“Background-color（背景颜色）”为#FFF，“Height（高度）”为30像素，“Clear（清除）”属性值为“both（二者）”，“Margin（边界）”属性的值均为“5”。

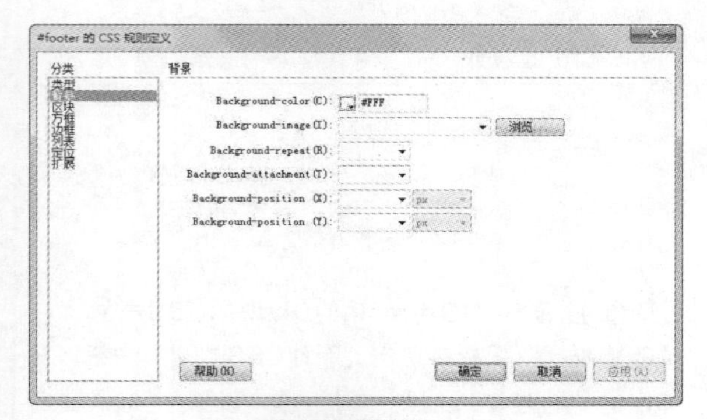

图8-28 设置“背景”选项

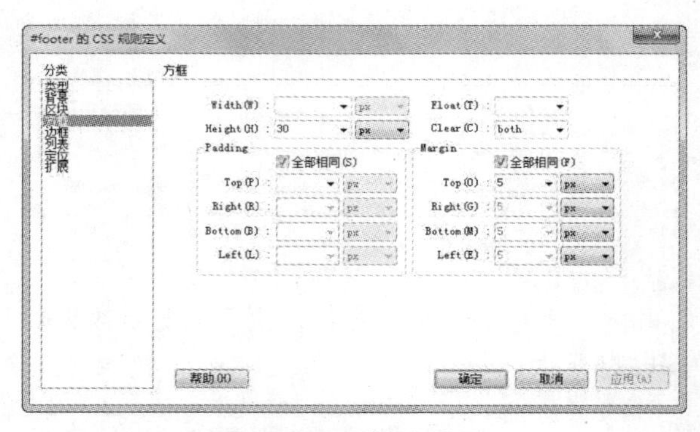

图8-29 设置“方框”选项

Step 13 设置#header对象后，页面的显示效果如图8-30所示。

在以上的操作中，通过对每个Div 的CSS 样式分别进行定义，使每个Div 块都按具体设定进行排列和显示，从而实现布局的功能。

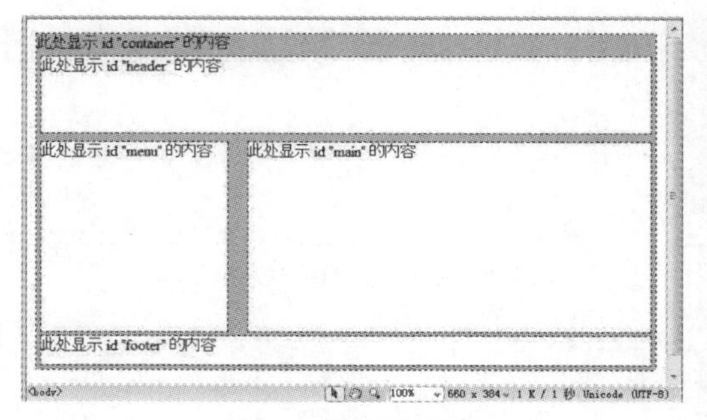

图8-30 页面显示效果

8.1.4 常见的布局方式

使用CSS既能控制页面结构与元素，也能控制网页布局样式。下面就对居中布局设计、浮动布局设计和高度自适应设计进行介绍。

居中布局设计

居中布局设计在网页布局的应用中是最常见的。下面具体讲述如何实现该布局设计，具体操作步骤如下。

Step 01 新建网页文档，插入名为box 的Div 标签，在“代码”视图中输入#box 的CSS 规则定义代码，如图8-31所示。

```
#box {
    margin: auto;
    height: 500px;
    width: 700px;
}
```

Step 02 在“设计”视图中，将光标定位在box 中，删除多余的文本，插入一个名为top 的Div 标签，然后切换到“代码”视图中，添加名为#top 的CSS 规则定义代码，如图8-32所示。

```
#top {
    background-color: #699;
    height: 100px;
    width: 100%;
}
```

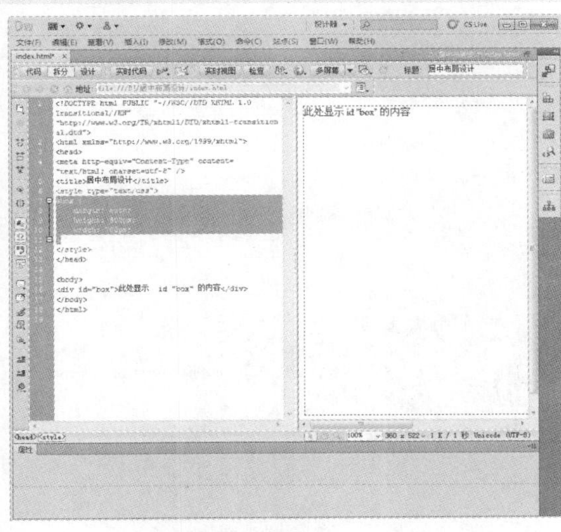

图8-31 控制box布局

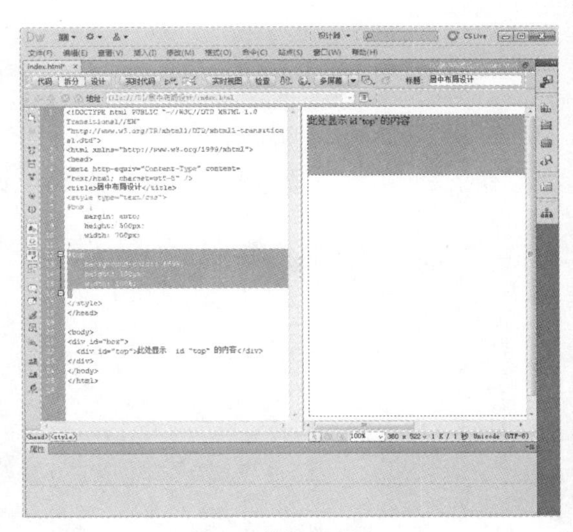

图8-32 控制top布局

Step 03 切换到“设计”视图中，在<top>标签后分别插入名为left 和right 的Div 标签，如图8-33所示。

Step 04 切换到“代码”视图中，添加名为#left 和#right 的CSS 规则定义代码，如图8-34所示。

```
#left {
    background-color: #F99;
    float: left;
    height: 350px;
    width: 200px;
}
#right {
    background-color: #FCC;
    height: 350px;
    width: 500px;
    float: right;
}
```

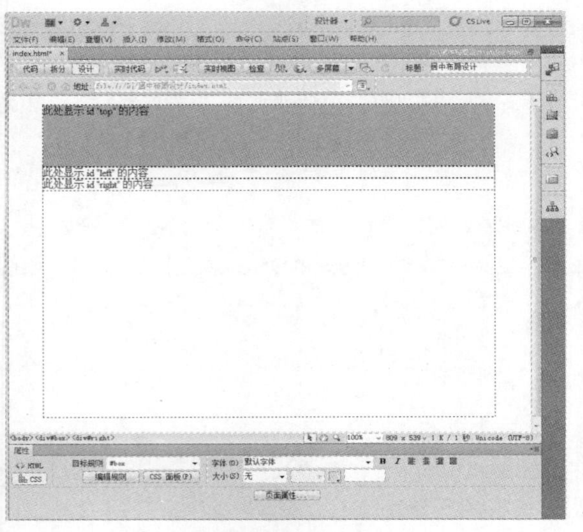

图8-33 插入Div标签

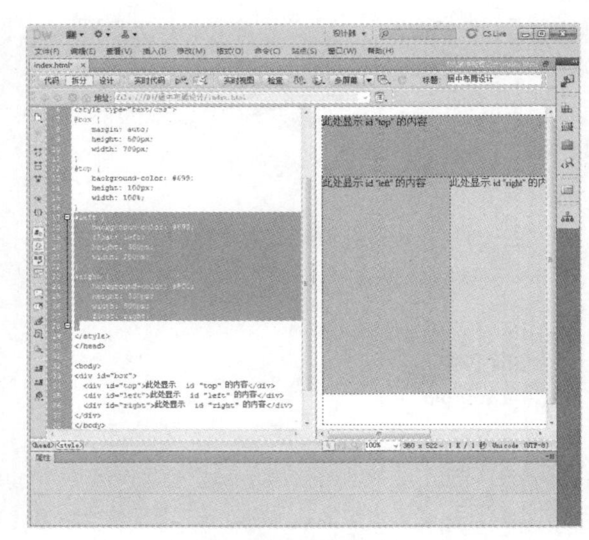

图8-34 链接外部样式表

Step 05 在<box>标签结束前插入名为footer 的Div 标签，在“代码”视图中添加名为#footer 的CSS 规则定义代码，如图8-35所示。

```
#footer {
    background-color: #FC6;
    height: 50px;
    width: 100%;
    float: left;
}
```

Step 06 保存文件，按【F12】键可以预览网页效果，如图8-36所示。

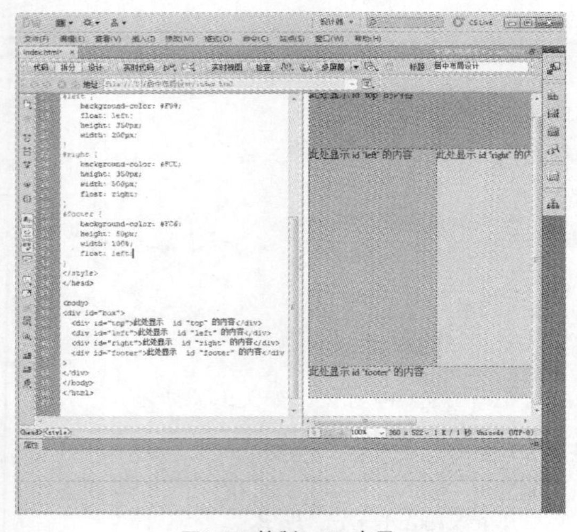

图8-35 控制footer布局

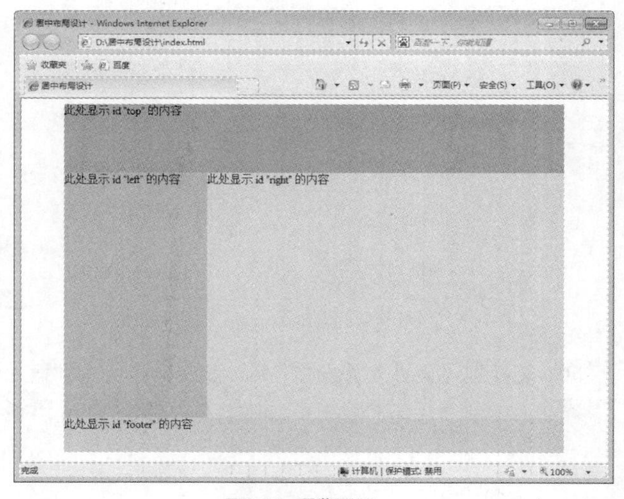

图8-36 预览网页

浮动布局设计

浮动布局设计主要是指运用Float 元素进行定位，Float 定位是CSS 排版中重要的布局方式之一。属性float 的值很简单，可以设置为left、right 或者默认值none 。当设置了元素向左或者向右浮动时，元素会向其父元素的左侧或右侧靠紧。下面通过一个实例进行说明，具体操作步骤如下。

Step 01 新建一个空白文档，在“代码”视图下的<head>与</head> 标签之间加入如下代码来定义一个父模块。

```
.father
{
background-color:#ff0000;
position: relative;
left:50%;
width:700px;
margin-left:-350px;
padding:0px;
}
```

Step 02 定义好页面的父模块后按【Enter】键，输入以下代码来定义一个子模块。

```
.son1
{
padding:10px;
margin:8px;
border:1px dashed#111111;
background-color:#C36;
color: #FFF;
}
```

Step 03 定义好页面的子模块后按【Enter】键，输入以下代码来定义另一个子模块。

```
.son2
{
padding:10px;
margin:0px;
border:1px dashed#111111;
background-color:#060;
color: #FFF;
}
```

Step 04 在<body>与</body> 标签中输入以下代码，来引用定义的各个模块。

```
<Div class="father">
<Div class="son1">float1</Div>
<Div class="son2">float2</Div>
</Div>
```

Step 05 保存页面，按【F12】键预览页面效果，如图8-37所示。

图8-37 预览网页效果

Step 06 将“.son1”模块按如下代码进行修改。

```
.son1
{
padding:10px;
margin:8px;
border:1px dashed#111111;
background-color:#F00;
color: #FFF;
float:left;
}
```

Step 07 保存页面，按【F12】键，即可在浏览器窗口中预览页面效果，如图8-38所示。

图8-38 设置float属性后的效果

高度自适应设计

在上述布局中，宽度用到百分比进行设置，高度同样可以使用百分比进行设置，不同的是直接使用height:100%;不会显示效果，这与浏览器的解析方式有一定的关系。实现高度自适应的CSS 代码如下。

```
html,body{
    margin:0px;
    height:100%;
    }
#left{
    width:300px;
    height:100%;
    background-color: #F36;
    float: left;
    }
```

在Div 标签中分别输入两行文本和六行文本，其效果图如图8-39和图8-40所示。

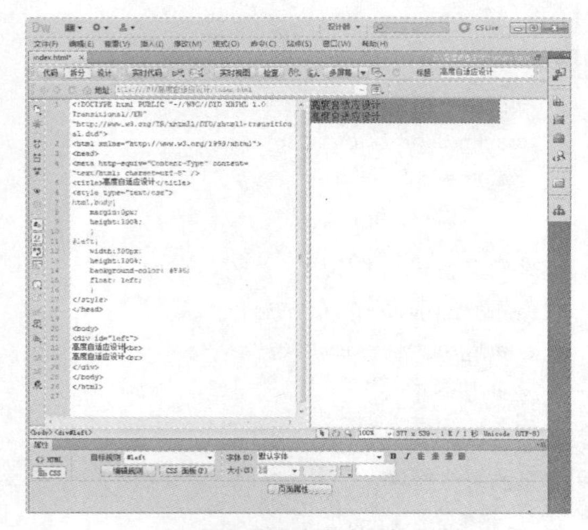
图8-39 两行文本的高度

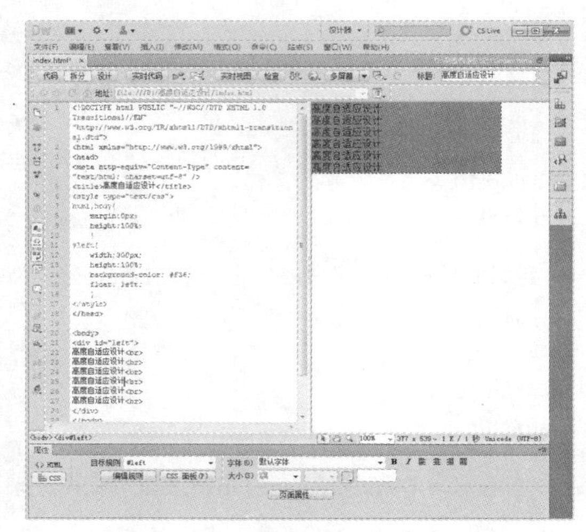
图8-40 六行文本的高度

8.2 实例精讲

前面分别介绍了Div+CSS布局和框架的应用，这两者及表格都是网页布局排版的工具。下面将通过两个实例具体地讲述Div+CSS和框架在网页布局中的应用。

8.2.1 使用Div+CSS布局网页1

本节将介绍两个应用于框架网页的HTML文档的制作，通过这两个文档的制作分别介绍用Div+CSS布局来制作图文网页和相册页面的排版方法。

在第一部分先用Div+CSS布局和表格布局将每个网页文档制作完成，在第二部分将利用框架将多个文档集成显示在一个浏览器窗口并设置链接。完成后的显示效果如图8-41所示。

图8-41 页面显示效果

制作图文页面

这是应用于框架网页中的一个HTML文档，页面内容较少，结构也比较简单。具体操作步骤如下。

Step 01 新建一个文档，将光标置于空白处，在“插入”面板的“常用”选项组中选择“插入Div标签”选项，弹出“插入Div标签”对话框。在“插入”下拉列表框中选择标签插入的位置，在“类”或“ID”文本框中输入应用的选择器名称。在这里创建的是包含整个页面内容的Div，在“ID”文本框中输入“container”，如图8-42所示。

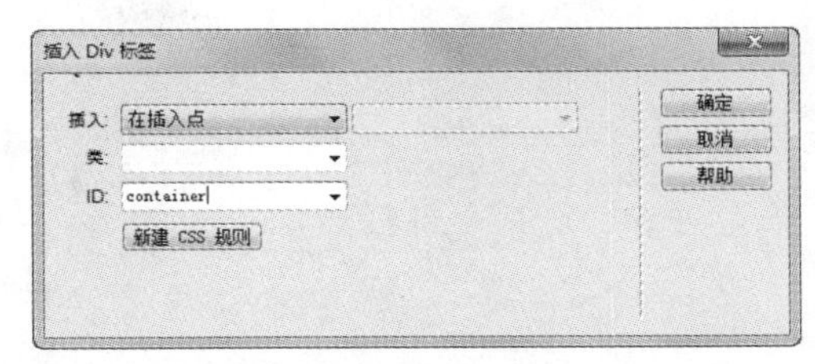

图8-42 “插入Div标签”对话框

Step 02 在“CSS样式”面板中单击“新建CSS规则”按钮，弹出“新建CSS规则”对话框，参数设置如图8-43所示。

Step 03 单击“确定”按钮，弹出“#container的CSS规则定义”对话框，在其中设置宽度为800像素，如图8-44所示。

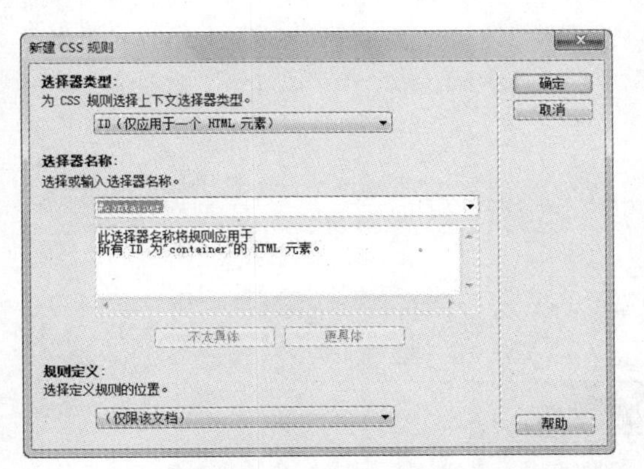

图8-43 “新建CSS规则”对话框

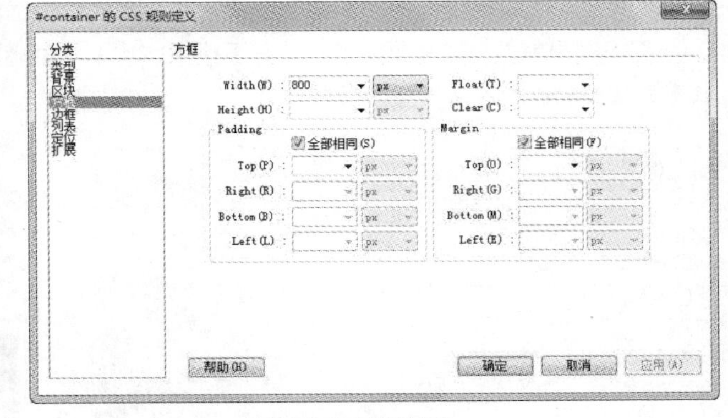

图8-44 CSS规则定义

Step 04 单击“确定”按钮，插入的Div标签会以一个方框的形式出现在文档中，“Width（宽度）”为800像素，并自动添加了标签内的内容，如图8-45所示。

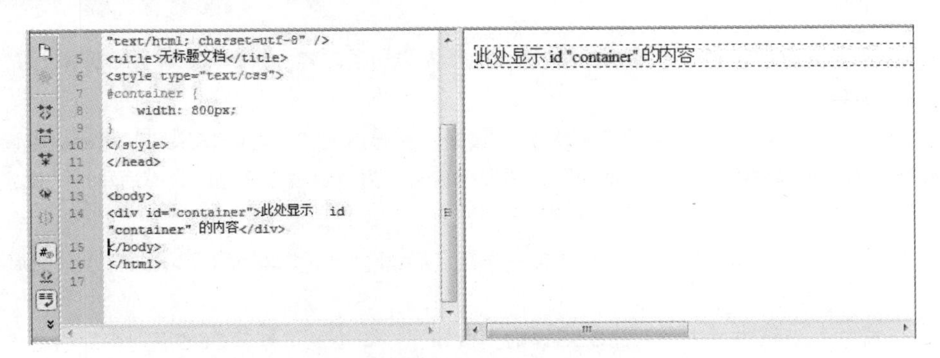

图8-45 页面显示效果

Step 05 将光标置于Div标签的虚线框内，再插入两个Div标签，ID分别设置为left和right，设置完成后的代码和显示效果如图8-46所示。

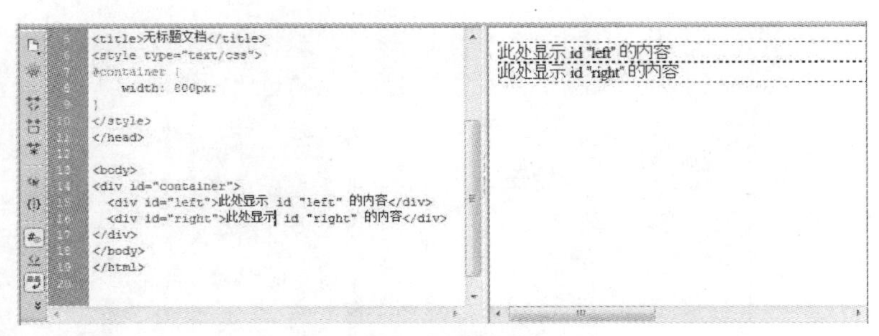

图8-46 页面显示效果

Step 06 为页面中添加文本内容，从本书附带光盘中的“素材\Chapter-08\使用Div+CSS布局网页1\图文页面与相册页面\原始文件\巴洛克风格艺术.txt”文件中复制所需的文本，粘贴到ID为left的Div标签内。并选择第一行的文本，在“属性”面板中设置其“格式”为“标题2”，如图8-47所示。

Step 07 选中其余的文本，在“属性”面板中设置其“格式”为“段落”。

Step 08 在 ID为right的Div标签中添加本页的图片。将光标置于ID为right的Div标签的虚线框内，在“插入”面板的“常用”选项组中选择“图像”选项，在弹出的对话框中选择本书附带光盘中的“素材\Chapter-08\使用Div+CSS布局网页1\图文页面与相册页面\原始文件\images”中的名为“h1.jpg”和“h2.jpg”的图像文件。设置完成后的显示效果如图8-48所示。

图8-47 页面显示效果

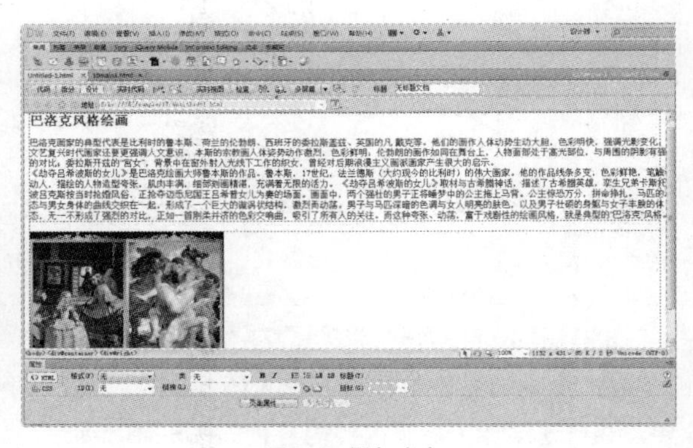

图8-48 添加内容

Step 09 到这里就将页面进行了划分，并在不同的Div标签内添加了内容。接下来，就用CSS样式的设定对不同Div标签进行定位和美化。

Step 10 在“CSS样式”面板中单击“新建CSS规则”按钮，在弹出的“新建CSS规则”对话框中设置“选择器类型”为“标签”，“选择器名称”为“body”，“规则定义”为“仅限该文档”，然后单击“确定”按钮，如图8-49所示。

Step 11 在弹出的“body的CSS规则定义”对话框中设置“Background-color（背景颜色）”为#0B0100，如图8-50所示。

Step 12 在“CSS样式”面板中单击“新建CSS规则”按钮，在弹出的“新建CSS规则”对话框中设置“选择器类型”为“ID”，“选择器名称”为“#left”，“规则定义”为“仅限该文档”，如图8-51所示。

Step 13 在弹出的“#left的CSS规则定义”对话框中设置左浮动，即“Float（浮动）”属性值为“left（居左）”，“Padding（填充）”属性值均为5，“Margin（边界）”选项组中的“Left（左）”和“Right（右）”属性值均为10，如图8-52所示。

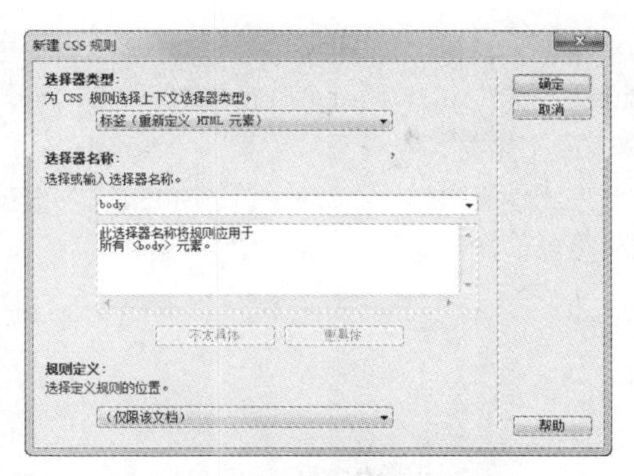

图8-49　“新建CSS规则”对话框

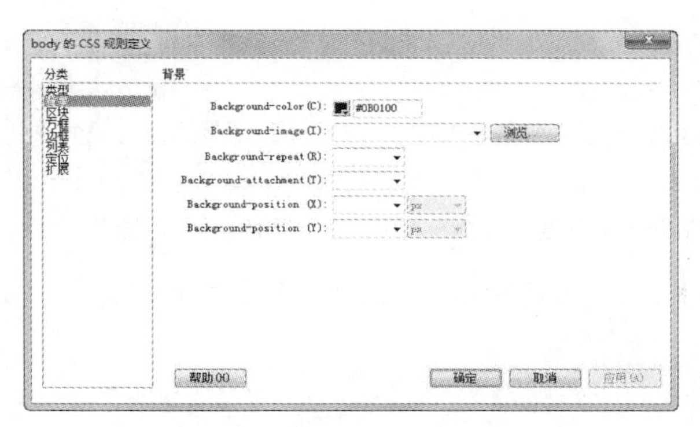

图8-50　设置“背景”选项

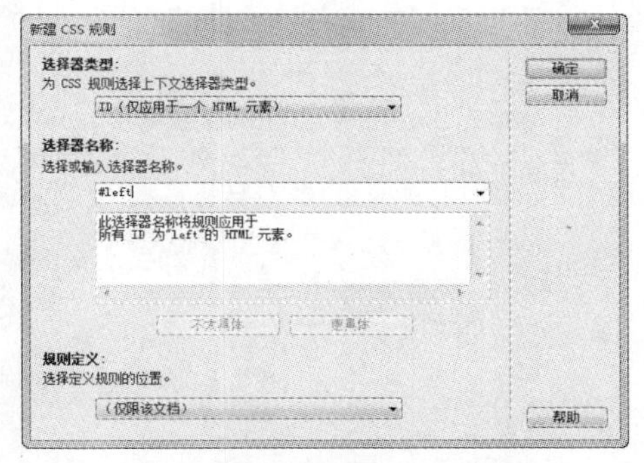

图8-51　“新建CSS规则”对话框

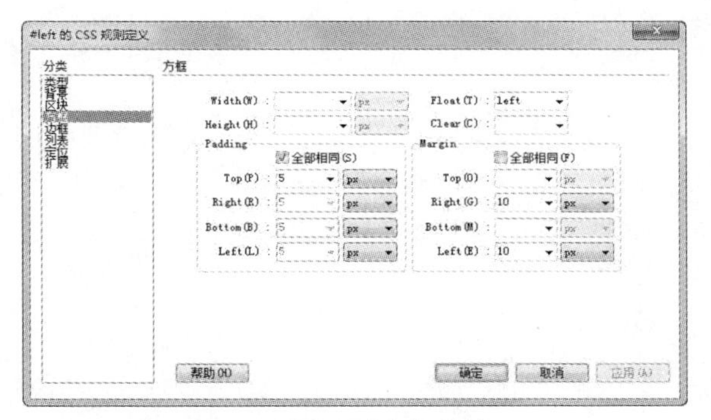

图8-52　设置“方框”选项

Step 14　下面具体定义段落文本和标题文本的样式。在“CSS样式”面板中单击“新建CSS规则”按钮，在弹出的“新建CSS规则”对话框中设置“选择器类型”为“复合内容”，“选择器名称”为“#left p”，“规则定义”为“仅限该文档”。

Step 15　在弹出的“#left 9的CSS规则定义”对话框中设置“Font-family（字体）”为“宋体”，“Font-size（字号）”为13像素，“Line-height（行高）”为26像素，“Color（颜色）”为#E7D060，如图8-53所示，在“方框”选项中设置“Width（宽度）”为500像素，如图8-54所示。

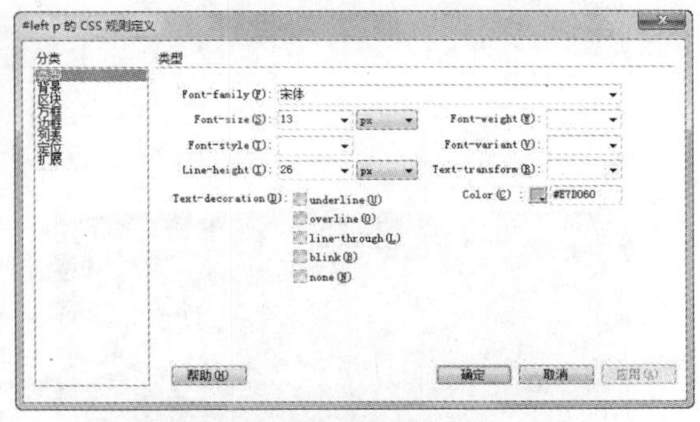

图8-53　设置“类型”选项

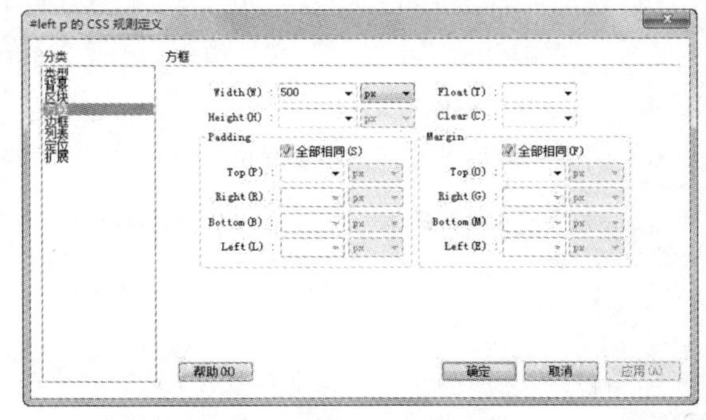

图8-54　设置“方框”选项

Step 16　在“CSS样式”面板中单击“新建CSS规则”按钮，在弹出的“新建CSS规则”对话框中设置“选择器类型”为“复合内容”，“选择器名称”为“#left h2”，“规则定义”为“仅限该文档”。

Step 17　在弹出的“#left h2的CSS规则定义”对话框中设置“Font-family（字体）”为黑体，“Font-size（字

号）”为24像素，“Line-height（行高）”为30像素，“Color（颜色）”为#E5CF5F，如图8-55所示。将“Background-image（背景图像）”设置为本书附带光盘中的“素材\Chapter-08\使用Div+CSS布局网页1\图文页面与相册页面\原始文件\images\banbg2.jpg”，背景图不重复，背景图的位置为“right（右）”和“bottom（底）”，如图8-56所示。设置“Display（显示）”属性为“block（块）”，如图8-57所示，“Width（宽度）”为500像素，“Height（高度）”为40像素，如图8-58所示。

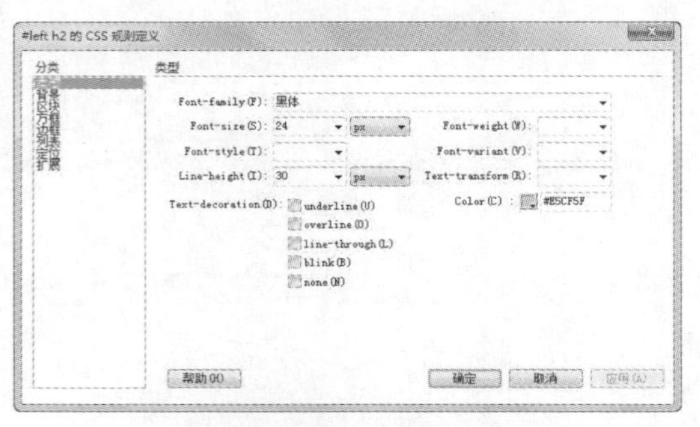

图8-55 设置“类型”选项

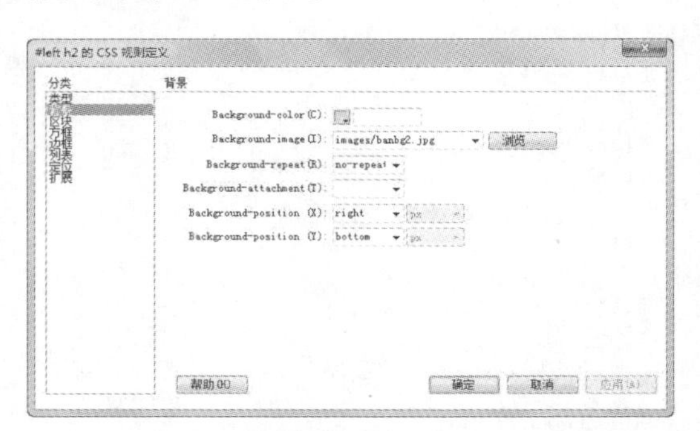

图8-56 设置“方框”选项

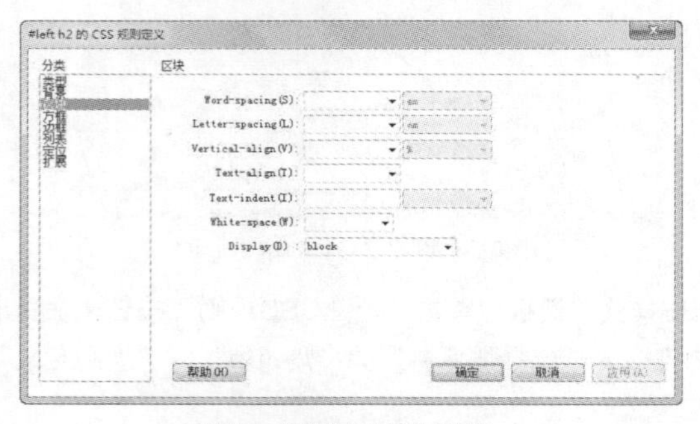

图8-57 设置“区块”选项

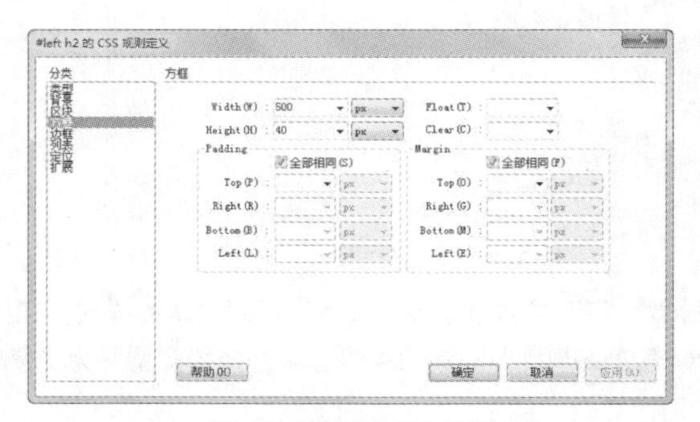

图8-58 设置“方块”选项

Step 18 在“CSS样式”面板中单击“新建CSS规则”按钮，在弹出的“新建CSS规则”对话框中设置“选择器类型”为“标签”，“选择器名称”为“#right”，“规则定义”为“仅限该文档”。

Step 19 在弹出的“#right的CSS规则定义” 对话框中设置右浮动，即“Float（浮动）”属性值为“right（居右）”，“Padding（填充）”属性值均为5，“Margin（边界）”的“Left（左）”和“Right（右）”属性值为10，如图8-59所示。

Step 20 设置完成后的显示效果如图8-60所示。

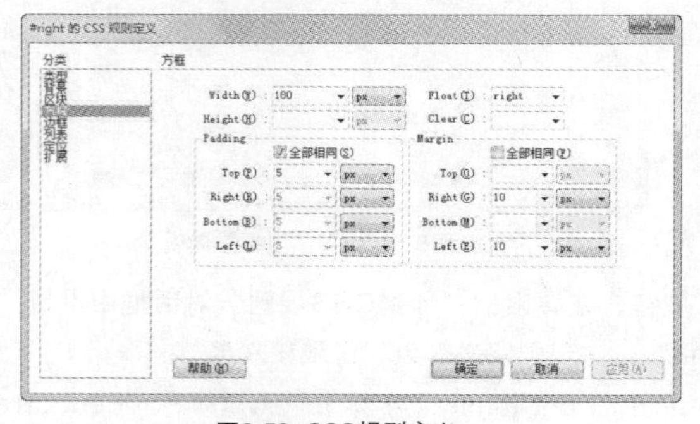

图8-59 CSS规则定义

图8-60 页面显示效果

制作相册页面

相册页面的具体操作步骤如下。

Step 01 新建一个文档，在“属性”面板中单击“页面属性”按钮，在弹出的“页面属性”对话框中设置“背景颜色”为#010b00，如图8-61所示。

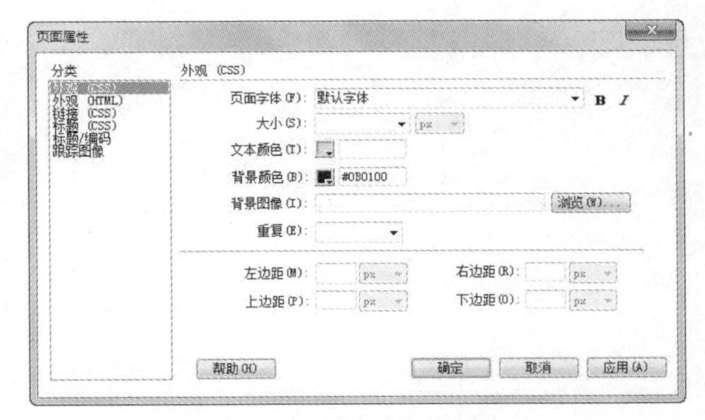

图8-61 “页面属性”对话框

Step 02 将光标置于页面空白处，在“插入”面板的“常用”选项组中选择“插入Div标签”选项，弹出“插入Div标签”的对话框，在 “类”或“ID”文本框中输入应用的选择器名称。在这里创建的是包含整个页面内容的Div，在“ID”文本框中输入“container”。在“CSS样式”面板中单击“新建CSS规则”按钮，将弹出“新建CSS规则”对话框，如图8-62所示。单击“确定”按钮，弹出“#container的CSS规则定义”对话框，在其中设置“Width（宽度）”为800像素，如图8-63所示。

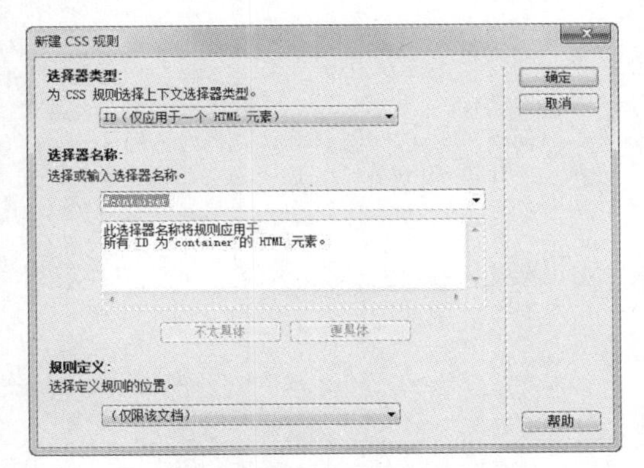

图8-62 “新建CSS规则”对话框

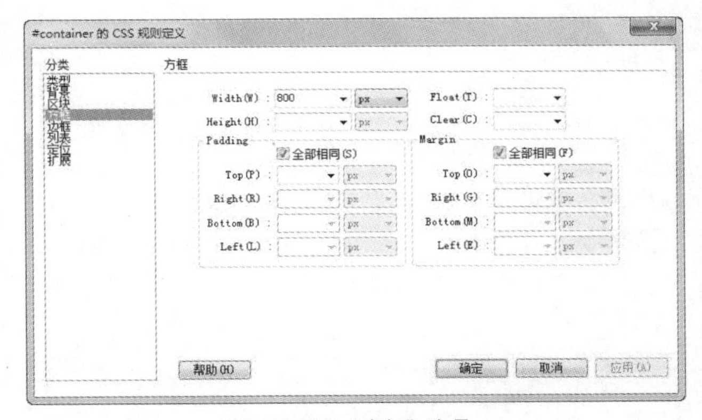

图8-63 设置“方框”选项

Step 03 插入的Div标签会以一个方框的形式出现在文档中，“Width（宽度）”为800像素，在该Div标签的虚线框内输入标题文字，并在“属性”面板中设置其格式为“标题2”。

Step 04 在“CSS样式”面板中单击“新建CSS规则”按钮，在弹出的“新建CSS规则”对话框中设置“选择器类型”为“复合内容”，“选择器名称”为“#container h2”，“规则定义”为“仅限该文档”。

Step 05 在弹出的“container h2的CSS规则定义”对话框中设置“Font-family（字体）”为“黑体”，“Font-size（字号）”为24像素，“Line-height（行高）”为30像素，“Color（颜色）”为#5CF5F，如图8-64所示。设置背景图像，从本书附带光盘中选择“素材\Chapter-08\使用Div+CSS布局网页1\图文页面与相册页面\原始文件\images\banbg2.jpg”，背景图不重复，背景图的位置为“right（右）”和“bottom（底）”，如图8-65所示。设置“Display（显示）”属性为“block（块）”，如图8-66所示，“Width（宽度）”为500像素，“Height（高度）”为40像素，如图8-67所示。

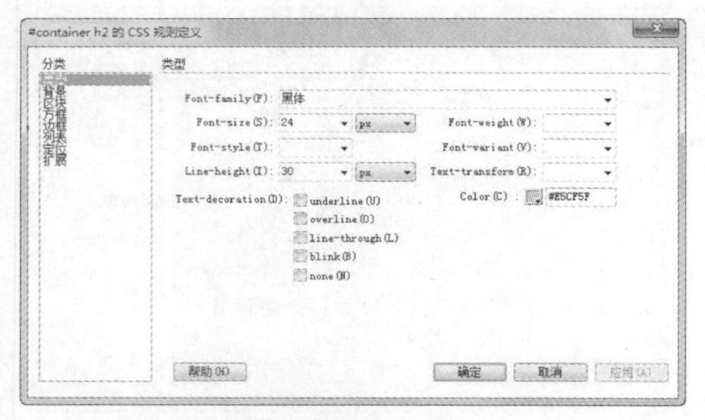

图8-64 设置“类型”选项

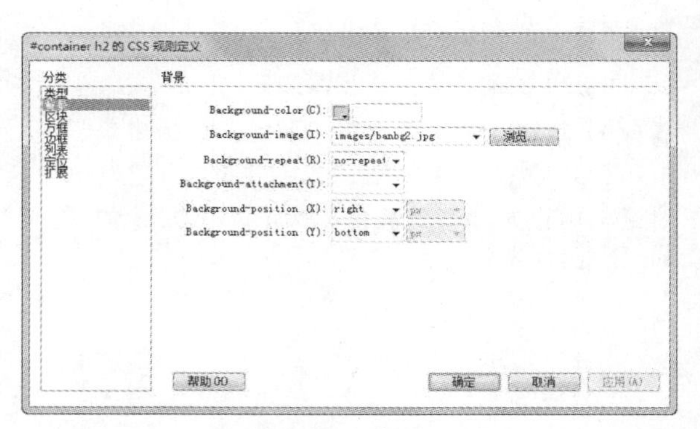

图8-65 设置“背景”选项

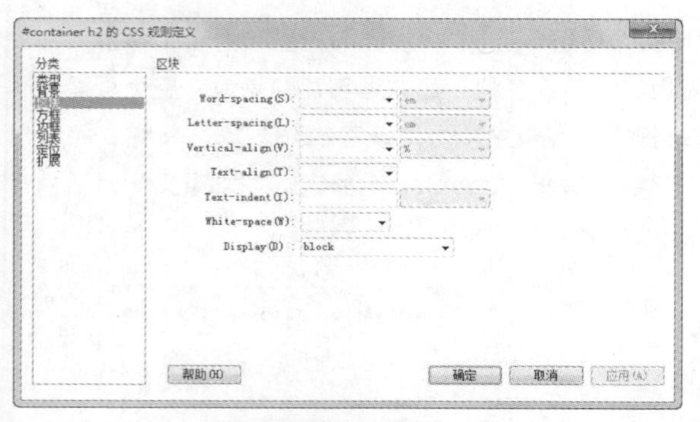

图8-66 设置“区块”选项

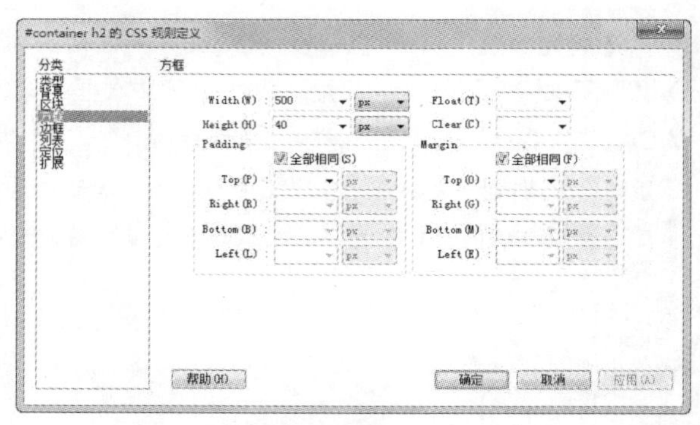

图8-67 设置“方框”选项

Step 06 设置完成后页面的显示效果如图8-68所示。

Step 07 将光标置于ID为container的Div标签内，再插入一个新的Div标签，在“插入Div标签”对话框中设置“类”为“img”，如图8-69所示。

图8-68 页面显示效果

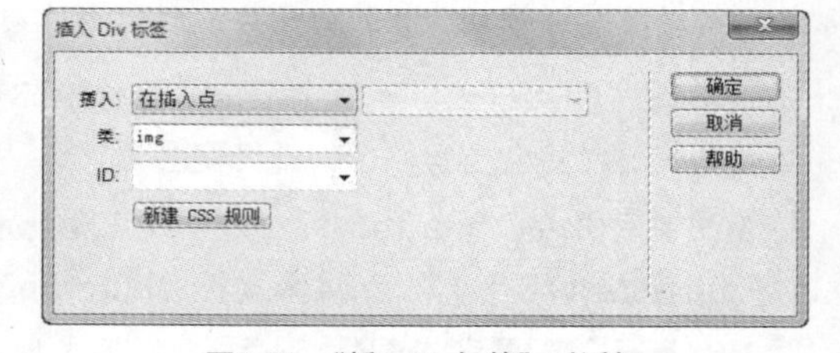

图8-69 “插入Div标签”对话框

Step 08 单击“确定”后，插入的Div标签会以一个方框的形式出现在文档中，在该Div标签内插入图片，从本书附带光盘中选择“素材\Chapter-08\使用Div+CSS布局网页1\图文页面与相册页面\原始文件\images\g29.jpg”文件插入其中，显示效果如图8-70所示。

Step 09 用同样的方法继续插入其他图片，并且设置这些图片所在的Div标签的“类”均为“img”，完成后的显示效果如图8-71所示。

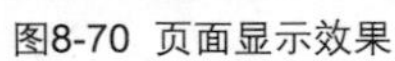
图8-70 页面显示效果

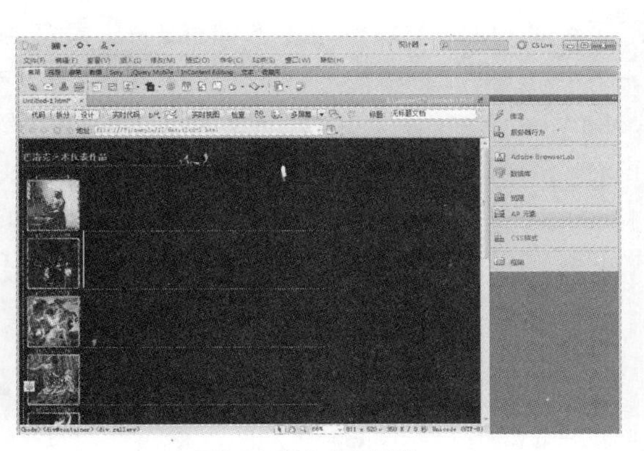

图8-71 插入多个图像

Step 10 接下来对图像所在的Div标签进行CSS样式的设置，对其进行重新定位并美化显示效果。在“CSS样式”面板中单击“新建CSS规则”按钮，在弹出的“新建CSS规则”对话框中设置“选择器类型”为“类”，“选择器名称”为“.img”，“规则定义”为“仅限该文档”，如图8-72所示。

Step 11 在弹出的“.img的CSS规则定义”对话框中设置“Float（浮动）”属性值为“left（居左）”，“Margin（边界）”值均为5，如图8-73所示。

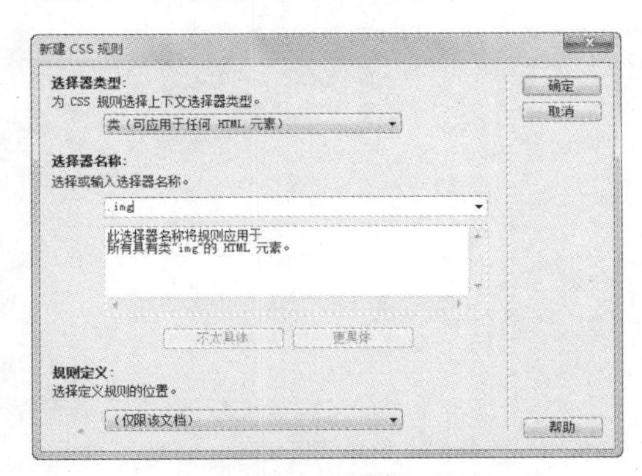

图8-72 “新建CSS规则”对话框

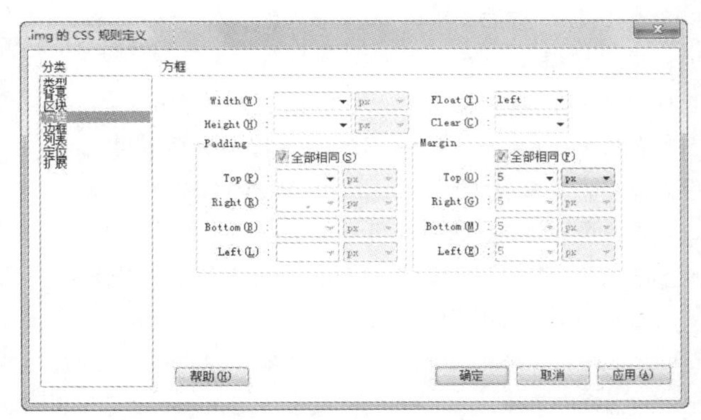

图8-73 设置“方框”选项

Step 12 设置完成后，图片将以文档流的方式依次从左到右、从上到下进行排列，显示效果如图8-74所示。

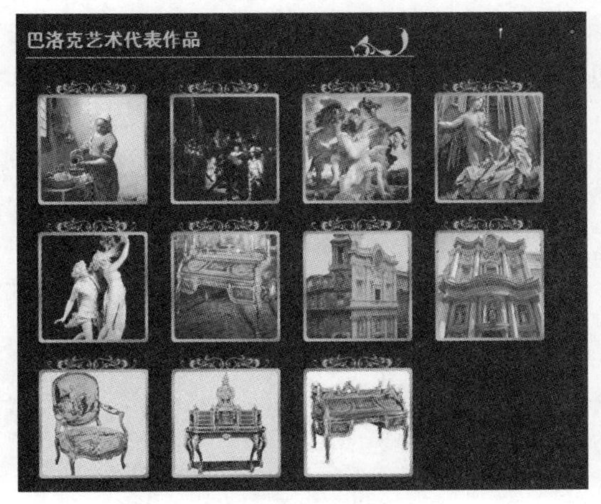

图8-74 显示效果

使用框架布局页面

在本节中将具体介绍如何创建框架并设置框架网页的链接，这需要把所有的子框架页面事先完成。在上一节中制作完成的两个网页的文档将被用在主框架部分，分别将其命名为“main-painting.htm”和“main-gallery.htm”并保存。其他需要的文档，包括上侧题头部分的网页和左侧导航部分的网页可以从本书附带光盘中的“素材”文件夹中添加，名称分别为“top.html”和“left.html”。框架页面的具体操作步骤如下。

Step 01 选择“文件>新建”命令，在“新建文档”的对话框中选择“上方固定，左侧嵌套”的框架页面，如图8-75所示。创建完成的页面显示如图8-76所示。

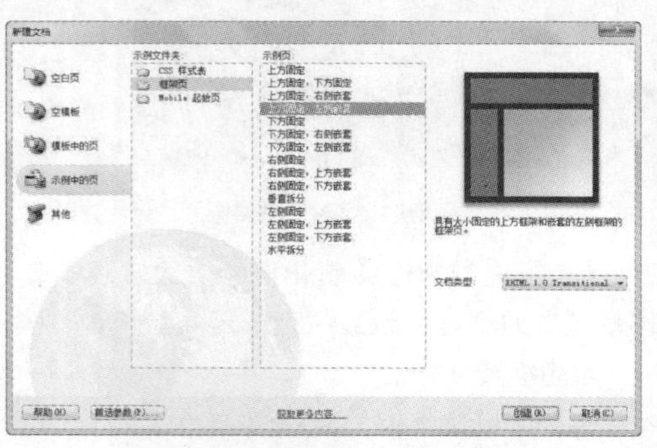

图8-75 “新建文档”对话框

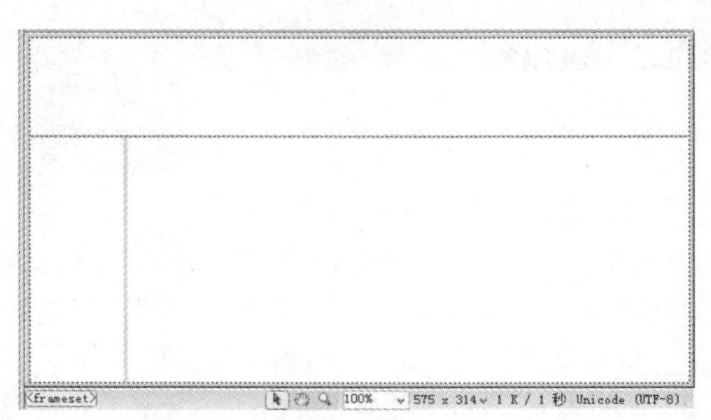

图8-76 “上方固定，左侧嵌套”的框架页面

Step 02 选择“窗口>框架”命令，打开“框架”面板，单击“框架”面板中的顶部框架，在“属性”面板中单击“源文件”文本框后的“浏览文件”按钮，如图8-77所示，在弹出的对话框中选择本书附带光盘中的“素材\Chapter-08\使用Div+CSS布局网页1\框架页面\原始文件\top.html”文件。

图8-77 设置框架文件

Step 03 单击“确定”按钮，框架中会显示顶部的页面，可以选择“查看>可视化助理>框架边框”命令，使框架边框可见，如图8-78所示。

Step 04 单击“框架”面板中的左侧框架，在“属性”面板中单击“源文件”文本框后的“浏览文件”按钮，并在弹出的对话框中选择本书附带光盘中的“素材\Chapter-08\使用Div+CSS布局网页1\框架页面\原始文件\left.html”文件。

Step 05 单击“框架”面板中的主框架，在“属性”面板中单击“源文件”文本框后的“浏览文件”按钮，在弹出的对话框中选择本书附带光盘中的“素材\Chapter-08\使用Div+CSS布局网页1\框架页面\原始文件\main-painting.html”文件。设置完成后页面显示效果如图8-79所示。

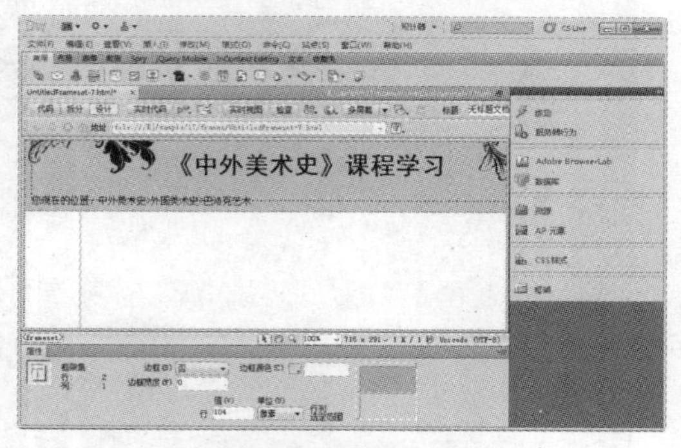

图8-78 查看框架

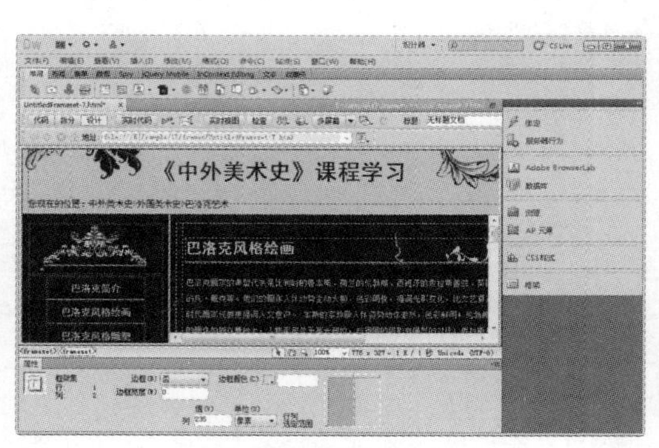

图8-79 设置框架文件

Step 06 单击“框架”面板中的总框架集，然后选择“文件>框架集另存为”命令，在弹出的对话框中将框架页面进行保存。

Step 07 接着为框架页面设置链接，选择左框架中的文字“代表作品”，在其“属性”面板中设置“链接”到“main-gallery.htm”，并设置“目标”属性为“mainFrame”，如图8-80所示。

Step 08 使用同样的方法设置其他链接，这样一个框架网页就算是制作完毕了。在浏览器中的预览显示效果如图8-81所示。

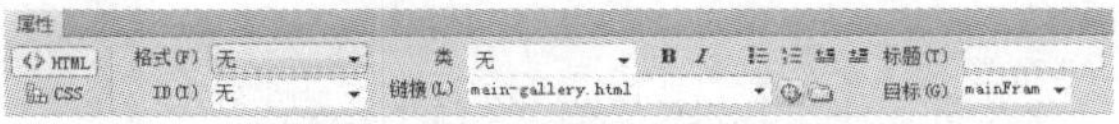

图8-80 链接框架文件

图8-81 页面效果

8.2.2 使用Div +CSS 布局网页2

接下来，再来演示一个用Div+CSS排版的实例，以更好地掌握这种排版方式。在本例中，将以代码的形式来讲解，以便帮助读者进一步了解CSS的应用。

Step 01 运行Dreamweaver 应用程序，新建一个网页文档，并保存为“index.html”，然后新建两个CSS文件，分别保存为“css.css”和“layout.css”，如图8-82所示。

Step 02 选择“窗口>CSS样式”命令，在“CSS样式”面板中单击“附加样式表”按钮，弹出“链接外部样式表”对话框，将新建的外部样式表文件“css.css”和“layout.css”链接到页面中，如图8-83所示。

图8-82 新建文件

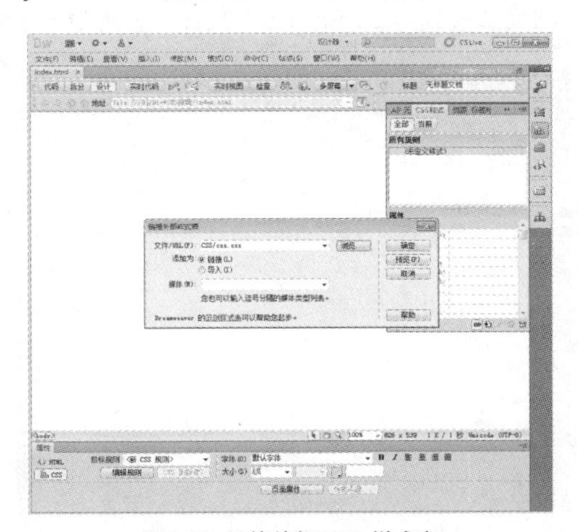

图8-83 链接外部CSS 样式表

Step 03 切换到“css.css”文件中，分别创建名为* 、body 、a 、a:hover 和img 的CSS 规则，如图8-84所示。

```
*{margin:0; padding:0;}
body{font:"宋体"; font-size:12px; color:#6e2407;}
a{color:#6e2407; text-decoration:none;}
a:hover{color:#ffa800; text-decoration:none;}
img{border:0;}
```

Step 04 切换到“设计”视图中，将光标置于页面视图中，在“插入”面板的“常用”选项组中选择“插入Div标签”选项，弹出“插入Div 标签”对话框，在“ID ”文本框中输入box，然后单击“确定”按钮，如图8-85所示。

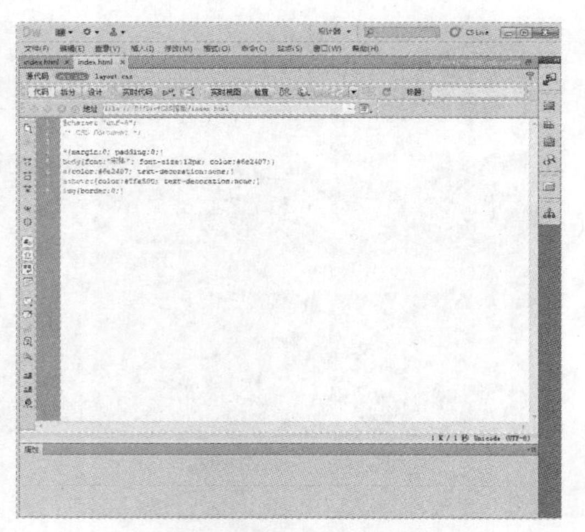

图8-84 创建CSS规则

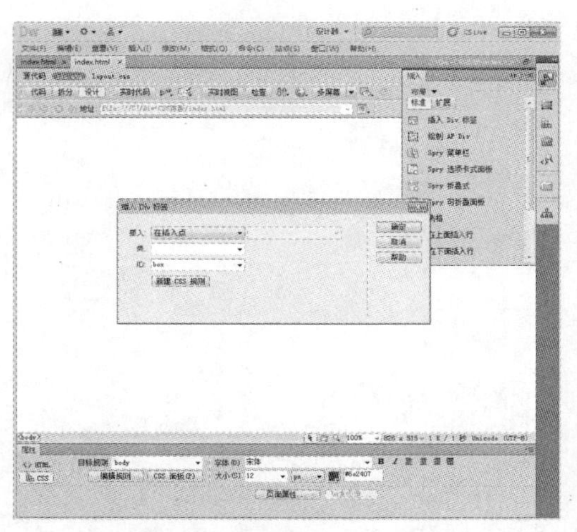

图8-85 “插入Div标签”对话框

Step 05 这样就在页面中插入了一个名为box 的Div标签，切换到“layout.css”文件中，创建一个名为“#box”的CSS 规则，如图8-86所示。

```
#box{
    width:1003px;
    height:auto;
    margin:0 auto;
}
```

Step 06 将光标移至名为box 的Div标签中，将多余的文本内容删除，在名为box 的Div标签中插入名为left 的Div标签，然后切换到“layout.css”文件中，创建一个名为#left 的CSS 规则，如图8-87所示。

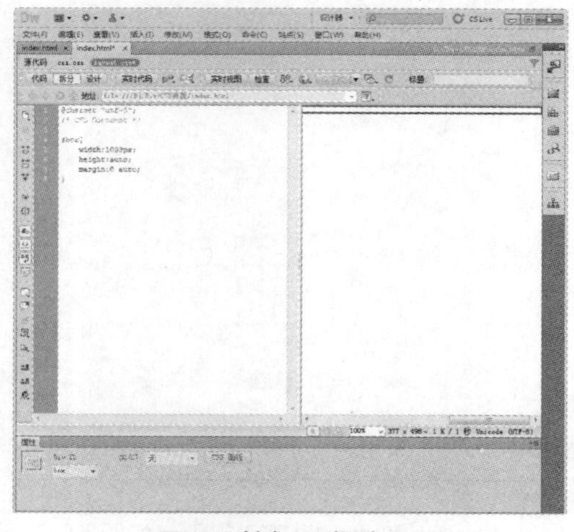

图8-86 创建CSS规则

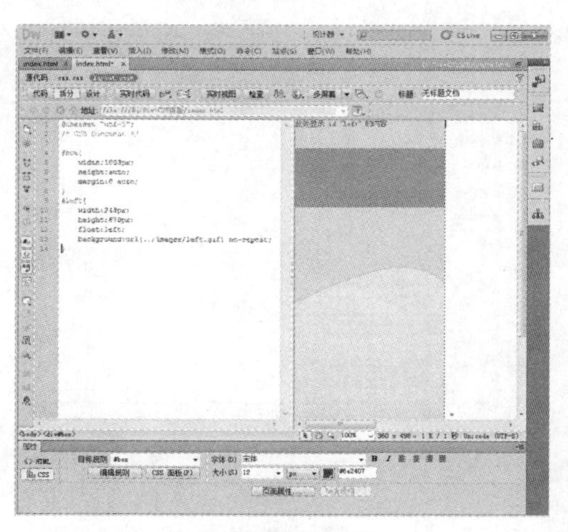

图8-87 创建CSS规则

Step 07 在left 的Div标签中插入一个名为“left_top1”的Div 标签，插入图像，输入文本。然后切换到“layout.css”文件中，分别创建两个名为“#left_top1”和“#left_top1 img”的CSS 规则，如图8-88所示。

```
#left_top1{
    margin-top:15px;
    padding-left:10px;
}
```

```
#left_top1 img{
    margin-left:20px;
  margin-right:7px;
}
```

Step 08 在left_top1 的Div标签下方插入名为“logo”的Div 标签，切换到“layout.css”文件中，创建一个名为#logo 的CSS 规则，然后插入图像，如图8-89所示。

```
#logo{
    width:243px;
    height:99px;
```

```
    margin-top:15px;
}
```

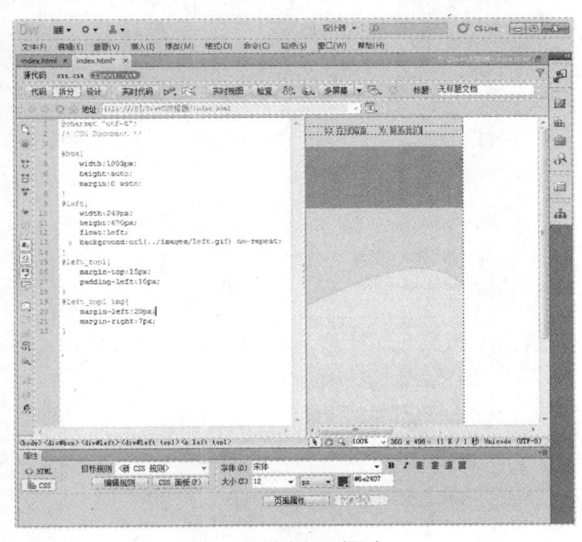

图8-88 创建CSS规则

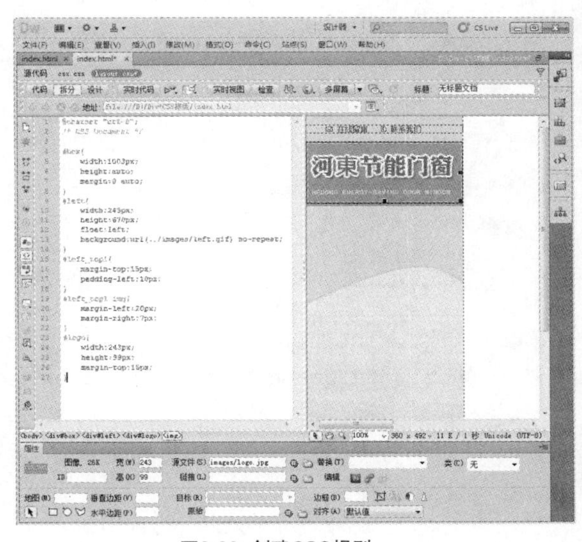

图8-89 创建CSS规则

Step 09 在logo 的Div标签下方插入名为“#left_top2”的Div 标签，切换到“layout.css”文件中，分别创建两个名为“#left_top2”和“#left_top2 img”的CSS 规则，然后插入图像，如图8-90所示。

```
#left_top2{
  margin-top:15px;
  text-align:center;
}
```

```
#left_top2 img{
    margin-top:7px;
}
```

Step 10 在#left_top2 下方插入名为“left_middle”的Div 标签，切换到“layout.css”文件中，创建一个名为“#left_middle”的CSS 规则，然后插入图像，如图8-91所示。

```
#left_middle{
    width:222px;
    height:239px;
  border:1px solid #6e2407;
    margin-top:75px;
    margin-left:7px;
    padding-top:0px;
  padding-left:0px;
}
```

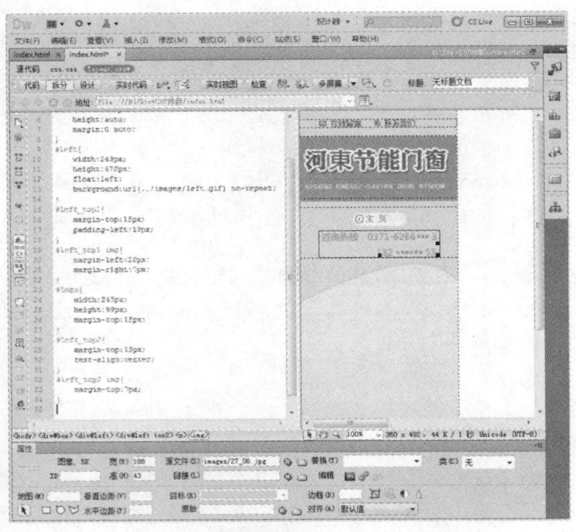

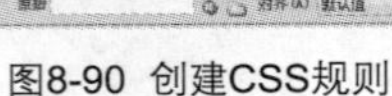

图8-90 创建CSS规则

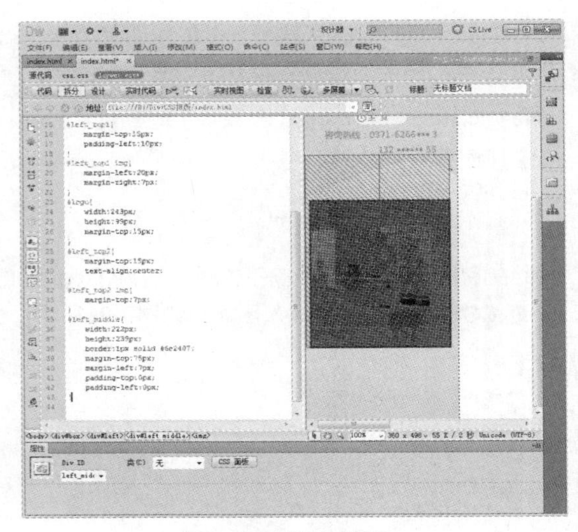

图8-91 创建CSS规则

Step 11 在left_middle 的Div标签下方插入名为“left_bottom”的Div 标签，切换到“layout.css”文件中，创建一个名为“#left_bottom”的CSS 规则，如图8-92所示。

```
#left_bottom{
    width:227px;
    height:auto;
    margin-left:10px;
    margin-top:10px;
}
```

Step 12 在left_bottom 的Div标签中插入名为“left_bottom1”的Div 标签，切换到“layout.css”文件中，分别创建两个名为“#left_bottom1”和“#left_bottom1 img”的CSS 规则，如图8-93所示。

```
#left_bottom1{
    width:227px;
    height:29px;
    background:url(../images/28.jpg) no-repeat;
}
```

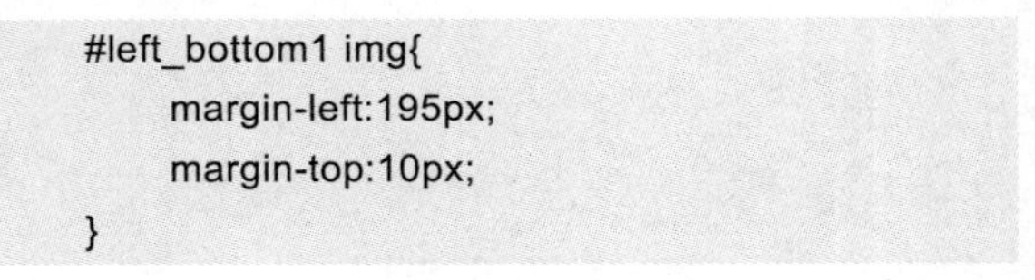

```
#left_bottom1 img{
    margin-left:195px;
    margin-top:10px;
}
```

图8-92 创建CSS规则

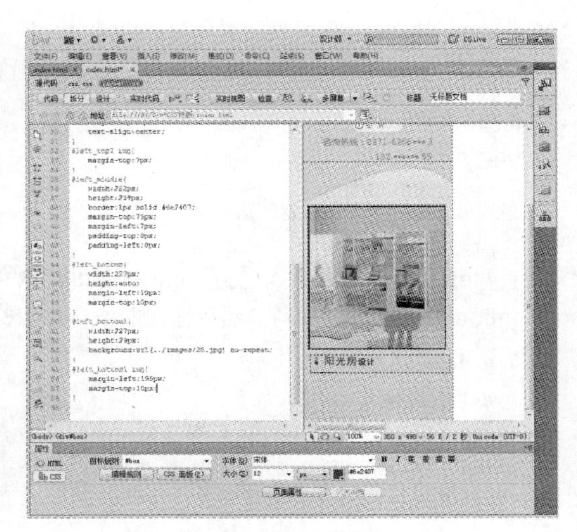

图8-93 创建CSS规则

Step 13 切换到“代码”视图中，在<Div id="left_bottom2"> 和</Div> 之间添加列表代码，如图8-94所示。

```
<ul>
  <li> <a href="#">装修前要咨询哪些问题? </a></li>
   <li> <a href="#">竹子地板：简简单单清凉最爱
</a></li>
   <li> <a href="#">十二星座的幸运家居</a></li>
   </ul>
```

Step 14 切换到“layout.css”文件中，分别创建两个名为“#left_bottom2”和“#left_bottom2 ul li”的CSS规则，如图8-95所示。

```
#left_bottom2{
     width:227px;
     height:auto;
}
#left_bottom2 ul li{
     margin-top:10px;
     background:url(../images/sanjiao.gif) no-repeat
5px center;
     padding-left:18px;
     list-style-type: none;
  }
```

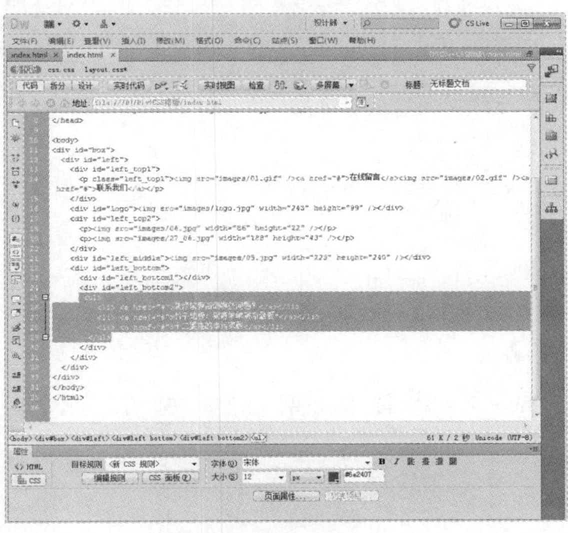

图8-94 添加列表代码

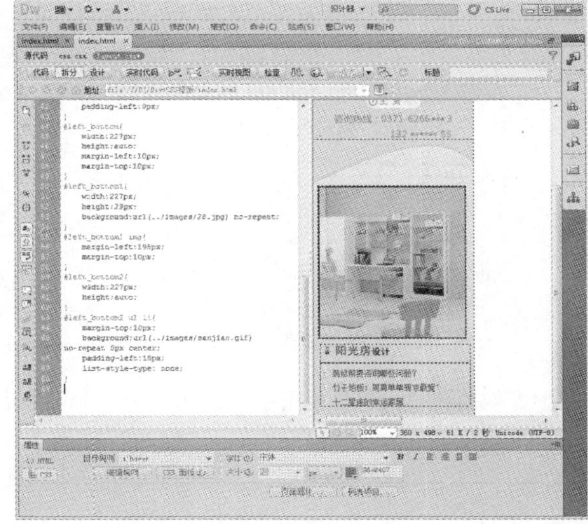

图8-95 创建CSS 规则

Step 15 在left 的Div 标签后插入名为“right”的Div 标签，然后切换到“layout.css”文件中，创建一个名为“#right”的CSS 规则，如图8-96所示。

```
#right{
     width:760px;
     height:670px;
     float:right;
     background:url(../images/right.gif) no-repeat;
  }
```

Step 16 将光标定位在right 中，删除多余的文本，插入名为“right_banner”的Div 标签。切换到“layout.css”文件中，创建一个名为“#right_banner”的CSS 规则，如图8-97所示。

```
#right_banner{
     width:760px;
     height:447px;
     background-image: url(../images/left_02.gif);
  }
```

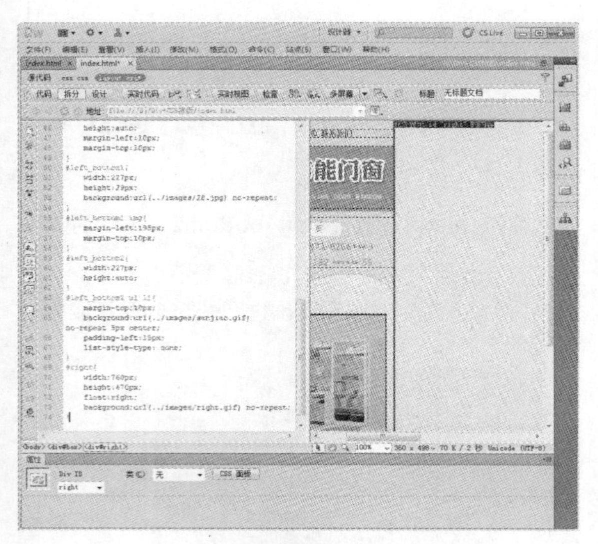

图8-96 创建CSS规则

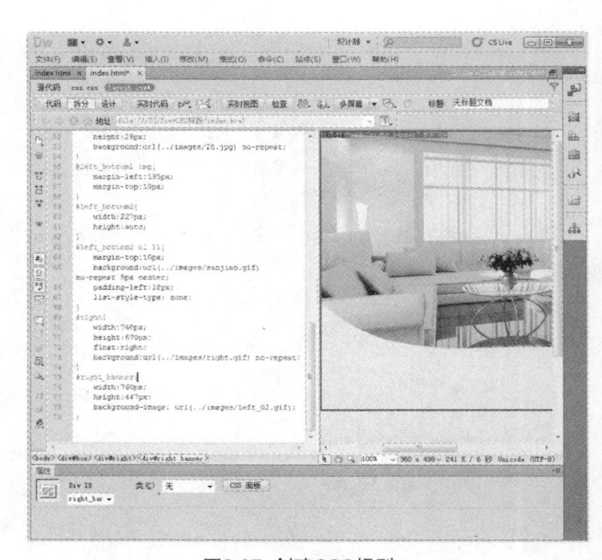

图8-97 创建CSS规则

Step 17 在名为right_banner 的Div标签中插入名为“right_top”的Div 标签，切换到“layout.css”文件中，创建一个名为“#right_top”的CSS 规则，如图8-98所示。

```
#right_top {
    width: 740px;
    height: 35px;
    float: left;
    margin-top: 20px;
    font-family: '微软雅黑';
    font-size: 15px;
    color: #000;
    text-align: center;
    margin-left: 10px;
    background-color: #B6704C;
}
```

Step 18 切换到“代码”视图中，在<Div id="right_top">和</Div> 之间添加列表代码，如图8-99所示。

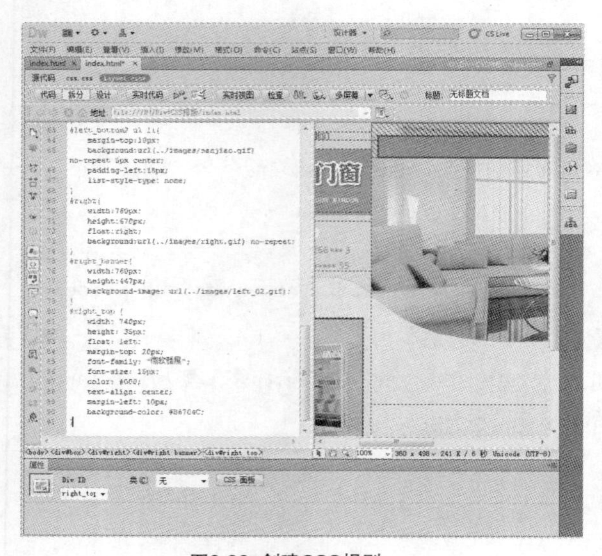

图8-98 创建CSS规则

图8-99 添加列表代码

Step 19 切换到“layout.css”文件中，创建一个名为“#right_top ul li”的CSS 规则，如图8-100所示。

```
#right_top ul li {
    text-align: center;
    float: left;
    list-style-type: none;
    height: 25px;
    width: 95px;
    margin-top: 5px;
    margin-left: 5px;
    color: #FFF;
}
```

Step 20 在right_banner 的Div 标签后插入名为“right_1”的Div 标签，切换到“代码”视图中，在该标签之间添加<h2></h2。然后切换到“layout.css”文件中，分别创建两个名为“#right_1”和“#right_1 h2”的CSS 规则，如图8-101所示。

```
#right_1{
    width:409px;
    height:auto;
    float:left;
}
#right_1 h2 {
    height:28px;
    background-image: url(../images/xinwenzixun_03.gif);
}
```

图8-100 创建CSS规则

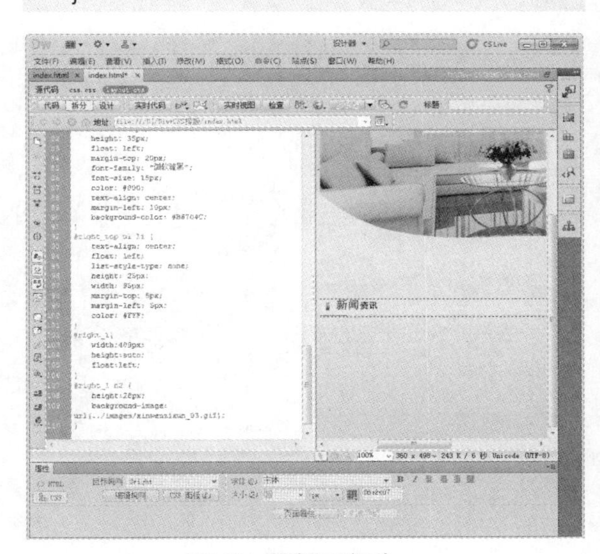

图8-101 创建CSS规则

Step 21 在“代码”视图的<Div id="right_1">和</Div> 之间添加列表代码，如图8-102所示。

Step 22 切换到“layout.css”文件中，创建一个名为“#right_1 ul li”的CSS规则，控制列表显示，如图8-103所示。

```
#right_1 ul li{
    line-height: 25px;
    padding-left: 20px;
    border-bottom-width: 1px;
    border-bottom-style: dashed;
    border-bottom-color: #86482D;
    list-style-type: none;
}
```

Step 23 使用同样的方法，插入名为“right_2”的Div标签，制作“代理品牌介绍”导航栏，如图8-104所示。

Step 24 在“设计”视图中插入图像文件，然后切换到“layout.css”文件中，创建一个名为“#right_2 img”的CSS规则，控制图像显示，如图8-105所示。

```
#right_2 img{
    margin-top:15px;
    float: right;
```

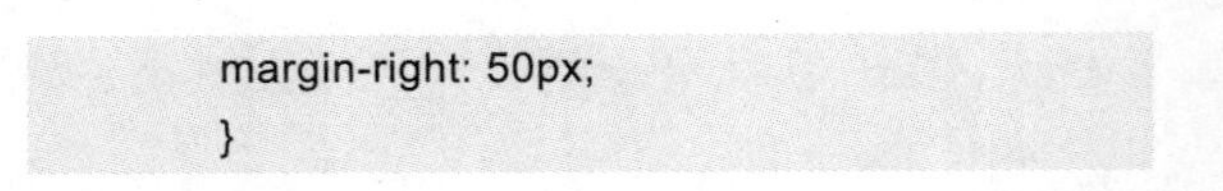

```
    margin-right: 50px;
    }
```

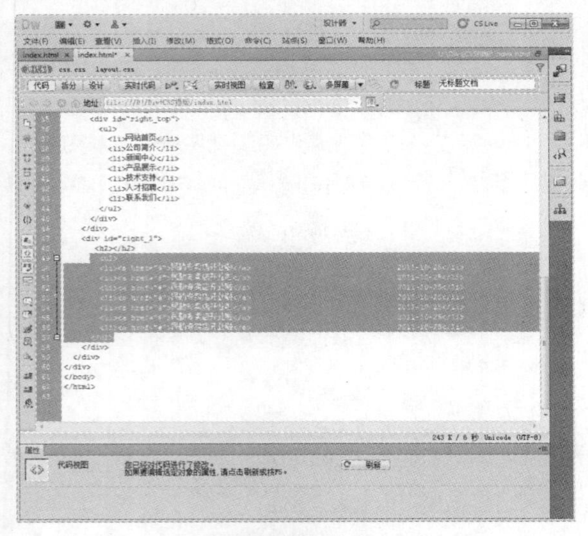

图8-102 添加代码

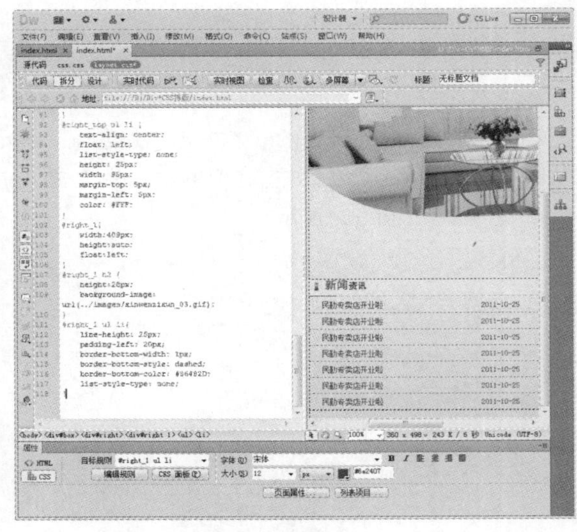

图8-103 创建CSS规则

图8-104 制作“代理品牌介绍”导航栏

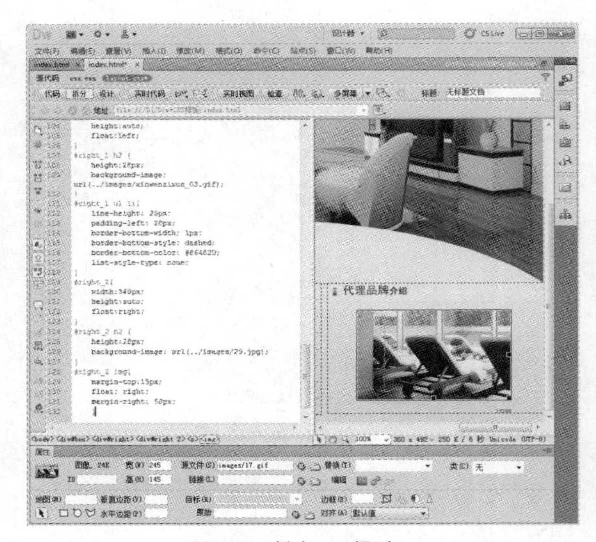

图8-105 创建CSS规则

Step 25 在<box>标签结束之前，插入名为“footer”的Div 标签，删除多余的文本，添加版权信息等文本内容。然后切换到“layout.css”文件中，分别创建名两个为“#footer”和“#footer p”的CSS 规则，如图8-106所示。

```
#footer {
    background-image: url(../images/bottom.gif);
    height:100px;
    width: 100%;
    float: left;
}
#footer p{
    text-align:center;
```

```
        line-height:25px;
        margin-top:45px;
}
```

Step 26 至此，使用Div +CSS 排版网页就完成了。保存文件，按【F12】键预览网页，效果如图8-107所示。

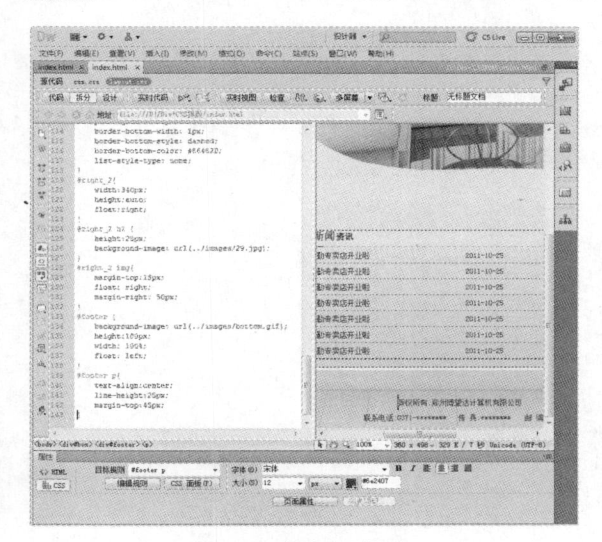

图8-106 创建CSS规则

图8-107 预览网页

8.3 本章小结

使用Div+CSS可以非常灵活地控制网页的布局及网页的外观，并对网页元素进行精确的布局定位。本章不仅讲解了有关Div+CSS的基础知识，还详细介绍了两个具体的实例。通过本章的学习，读者应该对Div+CSS样式有了一定的认识。

09 使用Spry框架技术

Spry 框架是一个 JavaScript 库，Web 设计人员使用它可以构建能够向站点访问者提供更丰富体验的网页。有了 Spry，就可以使用 HTML、CSS 和极少量的 JavaScript 将 XML 数据合并到 HTML 文档中，创建构件（如折叠构件和菜单栏），并向各种页面元素中添加不同种类的效果。

9.1 Spry菜单栏

菜单栏构件是一组可导航的菜单按钮，当站点访问者将鼠标悬停在其中的某个按钮上时，将显示相应的子菜单。使用菜单栏可在紧凑的空间中显示大量的可导航信息，并使站点访问者无须深入浏览站点，即可了解站点上提供的内容。

9.1.1 插入Spry菜单栏

插入Spry 菜单栏的操作步骤如下。

Step 01 打开一个网页文档，将光标定位在需要创建级联菜单的位置，如图9-1所示。

Step 02 在“插入”面板中的“布局 ”选项组中选择“Spry 菜单栏 ”选项，如图9-2所示。

Step 03 弹出“Spry 菜单栏”对话框，在该对话框中选择“垂直”单选按钮，然后单击“确定”按钮，如图9-3所示。

Step 04 这时，在光标所在位置就插入了一个Spry 菜单栏控件，如图9-4所示。

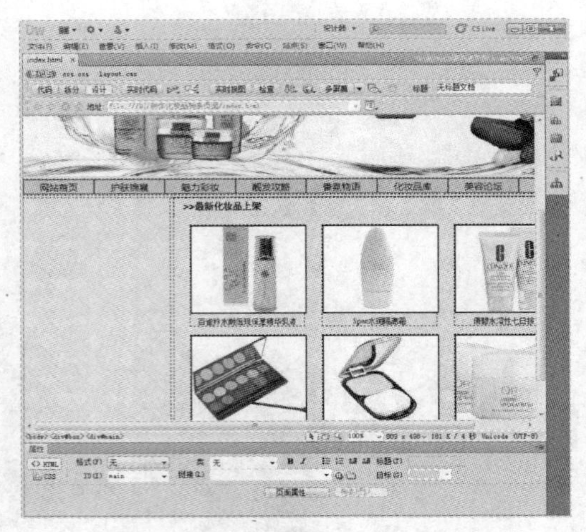
图9-1 打开网页文档

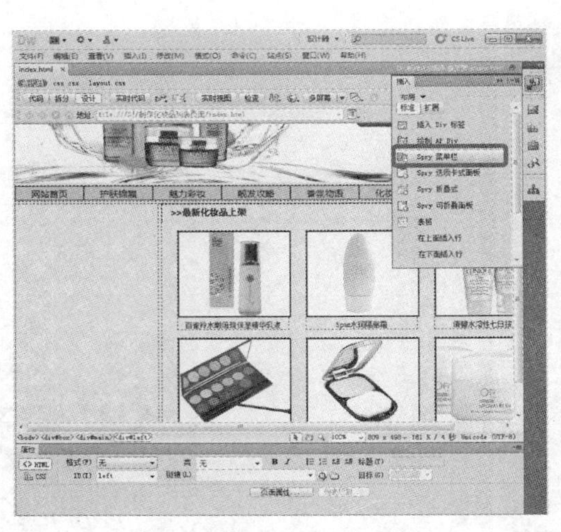
图9-2 选择“Spry菜单栏”选项

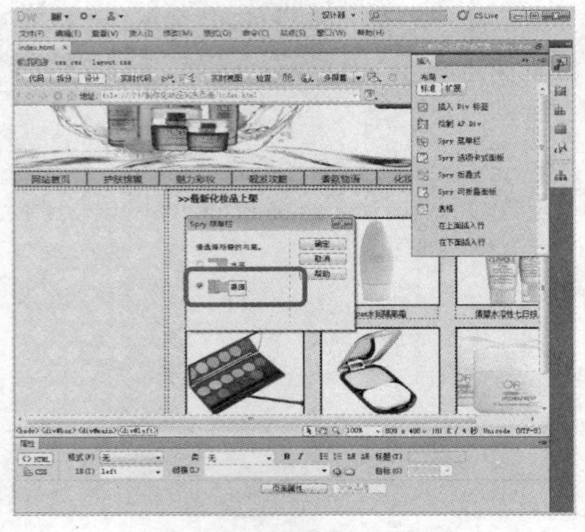
图9-3 “Spry 菜单栏”对话框

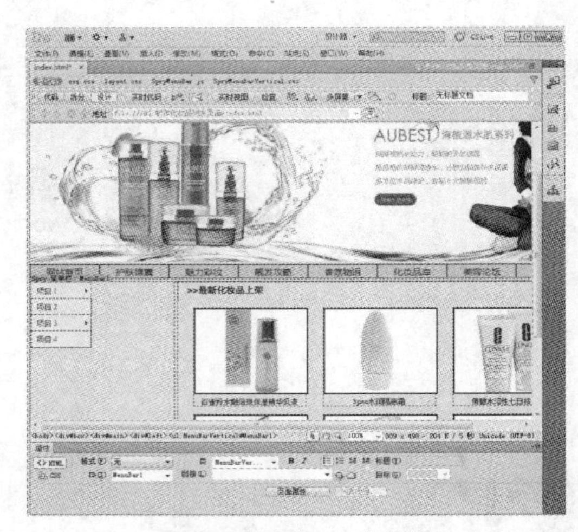
图9-4 插入的Spry 菜单栏

9.1.2 设置菜单栏的属性

插入Spry 菜单栏控件后，选中该控件，在“属性”面板中可以设置菜单栏的属性，如添加菜单项、更改菜单项的顺序或删除菜单项等，具体操作步骤如下。

Step 01 选中Spry 菜单栏控件，在“属性”面板中选择“项目1”选项，设置“文本”和“标题”均为“面部保养”，如图9-5所示。

Step 02 在“属性”面板中选择一级菜单栏目中的“项目1.1”选项，设置其“文本”和“标题”均为“洁面”，如图9-6所示。

Step 03 在“属性”面板中单击二级菜单中的“添加菜单项”按钮，并设置“文本”和“标题”均为“乳液”，如图9-7所示。

Step 04 使用同样的方法，单击“添加菜单项”按钮，添加其他的菜单项，并设置相应的“文本”和“标题”，如图9-8所示。

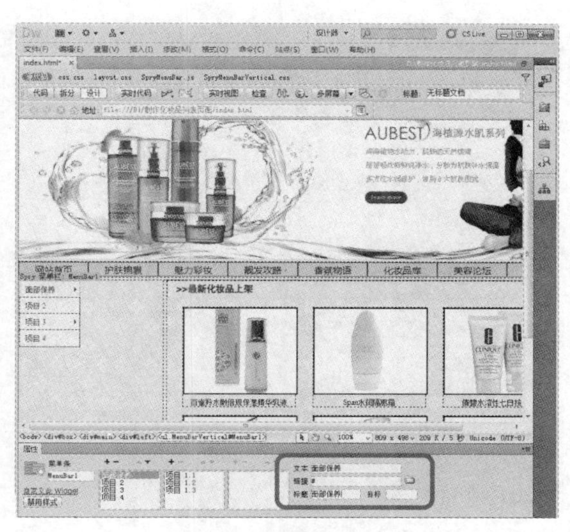
图9-5 设置主菜单项

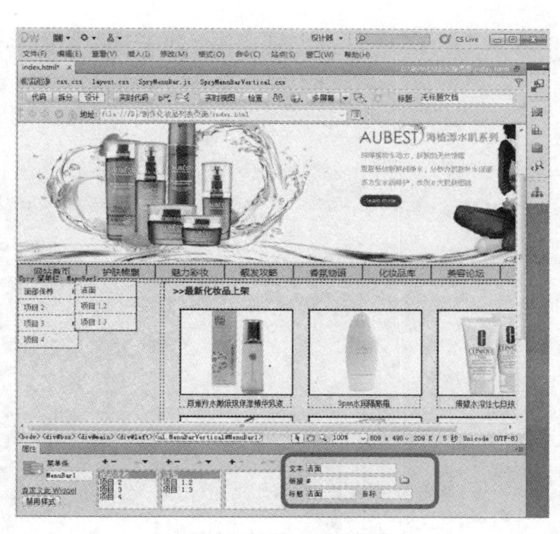
图9-6 设置一级菜单项

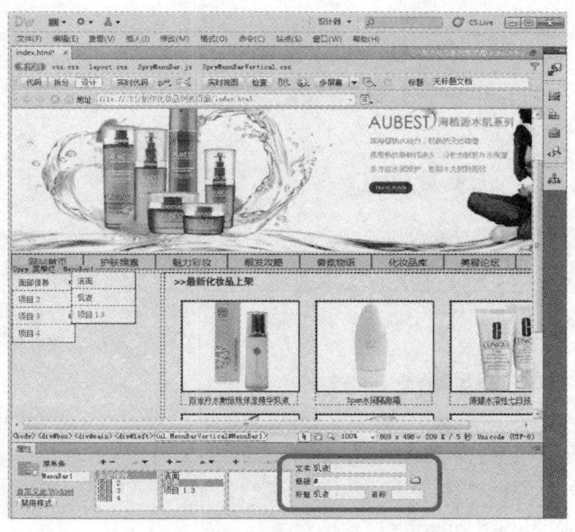
图9-7 添加菜单项

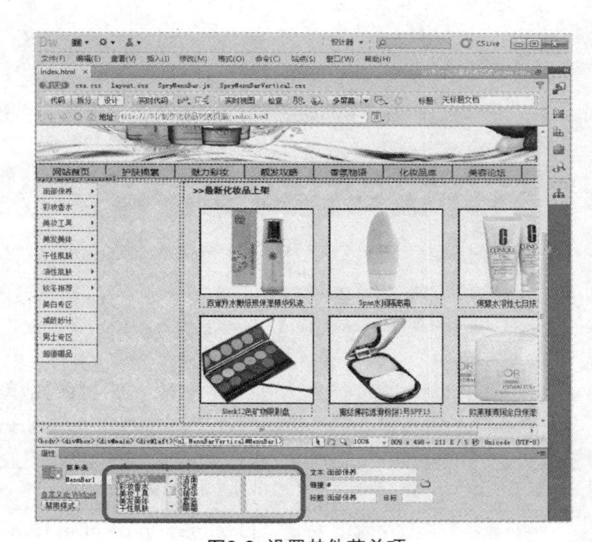
图9-8 设置其他菜单项

Step 05 选中该菜单控件，在“属性”面板中选择主菜单项中的“美发美体”，然后单击“上移项”按钮，可以调整菜单项的顺序，如图9-9所示。

Step 06 保存文件，按【F12】键预览网页，Spry 菜单栏效果如图9-10所示。

Spry 菜单栏控件“属性”面板中各选项的含义如下。

- 菜单条：默认菜单栏名称为MenuBar1，该名称不能以汉字命名，可以使用字母或者数字。
- 禁用样式：单击该按钮，菜单栏将变成项目列表，并且按钮名称更改为“启用样式”。
- 菜单栏目：包括主菜单栏目、一级菜单栏目和二级菜单栏目。
- 文本：设置栏目的名称。
- 标题：鼠标停留在菜单栏目上显示的提示文本。
- 链接：为菜单栏目添加链接文件，默认情况下为空链接，单击“浏览”按钮可以选择链接文本。

- “目标”：指定要在何处打开所链接的文件，可以设置为self（在同一个浏览器窗口中打开链接文件）、parent（在父窗口或父框架中打开要链接的文件）或top（在框架集的顶层窗口中打开链接文件）。

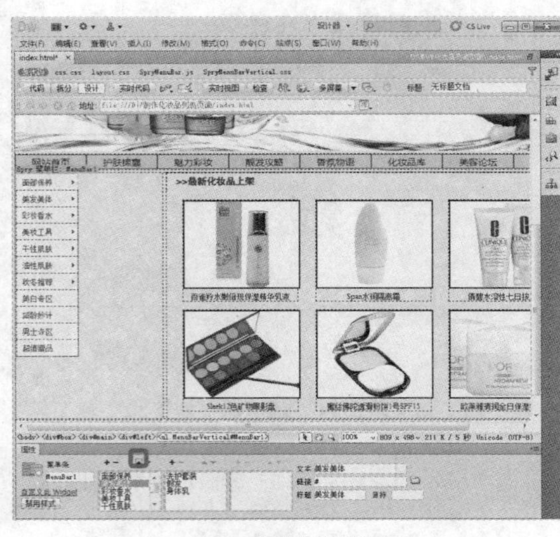

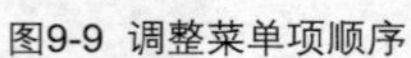

图9-9 调整菜单项顺序

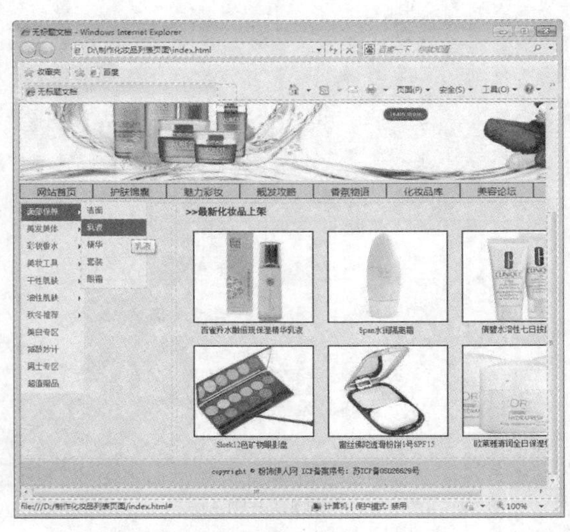

图9-10 预览网页效果

9.1.3 设置菜单栏的样式

尽管使用“属性”面板可以简化对菜单栏构件的编辑，但是“属性”面板并不支持自定义的样式设置任务。用户可以修改菜单栏构件的 CSS 规则，并创建根据自己的喜好设置菜单栏构件。要更改菜单项的样式，可以查找相应的 CSS 规则，然后更改默认值，如表9-1所示。

表9-1 更改菜单项样式的 CSS 规则

要更改的样式	垂直或水平菜单栏的 CSS 规则	相关属性和默认值
默认文本	ul.MenuBarVertical a、ul.MenuBarHorizontal a	color: #333; text-decoration: none;
当鼠标指针移过文本上方时，文本的颜色	ul.MenuBarVertical a:hover、ul.MenuBarHorizontal a:hover	color: #FFF;
具有焦点的文本的颜色	ul.MenuBarVertical a:focus、ul.MenuBarHorizontal a:focus	color: #FFF;
当鼠标指针移过菜单栏项上方时，菜单栏项的颜色	ul.MenuBarVertical a.MenuBarItemHover、ul.MenuBarHorizontal a.MenuBarItemHover	color: #FFF;
当鼠标指针移过子菜单项上方时，子菜单项的颜色	ul.MenuBarVertical a.MenuBarItemSubmenuHover、ul.MenuBarHorizontal a.MenuBarItemSubmenuHover	color: #FFF;
默认背景	ul.MenuBarVertical a、ul.MenuBarHorizontal a	background-color: #EEE;
当鼠标指针移过背景上方时，背景的颜色	ul.MenuBarVertical a:hover、ul.MenuBarHorizontal a:hover	background-color: #33C;
具有焦点的背景的颜色	ul.MenuBarVertical a:focus、ul.MenuBarHorizontal a:focus	background-color: #33C;

续表

要更改的样式	垂直或水平菜单栏的 CSS 规则	相关属性和默认值
当鼠标指针移过菜单栏项上方时，菜单栏项的颜色	ul.MenuBarVertical a.MenuBarItemHover、ul.MenuBarHorizontal a.MenuBarItemHover	background-color: #33C;
当鼠标指针移过子菜单项上方时，子菜单项的颜色	ul.MenuBarVertical a.MenuBarItemSubmenuHover、ul.MenuBarHorizontal a.MenuBarItemSubmenuHover	background-color: #33C;
菜单项的尺寸	ul.MenuBarVertical li ul.MenuBarHorizontal li ul.MenuBarVertical ul ul.MenuBarHorizontal ul ul.MenuBarVertical ul li ul.MenuBarHorizontal ul li	width: 8em; width: 8.2em;
定位子菜单	ul.MenuBarVertical ul ul.MenuBarHorizontal ul	margin: -5% 0 0 95%;

表9-1中列出了Spry 菜单栏构件样式的CSS 规则，下面接着上面的实例进行介绍，具体操作步骤如下。

Step 01 打开“CSS 样式”面板，在该面板中选择名为“ul.MenuBarVertical a”的CSS 规则，如图9-11所示。

Step 02 单击“CSS 样式”面板底部的“编辑样式”按钮，或者直接双击打开其规则定义对话框，在“类型”选项中设置字体大小为14px，颜色为#0F1F99，然后单击“确定”按钮，如图9-12所示。

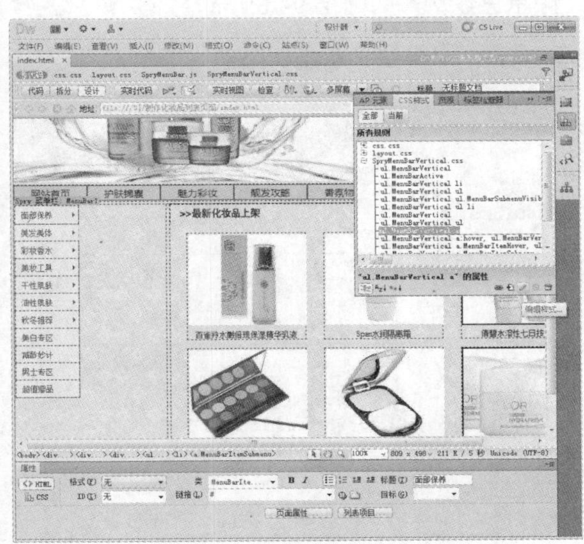

图9-11 “CSS 样式”面板

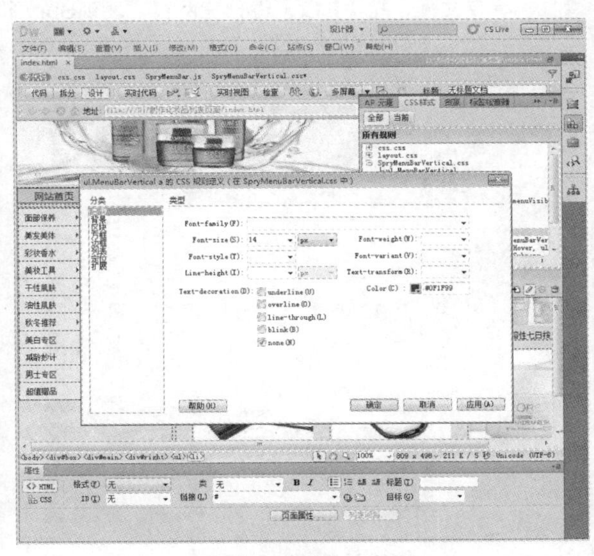

图9-12 设置字体大小与颜色

Step 03 在“CSS 样式”面板中选择名为“ul.MenuBarVertical a”的CSS 规则，打开其规则定义对话框，在“背景”选项中设置背景默认颜色为#FFB68F，然后单击“确定”按钮，如图9-13所示。

Step 04 在“CSS 样式”面板中选择名为“ul.MenuBarVertical a:hover, ul.MenuBarVertical a:focus”的CSS 规则，打开其规则定义对话框，在“背景”选项中设置背景颜色为#DEECEC，然后单击“确定”按钮，如图9-14所示。

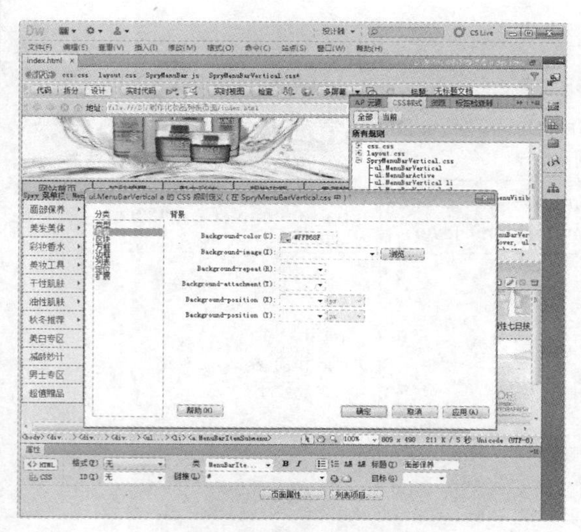

图9-13 设置背景颜色

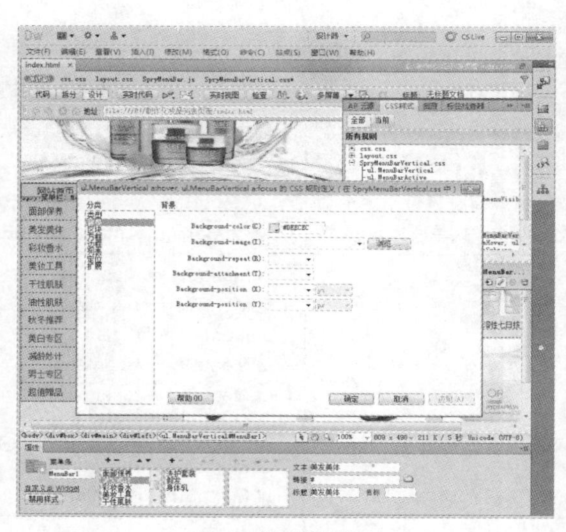

图9-14 设置背景颜色

Step 05 在“CSS 样式”面板中双击名为“ul.MenuBarVertical li”的CSS 规则，打开规则定义对话框，在左侧的“分类”列表框中选择“方框”选项，然后设置“Width（宽）”的值为15em，“Height（高）”为35px，单击“确定”按钮，如图9-15所示。

Step 06 保存文件，按【F12】键预览网页，发现Spry 构件的样式已经改变了，如图9-16所示。

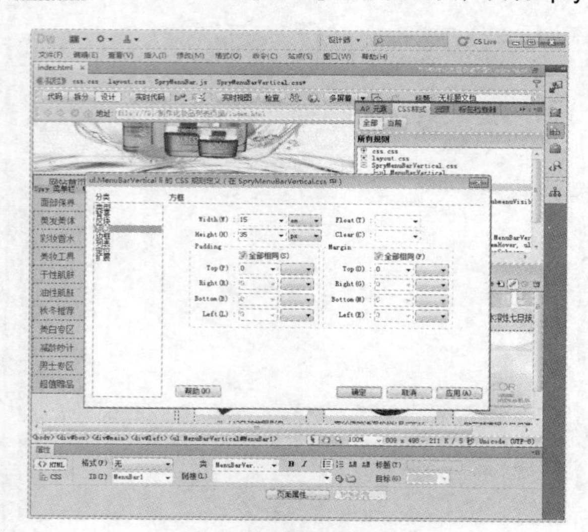

图9-15 设置“方框”选项

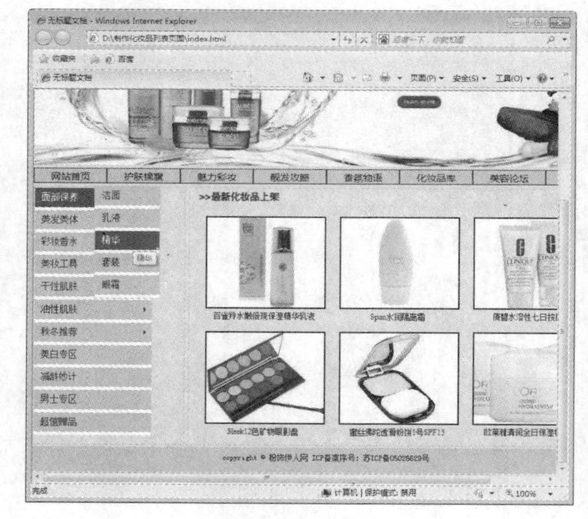

图9-16 预览网页

9.2 Spry选项卡式面板

选项卡式面板构件是一组面板，用来将内容存储到紧凑空间中。站点访问者可通过选择他们要访问的面板上的选项卡来隐藏或显示存储在选项卡式面板中的内容。当访问者选择不同的选项卡时，构件面板会相应地被打开。在给定时间内，选项卡式面板构件中只有一个内容面板处于打开状态。

9.2.1 插入Spry选项卡式面板

插入Spry 选项卡面板的操作步骤如下。

Step 01 打开一个网页文档，将光标定位在需要创建选项卡式面板的位置，在“插入”面板中的“布局”选项组中选择“Spry 选项卡式面板 ”选项，如图9-17所示。

Step 02 这时，在光标所在位置就插入了一个Spry 选项卡式面板控件，如图9-18所示。

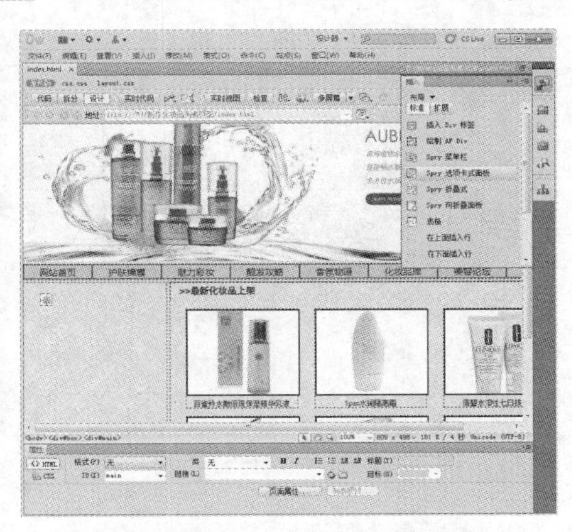

图9-17 选择“Spry 选项卡式面板”选项

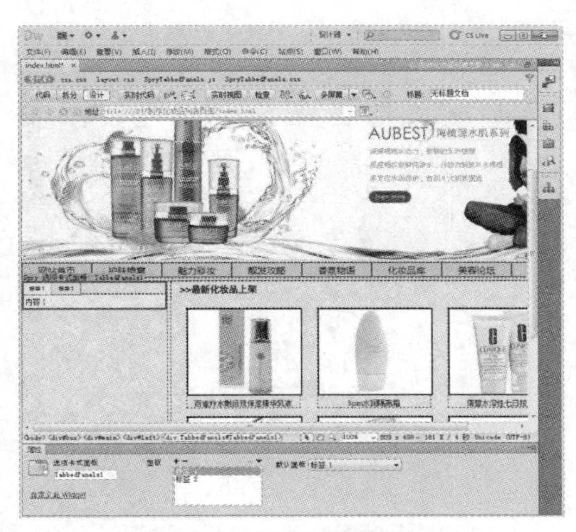

图9-18 插入的选项卡式面板

9.2.2 设置Spry选项卡式面板的属性

在网页中插入Spry 选项卡式面板后，用户可以通过“属性”面板设置其属性，具体操作步骤如下。

Step 01 删除“标签1”内容，输入“面部保养”文本，如图9-19所示。

Step 02 将“标签2”的内容设置为“美妆工具”，然后选中该构件，单击“属性”面板中的“添加面板”按钮，添加一个面板，并设置其标签内容为“美容美体”，如图9-20所示。

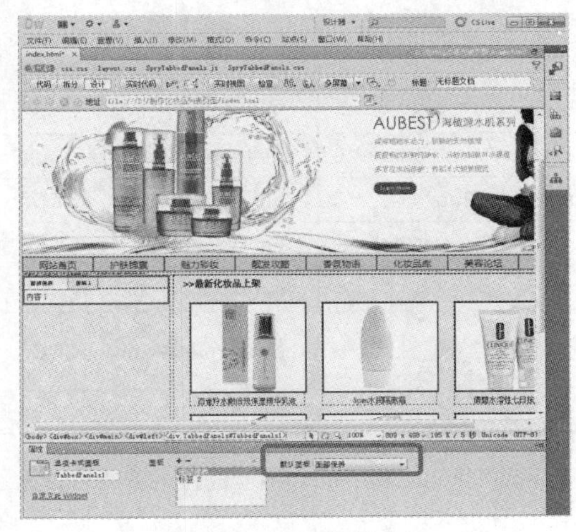

图9-19 设置“标签1”

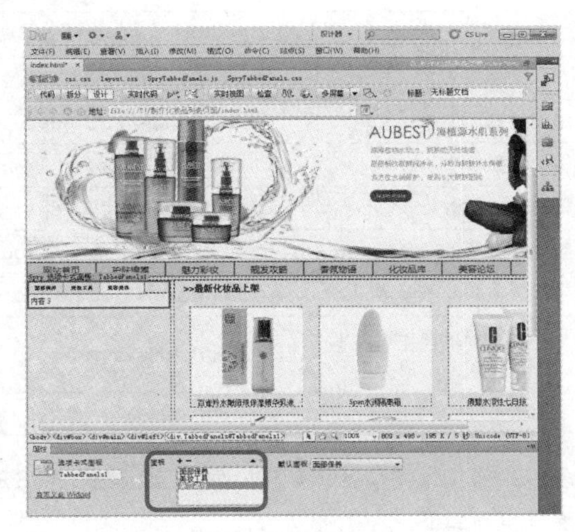

图9-20 添加面板

Step 03 将光标定位在“面部保养”面板的“内容1”中，切换到“设计”视图中，删除代码中的“内容1”，添加新的内容，如图9-21所示。

Step 04 使用同样的方法，制作其他面板中的内容，如图9-22所示。

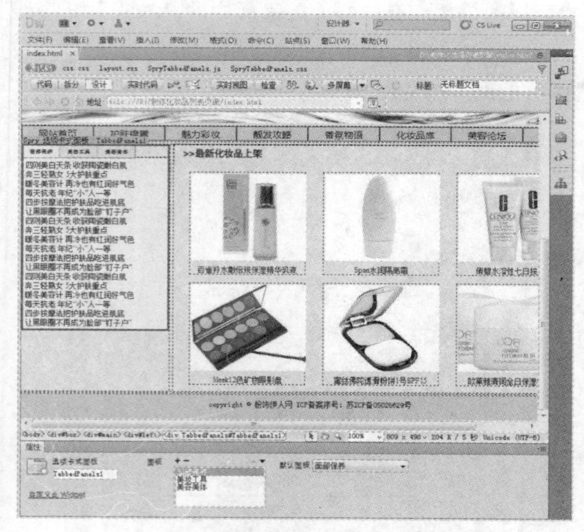

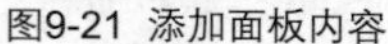

图9-21 添加面板内容

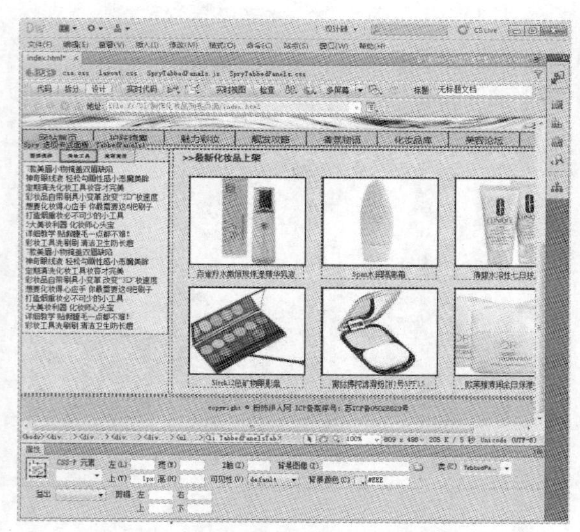

图9-22 制作其他面板内容

9.2.3 设置Spry选项卡式面板的样式

用户可以修改选项卡式面板构件的 CSS 规则，并根据自己的喜好设置Spry 选项卡式面板。

通过设置整个选项卡式面板构件容器的属性或分别设置构件的各个组件的属性，可以设置选项卡式面板的文本样式。要更改选项卡式面板的样式，可以查找相应的 CSS 规则，然后添加自己的样式属性和值，如表9-2所示。

表9-2 更改选项卡式面板的CSS规则

要更改的构件样式	相关 CSS 规则	要添加的属性和值的示例
整个构件中的文本	.TabbedPanels	font: Arial; font-size:medium;
仅限面板选项卡中的文本	.TabbedPanelsTabGroup 或 .TabbedPanelsTab	font: Arial; font-size:medium;
仅限内容面板中的文本	.TabbedPanelsContentGroup 或 .TabbedPanelsContent	font: Arial; font-size:medium;
面板选项卡的背景颜色	.TabbedPanelsTabGroup 或 .TabbedPanelsTab	background-color: #DDD;
内容面板的背景颜色	.Tabbed PanelsContentGroup 或 .TabbedPanelsContent	background-color: #EEE;
选定选项卡的背景颜色	.TabbedPanelsTabSelected	background-color: #EEE;
当鼠标指针移过面板选项卡上方时，选项卡的背景颜色	.TabbedPanelsTabHover	background-color: #CCC;
设置面板宽度	.TabbedPanels	width: 100%;

表9-2中列出了Spry 选项卡式面板构件样式的CSS 规则，下面来对上例中的选项卡进行相关的属性设置，具体操作步骤如下。

Step 01 选择“窗口>CSS 样式”命令，打开“CSS 样式”面板，在该面板中选择名为“.TabbedPanelsTab”的CSS 规则，如图9-23所示。

Step 02 单击“CSS 样式”面板底部的“编辑样式”按钮，或者直接双击打开其规则定义对话框，在“类型”选项中设置字体大小为1em，如图9-24所示。

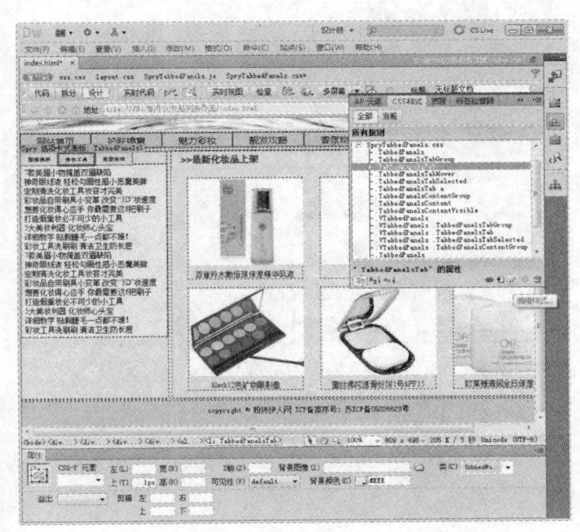

图9-23 “CSS 样式”面板

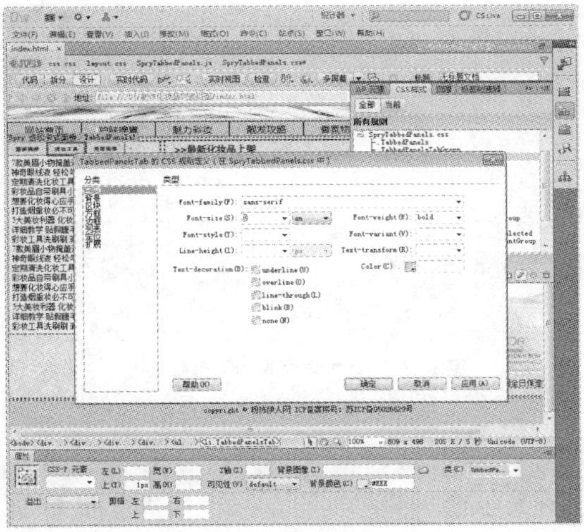

图9-24 设置字体大小

Step 03 然后切换到“背景”选项，设置面板选项卡的背景颜色为#7DAB48，设置完成后单击“确定”按钮，如图9-25所示。

Step 04 在“CSS 样式”面板中选择名为“.TabbedPanelsContent”的CSS 规则，打开其规则定义对话框，在“类型”选项中设置行间距为20 ，如图9-26所示。

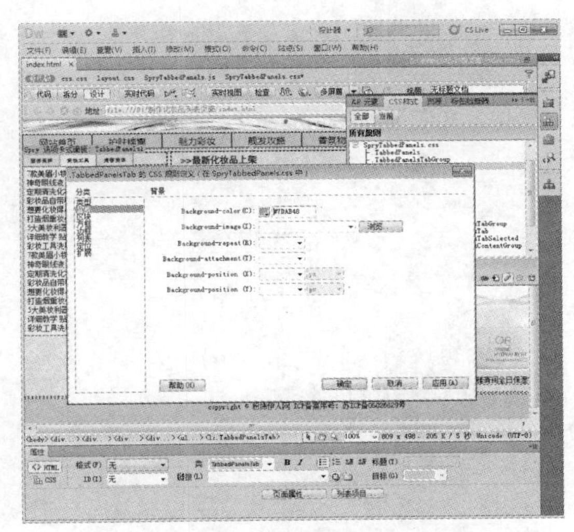

图9-25 设置面板选项卡的背景颜色

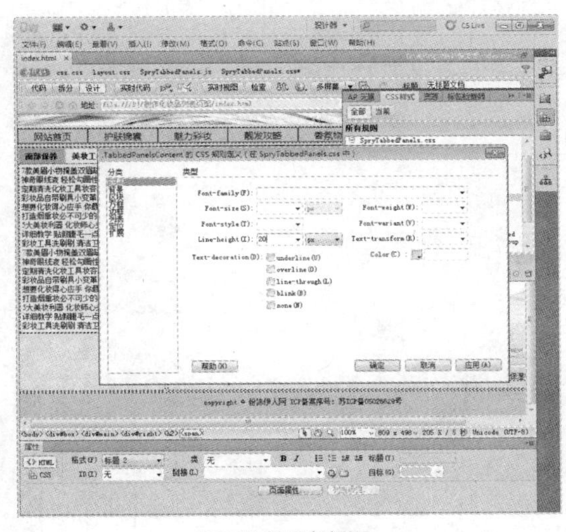

图9-26 设置行间距

Step 05 然后切换到“背景”选项，设置内容面板的背景颜色为#FFB68F，设置完成后单击“确定”按钮，如图9-27所示。

Step 06 保存文件，按【F12】键预览网页，发现Spry 构件的样式已经改变了，如图9-28所示。

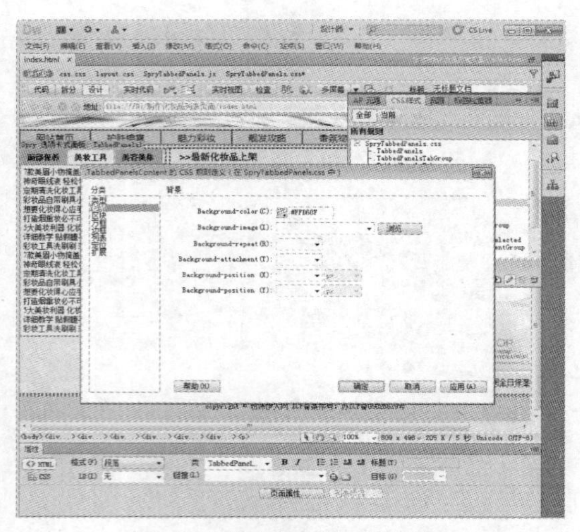
图9-27 设置内容面板的背景颜色

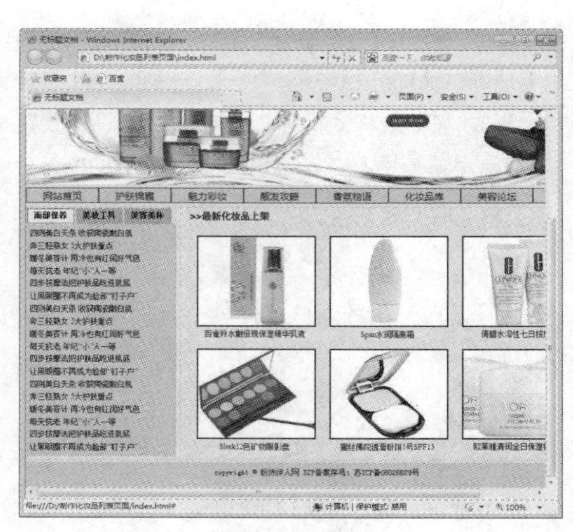
图9-28 预览网页

9.3 Spry折叠式面板

Spry折叠式控件是一组可以折叠的面板，可以将大量的内容存储在一个紧凑的空间中。当访问者选择不同的选项卡时，折叠控件的面板会相应地展开或收缩，并且每次只能有一个内容面板处于打开可见的状态。

9.3.1 插入Spry折叠式面板

插入Spry 折叠式面板的操作步骤如下。

Step 01 打开网页文档，将光标定位在要插入折叠式面板的位置，然后在“插入”面板的“布局 ”选项组中选择“Spry 折叠式 ”选项，如图9-29所示。

Step 02 这时，在光标所在位置插入了一个Spry 折叠式面板，如图9-30所示。

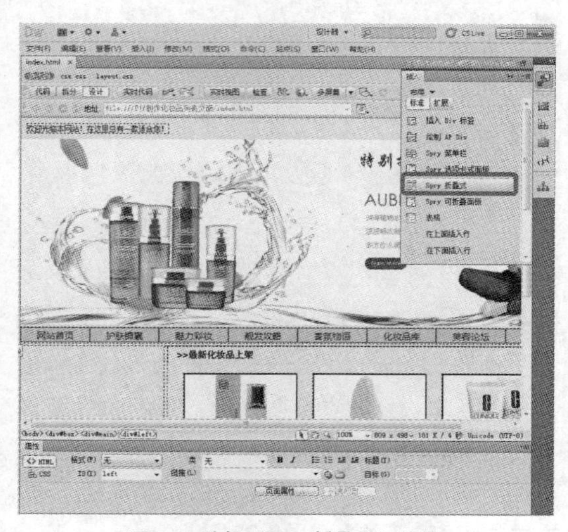
图9-29 选择“Spry 折叠式”选项

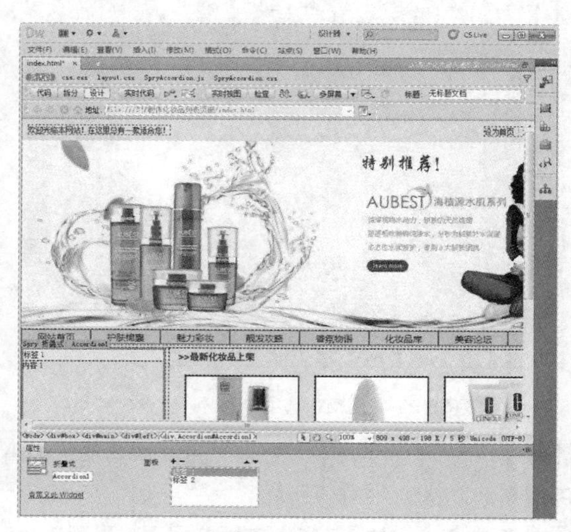
图9-30 插入的折叠式面板

9.3.2 设置Spry折叠式面板的属性

在网页文档中插入Spry 折叠式面板后，选中该构件，可以通过“属性”面板设置其属性，具体操作步骤如下。

Step 01 删除Spry 折叠式面板的选项卡中的“标签1”文本，并输入新的选项卡名称“面部保养”，如图9-31所示。

Step 02 将“标签2”的内容设置为“美妆工具”，然后选中该构件，单击“属性”面板中的“添加面板”按钮，再添加3个面板，并设置相应的标签内容，如图9-32所示。

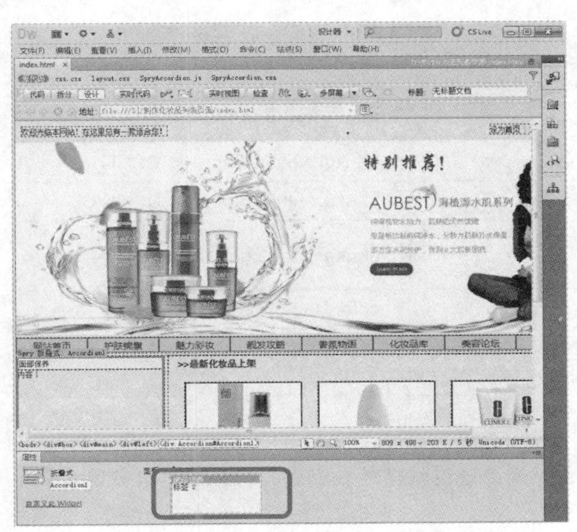

图9-31 设置选项卡名称

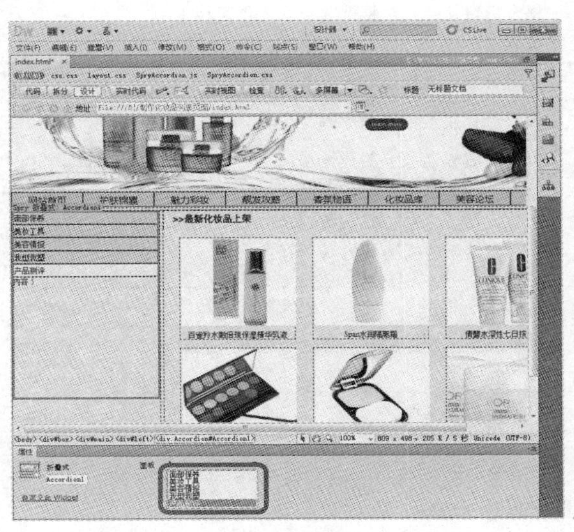

图9-32 添加面板

Step 03 单击“面部保养”选项卡右侧的眼睛图标，进入该标签选项卡，对其进行编辑，删除该面板中的“内容1”，添加新的文本内容，如图9-33所示。

Step 04 使用同样的方法，添加其他面板中的内容，如图9-34所示。

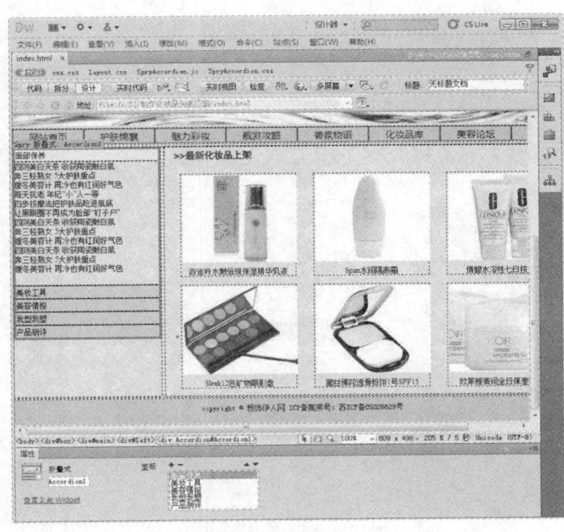

图9-33 添加新的文本内容

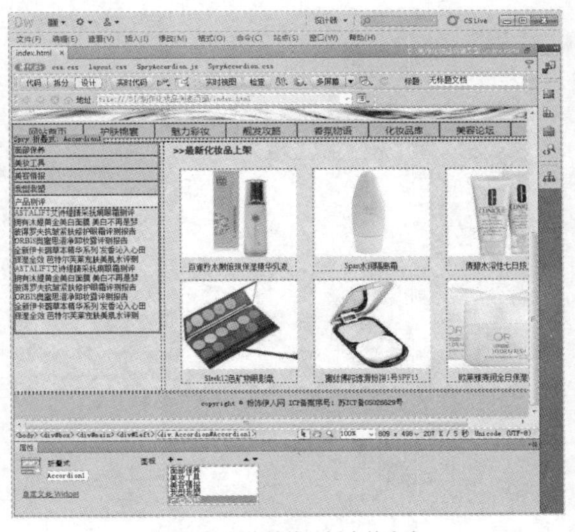

图9-34 制作其他面板中的内容

9.3.3 设置Spry折叠式面板的样式

用户可以修改折叠式面板构件的 CSS 规则，并创建根据自己的喜好设置Spry 折叠式面板。要更改折叠构件的样式，可以使用下表来查找相应的 CSS 规则，然后添加自己的文本样式属性和值，如表9-3所示。

表9-3 更改折叠构件样式的 CSS 规则

要更改的样式	相关 CSS 规则	要添加的属性和值的示例
整个折叠构件（包括选项卡和内容面板）中的文本	.Accordion 或 .AccordionPanel	font: Arial; font-size:medium;
仅限折叠式面板选项卡中的文本	.AccordionPanelTab	font: Arial; font-size:medium;
仅限折叠式内容面板中的文本	.AccordionPanelContent	font: Arial; font-size:medium;
折叠式面板选项卡的背景颜色	.AccordionPanelTab	background-color: #CCCCCC;
折叠式内容面板的背景颜色	.AccordionPanelContent	background-color: #CCCCCC;
已打开的折叠式面板的背景颜色	.AccordionPanelOpen .AccordionPanelTab	background-color: #EEEEEE;
鼠标悬停在其上的面板选项卡的背景颜色	.AccordionPanelTabHover	color: #555555;
鼠标悬停在其上的已打开面板选项卡的背景颜色	.AccordionPanelOpen .AccordionPanelTabHover	color: #555555;
设置折叠的宽度	.Accordion	

表9-3中列出了Spry 折叠式面板构件样式的CSS 规则，下面将通过具体的实例进行介绍构件样式的设置，具体操作步骤如下。

Step 01 选择“窗口>CSS 样式”命令，打开“CSS 样式”面板，在该面板中选择名为“.AccordionPanelTab”的CSS 规则，如图9-35所示。

Step 02 单击“CSS 样式”面板底部的“编辑样式”按钮，或者直接双击打开其规则定义对话框，在“类型”选项中设置字体为“微软雅黑”，字体大小为12px，颜色为#00F，如图9-36所示。

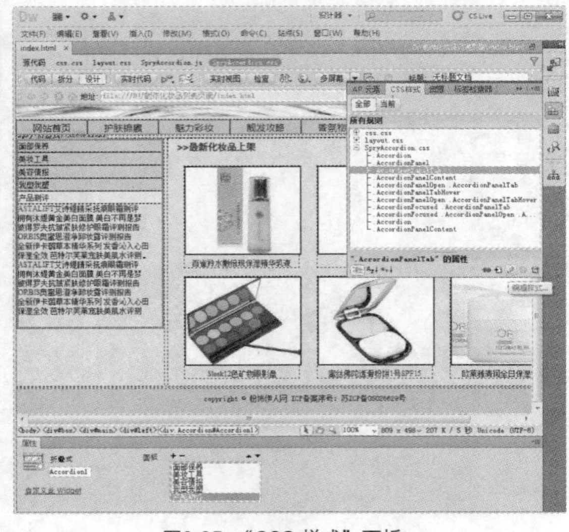

图9-35 “CSS 样式”面板

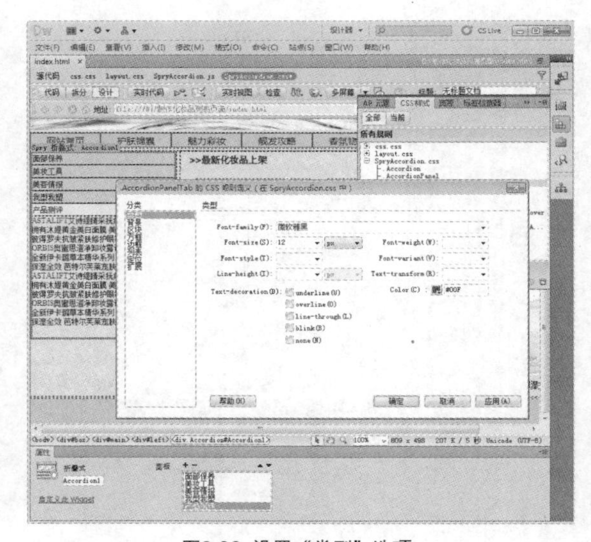

图9-36 设置“类型”选项

Step 03 然后切换到“背景”选项，设置面板选项卡的背景颜色为白色，设置完成后单击“确定”按钮，如图9-37所示。

Step 04 在“CSS 样式”面板中选择名为“.AccordionPanelContent”的CSS 规则，打开其规则定义对话框，在“类型”选项中设置行间距为20，如图9-38所示。

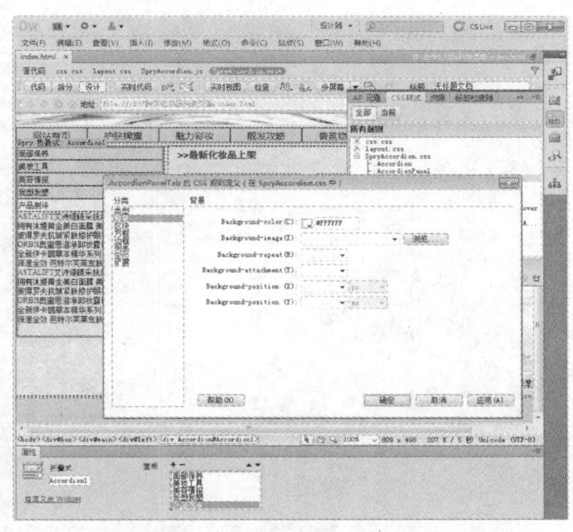
图9-37 设置面板选项卡背景颜色

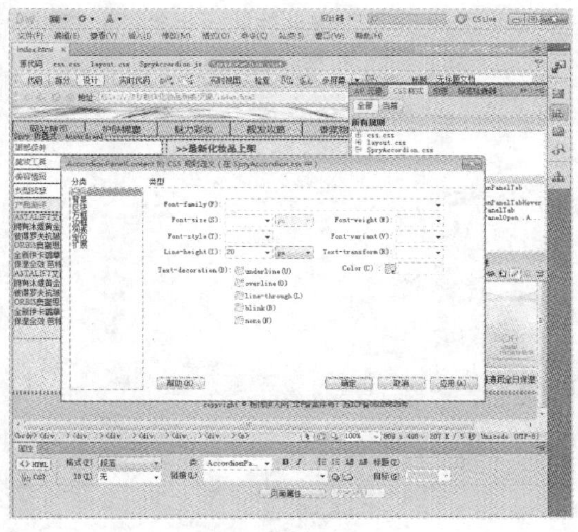
图9-38 设置行间距

Step 05 然后切换到“背景”选项，设置内容面板的背景颜色为#FFB68F，设置完成后单击“确定”按钮，如图9-39所示。

Step 06 保存文件，按【F12】键预览网页，发现Spry 构件的样式已经改变了，如图9-40所示。

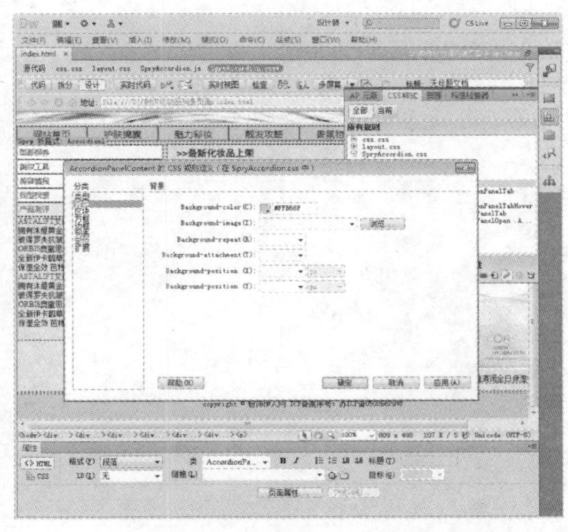
图9-39 设置内容面板的背景颜色

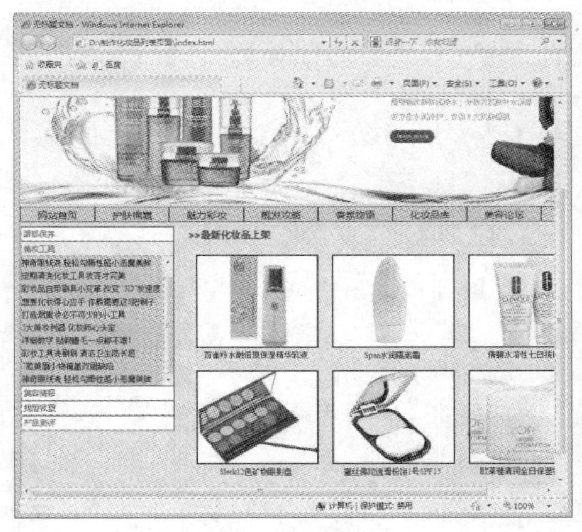
图9-40 预览网页

9.4 Spry可折叠面板

可折叠面板构件是一个面板，可将内容存储到紧凑的空间中。选择该构件的选项卡，即可隐藏或显示存储在可折叠面板中的内容。用户只需选择该构件的选项卡，就可以显示或隐藏该面板的内容，非常方便。

9.4.1 插入Spry可折叠面板

在网页中插入Spry 可折叠面板的操作步骤如下。

Step 01 打开网页文档，将光标定位在要插入可折叠面板的位置，然后在“插入”面板的“布局 ”选项组中选择“Spry 可折叠面板 ”选项，如图9-41所示。

Step 02 这时，就在光标所在的位置插入了一个Spry 可折叠面板，如图9-42所示。

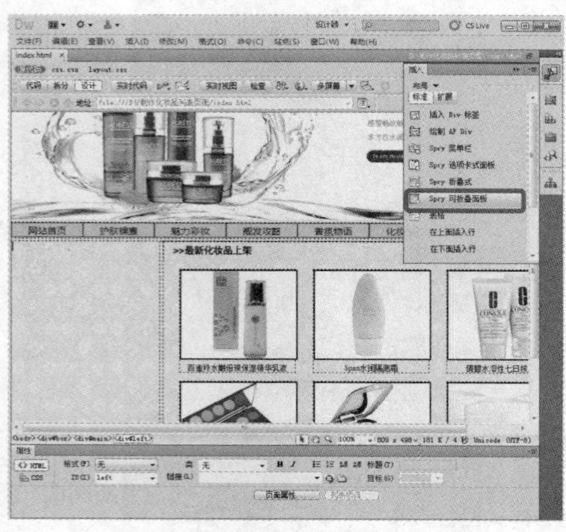

图9-41 选择“Spry 可折叠面板”选项

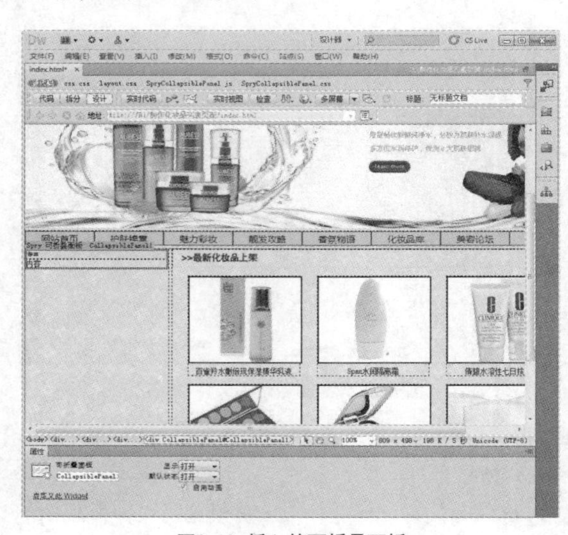

图9-42 插入的可折叠面板

Step 03 删除构件选项卡中“标签”文本，输入“美肤潮流”文本内容，然后再删除“内容”文本，输入新的文本内容，如图9-43所示。

Step 04 保存文件，按【F12】键预览网页，如图9-44所示。

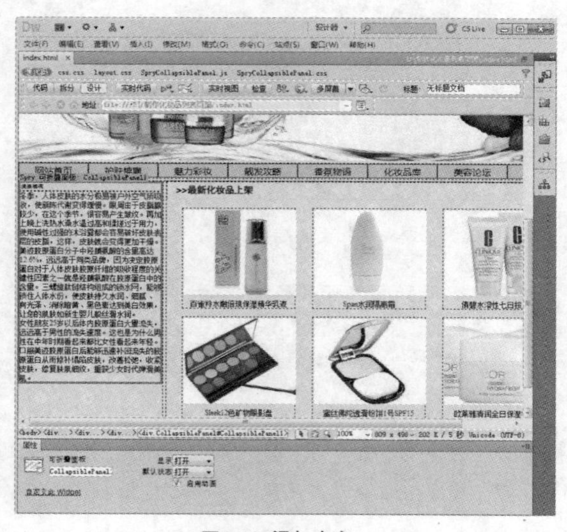

图9-43 添加内容

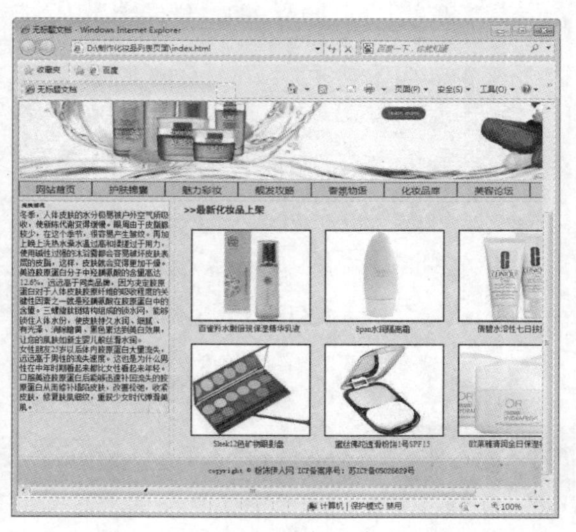

图9-44 预览网页

9.4.2 设置Spry可折叠面板的属性

当系统在浏览器中加载网页时，用户可以设置可折叠面板构件的默认状态（打开或已关闭），具体操作步骤如下。

Step 01 在网页文档中选择Spry 可折叠面板，在“属性”面板的“显示”下拉列表框中选择“关闭”选项，如图9-45所示。

Step 02 这时，Spry 可折叠面板被设置为已关闭状态，如图9-46所示。

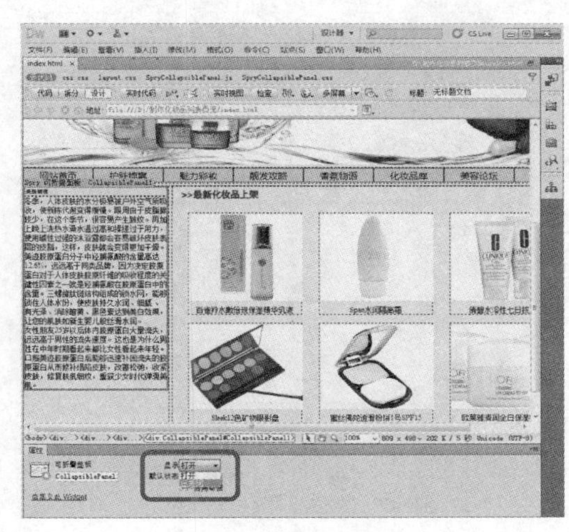

图9-45 “属性”面板

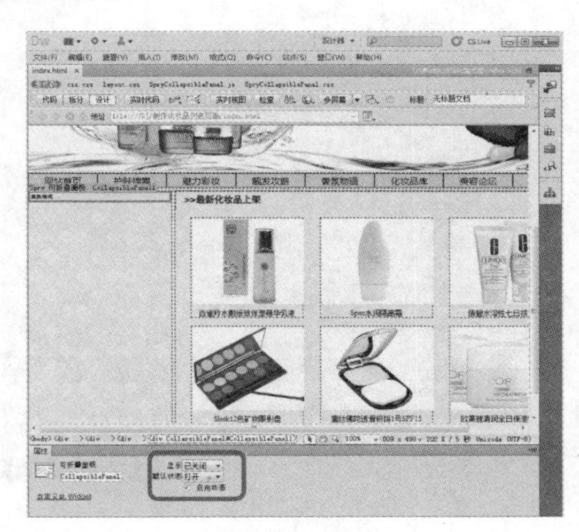

图9-46 已关闭状态

另外，“属性”面板的“启用动画”复选框表示如果启用某个可折叠面板构件的动画，站点访问者选择该面板的选项卡时，该面板将缓缓地平滑打开和关闭。如果禁用“启用动画”复选框，则可折叠面板会迅速打开和关闭。

9.4.3 设置Spry可折叠面板选项的样式

用户可以修改可折叠面板构件的 CSS 规则，并根据自己的喜好创建并设置Spry 可折叠面板。

要更改可折叠面板的文本样式，可以查找相应的 CSS 规则，然后添加自己的文本样式属性和值，如表9-4所示。

表9-4 更改可折叠面板的文本样式的 CSS 规则

要更改的样式	相关 CSS 规则	要添加的属性和值的示例
整个可折叠面板中的文本	.CollapsiblePanel	font: Arial; font-size:medium;
仅限面板选项卡中的文本	.CollapsiblePanelTab	font: bold 0.7em sans-serif;
仅限内容面板中的文本	.CollapsiblePanelContent	font: Arial; font-size:medium;
面板选项卡的背景颜色	.CollapsiblePanelTab	background-color: #DDD;
内容面板的背景颜色	.CollapsiblePanelContent	background-color: #DDD;
在面板处于打开状态时，选项卡的背景颜色	.CollapsiblePanelOpen .CollapsiblePanelTab	background-color: #EEE;
当鼠标指针移过已打开面板选项卡上方时，选项卡的背景颜色	.CollapsiblePanelTabHover、.CollapsiblePanelOpen .CollapsiblePanelTabHover	background-color: #CCC;
设置可折叠面板的宽度	.CollapsiblePanel	

表9-4中列出了Spry 可折叠面板构件样式的CSS 规则，下面将通过具体的实例进行介绍构件样式的设置，具体操作步骤如下。

Step 01 选择“窗口>CSS 样式”命令，打开“CSS 样式”面板，在该面板中选择名为“.CollapsiblePanelTab”的CSS 规则，如图9-47所示。

Step 02 单击“CSS 样式”面板底部的“编辑样式”按钮，或者直接双击打开其规则定义对话框，在“类型”选项中设置字体大小为1em，颜色为#000，如图9-48所示。

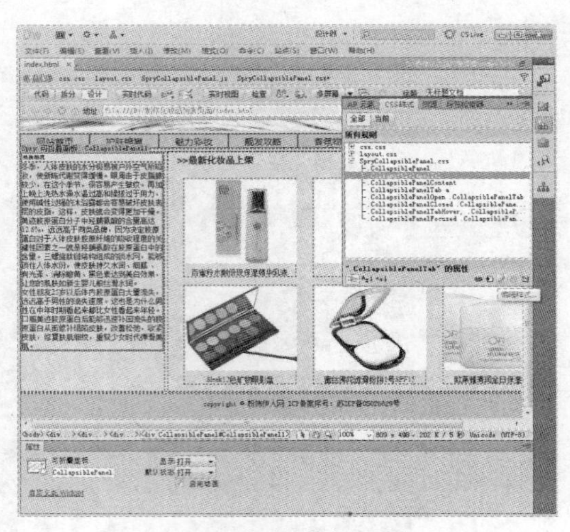

图9-47 “CSS 样式”面板

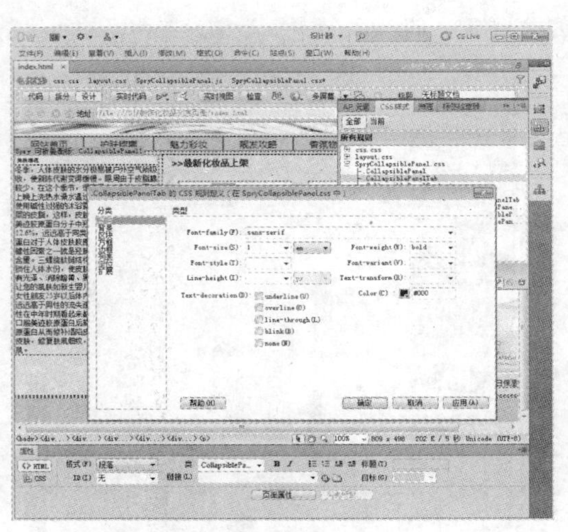

图9-48 设置字体大小与颜色

Step 03 然后切换到“背景”选项，设置面板选项卡的背景颜色为白色，设置完成后单击“确定”按钮，如图9-49所示。

Step 04 在“CSS 样式”面板中选择名为“.CollapsiblePanelContent”的CSS 规则，打开其规则定义对话框，在“类型”选项中设置行间距为19，如图9-50所示。

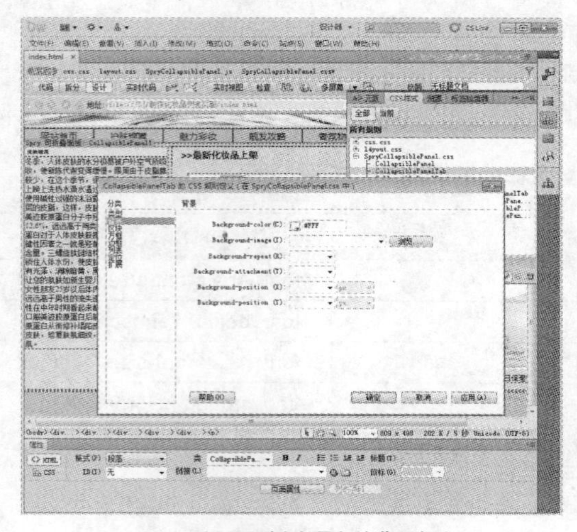

图9-49 设置面板选项卡的背景颜色

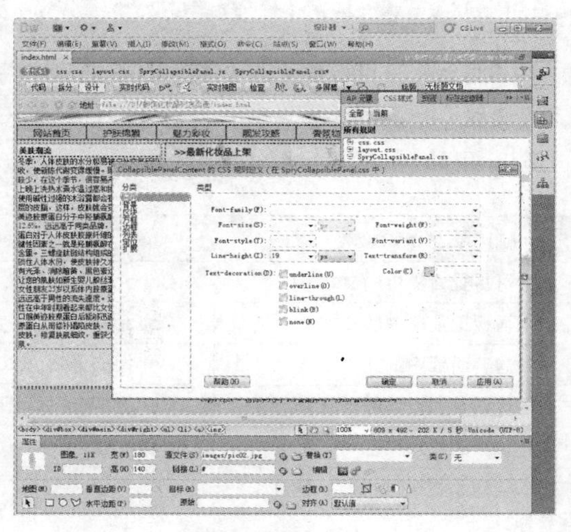

图9-50 设置行间距

Step 05 然后切换到“背景”选项，设置内容面板的背景颜色为#FFB68F，设置完成后单击“确定”按钮，如图9-51所示。

Step 06 保存文件，按【F12】键预览网页，发现Spry 构件的样式已经改变了，如图9-52所示。

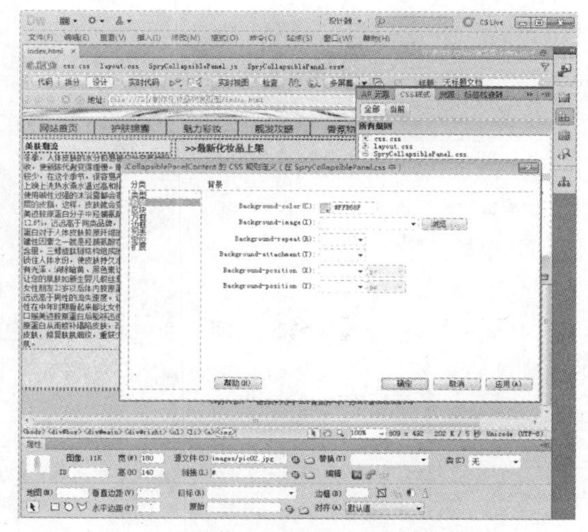
图9-51 设置内容面板的背景颜色

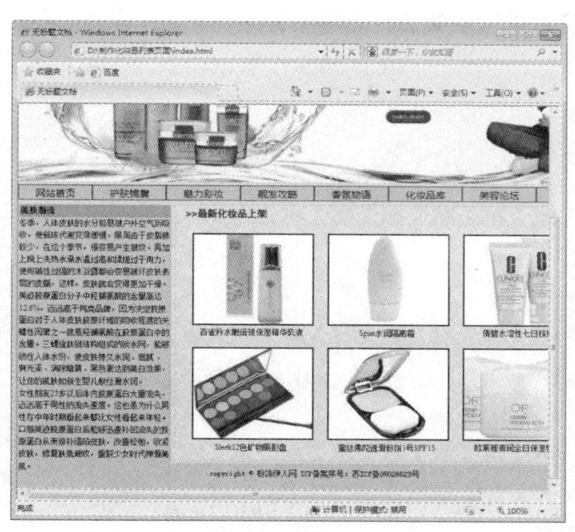
图9-52 预览网页

9.5 实例精讲

前面介绍了Spry 框架技术的应用，下面将通过制作一个产品信息列表页面来详细介绍Spry 构件的使用。

Step 01 运行Dreamweaver 应用程序，新建一个网页文档，并保存为“index.html”，然后新建两个CSS文件，分别保存为“css.css”和“layout.css”，如图9-53所示。

Step 02 选择“窗口>CSS样式”命令，在“CSS样式”面板中单击底部的“附加样式表”按钮，弹出“链接外部样式表”对话框，将新建的外部样式表文件“css.css”和“layout.css”链接到页面中，如图9-54所示。

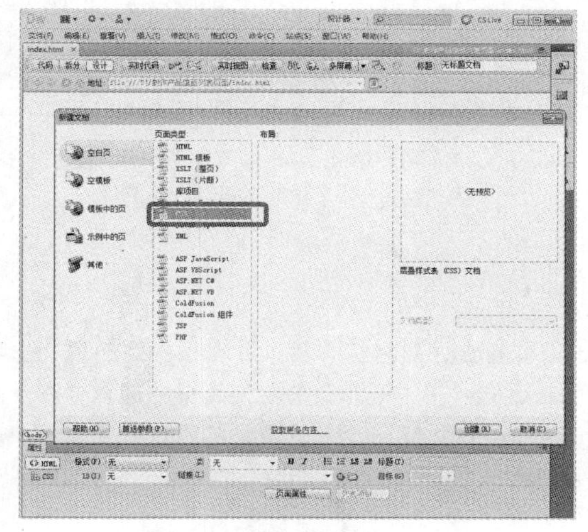
图9-53 新建文件

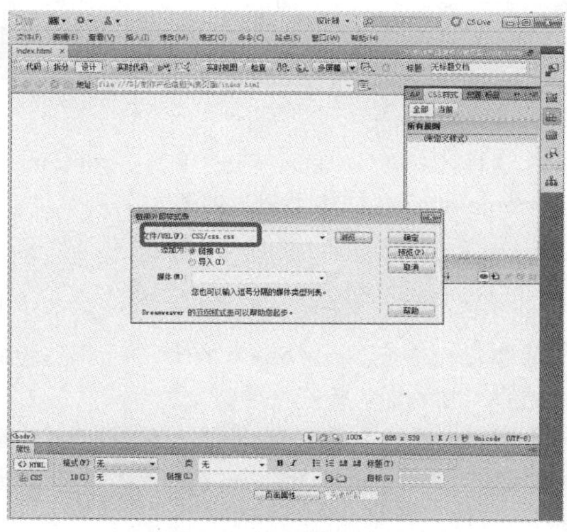
图9-54 “链接外部样式表”对话框

Step 03 切换到“css.css”文件中，创建一个名为* 的标签CSS 规则，然后创建一个名为“body”的标签CSS规则，并创建链接的CSS 规则，如图9-55所示。

```
*{
    maring:0px;
    border:0px;
    padding:0px;
    margin: 0px;
    }
body {
        background-image: url(../images/body_bg.jpg);
        background-repeat: repeat-x;
        font-size: 12px;
    }
    a { color:#000; text-decoration:none;}
    a:hover { color:#f00;}
```

Step 04 切换到“设计”视图中，将光标置于页面视图中，在“插入”面板的“布局”选项卡中选择“插入Div标签”选项，弹出“插入Div 标签”对话框，在“ID ”下拉列表框中输入container ，然后单击“确定”按钮，如图9-56所示。

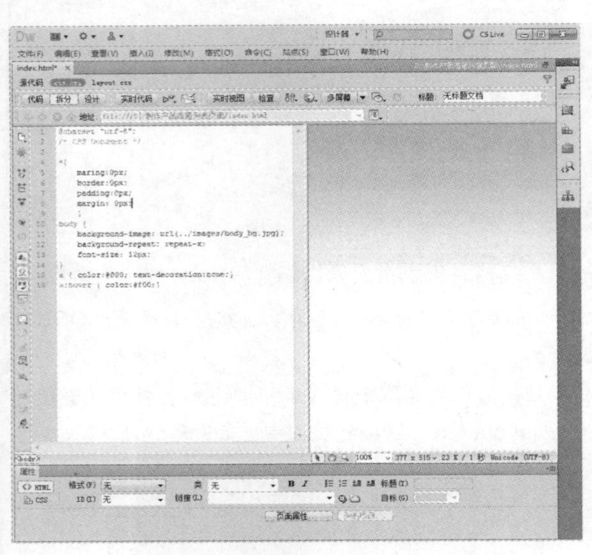

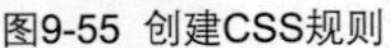

图9-55 创建CSS规则

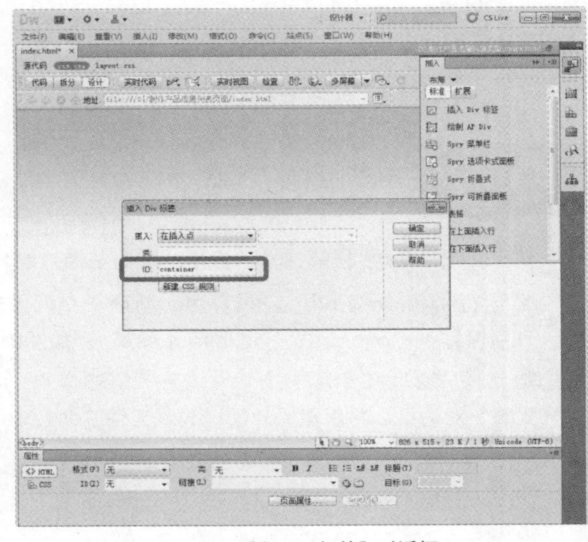

图9-56 “插入Div标签”对话框

Step 05 这样就在页面中插入了一个名为“container”的Div标签，切换到“layout.css”文件中，创建一个名为“#container”的CSS 规则，如图9-57所示。

```
#container {
    margin: auto;
    width: 960px;
}
```

Step 06 将光标移至名为“box”的Div 中，将多余的文本内容删除，然后在“插入”面板的“布局”选项组中选择“插入Div 标签”选项，弹出“插入Div 标签”对话框。在“插入”下拉列表框中选择“在开始标签之后”选项，在“标签选择器”下拉列表框中选择“<div id="container">”选项，在“ID ”文本框中输入“top”，然后单击“确定”按钮，在名为“container”的Div标签中插入名为“top”的Div标签，如图9-58所示。

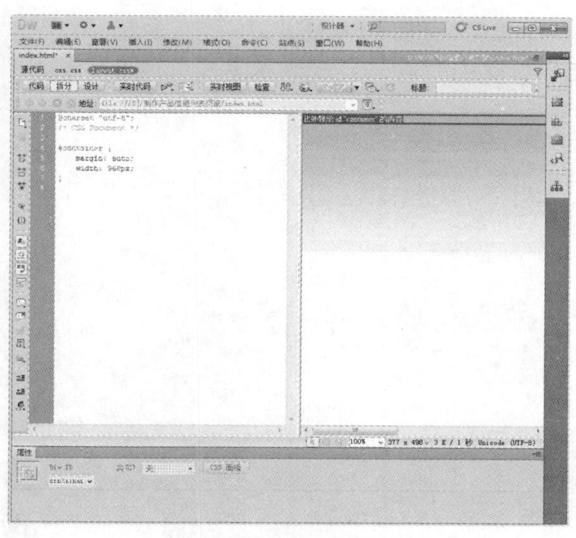

图9-57 创建CSS规则

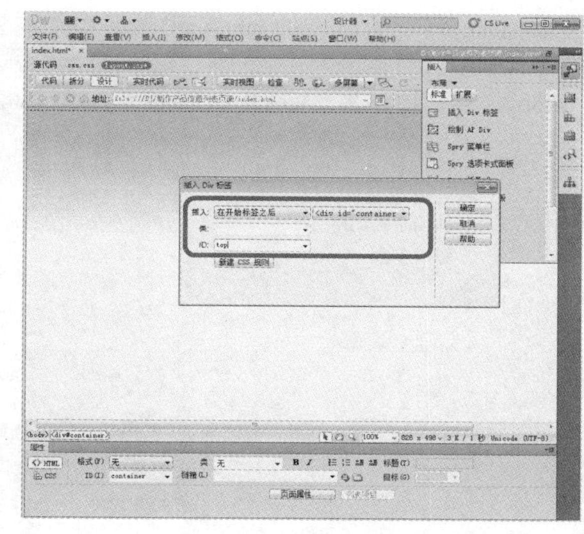

图9-58 “插入Div标签“对话框

Step 07 切换到“layout.css”文件中，创建一个名为“#top”的CSS 规则，如图9-59所示。

```
#top {
    height: 113px;
    width: 960px;
}
```

Step 08 在“top”中插入名为“top_logo”的Div标签，并在“layout.css”文件中创建一个名为“#top_logo”的CSS 规则，如图9-60所示。

```
#top_logo {
    height: 113px;
    width: 202px;
```

```
    float: left;
}
```

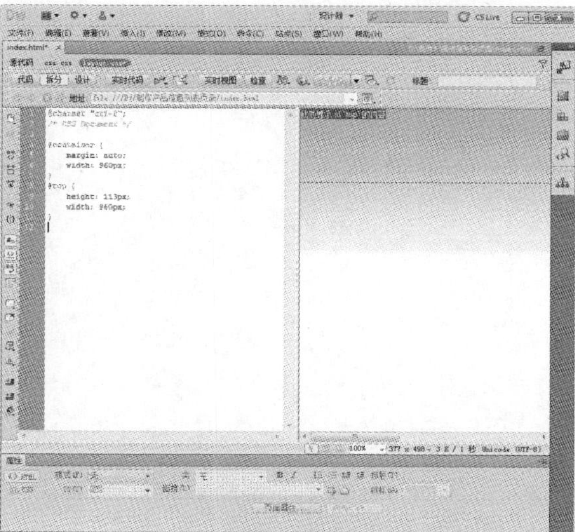

图9-59 创建“#top”CSS规则

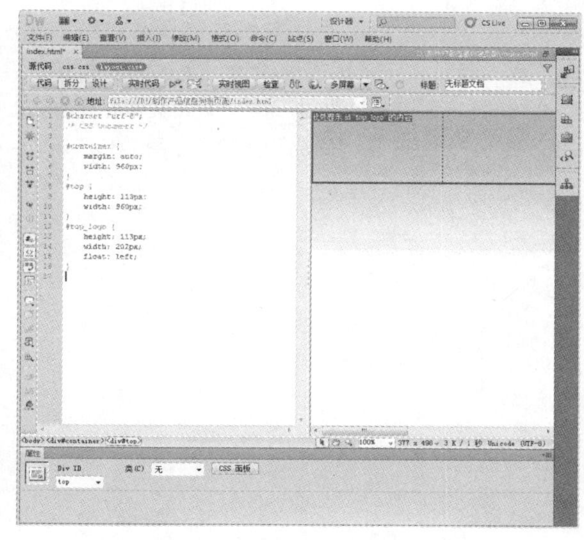

图9-60 创建“#top_logo”CSS规则

Step 09 删除多余的文本，在“top_logo”的“Div”标签中插入图像，如图9-61所示。

Step 10 在“top”中插入一个名为“top-2”的Div标签，切换到“layout.css”文件中，创建一个名为“#top-2”的CSS 规则，并在其中插入图像，如图9-62所示。

```
#top-2 {
    float: right;
    margin-top: 10px;
```

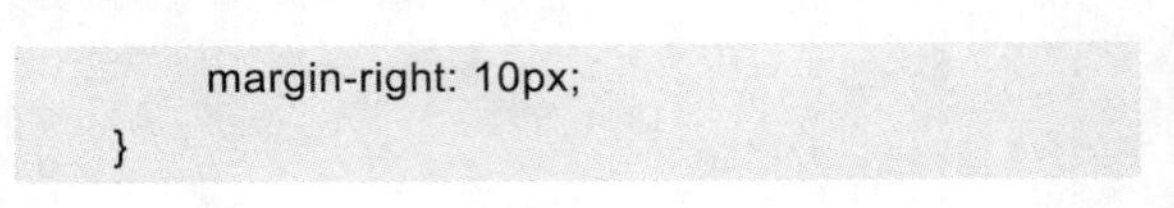

```
    margin-right: 10px;
}
```

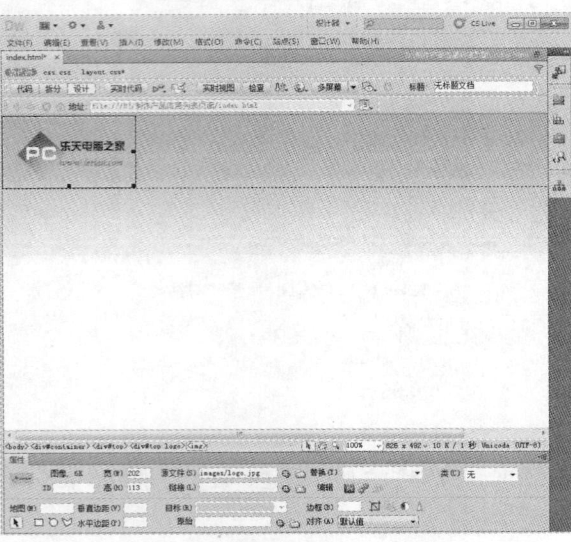

图9-61 插入图像

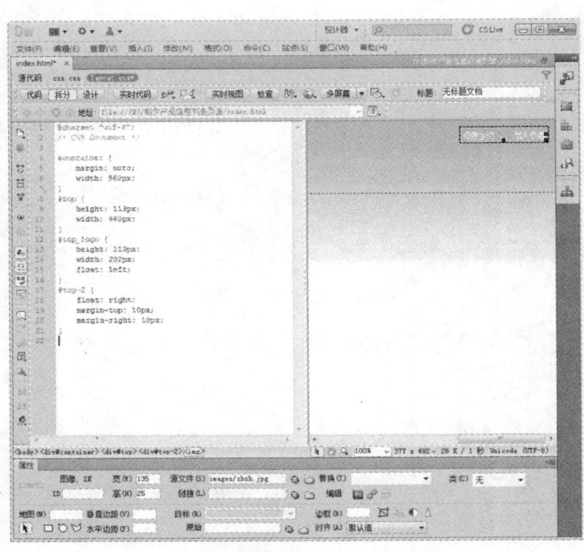

图9-62 创建CSS规则并插入图像

Step 11 在“插入”面板的“布局”选项组中选择“插入Div 标签”选项，弹出“插入Div 标签”对话框，在“插入”下拉列表框中选择“在结束标签之前”选项，在“标签选择器”下拉列表框中选择“<div id="top">”选项，在“ID”文本框中输入“top-3”，然后单击“确定”按钮，如图9-63所示。

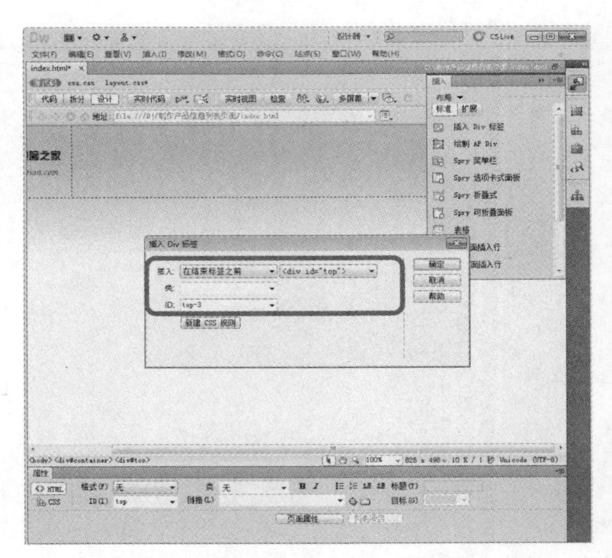

图9-63 “插入Div标签”对话框

Step 12 切换到“layout.css”文件中，创建一个名为“#top-3”的CSS 规则，如图9-64所示。

```
#top-3 {
    width: 756px;
    background-image: url(../images/dh.jpg);
    height: 35px;
    float: left;
    margin-top: 40px;
    font-family: “微软雅黑”;
    font-size: 16px;
    color: #FFF;
    text-align: center;
}
```

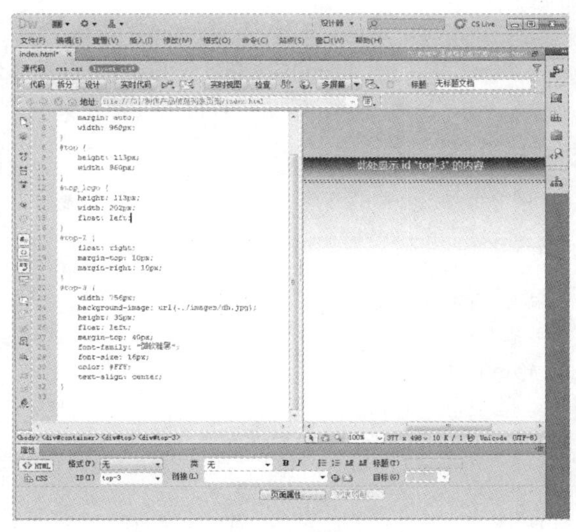

图9-64 创建CSS规则

Step 13 切换到“代码”视图中，在<div id="top-3">和</div> 之间添加列表代码，如图9-65所示。

```
<ul>
    <li>首页</li>
    <li>商品大全</li>
    <li>每日新品</li>
    <li>产品展示</li>
    <li>最新报价</li>
    <li>产品论坛</li>
    <li>联系我们</li>
</ul>
```

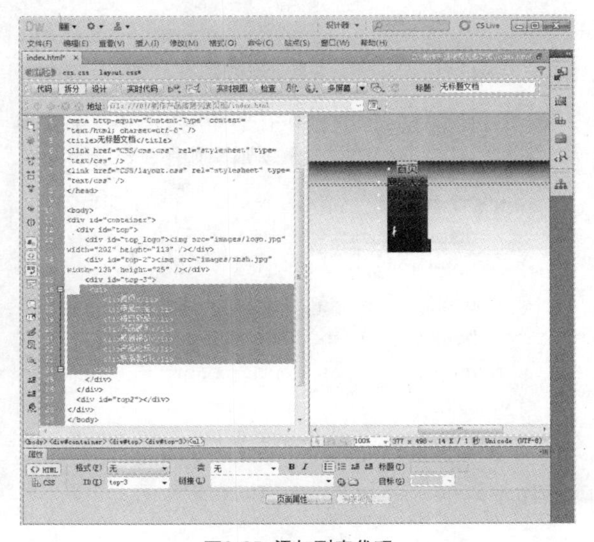

图9-65 添加列表代码

Step 14 切换到“layout.css”文件中，创建一个名为“#top-3 ul li”的CSS 规则，控制列表的显示，如图9-66所示。

```
#top-3 ul li {
    text-align: center;
    float: left;
    list-style-type: none;
    height: 25px;
    width: 100px;
    margin-top: 5px;
    margin-left: 5px;
}
```

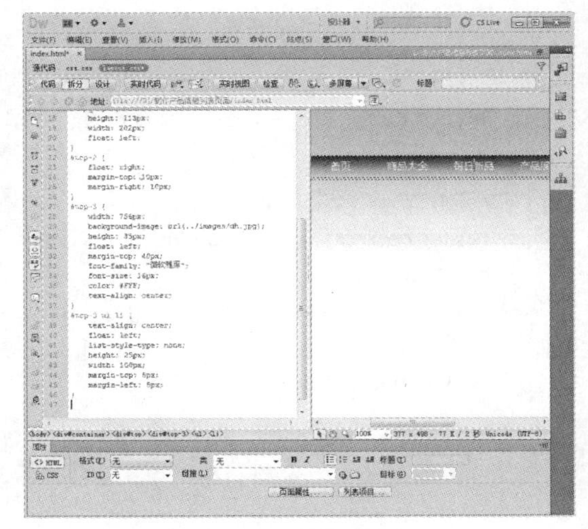

图9-66 创建CSS规则

Step 15 切换到“设计”视图中，将光标定位在“top-3”的Div 结束标签之后，选择“插入>图像 ”命令，插入本书附带光盘中的“素材\Chapter-09\制作产品信息列表页面\images\banner.jpg”文件，如图9-67所示。

Step 16 插入名为“main”的Div标签，再在其中分别插入名为“left”和“right“的Div标签，然后切换到“layout.css”文件中，分别创建名为“#main”、“#left”和“#right”的CSS 规则，如图9-68所示。

```
#main {
        height: 410px;
        width: 960px;
        margin-top: 5px;
}
#left {
        float: left;
        height: 400px;
        width: 260px;
        text-align: center;
}
#right {
        float: right;
        width: 680px;
        height: 400px;
        border:1px solid #dbdbdb; margin-bottom:8px;
}
```

图9-67 插入图像

图9-68 创建CSS规则

Step 17 切换到“拆分”视图中，在<div id="left"> 和</div> 之间添加代码：<h2><span></span></h2>，然后切换到“layout.css”文件中，分别创建名为“#left h2”和“#left h2 span”的CSS 规则，如图9-69所示。

```
#left h2 {
        height:28px;
        border-bottom:1px solid #dbdbdb;
        overflow:hidden;
        background-image: url(../images/box_tit_bg.gif);
        background-position: 0 0;
}
#left h2 span {
        display:block;
        height:25px;
        background-image: url(../images/l_top.jpg);
        background-repeat: no-repeat;
        background-position: 12px 6px;
}
```

Step 18 将光标定位在“产品排行榜”中，选择“插入>Spry>Spry 菜单栏”命令，如图9-70所示。

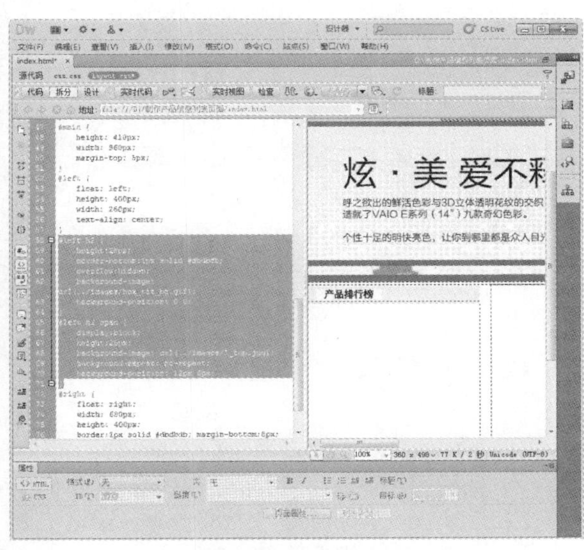

图9-69 创建CSS规则

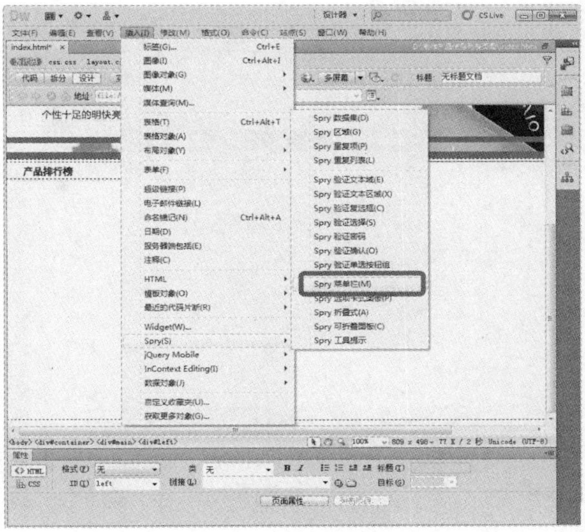

图9-70 选择“Spry 菜单栏”命令

Step 19 弹出“Spry 菜单栏”对话框，选择“垂直”单选按钮，然后单击“确定”按钮，如图9-71所示。

Step 20 这样就在网页中插入了Spry 菜单栏了，效果如图9-72所示。

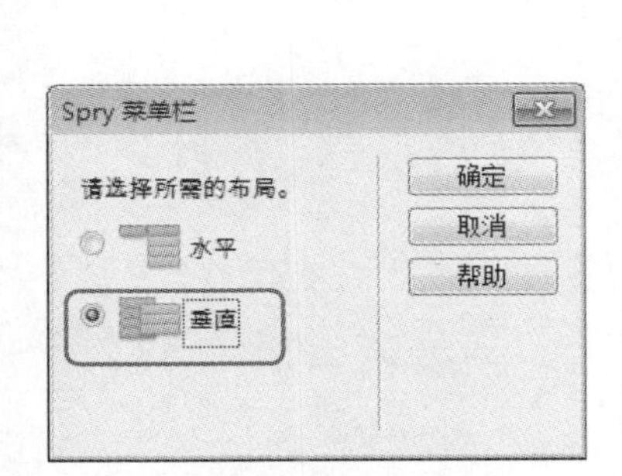

图9-71 “Spry 菜单栏”对话框

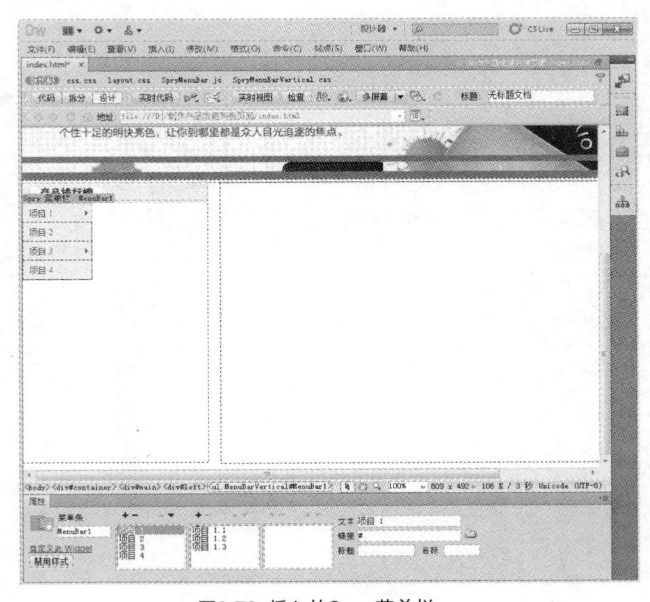

图9-72 插入的Spry 菜单栏

Step 21 选中该构件，在“属性”面板中选择主菜单栏目中的“项目1”选项，设置其“文本”和“标题”均为“数码配件排行”，如图9-73所示。

Step 22 在“属性”面板中选择一级菜单栏目中的“项目1.1”选项，设置其“文本”和“标题”均为“MP3”，如图9-74所示。

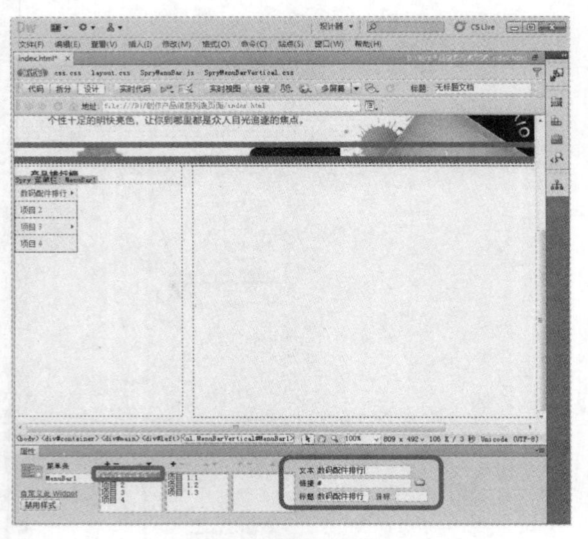

图9-73 设置主菜单项

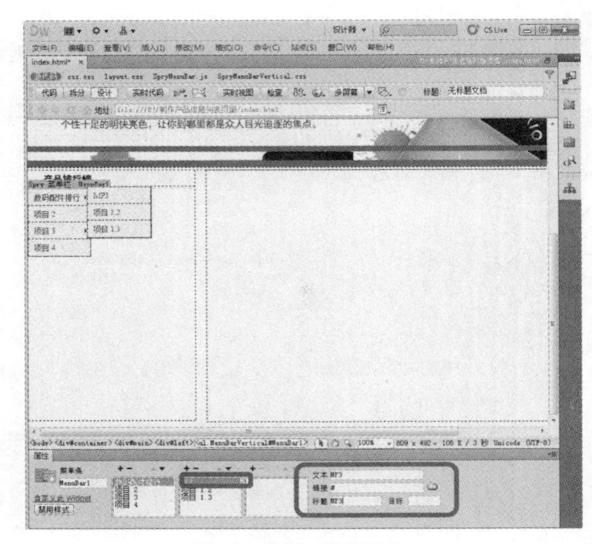

图9-74 设置一级菜单项

Step 23 使用同样的方法制作其他项目菜单，在“属性”面板中单击“添加菜单项”按钮，可以增加菜单项目，如图9-75所示。

Step 24 在“CSS 样式”面板中设置Spry 菜单栏构件相关的CSS 规则，以控制构件的显示样式，如图9-76所示。

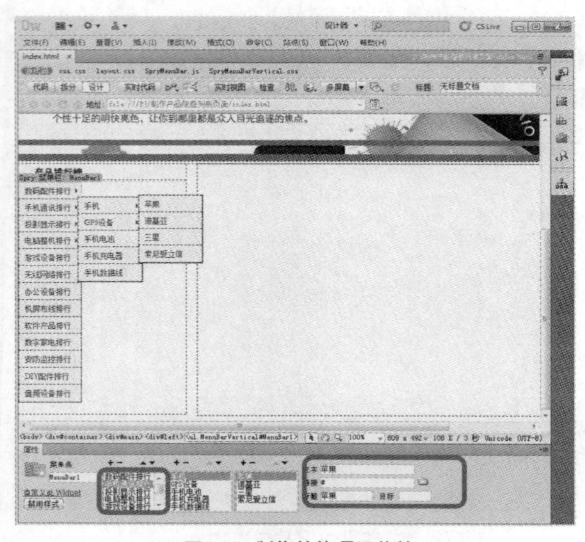

图9-75 制作其他项目菜单

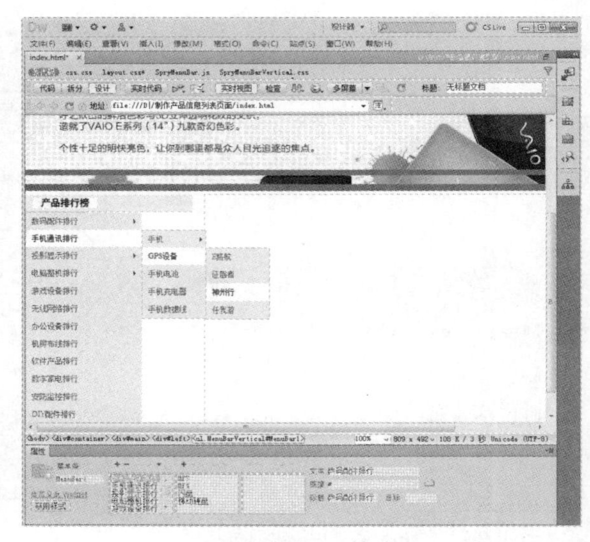

图9-76 设置CSS规则

Step 25 在“代码”视图的<div id="right">和</div> 之间添加代码：<h2><span></span></h2>，然后切换到“layout.css”文件中，分别创建名为“#right h2”和“#right h2 span”的CSS 规则，如图9-77所示。

```
#right h2 {
    height:28px;
    border-bottom:1px solid #dbdbdb;
    overflow:hidden;
```

```
    background-image: url(../images/box_tit_
bg.gif);
    background-position: 0 0;
}
```

```
#right h2 span {
    display:block;
    height:25px;
    background-image: url(../images/rmcp.gif);
    background-repeat: no-repeat;
    background-position: 12px 6px;
}
```

Step 26 在“代码”视图的<div id="right"> 和</div> 中添加列表代码，如图9-78所示。

```
<ul>
  <li><a href="#"><img src="images/pic1.gif" alt="产品名称" width="200" height="140" />联想ThinkPad E420</a></li>
  <li><a href="#"><img src="images/pic2.gif" alt="产品名称" width="200" height="140" />佳能G12</a></li>
  <li><a href="#"><img src="images/pic3.gif" alt="产品名称" width="200" height="140" />HTC G13</a></li>
  <li><a href="#"><img src="images/pic4.gif" alt="产品名称" width="200" height="140" />三星P2450H</a></li>
  <li><a href="#"><img src="images/pic5.gif" alt="产品名称" width="200" height="140" />索泰GTX460-1GD5 毁灭者</a></li>
  <li><a href="#"><img src="images/pic6.gif" alt="产品名称" width="200" height="140" />联想扬天 M6600N</a></li>
</ul>
```

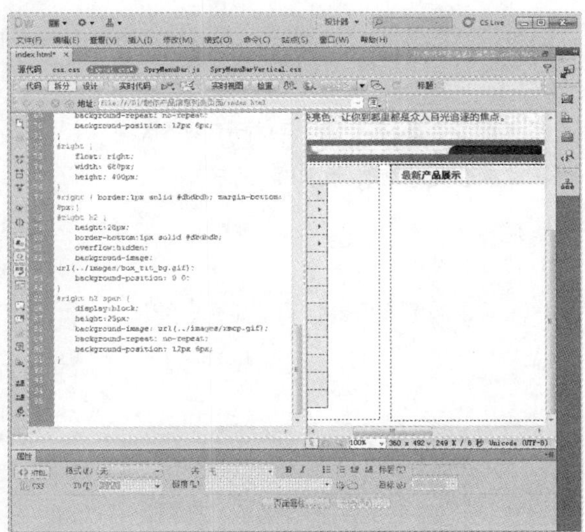

图9-77 创建CSS规则

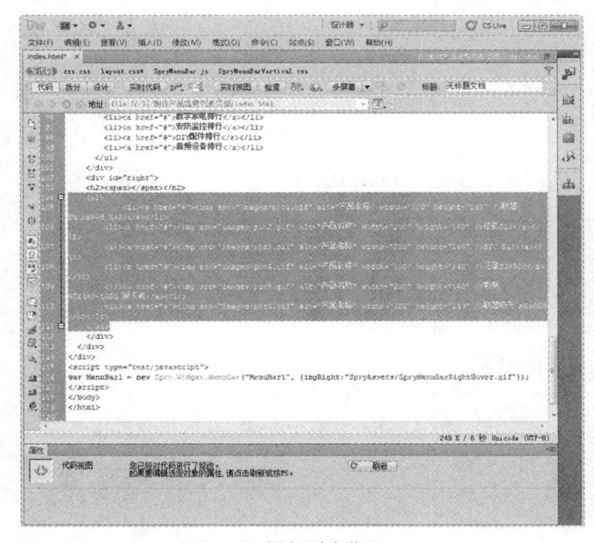

图9-78 添加列表代码

Step 27 切换到“layout.css”文件中，分别创建名为“#right ul”、“#right ul li”、“#right ul li a”和“#right ul li img”的CSS 规则，如图9-79所示。

```
#right ul { padding:0 0 15px 0; overflow:auto; zoom:1;}
#right ul li {
    width:200px;
    float:left;
    display:inline;
    text-align:center;
    margin-top: 15px;
    margin-right: 0;
    margin-bottom: 0px;
    margin-left: 21px;
}
#right ul li a {
    display:block;
}
#right ul li img { margin-bottom:3px;}
```

Step 28 在“插入”面板的“布局”选项组中选择“插入Div 标签”选项，弹出“插入Div 标签”对话框，在“插入”下拉列表框中选择“在结束标签之前”选项，在“标签选择器”下拉列表框中选择“<div id="container">”选项，在“ID”文本框中输入footer，然后单击“确定”按钮，如图9-80所示。

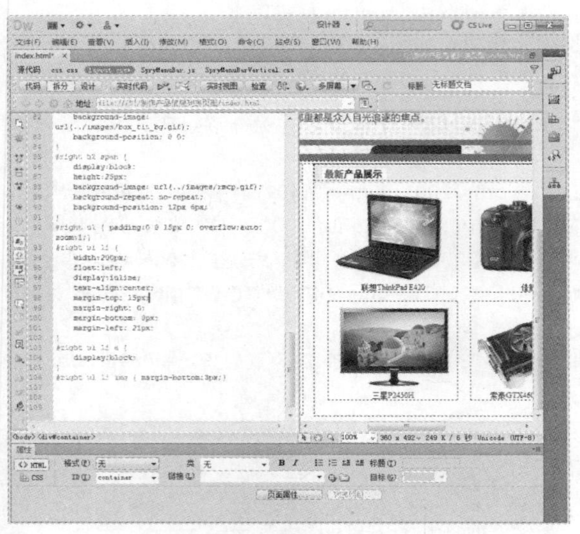

图9-79 创建CSS规则

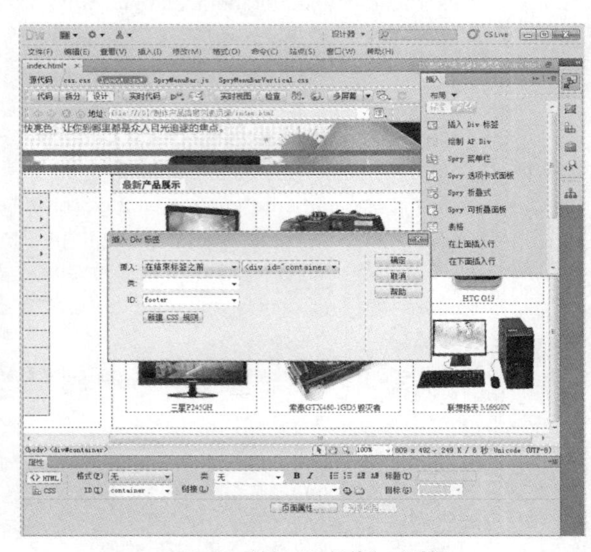

图9-80 “插入Div标签”对话框

Step 29 切换到“layout.css”文件中，创建一个名为“#footer” 的CSS 规则，如图9-81所示。

```
#footer {
text-align:center;
}
```

Step 30 切换到“代码”视图中，在<div id="footer"> 和</div> 之间添加定义列表代码，如图9-82所示。

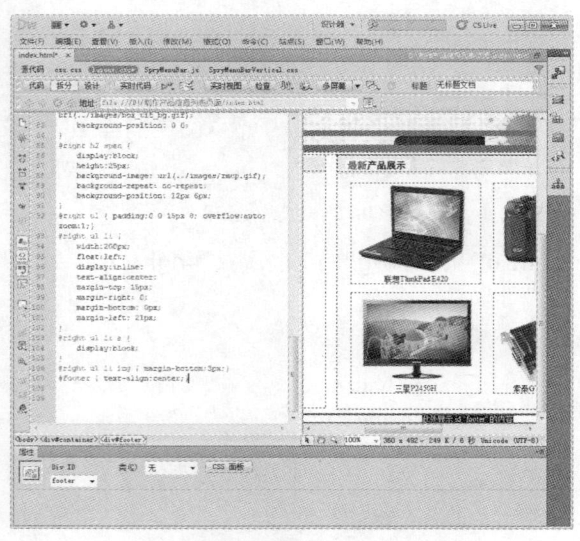

图9-81 创建CSS规则

图9-82 添加列表代码

Step 31 切换到“layout.css”文件中，分别创建名为“# #footer dl dt”、“#footer dl dt a”和“#footer dl dd”的CSS 规则，如图9-83所示。

```
#footer dl dt {
    height:28px;
    line-height:28px;
    background:#afafaf;
    color:#000;
}
#footer dl dt a {
    color:#000;
}
#footer dl dd {
    color:#000;
    line-height:2;
}
```

Step 32 保存文件，按【F12】键预览网页，效果如图9-84所示。

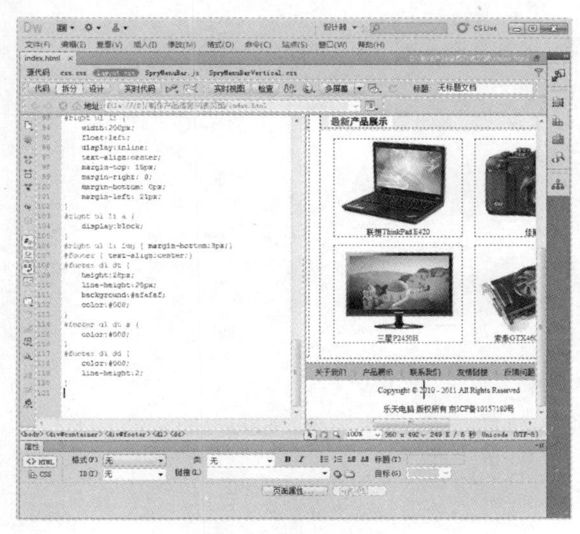

图9-83 创建CSS规则

图9-84 预览网页

9.6 本章小结

本章详细讲解了Spry 框架技术的使用，如Spry 菜单栏、Spry 选项卡式面板、Spry 折叠式面板和Spry 可折叠面板的创建与设置。最后通过制作一个产品信息列表页面，介绍了Spry 构件的使用。通过本章的学习，希望读者能够熟练应用Spry 框架技术。

10 构建动态网站及站点发布

动态网站并不是具有动画效果的网站，而是指可以交互的网站，动态网站可以实现交互功能，如用户注册、信息发布、产品展示和订单管理等；动态网页有利于网站内容的更新，非常适合企业建站。本章就来简单了解动态网站的建站流程，为今后的深入学习打下良好的基础。

10.1 动态网站概述

与页面内容相对固定的静态网站相对应，动态网站（又称为“Web 应用程序”）中网页的部分内容或全部内容都是未确定的。只有当访问者请求Web 服务器中的某个页面时，才会确定该页的最终内容。由于页面最终内容会根据访问者操作请求的不同而发生变化，因此这种网页被称为动态网页。

10.1.1 动态网站的优点

动态网站的优点包括以下几个。

- 使访问者可以快速方便地在一个内容丰富的网站上查找信息。
- 可以收集、保存和分析站点访问者提供的数据。
- 可以对内容不断变化的网站进行更新。

10.1.2 创建动态网站的条件

动态网站需要具备以下条件。

- Web服务器（如IIS、Apache等）。
- 与Web服务器配合工作的应用程序服务器（Dreamweaver支持ColdFusion、ASP和PHP）。

- 数据库系统（MS Access、MySQL和SQLServer等）。
- 支持所选数据库的数据库驱动程序。

10.2 快速建站

在前面的章节中，我们已经对站点的建立有了一个初步的了解。而对于动态网站的建立则与静态网站有一定的区别。下面就来学习如何快速建立一个动态的网站站点。

10.2.1 定义文件夹

通过Dreamweaver创建动态网站时，在本机硬盘中用来存储制作中的站点文件的文件夹被称为“本地文件夹”；在运行Web服务器的计算机上存储站点文件的文件夹被称为“远程文件夹”；制作中的动态网站需要生成和显示动态内容并连接到数据库时所使用的文件夹称为“测试文件夹”。通常可以在本地搭建测试服务器，则本地文件夹、远程文件夹和测试文件夹为同一个文件夹。测试通过后，再将动态网站的内容上传至生产服务器。

10.2.2 新建动态网站站点

在Dreamweaver中选择“站点>新建”命令，弹出“站点设置对象”对话框，在“服务器”选项中单击“添加新服务器”按钮，添加一个新的远程服务器，如图10-1所示。

在“基本”选项卡中，设置“服务器名称”，根据需要选择“连接方法”，指定“服务器文件夹”和测试服务器对应的“Web URL”，如图10-2所示。

在“高级”选项卡中，设置测试“服务器模型”，即站点的文档类型，如图10-3所示。

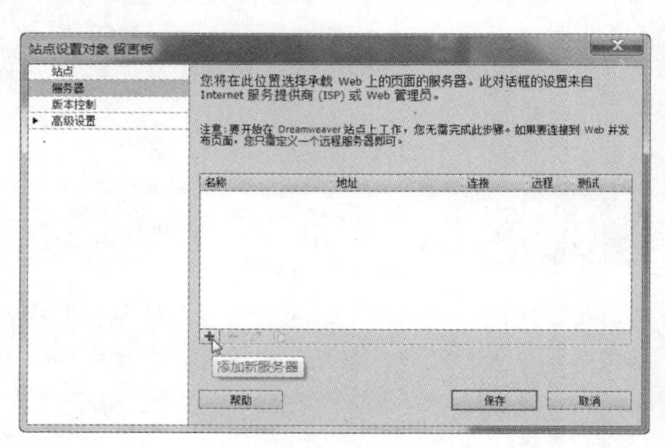

图10-1 添加新服务器

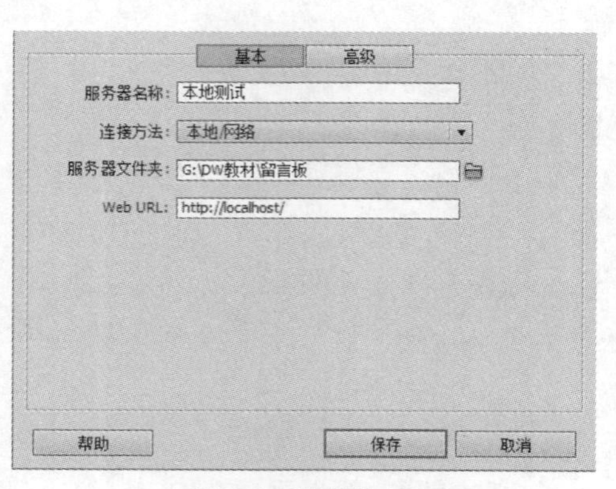

图10-2 服务器基本设置

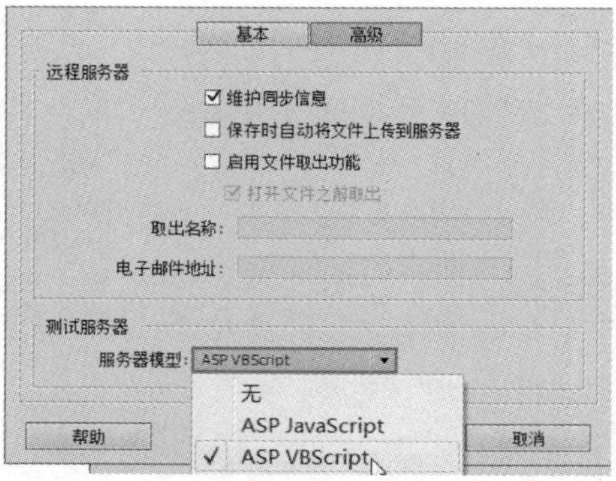

图10-3 服务器高级设置

如果测试服务器与测试服务器为同一台服务器，可以选择该服务器后的“测试”复选框，如图10-4所示。

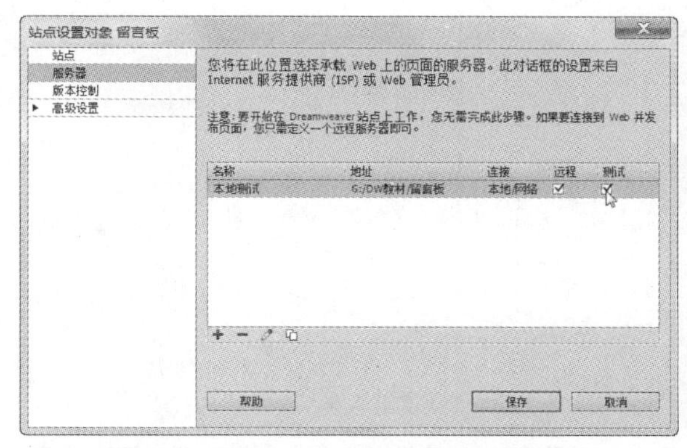

图10-4 将远程服务器同时设置为测试服务器

10.2.3 添加数据源

在Dreamweaver主界面中选择“窗口>数据库”命令，打开“数据库”面板，如图10-5所示。

打开站点中的任意ASP页或新建ASP页，“数据库”面板中指明了创建该站点的数据库连接所需的4个步骤，在已完成的每一个步骤编号前显示。完成前3步后，可单击“数据库”面板左上角的加号按钮，在打开的下拉列表框中选择“自定义连接字符串”选项，如图10-6所示，在弹出的“自定义连接字符串”对话框中创建新的数据库连接，如图10-7所示。

如使用ASP和MS Access构建动态网站，可按如下格式设置自定义连接字符串。

```
"Driver={Microsoft Access Driver (*.mdb)};DBQ=" & Server.MapPath("数据库虚拟路径")
```

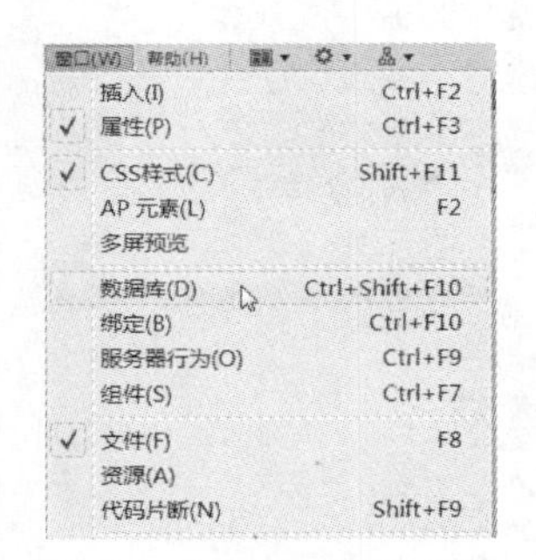

图10-5 选择“数据库”命令

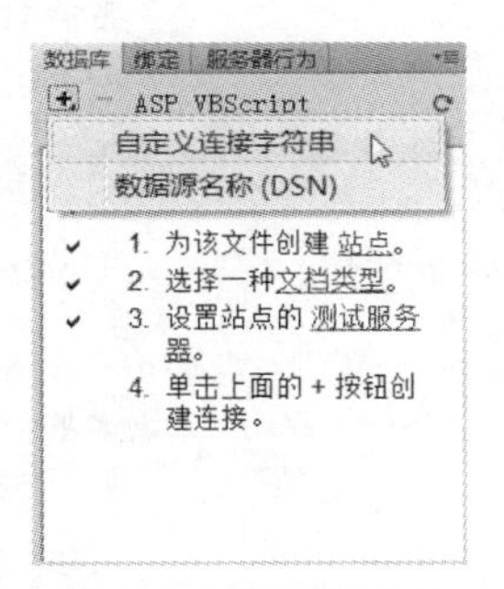

图10-6 创建数据库连接

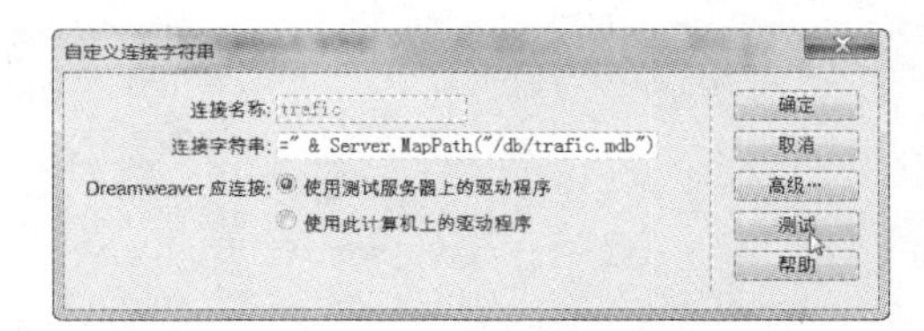

图10-7 设置“自定义连接字符串”对话框

10.2.4 添加记录集（查询）

动态站点的网页不能直接访问数据库中存储的数据，而是需要与记录集进行交互。记录集是数据库查询的结果，在存储内容的数据库和生成页面的应用程序服务器之间起桥梁作用。将数据库用做动态网页的内容源时，必须首先创建一个要在其中存储检索数据的记录集。

单击“绑定”面板左上角的加号按钮，在打开的下拉列表框中选择“记录集”选项，添加新的记录集（查询），如图10-8所示。

在弹出的“记录集”对话框中，为新建的记录集设置名称，指定对应的数据库连接及数据所在的表格，选择表格中的部分或全部列，并可根据需要设置数据筛选条件和排序方式，如图10-9所示。

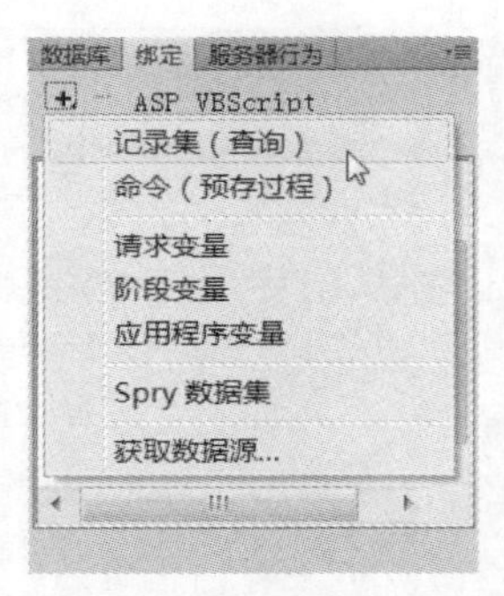

图10-8 添加记录集（查询）

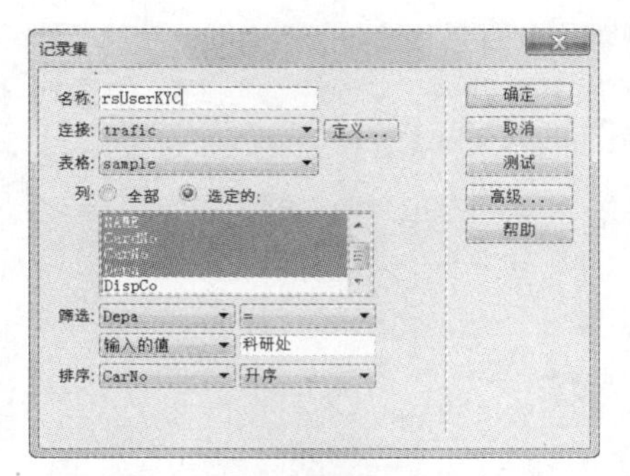

图10-9 设置“记录集”对话框

完成设置后，单击“测试”按钮，可观察所筛选的数据是否符合预期，如图10-10所示。创建好的记录集在“绑定”面板中的显示如图10-11所示。

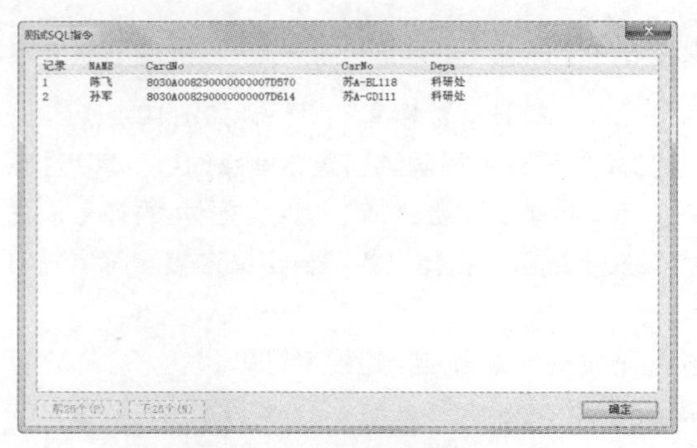

图10-10 测试记录集

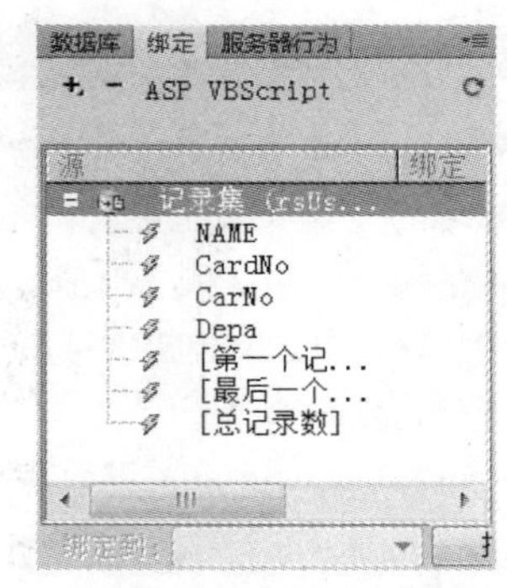

图10-11 “绑定”面板中的记录集

10.2.5 将动态数据添加至页面

定义记录集后，选择“插入>数据对象>动态数据>动态文本”命令，如图10-12所示。

图10-12 选择“动态文本”命令

弹出“动态文本”对话框，可选择记录集中的某一个字段，将其插入到“代码”视图或“设计”视图中的插入点处，如图10-13所示。

将动态内容元素或其他服务器行为插入到页面中时，Dreamweaver 会将一段服务器端脚本插入到该页面的源代码中。该脚本指示服务器从定义的数据源中检索数据，然后将数据呈现在该网页中。在“设计”视图下插入了动态数据的页面效果如图10-14所示。

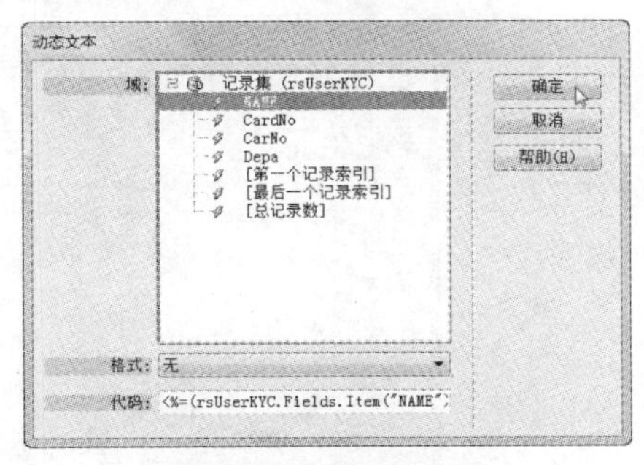

图10-13 选择记录集字段

图10-14 “设计”视图下的动态数据

保存文件后，按【F12】键可预览动态数据在浏览器中的显示结果。

10.2.6 添加服务器行为

Dreamweaver 提供了一组内置的预定义的服务器端代码片段，称为“服务器行为”，借此用户能够方便地向站点添加动态功能，而不必亲自编写代码。

在“服务器行为”面板中单击左上角的加号按钮，根据需要选择相应的服务器行为，并进行具体设置，如图10-15所示。

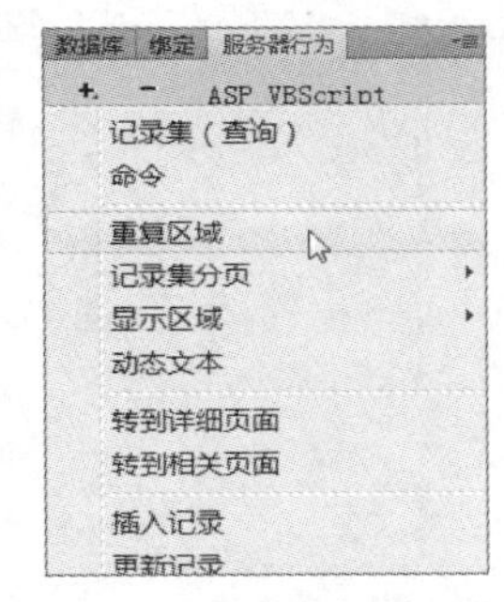

图10-15 添加服务器行为

10.3 站点的上传

网站创建完成之后，最终的目的是要上传到网站中供用户浏览和使用，这就需要将其上传到网络服务器中。当然，这需要一个网站的FTP 地址，并且要有与之相对应的用户名和密码。这些工作用户可以通过网络服务公司或者一些域名和空间服务网站购买。

10.3.1 通过内置的FTP功能上传站点

在站点中添加远程服务器时，指定“连接方法”为“FTP”，并设置正确的“FTP地址”、“用户名”、“密码”和“根目录”等信息，即可使用Dreamweaver内置的FTP功能，如图10-16所示。

在“文件”面板中可随时上传和维护站点文件，图10-17中左边的4个按钮分别对应了“连接到远端主机”、“刷新”、“从远端主机获取文件”和“向远端主机上传文件”4个功能。最右边的按钮，可以展开本地和远端站点视图，如图10-18所示。在展开的窗口中，就可以使用上传或者下载功能进行文件的传输了。

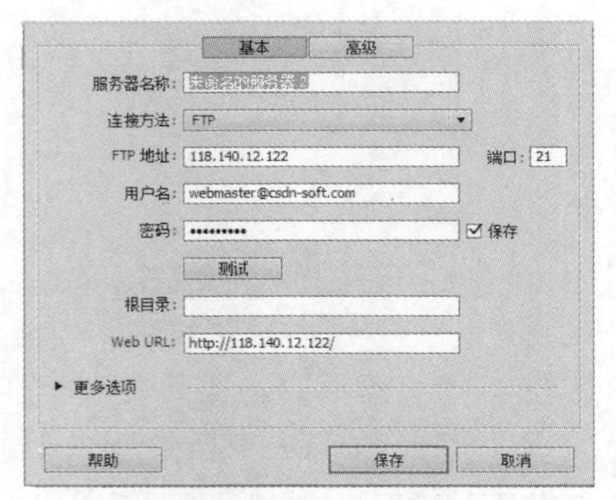

图10-16 设置FTP连接

图10-17 使用内置的FTP功能

图10-18 站点上传下载视图

10.3.2 使用其他FTP客户端软件上传站点

如果添加远程服务器时设置连接方法为“本地/网络”，则在本地完成网站的设计、修改和测试后，可以通过其他专门的FTP客户端软件（如FlashFXP等）将本地文件夹中的所有内容上传至Web服务器对应的文件夹下，如图10-19所示。

若测试服务器与生产服务器不是同一台计算机，则需要注意数据库文件虚拟路径的设置，必要时可以手动修改站点根目录下Connections目录中与数据源连接名称对应的ASP文件内的相关内容。

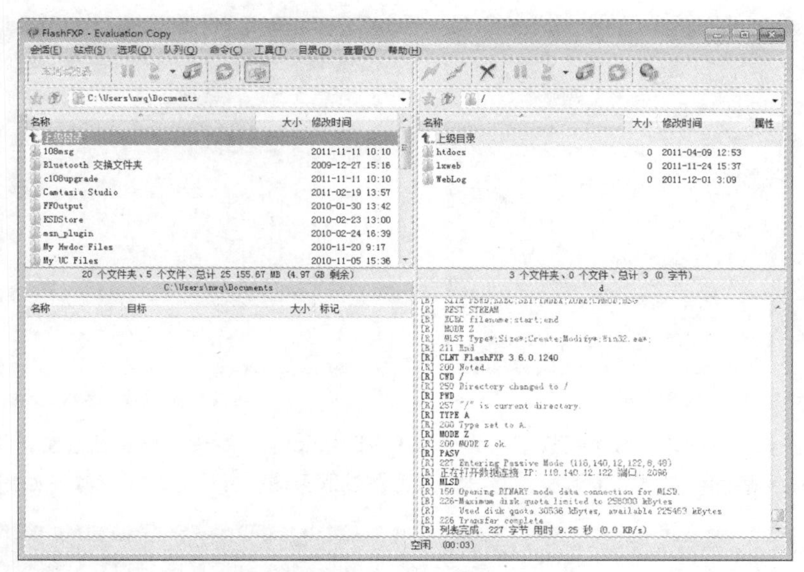

图10-19 FlashFXP界面

10.4 实例精讲

经过对前面一系列关于Dreamweaver 中动态网站相关功能的学习后，下面将通过一个实例帮助读者了解动态网站的建立流程。

本实例将使用ASP 和MS Access数据库，以可视化的方式建立一个具有用户登录、限制未经授权的访问、显示所有数据、搜索并显示特定数据，以及更新数据等功能的学生信息管理动态网站。

准备文件夹和数据库文件

创建文件夹“StuInfo”作为网站根目录。在“StuInfo”目录下创建文件夹“db”用于存放本网站的数据库“database.mdb”。该数据库文件可在随书附带光盘中的“素材\Chapter-10\database\db”目录下找到。

数据库中包含两张表：网站用户信息表“UserInfo”和学生信息表“StuInfo”，字段设置分别如图10-20和图10-21所示。

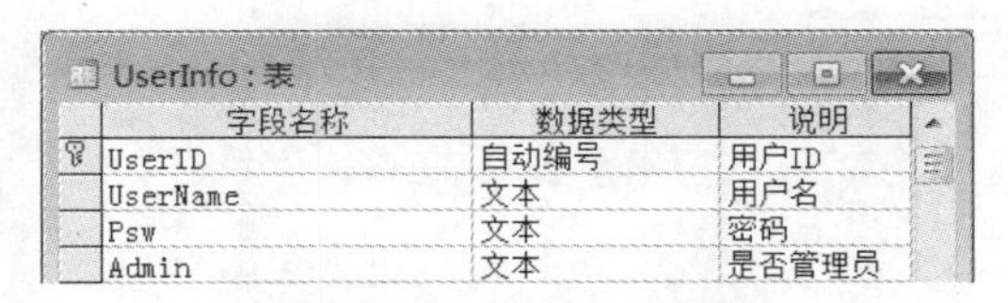

UserInfo : 表

字段名称	数据类型	说明
UserID	自动编号	用户ID
UserName	文本	用户名
Psw	文本	密码
Admin	文本	是否管理员

图10-20 “UserInfo”表字段

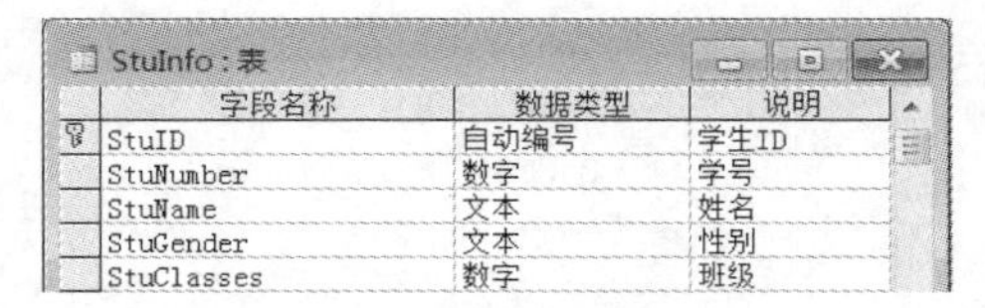

StuInfo : 表

字段名称	数据类型	说明
StuID	自动编号	学生ID
StuNumber	数字	学号
StuName	文本	姓名
StuGender	文本	性别
StuClasses	数字	班级

图10-21 “StuInfo”表字段

创建站点并添加服务器

新建Dreamweaver站点“学生信息管理”，指定文件夹“StuInfo”为本地站点文件夹，如图10-22所示。

添加服务器，本例中只在本地编辑和修改网站文件，并搭建Web服务器测试，因此本地文件夹、远程文件夹和测试文件夹为同一个文件夹。在“基本”选项卡中设置“连接方法”为“本地/网络”，将文件夹“StuInfo”设置为服务器文件夹，将“Web URL”设置为“http://localhost/”，如图10-23所示。

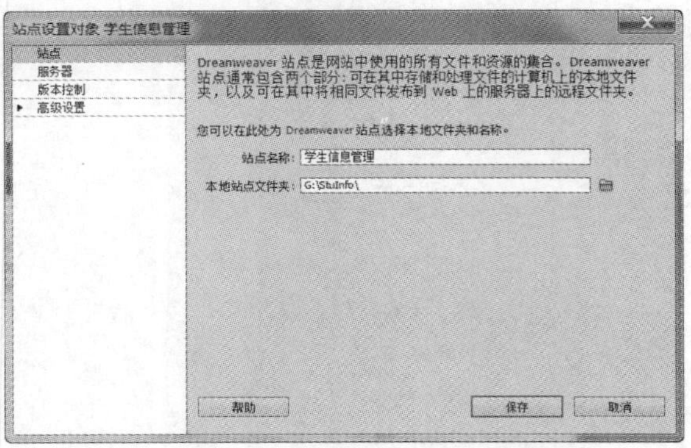

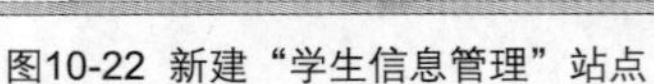
图10-22 新建“学生信息管理”站点

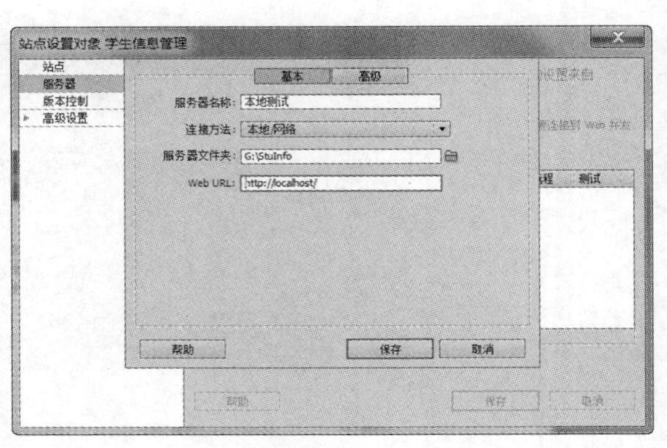

图10-23 设置“基本”选项卡

在“高级”选项卡中，设置“服务器模型”为“ASP VBScript”，并保存服务器设置，如图10-24所示。

选择所添加服务器后的“测试”复选框，将其设置为测试服务器，并保存站点设置，如图10-25所示。

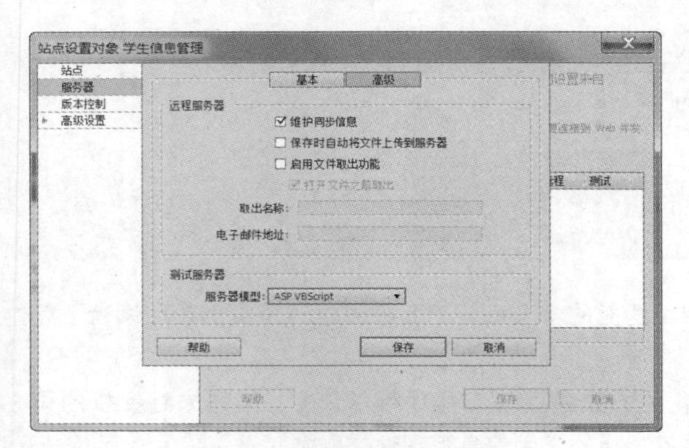

图10-24 设置“高级”选项卡

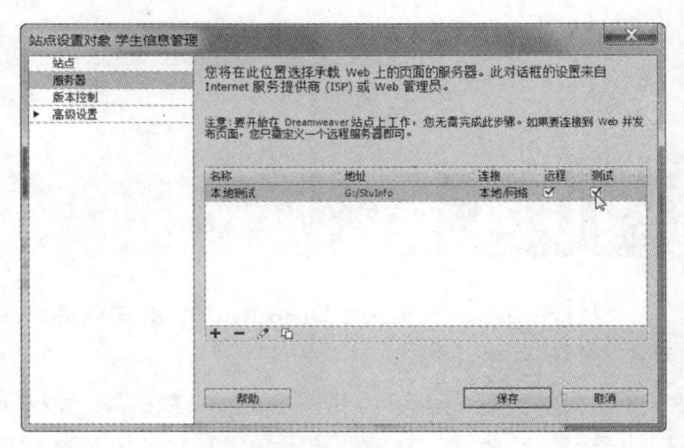

图10-25 设置测试服务器

设置数据库连接

在站点根目录下新建空白ASP页“index.asp”作为首页，在“数据库”面板中添加自定义连接字符串。

```
"Driver={Microsoft Access Driver (*.mdb)};DBQ=" & Server.MapPath("数据库虚拟路径")
```

单击“测试”按钮验证连接字符串的正确性，如图10-26所示。

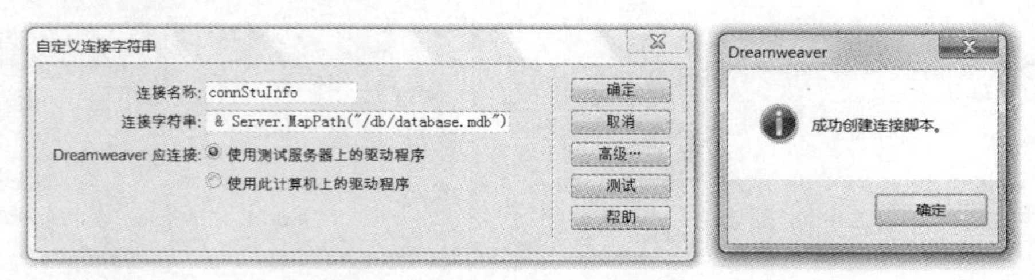

图10-26 创建并测试自定义连接字符串

设计用户登录功能

将“index.asp”设计为用户登录页。用户登录页中至少需要以下内容：包含用户名、密码等信息的数据库表；使用户可以输入用户名、密码等信息的表单；验证用户登录信息的服务器行为。

1. 添加网站用户信息记录集rsUserInfo

在“绑定”面板中添加记录集（查询），选择数据库中“UserInfo”表的全部，并列为记录集内容，如图10-27所示。

2. 在“indx.asp”中创建用户登录表单

选择“插入>表单>表单”命令，在页面中插入新表单“formLogin”。在表单内添加一个3行2列的表格。选择“插入>表单>文本域”命令，在表格的合适位置添加一个“用户名”文本域“tfUsername”和一个“密码”文本域“tfPSW”，并将密码文本域的类型设置为“密码”，则用户在该文本域中输入的字符显示为“*”。选择“插入>表单>按钮”命令，在表格的合适位置添加一个动作为“提交表单”的按钮“subLogin”。创建的用户登录表单如图10-28所示。

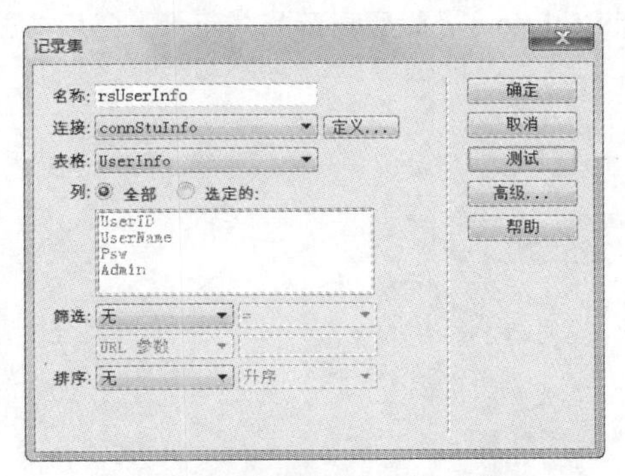

图10-27 设置网站用户信息记录集

图10-28 创建用户登录表单

3. 添加验证用户身份的服务器行为

单击“服务器行为”面板左上角的加号按钮，在打开的下拉列表框中选择“用户身份验证>登录用户”选项，添加服务器行为，如图10-29所示。

在弹出的“登录用户”对话框中设置获取输入的表单为“formLogin”，获取“用户名字段”为文本域“tfUsername”，获取“密码字段”为文本域“tfPSW”。设置“使用连接验证”为“connStuInfo”，包含用户信息的“表格”为“UserInfo”，“用户名列”为“UserName”，“密码列”为“Psw”。分别为登录成功和登录失败设置跳转目标页面。为限制不同级别用户的访问权限，选择“用户名、密码和访问级别”单选按钮，并设置使用数据库中“Admin”列获取用户级别信息。如图10-30所示。

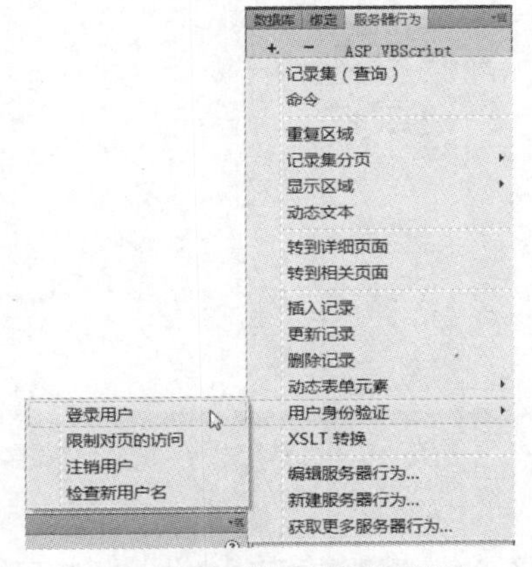

图10-29 添加登录用户服务器行为

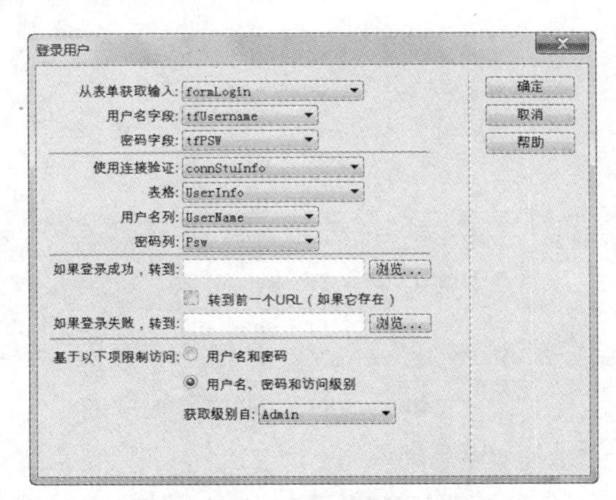

图10-30 设置“登录用户”对话框

分页显示全体学生信息

当需要在动态网页上显示的数据库记录条数较多时，可以采用分页显示的方式，每页上仅显示指定数量的记录，用户可以在各页之间进行切换，从而查看不同的数据记录。为此，动态网页中至少需要以下内容：包含待显示数据的数据库表，能显示指定数量记录的动态数据，以及能切换不同分页的记录集导航条。

1. 添加全体学生信息记录集rsAllStuInfo

在站点根目录下新建空白ASP页“showall.asp”，用于分页显示全体学生信息。在“绑定”面板中添加记录集（查询），选择数据库中“StuInfo”表的全部列作为记录集内容，如图10-31所示。

2. 添加可显示15条记录的动态数据表

选择“插入>数据对象>动态数据>动态表格”命令，在“showall.asp”页面的合适位置插入动态表格。在弹出的“动态表格”对话框中选择待显示的记录集为“rsAllStuInfo”，设置显示15条记录，然后单击“确定”按钮，如图10-32所示。

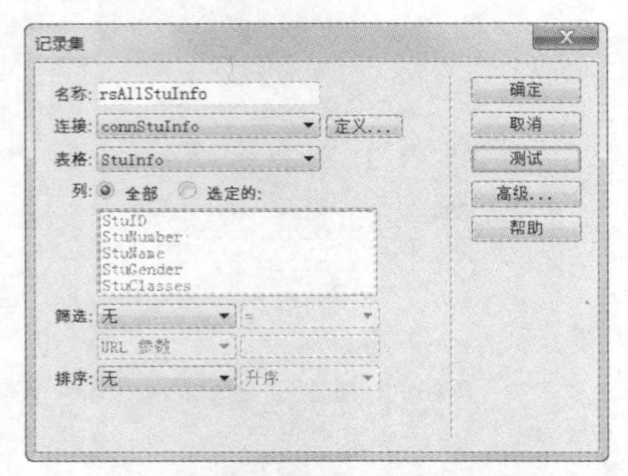

图10-31 设置全体学生信息记录集

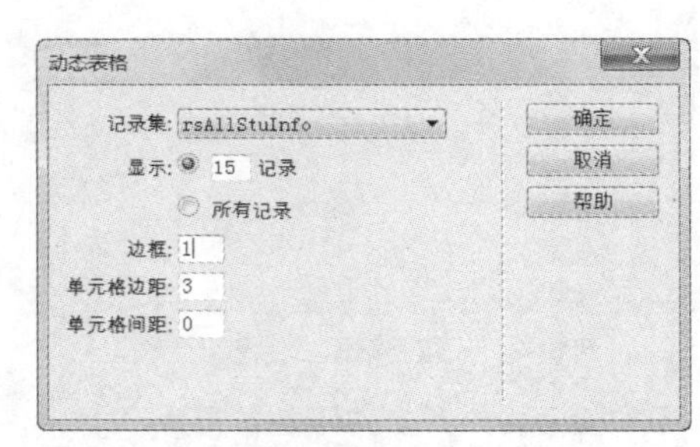

图10-32 设置“动态表格”对话框

设置完毕后，在页面中出现了一个两行的表格，可以根据需要调整作为标题行的第一行各个单元格中的文字。表格的第二行各个单元格中已自动插入了相应的动态文本，并且整个第二行已自动添加了“重复”服务器行为，如图10-33所示。

用户浏览该网页时将能看到学生信息表中的前15条记录，如图10-34所示。

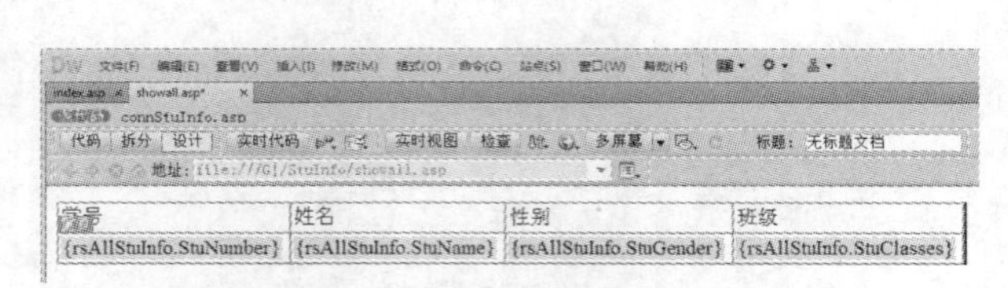

图10-33 “设计”视图下的动态表格

图10-34 全体学生信息中的前15条记录

3. 添加记录集导航条

为了能够分页查看前15条记录以外的其他数据，并在各个分页直接切换，需要在页面中添加记录集导航条。

选择“插入>数据对象>记录集分页>记录集导航条”命令，弹出“记录集导航条” 对话框，选择需要导航的数据集和导航条的显示方式，如图10-35所示。

插入到页面中的记录集导航条包括“第一页”、“前一页”、“下一个”和“最后一页”4栏，且每一栏都已自动设置了满足特定条件时“显示区域”的服务器行为，例如，如果不是第一条记录则显示“前一页”栏，如图10-36所示。

图10-35 设置“记录集导航条”对话框

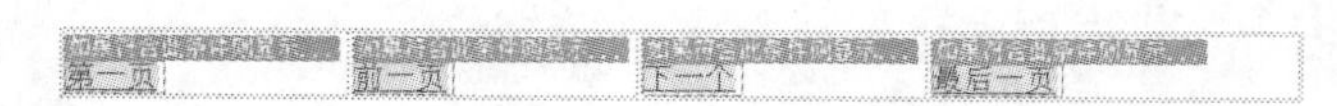

图10-36 “设计”视图下的记录集导航条

用户浏览该网页时，可以使用记录集导航条在全部数据的各个分页直接切换，且记录集导航条中的项目会根据具体情况显示或隐藏，如图10-37 ~ 图10-39所示。

图10-37 数据集首页

图10-38 数据集非首末页

图10-39 数据集末页

搜索并显示学生姓名中包含特定文字的数据

在站点根目录下新建空白ASP页“search.asp”作为搜索页，“searchresult.sap”作为搜索结果显示页。

搜索页仅用来输入搜索参数，并不执行任何实际的搜索任务。至少需要以下内容：供用户在其中输入搜索参数的文本域和用于提交搜索参数的按钮的表单。

搜索结果显示页读取搜索页提交的搜索参数，连接到数据库并查找记录，使用找到的记录建立记录集，最后显示记录集的内容。至少需要以下内容：满足搜索条件的数据集和显示搜索结果的动态表格。

1. 在搜索页中创建表单元素

选择“插入>表单>表单”命令，在“serch.asp”页面的合适位置插入表单“formSearch”，并将该表单的“动作”设置为“searchresult.asp”，即用搜索结果显示页执行实际的搜索工作；将“方法”设置为“POST”，即在消息正文中发送表单数据。

在表单中插入一个2行2列的表格。选择“插入>表单>文本域”命令，在表格的第1行合适位置插入供用户输入搜索参数的文本域“tfSearch”。选择“插入>表单>按钮”命令，在表格的第2行插入用于提交搜索参数的按钮“subSearch”，并将其“动作”设置为“提交表单”。

图10-40 搜索页表单

搜索页中创建好的表单如图10-40所示。

2. 在搜索结果显示页中执行实际的搜索工作

在“绑定”面板中添加记录集（查询），选择数据库“StuInfo”表中“StuName”列包含搜索页表单文本域“tfSearch”文字的记录作为记录集。若搜索页表单的方法为“GET”，应选择变量类型为“URL参数”；若方法为“POST”，则应选择“表单变量”，如图10-41所示。

在“记录集”对话框中单击“测试”按钮，输入用于测试的参数，观察筛选结果是否满足预期。例如，输入“徐”字作为测试参数时，应能筛选出姓名中任意位置包含“徐”字的所有学生，如图10-42所示。

图10-41 设置查询结果记录集

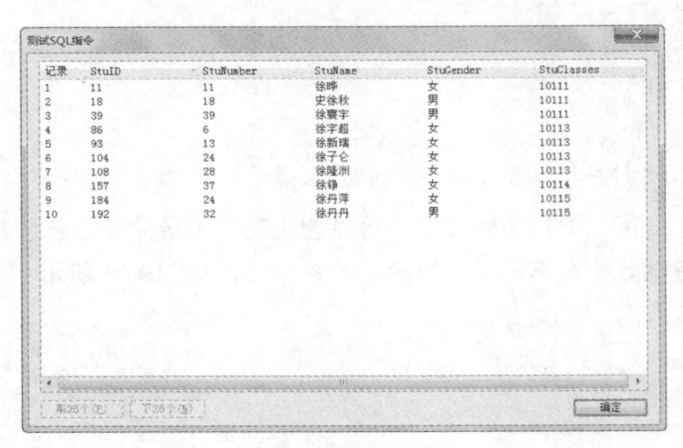

图10-42 测试记录集

选择“插入>数据对象>动态数据>动态表格”命令，在“searchresult.asp”页面的合适位置插入动态表格，分页或全部显示记录集中筛选出的符合搜索参数的数据。

保存搜索页和搜索结果显示页后，按【F12】键预览搜索页“search.asp”，输入搜索参数，并单击“搜索”按钮提交，如图10-43所示。跳转到搜索结果显示页“searchresult.asp”后显示符合搜索参数的数据，如图10-44所示。

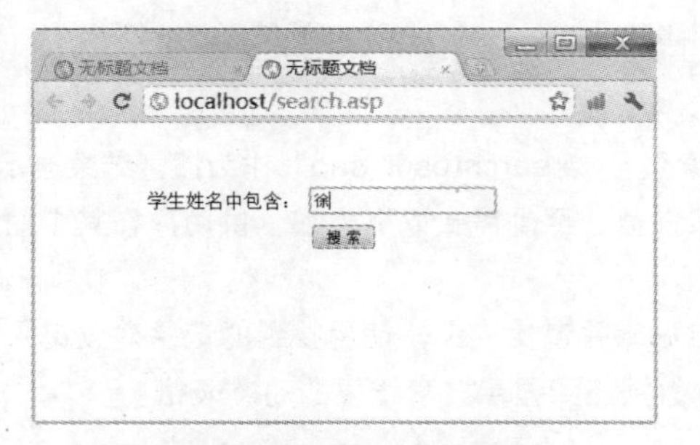

图10-43 输入搜索参数并提交

图10-44 执行搜索并显示结果

允许用户在数据库中插入新的学生信息记录

在站点根目录下新建空白ASP页“insert.asp”，作为插入新学生信息记录提交页，新建“insertok.asp”作为插入记录成功提示信息页。

在“insert.asp”页面编辑状态下选择“插入>数据对象>插入记录>插入记录表单向导”命令，弹出“插入记录表单”对话框，如图10-45所示。选择数据库连接，指定新记录插入到的表，设置插入成功后跳转到的提示信息页，并选择插入记录所需的字段。默认情况下，Dreamweaver 为数据库表中的每个列创建一个表单对象。由于“StuInfo”表中的“StuID”字段为自动增长的唯一键ID，因此为了消除用户输入已存在的StuID值的风险，需删除对应于该键列的表单对象，方法是在列表中将其选中它，然后单击减号（–）按钮。

选择“表单字段”表格中的一行，在表格下方的文本框中指定每个数据输入域在 HTML 表单上的显示方式。

- “标签”文本框：输入显示在数据输入字段旁边的描述性标签文字。默认情况下，Dreamweaver 在标签中显示表列的名称。
- “显示为”下拉列表框：选择一个表单对象作为数据输入字段。可使用的表单元素包括“文本字段”、“文本区域”、“菜单”、“隐藏域”、“复选框”、“单选按钮组”、“密码字段”和“文本”等。
- “提交为”下拉列表框：选择数据库表接受的数据格式。例如，若某表列只接受数字类型的数据，则选择“Numeric”选项。
- 设置表单对象的属性：根据选择作为数据输入字段的表单对象不同，选项也将不同。对于文本字段、文本区域和文本，可以输入初始值；对于菜单和单选按钮组，将弹出另一个对话框来设置属性；对于复选框，则可以选择“已选中”或“未选中”选项。

完成设置后，单击“确定”按钮，“insert.asp”页面中就添加了表单及相应的服务器行为，如图10-46所示。

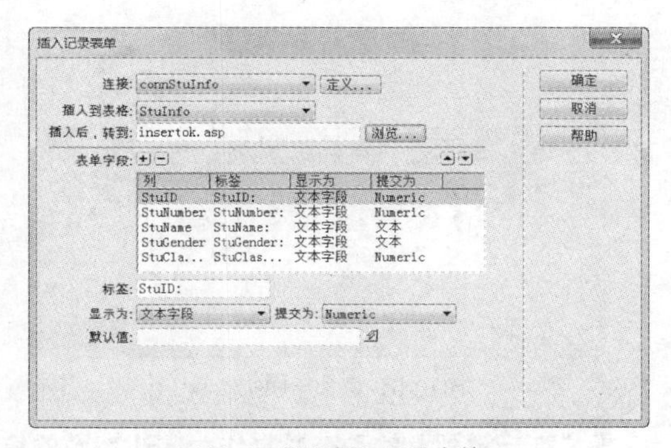

图10-45 设置插入记录表单

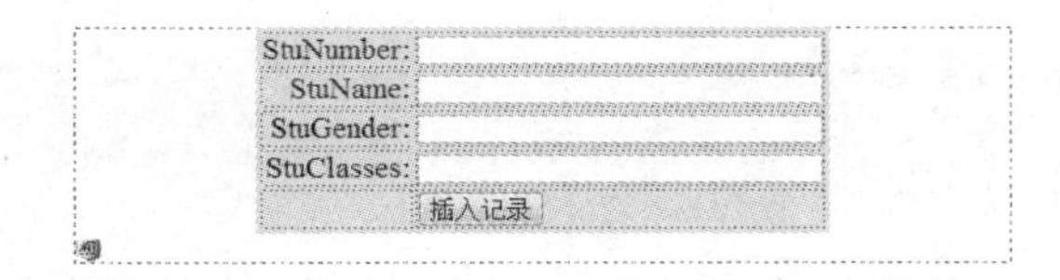

图10-46 “设计”视图下的插入记录表单

保存插入新学生信息记录提交页“insert.asp”后，按【F12】键进行预览，在表单中输入新记录各个字段的数据，单击“插入记录”按钮提交，如图10-47所示。插入记录成功后，跳转至插入记录成功提示信息页“insertok.asp”，如图10-48所示。

直接查看数据库文件或通过“showall.asp”查看所有学生信息记录，可验证该学生信息记录已被成功地添加到数据库中，如图10-49所示。

图10-47 输入新记录各字段数据

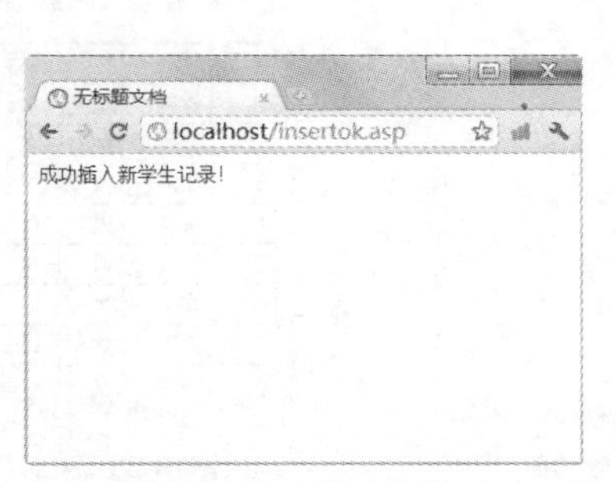

图10-48 插入记录成功提示信息

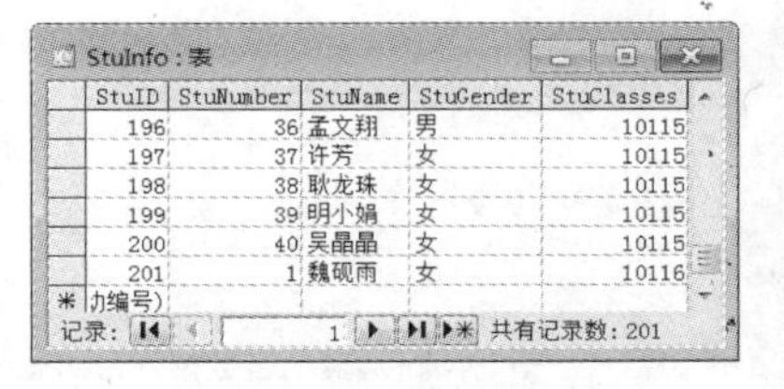

StuID	StuNumber	StuName	StuGender	StuClasses
196	36	孟文翔	男	10115
197	37	许芳	女	10115
198	38	耿龙珠	女	10115
199	39	明小娟	女	10115
200	40	吴晶晶	女	10115
201	1	魏砚雨	女	10116

图10-49 验证已插入的记录

允许管理员级用户更新数据库记录

在站点根目录下新建空白ASP页“update.asp”，作为更新学生信息记录提交页，新建“updateok.asp”

页面作为更新记录成功提示信息页，新建“notauthorized.asp”页面作为未授权提示信息页。

由于更新数据库记录操作无法恢复，因此需要限定仅管理员级用户可访问“update.asp”。

编辑分页显示全体学生信息页“showall.asp”，在动态数据表格中添“更新”列，为每一个数据记录设置编辑超链接。超链接的文字为“更新StuID为 {rsAllStuInfo.StuID} 的学生信息记录”，其中“{rsAllStuInfo.StuID}”部分为动态文本，用户浏览网页时会显示为数据库“StuInfo”表中对应记录的“StuID”列的数据。设置超链接的目标文件为“update.asp”，并单击所选URL文件后的“参数”按钮，设置需要通过URL传递的参数，如图10-50所示。

添加一个新的URL参数URLStuID，单击该参数“值”列后的闪电图标，为其设置动态数据参数，如图10-51所示。

图10-50 设置超链接目标文件

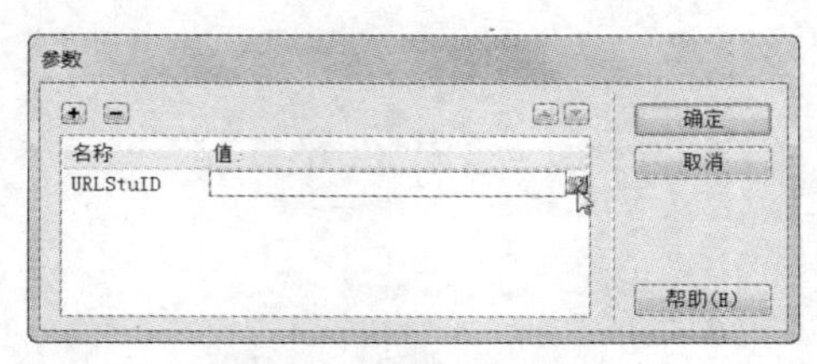

图10-51 添加新URL参数

为了确保能筛选出唯一符合条件的记录，通常选择该记录集“唯一键列”的动态数据作为URL参数的值。本实例中选择rsAllStuInfo数据集的StuID字段作为新URL参数的值，如图10-52所示。

完成以上操作后，用户访问showall.asp时，在每一行数据的末尾可看到一个指向update.asp、URL参数传递值为该行数据对应StuID的超链接，如图10-53所示。

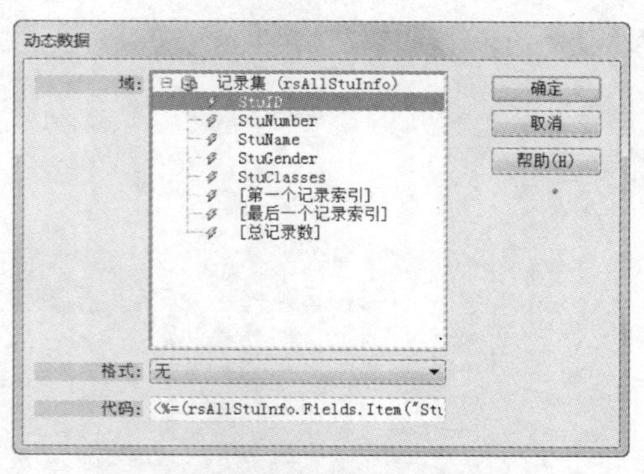

图10-52 选择动态数据作为URL参数的值

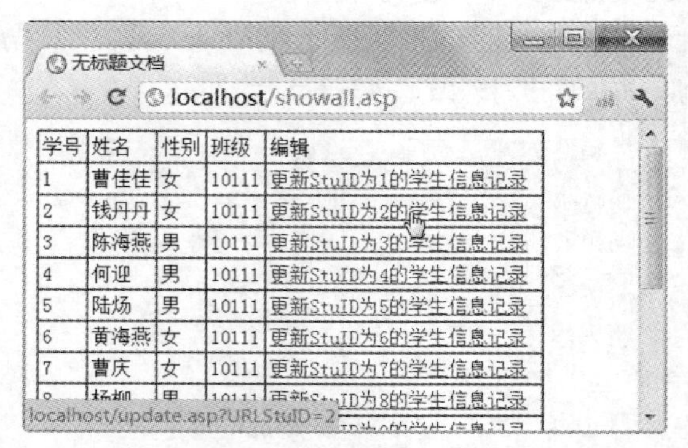

图10-53 添加“编辑”超链接后的showall.asp页

编辑“update.asp”页面，在“绑定”面板中添加数据集（查询），选择数据库“StuInfo”表中“StuID”字段值等于URL参数“URLStuID”所传递值的一条记录作为数据集，如图10-54所示。

在“update.asp”页面编辑状态下选择“插入>数据对象>更新记录>更新记录表单向导”命令，弹出

“更新记录表单”对话框，如图10-55所示。选择“StuInfo”表作为要更新的表格，待更新的数据记录来自“rsUpdateStuInfo”记录集，设置“唯一键列”为“StuID”，并设置更新后跳转的信息提示页。在“表单字段”选项组中指定每个表单对象应该更新数据库表中的哪一列。与插入记录类似，在默认情况下Dreamweaver 为数据库表中的每个列创建一个表单对象。由于“StuInfo”表中的“StuID”字段为自动增长的唯一键ID，因此，为了消除用户输入已存在的StuID值的风险需删除对应于该键列的表单对象，方法是在列表框中将其选中，然后单击减号（－）按钮。

图10-54 设置更新记录数据集

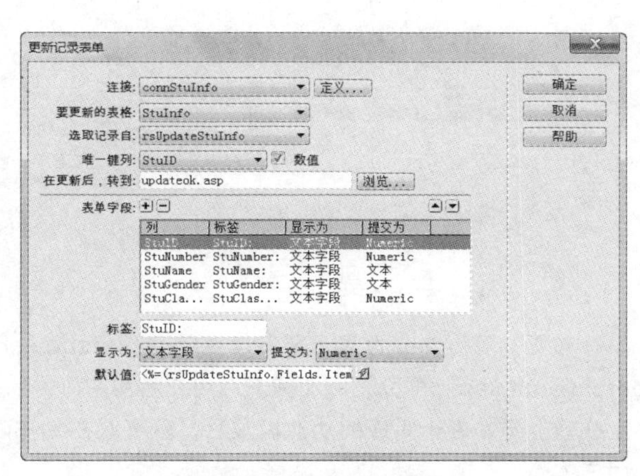

图10-55 设置更新记录表单

预览“showall.asp”页面，单击任意记录后的超链接，即可进入该记录的更新页面，输入新的数据后单击“更新记录”按钮，完成该记录的数据更新，并跳转至更新数据成功提示信息页，如图10-56和图10-57所示。

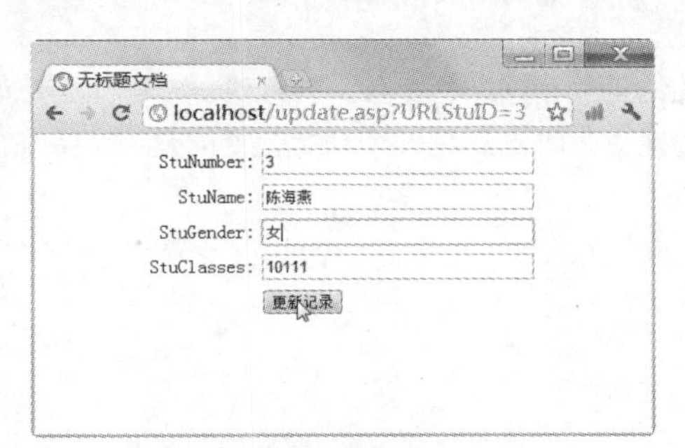

图10-56 更新记录

图10-57 更新记录成功

为防止非管理员用户更新数据，编辑“update.asp”页面，选择“插入>数据对象>用户身份验证>限制对页的访问”命令，弹出“限制对页的访问”对话框，选择“用户名、密码和访问级别”单选按钮，如图10-58所示。

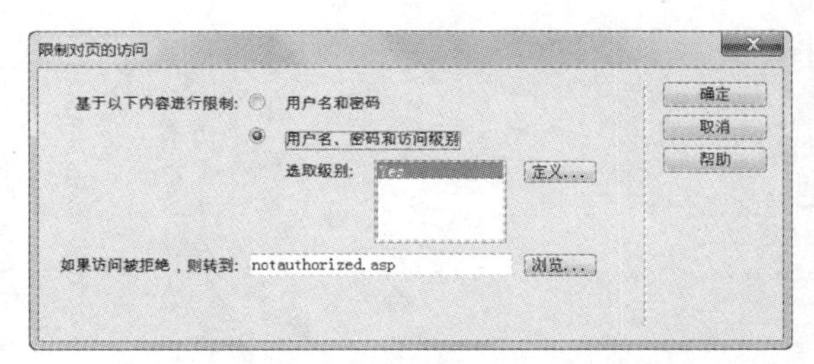

图10-58 设置“限制对页的访问”对话框

单击“选取级别”列表框后的“定义”按钮，弹出“定义访问级别”对话框，在“选取级别”列表框中添加“Yes”作为访问级别，如图10-59所示。该访问级别的字符串应当与存储在数据库中的字符串完全匹配。例如，如果数据库中的授权列包含值"Administrator"，则添加访问级别时应在“名称”文本框中输入“Administrator”（而不是“Admin”）。

完成以上操作后，若未登录用户或普通用户试图访问更新记录页“update.asp”，则会被重定向至未授权提示信息页“notauthorized.asp”，如图10-60所示。

图10-59 添加访问级别

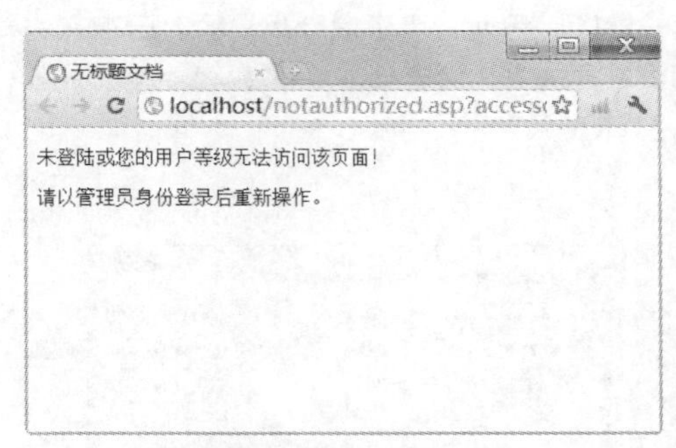

图10-60 未授权提示信息

如有必要，可以为分页显示所有学生信息页“showall.asp”、搜索页“search.asp”和搜索结果显示页“searchresult.sap”等页面添加基于“用户名和密码”的页面访问限制，防止用户绕开登录界面直接访问。

完成动态网站各个页面的功能设置后，就可以在此基础上对页面进行重新布局和美化了，以进一步提升网站的用户体验。

10.5 本章小结

本章主要讲解了动态网站的相关基础知识，包括动态网站的建立和网站的上传，并通过一个学生信息管理动态网站讲解了动态网站的建立过程。当然，对于动态网站的建立来讲这只是一个开始，目的是为了提高广大读者的兴趣，为以后的学习打下一个良好的基础。

11 Photoshop的基础操作

Photoshop作为一种流行的图像处理软件，在工具绘图和图形处理方面都表现得相当出色。但是初学者在掌握这些技能之前，首先要熟悉Photoshop的基本操作，比如简单的复制与粘贴、图像的位置与变形等。只有掌握了这些技能之后，才能得心应手地去绘制或编辑图像。

11.1 了解一些基本操作

在编辑图像过程中，通常需要对图像执行一些基本操作。比如，将一个窗口中的图像移动到另一个窗口中，将图像中某个区域的图像清除等。下面就将对这些基本操作进行详细介绍。

11.1.1 新建文件

在Photoshop CS5中制作平面作品，最常用的方法是新建文件，然后在新文件中粘贴或者导入素材进行编辑。选择“文件>新建”命令或者按【Ctrl+N】组合键，会弹出“新建”对话框，如图11-1所示。设置好相应的选项后，单击“确定”按钮，即可建立一个新的文件。

对话框中各选项的含义如下。

- 名称：可以在文本框中输入新建文件的名称。
- 预设：在该下拉列表框中可以选择新建文件的大小，也可在“宽度”和“高度”文本框中输入值来设置宽度和高度。要想将自定义后的参数选项保存为一个预设参数，单击“存储预设”按钮，弹出“新建文档预设”对话框，如图11-2所示。输入预设名称，选择相应的复选框。再次创建新文件时，如果希望设置同样的参数，只需要在“预设”下拉列表框中选择保存的预设名称即可。
- 分辨率：如果在同样的打印尺寸下，分辨率高的图像比分辨率低的图像包含更多的像素，图像会更清楚更细腻。

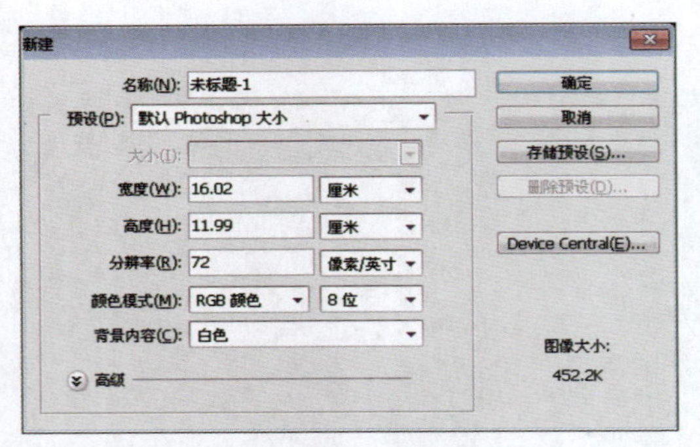

图11-1 “新建”对话框

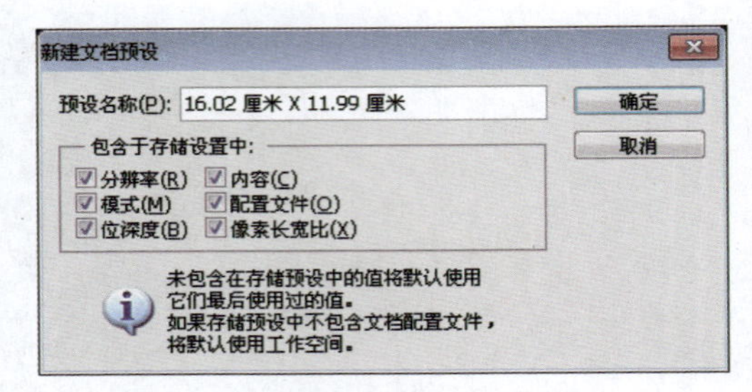

图11-2 “新建文档预设”对话框

- 颜色模式：该下拉列表框中提供了位图、灰度、RGB颜色、CMYK颜色和Lab颜色模式。
- 背景内容：确定画布颜色，选择“白色”选项时，表示用白色（默认的背景色）填充背景或第一个图层；选择“背景色”选项时，表示用当前的背景色填充背景或第一个图层；选择“透明”选项时，表示使第一个图层透明，没有颜色值，最终的文件将包含单个透明的图层。
- 颜色配置文件：单击“高级”按钮，可以展开此选项，可以选择一些固定的颜色配置方案。
- 像素长宽比：可以选择一些固定的文件长宽比例，如方形像素、宽银幕等。

11.1.2 撤销与恢复

如果在操作过程中想要返回上一步或多个步骤的操作，可以使用恢复和还原功能快速返回到以前的编辑状态。在Photoshop中，恢复和还原的操作方式具有其自身的特点。

恢复一步与多步的操作

在Photoshop CS5中，可以还原和重做最近一次的操作，也可以还原和重做多步操作。在图像编辑过程中，选择“编辑>还原”命令，或按【Ctrl+Z】组合键，即可完成撤销最近一步的操作。在还原之后，选择“编辑>重做”命令，可以重做已还原的操作，快捷键同样是【Ctrl+Z】。

使用“还原”和“重做”命令只能撤销或重做最后一步图像操作，选择“编辑>前进一步”命令，或按【Ctrl+Shift+Z】组合键可以还原多步操作，选择“编辑>后退一步”命令，或按【Ctrl+Alt+Z】组合键可以重做多步操作。

使用“历史记录”调板

从打开图像文件开始，所有的操作都将被记录在“历史记录”调板中，选择“窗口>历史记录”命令，打开“历史记录”调板。选中“历史记录”调板上的任何一条历史记录，图像将恢复到当前记录的操作状态，当再次操作时，后面的步骤将被清除。

单击“创建新快照”按钮，可以将当前历史状态下的图像保存为快照效果。如果需要在图像编辑过程中一直保留某个历史状态，就可以为该状态创建“快照”。建立“快照”的目的是，使在清除历史记录的情况下可以根据当时所建的快照进行恢复。

单击“从当前状态创建新文档”按钮，可以将当前历史状态下的图像复制到一个新文件中，新文件具有当前图像文件的通道、图层和选区等相关信息。

拖动某个历史记录或快照至调板底部“删除当前状态”按钮上，可删除该状态。从调板菜单中选择“清除历史记录”命令，可清除所有历史记录，如图11-3所示。

历史记录的设置

“历史记录”调板中系统默认的最大记录数为1 000，只记录从当前操作起最近的1 000步操作。为了得到更多的内存，1 000步以前的操作将会被自动删除。

选择“编辑>首选项>性能”命令，弹出“首选项”对话框，在“历史记录状态”文本框中可以输入历史记录的最大记录数，如图11-4所示。

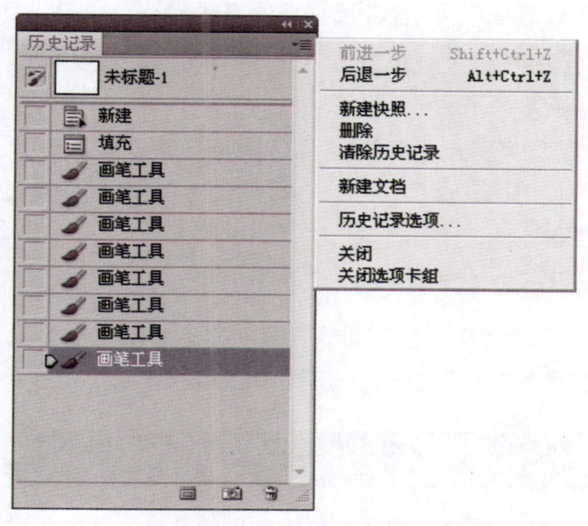

图11-3 “历史记录”调板

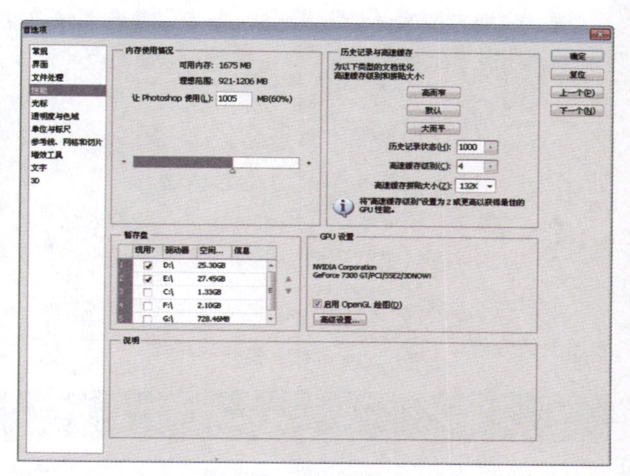

图11-4 设置选项

由于存储历史记录非常消耗系统资源，因此应该根据系统配置和资源状况设置最大记录数。为了使某种处理贯穿工作始终，最好适当将某种处理后的图像效果以快照方式存储起来，有些重要的步骤可以制作为新文件永久存储。

11.1.3 图像的尺寸

选择“图像>图像大小”命令，会弹出“图像大小”对话框，如图11-5所示。通过在“图像大小”对话框中进行设置，可以调整图像的尺寸和分辨率。

按住键盘上【Alt】键的同时，连续按【I】键两次，可快速打开“图像大小”对话框进行设置。

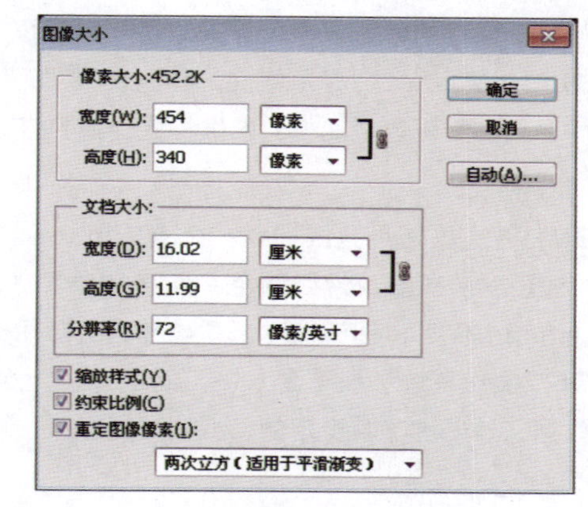

图11-5 “图像大小”对话框

缩放样式和约束比例

在“图像大小”对话框中选择“缩放样式”复选框，则图像在调整大小的同时，添加的图层样式也会相应地进行缩放。

在“图像大小”对话框中选择“约束比例”复选框，此时“宽度”和“高度”文本框右侧将显示链接标记，表示图像尺寸中的宽度和高度等比例发生变化。

重定图像像素

如果在改变图像尺寸或分辨率时，需要图像的像素大小发生变化，也就是让Photoshop进行插值运算，应该选择“重定图像像素”复选框，此时如果减小图像尺寸或分辨率，图像就必须减少像素；如果增大图像尺寸或分辨率，图像就必须增加像素。一般情况下，通常采用中间插值的方法，Photoshop会尽量平滑初始像素和增加像素之间的差异，从而产生图像中的模糊区域。

选择“重定图像像素”复选框后，在“重定图像像素”下拉列表框中可以选择5种插值方式。

- 邻近（保留硬边缘）：该插值方法的运行速度快，但得到的图像效果质量低。
- 两次线性：介于“邻近”和“两次立方”间的插值方法。
- 两次立方（适用于平滑渐变）：该插值方法运行速度慢，可得到最平滑的图像效果。默认状态下，Photoshop采用两次立方插值方法。
- 两次立方较平滑（适用于扩大）：在放大图像时可以采用两次立方较平滑。
- 两次立方较锐利（适用于缩小）：在缩小图像时可以采用两次立方较锐利。

如果在改变图像分辨率时，希望图像总像素数量不变，则应取消选择“重定图像像素”复选框。此时如果增加图像分辨率，图像的打印尺寸就会减少，如果减少图像的打印尺寸，图像的分辨率则就会增加。

11.1.4 图像的格式

在设计工作中，了解一些常用图像格式的特点及其适用范围是很重要的，下面就将对常见的几种图像格式进行介绍。

PSD格式

PSD格式是Photoshop新建和保存图像文件默认的格式，是Adobe Photoshop软件内定的格式。PSD格式是唯一可支持所有图像模式的格式，并且可以存储在Photoshop中除历史记录之外，建立的所有图层、通道、参考线、注释和颜色模式等信息，这样再次进行编辑时就会非常方便。因此，对于没有编辑完成、下次需要继续编辑的文件最好保存为PSD格式。

但由于保存的信息较多，与其他格式的图像文件相比，PSD保存时所占用的磁盘空间相对较大。此外，因为PSD是Photoshop的专用格式，其他软件都无法直接支持，所以，在图像编辑完成之后，应将图像转换为兼容性好并且占用磁盘空间小的图像格式，如TIFF、JPG等格式。

BMP格式

BMP格式的使用范围非常广，是Windows平台标准的位图格式，一般的软件都提供了非常好的支持。BMP格式支持RGB、索引颜色、灰度和位图颜色模式，但不支持CMYK颜色模式的图像和Alpha通道。在Photoshop中保存位图图像时，系统会弹出对话框供用户设置保存选项，可选择文件的格式（Windows操作系统或OS/2操作系统）和深度（1～32位），对于4～8位深度的图像，可选择RLE压缩方案，这种压缩方式不会损失数据，是一种非常稳定的格式。

GIF格式

GIF格式也是一种通用性较强的图像格式，它使用LZW压缩方式压缩文件，最多只能保存256种颜色。GIF格式保存的文件非常轻便，不会占用太多的磁盘空间，非常适合网络上的图片传输。

在保存图像为GIF格式之前，需要将图像转换为位图、灰度或索引颜色等颜色模式。GIF采用两种保存格式，一种为“正常”格式，可以支持透明背景和动画格式；另一种为“交错”格式，可让图像在网络上以由模糊逐渐转为清晰的方式进行显示。

EPS格式

EPS（Encapsulated PostScript）可以说是一种通用的行业标准格式，可同时包含像素信息和矢量信息。除了多通道模式的图像之外，其他模式都可以存储为EPS格式，但是它不支持Alpha通道。EPS格式可以支持剪贴路径，在排版软件中可以产生镂空或蒙版效果。当保存EPS文件时，Photoshop将弹出“EPS 选项”对话框，如图11-6所示。

“预览”下拉列表框用于选择生成EPS图像预览图的方式。一般情况下选择“TIFF（8位/像素）”选项，即256色的预览图，选择“TIFF（1位/像素）”选项将生成黑白的预览图。生成预览图的用途是在图像被置入其他软件中时，用来判断图像的位置和一些色彩的信息。

“编码”下拉列表框用于选择图像文件的编码方式，不同的编码方式生成图像文件的大小和速度会有所不同。

JPEG格式

JPEG是一种高压缩比的、有损压缩真彩色图像文件格式，在注重文件大小的领域中应用广泛。由于其文件占用空间较小，并且可以进行高倍率的压缩，所以网络上大多数要求高颜色深度的图像都使用JPEG格式。JPEG格式是压缩率最高的图像格式之一，但一般不宜在印刷、出版等高要求的场合使用。这是由于JPEG格式在压缩保存的过程中会以失真最小的方式丢掉一些肉眼不易察觉的数据，因此保存后的图像与原图会有所差别，没有原图像的质量好。

JPEG格式支持CMYK、RGB和灰度的颜色模式，但不支持Alpha通道。在保存JPEG格式时，会弹出“JPEG 选项”对话框，如图11-7所示。

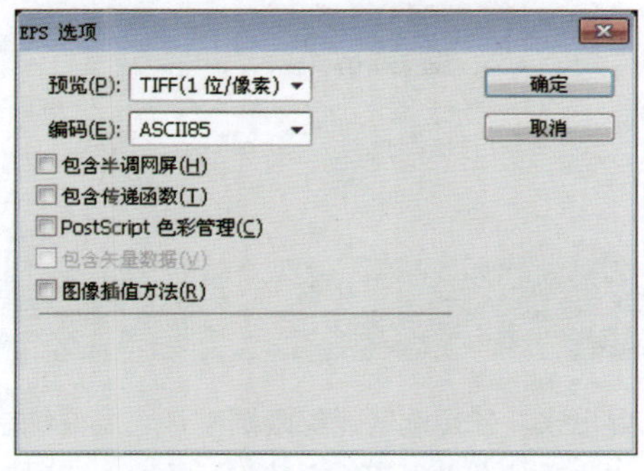

图11-6 “EPS选项”对话框

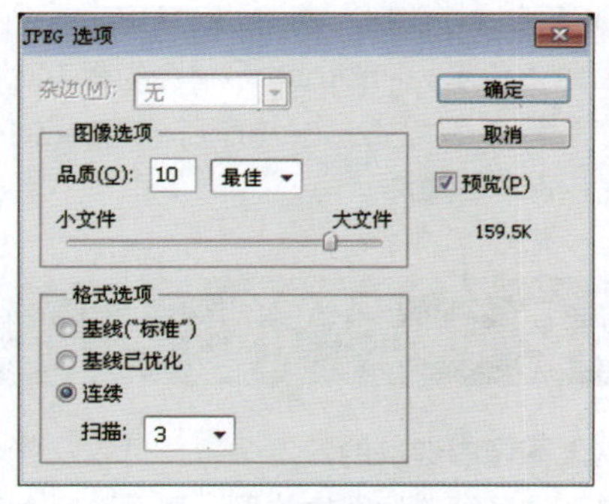

图11-7 “JPEG选项”对话框

在“图像选项”选项组中可选择图像的压缩品质和压缩大小，图像品质越高，压缩比率就会越小，图像文件也就越大。若选择“预览”复选框，则可查看保存后的文件大小。

PDF格式

Adobe PDF是Adobe公司开发的一种跨平台的通用文件格式，能够保存任何源文档的字体、格式、颜色和图形，而不必考虑创建该文档所使用的应用程序和平台。Adobe Illustrator、Adobe PageMaker和Adobe Photoshop程序都可以直接将文件存储为PDF格式。Adobe PDF文件为压缩文件，读者可以通过免费的Acrobat Reader程序进行共享、查看、导航和打印。

PDF格式除支持RGB、Lab、CMYK、索引颜色、灰度和位图颜色模式外，还支持通道、图层等数据信息。

在Photoshop中，可直接打开PDF格式的文件，并可将其进行栅格化处理，转换成像素信息。对于多页PDF文件，可在“打开PDF文件”对话框中设定打开的是第几页文件。PDF文件被Photoshop打开后便成为一个图像文件，可将其存储为PSD格式。

PNG格式

PNG（Portable Network Graphics）的译意是“轻便网络图形”，是Netscape公司专门为因特网开发的网络图像格式，不同于GIF格式的图像，它可以保存24位的真彩色图像，并且支持透明背景和消除锯齿边缘的功能。该格式可以在不失真的情况下压缩保存图像，但由于并不是所有的浏览器都支持PNG格式，所以其使用范围没有GIF和JPEG广泛。PNG格式在RGB和灰度颜色模式下支持Alpha通道，但在索引颜色和位图模式下不支持Alpha通道。

TGA格式

TGA格式是一种通用性很强的真彩色图像文件格式，有16位、24位和32位等多种颜色深度，可以带有8位的Alpha通道，并且可以进行无损压缩处理。

TIFF格式

TIFF格式被广泛用于程序之间和计算机平台之间，用来进行图像数据交换，是印刷行业标准的图像格式，通用性很强，几乎所有的图像处理软件和排版软件都提供了很好的支持。TIFF格式支持RGB、CMYK、Lab、索引颜色、位图和灰度颜色模式，并且在RGB、CMYK和灰度3种颜色模式中还支持使用通道、图层和路径。

进行TIFF格式存储时，将弹出“TIFF 选项”对话框，如图11-8所示。Photoshop将会在保存时提示用户选择图像的压缩方式，以及是否使用IBM PC或Macintosh上的字节顺序。

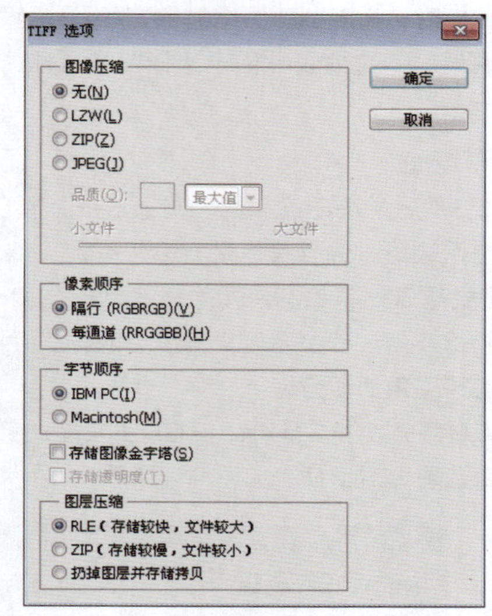

图11-8 “TIFF选项”对话框

11.2 选区的使用

选区就是图像中选取的特定区域，可以从整个图像中分离出来。使用选区能够限制图像绘制或编辑的区域，从而可以得到许多精美的图像效果。建立选区之后，在选区的边界就会出现不断交替闪烁的虚线，以表示选区的范围。用户可以使用多种方法创建选区，并可以在Photohsop中对选区进行编辑，接下来将进行详细介绍。

11.2.1 选区工具创建选区

选区可以分为规则选区（如矩形、椭圆等）和不规则选区两种。通常情况下，规则选区由矩形选框工具、椭圆选框工具等绘制完成，而不规则选区则由套索工具、多边形套索工具和磁性套索工具等绘制完成。

矩形和椭圆选框工具

单击工具箱中的“矩形选框工具”，在图像窗口中按住鼠标并拖动，释放鼠标即可创建出一个矩形选区。如果按【Shift】键进行拖动，可建立正方形选区，按【Alt+Shift】键并拖动，可建立以起点为中心的正方形选区。在矩形选框工具的选项栏中，可以进行羽化和矩形选区大小参数的设置。

用鼠标右键单击工具箱中的“矩形选框工具”，打开选框工具列表，如图11-9所示。选择“椭圆选框工具”，在图像窗口中按住鼠标并拖动，释放鼠标即可创建一个椭圆选区。如果按【Shift】键拖动，可建立正圆选区；按【Alt+Shift】组合键并拖动，可建立以起点为中心的正圆选区。在椭圆选框工具的选项栏中多了一个“消除锯齿”复选框，选择该复选框，可以有效消除选区的锯齿边缘。

单行和单列选框工具

用鼠标右键单击工具箱中的“矩形选框工具”，在打开的选框工具列表中选择“单行选框工具”或“单列选框工具”，直接在图像中单击即可创建1个像素高度或宽度的选区；将这些选区填充颜色，可以得到水平或垂直直线。创建多个单行和单列选区后再填充颜色，可以得到栅格效果，如图11-10所示。

图11-9 选框工具列表

图11-10 单行和单列选框工具

套索工具

利用“套索工具”可以比较随意地创建不规则形状的选区。选择该工具后，在图像窗口中按住鼠标左键沿着要选择的区域进行拖动，当绘制的线条完全包含选择范围后释放鼠标，即可得到所需选区。

“套索工具”创建的选区比较随意，不够精确。因此，对于创建边缘精确程度要求较低的选区来说是非常方便的。创建选区后，切换至“移动工具”，按【Alt】键拖动复制选区图像，即可得到选区中图像的副本，如图11-11所示。

图11-11 复制图像

技 巧

若在鼠标拖动的过程中，终点尚未与起点重合就松开鼠标，则系统会自动封闭不完整的选取区域；在未松开鼠标之前，按【Esc】键可取消选定。

多边形套索工具

“多边形套索工具”通过单击指定顶点的方式创建不规则形状的多边形选区，如三角形、梯形等。

“多边形套索工具”的使用方法与套索工具有些区别，利用“多边形套索工具”创建选区时，首先单击确定第一个顶点，然后围绕对象的轮廓在各个转折点上单击，确定多边形的其他顶点，在结束处双击即可自动封闭选区，或者将光标定位在第一个顶点上，当光标右下角出现一个小圆圈标记时单击，即可得到多边形选区，如图11-12所示。

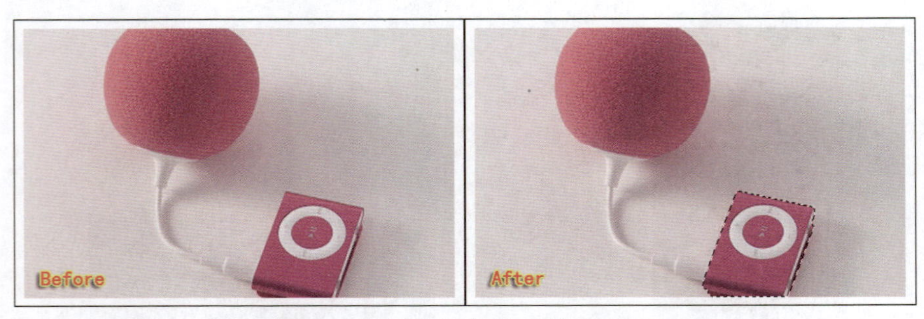

图11-12 使用“多边形套索工具”创建选区

磁性套索工具

“磁性套索工具”特别适用于快速选择与背景对比强烈且边缘复杂的对象。在该工具的选项栏中合理设置“羽化”、“对比度”和“频率”等参数，可以更加精确地确定选区，如图11-13所示。

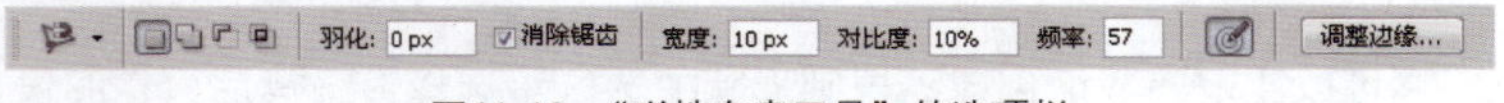

图11-13 “磁性套索工具”的选项栏

该选项栏中各选项的含义如下。

- 宽度：指定磁性套索工具在选取时光标两侧的检测宽度，取值范围在0～256像素之间，数值越大，所要查询颜色的就越相似。
- 对比度：指定磁性套索工具在选取时对图像边缘的灵敏度，输入一个介于1%～100%之间的值。较高的数值将只检测与其周边对比鲜明的边缘，较低的数值将检测低对比度边缘。
- 频率：用于设置磁性套索工具自动插入锚点数，取值范围在0～100之间，数值越大，生成的锚点数也就越多，能更快地固定选区边框。

在边缘精确定义的图像上，可以试用大的宽度和高的对比度，然后大致跟踪边缘。在边缘较柔和的图像上，尝试使用小的宽度和低的对比度，然后更精确地跟踪边框。

设置好工具选项栏中的参数后，移动光标至图像边缘，单击确定开始选择的位置，然后释放鼠标并沿着图像的边缘移动光标，在图像边缘处会自动生成锚点。在终点与起点尚未重合时，双击即可自动封闭选区，或者当终点与起点重合时，光标右下角出现一个小圆圈标记时单击，也可封闭选区，如图11-14所示。

如果产生的锚点不符合要求，按【Delete】键可以删除上一个锚点，也可以通过单击手动增加锚点。

图11-14 使用“磁性套索工具”创建选区

快速选择工具

利用“快速选择工具”选择颜色差异大的图像时会非常直观、快捷。使用“快速选择工具”选取时只需按住鼠标并拖动，就可以像绘画一样选择区域，如图11-15所示。

魔棒工具

“魔棒工具”是依据颜色进行选取的工具。使用“魔棒工具”选取时只需在图像中的颜色相近区域单击即可，能够选取图像中颜色一定容差值范围内相同或相近的颜色区域，如图11-16所示。

图11-15 使用“快速选择工具”创建选区

图11-16 使用“魔棒工具”创建选区

通过在“魔棒工具”选项栏中进行设置，可以更好地控制选取的范围大小，如图11-17所示。

图11-17 “魔棒工具”的选项栏

该选项栏中各选项含义如下。

- 容差：在“容差”文本框中可输入0～255之间的数值，确定“魔棒工具”选取的颜色范围。其值越小，选取的颜色范围与鼠标单击位置的颜色越相近，选取范围也越小。其值越大，选取的相邻颜色越多，选取范围就越广，如图11-18所示。
- 消除锯齿：选择“消除锯齿”复选框，可消除选区的锯齿边缘。
- 连续：选择“连续”复选框，在选取时仅选取与单击处相邻的、容差范围内的颜色相近区域；否则，会将整幅图像或图层中容差范围内的所有颜色相近的区域选中，而不管这些区域是否相近，如图11-19所示。
- 对所有图层取样：选择该复选框后，将在所有可见图层中选取容差范围内的颜色相近区域；否则，仅选取当前图层中容差范围内的颜色相近区域。

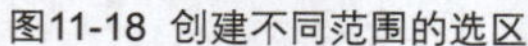

图11-18 创建不同范围的选区

图11-19 不同的选区状态

11.2.2 选择命令创建选区

利用“选择”菜单中的部分命令，可以在不使用工具的状态下在图像中创建选区，包括“全部”、“色彩范围”，以及“在快速蒙版模式下编辑”等命令，下面将进行具体介绍。

全部和取消选择

选择“选部>全选”命令，可以直接选择当前图像文件中的所有对象，或者按【Ctrl+A】组合键也可全部选取，如图11-20所示。选择“选择>取消选择”命令，可以取消对当前图层上图像的选择。

重新选择和反向选择

选择“选择>重新选择”命令，可以重新选择已取消的选区。

“反向”命令用于选择已选区域以外的区域。首先在图中创建一个选区，然后选择“选择>反向”命令，或者按【Shift+Ctrl+I】组合键，选择反向区域，如图11-21所示。

图11-20 全选图像

图11-21 反转选区

色彩范围

“色彩范围”命令是一种特殊的选区创建方式，通过图像中的颜色来确定选取区域，其使用方法与“魔棒工具”相似。选择“选择>色彩范围”命令，弹出“色彩范围”对话框，如图11-22所示。

该对话框中各选项的含义如下。

- 选择：单击该选项的下拉按钮，在打开的下拉列表框中可以选择红色、黄色和绿色等色彩，以及取样颜色。选择“取样颜色”选项后，鼠标会以吸管的形式出现，可用“吸管工具”在图像中需要选取的颜色上单击进行取样。
- 本地化颜色簇：选择该复选框，能够启用本地化颜色簇进行连续选择。
- 颜色容差：颜色容差的作用与“魔棒工具”作用相同，决定选区范围的大小，在对话框中输入数值或直接拖动滑块，即可调节选择颜色的范围。容差数值越高，选择的范围就越大。输入数值的范围在0～200之间。
- 选择范围：在“选择范围”方式中以蒙版的方式查看选区，可直接看到选区的范围。

- 图像：“图像”方式用以查看原图像效果，如图11-23所示。

图11-22 “色彩范围”对话框

图11-23 “图像”方式

- 选区预览：在该下拉列表框中有“无”、“灰度”、“黑色杂边”、“白色杂边”和“快速蒙版”5个选项。当选择“无”选项时，当色彩取样时，原图不变；选择“灰度”选项，则以灰度表示选择区域，图像中的白色部分表示被选中的区域，黑色部分表示未选择的区域；选择“黑色杂边”选项，则显示黑色背景，将图像中未选中的部分以黑色来表示；选择“白色杂边”选项，显示白色背景，将图像中未选中的部分以白色来表示；选择“快速蒙版”选项，则以快速蒙版来表现选择区域，将图像中未选中的部分以半透明的蒙版色蒙住。
- 取样工具：取样工具有3个，分别为“吸管工具”、“添加到取样”和“从取样中减去”，使用这些工具可以添加或减去需要的颜色范围。
- 反相：选择此复选框后，可将选区与蒙版区域互换，它比较适用于图像选区颜色复杂的对象。先选取不需要的颜色，然后选择“反相”复选框，即可选中需要的颜色区域。

在对话框中进行各项设置后，单击“确定”按钮，即可创建出所需的选区，如图11-24所示。

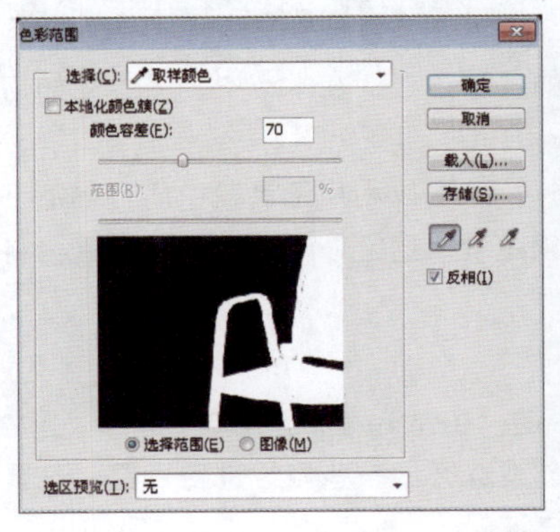

图11-24 创建选区

11.2.3 快速蒙版创建选区

快速蒙版模式允许用户以蒙版形式编辑任何选区。本节将介绍利用快速蒙版进行图像选取的方法与技巧。

双击工具箱中的“以快速蒙版模式编辑”按钮，会弹出“快速蒙版选项”对话框，如图11-25所示。该对话框中各选项的含义如下。

- 被蒙版区域：选择该单选按钮，则被蒙版区域将被设置为黑色，所选区域被设置为白色。
- 所选区域：选择该单选按钮，则被蒙版区域将被设置为白色，所选区域被设置为黑色。
- 颜色：单击该色块，将弹出“选择快速蒙版颜色”对话框，可设置蒙版的颜色。
- 不透明度：输入任意数值，更改蒙版的不透明度。

在快速蒙版模式下，一般采用与“画笔工具”配合的方法创建选区，在“快速蒙版选项”对话框中选择“所选区域”单选按钮，使用“画笔工具”在视图中绘制出所需选区的范围，然后单击“以标准模式编辑”按钮，返回标准模式后，即可观察到绘制的区域转换为了选区，如图11-26所示。

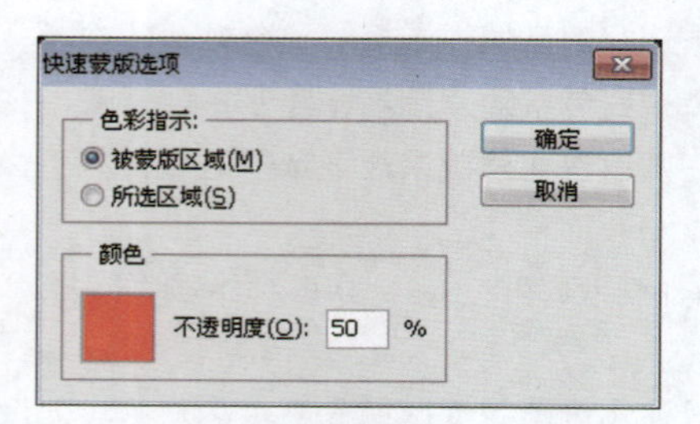

图11-25 “快速蒙版选项”对话框

图11-26 使用快速蒙版功能创建选区

11.2.4 钢笔工具创建选区

在前面的章节中，已向读者介绍了关于如何创建选区的各种方法，在本节中，将介绍如何利用“钢笔工具”创建选区。

在Photoshop CS5中，除了直接创建选区的一些工具外，还可以利用工具箱中的“钢笔工具”来完成选区的创建。如果要利用该工具创建选区，首先应在文件中创建所需选区外形的路径，然后再将路径转化为选区即可。

利用右键菜单

使用“钢笔工具”创建路径后，在视图中单击鼠标右键，在弹出的快捷菜单中选择“建立选区”命令，可弹出“建立选区”对话框。在该对话框中可以预先对所创建选区的一些属性进行设置，设置完毕后，单击“确定”按钮，即可将所绘制的路径转换为选区，如图11-27所示。

利用“路径”调板

在使用“钢笔工具”创建路径后，选择“窗口>路径”命令，打开“路径”调板，单击调板底部的“将路径作为选区载入”按钮，即可将当前创的路径转换为选区，如图11-28所示。

图11-27 将路径转换为选区

图11-28 利用"路径"调板转化路径为选区

11.2.5 调整选区边缘

使用"调整边缘"命令可以对已经创建的选区进行半径、对比度、平滑和羽化等调整，创建选区后选择"选择>调整边缘"命令，弹出"调整边缘"对话框，如图11-29所示。

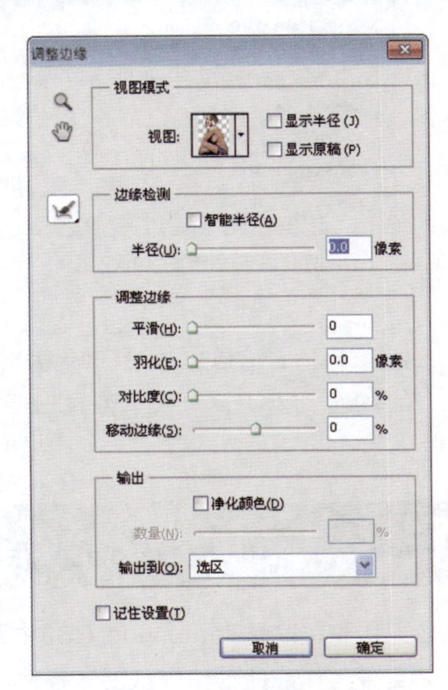

图11-29 "调整边缘"对话框

该对话框中的各选项的含义如下。

- 视图：选择视图以提高调整的可见性，按【F】键可循环切换。
- 显示半径：显示按半径定义的调整区域。
- 显示原稿：查看原始选区。
- 智能半径：使半径自动适应图像边缘。
- 半径：用来调整选区的圆角大小，数值越大，矩形的4个角就越圆滑。
- 平滑：控制选区的平滑程度，数值越大越平滑。
- 羽化：控制选区柔和程度，数值越大，调整的图像边缘越模糊。

- 对比度：用来调整选区边缘的对比程度，结合“半径”或“羽化”选项来使用，数值越大，模糊度就越小。
- 移动边缘：数值越大选区越大，数值越小选区越小。
- 净化颜色：移去图像的彩色边。
- 数量：从图像中移去的彩色边的数量。
- 输出到：将调整应用于所选的输出类型。

在对话框中进行设置后，就可以观察到选区边缘的调整效果，如图11-30所示。

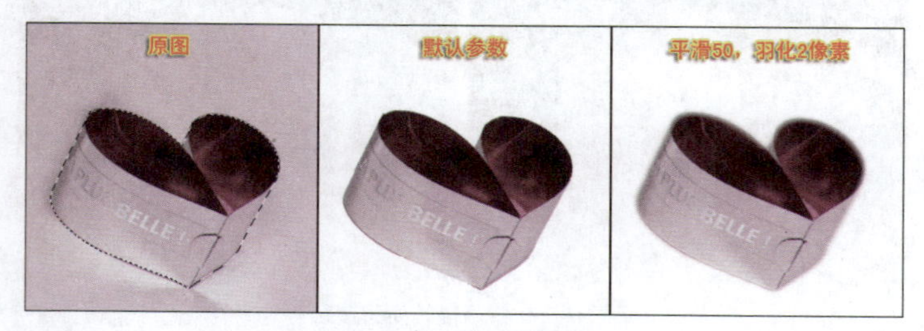

图11-30 调整选区边缘

11.2.6 填充选区

建立选区之后，选择“编辑>填充”命令，会弹出“填充”对话框，如图11-31所示。设置填充内容、混合模式和不透明度参数后，单击“确定”按钮即可完成填充。如果当前图像中不存在选区，则填充效果将作用于整幅图像。

“填充”命令非常强大，不仅可以填充颜色和图案，还可以填充历史记录。填充历史记录可以将选区内的图像或整幅图像恢复到某一个历史状态。图11-32所示为不同的填充方法。

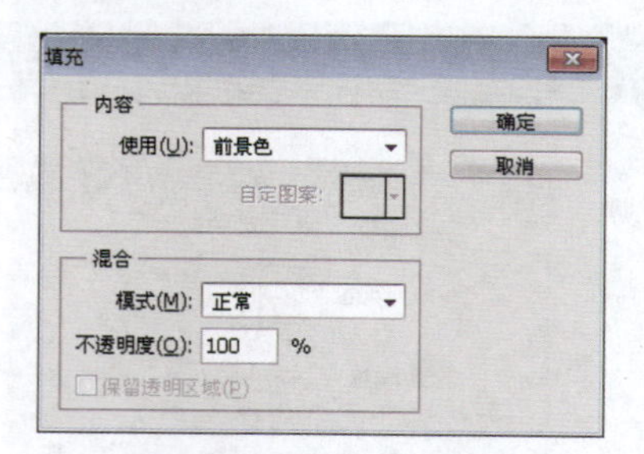

图11-31 “填充”对话框

图11-32 不同的填充方法

技 巧

按【Shift+Backspace】组合键即可打开“填充”对话框。按【Alt+Delete】组合键或【Alt+Backspace】组合键，可填充前景色。按【Ctrl+Delete】组合键或【Ctrl+Backspace】组合键，可填充背景色。

11.3 粘贴的技巧

复制、剪切和粘贴是Photoshop CS5中最基本的操作之一，利用不同的粘贴方法，可以实现一些特殊的艺术效果，并且可为作品的创作提供便利条件。利用“编辑”菜单中提供的“拷贝”和“粘贴”命令，可以完成图像的复制。将在接下来的内容中将进行具体讲解。

11.3.1 复制和剪切

确定图像中的选区后，选择“编辑>拷贝”命令，或按【Ctrl+C】组合键，可将选区内的图像复制到剪贴板中，选择“编辑>合并拷贝”命令，或按【Ctrl+Shift +C】组合键，可以在不影响原图像的情况下将选取范围内所有图层的图像全部复制并放入剪贴板中，而“拷贝”命令仅复制当前图层选取范围内的图像。

选择“编辑>剪切”命令，或按【Ctrl+X】组合键，也可将选区内的图像复制到剪贴板中，但是该区域将从原图像中剪除。

11.3.2 粘贴前和粘贴后

如同11.3.1节中的描述，无论是选择“拷贝”还是“剪切”命令，在图像粘贴前，图像都暂时存放在剪贴板中，此时如果选择“编辑>粘贴”命令，或按【Ctrl+V】组合键，进行粘贴即可得到剪贴板中的图像，如图11-33所示。

图11-33 粘贴图像

11.3.3 原位粘贴

原位粘贴，顾名思义就是将复制或剪切到剪贴板中的图像粘贴到原始的位置。选择“编辑>选择性粘贴>原位粘贴”命令，即可对复制或剪切的内容进行原位粘贴。由于原位粘贴在图像外观上没有太明显的变化，所以可以隐藏原图像进行观察，如图11-34所示。

图11-34 使用“原位粘贴”命令

11.3.4 贴入

选择“编辑>选择性粘贴>贴入”命令，或按【Ctrl+Shift+V】组合键，都可执行贴入操作。使用“贴入”命令时，必须先创建一个选区，当执行该命令后，粘贴的图像只出现在选取范围内，超出选取范围的图像自动被隐藏，使用“贴入”命令能够得到一些特殊的效果，如图11-35所示。

图11-35 使用“贴入”命令

11.4 基本变形

基本变形可应用于某个选区、整个图层、多个图层或图层蒙版，还可以应用于路径、矢量形状、矢量蒙版、选区边框或Alpha通道，操作方法基本相同。图像的基本变形包括自由变换，图像的扭曲、斜切、缩放和透视、水平和垂直翻转，以及新增的操控变形等内容，接下来将进行具体介绍。

11.4.1 自由变换

选择“编辑>自由变换”命令，或按【Ctrl+T】组合键，可以对图像进行自由变换，可以实现缩放、旋转、扭曲和透视等操作。选择该命令后，在选区或图层的四周将出现变换控制框，其中有8个控制点和1个旋转中心。

移动光标至变换框上，光标呈现↔、↕或↗形状，拖动即可缩放图像。

移动光标至变换控制框外侧，光标呈现↷形状，拖动即可旋转图像。

按【Ctrl+Shift+Alt】组合键，将光标移至变换框的任意控制点上，拖动即可透视变形图像。

按【Ctrl+Shift】组合键，将光标移至变换框的任意控制点上，拖动变换选区的控制点，可实现图像的斜切变换操作。

按【Ctrl】键，将光标移至变换框的任意控制点上，随意拖动变换选区的控制点，可不规则变形图像。图11-36所示为几种不同的变换效果。

图11-36 变换图像

11.4.2 扭曲、斜切、缩放和透视

在“编辑”菜单的“变换”子菜单中，包含了一系列用于图像变换的命令，使用这些命令，可以对图像进行特定的操作。

扭曲

选择“编辑>变换>扭曲”命令，图像四周会显示变换控制框，拖动控制点可以随意拖动控制点进行变形，如图11-37所示。

图11-37 扭曲图像

斜切

选择“编辑>变换>斜切”命令，图像四周会显示变换控制框，拖动控制点将使图像在水平或垂直方向上发生斜切变形，如图11-38所示。

缩放

选择“编辑>变换>缩放”命令，图像四周将显示变换控制框，移动光标至变换控制框上方，光标呈现↔、↕或⤢形状，拖动即可缩放图像。若按【Shift】键并拖动，则可以固定比例缩放。

透视

选择“编辑>变换>透视”命令，图像四周也会显示变换控制框，拖动控制点可以使图像发生透视变形，如图11-39所示。

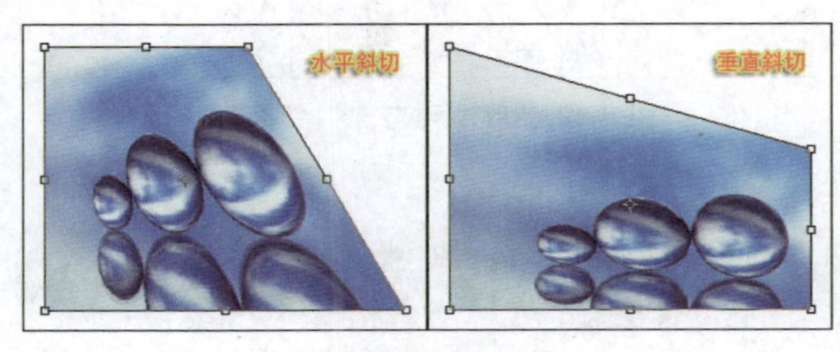

图11-38 斜切变形图像

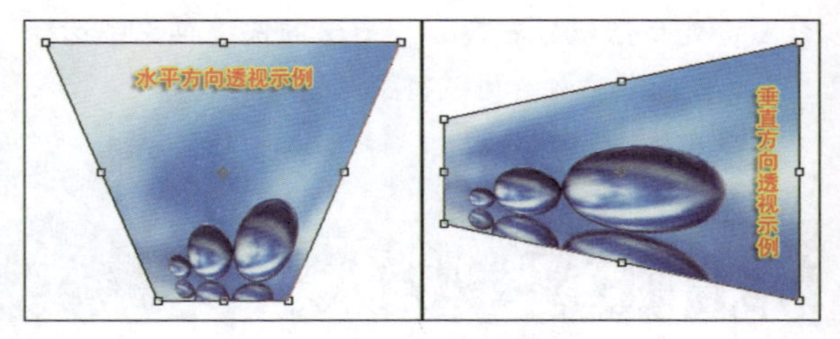

图11-39 创建透视效果

11.4.3 水平和垂直翻转

水平翻转和垂直翻转是Photoshop CS5中的常见操作，也是属于对图像方向上的简单操作。实现这两种操作，也是通过“变换”子菜单中的相关命令来完成。

水平翻转

选择“编辑>变换>水平翻转”命令，可使图像发生水平翻转。或者选择“编辑>自由变换”命令，用鼠标右键单击图像，在弹出的快捷菜单中选择“水平翻转”命令，也可使图像发生水平翻转，如图11-40所示。

垂直翻转

选择“编辑>变换>垂直翻转”命令，可使图像发生垂直翻转。或者选择“编辑>自由变换”命令，用鼠标右键单击图像，在弹出的快捷菜单中选择“垂直翻转”命令，也可使图像发生垂直翻转，如图11-41所示。

图11-40 水平翻转图像

图11-41 垂直翻转图像

11.4.4 操控变形

操控变形功能是Photoshop CS5中的新增功能，属于图像编辑范畴，可以通过定点的方式对图像进行有针对性的变形操作。

选择“编辑>操控变形”命令，图像表面会显示出不规则的三角形网格，用户可以通过单击的方式在网格的交叉点及网格面中添加图钉，图钉以黑边共圈显示。使用鼠标移动图钉，就可以对图像进行变形操作，如图11-42所示。

如果在选择“操控变形”命令后在网格面上单击鼠标右键，会弹出一个快捷菜单，选择其中的“添加图钉”命令，也可以添加图钉。如果在已有图钉处单击鼠标右键，在弹出的快捷菜单中选择“删除图钉”命令，可以将图钉删除。

图11-42 使用“操控变形”变形图像

11.5 切片

如果页面编排已准备就绪，可以输出到Web，读者可以使用Photoshop工具箱中提供的切片工具，将页面版式或复杂图形划分为多个区域，并指定独立的压缩设置（从而获得较小的文件大小）。切片是图像的一块矩形区域，可用于在产生的Web页中创建链接、翻转和动画。

通过将图像划分成切片，可以改善图像文件的大小，利于网页图像的显示，方便网民快速浏览，如图11-43所示。

切片分两种，一种是用户切片，就是用户用切片工具在文档中创建的切片，另一种就是衍生切片，是由用户切片衍生出来的。在每个切片上单击鼠标右键，在弹出的快捷菜单中选择“编辑切片选项”命令，弹出“切片选项”对话框，如图11-44所示。

图11-43 添加切片

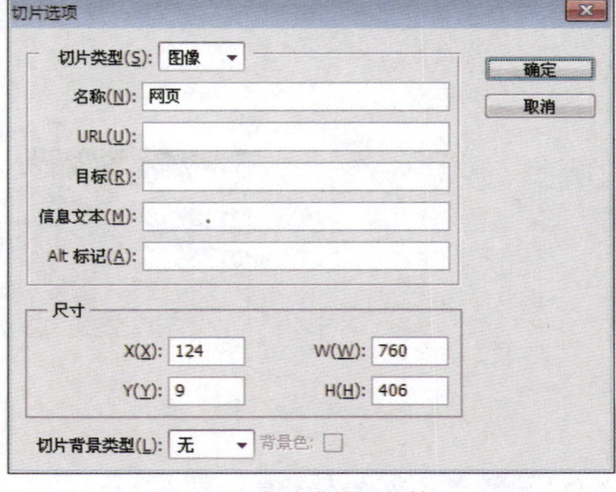

图11-44 “切片选项”对话框

该对话框中的各选项的含义如下。

- 切片类型：在下拉列表框中选择“图像”选项，表示这个切片输出时会生成图像，反之输出时是空的。
- 名称：为切片定义一个名称。
- URL：为切片指定一个链接地址。
- 目标：指定在哪个窗口中打开。
- X和Y：指切片的左上角的坐标。
- W和H：指切片的长度和宽度，可自己定义长和宽。

编辑完切片后，保存为Web所用文件格式，在文件所在的硬盘位置有一个名为“image”的文件夹，里面包含了所有输出为图像的切片。

11.6 综合应用案例

Photoshop中的这些基本操作，在进行网页图像处理或设计时会显得非常重要，因为很多时候当设计师可以非常熟练地使用这些基本操作来编辑图像时，可以提高工作效率。接下来将以一个简单的网页首页效果制作为例，向读者介绍如何在实际工作中应用这些基本操作。

Step 01 启动Photoshop CS5，选择“文件>新建”命令，弹出“新建”对话框，参数设置如图11-45所示，创建一个新文档。

Step 02 选择工具箱中的“矩形选框工具”，在视图中绘制选区，设置前景色为玫红色，在“图层”调板中单击“创建新图层”按钮，新建“图层 1”图层，使用前景色填充选区，如图11-46所示。

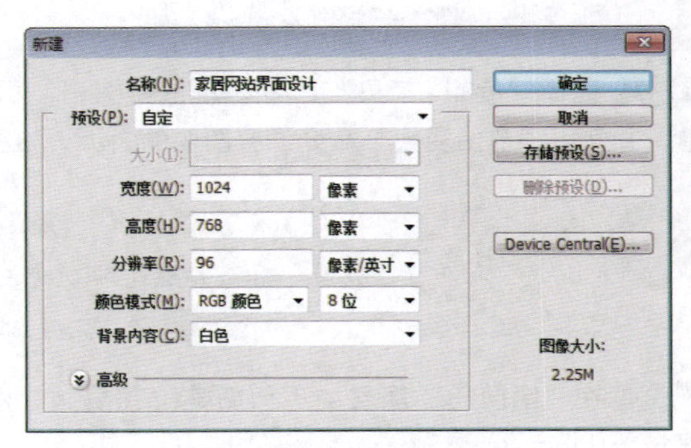

图11-45 “新建”对话框

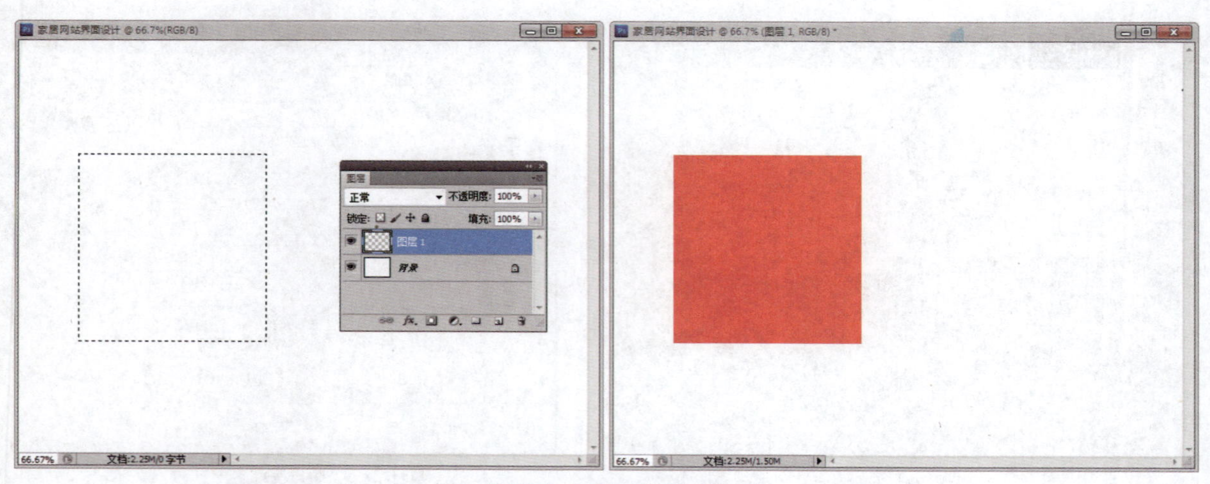

图11-46 创建红色矩形图像

提　示

在绘制选区时，可按【Shift】键，创建出正方形选区；若按【Alt】键，将以单击位置为中心绘制选区。

Step 03 打开本书附带光盘中的“素材\Chapter-11\家居.jpg”文件，使用“移动工具”将“家居”图片拖动到新文档中，然后选择“编辑>自由变换”命令，缩小“家居”图片，如图11-47所示。

Step 04 打开本书附带光盘中的“素材\Chapter-11\沙发.jpg”文件，选择工具箱中的“磁性套索工具”，在选项栏中设置“宽度”为5px，然后在视图中将沙发选中，如图11-48所示。

图11-47 添加素材图像

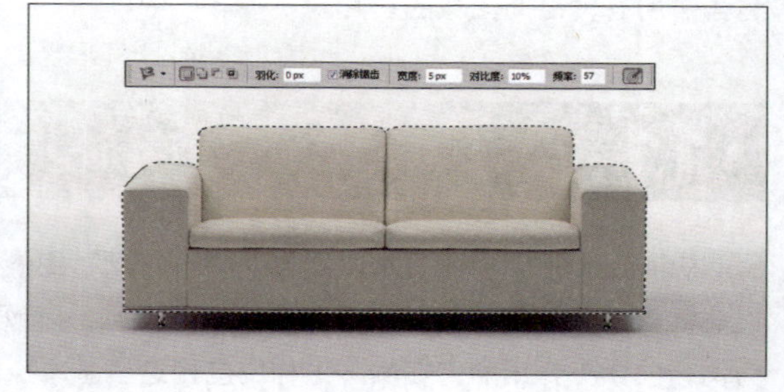

图11-48 创建选区

Step 05 选择“编辑>拷贝”命令，单击新文档，再选择“编辑>粘贴”命令，将沙发图像粘贴到新建的文档中，并使用“自由变换”命令调整图像的大小，如图11-49所示。

提　示

在选择“拷贝”和“粘贴”命令时，可使用快捷键【Ctrl+C】和【Ctrl+V】替代。

Step 06 在“图层 3”图层的下面新建“图层 4”图层，使用工具箱中的“画笔工具”绘制沙发的阴影，如图11-50所示。

图11-49 变换图像大小

图11-50 绘制阴影

Step 07 选择“编辑>自由变换”命令，拖动变换框上方正中的控制柄，将图像适当压小一些，如图11-51所示。

Step 08 打开本书附带光盘中的“素材\Chapter-11\椅子.jpg”文件，选择工具箱中的“魔棒工具”，按住键盘上的【Shift】键，在椅子图像四周的白色图像中单击，将背景选中，然后选择“选择>反向”命令，将椅子图像选中，如图11-52所示。

图11-51 变换图像大小

图11-52 选中椅子图像

Step 09 使用“移动工具”将椅子图像拖动到新建的文档中，并使用“自由变换”命令调整图像的大小，放在家居图像的右上角，如图11-53所示。

图11-53 添加椅子图像

Step 10 打开本书附带光盘中的“素材\Chapter-11\相关信息.psd”文件，选择工具箱中的“移动工具”，按住键盘上的【Shift】键，拖动“组 1”图层组到新建文档中，使该网页的首页信息全部补齐。最后使用“切片工具”为网页图像划分切片，完成整个实例的制作，如图11-54所示。

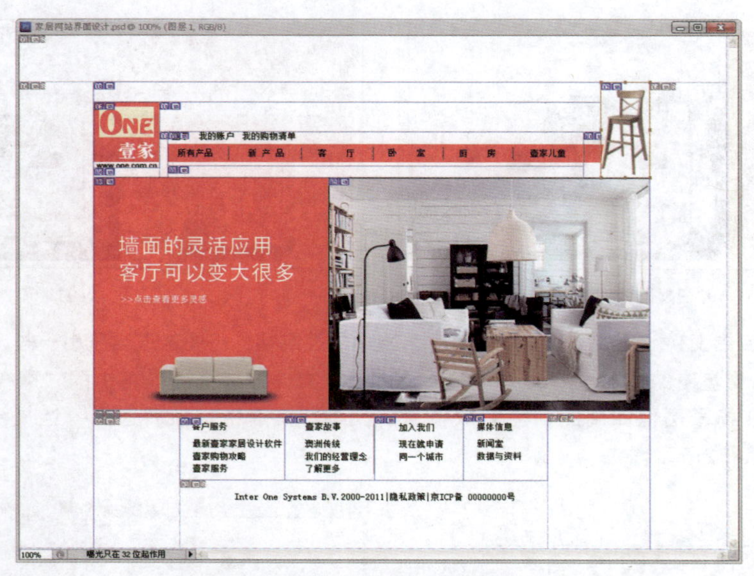

图11-54 添加其他相关信息

11.7 本章小结

Photoshop是专业图像处理人员必须掌握的一个软件，本章主要介绍了Photoshop的一些基本应用，包括文件的建立、图像的格式、选区的应用、粘贴的技巧和图像的变形等操作，并通过了一个实例进一步巩固了所学知识，为后面的学习打下了良好的基础。

Chapter 12 调色命令和修复工具

设置与调整图像颜色是Photoshop CS5中非常重要的功能之一，没有颜色，图像就没有生命。绘制与编辑图像是Photoshop CS5中非常重要的操作，也是设计工作展开的必经过程，通过绘制图像及对图像进行复杂编辑，可以创建出内容充实且丰富的设计作品。这两方面的内容将在本章中进行具体体现。

12.1 调整图像模式

简单来说，颜色模式是一种用来确定显示和打印电子图像色彩的模型，即一幅电子图像用什么样的方式在计算机中显示或打印输出。Photoshop中包含了多种颜色模式，常见的有RGB模式、CMYK模式、灰度模式、Lab模式、位图模式和双色调模式等，每种模式的图像描述、重现色彩的原理，以及所能显示的颜色数量各不相同。

12.1.1 RGB

RGB模式即Photoshop中默认的新建文件颜色工作模式，红（Red）、绿（Green）、蓝（Blue）是光的三原色，绝大多数可视光谱可用红色、绿色和蓝色（RGB）三色光的不同比例和强度混合来产生。在这3种颜色的重叠处产生青色、洋红、黄色和白色。由于RGB颜色合成可以产生白色，所以也称之为加色模式。加色模式一般用于光照、视频和显示器。

RGB模式为彩色图像中的每个像素的分量指定一个介于0（黑色）~255（白色）之间的强度值。当所有这3个分量的值相等时，结果是中性灰色。

12.1.2 CMYK

CMYK模式以打印在纸上的油墨的光线吸收特性为基础。理论上，纯青色（C）、洋红（M）和黄色（Y）色素经过合成，能够吸收所有的颜色并生成黑色，因此该模式也称为减色模式。但由于油墨中含有一定的杂质，所以最终形成的不是纯黑色，而是土灰色，为了得到真正的黑色，必须在油墨中加入黑色（K）油墨。将这些油墨混合重现颜色的过程称为四色印刷。

在准备要用印刷色打印的图像时，应使用CMYK模式。将RGB图像转换为CMYK模式即产生分色。如果从RGB图像开始，则最好先在该模式下编辑，只要在处理结束时转换为CMYK模式即可。在RGB模式下，可以使用“校样设置”命令模拟CMYK转换后的效果，而不必真正更改图像数据。用户也可以使用CMYK模式直接处理从高端系统扫描或导入的CMYK图像。

技　巧

CMYK模式的颜色范围随印刷和打印条件而变化，所以在Photoshop CS5中，CMYK颜色模式会根据用户在“颜色设置”对话框中指定的工作空间的不同而不同。

12.1.3 灰度

灰度模式的图像由256级的灰度组成。图像的每一个像素都可以用0～255之间的亮度来表现。当一幅彩色图像转换为灰度模式时，会弹出“信息”对话框，如图12-1所示。单击“扔掉”按钮，图像中有关色彩的信息将被消除掉，只留下黑、白、灰。亮度是唯一能够影响灰度图像的因素，当灰度值为0（最小值）时，生成的颜色是黑色；当灰度值为255（最大值）时，生成的颜色是白色。

图12-1　转换图像颜色模式

12.2 调整图像色调

针对图像色调的调整操作是Photoshop强大功能的最好体现，它可以针对整个图像或是某个细节颜色变化进行调整，几乎可以达到任何想要得到的颜色效果。在本节中，将针对一些日常工作中经常会使用到的一些调整命令进行讲述。

12.2.1 色阶和曲线

使用“色阶”和“曲线”命令，可以调整图像的明暗变化，而使用“曲线”命令还可以调整一些偏色的图像。

色阶命令

使用“色阶”命令可以校正图像的色调范围和颜色平衡，“色阶”直方图可以用做调整图像基本色调的直观参考，调整方法是使用“色阶”对话框，通过调整图像的阴影、中间调和高光的强度级别来达到最佳效果。选择“图像>调整>色阶”命令，弹出“色阶”对话框，如图12-2所示。

该对话框中各选项的含义如下。

- 预设：用来选择已经调整完毕的色阶效果，单击右侧的下拉按钮即可打开下拉列表框。
- 通道：用来选择设定调整色阶的通道。
- 输入色阶：在对应的参数栏中输入数值或拖动滑块来调整图像的色调范围，可以提高或降低图像对比度。
- 输出色阶：在对应的参数栏中输入数值或拖动滑块来调整图像的亮度范围。在左侧的参数栏中输入数值，可以使图像中较暗的部分变亮；在右侧的参数栏中输入数值，可以使图像中较亮的部分变暗。
- “预设选项”按钮：单击该按钮，可以打开下拉列表框，其中包含“存储预设”、“载入预设”和“删除当前预设”选项。
- “自动”按钮：单击该按钮，可以对图像的色调进行自动调整。
- “选项”按钮：单击该按钮，弹出“自动颜色校正选项”对话框，在其中可以设置“阴影”和“高光”所占的比例，如图12-3所示。

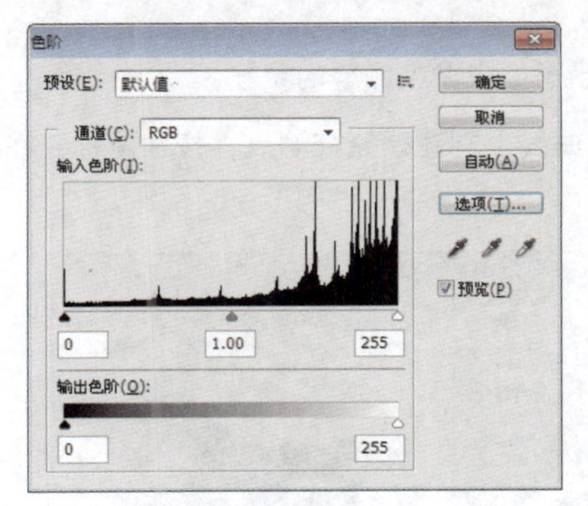

图12-2 “色阶”对话框

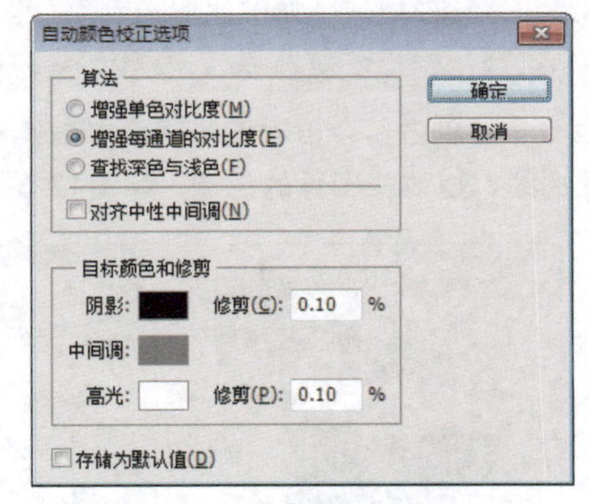

图12-3 “自动颜色校正选项”对话框

- 在图像中取样以设置黑场：用来设置图像中阴影的范围。单击“在图像中取样以设置黑场”按钮后，在图像中选取相应的点并单击，将以单击点为黑场，重新布局图像的色调。
- 在图像中取样以设置灰场：用来设置图像中中间调的范围。单击“在图像中取样以设置灰场”按钮后，在图像中相应的位置单击，重新设置图像的灰场。
- 在图像中取样以设置白场：用来设置图像中高光的范围。单击“在图像中取样以设置白场”按钮后，在图像中选取相应的点并单击，即可重新设置图像的白场，如图12-4所示。

图12-4 设置图像颜色

曲线命令

使用“曲线”命令可调整图像的色调和颜色。打开一幅图像后，选择“图像>调整>曲线”命令（快捷键为【Ctrl+M】），弹出“曲线”对话框中，如图12-5所示。

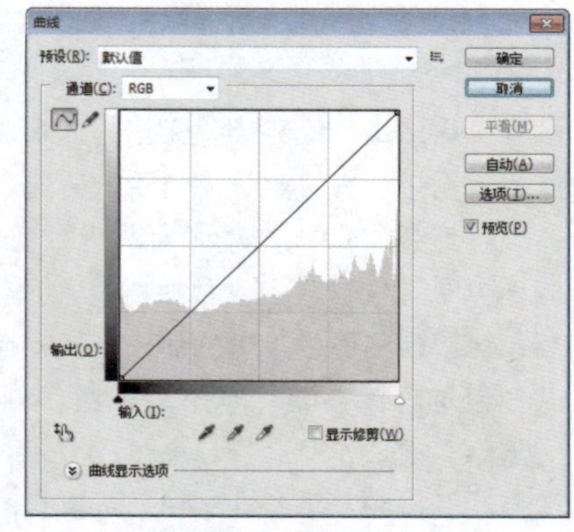

图12-5 “曲线”对话框

该对话框中各选项的含义如下。

- 编辑点以修改曲线：默认情况下，该按钮为选择状态，此时可以在曲线上添加控制点来调整曲线，拖动控制点可以改变曲线形状。
- 通过绘制来修改曲线：单击“通过绘制来修改曲线”按钮，可以随意在直方图内绘制曲线，此时，“平滑”按钮将被激活，以用来控制绘制曲线的平滑度。
- 高光：拖动曲线右上角的高光控制点可以改变高光。
- 阴影：拖动曲线左下角的阴影控制点可以改变阴影。
- 显示修剪：选择该复选框后，可以在预览的情况下显示图像中发生修剪的位置。

在曲线图像上单击，会自动按照图像单击像素点的明暗在曲线上创建调整控制点，按住鼠标并在图像上拖动即可调整曲线，以改变图像的色调，如图12-6所示。

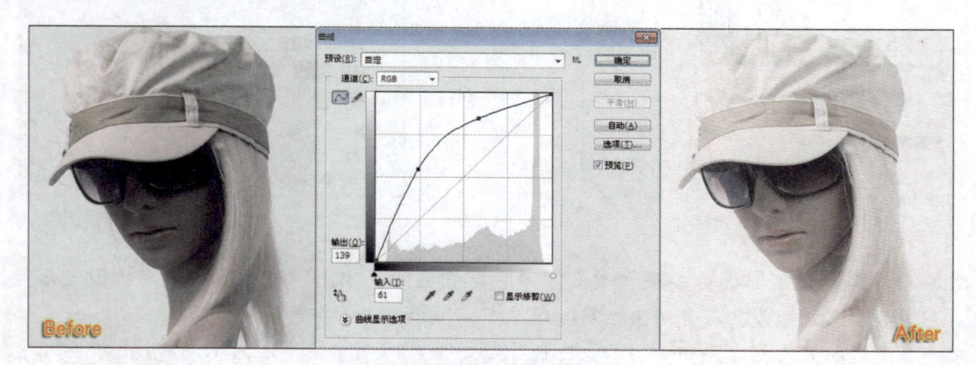

图12-6 提亮图像颜色

单击“曲线”对话框中的“曲线显示选项”按钮，可显示出更多的关于曲线调整的选项，增加显示的各选项含义如下。

- 显示数量：包括“光”和“颜料/油墨”两个单选按钮，分别代表加色与减色颜色模式状态。
- 显示：包括显示不同通道的曲线、浅灰色的对角基准线、显示色阶直方图，以及显示拖动曲线时水平和竖直方向的参考线。
- 显示网格大小：设置色调曲线图的网格显示状态，可选择以1/4色调增量显示简单网格，或是以10%增量显示详细网格。

12.2.2 色相饱和度和色彩平衡

使用“色相/饱和度”和“色彩平衡”命令可以改变图像的色调，其中“色相/饱和度”命令是日常工作中使用最频繁的颜色调整命令，如图12-7所示。

图12-7 改变图像色调

色相/饱和度命令

“色相/饱和度”命令可以改变图像的颜色，并可以应用新的色相与饱和度值给图像着色。打开一幅图像，选择“图像>调整>色相/饱和度”命令（快捷键为【Ctrl＋U】），弹出“色相/饱和度”对话框，如图12-8所示。

该对话框中各选项的含义如下。

- 预设：系统保存的调整数据。
- 编辑：用来设置调整的颜色范围，在其下拉列表框中列出了各种颜色范围。
- 着色：选择该复选框后，将彩色图像自动转换成单一色调的图像，如图12-9所示。
- 在图像上单击并拖动可修改饱和度。按住Ctrl键单击可修改色相；单击按钮，使用鼠标在图像的相应位置单击并拖动时，会自动调整被选取区域颜色的饱和度。

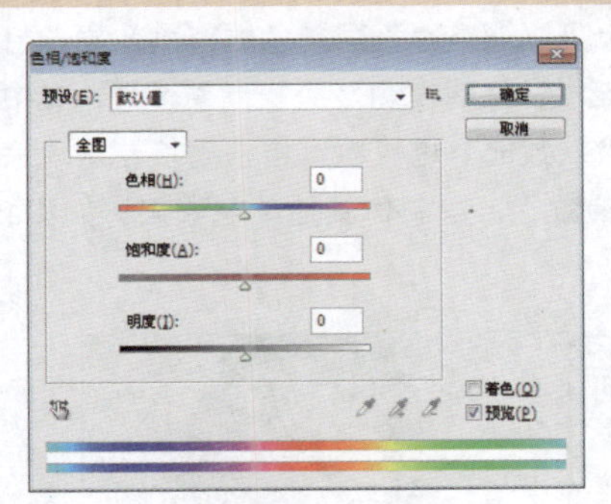

图12-8 “色相/饱和度”对话框

图12-9 为图像着色

在“色相/饱和度”对话框的“编辑”下拉列表框中选择单一颜色后，“色相/饱和度”对话框的其他功能会被激活。

该对话框中各选项的含义如下，如图12-10所示。

- “吸管工具”按钮：单击该按钮后，可以在图像中选择具体的编辑色调。
- “添加到取样”按钮：单击该按钮后，可以在图像中为已选取的色调再增加调整范围。
- “从取样中减去”按钮：单击该按钮后，可以在图像中为已选取的色调减少调整范围。

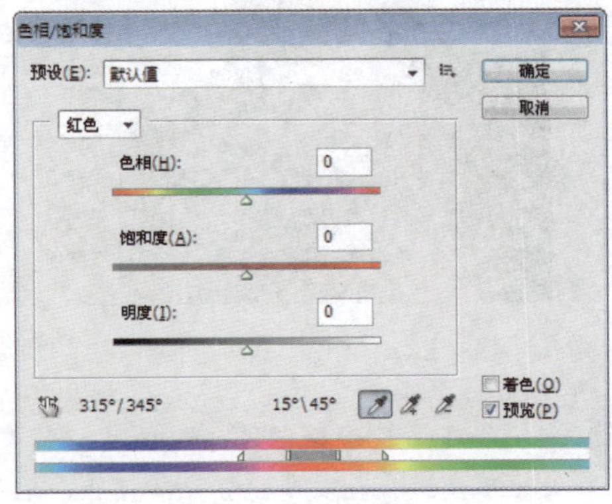

图12-10 设置不同选项

色彩平衡

使用“色彩平衡”命令可以单独对图像的阴影、中间调和高光进行调整，从而改变图像的整体颜色。选择“图像>调整>色彩平衡”命令，弹出“色彩平衡”对话框，如图12-11所示。

“色彩平衡”命令是根据在校正颜色时要增加基本色、降低相反色的原理设计的。所以在该对话框中，青色与红色、洋红与绿色、黄色与蓝色分别相对应。也就是说在图像中增加黄色，对应的蓝色就会减少；反之就会出现反效果。使用“色彩平衡”命令调整图像色调的效果，如图12-12所示。

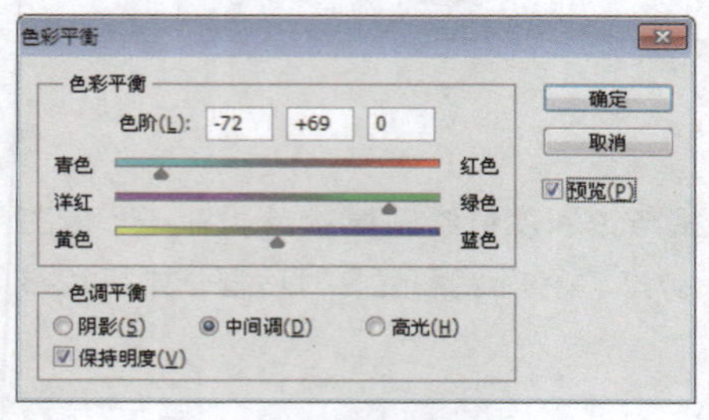

图12-11 “色彩平衡”对话框

图12-12 使用“色彩平衡”命令调整图像色调

12.2.3 去色和黑白

“去色”和“黑白”命令可以将彩色图像转变为灰色的图像效果。使用“去色”命令可以去除图像中的饱和度信息，将彩色图像转换为相同颜色模式下的灰度图像。

使用“黑白”命令可以将图像调整为具有艺术感的黑白效果，也可以调整为不同单色的艺术效果。打开一幅图像，选择“图像>调整>黑白”命令，弹出“黑白”对话框。在该对话框的左侧是颜色调整区域，其中包括对红色、黄色、绿色、青色、蓝色和洋红的调整，可以在参数栏中输入数值，也可以直接拖动控制滑块来调整颜色。若是选择“色调”复选框，可以激活“色相”和“饱和度”参数栏，以制作其他单色效果，如图12-13所示。

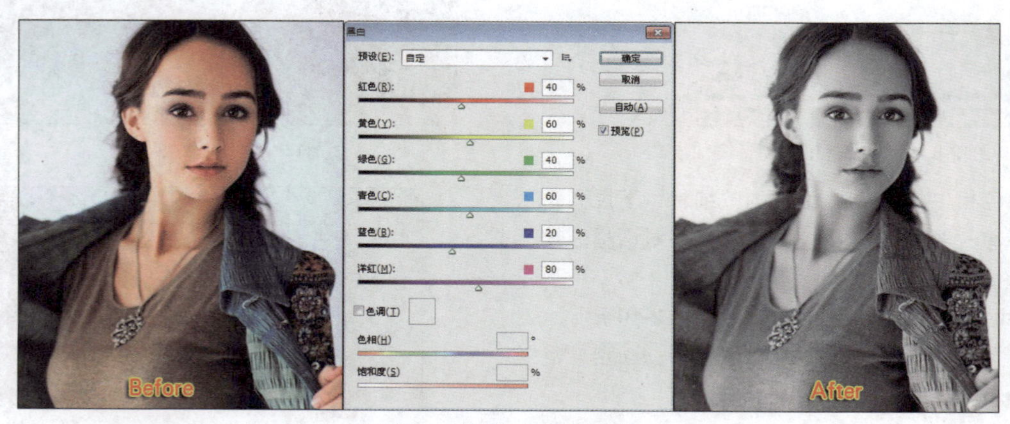

图12-13 设置图像为黑白色调

技　巧

在该对话框中进行设置时，如果对当前的效果不满意，可以按住键盘上的【Alt】键，此时“取消”按钮变为“复位”按钮，单击该按钮，可以恢复对话框最初的状态，以便于重新设置。

12.3 修复图像

在设计制作图像的过程中，不是所有收集到的素材都刚好合适使用，很多图片需要进行润色或是修改，这时就需要使用Photoshop中的修复画笔、图章等修复工具。使用这些工具可以去除图像中的污点、瑕疵等，再配合其他工具，就可以制作出精致、漂亮的图像效果。

12.3.1 修复画笔

使用修复画笔工具组中的工具可以去除图像中的污点、日期等内容，起到净化画面的效果。其中“红眼工具”专门用来去除照片中拍摄的红眼现象。

污点修复画笔工具

使用“污点修复画笔工具”可以轻松地去除图像中的瑕疵。打开需要修改内容的图像，从工具箱中选择“污点修复画笔工具”，首先查看要修复位置的图像大小，然后设置画笔的大小，将画笔的大小设置得与要修复位置的图像大小略大一些，直接在要修复的位置上单击并拖动鼠标，即可修复图像。

其选项栏中各选项的含义如下。

- 模式：用来设置修复图像时的混合模式，当选择“替换”选项时，可以保留画笔描边边缘处的杂色、胶片颗粒和纹理。
- 近似匹配：选择该单选按钮，如果没有为污点建立选区，则样本自动采用污点外部四周的像素；如果在污点周围绘制选区，则样本采用选区外围的像素。
- 创建纹理：选择该单选按钮，使用选区中的所有像素创建一个用于修复该区域的纹理，如图12-14所示。如果纹理不起作用，请尝试再次拖过该区域。
- 内容识别：所谓内容识别，就是当对图像的某一区域进行覆盖填充时，由软件自动分析周围图像的特点，将图像进行拼接组合后填充在该区域并进行融合，从而达到快速无缝的拼接效果。
- 对所有图层取样：选择该复选框后，可以针对当前所有可见图层进行取样并修复。

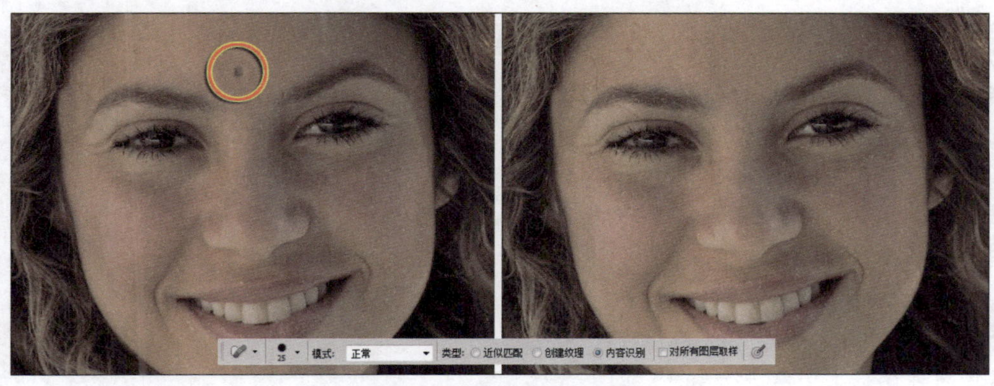

图12-14 修复人物面部图像瑕疵

修复画笔工具

使用“修复画笔工具”可以使用指定位置的图像内容来修复图像。选择“修复画笔工具”，按住键盘上的【Alt】键在视图中单击进行取样，然后在需要修复的图像上绘制，即可修复图像。

在工具箱中选择“修复画笔工具”后，选项栏会自动变为该工具所对应的选项设置，通过选项栏可以对该工具进行相应的属性设置。

其选项栏中各选项的含义如下。

- 模式：用来设置修复时的混合模式。
- 图案：可以在“图案”拾色器中选择一种图案来修复目标。
- 对齐：选择该复选框后，只能用一个固定位置的同一图像来进行修复。
- 样本：选择选取复制图像时的源目标点。选择“当前图层”选项，则选择正在处于工作中的图层为目标点；选择“当前和下方图层”选项，则处于工作中的图层和其下面的图层为目标点；选择“所有图层”选项，则将多层文件看做为单图层文件。图12-15所示为使用“修复画笔工具”去除背景上的杂斑的效果。

图12-15 去除背景上的杂斑

修补工具

使用“修补工具”可以用其他区域或者图案中的像素来修复选中的区域，将样本像素的纹理、光照和阴影与源像素进行匹配。

选择“修补工具”，其选项栏中各选项的含义如下。

- 源：指要修补的对象是现在选中的区域。
- 目标：与“源”相反，要修补的是选区被移动后到达的区域而不是移动前的。
- 透明：选择“透明”复选框，运用“修补工具”对图像进行修补时，会将目标样本透明处理在源样本中。

当选择“源”单选按钮后，可以将选区边框拖移到想要从中进行取样的区域。松开鼠标后，原来选中的区域将使用样本像素进行修补；如果选择“目标”单选按钮，可以将选区边框拖移到要修补的区域。松开鼠标后，即会使用选中区域修补新的区域，如图12-16所示。

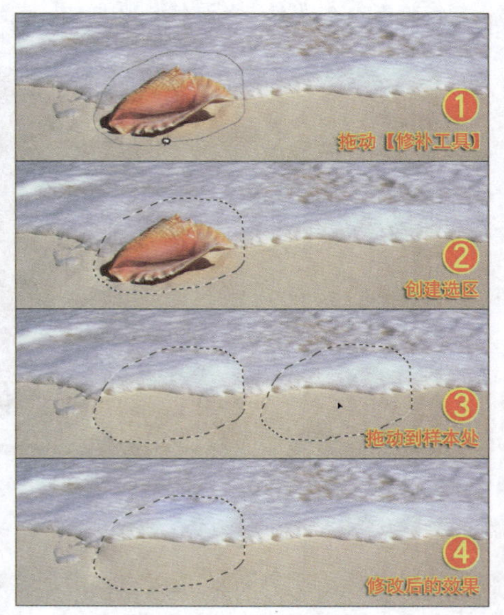

图12-16 修补图像

红眼工具

使用“红眼工具”可以去除闪光灯拍摄的人物照片中的红眼。在工具箱中选择该工具，其选项栏包含两个选项，其中“瞳孔大小”参数用以设置眼睛瞳孔或中心黑色部分的比例大小，如图12-7所示。

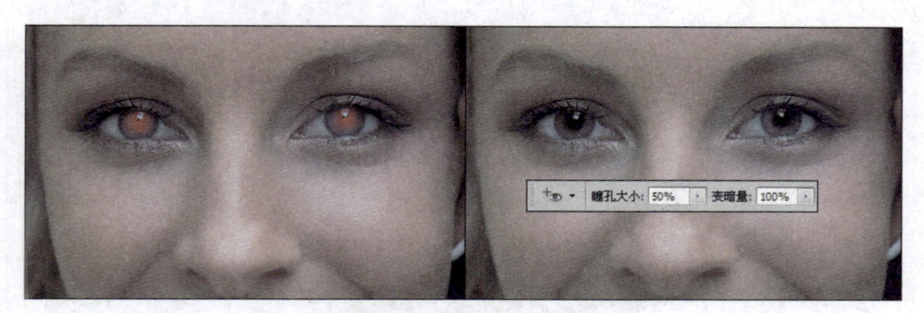

图12-17 去除红眼

12.3.2 图章工具

图章工具是常用的修饰工具，主要用于对图像的内容进行复制，可以选择图像的不同部分，并将它们复制到同一个文件或另一个文件中，以修补局部图像的不足。图章工具包括“仿制图章工具”和“图案图章工具”两种。

仿制图章工具

使用“仿制图章工具”可以从图像中取样，然后将样本应用到其他图像或同一图像的其他部分。选择“仿制图章工具”后，按住【Alt】键在图像中要仿制的区域上单击，进行取样，然后在其他区域进行涂抹即可。

图案图章工具

“图案图章工具”可以利用图案进行绘画。选择该工具后，单击工具选项栏中的“图案”拾色器，打开一个列表框，在该列表框中用户可以选择所需的图案。在“模式”下拉列表框中可以设置图案与被编辑区域的融合模式，然后在“不透明度”文本框中设置画笔的透明度，就可以在图像中进行绘制了。图12-18和图12-19所示为使用该工具的效果。

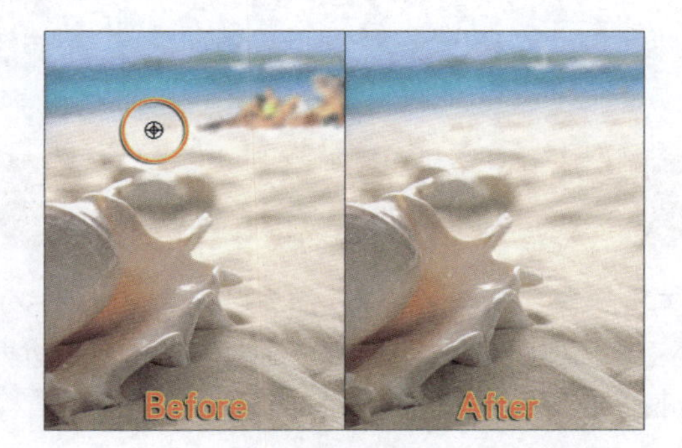

图12-18 使用“仿制图章工具”编辑图像

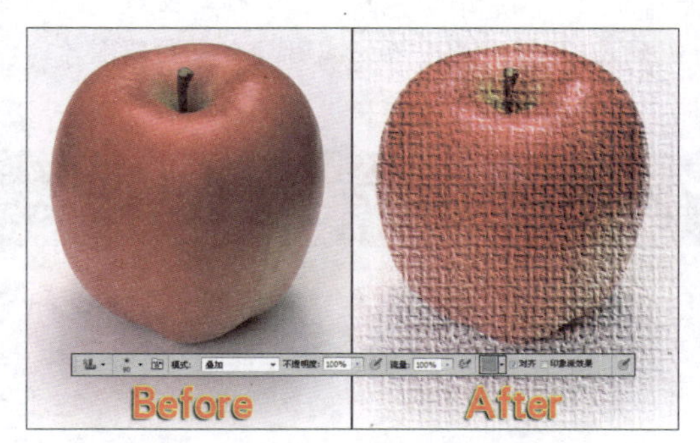

图12-19 使用“图案图章工具”编辑图像

12.3.3 消失点

使用“消失点”滤镜可以在包含透视平面（例如，建筑物侧面或任何矩形对象）的图像中进行含有透视效果的调整编辑。打开一幅图像，选择“滤镜>消失点”命令，弹出“消失点”滤镜对话框，如图12-20所示。

图12-20 “消失点”对话框

左侧工具栏中各个按钮的含义如下。

- 编辑平面工具：用于选择、编辑和移动调整透视网格，并调整透视网格的大小。按住【Ctrl】键拖移某个边节点，可以拉出一个垂直平面。
- 创建平面工具：可以沿要修改图像的边缘创建透视网格。
- 选框工具：建立选区，在网格中可以建立相同透视的选区。
- 图章工具：其功能与工具箱中的“仿制图章工具”相同。
- 画笔工具：在透视网格中用选定的颜色绘制。
- 变换工具：对选区中的图像进行变形。
- 吸管工具：在网格或图像上选取颜色。
- 抓手工具：用于查看图像时移动窗口内的图像。
- 缩放工具：用于放大或者缩小视图范围。

12.4 画笔工具的使用

Photoshop的绘图工具包括“画笔工具”和“铅笔工具”。利用“铅笔工具”绘制图像基本与“画笔工具”相似，两者主要的区别就在于“铅笔工具”绘制的图像边界比较硬，“画笔工具”绘制的图像边界效果比较平滑。因为这两个工具的功能基本相同，在此将以“画笔工具”为例进行讲述。

12.4.1 选择预设画笔

“画笔工具”默认使用前景色进行绘制，其使用方法非常简单，选择工具箱中的“画笔工具”，在选项栏中设置画笔大小和透明度后，就可以直接进行绘制了。

Photoshop提供了许多实用的预设画笔，在工具选项栏中单击画笔预设，打开“画笔预设”面板，拖动滚动条即可浏览并选择所需的预设画笔，如图12-21所示。

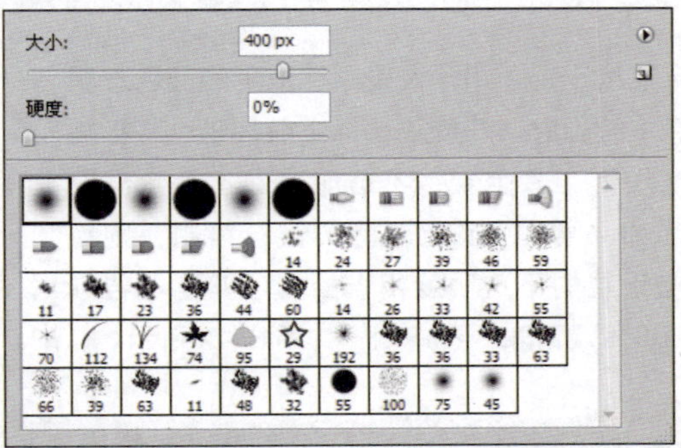

图12-21 使用“画笔工具”绘制图像

提 示

选择画笔工具或铅笔工具后，在图像窗口的任意位置单击鼠标右键，即可快速打开“画笔预设”面板。

12.4.2 设置画笔大小和硬度

在“画笔预设”面板中，“大小”参数用于设置画笔大小，参数越大，画笔越大。“硬度”参数用于设置画笔笔刷的边缘硬度，参数越大，边缘越清晰，反之则画笔边缘成渐隐效果，如图12-22所示。

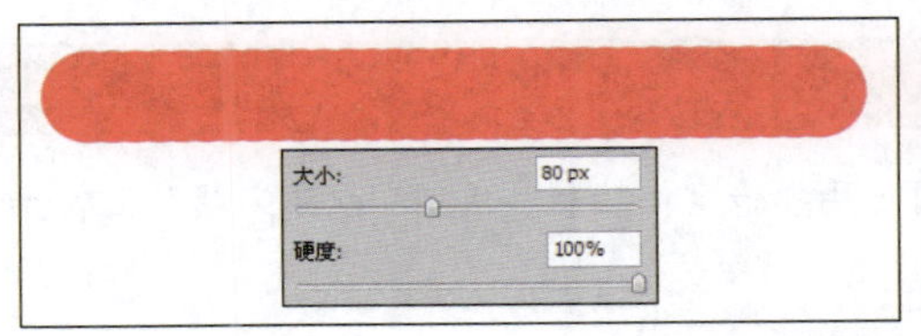

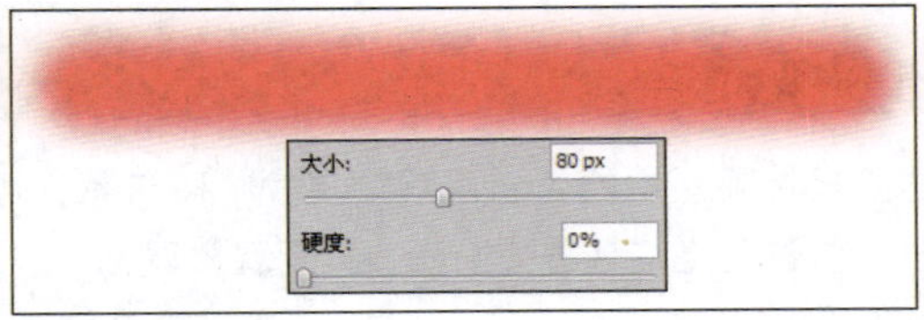

图12-22 不同边缘的画笔效果

技 巧

在实际工作中，经常使用快捷键调整画笔的粗细，按【[】键可以细化画笔，按【]】键可以加粗画笔。对于实边圆、柔边圆和书法画笔，按【Shift+[】组合键可以减小画笔硬度，按【Shift+[】组合键可以增加画笔硬度。

12.4.3 模式

工具选项栏的“模式”下拉列表框用于设置画笔绘画颜色与底图的混合效果，如“正常”、“溶解”和“正片叠底”等，不同的设置模式会产生不同的图像效果，如图12-23所示。

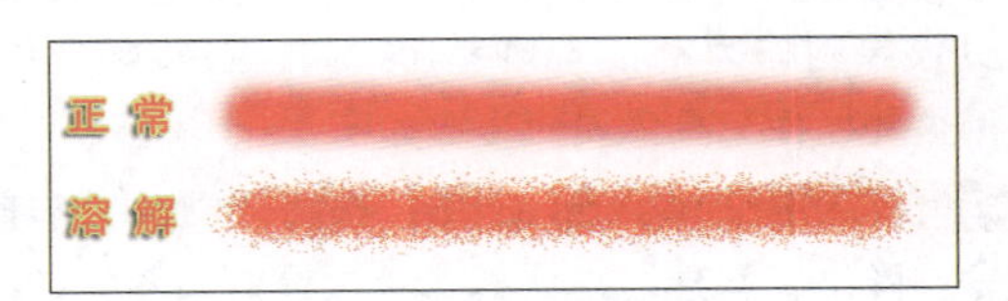

图12-23 不同模式的画笔效果

12.4.4 不透明度

“不透明度”选项用于设置画笔应用的颜色透明度。在图像中绘画时，在释放鼠标之前，无论将指针移动到该区域上方多少次，不透明度都不会超出设定的级别。如果再次在该区域上方进行绘制，则将会再应用与设置的不透明度相当的其他颜色。若不透明度为100%，则表示不透明，如图12-24所示。

图12-24 不同透明度的画笔效果

12.4.5 流量

设置当将指针移动到某个区域上方时应用颜色的速率。在某个区域上方进行绘画时，如果一直按住鼠标，颜色量将根据流动速率增大，直至达到不透明度设置。例如，如果将“不透明度”和“流量”都设置为50%，则每次移动到某个区域上方时，其颜色会以50%的比例接近画笔颜色。除非释放鼠标按钮并再次在该区域上方绘制，否则总量将不会超过50%的不透明度。“流量”选项用于设置画笔墨水的流量大小，该数值越大，绘制的笔触线条越流畅，如图12-25所示。

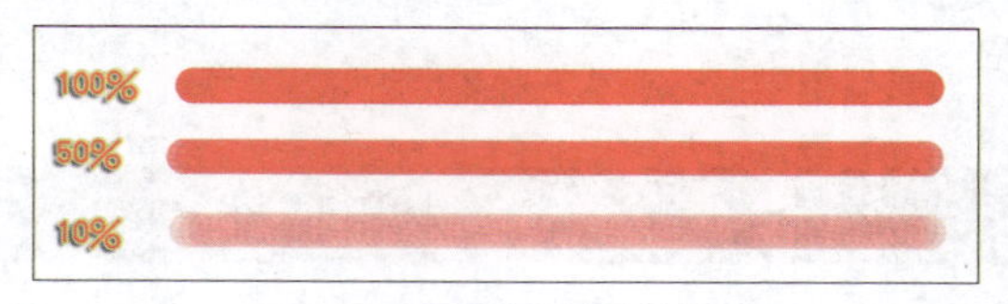

图12-25 不同流量的画笔效果

12.4.6 喷枪

单击工具选项栏中的“启用喷枪模式”按钮，可启用喷枪工作状态。使用“画笔工具”绘制时按住鼠标不放，前景色将在单击处淤积，直至释放鼠标。

12.5 综合应用案例

在进行网页设计时，Photoshop中的调色命令和修复工具显得非常重要，因为很多时候网页上需要的素材或是要展现的照片，通常情况下都不是那么完美，这时就需要通过既简便又专业的方法来对图像进行调色或者修复。接下来将以一个简单的网页首页效果制作为例，向读者介绍如何在实际工作中应用这些操作。具体操作步骤如下。

Step 01 启动Photoshop CS5，选择“文件>新建”命令，弹出“新建”对话框，参数设置如图12-26所示，创建一个新文档。

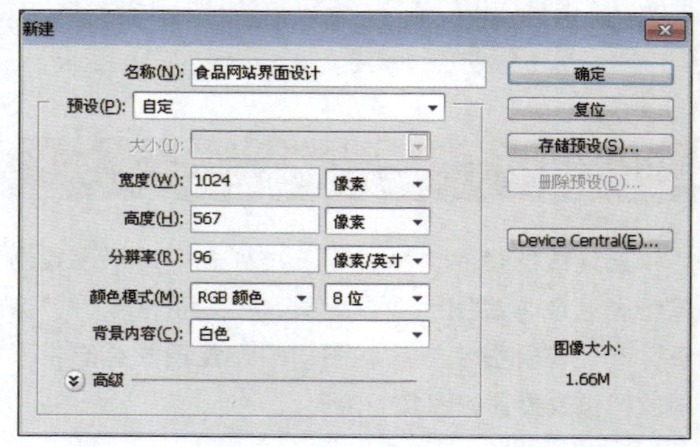

图12-26 新建文件

Step 02 单击“图层”调板底部的“创建新的填充或调整图层”按钮，在打开的下拉列表框中选择“渐变”选项，弹出“渐变填充”对话框，参数设置如图12-27所示，创建渐变背景。

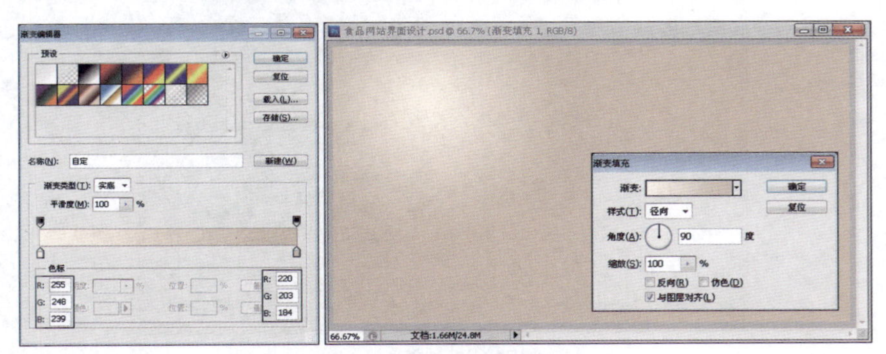

图12-27 添加渐变填充图层

提 示

单击渐变填充图层的图层缩览图可重复编辑渐变，并且可以在视图中调整渐变的开始位置。

Step 03 使用“矩形选框工具”在视图中绘制选区，参照步骤2中的操作方法，添加从透明到黑色的渐变效果，如图12-28所示。

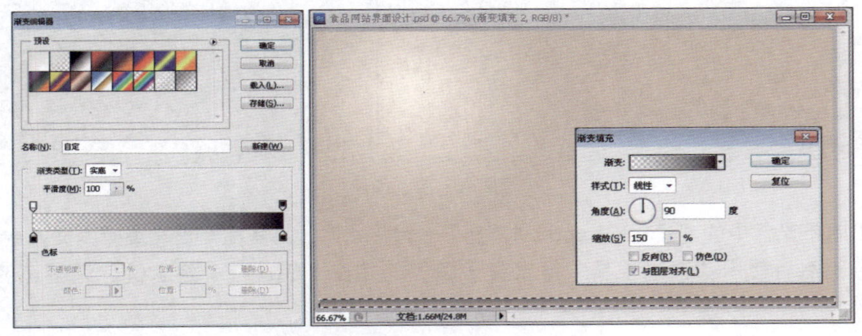

图12-28 添加从透明到黑色的渐变效果

Step 04 打开本书附带光盘中的“素材\Chapter-12\欧式花纹背景.psd”文件，使用“移动工具”将该图片拖动到新文档中，选择“编辑>自由变换”命令，缩小该图片，然后选择“图像>调整>黑白”命令，调整图像色调，如图12-29所示。

图12-29 调整图像颜色

Step 05 参照图12-30中所示，调整图层的不透明度，然后使用工具箱中的“橡皮擦工具”擦除部分图像。

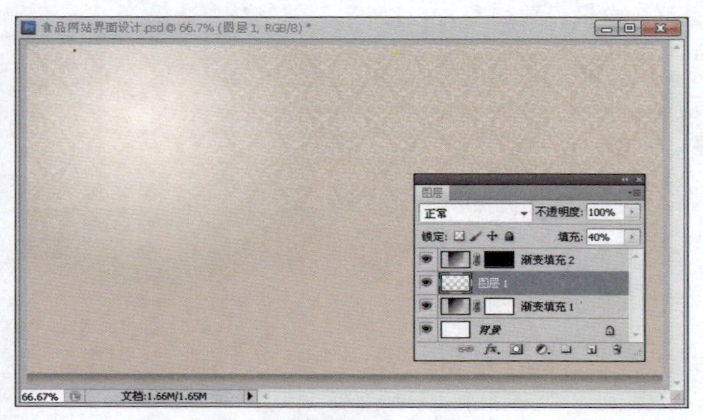

图12-30 编辑图像

Step 06 打开本书附带光盘中的“素材\Chapter-12\木材纹理.jpg”文件，按【Ctrl+T】组合键，打开变换框，按住键盘上的【Ctrl】键变换图像，然后调整图层填充参数为50%，并创建图层蒙版隐藏部分图像，如图12-31所示。

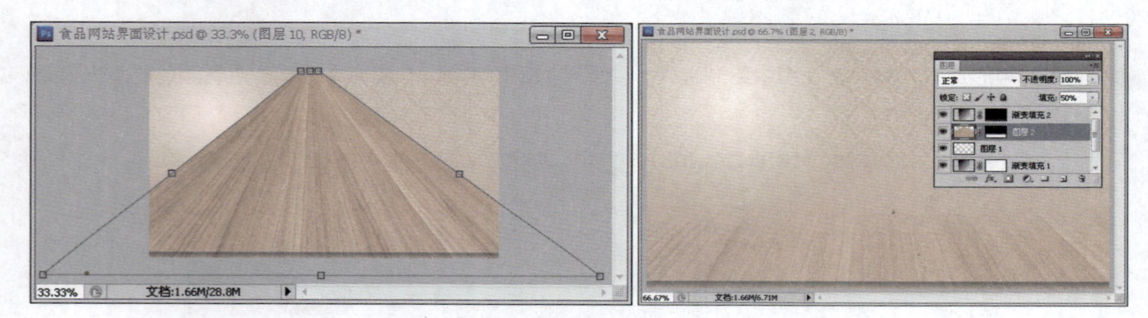

图12-31 变换图像

Step 07 打开本书附带光盘中的“素材\Chapter-12\盘子.psd”文件，将其拖至正在编辑的文档中，按【Ctrl+J】组合键复制图层，然后使用“钢笔工具”抠出盘子图像，并按【Ctrl+T】组合键，调整源图像的形状，如图12-32所示。

图12-32 抠取图像

技 巧

在选择“拷贝”和“粘贴”命令时，也可按快捷键【Ctrl+C】和【Ctrl+V】代替。

Step 08 选择工具箱中的“修复画笔工具”，按住【Alt】键使指示图标呈瞄准状态，拾取目标图像，然后松开手指，在勺子上涂抹即可修复图像，如图12-33所示。

图12-33 修复图像

Step 09 选择工具箱中的“仿制图章工具”，使用与步骤8相同的方法修复图像，单击“图层”调板底部的“添加图层蒙版”按钮，为图层添加蒙版。使用“矩形选框工具”在蒙版中绘制选区，并填充黑色到透明的渐变，隐藏部分图像，如图12-34所示。

图12-34 去除部分图像

Step 10 双击“图层 3”图层名称的空白处，在弹出的“图层样式”对话框中进行设置，为图像添加阴影效果，如图12-35所示。

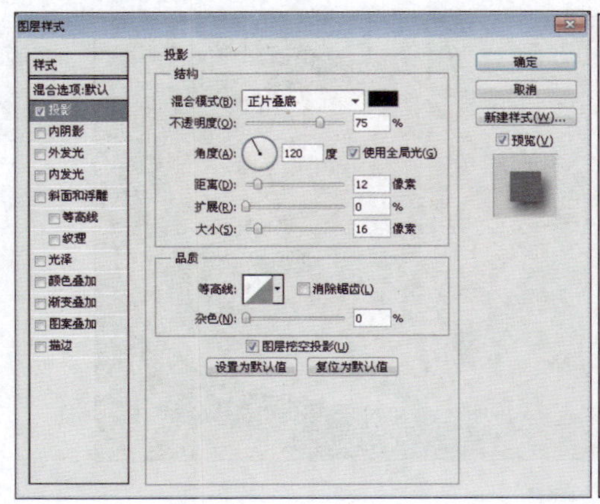

图12-35 为图像添加投影效果

Step 11 分别将“图层 3”和“图层 3副本”图层载入选区，单击“图层”调板底部的“添加新的填充或调整图层”按钮，在打开的下拉列表框中选择“曲线”选项，参数设置如图12-36所示，对图像亮度进行设置。

图12-36 调整图像颜色

Step 12 打开本书附带光盘中的“素材\Chapter-12\菜叶.psd”和“烧鸡.psd”文件，将其拖至正在编辑的文档中，并调整图像的大小和位置，复制菜叶图像，使其覆盖在烧鸡上，如图12-37所示。

图12-37 添加素材文件

Step 13 选中烧鸡图像所在图层，按住键盘上的【Ctrl】键并单击图层缩览图，将图像载入选区。单击“图层”调板底部的“创建新的填充或调整图层”按钮，在打开的下拉列表框中依次选择“色相/饱和度”和“色阶”选项，参照图12-38所示调整图像色调。

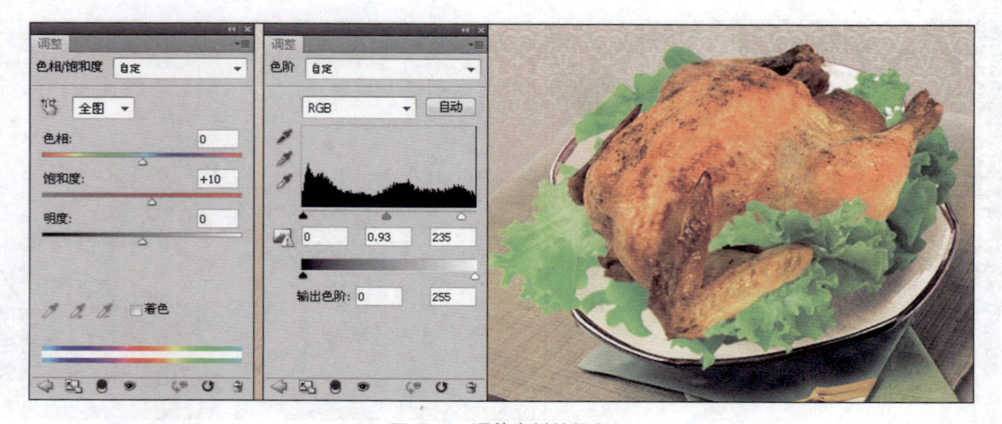

图12-38 调整素材的颜色

Step 14 将盘子、菜叶和烧鸡图像所在图层群组，并修改组名称为“产品”。

Step 15 创建新组并创建新图层，使用“矩形选框工具”在右上角绘制选区，并填充颜色为白色。双击图层名称的空白处，弹出“图层样式”对话框，参照图12-39所示设置参数。

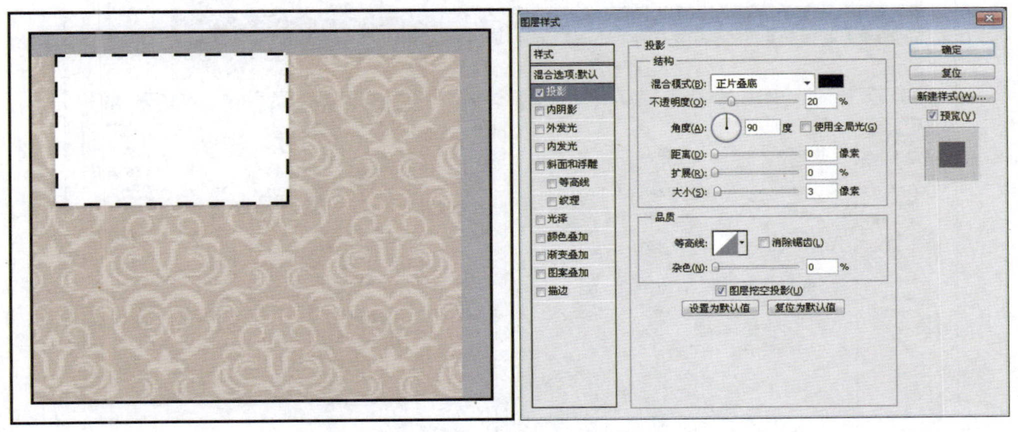

图12-39 绘制白色矩形图像

Step 16 继续在“图层样式”对话框中进行设置，并单击“确定”按钮，应用效果。复制3个图层，并调整其填充参数为0%，如图12-40所示。

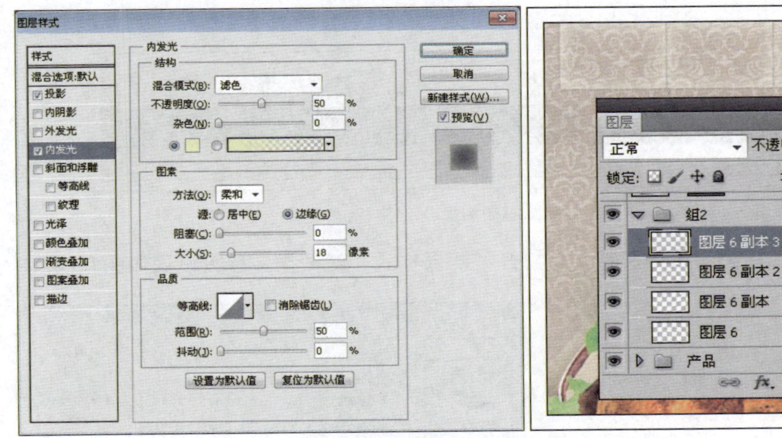

图12-40 为图像添加发光效果

Step 17 打开本书附带光盘中的“素材\Chapter-12\图标.psd”文件，将其拖至正在编辑的文档中，并调整图像的大小和位置，使用“横排文字工具”添加文字，如图12-41所示。

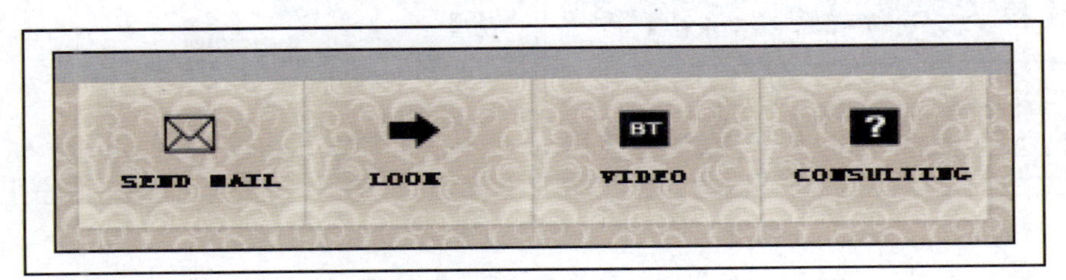

图12-41 添加相关图标图像

Step 18 使用“矩形工具”在视图中绘制矩形形状，并为其添加阴影和内发光图层样式，如图12-42所示。

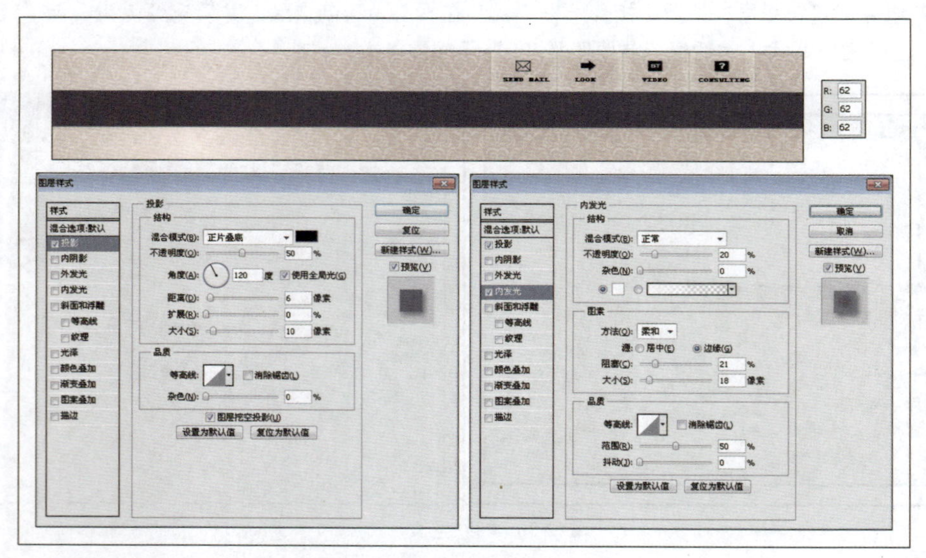

图12-42 添加图层样式

Step 19 参照图12-43中所示，使用“横排文字工具”添加文字，在上一图像的上方绘制黑色矩形形状，然后复制图层并调整颜色为红色，添加阴影并调整形状位置。

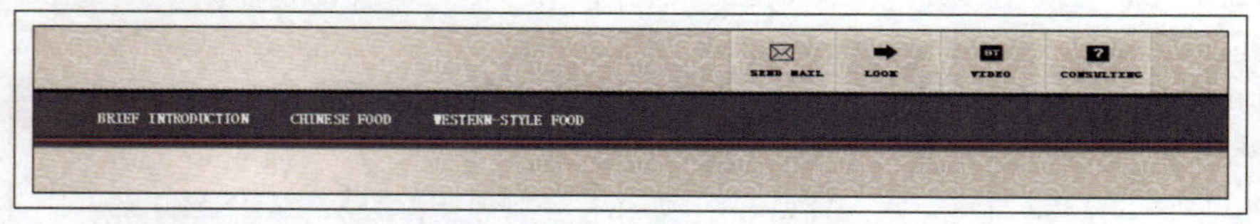

图12-43 编辑图像

Step 20 使用“圆角矩形工具”在视图中绘制形状，并打开“图层样式”对话框，参数设置如图12-44中所示。

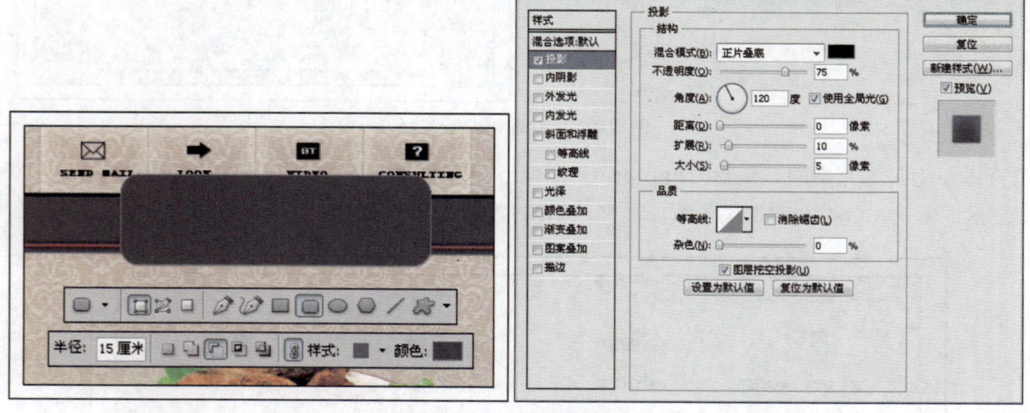

图12-44 绘制形状并添加样式

Step 21 继续在“图层样式”对话框中进行设置，并单击“确定”按钮，应用图层样式，如图12-45所示。

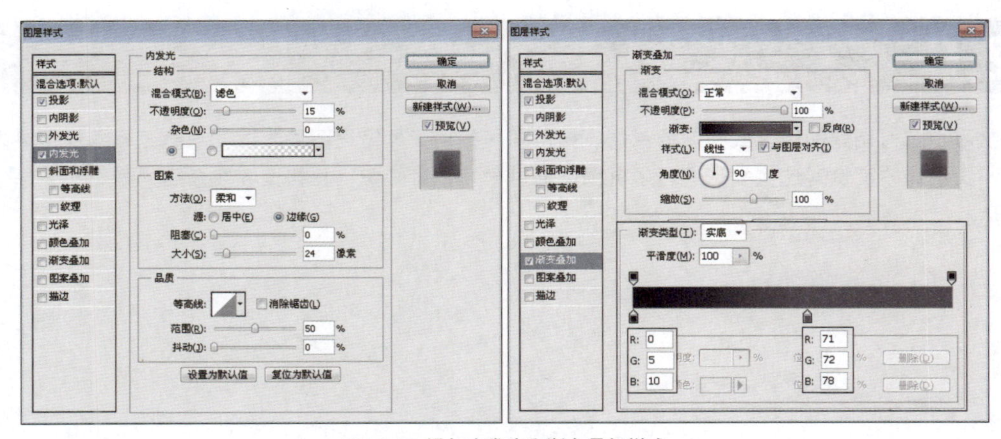

图12-45 添加内发光和渐变叠加样式

Step 22 选中圆角矩形所在图层，为图层添加遮罩，隐藏部分图像。继续使用“圆角矩形工具”绘制形状，设置填充颜色为白色，然后复制并缩小图像，设置颜色为灰色，最后添加文字，如图12-46所示。

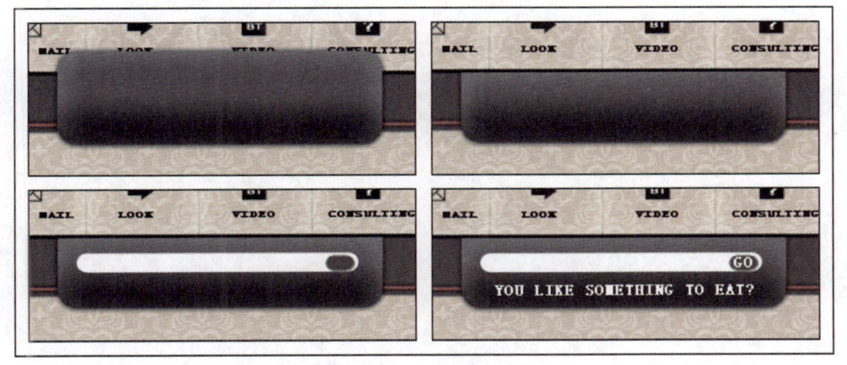

图12-46 编辑图像

Step 23 参照前面介绍的方法，绘制剩下的图标并添加文字，最后使用“切片工具”为网页图像划分切片，完成整个实例的制作，如图12-47所示。

图12-47 完成效果

12.6 本章小结

本章学习了如何调整图像模式和图像色调、如何利用各种工具修复图像，以及画笔工具的使用等内容，并通过一个网页设计的实例对这些知识进行了巩固。通过学习本章知识，希望读者在今后的学习和工作中能够加以灵活运用。

13 图层的使用

图层在Photoshop CS5中起着至关重要的作用，也是该软件的特点之一，通过图层，可以对图形、图像及文字等元素进行有效的管理和归整，为创作过程提供了有利的条件。图层的运用非常灵活，也很简便，希望通过本章的学习，大家可以充分掌握图层的相关知识，并且可以熟练地运用图层。

13.1 新建和删除图层

在Photoshop CS5中，可以透过图层的透明区域看到下面的图层。操作时，可以通过移动图层来定位图层上的内容，也可以更改图层的不透明度来使部分内容透明。“图层”菜单和“图层”调板集中了管理图层的命令。在“图层”调板中，可以实现新建图层和删除图层等操作。

13.1.1 新建图层

Photoshop中新建图层的方法比较多，在此介绍最为常用的创建方法。利用相关命令、按钮及快捷键，都可以实现图层的新建。

“创建新图层”按钮

单击“图层”调板底端的“创建新图层”按钮，可以在当前图层上直接创建一个新图层，并自动命名。这是最常用的创建新图层的方法之一，如图13-1所示。

图13-1 新建图层

使用菜单命令

选择“图层>新建>图层”命令或按住【Alt】键单击图层调板底端的“创建新图层”按钮，将会弹出“新建图层”对话框，可以设置图层名称、混合模式等参数，如图13-2所示。

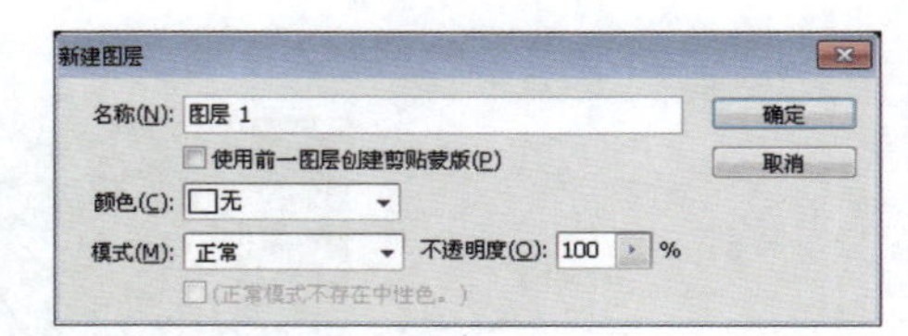

图13-2 “新建图层”对话框

该对话框中各选项的含义如下。

- 名称：在该文本框中可以自定义新建图层的名称。
- 使用前一层创建剪贴蒙版：选择该复选框，可以在创建新图层的同时使用前一图层中内容的外形创建剪贴蒙版。
- 颜色：在该下拉列表框中，Photoshop软件提供了一系列用于图层突出显示的颜色选项，选择其中的任意一项，就可以创建出带有标志性颜色的图层。
- 模式：在该下拉列表框中列举了一系列图层的混合模式选项，用户可以预先为新创建的图层设置混合模式。
- 不透明度：在该数值框中，用户可以预先为要新建的图层设置不透明度。

在对话框中设置完成后，单击“确定”按钮，即可创建出新图层。

使用“移动工具”

除了以上介绍的传统的用来创建新图层的方法外，还可以运用“移动工具”来实现图层的新建。具体操作方法是：将图像由图像文件1拖曳到图像文件2中，或由图像文件1复制到图像文件2中，也可以创建新的图层，如图13-3所示。

图13-3 通过拖曳或复制添加图层

复制和粘贴

当图像中存在选区时，选择“图层>新建>通过拷贝的图层”命令或按【Ctrl+J】组合键，可以将当前图层选区中的像素复制到新图层中。选择“图层>新建>通过剪切的图层”命令或按【Ctrl+Shift+J】组合键，将当前图层选区中的像素剪切到新图层中，如图13-4所示。

图13-4 复制和剪切图层

13.1.2 删除图层

对于多余的图层，应及时将其从图像中删除，以减少图像文件的大小。通过以下几种方法即可删除图层。

- 先设置要删除的图层为当前图层，然后单击“图层”调板底端的“删除图层”按钮，或选择“图层>删除>图层”命令，在弹出的提示框中单击“是”按钮，如图13-5所示。按【Alt】键并单击“删除图层”按钮，可以快速删除图层，而无须确认。
- 如果需要同时删除多个图层，则可以首先选择这些图层，然后单击“图层”调板底端的“删除图层”按钮。
- 先设置要删除的图层为当前图层，然后在“图层”调板菜单中选择“删除图层”命令。
- 如果需要删除的图层不是当前图层，将需要删除的图层直接拖动至“图层”调板的“删除图层”按钮上。
- 如果需要删除所有处于隐藏状态的图层，可选择“图层>删除>隐藏图层”命令。
- 如果当前选择的工具是“移动工具”，则可以通过直接按【Delete】键删除选中的图层。

图13-6所示为删除图层的操作演示。

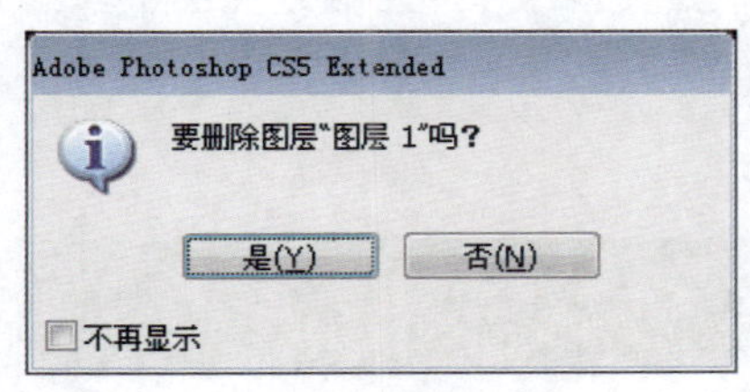

图13-5 提示对话框

图13-6 删除图层

13.1.3 新建图层组

图层组与图层间的关系是包含与被包含的关系，将图层放在图层组中可以便于图层管理。如果在“图层”调板中存在大量图层，图层组就会显得非常重要。

“创建新组”按钮

单击“图层”调板底端的“创建新组”按钮或选择“图层>新建>组”命令，都可以在当前图层上方创建图层组。选择“图层>新建>组”命令，弹出“新建组”对话框，如图13-7所示。在对话框中设置完成后，单击“确定”按钮，即可创建新的图层组。

通过拖动的方法也可以将图层移动至图层组中，具体操作时，只需在需要移动的图层上按住鼠标并拖动至图层组名称或“创建新组”按钮上，释放鼠标即可，如图13-8所示。

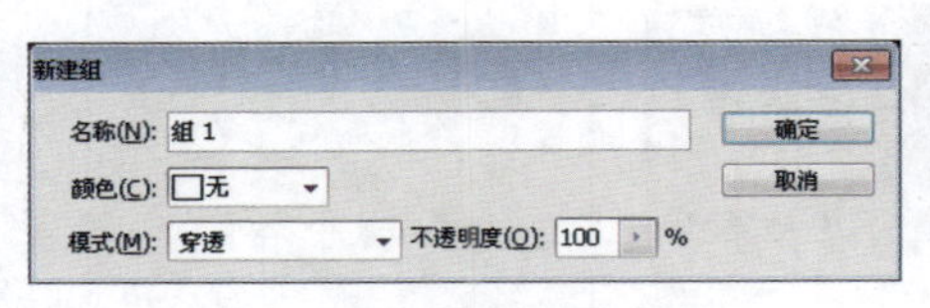

图13-7 “新建组”对话框

图13-8 将图层放入图层组中

从现有图层创建新组

组也可以直接从当前选择图层创建得到。按住【Shift】键或【Ctrl】键，选择需要添加到同一图层组中的所有图层，然后选择“图层>新建>从图层建立组”命令或按【Ctrl+G】组合键，这样新建的图层组将包括所有当前选择的图层，如图13-9所示。

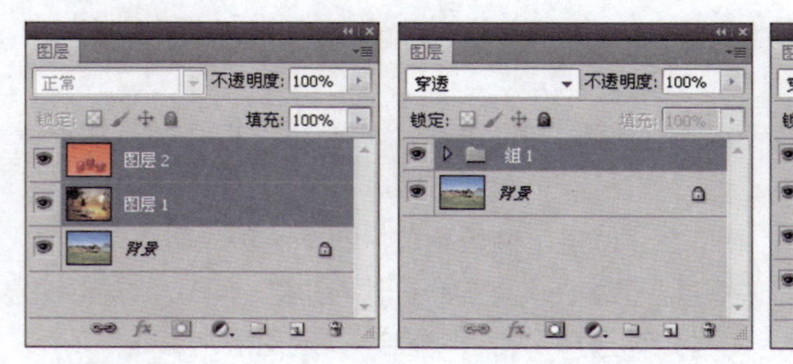

图13-9 创建新组

技巧

在选中图层后，将其拖动到“图层”调板底部的“创建新组”按钮处，也可创建出包括当前所选图层的新图层组。

13.2 图层的特殊混合

图层的特殊混合包含许多内容，例如图层的不透明度、图层的填充不透明度，以及图层的修边等，通过这些特殊的混合效果，可以让图层呈现出不同的表现效果，增强工作效率。接下来将向读者详细介绍相关的内容。

13.2.1 图层的不透明度

调整图层的不透明度，下方图层图像就会显示出来，可以使图像产生虚实结合的层次感，但不能为“背景”图层设置不透明度。图13-10所示为调整不透明度的演示效果。

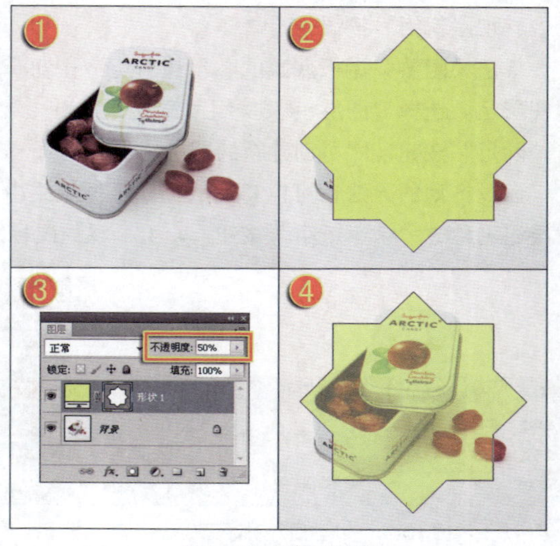

图13-10 调整透明度

13.2.2 图层的填充不透明度

图层的填充不透明度与图层的不透明度效果基本相同，不同之处在于，图层填充不透明度的改变只针对于图层中图形或图像内部的填充内容，对外部效果，如描边、投影等不产生作用，如图13-11所示。

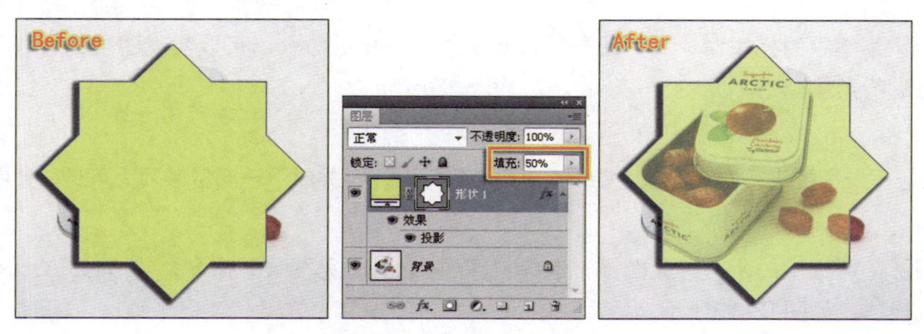

图13-11 调整图像填充透明度

13.2.3 修边

通过选区的创建，可以从一幅图像中将所需的部分单独剥离出来，也就是抠图。通过选区抠出的图像可能会出现边缘不太光滑的情况，此时就需要对图像进行修边来弥补。在“图层”菜单的“修边”子菜单中，包含有一些子命令，这些命令就是用于图像修边的。下面将进行具体介绍。

去边

利用“去边”命令，可以将图像边缘以像素为单位去除。选择“图层>修边>去边”命令，弹出“去边”对话框，如图13-12所示，在该对话框中可以设置要去除边缘的像素量。设置完毕后，单击“确定”按钮，即可完成图像的去边操作，如图13-13所示。

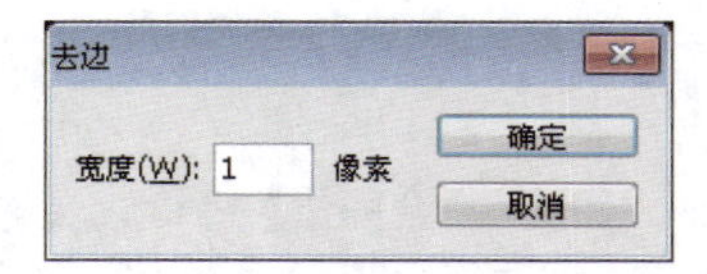

图13-12 “去边”对话框

移去黑色杂边

选择“图层>修边>移去黑色杂边”命令，可以将图像边缘的黑色移去，使白色像素加强显示。

移去白色杂边

选择“图层>修边>移去白色杂边”命令，可以将图像边缘的白色移去，使黑色像素加强显示，如图13-14所示。

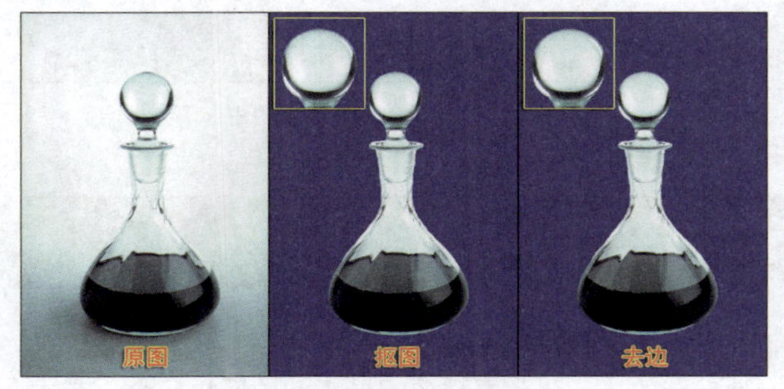

图13-13 编辑图像去边

图13-14 图像修边

13.3 图层的合并

合并图层不但便于管理图层，更有利于节省系统资源。因此根据工作的进展可以适当将部分图层进行合并。

选择“图层”菜单中的相关命令或“图层”调板菜单中的相关命令，可以实现图层的合并。合并图层有多种方法，下面将进行具体介绍。

向下合并

使当前图层与下一图层进行合并，按【Ctrl+E】组合键即可，合并时下一图层必须为可见，如图13-15所示。

合并可见图层

要合并“图层”调板中的所有可见图层，选择“图层>合并可见图层”命令，或者按【Ctrl+Shift+E】组合键，即可完成此操作，如图13-16所示。

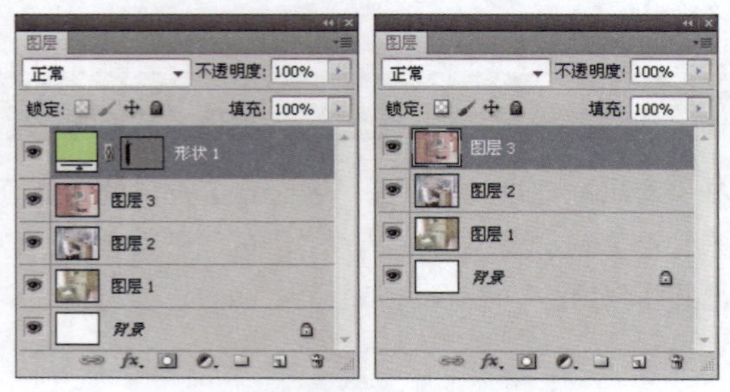

图13-15 合并图层

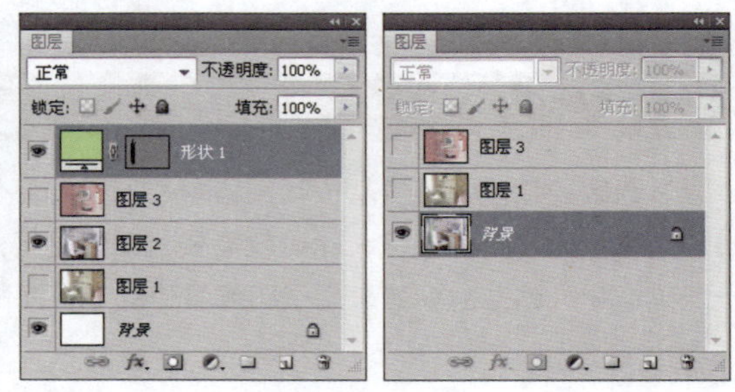

图13-16 合并可见图层

拼合图像

选择“图层>拼合图像”命令，会弹出一个提示对话框，其中会向读者提问是否要扔掉隐藏的图层，单击“确定”按钮，可以合并“图层”调板中的所有可见图层，并删除隐藏的图层。

盖印图层

除了合并图层外，还可以盖印图层。盖印可以将多个图层的内容合并为一个目标图层，同时使其他图层保持完好。通常，选定图层将向下盖印下面的图层。

首先选择需要盖印的多个图层，然后按【Ctrl+Alt+E】组合键，即得到包含当前所有选择图层内容的新图层，此时在图像窗口中并不会发现有什么变化，如图13-17所示。

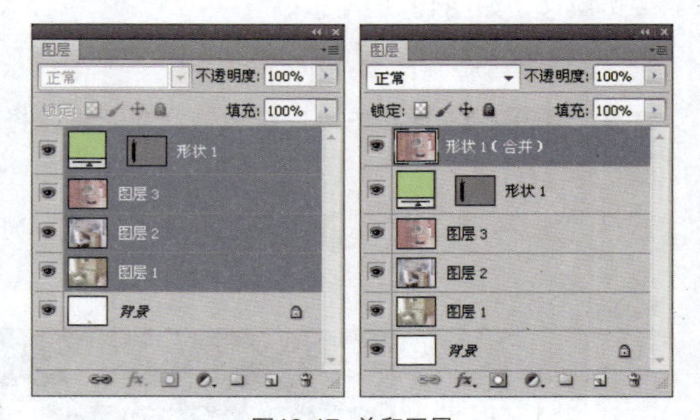

图13-17 盖印图层

13.4 综合应用案例

在Photoshop CS5中，图层是一项非常强大的功能，利用图层，可以编辑出层次感鲜明的图像效果，并且会增强作品的表现力。体现在网页设计中，由于设计元素的多元化，更需要图层之间的互相配合。在本章之前的内容中已经向大家介绍过关于图层的相关功能，接下来将通过一个综合案例来更为具体地体现图层的各项功能。具体操作步骤如下。

Step 01 启动Photoshop CS5，选择“文件>新建”命令，弹出“新建”对话框，参数设置如图13-18所示，创建一个新文档。

Step 02 选择工具箱中的“渐变工具”，单击其选项栏中的渐变条，弹出“渐变编辑器”对话框，参照图13-19所示进行设置，然后单击“确定”按钮，为背景添加渐变。

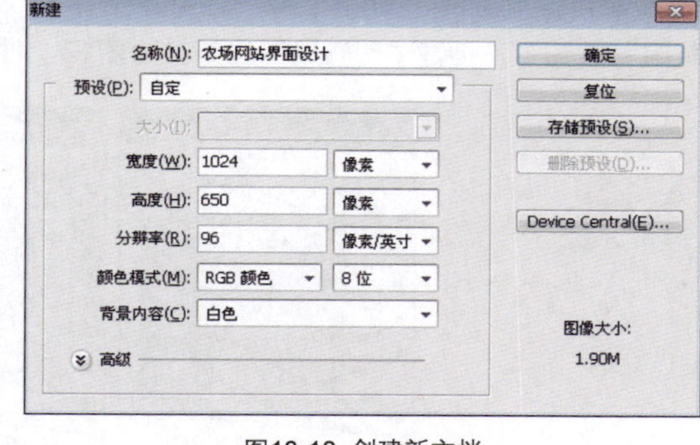

图13-18 创建新文档

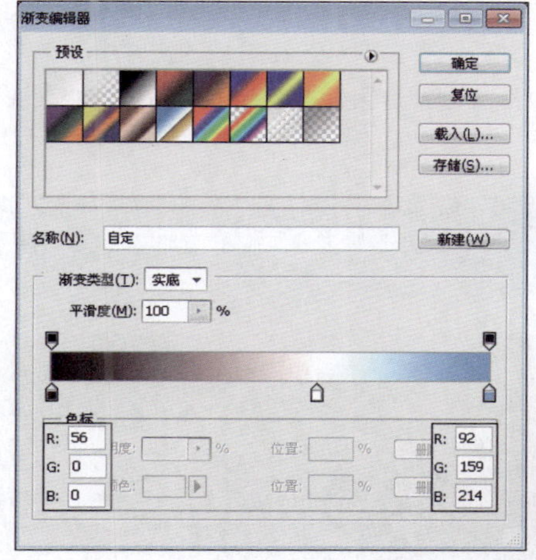

图13-19 添加背景渐变

提示

在填充渐变时，可按住键盘上的【Shift】键，创建出自上而下或从左向右的均匀填充效果。

Step 03 打开本书附带光盘中的“素材\Chapter-13\树.psd”文件，使用“移动工具”将树图像移动到新文档中，然后选择“编辑>自由变换”命令，缩小图像，按5次【Ctrl+J】组合键复制图层，并调整图像位置，如图13-20所示。

图13-20 添加素材图像

Step 04 配合键盘上的【Shift】键，选中除“背景”图层以外的所有图层，将其拖至“图层”调板底部的“创建新组”按钮上，创建“组 1”图层组，如图13-21所示。

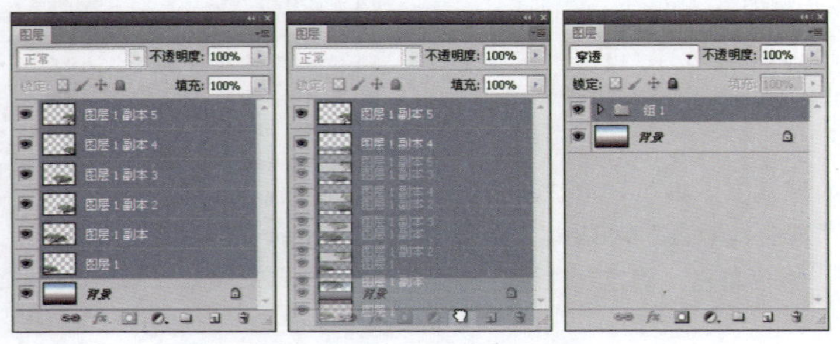

图13-21 创建新组

Step 05 打开本书附带光盘中的“素材\Chapter-13\草地.psd”文件，将其拖至正在编辑的文件中，单击“图层”调板底部的“添加图层蒙版”按钮，使用“矩形选框工具”在蒙版上创建选区，并填充透明到黑色的渐变，隐藏部分图像，如图13-22所示。

图13-22 编辑图像

技巧

在蒙版中填充黑色的部分即为隐藏图像的部分，当在蒙版中填充黑色到透明的渐变时，可使图像呈渐变透明状态。

Step 06 单击“图层”调板底部的“创建新图层”按钮，新建“图层 3”图层并填充黑色到透明的渐变，然后新建“图层 4”图层，使用“矩形选框工具”绘制矩形选区，并填充颜色为白色，如图13-23所示。

图13-23 新建图层并填充颜色

Step 07 选择“窗口>画笔”命令，打开“画笔”调板，参数设置如图13-24所示，然后使用工具箱中的“画笔工具”配合键盘上的【Shift】键在视图中进行绘制。

图13-24 绘制图像

Step 08 打开本书附带光盘中的“素材\Chapter-13\白云.psd”和“蔬菜.psd”文件，将其拖至正在编辑的文件中，按【Ctrl+T】组合键，调整图像大小及位置，参数设置如图13- 25所示。

图13-25 调整图像大小及位置

Step 09 新建“图层 7”图层，使用“椭圆选框工具”在视图中绘制选区并填充黑色。选择“滤镜>模糊>高斯模糊”命令，在弹出的“高斯模糊”对话框中设置参数，如图13-26所示。然后单击“确定”按钮，使图像模糊。

图13-26 添加模糊效果

Step 10 参照图13-27所示，调整图层顺序，并调整图层混合模式为“叠加”。

Step 11 隐藏之前的所有图层，使用“圆角矩形工具”在视图中绘制路径，并选择“选择>载入选区”命令，将路径转换为选区，如图13-28所示。

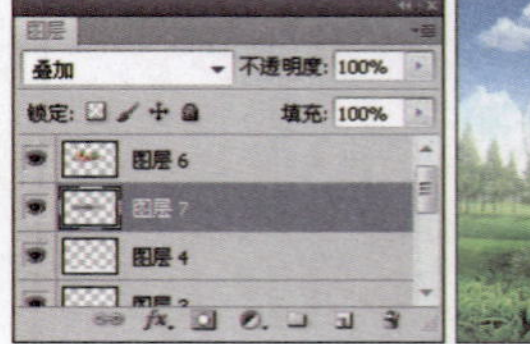

图13-27 设置图层混合模式

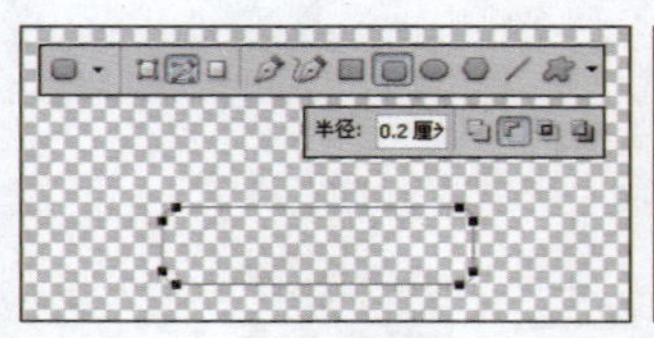
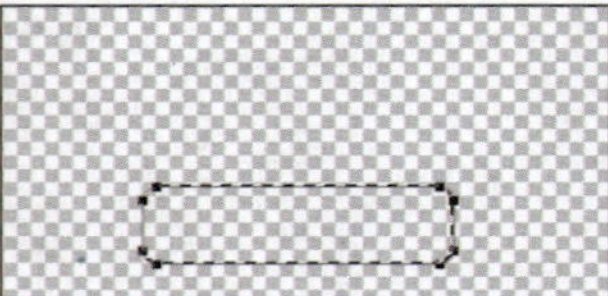

图13-28 绘制路径并建立选区

Step 12 参照图13-29所示，为圆角矩形填充渐变效果。

Step 13 双击渐变填充图层的图层名称空白处，弹出“图层样式”对话框，参照图13-30所示进行设置，然后单击“确定”按钮，为图像添加内阴影效果。

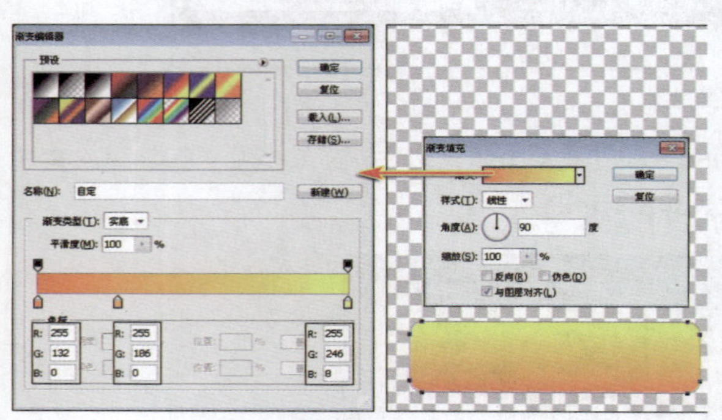

图13-29 设置渐变填充

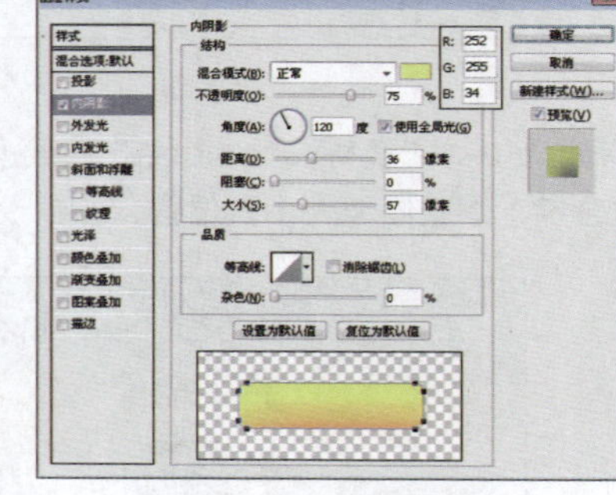
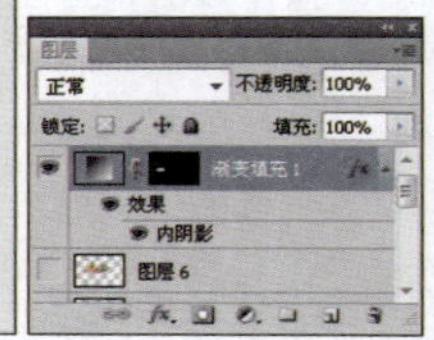

图13-30 添加阴影效果

Step 14 按住【Ctrl】键并单击渐变填充图层的图层蒙版缩览图，将图像载入选区，然后选择“选择>变换选区”命令，将选区缩小并移动位置。新建“图层 8”图层，填充颜色为白色，并使用“矩形选框工具”绘制选区，按【Delete】键删除部分图像，如图13-31所示。

Step 15 继续上一步骤的操作，参数照图13-32所示，设置图层填充参数为50%，如图13-32所示。

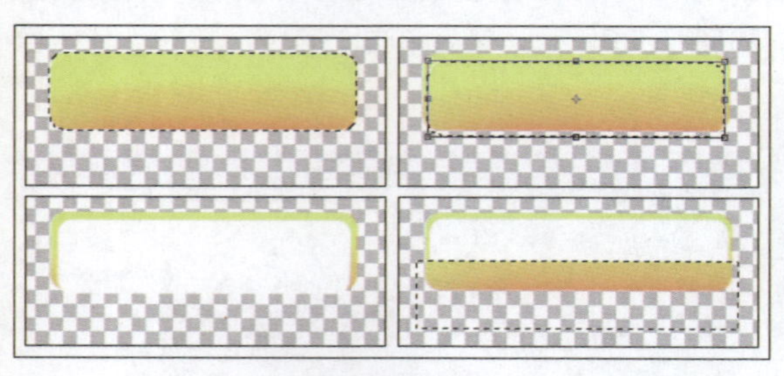
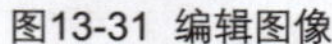

图13-31 编辑图像

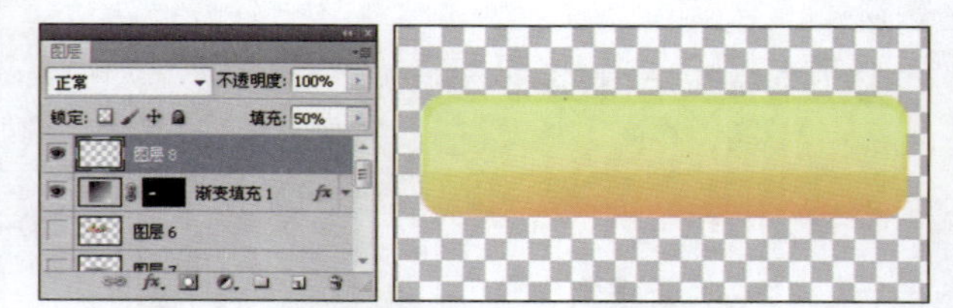

图13-32 设置图层填充透明度

Step 16 配合键盘上的【Shift】键，同时选中“图层 8”和“渐变填充1”图层，按【Ctrl+E】组合键合并图层，如图13-33所示。

Step 17 显示所有图层，按3次【Ctrl+J】组合键复制图层，并按照图13-34所示调整图层位置，然后合并“图层8副本3”～“图层 8”图层。

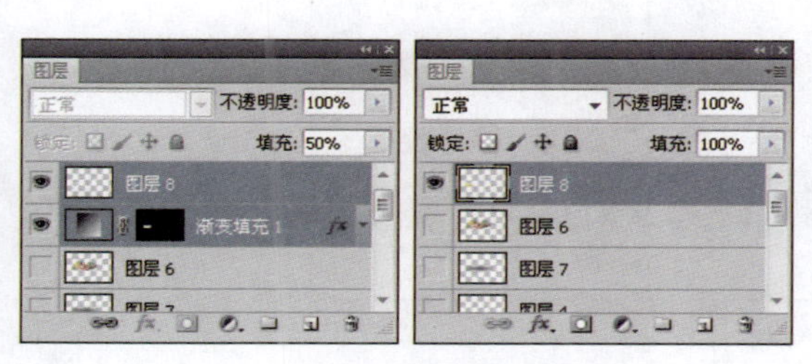

图13-33 合并图层

图13-34 编辑图层

Step 18 使用“横排文字工具”在视图中添加文字，并参照图13-35所示的效果，为其添加阴影。

Step 19 使用“圆角矩形工具”在视图中绘制圆角矩形形状，并选择“编辑>自由变换”命令，旋转形状图形，最后使用“横排文字工具”添加并调整文字，如图13-36所示。

图13-35 添加文字并设置阴影效果

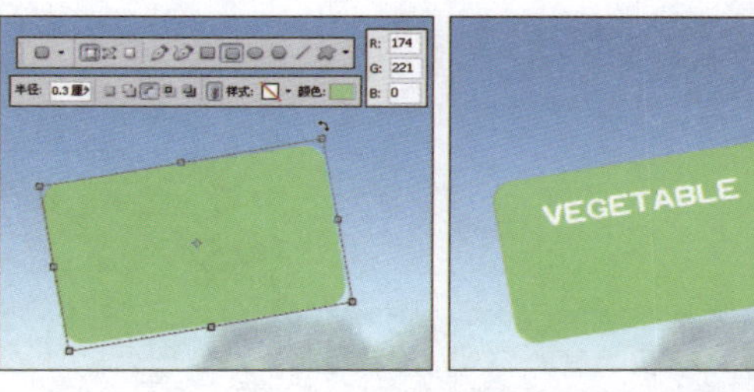

图13-36 绘制矩形并添加文字

Step 20 新建“图层 9”图层，继续使用“圆角矩形工具”绘制白色圆角矩形图像，并使用“矩形选框工具”绘制选区，然后按【Ctrl+J】组合键复制并粘贴选区，创建出“图层 10”图层，如图13-37所示。

Step 21 双击“图层 10”图层名称的空白处，弹出“图层样式”对话框，参照图13-38所示进行设置，然后单击“确定”按钮，应用颜色叠加图层样式。

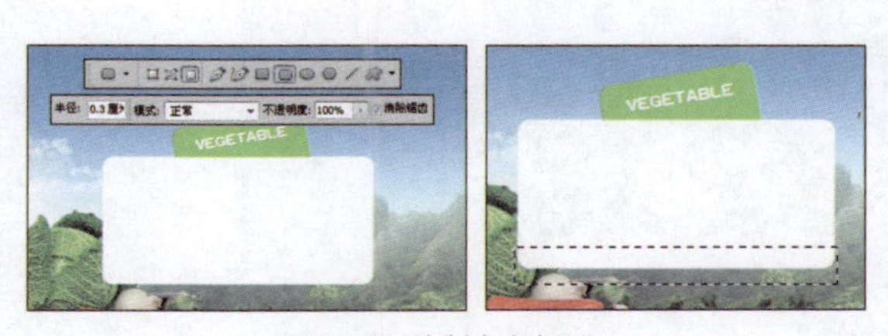

图13-37 绘制白色矩形

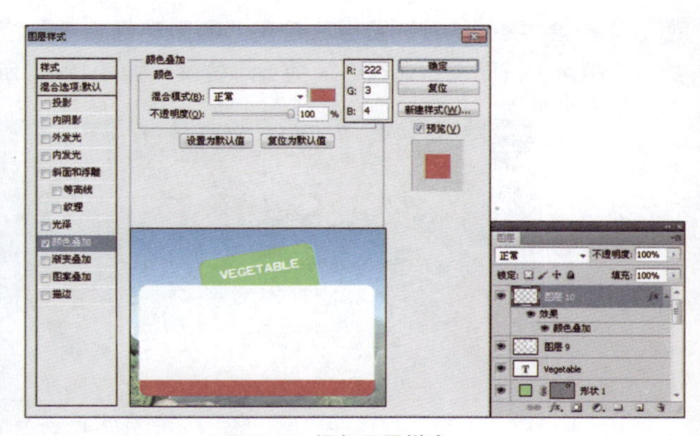

图13-38 添加图层样式

Step 22 使用“椭圆工具”在视图中绘制椭圆形形状，并配合“钢笔工具”和“直接选择工具”在椭圆形形状的路径上添加并调整节点，制作气球形状，如图13-39所示。

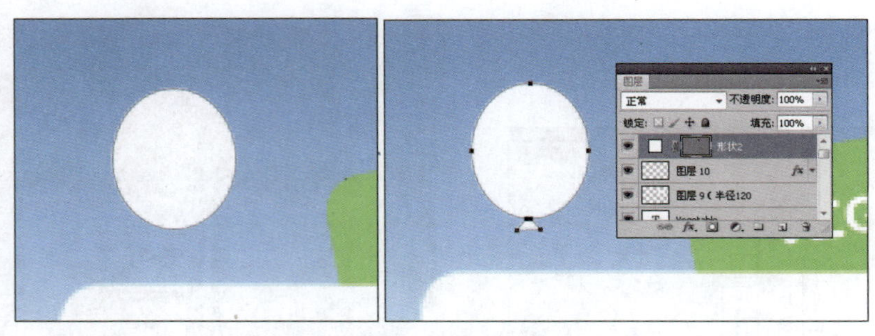

图13-39 绘制气球形状

Step 23 按住【Ctrl】键，单击气球形状所在图层的图层蒙版缩览图，将形状载入选区，参照图13-40所示，为选区填充渐变效果。

Step 24 复制两个渐变填充图层，选择“编辑>自由变换”命令，调整图像的大小和位置，分别双击“渐变填充1副本”和“渐变填充 1副本2”的图层缩览图，调整渐变为翠绿（R：183，G：255，B：44）到中绿（R：128，G：181，B：1）和黄色（R：255，G：246，B：0）到桔黄（R：255，G：186，B：0）的渐变，如图13-41所示。

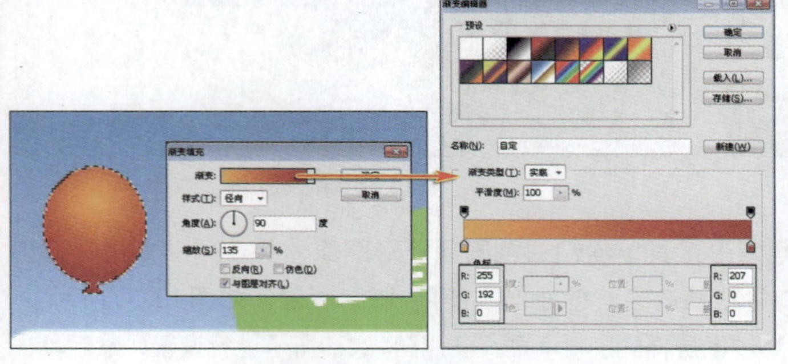

图13-40 填充渐变效果

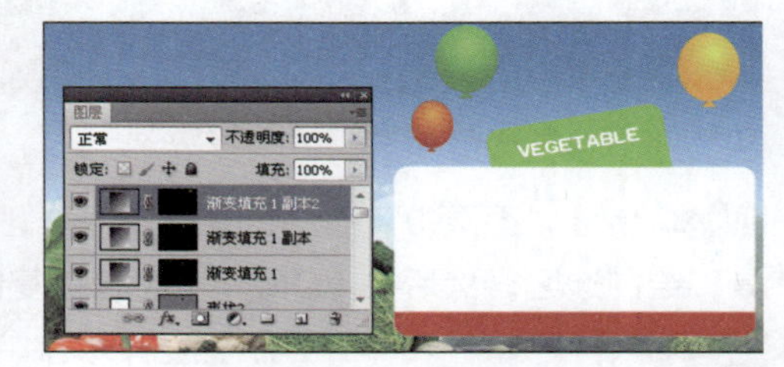

图13-41 调整渐变参数

Step 25 新建“图层 11”图层，使用“椭圆选框工具”绘制选区，并使用“渐变工具”填充白色到透明的渐变，复制两个该图层，调整图像的大小位置，如图13-42所示。

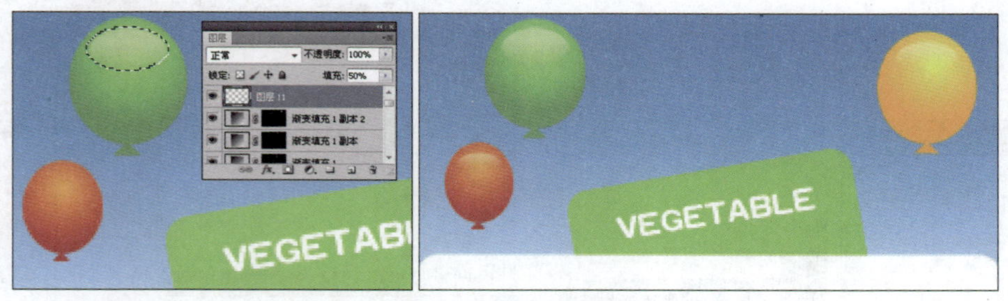

图13-42 复制渐变填充

Step 26 新建“图层 12”图层，并调整图层顺序到“形状2”图层的下方，然后使用“直线工具”绘制直线，如图13-43所示。

Step 27 参照图13-44所示的效果，添加文字，并配合键盘上的【Shift】键选中“形状 1”至当前正在编辑的图层，按【Ctrl+G】组合键，将图层群组为“组 2”图层组。

图13-43 绘制直线

图13-44 添加文字

Step 28 分别使用"圆角矩形工具"和"矩形工具"绘制形状，然后使用"钢笔工具"在路径上添加锚点，使用"直接选择工具"调整路径形状，最后创建出"形状 3"和"形状 4"图层，并为"形状 3"图层添加阴影效果，如图13-45所示。

Step 29 新建"图层 14"图层，使用"直线工具"绘制旗杆，然后使用"横排文字工具"添加文字，如图13-46所示。

图13-45 添加阴影效果

图13-46 添加文字

Step 30 打开本书附带光盘中的"素材\Chapter-13\标志.jpg"、"举牌子的手.psd"、"菜篮子.jpg"和"小草.psd"文件，将其拖至当前正在编辑的文档中，并调整大小位置关系，如图13-47所示。

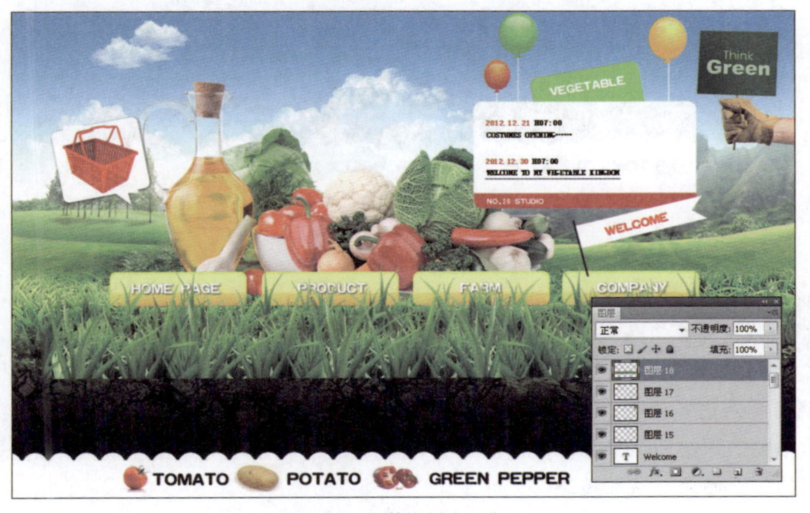

图13-47 调整素材大小位置

Step 31 分别为“菜篮子”和“小草”图像所在图层添加图层蒙版，隐藏部分图像，使画面更加柔和，如图13-48所示。

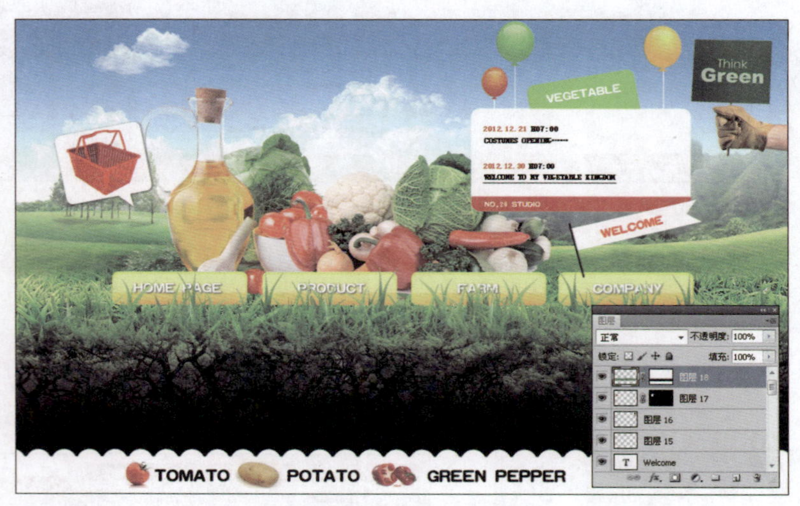

图13-48 添加图层蒙版

Step 32 最后使用“切片工具”为网页图像划分切片，完成整个实例的制作，如图13-49所示。

图13-49 添加切片

13.5 本章小结

本章主要围绕着图层进行学习，主要内容包括图层的一些基本操作、图层的特殊混合和图层的合并等内容，并结合实例对相关知识进行了加强和巩固。在第14章中，还将对有关图层的一些知识进行学习，希望读者能够灵活掌握图层的各项使用方法和技巧。

14 图层和通道的应用

在第13章的内容中，已经向大家介绍过图层的使用方法，但关于图层，还有一些拓展的知识，以及一些特殊的运用。在本章中还将提到通道，通道与图层是相辅相承的关系，运用通道可以存储选区和颜色信息，通过复杂的处理，配合图层功能，可以创建出丰富的图像效果，大家可以通过本章的学习仔细体会。

14.1 图层的蒙版

图层的蒙版是指在图层对象上添加一个遮罩，其中只能使用介于黑白两色之间的256级灰度绘制图像。黑色绘制隐藏图像，白色绘制显示图像，灰度绘制呈半透明状态。利用图层蒙版可以轻松控制图层区域的显示或隐藏，并不直接编辑图层图像，可以在不破坏图像的情况下反复修改混合效果，是制作图像合成最常用的手段。

14.1.1 添加图层蒙版

在Photoshop CS5中，利用图层蒙版可以对图像进行使其不受损的编辑。添加图层蒙版的方法有很多，下面进行具体介绍。

利用“图层”调板

添加图层蒙版时，首先选择要添加蒙版的图层，使之成为当前图层，再单击“图层”调板底端的“添加图层蒙版”按钮，即可在当前图层上添加图层蒙版，如图14-1所示。

利用命令

选择“图层>图层蒙版>显示全部”命令，默认全部填充白色，因而图层中的图像仍全部显示在图像窗口中。如果选择“图层>图层蒙版>隐藏全部”命令，或按住【Alt】键并单击“添加图层蒙版”按钮，则得到的是一个黑色的蒙版，当前图层中的图像会被全部隐藏，如图14-2所示。

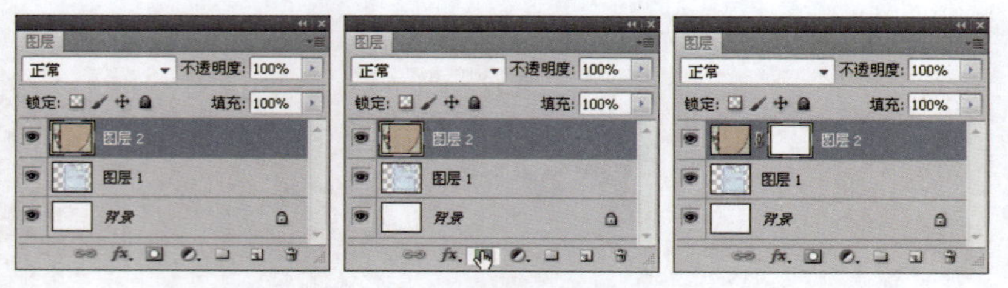

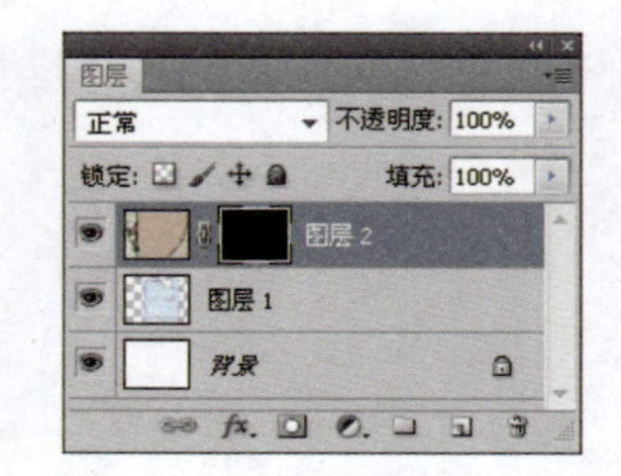

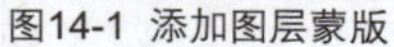

图14-1 添加图层蒙版　　　　图14-2 建立黑色图层蒙版

如果存在多个图层需要统一的蒙版效果，可以将此类图层放于一个图层组中，并为图层组制作蒙版，以简化操作。

14.1.2 剪贴蒙版

创建剪贴蒙版图层时，首先在“图层”调板中将要剪切的两个图层放在合适的上下层位置，然后按住【Alt】键将光标置于这两个图层之间，当光标变为形状时，单击即可创建剪贴蒙版图层效果。选择处于上方的图层，然后选择“图层>创建剪贴蒙版”命令，或者按【Alt+Ctrl+G】组合键也可创建剪贴蒙版图层，如图14-3所示。

不仅可以对普通图层进行剪切，还可以对文字图层进行剪切，从而创建具有图案花纹的文字效果，如图14-4所示。

图14-3 创建剪贴蒙版

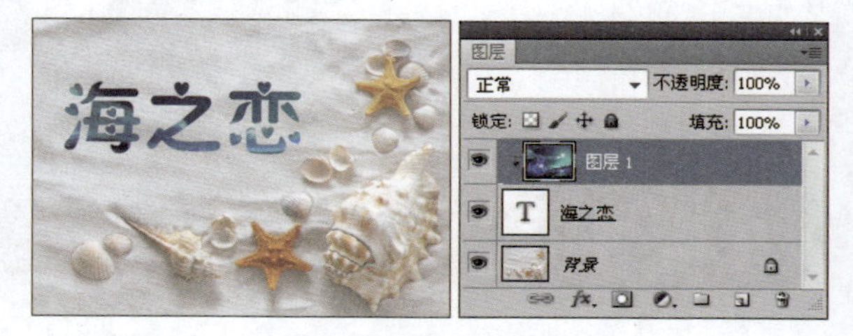

图14-4 创建文字剪贴蒙版

如果要取消上下两个图层之间的剪切关系，只需再次按住【Alt】键，并光标置于剪切图层之间呈形状时单击即可。选择剪贴蒙版组中的图层，选择“图层>释放剪贴蒙版”命令，或按【按Alt+Ctrl+G】组合键也可取消剪贴蒙版。

14.1.3 蒙版与选区

在Photoshop CS5中，蒙版与选区有着非常紧密的关系，通过对图像进行蒙版的添加与编辑，可以创建出所需的选区，而如果首先在图像中创建选区，则可以在选区的基础上添加蒙版，两者是相辅相承的关系。

在蒙版的基础上创建选区

创建蒙版后，按住【Ctrl】键并单击图层蒙版缩览图，可载入图层蒙版作为选区，蒙版中的白色区域为选择区域，蒙版中的黑色区域为非选择区域，如图14-5所示。

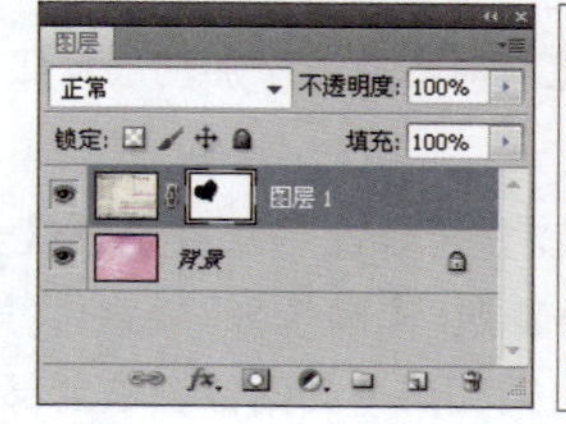

图14-5 载入图层选区

从选区创建蒙版

图像中存在选区时，单击图层调板底端的“添加图层蒙版”按钮，此时将会显示选区中的图像，隐藏选区外的图像，如图14-6所示。

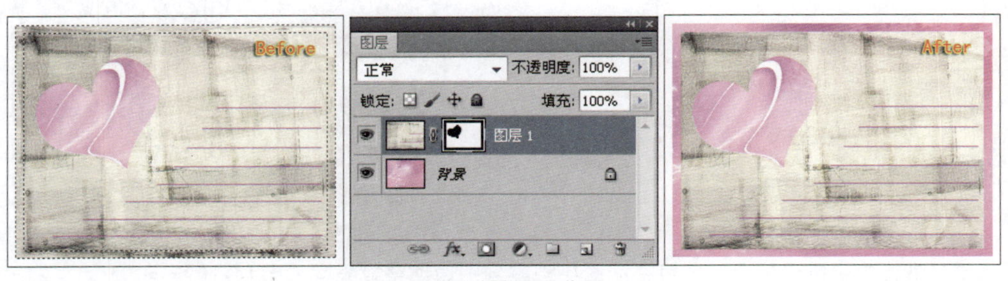

图14-6 添加图层蒙版

技 巧

图层蒙版可以在不同图层之间移动或复制。要将蒙版移到另一个图层中，将该蒙版拖动到其他图层即可；要复制蒙版，按住【Alt】键并将蒙版拖动到其他图层中即可。

14.2 调整图层

使用调整图层可以通过蒙版对图像进行颜色校正和色调调整，而不会破坏原图像。如果不喜欢调整的效果，或需要改变这些效果，可以随时取消或重新调整。颜色校正和色调调整存储在调整图层中，并应用于它下面的所有图层。

14.2.1 创建调整图层

创建调整图层前，首先单击目标图层，将其设置为当前图层，如果要对选区进行编辑或颜色校正，可以创建适当的选区。

要创建调整图层，可以选择“图层>新建调整图层”子菜单中的命令，如图14-7所示；也可以单击“图层”调板底部的“创建新的填充或调整图层”按钮，在打开的下拉列表框中选择相应的选项。

如果是从“新建调整图层”子菜单中选择相关命令，将会弹出“新建图层”对话框，如图14-8所示，进行设置后，单击“确定”按钮，即可创建对应的调整图层。在“图层”调板中会显示创建出的图层，在“调整”调板中会显示参数设置区域，如图14-9所示。

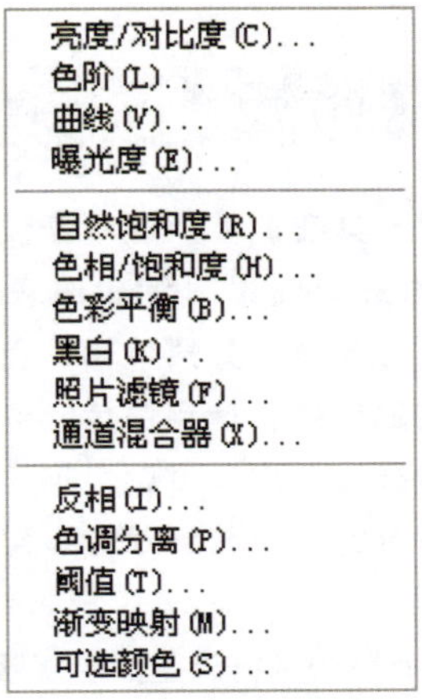

亮度/对比度(C)...
色阶(L)...
曲线(V)...
曝光度(E)...

自然饱和度(R)...
色相/饱和度(H)...
色彩平衡(B)...
黑白(K)...
照片滤镜(F)...
通道混合器(X)...

反相(I)...
色调分离(P)...
阈值(T)...
渐变映射(M)...
可选颜色(S)...

图14-7 “新建调整图层”子菜单

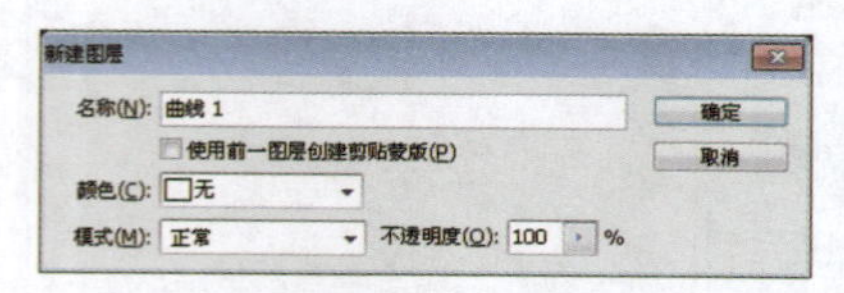

图14-8 “新建图层”对话框

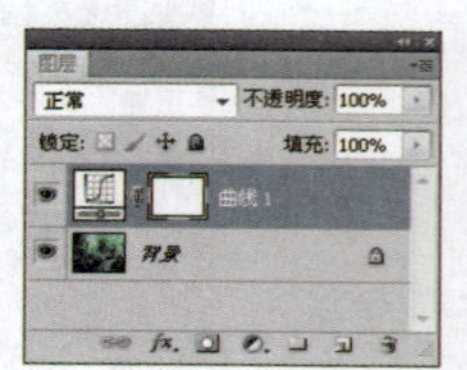

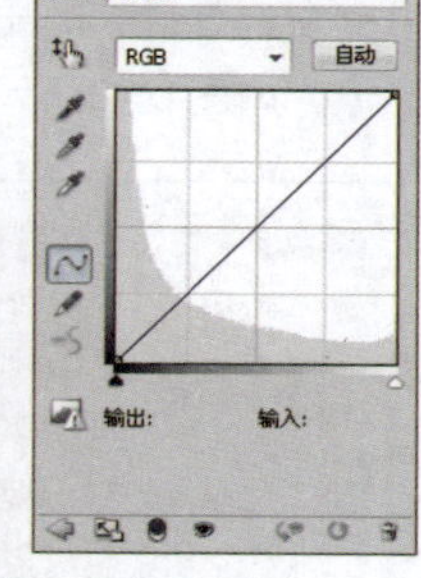

图14-9 创建曲线颜色调整图层

在“调整”调板中进行设置后，即可在视图中观察到图像调整效果，如图14-10所示。

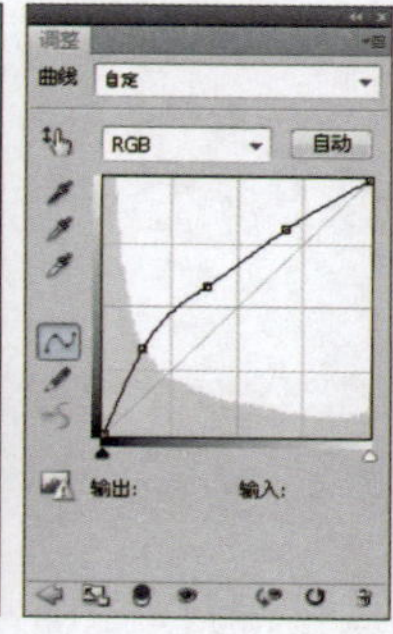

图14-10 调整图像颜色

技 巧

如果是从“图层”调板中设置调整图层，可以直接在“图层”调板中显示出调整图层，并同时打开“调整”调板的参数设置区域，减少了弹出“新建图层”对话框这一环节。此外，直接在“调整”调板中单击相关的代表命令的按钮，也可以达到相同的效果。

14.2.2 编辑调整图层

使用绘图工具在调整图层中绘制图像，可以调整图层的蒙版效果。编辑时只能使用黑色、白色和灰度颜色。如果使用黑色绘制就会删除调整图层的效果；使用白色绘制就会显示调整图层的效果；使用灰度颜色描绘可以使调整图层对其下方的图像起到部分调整功能，如图14-11所示。

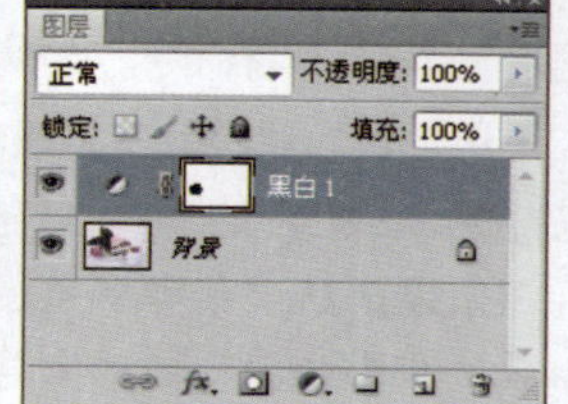

图14-11 编辑蒙版

以下技巧有助于进行调整图层蒙版的操作。

- 按住【Shift】键并单击“图层”调板中调整图层的蒙版缩览图，可以暂时取消调整图层的蒙版效果，重复刚才的操作即可恢复调整图层的蒙版效果。

- 按住【Ctrl】键并单击“图层”调板中调整图层的蒙版缩览图，可以将调整图层的蒙版转换为选区。
- 按住【Alt】键并单击“图层”调板中调整图层的蒙版缩览图，可以切换到通道中进行调整图层蒙版的编辑。重复刚才的操作即可恢复调整图层的蒙版效果。
- 在图像之间复制和粘贴调整图层，能够将调整应用于多个图像，这样可以应用相同的颜色和色调调整。

14.2.3 合并及删除调整图层

当使用调整图层对图像的调整感到满意时，就可以合并图层，以便于永久保留这些调整。如果要将调整图层及其下一图层进行合并，首先选择调整图层作为当前图层，然后选择“图层>向下合并”命令合并即可。如果调整图层同时使其下面的多个图层受到影响，则应该使这些图层和调整图层建立链接关系，再选择“图层>合并可见图层”命令合并。

如果要删除调整图层，单击要删除的调整图层，选择“图层>删除>图层”命令或者将要删除的调整图层拖动到“删除图层”按钮上，松开鼠标即可删除图层。

14.3 应用图层样式

使用图层样式可以为图层添加投影、内发光、外发光、斜面和浮雕、光泽和颜色叠加等效果，并且可以随时对这些效果的参数进行重新设置。

单击“图层”调板底端的“添加图层样式”按钮，在打开的下拉列表框中选择任一选项都会弹出“图层样式”对话框，选择所需图层效果并设置相应参数即可添加图层样式，如图14-12所示。

选择“图层>图层样式”命令，在打开的子菜单中选择需要的图层样式，也会弹出“图层样式”对话框。在“图层”调板中双击要添加图层样式的图层的空白处，也将弹出“图层样式”对话框。

添加图层样式后，当前图层名称右侧显示图层样式标记。单击三角按钮可以展开图层样式效果，在“效果”下方显示所有添加的样式名称，如图14-13所示。再次单击三角按钮即可折叠起来。下面将详细介绍每种图层效果的参数设置及其实际应用。

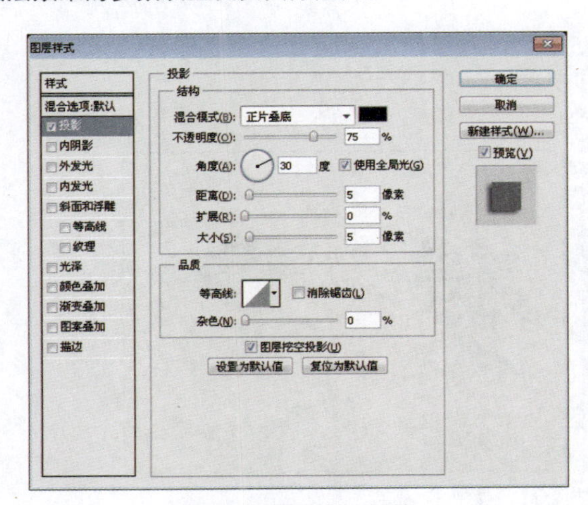

图14-12 “图层样式”对话框

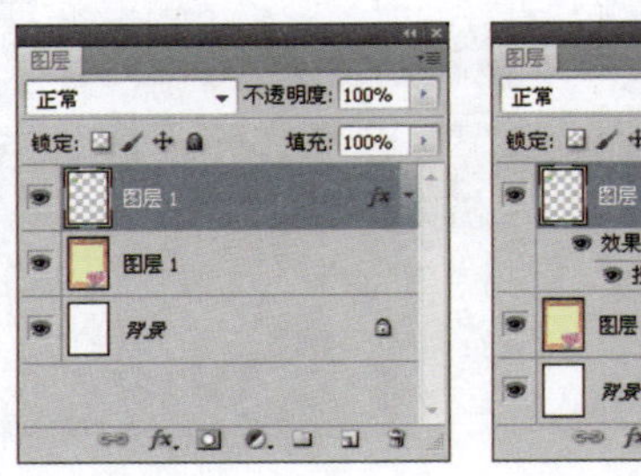

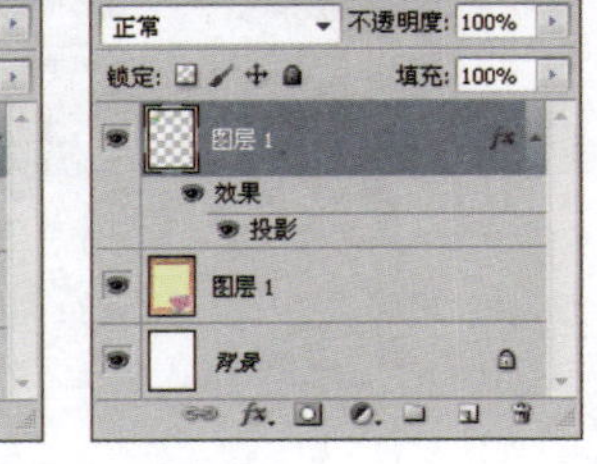

图14-13 添加的图层样式

混合选项

选择“混合选项：默认”选项，可以设置当前图层的混合选项，其中可以设置图层的混合模式、不透明度等参数，如图14-14所示。

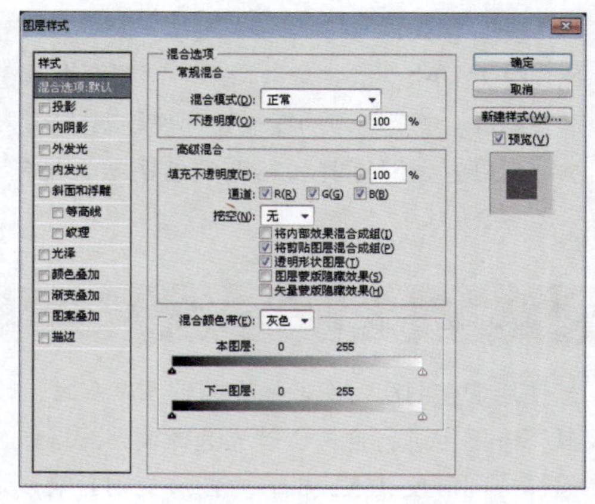

图14-14 “图层样式”对话框

投影

投影是指光直射在对象上产生的阴影。选择“投影”复选框，可以在“图层样式”对话框中设置混合模式、不透明度、角度及距离等参数，为所需对象添加投影效果，如图14-15所示。

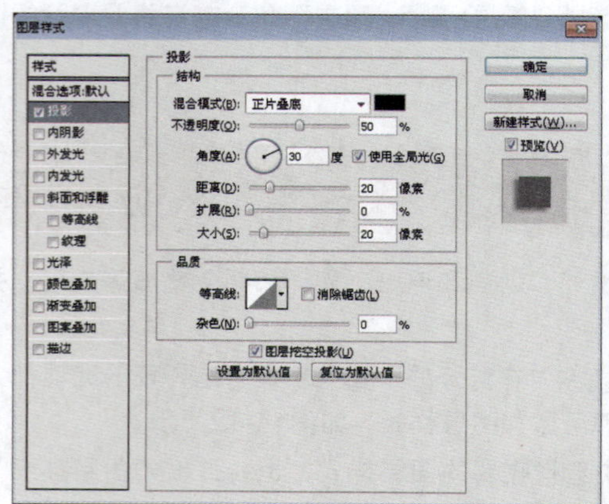

图14-15 设置“投影”参数

内阴影

选择“内阴影”复选框，“图层样式”对话框中将显示关于内阴影的设置项目，用户可以根据需要设置参数，为所需对象添加该效果，如图14-16所示。

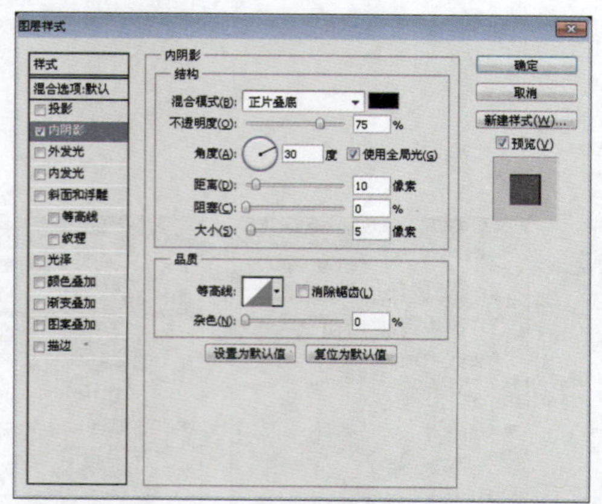

图14-16 设置“内阴影”参数

外发光

选择“外发光”复选框，“图层样式”对话框中将显示关于外发光的设置项目，用户可以根据需要设置参数，为所需对象添加该效果，如图14-17所示。

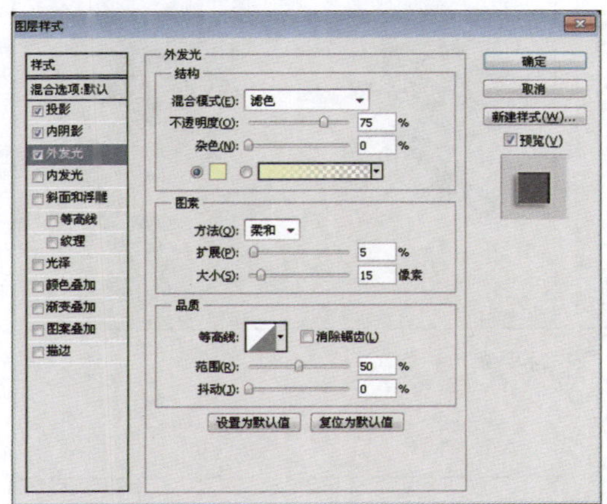

图14-17 设置“外发光”参数

内发光

选择“内发光”复选框，“图层样式”对话框中将显示关于内发光的设置项目，用户可以根据需要设置参数，为所需对象添加该效果，如图14-18所示。

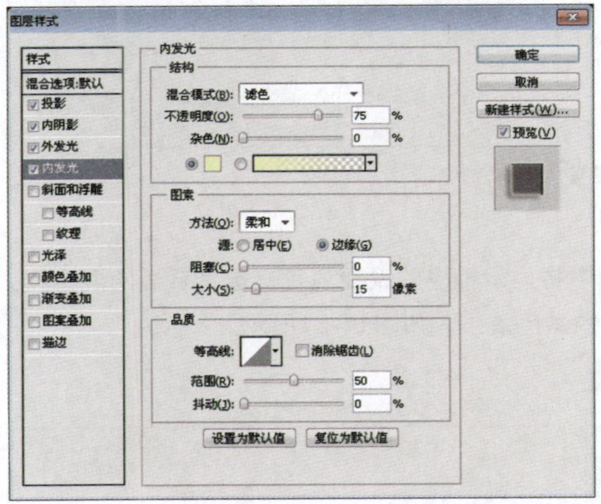

图14-18 设置“内发光”参数

斜面和浮雕

选择“斜面和浮雕”复选框，“图层样式”对话框中将显示相应的设置项目，用户可以根据需要设置参数，为所需对象添加该效果，如图14-19所示。

光泽

选择“光泽”复选框，“图层样式”对话框中将显示相应的设置项目。在对话框中设置好参数后，可以使当前图层中的对象呈现光泽感。在“等高线”下拉列表框中选择不同的等高线可以得到特殊的光泽效果，如图14-20所示。

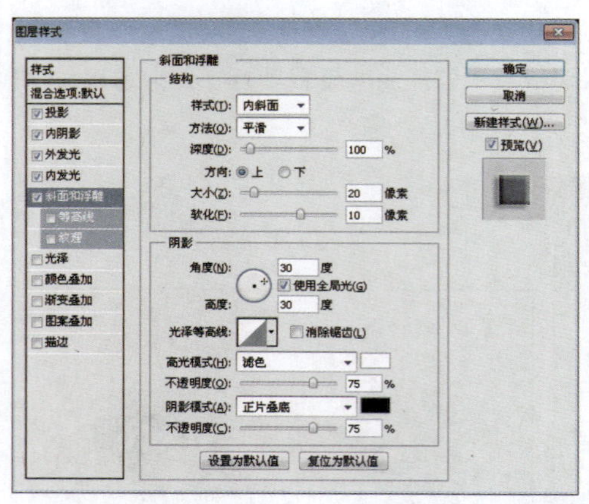

图14-19 设置“斜面和浮雕”参数

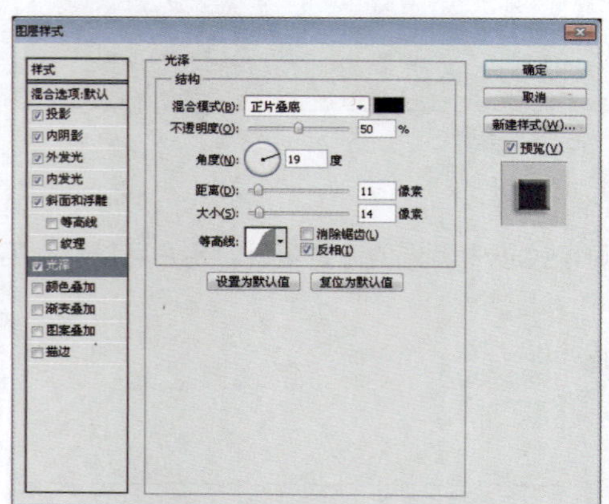

图14-20 设置“光泽”参数

颜色叠加

选择“颜色叠加”复选框，“图层样式”对话框中将显示相应的设置项目，选择合适的混合模式、叠加颜色及不透明度，当前图层中的对象将显示为较为统一的颜色效果，如图14-21所示。

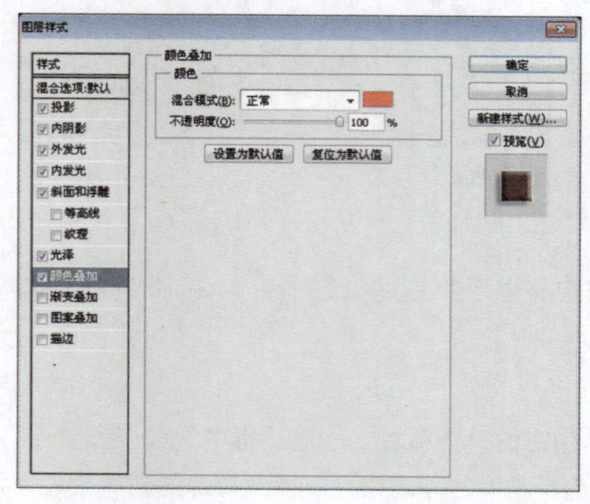

图14-21 设置“颜色叠加”参数

渐变叠加

只有在取消选择“颜色叠加”复选框的情况下，“渐变叠加”复选框中的设置才能生效。选择“渐变叠加”复选框，“图层样式”对话框中将显示相应的设置项目。设置好参数后，在当前图层对象上就可以观察到渐变叠加效果，如图14-22所示。

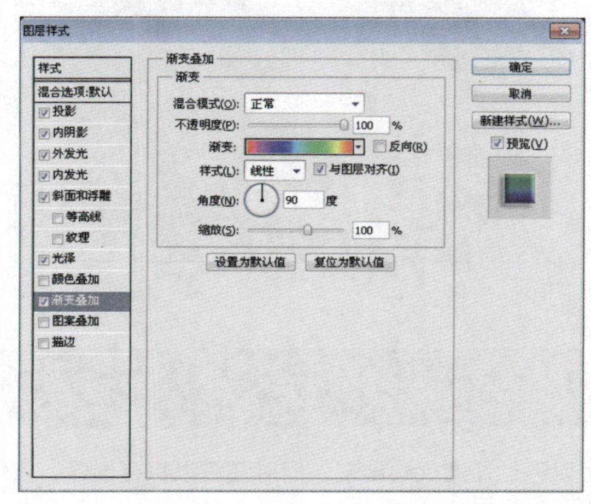

图14-22 设置“渐变叠加”参数

图案叠加

只有在取消选择“颜色叠加”和“渐变叠加”复选框的情况下，“图案叠加”复选框中的设置才能生效。选择“图案叠加”复选框，在“图层样式”对话框中设置参数，此时在当前图层对象上就完成了图案叠加的设置，如图14-23所示。

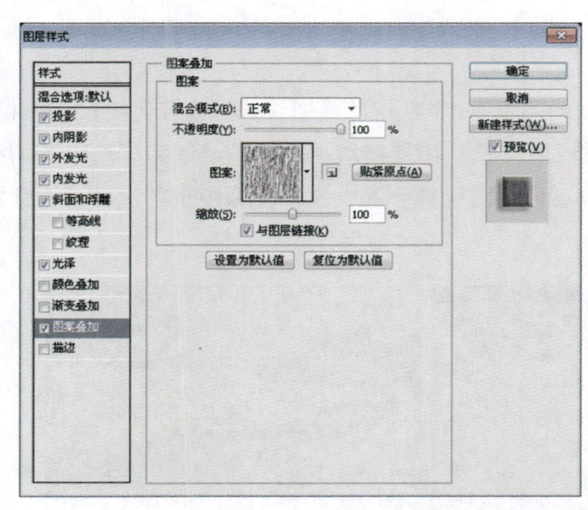

图14-23 设置“图案叠加”参数

描边

选择“描边”选项，“图层样式”对话框中将显示对应的设置项目，设置参数后，在当前图层对象的边界处将被描绘上一定宽度的颜色，类似于选择“编辑>描边”命令。但是功能比“描边”命令更强大，还可以在边界处描绘上渐变或图案，如图14-24所示。

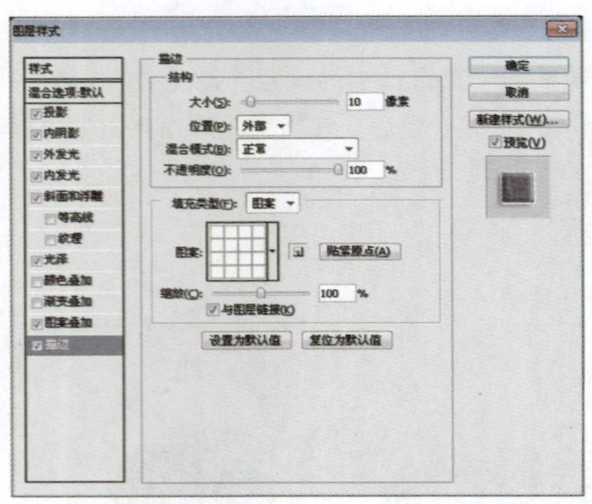

图14-24 设置“描边”参数

14.4 通道的功能

通道是一切位图颜色的基础，所有的颜色信息都可以通过通道反映出来，同时还可以保存选区，方便用户随时载入。通道分为3种类型：颜色通道、Alpha通道和专色通道，在“通道”调板中可以看到系统或用户创建的各种通道。

14.4.1 保存颜色信息

在Photoshop CS5的通道功能中，能够保存颜色信息的通道只有颜色通道和专色通道，下面将进行具体介绍。

颜色通道

颜色通道用于描述图像色彩信息，如RGB颜色模式的图像有3个默认的通道，分别为红（R）、绿（G）、蓝（B）；CMYK模式中的“洋红”通道保存图像的洋红色信息，如果拖动“洋红”通道到“通道”调板底端的“删除当前通道”按钮 上，CMYK混合通道及洋红色通道均被删除，整幅图像中也就没有了洋红色，如图14-25所示。

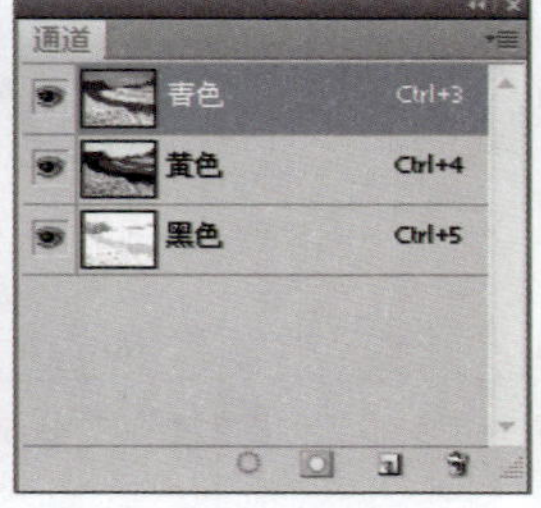

图14-25 通道调板

专色通道

专色是指除了CMYK以外的颜色，如果要印刷带有专色的图像，就需要在图像中创建一个存储这种颜色的专色通道。

14.4.2 创造选区

在Photoshop CS5的通道功能中，用于创建选区的只有Alpha通道。Alpha通道不具有颜色存储的功能，只用于存储选区。可以将Alpha通道视为一幅灰色图像，由从黑色到白色的256种灰度颜色构成，其中白色代表选区，黑色代表非选区。新建的Alpha通道通常只有黑色或白色，可以使用各种灰度颜色进行绘制，以创建相应的选区。选区也可以转换为Alpha通道，使用绘图工具编辑后可以产生新的选区。在通道中载入选区与在图层中载入选区的方法相同，如图14-26和图14-27所示。

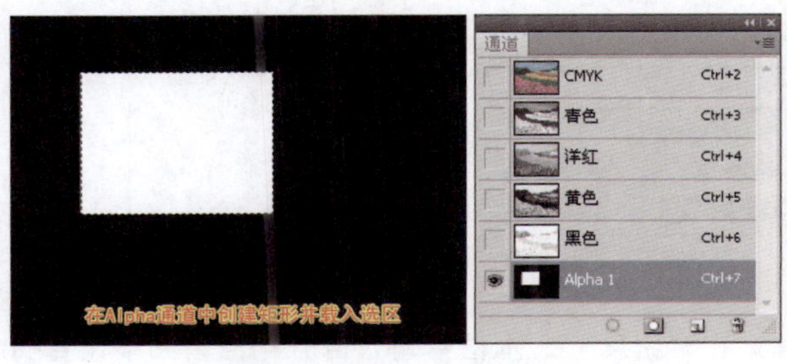

图14-26 载入Alpha通道选区

图14-27 显示通道选区

技巧

如果要将创建的选区存储为Alpha通道，可以选择“选择>存储选区”命令，此时会弹出“存储选区”对话框，编辑选区名称后，单击“确定”按钮，即可将选区存储为Alpha通道。

14.5 通道的应用

通道的功能十分强大，根据14.4节中的内容我们已经知道了通道的分类及功能，本节将向读者介绍通道的应用。利用通道可以对图像的色调进行调整，可以创建特殊的选区。此外，还将向大家介绍通道的分离与合并操作。

14.5.1 调整图像色调

在Photoshop CS5中，可以通过专色通道调整图像色调。

专色通道是一种预先混合的色彩，当只需在部分图像上打印一种或两种颜色时，常使用专色通道，专色通道常用除CMYK色外的第5色。通常，首先从PANTONE或TRUMATCH色样书中选择出专色通道，作为一种匹配和预测色彩打印效果的方式。由PANTONE、TRUMATCH和其他公司创建的色彩可以在Photoshop的自定颜色调板中找到。选择Photoshop拾色器中的“颜色库”可访问该调板。当用Photoshop的专色通道创建色彩时，Photoshop会打开拾色器。

在图像中创建选区后，打开“通道”调板，如图14-28所示。

图14-28 “通道”调板

选择“通道”调板菜单中“新建专色通道”命令，或按住【Ctrl】键并单击“通道”调板中的“创建新通道”按钮，弹出“新建专色通道”对话框，如图14-29所示。

单击其中的色块，将弹出“颜色库”对话框，在“色库”下拉列表框中选择需要添加专色的色系，再选择具体的色彩，如图14-30所示。

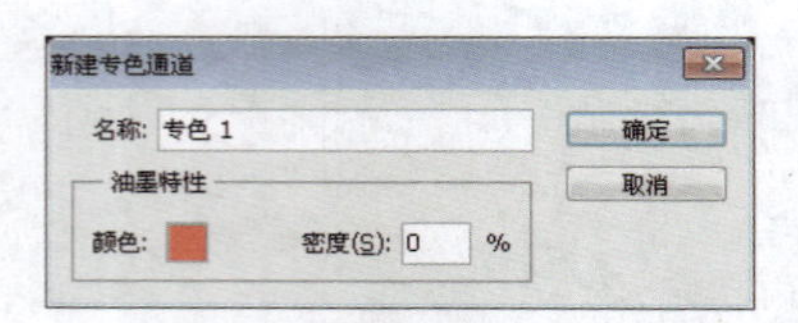

图14-29 “新建专色通道”对话框

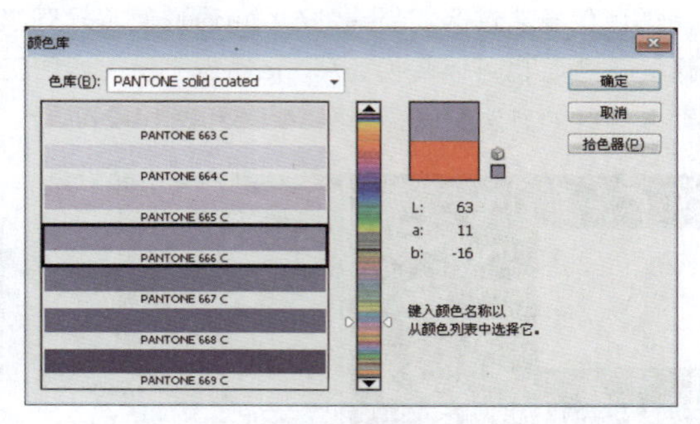

图14-30 “颜色库”对话框

单击“确定”按钮，返回“新建专色通道”对话框。在“密度”文本框中输入百分比值，如果设置为100%，则在图像上提供了完全覆盖的专色油墨模拟效果。再次单击“确定”按钮，即可将选区中的内容创建为专色通道，如图14-31所示。

图14-31 建立专色通道

技 巧

如果需要改变“新建专色通道”对话框中的设置，双击“通道”调板中的缩览图即可进行调整。如果要将Alpha通道转换为专色通道，可双击该通道，在弹出的“通道选项”对话框中选择“专色”单选按钮即可。

14.5.2 创建特殊选区

要利用Alpha通道创建特殊选区，可以配合“画笔工具”和一些用于创建选区的命令来完成。下面以抠取一幅风景图像中的云彩图像为例进行讲解。

首先选择“选择>色彩范围”命令，弹出“色彩范围”对话框，将图像中的云彩大致选取，如图14-32所示。

图14-32 建立白云选区

然后在“通道”调板中新建Alpha通道，并为选区填充白色。之后使用“画笔工具”将除云彩以外的白色部分绘制为黑色，如图14-33所示。

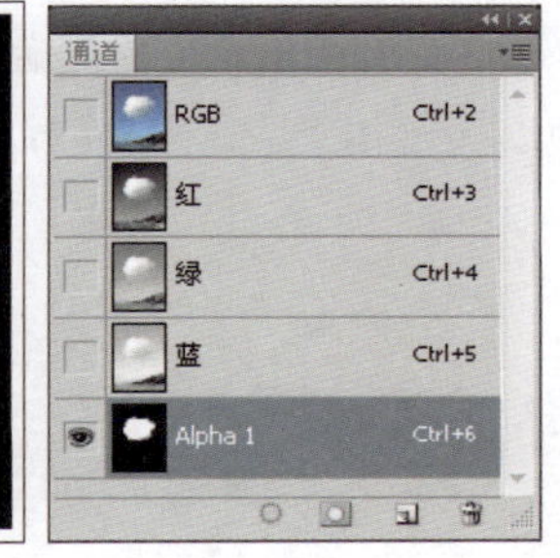

图14-33 建立Alpha通道

载入Alpha通道的选区，返回RGB通道，切换到“图层”调板，在“背景”图层中复制选区中的图像，再粘贴图像，将云彩图像抠取出来，然后就可以将云彩应用到蓝色背景中充当设计元素了，如图14-34所示。

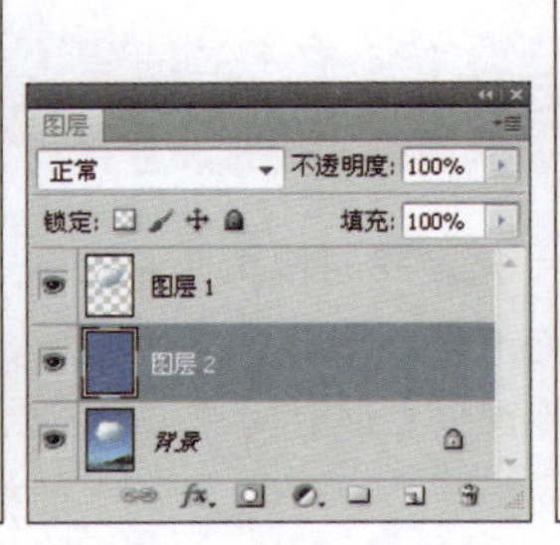

图14-34 复制白云图像

14.5.3 拆分和合并通道

在Photoshop CS5中，可以利用调板菜单来拆分和合并通道。如果要拆分通道，可以单击“通道”调板右上角的▾≡按钮，在打开的下拉菜单中选择“分离通道”命令，即可将现有的彩色通道分离成多个灰度图像，如图14-35所示。

图14-35 分离通道命令

如果要将分离的图像重新合并起来，可以在调板菜单中选择“合并通道”命令，此时会弹出“合并通道”对话框，如图14-36（上）所示。在该对话框中可以选择合并后图像的颜色模式及通道数量，设置完毕后，单击“确定”按钮，会弹出相应的对话框，用以指定合并通道的内容，如图14-36（下）所示。单击“确定”按钮，可自动生成一个PSD格式的未标题图像文件，如图14-37所示，然后保存文件即可。

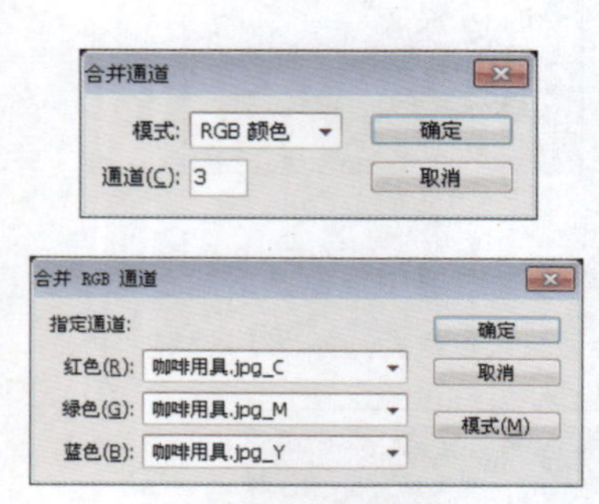

图14-36 合并通道

图14-37 未标题图像文件

14.6 综合应用案例

图层和通道在Photoshop CS5中起着至关重要的作用，通过图层，可以对图形、图像及文字等元素进行有效的管理和归整，为创作过程提供了有利的条件。通过蒙版与通道，可以精确地制作出多种特殊的效果，也可以用来抠取边缘复杂的图像，为设计工作节省了大量时间。

▶▶ 创建新文档

Step 01 启动Photoshop CS5，选择“文件>新建”命令，弹出“新建”对话框，参照图14-38所示进行设置，创建一个新文档。

Step 02 单击“图层”调板底部的“创建新的填充或调整图层”按钮，在打开的下拉列表框中选择“渐变”选项，并参照图14-39所示，在弹出的对话框中进行调整。

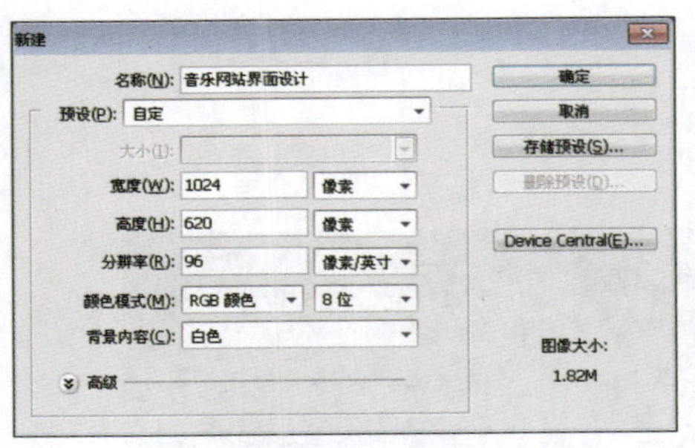

图14-38 创建新文档

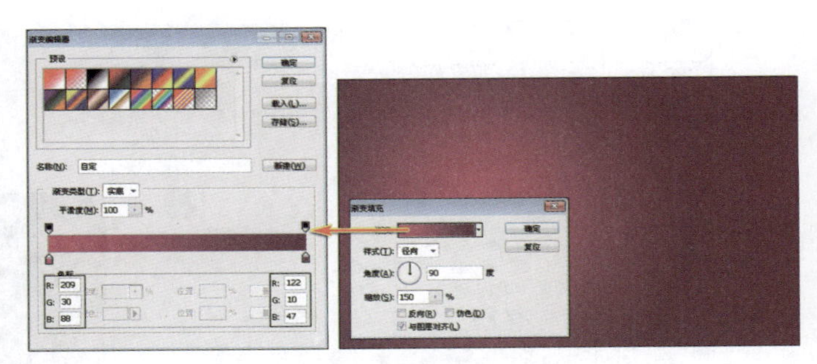

图14-39 创建渐变填充

▶▶ 绘制导航条

Step 03 使用“矩形工具”在视图中绘制矩形，使用“钢笔工具”在路径上添加锚点，然后使用“直接选择工具”调整路径形状，如图14-40所示。

Step 04 复制“形状 1”图层，单击“图层”调板底部的“创建新的填充或调整图层”按钮，在打开的下拉列表框中选择“纯色”选项，弹出“拾取实色”对话框，参照图14-41所示进行设置。

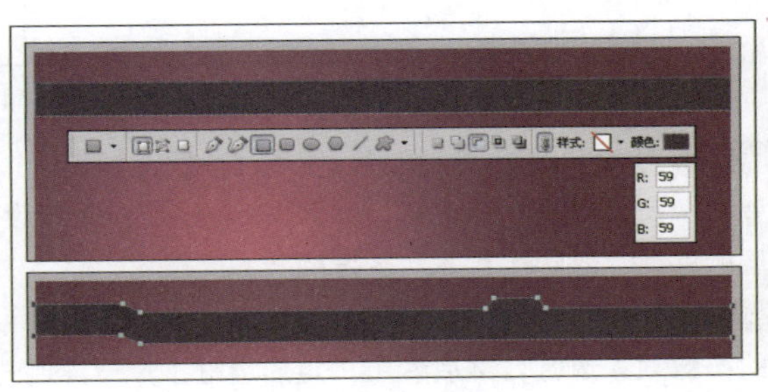

图14-40 绘制并调整路径

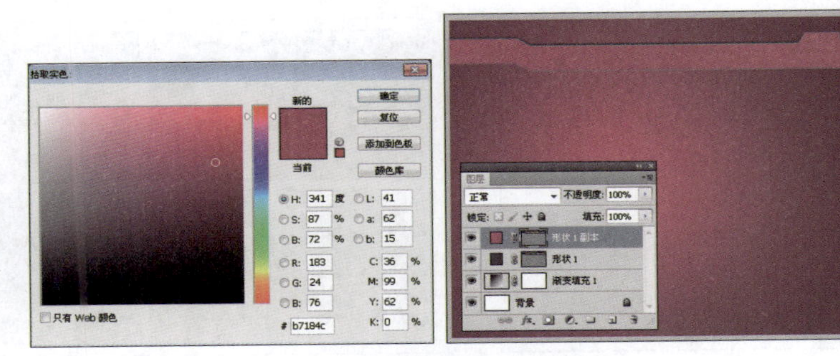

图14-41 创建颜色填充

Step 05 调整“形状 1 副本”图层到“形状 1”图层的下方，如图14-42所示。

Step 06 选择“形状 1”图层，单击“图层”调板底部的“添加图层蒙版”按钮，为图层添加蒙版，使用“矩形选框工具”在蒙版中绘制选区，并填充颜色为黑色，隐藏部分图像，如图14-43所示。

图14-42 调整图层位置

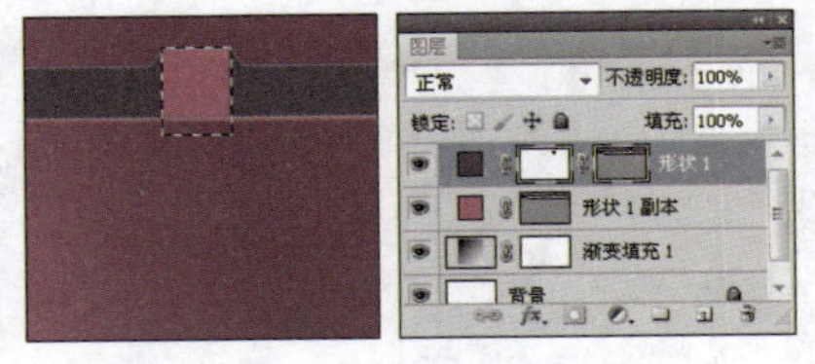

图14-43 添加图层蒙版

Step 07 双击“形状 1”图层名称后的空白处，弹出“图层样式”对话框，参照图14-44所示进行设置，并单击“确定”按钮，为图层添加“内发光”样式。

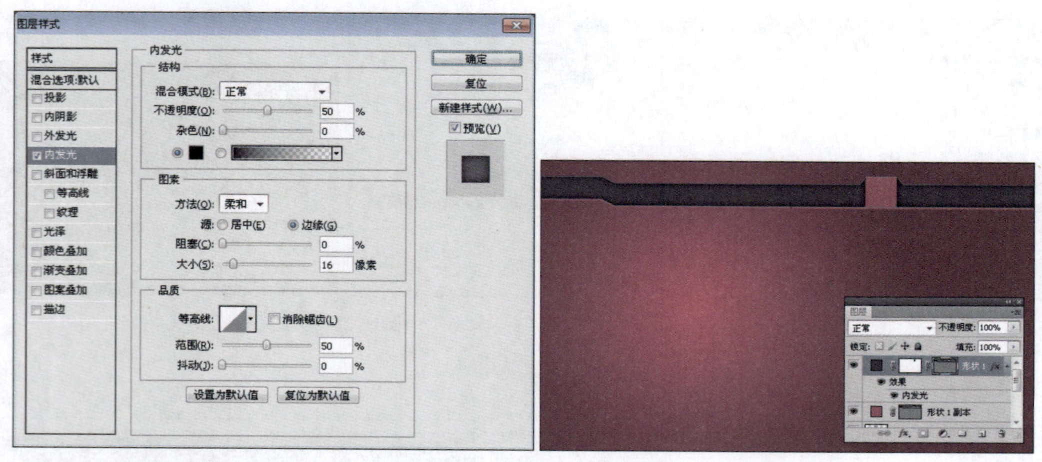

图14-44 设置图层样式

Step 08 新建“图层 1”图层，使用“椭圆选框工具”绘制椭圆图形，然后选择“滤镜>模糊>高斯模糊”命令，弹出“高斯模糊”对话框，参照图14-45所示进行设置，并单击“确定”按钮，对图像进行模糊，最后调整图层顺序到“形状 1 副本”图层的下方。

Step 09 新建“图层 2”图层，按住【Ctrl】键并单击“形状 1”图层的图层蒙版缩览图，将“形状 1”图层中的图像载入选区，然后使用“矩形选框工具”绘制选区，使选区相交为菱形，并填充颜色为黑色，如图14-46所示。

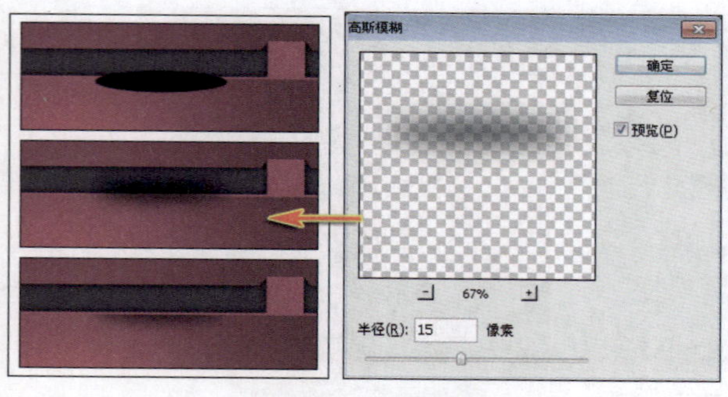

图14-45 设置高斯模糊

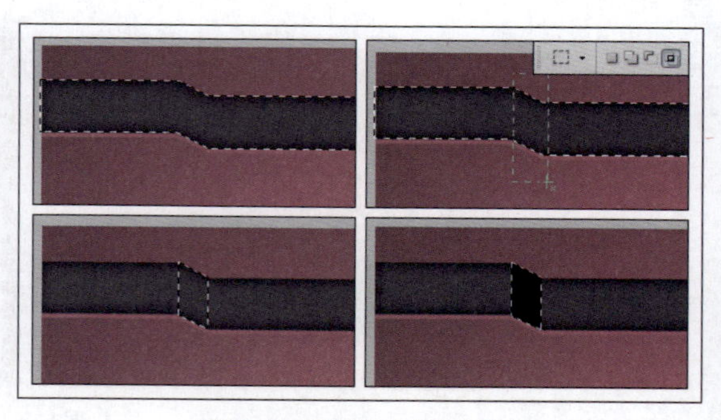

图14-46 绘制选区并填充颜色

Step 10 参照步骤9的方法制作选区，并分别填充渐变和实色，如图14-47所示。

Step 11 参照如图14-48所示的效果，使用“横排文字工具”在导航条上添加文字。

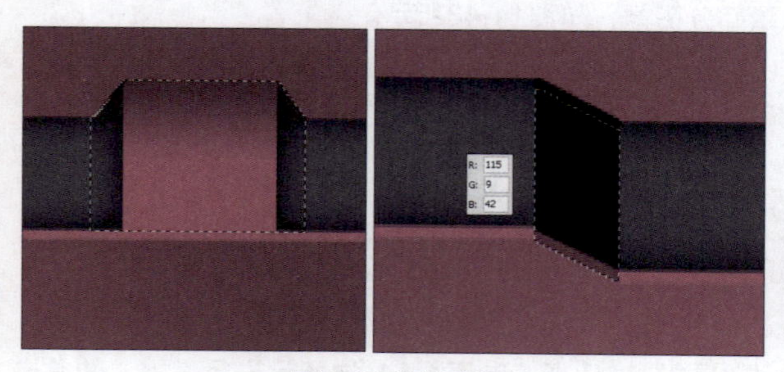

图14-47 编辑图像

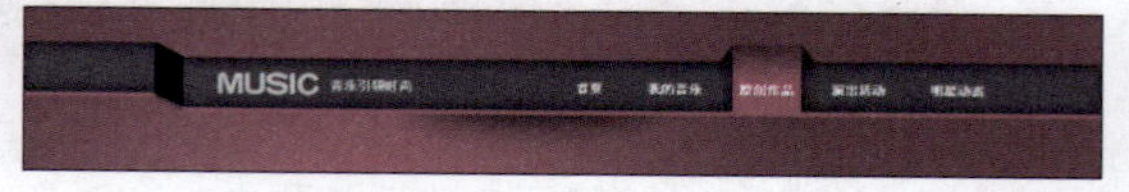

图14-48 添加文字

Step 12 参照图14-49所示，为文字“MUSIC”添加投影和内发光图层样式，并将“图层 1”图层和所有文字图层群组为“组 1”图层组。

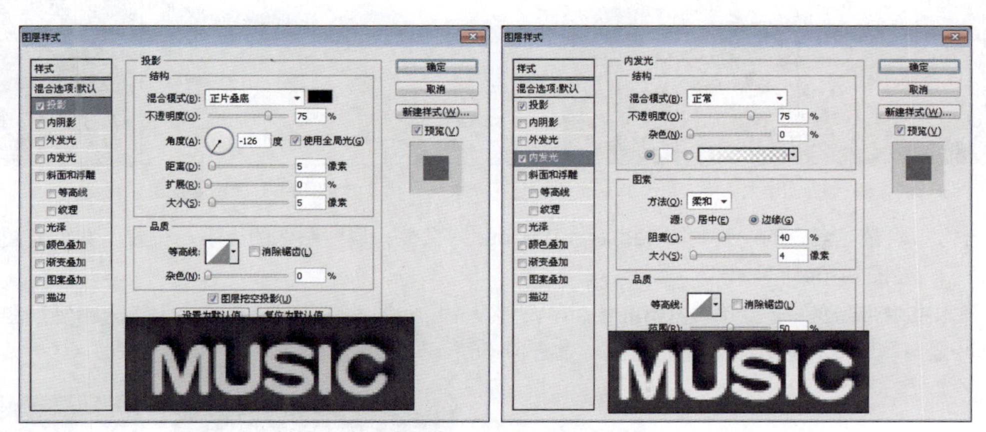

图14-49 添加文字图层样式

Step 13 新建“组 2”图层组，使用上面介绍的方法，绘制底部导航条，如图14-50所示。

图14-50 绘制图形

▶▶ 添加主体图像

Step 14 打开本书附带光盘中的“素材\Chapter-14\墨迹.jpg”文件，将其拖至当前正在编辑的文档中，然后选择“编辑>自由变换”命令，缩小图像，并调整图层混合模式为“颜色加深”，如图14-51所示。

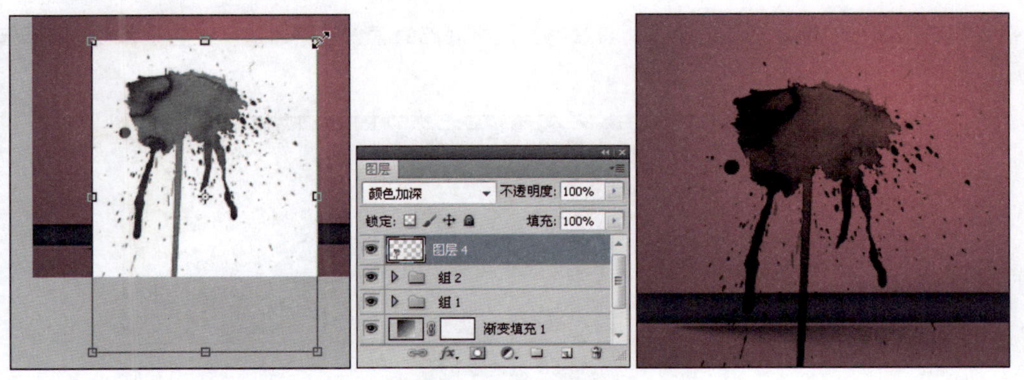

图14-51 调整图层混合模式

Step 15 打开本书附带光盘中的“素材\Chapter-14\麦克风.psd”和“吉他.psd”文件，将其拖至当前正在编辑的文档中，按【Ctrl+T】组合键，调整图像的大小和位置，如图14-52所示。

Step 16 选中吉他图像，选择“图像>调整>曝光度”命令，弹出“曝光度”对话框，参照图14-53所示进行设置，然后单击“确定”按钮，调整图像色调。

图14-52 调整图像大小

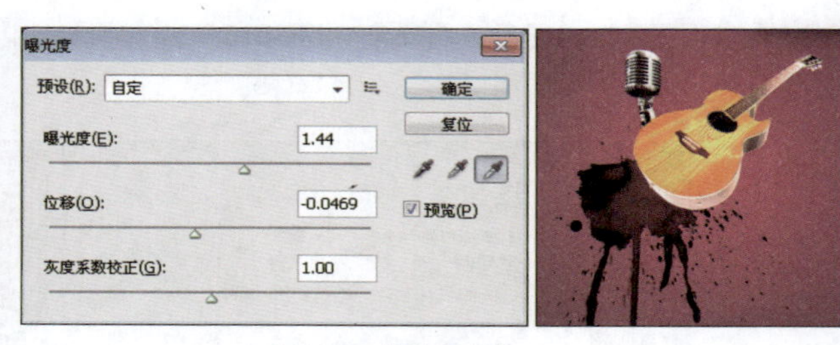

图14-53 调整曝光度

Step 17 打开本书附带光盘中的“素材\Chapter-14\光.psd”文件，调整图像的大小和位置，并调整图层混合模式为“滤色”，如图14-54所示。

Step 18 打开本书附带光盘中的“素材\Chapter-14\动感人物.jpg”文件，按【Ctrl+J】组合键复制图层，然后选择“窗口>通道”命令，打开“通道”调板，如图14-55所示。

图14-54 调整图层混合模式

图14-55 “通道”调板

Step 19 在“通道”调板中选择“绿”通道，将其拖至调板底部的“创建新通道”按钮上，创建“绿副本”通道，如图14-56所示。

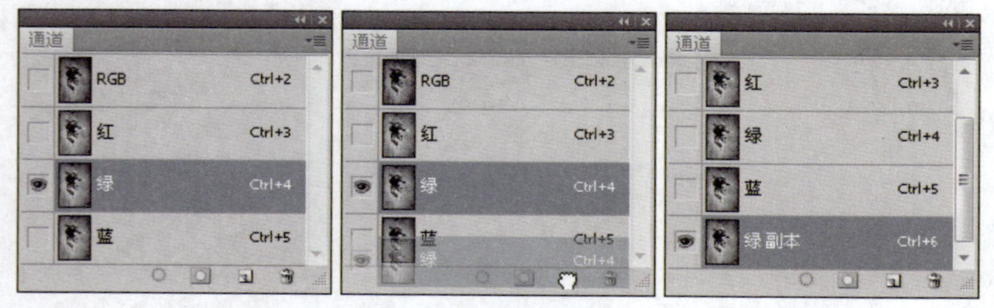

图14-56 创建通道副本

Step 20 选择“图像>调整>色阶”命令，弹出“色阶”对话框，参照图14-57所示设置参数。

技 巧

导航图下的3个横向排列的小三角形分别为黑、灰、白3个色调，它们的距离越接近，图像的对比度越强烈。

Step 21 设置前景色为黑色，使用柔边缘画笔在视图中将人物白色部分绘制为黑色，然后按住【Ctrl】键并单击“绿副本”通道的通道缩览图，将通道载入选区，如图14-58所示。

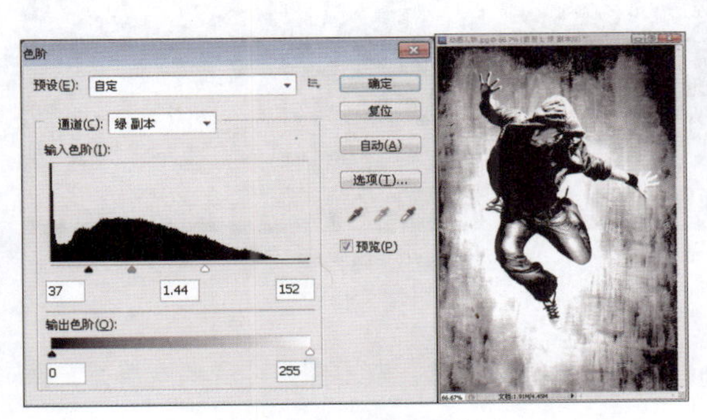

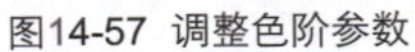

图14-57 调整色阶参数

图14-58 建立通道选区

Step 22 返回“图层”调板，隐藏“背景”图层，按两次键盘上的【Delete】键，删除人物背景图像，如图14-59所示。

Step 23 使用“套索工具”绘制选区，选择“选择>反向”命令，将选区反选，删除人物背景，使用柔边缘“橡皮擦工具”擦除不干净的背景图像，如图14-60所示。

图14-59 删除背景图像

图14-60 绘制选区并擦除背景图像

Step 24 因为刚才人物的鞋是白色的，没有被抠出来，所以使用“磁性套索工具”在“背景”图层上绘制选区，选中人物的鞋子，按【Ctrl+J】组合键抠出人物的鞋子，最后合并“图层 1”和“图层 2”图层，如图14-61所示。

Step 25 将抠出的人物图像拖至当前正在编辑的文档中，调整人物的大小和位置，选择“图像>调整>曝光度”命令，弹出“曝光度”对话框，参照图14-62所示进行设置，然后单击“确定”按钮，调整图像的色调。

图14-61 合并图层

图14-62 调整图像曝光度

▶▶ 绘制按钮

Step 26 选择工具箱中的“椭圆工具”，配合键盘上的【Shift】键绘制正圆形状，双击图层名称的空白处，弹出“图层样式”对话框，参照图14-63所示进行设置。

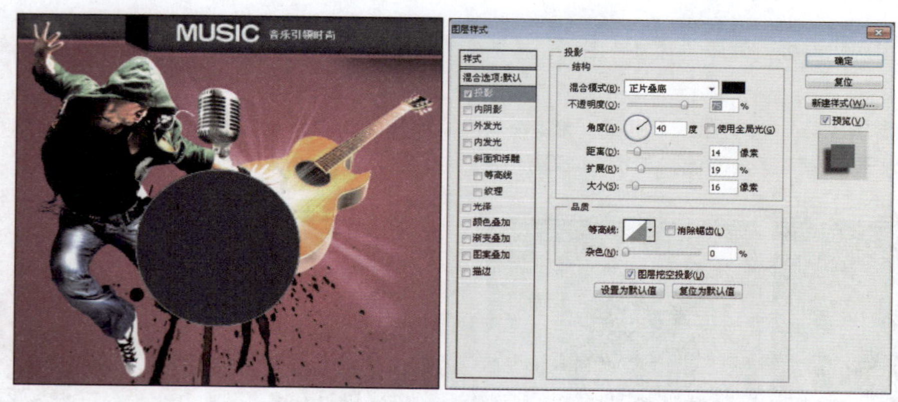

图14-63 添加图层样式

Step 27 继续步骤26的操作，在“图层样式”对话框中进行设置，并单击“确定”按钮，应用图层样式，如图14-64所示。

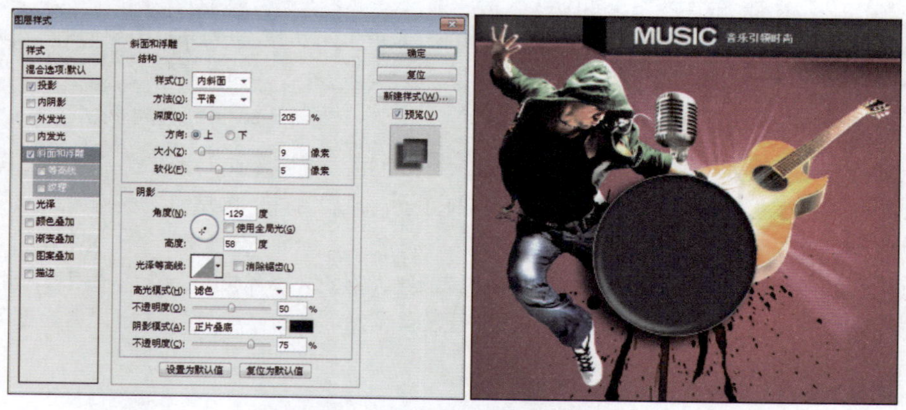

图14-64 设置“斜面和浮雕”图层样式

Step 28 复制上一步创建的图层，并按【Ctrl+T】组合键，缩小正圆形状，打开“图层样式”对话框，参照图14-65所示进行设置。

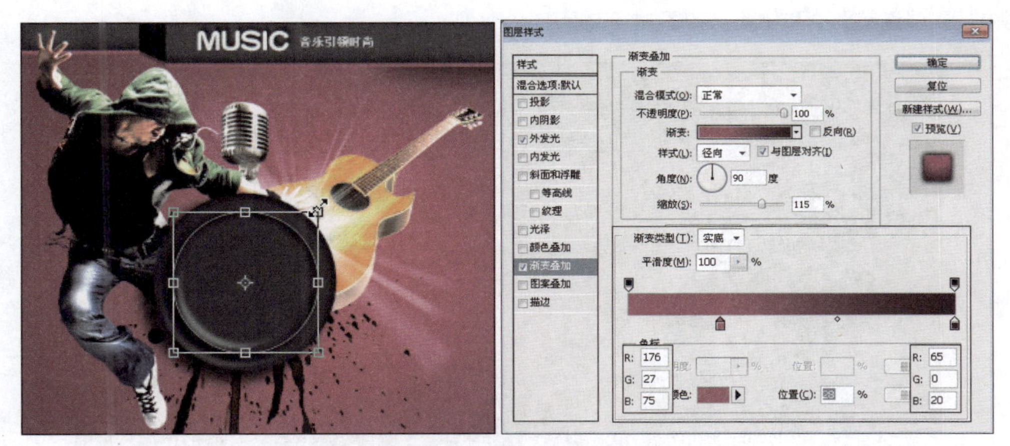

图14-65 设置“渐变叠加”图层样式

Step 29 继续上一步的操作，在“图层样式”对话框中进行设置，并单击“确定”按钮，应用图层样式，如图14-66所示。

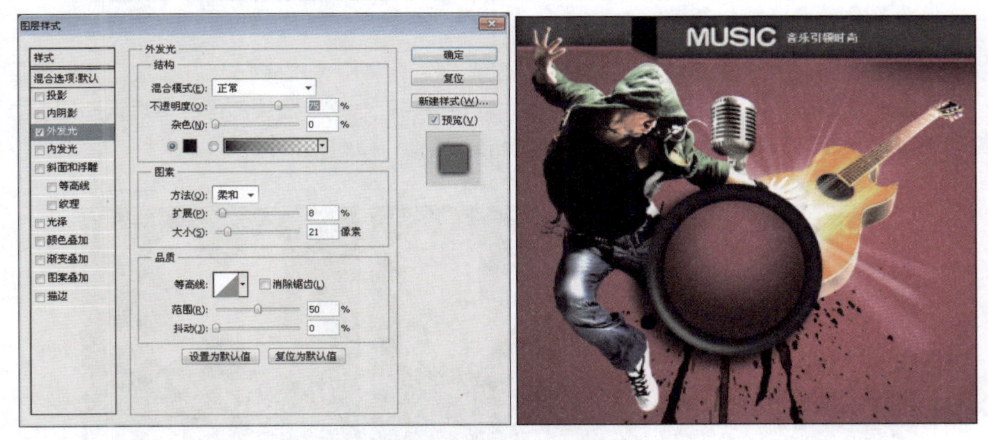

图14-66 设置“外发光”图层样式

Step 30 使用“画笔工具”、“椭圆选框工具”和“渐变工具”绘制高光，然后使用“横排文字工具”添加文字，并为其添加投影和内发光样式，如图14-67所示。

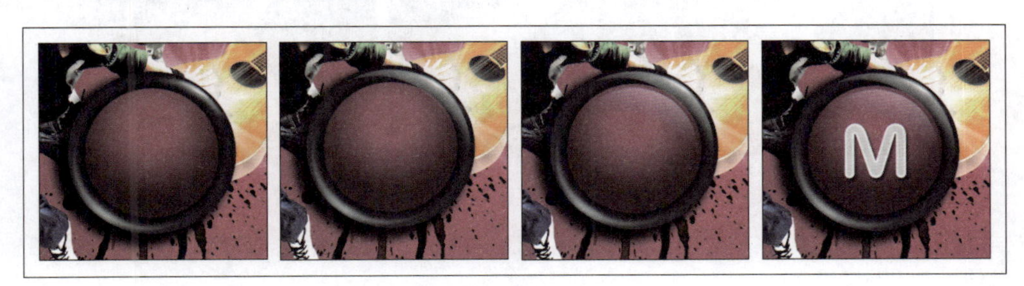

图14-67 添加文字及样式

▶▶ 添加文字信息

Step 31 打开本书附带光盘中的“素材\Chapter-14\光线.psd”和“人物头像.psd”文件，将其拖至当前正在编辑的文档中，并调整其大小和位置，如图14-68所示。

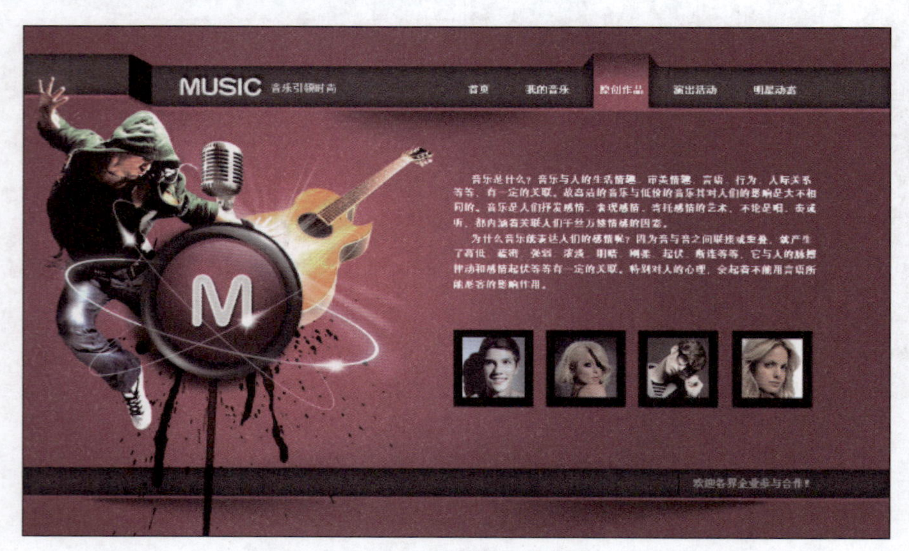

图14-68 调整图像大小和位置

Step 32 首先，新建图层并使用“圆角矩形工具”绘制圆角矩形，将图像旋转45° 。其次，复制图层，展开图像变换框，单击鼠标右键，在弹出的快捷菜单中选择“垂直翻转”命令，翻转图像。然后调整图像位置，并合并图层。最后使用“多边形套索工具”绘制选区，删除部分图像，如图14-69所示。

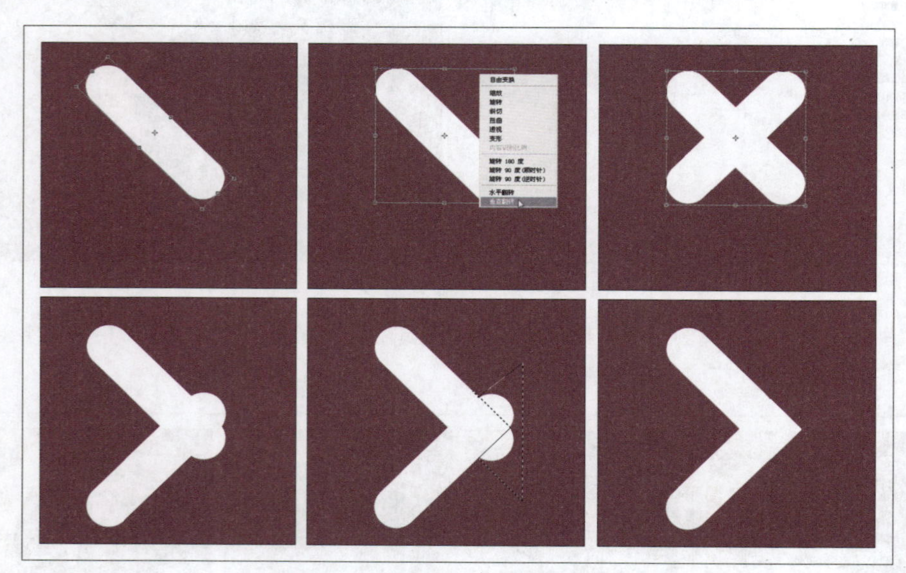

图14-69 绘制图形

Step 33 双击上一步创建的图层名称的空白处，弹出“图层样式”对话框，参照图14-70所示进行设置，单击“确定”按钮，应用图层样式。

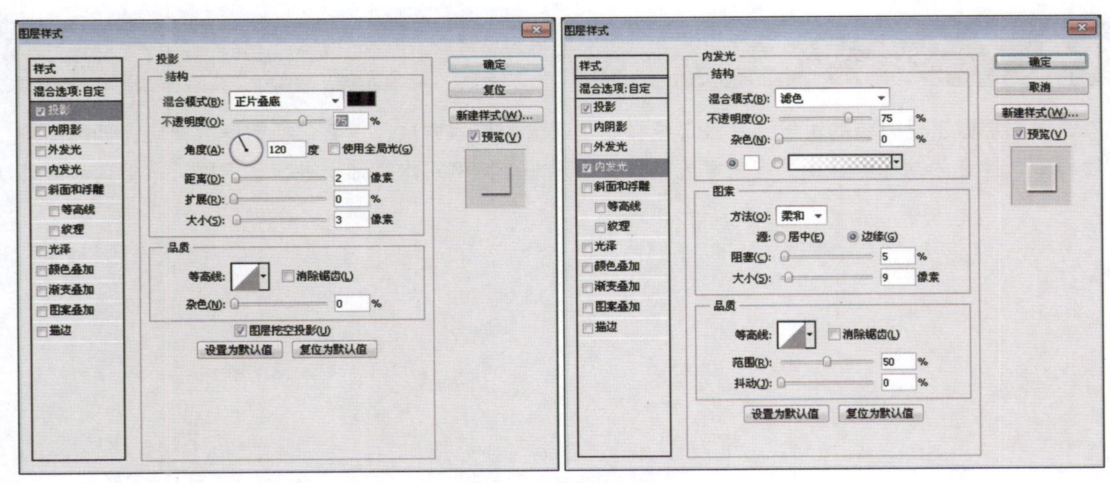

图14-70 设置图层样式

Step 34 按【Ctrl+J】组合键复制图层，并调整这两个图层的填充参数均为0%，参照图14-71所示，调整图像位置。

图14-71 调整图像位置

Step 35 最后使用“切片工具”为网页图像划分切片，完成整个实例的制作，如图14-72所示。

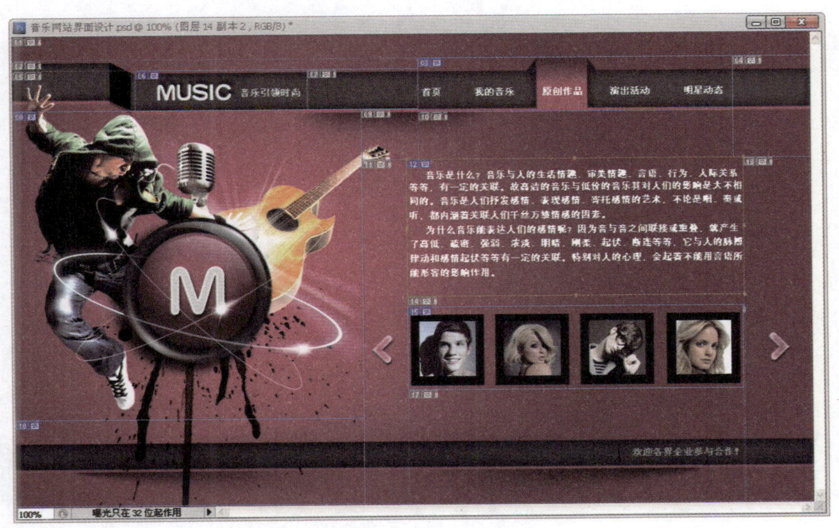

图14-72 完成效果

14.7 本章小结

本章对图层做了进一步的讲解，并且详细介绍了通道的使用方法，主要包括图层的蒙版、调整图层、应用图层样式、通道的功能和通道的应用等内容，并通过一个实例对本章知识进行了巩固，希望读者能够认真体会。

15 滤镜和动作

滤镜和动作是Photoshop中非常实用的功能之一。使用滤镜可以在原有图像的基础上产生许多特殊的效果，还可以掩盖图像中的一些缺陷，是创建特殊效果的一个捷径。而动作则提供了一种快捷、方便的操作方法，利用它可以将一些重复的操作简单化。本章将向读者详细介绍这两方面的知识。

15.1 使用滤镜

使用滤镜可以为图像添加纹理或特殊效果，拓宽图像创作的范围。每个滤镜都会产生一种不同的效果。某些滤镜的工作方式是分析图像或选区中的每个像素，使用数学算法将其转换生成随机或预定的形状。某些滤镜则先对单一像素或像素组进行取样，以确定在显示颜色或亮度方面差异最大的区域，然后再改变该区域中的像素值。

15.1.1 滤镜库

在滤镜库中，可以预览为图像添加不同滤镜后的效果，而无须关闭对话框，还可以查看同时在一个图像上应用多个滤镜后的效果。

选择“滤镜>滤镜库”命令，弹出“滤镜库”对话框，如果要同时使用多个滤镜，可以在对话框的右下角单击“新建效果图层”按钮，即可在原效果图层上新建一个效果图层。单击相应的效果图层后便可以应用其他滤镜效果，从而实现多滤镜的堆叠。图15-1所示为“纹理化”滤镜对话框。

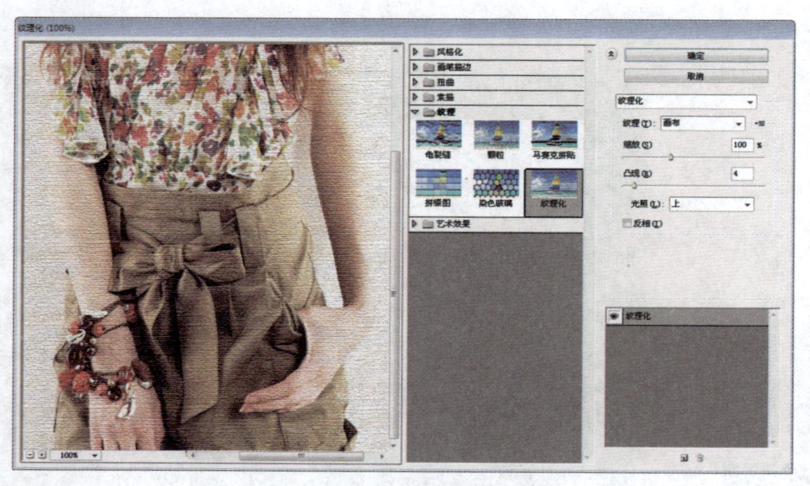

图15-1 “纹理化”滤镜对话框

15.1.2 使用滤镜工作

滤镜的使用方法非常简单，效果也方便控制。打开要使用滤镜的图像后，如果只对局部图像使用滤镜，可以在该图像中创建选区，否则Photoshop就会将滤镜效果应用到整个图像上。

如果在图层中使用滤镜，将只会影响该图层中的有色区域，而不会应用于该图层中的透明区域。另外，在通道中也可以添加滤镜效果。

选择“滤镜”菜单中的滤镜命令即可执行相应的滤镜功能。其中有些滤镜在选择后直接执行，无须任何参数设置；而有些滤镜则会弹出相应的对话框，要求用户设置参数以控制滤镜效果。图15-2所示为“波浪”滤镜对话框的参数设置。

Photoshop自软件启动开始，会将上次使用的滤镜命令置于“滤镜”菜单的顶端。当重复使用滤镜时，只需单击“滤镜”菜单中的第一个菜单命令，或按【Ctrl+F】组合键即可。

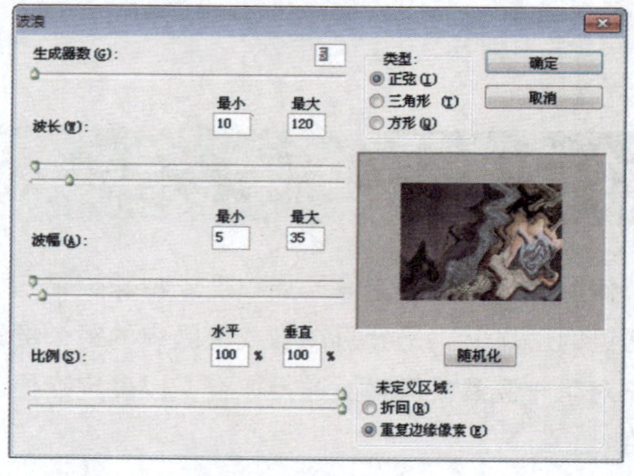

图15-2 滤镜效果参数

如果该滤镜需要在对话框进行设置，再次使用该滤镜时需要变更参数设置，按【Ctrl+Alt+F】组合键，可打开对应的对话框进行设置。

15.1.3 预览滤镜效果

许多带有对话框的滤镜都提供了图像预览功能，在应用滤镜时可以看到应用滤镜的图像效果。读者可以从对话框的预览框中看到添加的效果，也可以从当前图像窗口中观察添加滤镜后的效果。

如果要在预览框内显示的图像区域在离预览框范围以外很远的地方，可以在图像中单击希望在预览框中显示的图像区域，此时光标变为方框形状。

部分滤镜的使用较为复杂，执行过程需要相当长的时间，如果在应用滤镜时，希望在完成处理前停止滤镜的应用，可以按【Esc】键取消应用。

15.1.4 渐隐滤镜效果

渐隐是弱化添加的绘画、涂抹、颜色调整或颜色调整的不透明度和混合模式的效果程度，同样，也可以作用于滤镜效果。在应用渐隐效果之前，必须先为图像应用滤镜效果。打开一幅图片，如图15-3所示，选择“滤镜>素描>绘图笔”命令，为其添加“绘图笔”滤镜效果，如图15-4所示。

图15-3 素材文件

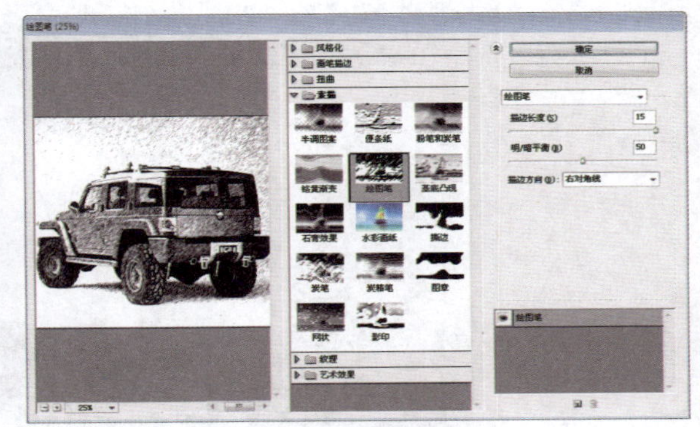

图15-4 添加滤镜效果

选择“编辑>渐隐绘图笔”命令，或按【Ctrl+Shift+F】组合键，弹出“渐隐”对话框，用户可以在该对话框中进行参数设置，此时可在视图中观察到渐隐效果，单击“确定”按钮，关闭对话框并应用渐隐效果，如图15-5所示。

图15-5 设置渐隐效果

在“渐隐”对话框中，包含以下3个选项。

- 不透明度：在0%～100%之间拖曳不透明度滑块以调整不透明度，100%时为应用命令后的效果，0%时为没有应用命令时的效果。该百分比值越小，就越接近于初始状态。
- 模式：在“模式”下拉列表框中选取混合模式。
- 预览：选择“预览”复选框，可以预览图像中发生的变化。

15.2 镜头校正

使用“镜头校正”滤镜可以对图像中透视效果不正确的地方进行校正。

打开透视有问题的图像，选择“滤镜>镜头校正”命令，弹出“镜头校正”对话框，在该对话框中设置好参数后，即可在预览框中观察到校正效果，然后单击“确定”按钮，即完成校正，如图15-6所示。

该对话框中部分选项的含义如下。

- 移去扭曲：可将图像修正为枕形或桶形。
- 色差：调整边缘的颜色。
- 晕影：设置边缘的晕影效果。
- 变换：设置图像垂直或水平的透视效果，以及图像的旋转角度和边缘图像。

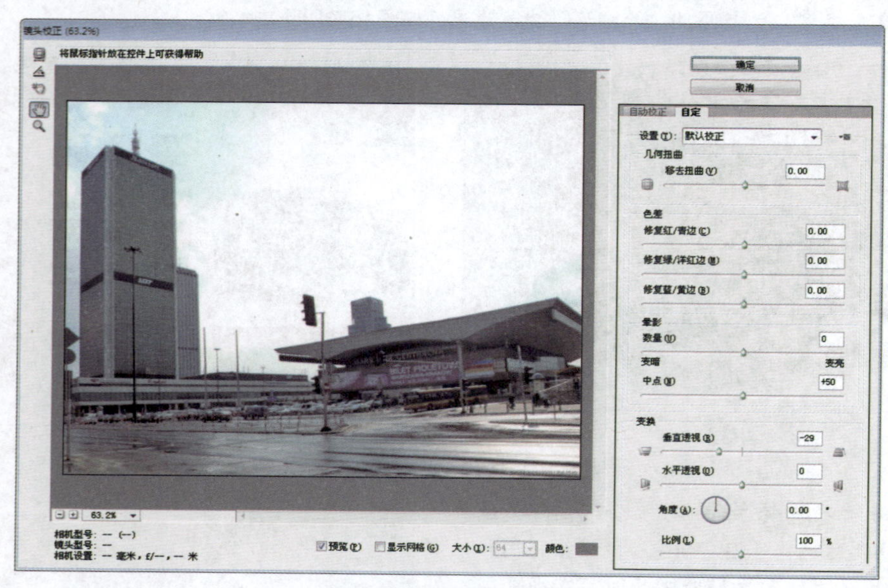

图15-6 设置图像镜头矫正

15.3 液化

“液化”是一个可以产生变形效果的滤镜，使用该滤镜可以使图像产生液体流动的特殊效果。

打开图像文件后，选择“滤镜>液化”命令，弹出“液化”对话框。其中位于左侧的是工具箱，中间是绘制区域，右侧是工具属性设置区域，如图15-7所示。

创建保护区域

所谓保护区域，就是类似蒙版一样的功能，可以指定一个区域不受液化操作的影响。在工具箱中选择“冻结蒙版工具”，在预览图像中拖动，红色所覆盖的区域为被保护区。其颜色可以在“蒙版颜色”下拉列表框中进行选择，如图15-8所示。

图15-7 “液化”对话框

图15-8 设置图像冻结

单击“蒙版选项”选项组中的“全部反相”按钮，可将冻结区域与非冻结区域进行转换。如果单击“无”按钮，可取消所有冻结的区域。选择“解冻蒙版工具”，在图像中涂抹，所涂抹的区域将撤销图像的冻结状态。

技 巧

保护的区域取决于冻结工具的作用压力，压力越小，图像越容易产生变形。

液化图像

在左侧的工具栏中选择所需的工具，然后在视图中单击并拖动鼠标，即可对图像进行液化操作，如图15-9所示。

图15-9 编辑图像液化

工具栏中各个工具的作用如下。

- 向前变形工具：单击并拖动鼠标，则鼠标以下图像中的像素会沿着鼠标移动的方向产生扭曲变形。
- 湍流工具：使用该工具可产生类似波纹的扭曲效果。
- 顺时针旋转扭曲工具：选择该工具，单击并拖动鼠标，图像中的像素会按顺时针方向进行旋转。
- 褶皱工具：选择该工具，单击并拖动鼠标，图像中的像素会向中心移动，产生挤压效果。
- 膨胀工具：选择该工具，单击并拖动鼠标，图像中的像素会向外移动，产生膨胀效果。
- 左推工具：选择该工具，单击并拖动鼠标，图像中的像素会与鼠标移动方向垂直移动，产生图像位移的效果。
- 镜像工具：复制与鼠标拖动方向垂直的区域中的像素，可产生镜像效果。

恢复液化的图像

在对话框中选择“重建工具”，然后在图像预览区域中涂抹，可以恢复变形的区域。在每次变形后，都可以立即看到变形效果。如果要恢复到原始图像，可单击“恢复全部”按钮，或者多次按【Alt+Ctrl+Z】组合键来恢复图像原貌。

15.4 第三方滤镜

Photoshop自身的图像处理功能已经非常强大了，它不仅能为图片创造出绚丽的效果，更能对图像进行合成或移花接木，达到理想的图像效果。此外，通过使用第三方的外挂滤镜软件，会让Photoshop如虎添翼。

Photoshop滤镜基本可以分为两个部分：内置滤镜（也就是Photoshop自带的滤镜）和外挂滤镜（第三方滤镜）。内置滤镜是指安装Photoshop时，自动安装到Pug-ins目录下的滤镜。外挂滤镜就是由第三方厂商为Photoshop所生产的滤镜，它们不仅种类齐全，品种繁多，而且功能强大，同时版本与种类也在不断升级与更新。其中最为大家所熟知的当属KPT滤镜，其效果如图15-10所示。

KPT滤镜是由Metatools公司开发的系列滤镜，从最早的KPT3，到其后的KPT5、KPT6，一直到KPT7，都是专业设计师们首选的滤镜，其功能非常强大，但是操作起来比较复杂，非专业人士使用起来比较难一点，但是KPT滤镜却能让你的设计变得丰富多彩，如图15-11所示。

图15-10 KPT滤镜效果

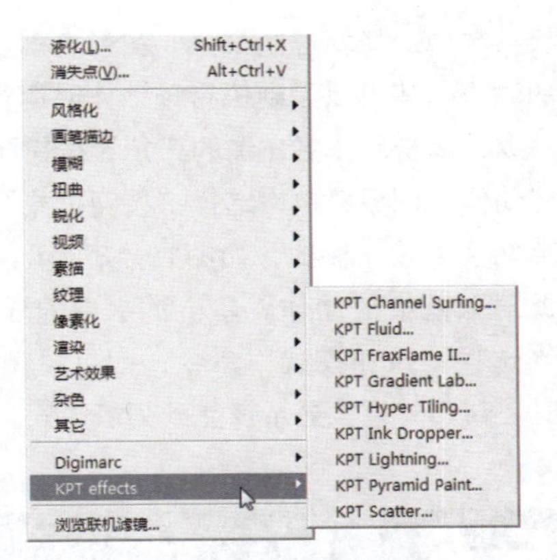

图15-11 KPT滤镜安装

Photoshop外挂滤镜基本都安装在其Plug-Ins目录下，在使用外挂滤镜时，需要注意以下一些事情。

- 在安装时，有些外挂滤镜带有搜索Photoshop目录的功能，会把滤镜部分安装在Photoshop目录下，把启动部分安装在Program Files文件夹下。
- 有些外挂滤镜不具备自动搜索功能，所以必须手动选择安装路径，而且必须是在Photoshop的Plug-Ins目录下，这样才能成功安装，否则会弹出一个安装错误的对话框。
- 还有些滤镜无须安装，只需直接将其复制到Plug-Ins目录下的Filters文件夹内就可以使用。
- 所有的外挂滤镜安装完成后，无须重启计算机，只要重新启动Photoshop就能使用。

15.5 使用动作

使用动作功能可以高效地完成一系列需要重复操作的工作内容。所谓动作，就是将一系列的操作录制下来，在重复使用时，只需按快捷键或是按钮，就可以将录制的操作自动执行一遍。Photoshop会记录所采用的每一个步骤，包括选择、单击工具和改变对话框设置，但是Photoshop不会记录所有内容，某些功能命令是无法记录的，如绘画和上色工具、工具选项、视图命令和窗口命令等。

选择“窗口>动作”，打开“动作”调板，调板中提供了许多有助于加速创作任务的功能，如图15-12所示。

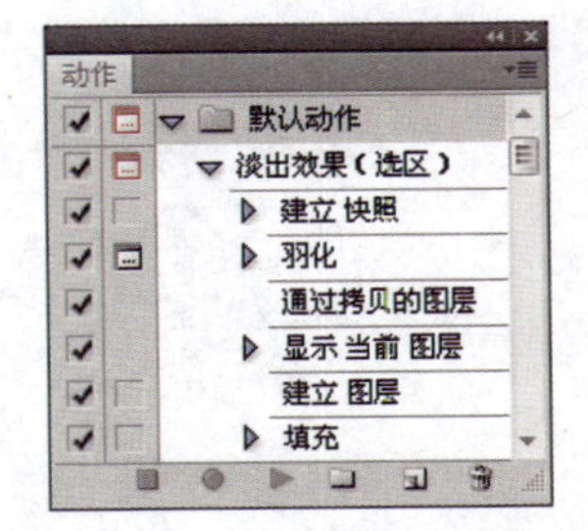

图15-12 “动作”调板

- 动作组：一组动作的集合，其中包含了一系列的相关动作。Photoshop在保存和载入动作时都以组为单位。
- 切换对话开/关：若动作中的命令显示标记，表示在执行该命令时会弹出对话框，以供设置参数。
- 切换项目开/关：取消选择相应动作左侧的复选框，可以屏蔽此命令，使其在播放动作时不被执行。如果当前动作中有一部分命令被屏蔽，动作名称最左侧的复选框将显示为红色。

动作记录完成后，可以在“动作”调板中为之命名，在调板中列出的每个动作都由一系列的Photoshop命令所组成，允许在一个动作中编辑不同的命令、将命令序列存盘，以及将某一动作应用到文件夹的所有文件中。

“动作”调板的显示分为列表模式和按钮模式两种模式。在列表模式中，可以使用所有的调板命令。单击调板底部的按钮，就可以记录新动作、重放和停止动作、创建新组（或文件夹）和删除动作，也可以在“动作”调板菜单中选择相应的命令。在列表模式下，不仅可以在调板中看到不同的动作，还可以看到执行该动作时运行的Photoshop命令，要查看这些命令，单击动作名左侧的三角形按钮即可。

在“动作”调板菜单中选择“按钮模式”命令后，“动作”调板的显示就会切换为按钮模式，如图15-13所示。在该菜单命令旁显示复选标记，此时只能播放动作。单击调板中的任一按钮，即可播放一个动作。再次选择“按钮模式”命令，即可关闭按钮模式，复选标记被删除，同时“动作”调板显示恢复到列表模式。

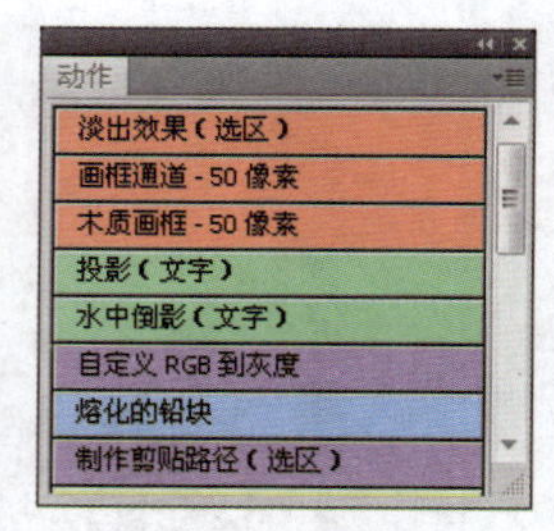

图15-13 列表显示模式

15.6 自定义动作

在Photoshop CS5的“通道”调板中，提供了一系列的默认动作，利用这些动作，用户可以在设计工作中更方便地进行一些统一操作，但也不排除特殊情况，当需要一些默认动作中没有的动作时，就需要创建自定义动作来满足工作需要。创建自定义动作的方法非常简便，在本节中将进行具体介绍。

15.6.1 录制动作

如果要录制动作，首先要选择“窗口>动作”命令，打开“动作”调板，单击调板底部的“创建新动作”按钮，会弹出“新建动作”对话框，在此状态下，可以创建基于现有动作组的动作。如果单击“创建新组”按钮，会弹出“新建组”对话框，在此状态下，可以创建全新的动作，如图15-14所示。

在弹出的“新建动作”对话框中可以输入动作的名称，在“组”下拉列表框中选择动作所在的组，在“功能键”下拉列表框中选择动作执行的快捷键，在“颜色”下拉列表框中可以为动作选择颜色。单击对话框中的“记录”按钮开始记录，此时“动作”调板底部的“开始记录”按钮变为红色，如图15-15所示。

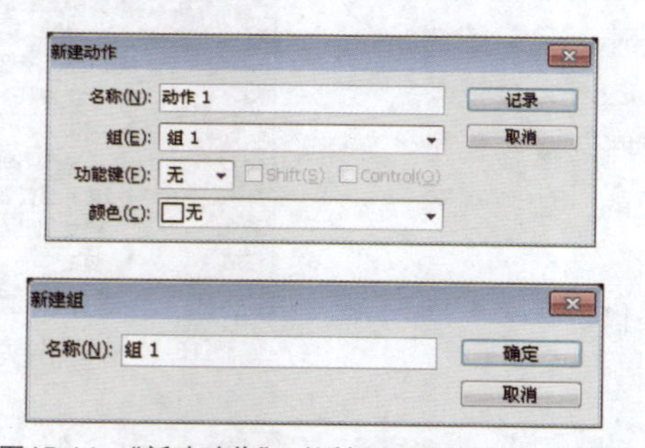

图15-14 “新建动作”对话框和“新建组”对话框

图15-15 执行动作记录

执行所要记录的Photoshop命令。在记录动作时，如果弹出对话框，在对话框中单击“确定”按钮，将记录对话框的动作；如果在对话框中单击“取消”按钮，则不会记录这些动作。

如果要停止记录，单击“动作”调板底端的“停止播放/记录”按钮即可。或者选择“动作”调板菜单中的“停止记录”命令。记录完成后，单击“开始记录”按钮，仍可以在动作中追加记录或插入记录。

如果要播放动作，打开需要执行动作的图像文件，然后在“动作”调板中选中相应的动作，单击“播放选定的动作”按钮，即可开始执行动作。此外，也可以有选择性地执行动作中的单个或部分命令。选择动作中的某个命令，然后单击“播放选定的动作”按钮，可从指定位置开始执行动作。

15.6.2 动作的编辑

记录完动作后，应该查看一下已记录的命令列表，看看是否所有要执行的步骤都已记录在内。记录动作时，步骤列表会显示在该动作的下方。

- 如果需要查看动作，可单击动作左侧的三角形按钮，将所有的步骤显示出来，此时动作旁边的箭头变成向下。如果需要隐藏动作列表，再次单击该三角形按钮，向下箭头会变为向右箭头。
- 要查看记录动作时所使用的对话框命令设置，可单击动作中某个步骤左侧的三角形按钮，使其变成向下的箭头。如果需要隐藏对话框命令设置，再次单击步骤左侧的三角形按钮，向下箭头会变为向右箭头。
- 如果需要重新编辑一个动作，只要双击它就可以进行重新编辑了。

记录对话框

当记录一个对话框命令时，Photoshop也会记录其中的设置，如果用户希望在对话框中输入自己的选择，“动作”调板可以使动作暂停以使用户能够改变对话框设置。例如，记录一个“存储为”命令，在运行该动作时，用户希望能够输入新的文件名。

包含对话框命令的动作可由该命令左侧的“切换对话开/关”按钮表示。如果要暂停该动作，以便用户在对话框中输入，可以单击“切换对话开/关”按钮。单击后，按钮变成黑色的形式。动作名称旁边的红色按钮表示该动作中至少选择了一个对话框暂停，但不是全部。如果所有对话框都选择了暂停，动作名称左侧的“切换对话开/关”按钮就是黑色的，如图15-16所示。

插入菜单项目

“动作”调板不能记录每个Photoshop菜单命令。利用“插入菜单项目”命令就可以将大多数菜单命令插入到动作中。应用“插入菜单项目”命令的步骤如下。

在动作列表中单击需要加入的菜单命令前面的命令。在“动作”调板菜单中选择“插入菜单项目”命令，弹出“插入菜单项目”对话框，如图15-17所示。

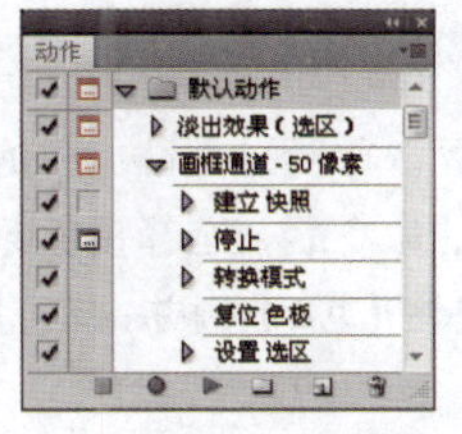

图15-16 “动作”调板

图15-17 “插入菜单项目”对话框

选择需要在此处插入的菜单命令，如选择“视图>按屏幕大小缩放”命令，“菜单项”位置会出现选择的菜单命令。单击“确定”按钮，返回到“动作”调板中，插入的菜单命令就会出现在所选命令的后面，如图15-18所示。

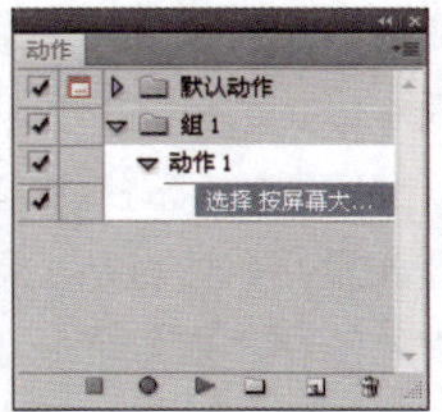

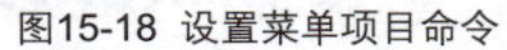
图15-18 设置菜单项目命令

插入路径

如果要在记录时将路径的创建过程插入到动作中，必须在“动作”调板菜单中选择“插入路径”命令。在记录时，使用该功能的最简单方法是创建路径后立即从“动作”调板菜单中选择“插入路径”命令。如果要将路径插入到以前已有的动作中，可以在“动作”调板中选择需要在其后面插入路径的动作步骤，然后在“路径”调板中选择该路径，再选择“动作”调板菜单中的“插入路径”命令，此时在所选择动作步骤的后面就会出现“设置工作路径”动作。

录制提示信息

“动作”调板菜单中的“插入停止”命令允许将“停止”警告信息添加到屏幕上。当显示“停止”警告时，可以添加一个“继续”按钮。如果图像看起来很正常，用户希望停止在屏幕上观察动作的结果，可以单击“继续”按钮继续进行。

在“动作”调板中选择需要加入“插入停止”命令前面的动作步骤，然后选择“动作”调板菜单中的“插入停止”命令，弹出“记录停止”对话框，在“信息”文本框中输入一条消息，如果希望在动作停止后允许用户继续执行，可选择“允许继续”复选框。单击“确定”按钮后，选择的动作步骤后面加入了“停止”动作。从头播放动作，即可在过程中弹出提示对话框，如图15-19所示。

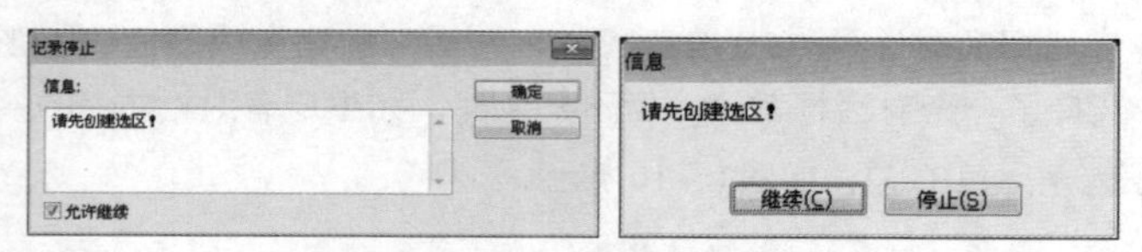

图15-19 记录提示对话框

再次记录

选择“动作”调板菜单中的“再次记录”命令，可将动作重新记录，记录时仍以动作中原有的命令为基础，但会弹出对话框，让用户重新设置对话框中的参数。如果用户仅需要更改动作中某个命令的执行参数，则可直接在动作中双击该命令。

管理动作

在“动作”调板中，将命令拖移至同一动作中或另一动作中的新位置，可以重新排列动作中的新位置。若要创建的动作类似于某个动作，则无须重新记录，只需选择该动作或动作中的命令后，选择调板菜单中的“复制”命令或拖动该动作至调板中的“创建新动作”按钮上即可完成复制。按住【Alt】键并拖动，可快速复制动作或命令。

15.6.3 存储和删除动作

如果创建了不同的动作，可以将动作存储到磁盘上，需要时再加载它们。

要存储一套动作，可从“动作”调板菜单中选择“存储动作”命令，在弹出的对话框中可以为这些动作命名，如果需要，可改变目的文件夹。

要在“动作”调板中添加动作，可从该调板菜单中选择“载入动作”命令，在弹出的对话框中选择要加载的动作并单击“载入”按钮。加载的这组动作就会添加到“动作”调板已有的动作中。

要使“动作”调板恢复原状，可从“动作”调板菜单中选择“复位动作”命令。

要用一套存在磁盘上的动作取代调板上的动作，可在“动作”调板菜单中选择“替换动作”命令。

如果要从“动作”调板中删除一个动作，可选择它并单击“删除”按钮，或者从“动作”调板菜单中选择“清除全部动作”命令。

15.7 综合应用案例

滤镜和动作在Photoshop CS5设计中起着非常重要的作用，利用滤镜可以便捷地创建各种丰富的效果，是设计工作中的一个好帮手；利用动作相关的功能设置，可以使软件本身自动完成一些复杂的或者重复性的操作和任务，为设计工作节省了很多时间。

▶▶ 创建新文档

Step 01 启动Photoshop CS5，选择“文件>新建”命令，弹出“新建”对话框，参照图15-20所示，创建一个新文档。

Step 02 单击“图层”调板底部的“创建新的填充或调整图层”按钮，在打开的下拉列表框中选择“渐变”选项，参照图15-21所示，在弹出的对话框中进行设置，然后单击“确定”按钮，添加渐变背景。

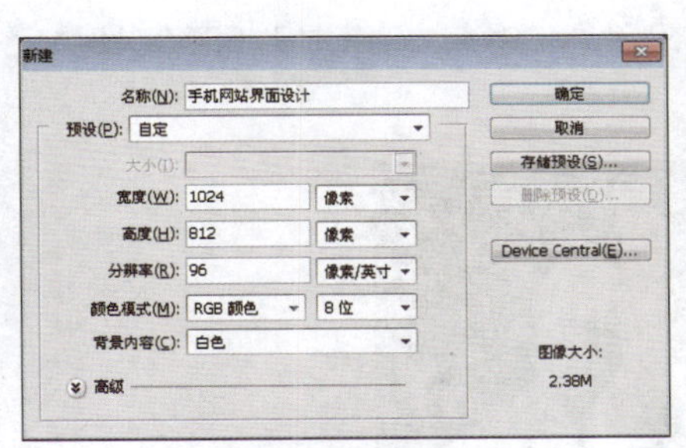

图15-20 创建新文档

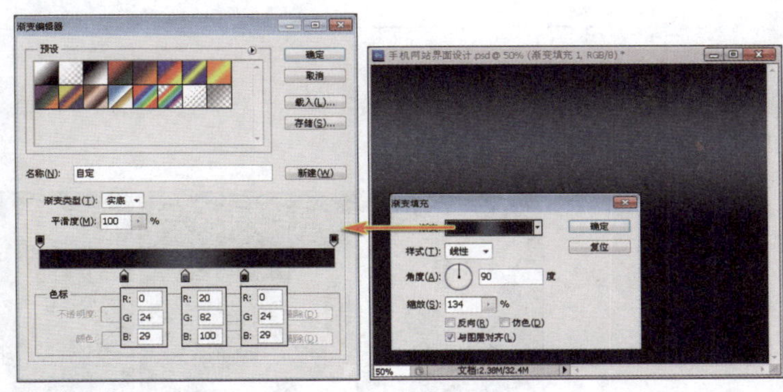

图15-21 创建渐变填充

▶▶ 制作3D文字图像

Step 03 新建“组 1”图层组，使用“横排文字工具”在视图中输入文字，并选择“编辑>自由变换”命令，分别旋转文字图像，如图15-22所示。

Step 04 复制并隐藏“组 1”图层组，展开“组 1 副本”图层组，选择“P”文字图层，如图15-23所示。

图15-22 选择“自由变换”调整文字图像

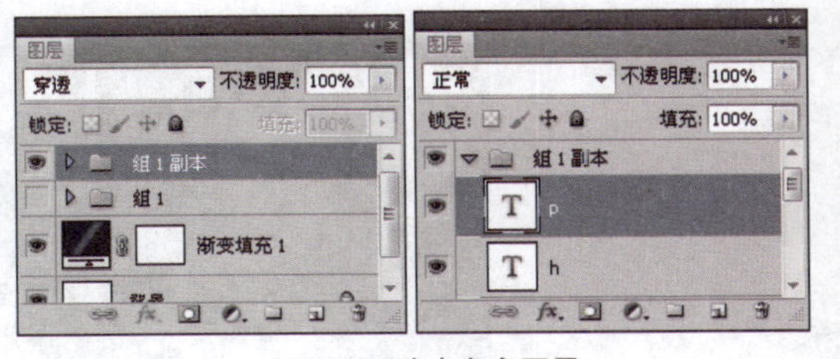

图15-23 选中文字图层

Step 05 选择“3D>凸纹>文本图层”命令，弹出“Adobe Photoshop CS5 Extended”对话框，单击“是”按钮，弹出“凸纹”对话框，设置“深度”为0.5，然后单击“确定”按钮，生成3D图层，如图15-24所示。

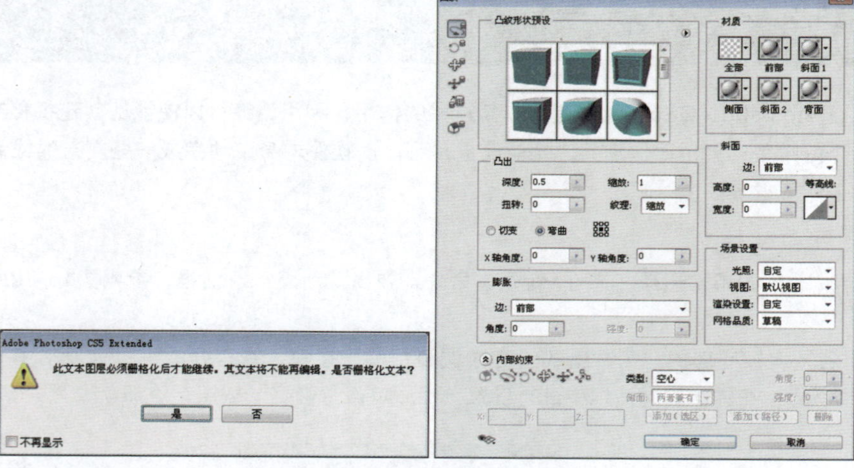

图15-24 设置3D效果参数

Step 06 选择工具箱中的“3D对象旋转工具”，在视图中出现坐标轴，配合“3D对象滚动工具”调整3D图层，如图15-25所示。

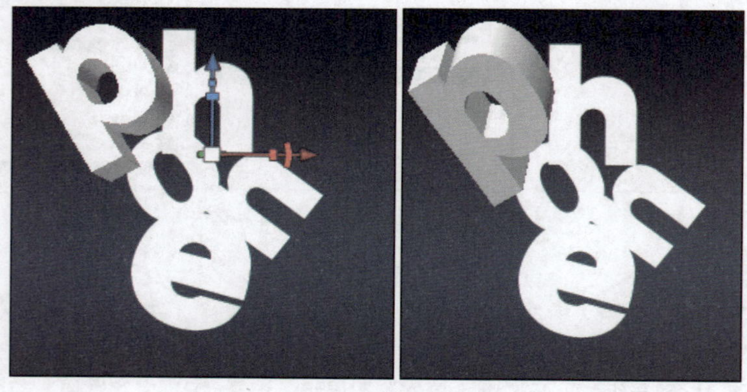

图15-25 调整3D图层

Step 07 参照前面介绍的方法，将剩下的文字图层转换为3D图层，按住【Ctrl】键的同时单击“P”图层的图层缩览图，将图像载入选区，并添加渐变填充效果，使用同样的方法为其他图层添加渐变填充效果，如图15-26所示。

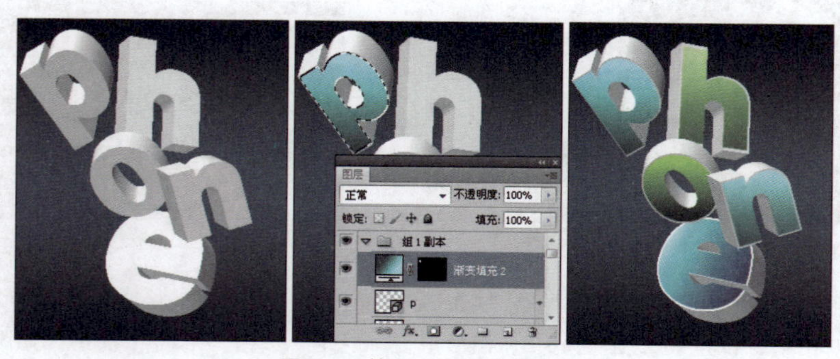

图15-26 填充“3D”颜色渐变

Step 08 打开本书附带光盘中的“素材\Chapter-15\星空.jpg”文件，将其拖至当前正在编辑的文档中。选择“编辑>自由变换”命令，缩小图像，然后新建“图层 2”和“图层 3”图层，使用“矩形选框工具”分别在两个图层中绘制黑色的矩形图像，如图15-27所示。

图15-27 绘制矩形图像

Step 09 分别为“图层 2”和“图层 3”图层添加图层蒙版，使用柔边缘画笔，在蒙版中绘制，隐藏部分图像。打开本书附带光盘中的“素材\Chapter-15\眩光.jpg”文件，使用“套索工具”绘制选区，如图15-28所示。

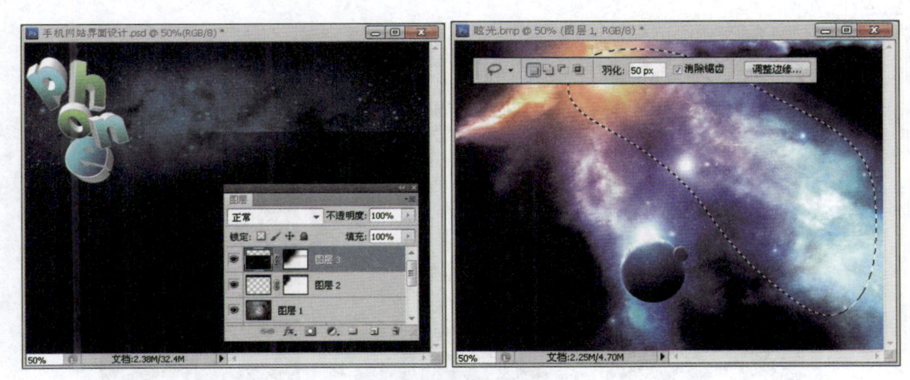

图15-28 编辑图像

Step 10 将选区中的图像拖至当前正在编辑的文档中，选择“滤镜>扭曲>旋转扭曲”命令，在弹出的“旋转扭曲”对话框中设置参数，然后单击“确定”按钮，扭曲图像，如图15-29所示。

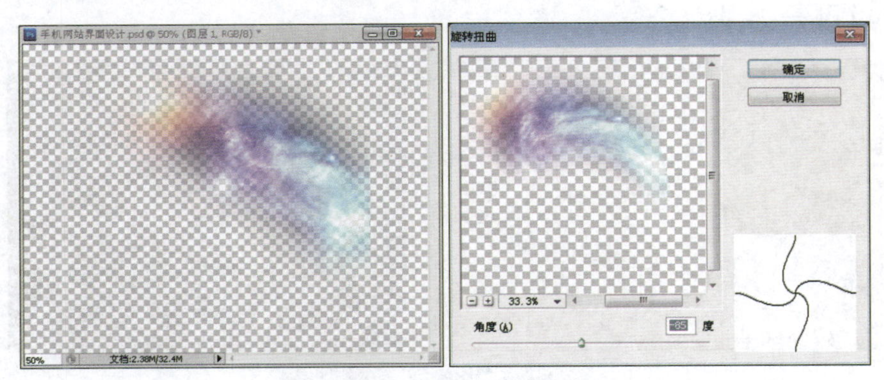

图15-29 执行“扭曲”滤镜命令

Step 11 按【Ctrl+T】组合键，旋转并缩小图像，选择“滤镜>液化”命令，弹出“液化”对话框，使用工具箱中的“向前变形工具”进行变形操作，然后单击“确定”按钮，应用液化命令，如图15-30所示。

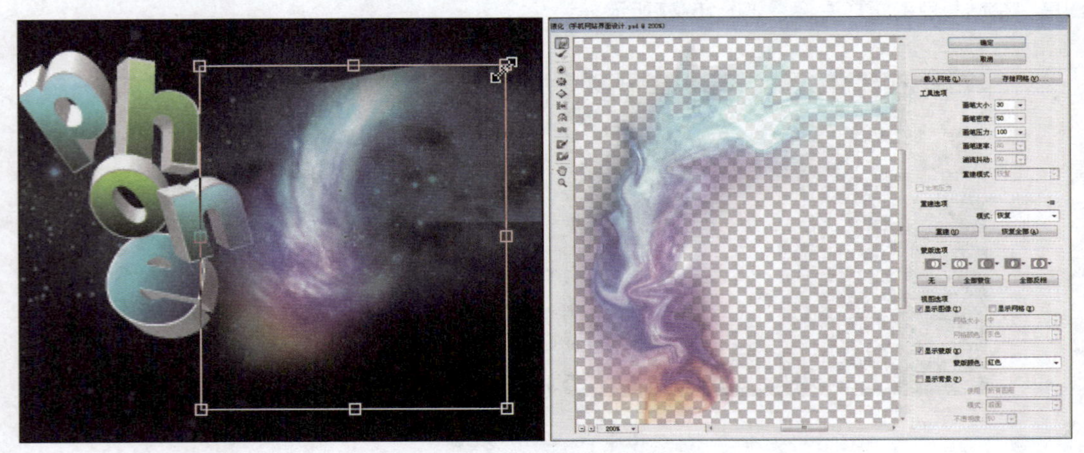

图15-30 应用“液化”命令

Step 12 参照图15- 31所示，复制上一步创建的图像，调整图像位置，参照前面的方法，制作眩光效果，并调整其位置到画布的左上角。

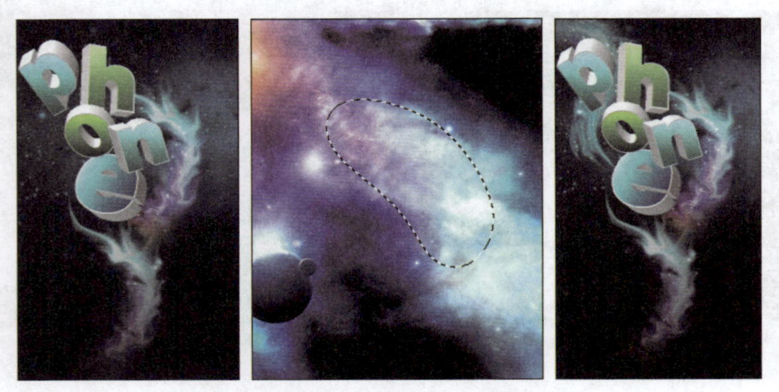

图15-31 制作图像眩光效果

Step 13 打开本书附带光盘中的“素材\Chapter-15\弧线.psd”文件，将其拖至正在编辑的文件中，调整大小和位置，并复制两个图层，如图15-32所示。

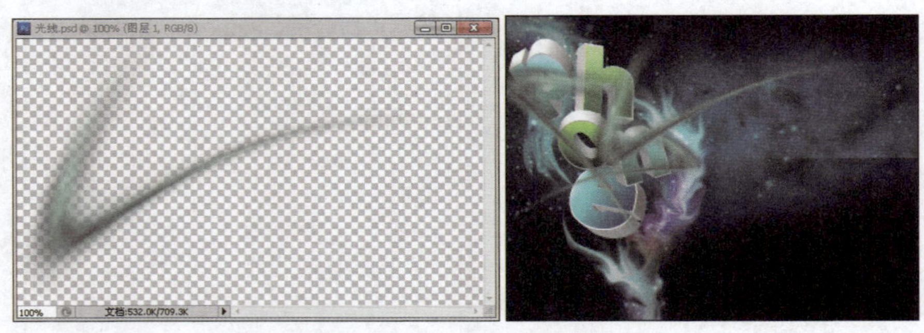

图15-32 调整图像大小并复制图层

Step 14 调整弧线图像所在图层的图层混合模式为“划分”，如图15-33所示。

Step 15 新建“组 2”图层组，使用“矩形工具”绘制矩形形状，如图15-34所示。

Step 16 为图层添加图层蒙版，使用“画笔工具”在遮罩中进行绘制，隐藏部分图像，如图15-35所示。

Step 17 参照图15-36所示为图层添加“内发光”图层样式，并调整图层的“填充”参数为0%。

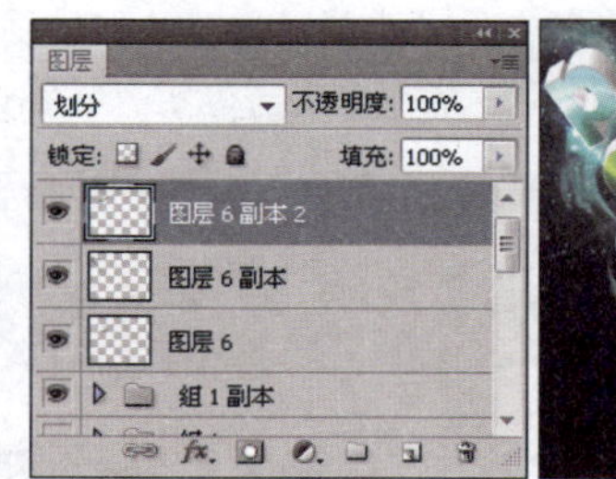

图15-33 调整图层混合模式

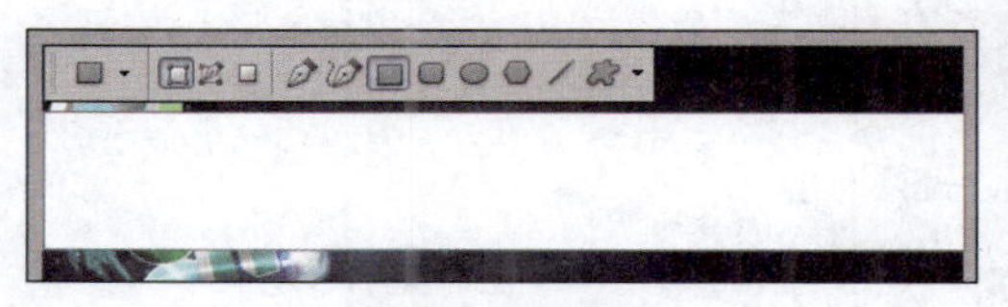

图15-34 绘制矩形

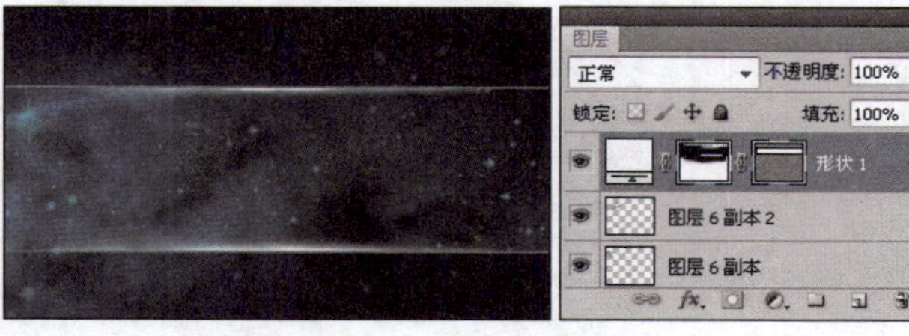

图15-35 添加图层蒙版

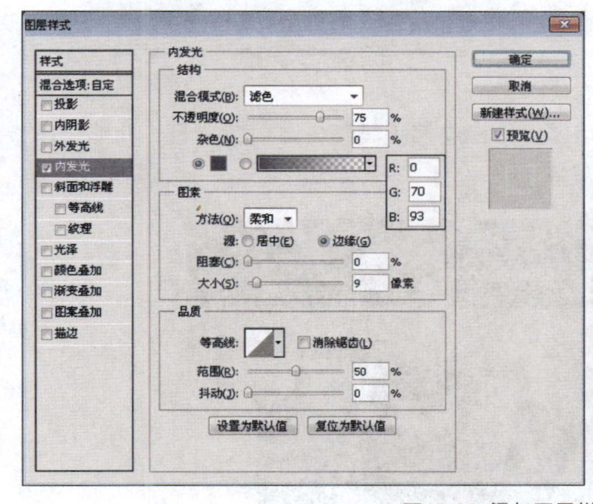

图15-36 添加图层样式并调整参数

▶▶ 添加素材图像

Step 18 使用“横排文字工具”添加文字，新建“组 3”图层组，打开本书附带光盘中的“素材\Chapter-15\手机背景.psd”文件，将其拖至网页文档中，放置在文字图像的下方，如图15-37所示。

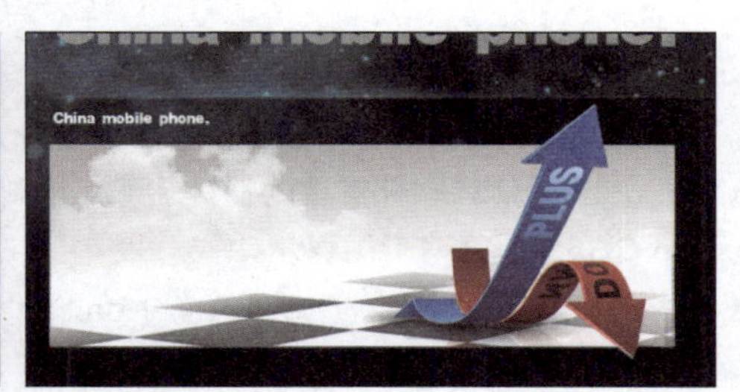

图15-37 添加文字图像

Step 19 打开本书附带光盘中的“素材\Chapter-15\手机.psd”文件，选择“滤镜>镜头校正”命令，在弹出的“镜头校正”对话框中进行设置，单击“确定”按钮，应用镜头校正命令，如图15-38所示。

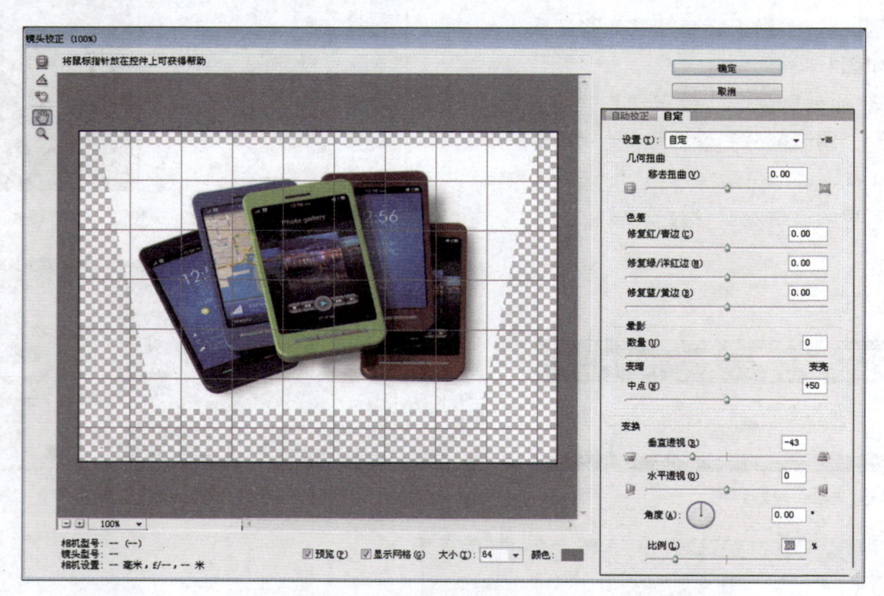

图15-38 执行“镜头校正”命令

Step 20 将手机图像拖至当前正在编辑的文档中，使用“魔术橡皮擦工具”去除白色背景，并缩小图像，使用“曲线”命令调整手机亮度，如图15-39所示。

图15-39 添加“曲线”命令

▶▶ 应用第三方插件

Step 21 打开计算机中的资源管理器，找到本书附带光盘中的“素材\Chapter-15\LightFactory.8bf”文件，将其放入Photoshop CS5软件安装的根目录下，复制到“Plug-Ins”目录下的“Filters”文件夹内，重新启动Photoshop CS5并打开网页图像。

Step 22 选择“图层 3”图层，选择“滤镜>Konll light Factory>光源效果”命令，参照图15-40所示，在弹出的“镜头光效”对话框中进行设置，然后单击“确定”按钮，应用镜头光效。

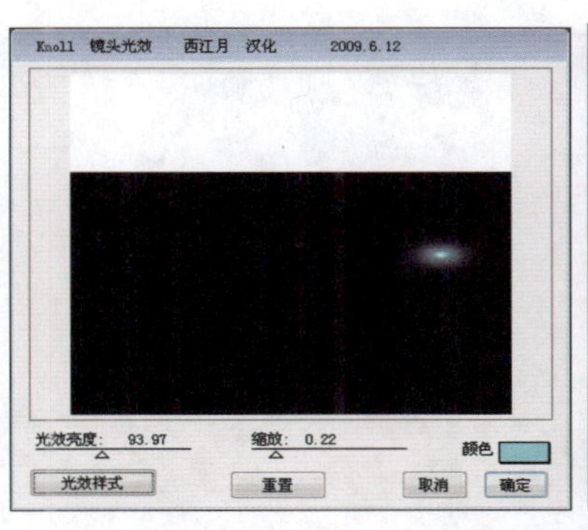

图15-40 应用镜头光效滤镜

▶▶ 应用自定义动作

Step 23 新建"组 4"图层组，复制"形状 1"图层，并添加文字内容，打开本书附带光盘中的"素材\ Chapter-15\人物1.jpg"文件，如图15-41所示。

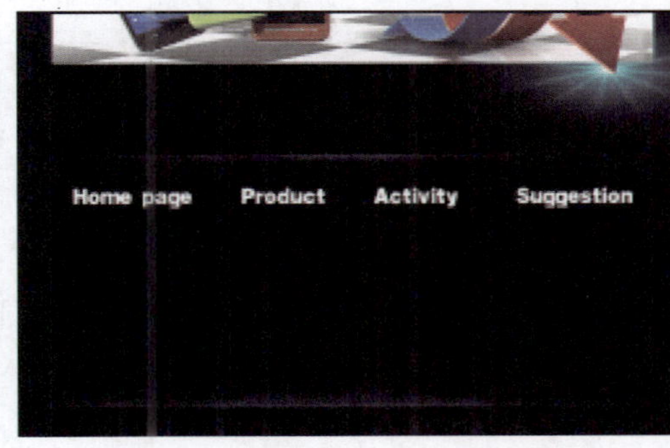

图15-41 添加文字并打开素材图像

Step 24 选择"窗口>动作"命令，打开"动作"调板，单击"动作"调板底部的"创建新组"按钮，弹出"新建组"对话框，单击"确定"按钮，创建"组 1"动作组，如图15-42所示。

Step 25 单击"动作"调板底部的"创建新动作"按钮，弹出"新建动作"对话框，参照图15-43所示进行设置，单击"记录"按钮，开始记录动作。

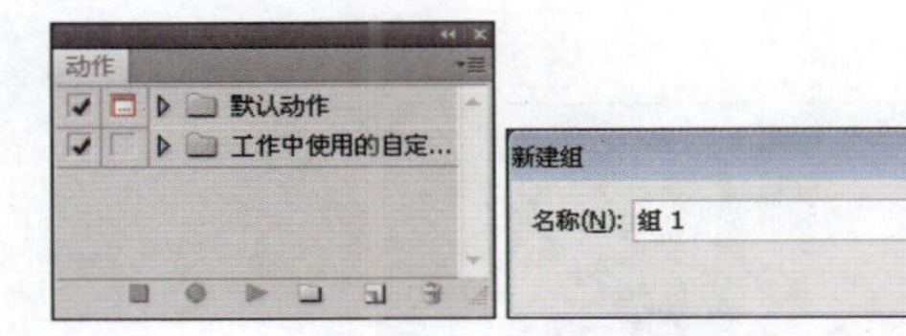

图15-42 "新建组"对话框

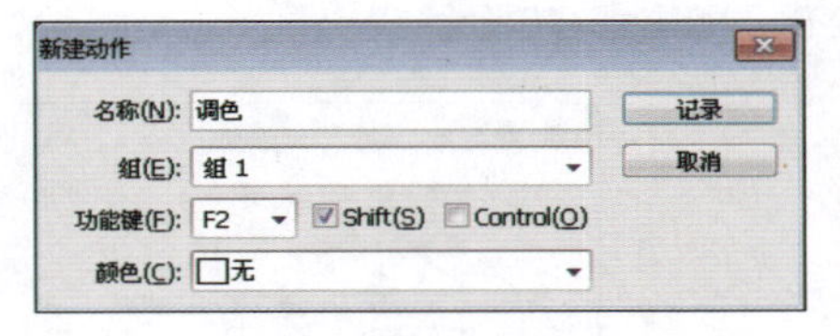

图15-43 "新建动作"对话框

技 巧

当开始记录动作时，所做的一系列操作均将被记录，所以在开始录制后，应减少不必要的选择菜单、工具等其他操作。

Step 26 选择"图像>调整>色阶"命令，在弹出的"色阶"对话框中进行设置，单击"确定"按钮，调整图像对比度，如图15-44所示。

图15-44 调整图像色阶参数

Step 27 选择“图像>调整>曲线”命令，弹出“曲线”对话框，进行相应的设置提高图像的亮度，如图15-45所示。

图15-45 调整图像曲线参数

Step 28 选择“图像>调整>色彩平衡”命令，在弹出的“色彩平衡”对话框中进行设置，适当调整图像的颜色变化，如图15-46所示。

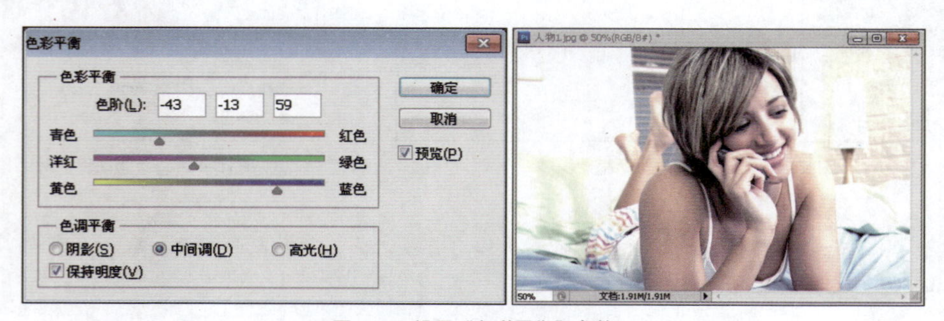

图15-45 设置“色彩平衡”参数

Step 29 单击“动作”调板底部的“停止播放/记录”按钮，停止记录动作，打开本书附带光盘中的“素材\Chapter-15\人物2.jpg和人物3.jpg”文件，如图15-47所示。

图15-47 打开素材文件

Step 30 按【Shift+F2】组合键，执行定义好的动作“调色”的设置，调整图像，如图15-48所示。

图15-48 调整图像

Step 31 将调整好的人物图像拖至当前正在编辑的文档中，调整其大小位置，然后新建图层，使用“矩形选框工具”绘制白色矩形图像，如图15-49所示。

图15-48 绘制矩形图像

Step 32 选择“滤镜>滤镜库”命令，参照图15-50所示，在弹出的“滤镜库”对话框中进行设置，然后单击“确定”按钮，应用滤镜效果。

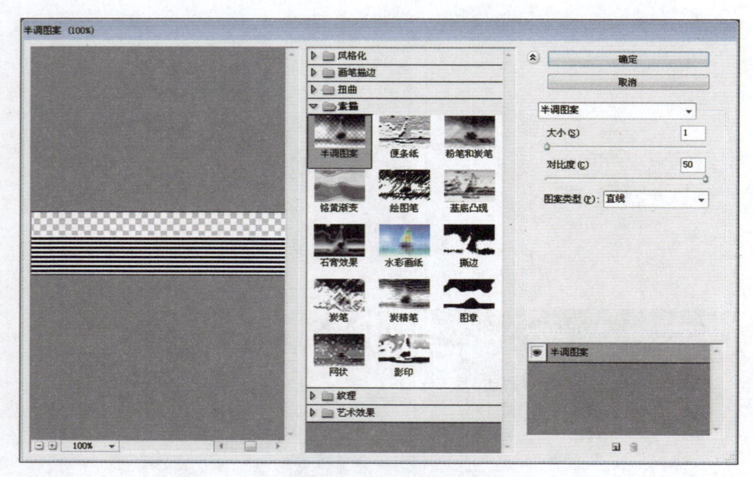

图15-50 设置滤镜效果

Step 33 最后使用“切片工具”为网页图像划分切片，完成整个实例的制作，如图15-51所示。

图15-51 实例最终完成效果

15.8 本章小结

利用滤镜可以快速创建各种丰富的效果，而动作的使用则可以在很大程度上提高工作效率。本章主要学习了滤镜和动作的相关知识，包括如何使用各种滤镜、如何使用动作和自定义动作等内容。通过本章的学习，希望读者能够有效地掌握这两个方面的知识，并且能够灵活运用到作品设计中。

16 Photoshop应用案例

在进行了之前章节的学习之后，相信大家已经对photoshop CS5中各方面的知识有所了解。接下来编者将为读者安排了两个综合案例，作为学习整个知识构架后的加强练习。成功的网页设计必定融合了综合的理论知识，希望读者通过本章的学习，可以真正掌握photoshop CS5软件的关键所在。

16.1 数码相机网站效果图

Photoshop CS5是一款非常优秀的处理图像的软件，在从事网页设计的过程中经常会遇到各种调整图像颜色和处理图像的问题，利用Photoshop CS5，可以将不是那么完美的素材或是要展现的照片，用既简便又专业的方法来对图像进行进一步优化。下面将利用前面所讲的知识来设计制作一个数码相机的网站效果图。

▶▶ 创建新文档

Step 01 启动Photoshop CS5，选择“文件>新建”命令，弹出“新建”对话框，参照图16-1所示，创建一个新文档。

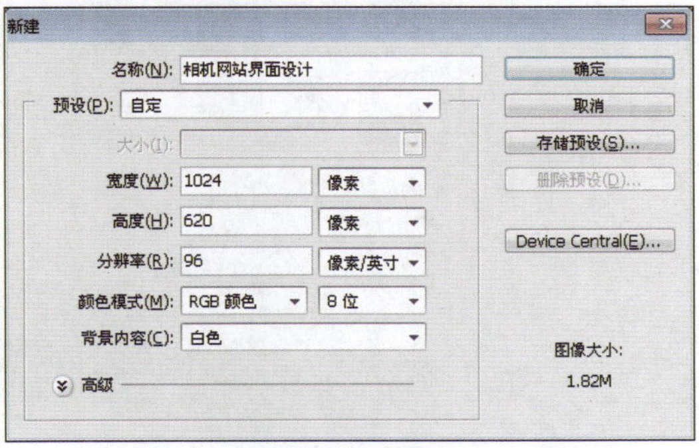

图16-1 创建新文档

▶▶ 制作背景

Step 02 单击“图层”调板底部的“创建新的填充或调整图层”按钮，在打开的下拉列表框中选择“渐变”选项，并参照图16-2所示，在弹出的对话框中进行设置，然后单击“确定”按钮，添加渐变背景。

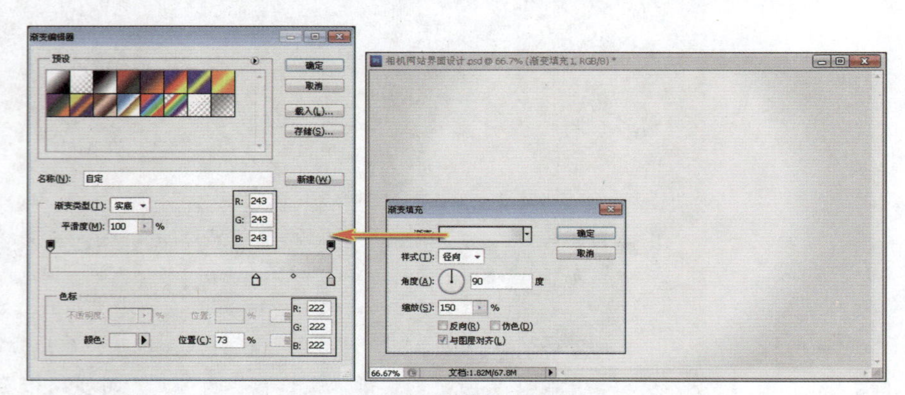

图16-2 设置渐变填充

Step 03 新建“图层 1”图层，并填充颜色为白色，如图16-3所示。

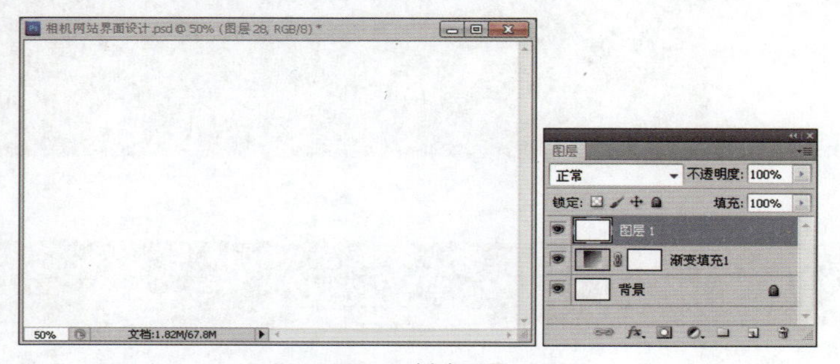

图16-3 新建图层

Step 04 选择“滤镜>滤镜库”命令，参照图16-4所示，在弹出的对话框中进行设置，然后单击“确定”按钮，应用滤镜效果。

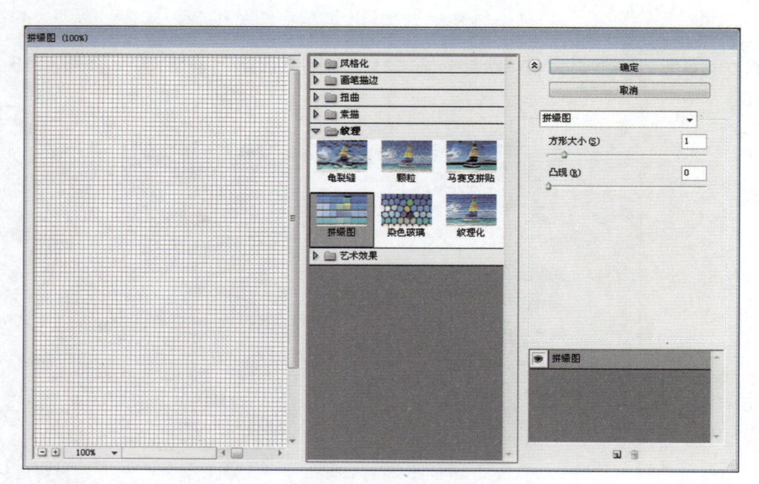

图16-4 添加滤镜效果

Step 05 参照图16-5所示，调整“图层 1”的混合模式为“划分”，然后设置图层“填充”参数为60%。

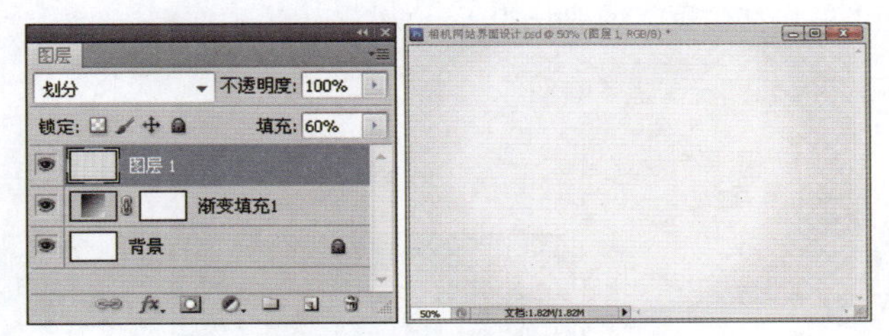

图16-5 调整图层混合模式

▶▶ 设计网站的导航

Step 06 使用“矩形选框工具”绘制选区，然后参照图16-6所示，为选区填充渐变效果。

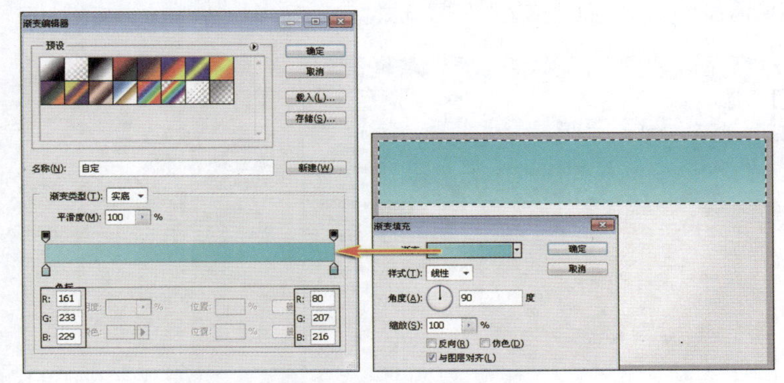

图16-6 绘制选区并填充渐变

Step 07 新建“图层 2”图层，使用“矩形选框工具”绘制选区，并使用“渐变工具”填充黑色到透明的渐变，然后按【Ctrl+T】组合键，展开图层变换框，参照图16-7所示变换图像。

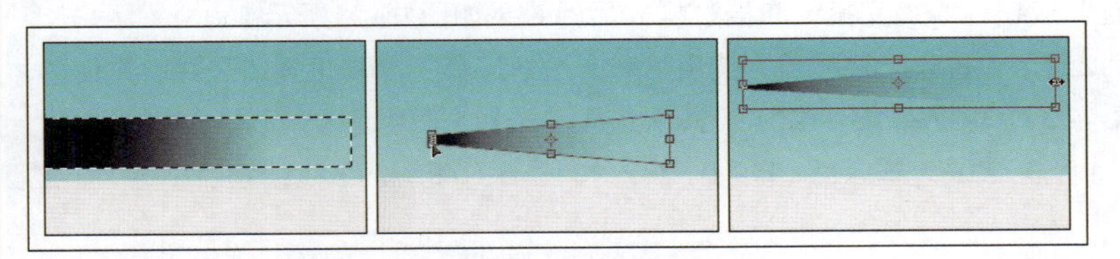

图16-7 变换图像

Step 08 选择“滤镜>模糊>高斯模糊”命令，参照图16-8所示，在弹出的“高斯模糊”对话框中进行设置，单击“确定”按钮，模糊图像，然后复制图像，并调整图层顺序到渐变填充图层的下方。

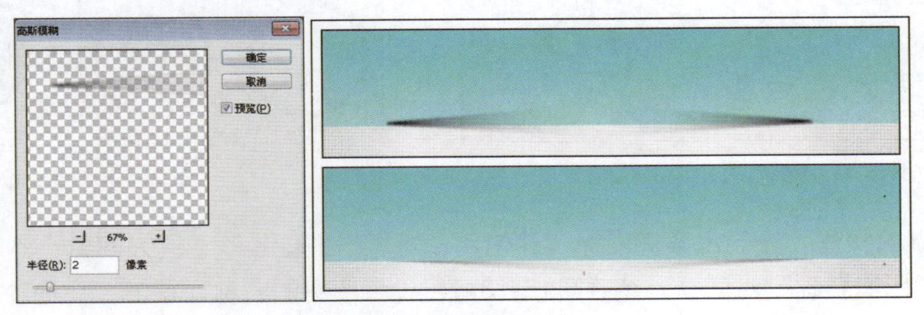

图16-8 执行模糊命令

Step 09 打开本书附带光盘中的“素材\Chapter-16\建筑.psd”文件，将其拖至当前正在编辑的文档中，按【Ctrl+T】组合键，缩小图像并调整位置，如图16-9所示。

图16-9 调整图像大小和位置

Step 10 分别双击建筑图像所在图层的图层名称空白处，弹出“图层样式”对话框，并参照图16-10的参数进行设置，分别为建筑图像添加“投影”和“描边”图层样式。

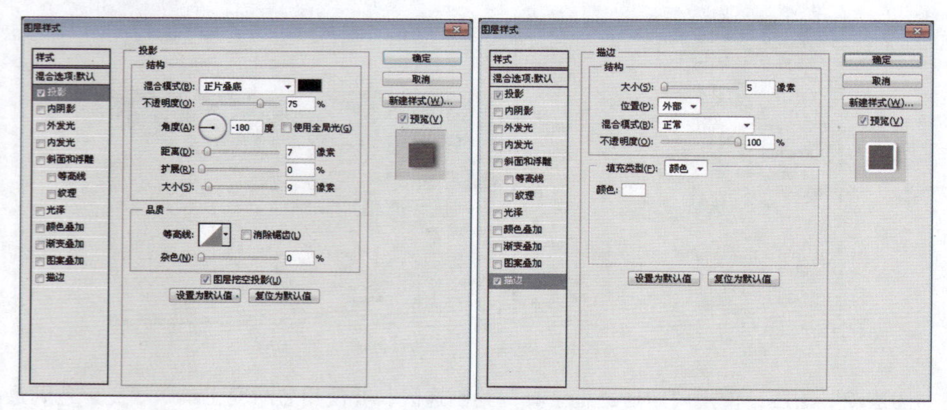

图16-10 添加图层样式

Step 11 单击“确定”按钮，添加完投影和描边样式后的效果如图16-11所示。

Step 12 参照图16-12所示，首先新建图层，使用“椭圆选框工具”绘制正圆选区并填充白色，然后新建图层，填充选区为绿色（R：23，G：72，B：42），其次选择“选择>变换选区”命令，缩小选区，并删除选区中的图像，再次缩小选区，填充选区为翠绿色（R：0，G：101，B：79），最后继续缩小选区，删除选区中的图像。

图16-11 图像效果

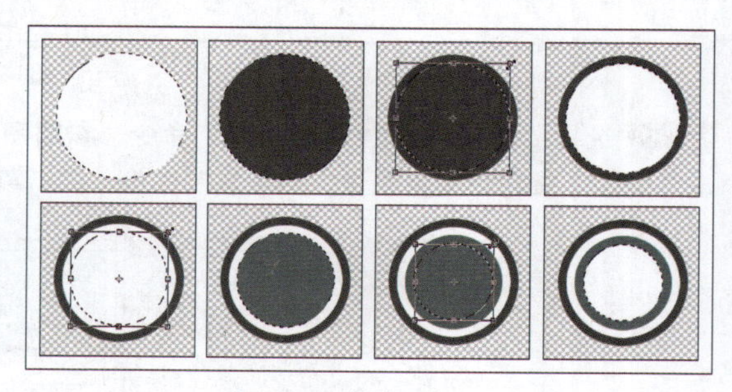

图16-12 创建图像

Step 13 继续上一步骤的操作，绘制出圆环图像，并使用“矩形选框工具”绘制好图像，然后选择“编辑>定义图案”命令，弹出“图案名称”对话框，参照图16-13所示设置图案的名称，单击“确定”按钮，创建图案。

Step 14 新建图层，选择工具箱中的“油漆桶工具”，在其选项栏中设置填充区域的源为“图案”，然后在图案拾色器中选择刚才定义好的图案，单击画布进行填充，如图16-14所示。

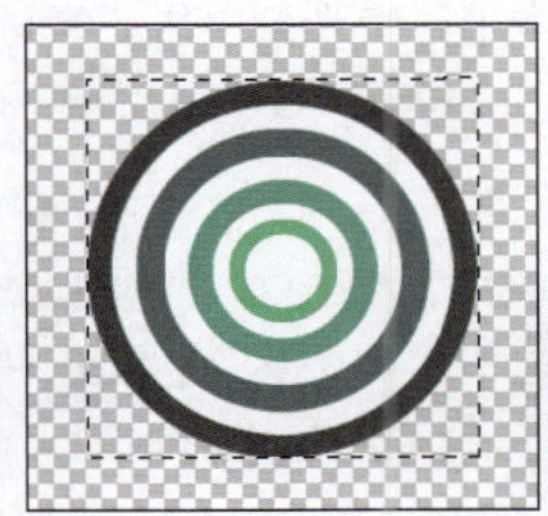

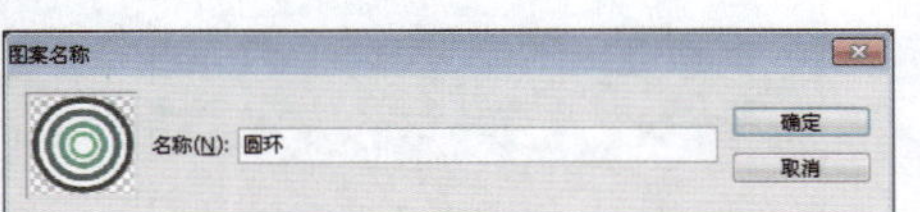

图16-13 创建图像图案

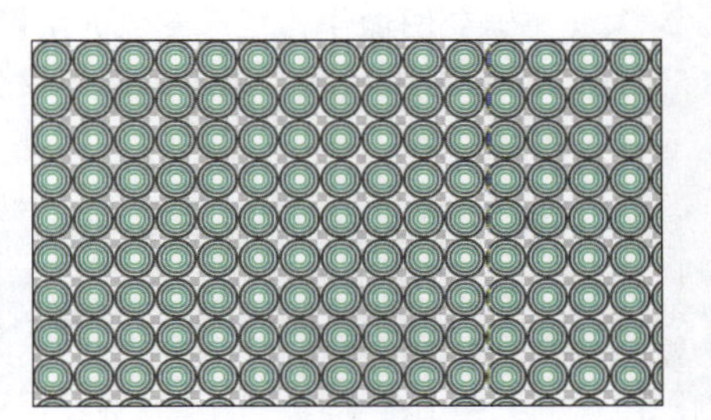

图16-14 填充图案

Step 15 使用“矩形选框工具”随意从图案填充的图像中框选6个连续的圆环，然后按【Ctrl+J】组合键，复制并创建新图层，如图16-15所示。

Step 16 复制两个上一步创建的图像，然后使用“矩形选框工具”删除图层的部分圆环，并按【Ctrl+E】组合键合并这3个图层，如图16-16所示。

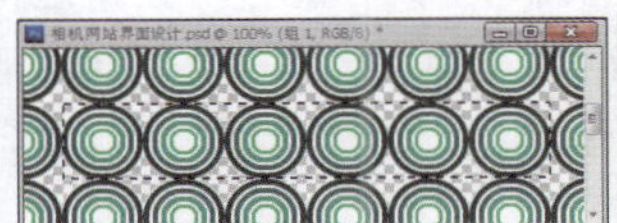

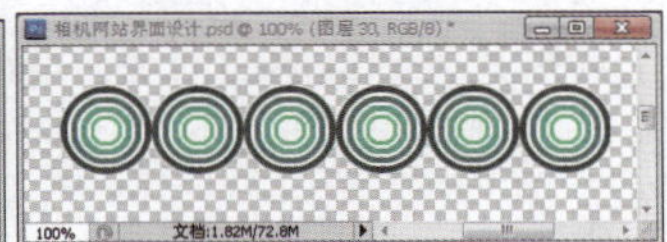

图16-15 创建新图层

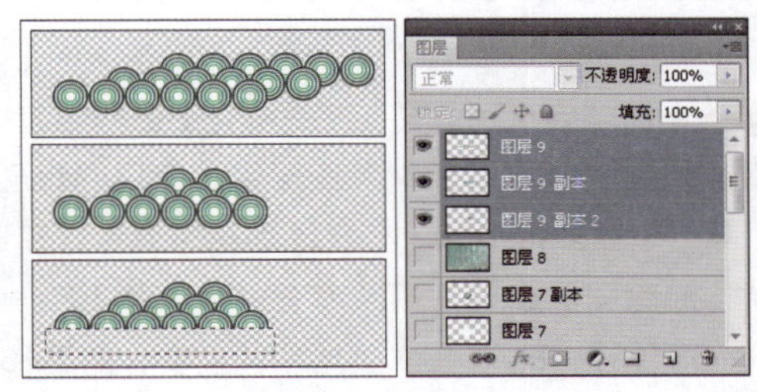

图16-16 合并图层

Step 17 复制上一步创建的图像，按【Ctrl+T】组合键，打开图像变换框，然后用鼠标右键单击变换框，在弹出的快捷菜单中选择“水平翻转”命令，翻转图像，并调整图像位置，如图16-17所示。

Step 18 将“图层 1”图层上面的所有图层群组，并新建“组 2”图层组开始制作导航条，如图16-18所示。

图16-17 调整图像位置

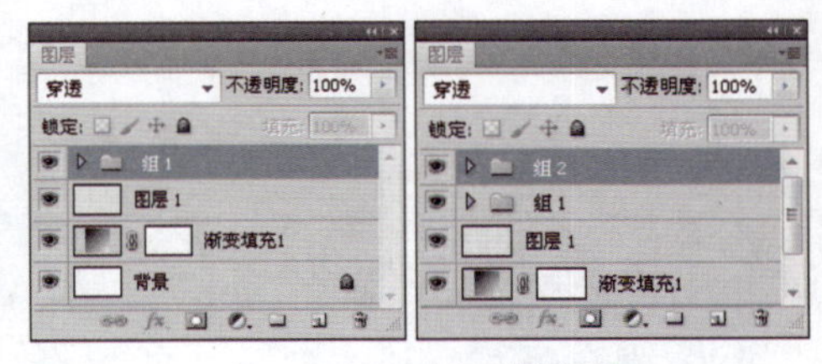

图16-18 创建新组

Step 19 参照图16-19所示，在“组 2”图层组中制作导航条。

图16-19 创建文字图像

▶▶ 制作网站模块

Step 20 首先新建“图层 11”图层，使用“矩形选框工具”绘制矩形选区，然后新建“图层 12”图层，使用

“椭圆选框工具”绘制选区，并填充灰色到透明的径向渐变，其次删除渐变图像的一半，最后按【Ctrl+T】组合键变换选区，如图16-20所示。

Step 21 将渐变图像作为矩形图像的阴影，放置在白色矩形图像的下面，然后打开本书附带光盘中的“素材\Chapter-16\相机1.jpg ~ 相机6.jpg”文件，将拖至当前正在编辑的文档中，参照图16-21所示的效果，调整图像的大小及位置。

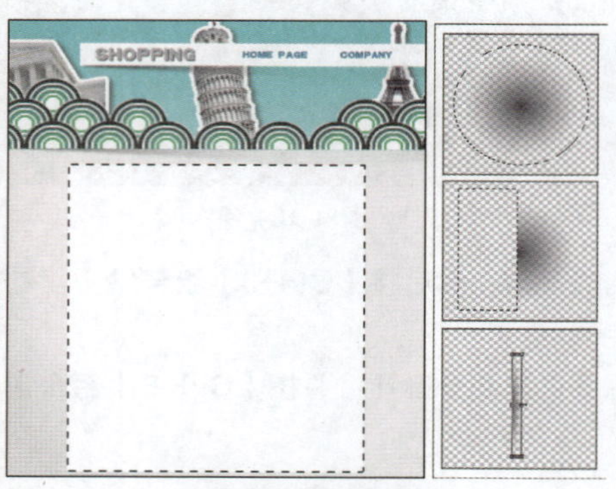

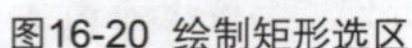

图16-20 绘制矩形选区

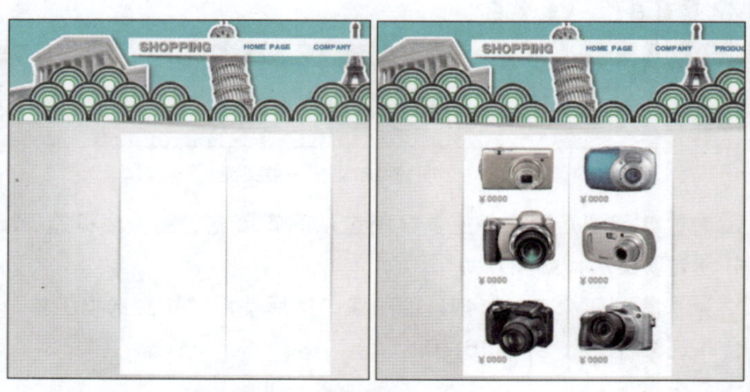

图16-21 调整图像大小和位置

Step 22 将“组 2”图层上方的所有图像群组为“组 3”。

Step 23 首先新建“组 4”图层组，使用“矩形工具”绘制矩形形状，然后使用“钢笔工具”配合“直接选择工具”调整矩形形状。其次添加图层遮罩，在遮罩上绘制黑色到透明的渐变，使图像透明。接下来复制矩形形状，删除图层遮罩并调整填充色为青色（R：104，G：245，B：249）。最后将其载入选区添加蓝色（R：0，G：197，B：240）到透明的渐变，如图16-22所示。

Step 24 新建图层，填充颜色为白色，选择“滤镜>滤镜库”命令，参照图16-23所示，在弹出的对话框中进行设置，然后单击“确定”按钮，应用滤镜效果。

图16-22 绘制形状

图16-23 添加滤镜效果

Step 25 将上一步创建的图像旋转30°，并将“形状 1 副本”图层上的图像载入选区，选择“选择>反向”命令并删除图像，如图16-24所示。

Step 26 参照图16-25所示，调整图层的混合模式为“颜色加深”，设置图层的“填充”参数为40%。

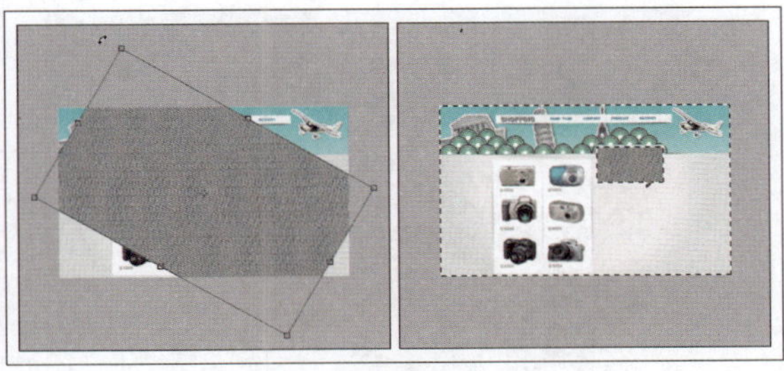

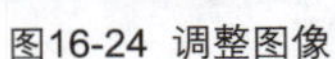

图16-24 调整图像

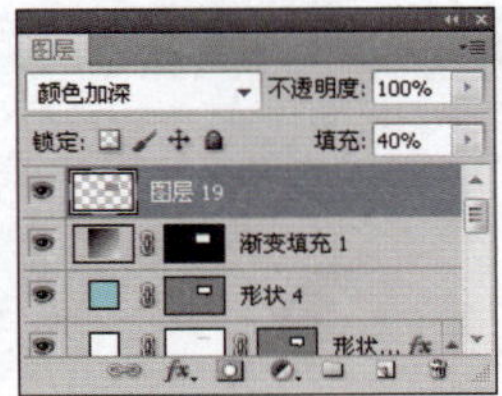

图16-25 设置混合模式

Step 27 使用“横排文字工具”添加文字，并为其添加阴影，新建“组 5”图层组，使用前面介绍的几种方法制作模块，打开本书附带光盘中的“素材\Chapter-16\相机7.jpg”文件，将其放置在模块中，并调整其大小位置，如图16-26所示。

Step 28 新建“组 6”图层组，参照图16-27所示效果创建模块。

图16-26 调整图像大小和位置

图16-27 创建模块

▶▶ 优化背景

Step 29 新建“组 7”图层组，并新建图层，设置前景色为青色（R：82，G：208，B：216），背景色为白色，然后在工具箱中选择“画笔工具”，设置画笔形状为“杜鹃花串”，选择“窗口>画笔”命令，打开“画笔”调板，参照图16-28所示，在调板中进行设置。

Step 30 使用“画笔工具”在视图中进行绘制，如图16-29所示。

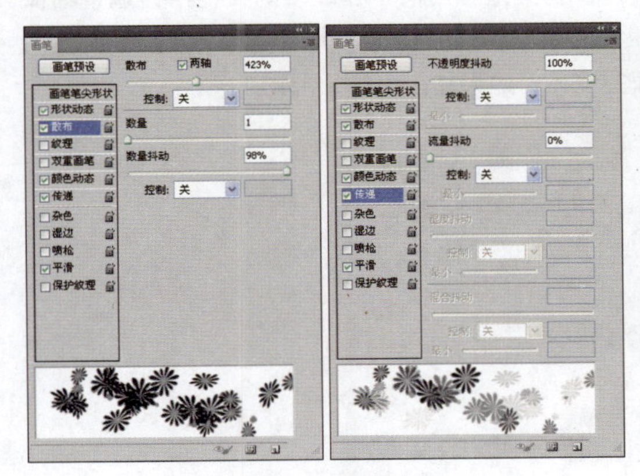

图16-28 设置画笔参数

图16-29 画笔绘制

Step 31 设置前景色为浅绿色（R：231，G：255，B：220），然后使用柔边缘画笔在视图中进行绘制，并调整图层混合模式为“色相”，如图16-30所示。

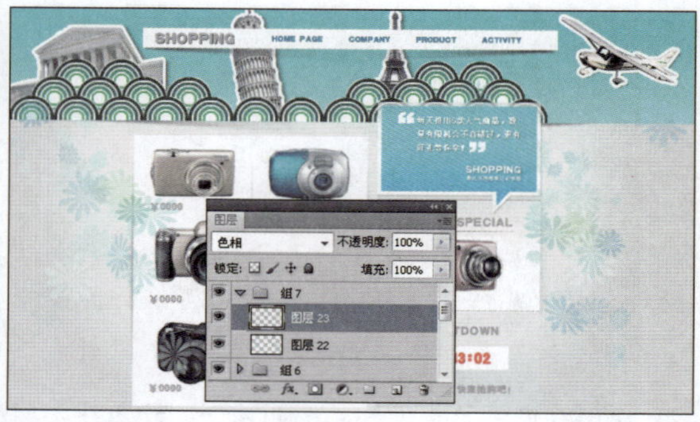

图16-30 调整图层混合模式

Step 32 从前面创建好的圆环背景中取出一个，并复制多次，参照图16-31所示的效果，调整透明度参数，并合并圆环图像所在图层。

Step 33 打开本书附带光盘中的“素材\Chapter-16\人物.psd”文件，将其拖至当前正在编辑的文档中，调整图像的大小和位置，并为其添加描边样式，如图16-32所示。

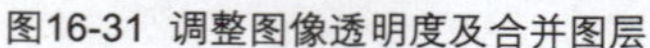

图16-31 调整图像透明度及合并图层

图16-32 添加描边

Step 34 打开本书附带光盘中的“Chapter-16\热气球.psd”文件，将其拖至当前正在编辑的文档中，调整图像的大小和位置，为其添加描边样式，然后调整“组 7”图层组的图层顺序到“组 1”图层组的下方，最后使用“切片工具”为网页图像划分切片。至此，完成相机网站界面的设计，效果如图16-33所示。

图16-33 相机网站完成效果

16.2 平板电脑网站效果图

利用Photoshop CS5中的滤镜可以制作出各种丰富多彩的特效，满足设计师想要得到的效果，利用路径、创建选区，以及填充工具可以制作出各种图形和图像，利用图层样式可以丰富图像的效果，打造立体感材质效果。下面将利用这些功能来制作平板电脑的网站界面设计。

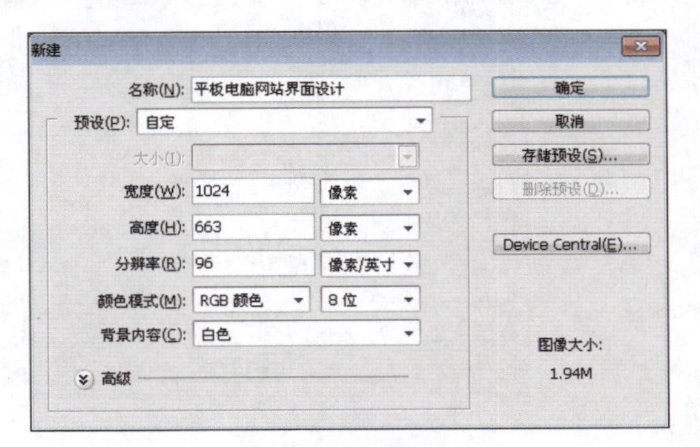

图16-34 创建新文档

▶▶ 创建新文档

Step 01 启动Photoshop CS5，选择“文件>新建”命令，弹出“新建”对话框，参照图16-34所示，创建一个新文档。

Step 02 单击“图层”调板底部的“创建新的填充或调整图层”按钮，在打开的下拉列表框中选择“渐变”选项，参照图16-35所示，在弹出的对话框中进行设置，然后单击“确定”按钮，添加渐变背景。

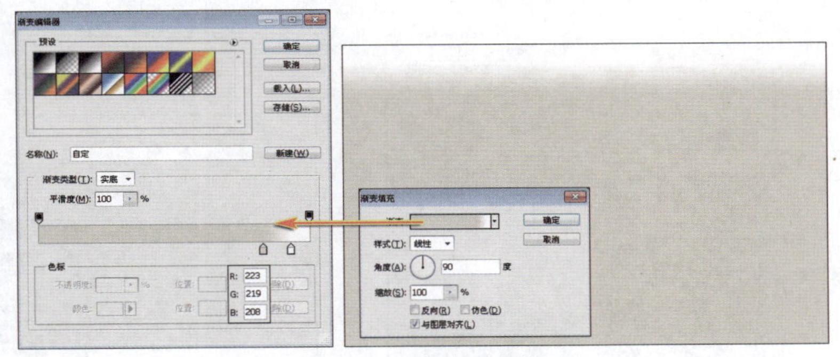

图16-35 设置渐变填充

Step 03 使用“矩形选框工具”创建选区，使用与上一步骤相同的方法，参照图16-36所示的参数，为选区填充渐变颜色。

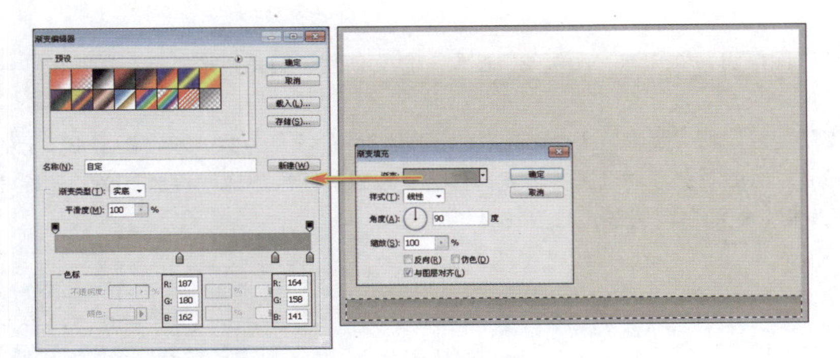

图16-36 创建选区并填充渐变

Step 04 双击上一步骤创建的渐变填充图层的名称空白处，参照图16-37所示的参数，在弹出的对话框为图层添加投影效果，然后新建“图层 1”图层，并填充颜色为白色。

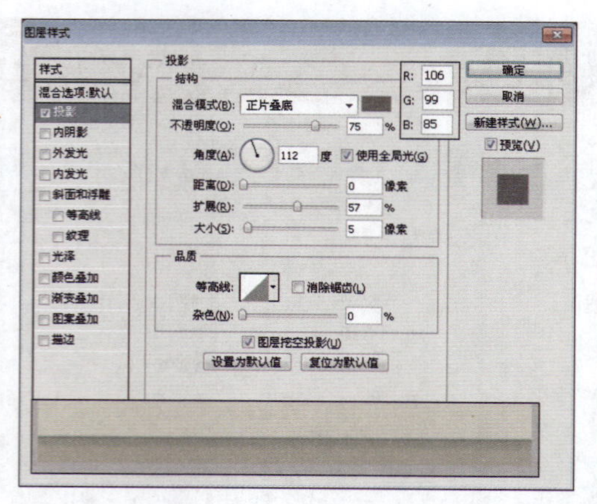

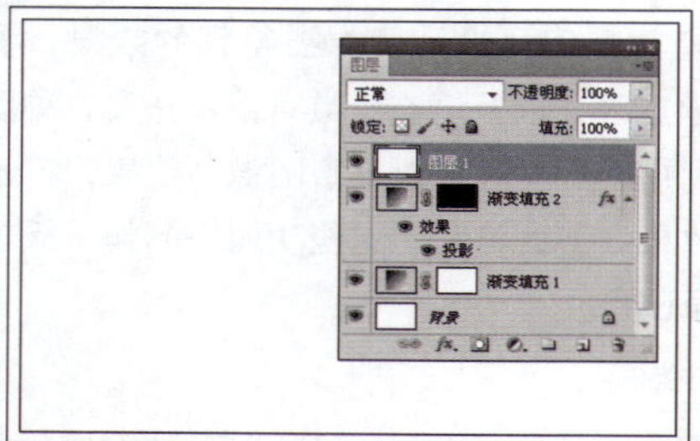

图16-37 添加图层样式

Step 05 选择“滤镜>滤镜库”命令，参照图16-38所示，在弹出的对话框中进行设置，然后单击“确定”按钮，为图像添加滤镜效果。

Step 06 调整“图层 1”图层的图层混合模式为“颜色加深”，按【Ctrl+G】组合键，将除“背景”图层以外的所有图层群组为“组 1”图层组，如图16-39所示。

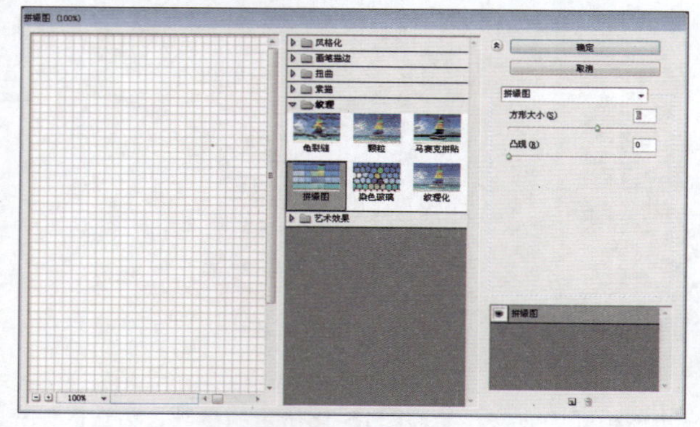

图16-38 添加滤镜效果

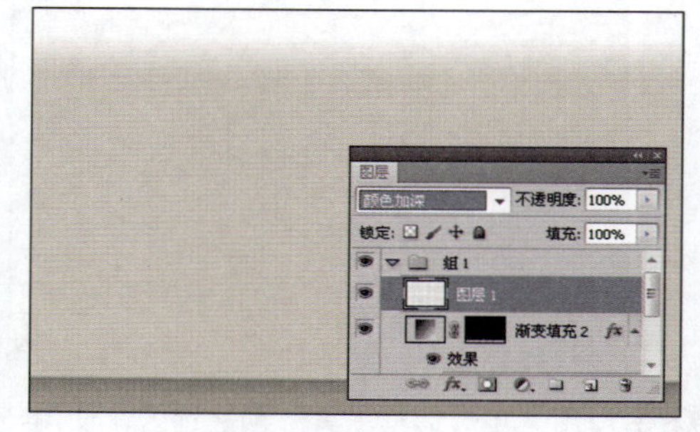

图16-39 创建图层组

▶▶ 制作导航条

Step 07 新建“组 2”图层组，并新建“图层 2”图层，然后使用“圆角矩形工具”在视图中绘制圆角矩形，如图16-40所示。

Step 08 为“图层 2”图层添加“距离”为1px、“大小”为3px的投影效果，将“图层 2”上的图像载入选区。新建“图层 3”图层，然后向上移动选区并填充为白色，设置其图层不透明度为30%，删除“图层 2”与“图层 3”图层上的图像相交处的白色图像，如图16-41所示。

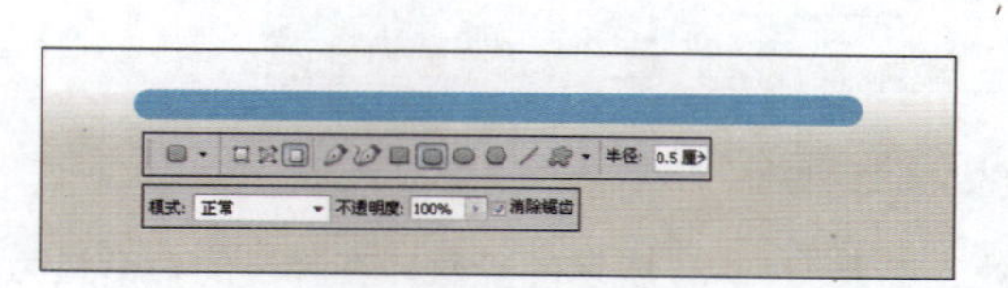

图16-40 绘制圆角矩形

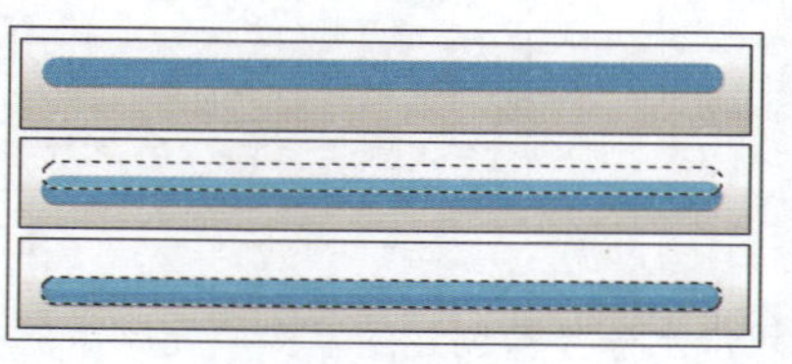

图16-41 编辑图像

Step 09 使用“横排文字工具”在导航条上添加文字，然后新建“图层 4”图层，使用“圆角矩形工具”绘制颜色为深蓝色（R：0，G：150，B：204）的圆角矩形，并为其添加内阴影和外发光效果，如图16-42所示。

图16-42 绘制圆角矩形并添加图层样式

▶▶ 制作质感背景

Step 10 创建“组 3”图层组，然后新建“图层 5”图层，设置填充颜色为白色，按键盘上的【D】键，把前景色和背景颜色恢复到默认的黑白。选择“滤镜>渲染>云彩”命令，制作出如图16-43所示的效果。

Step 11 选择“滤镜>渲染>纤维”命令，弹出“纤维”对话框，保持默认设置单击“确定”按钮，得到如图16-44中所示的效果。

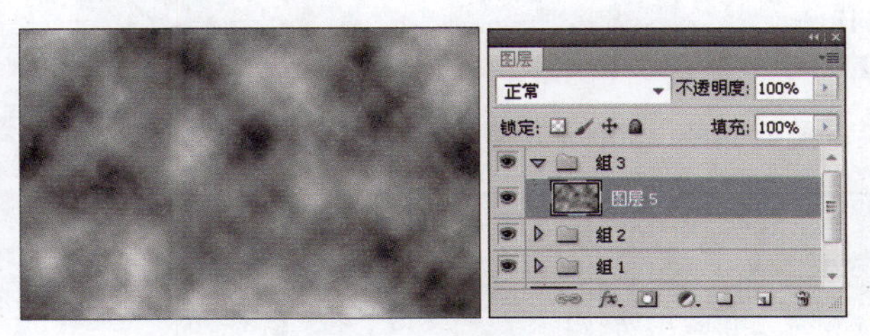

图16-43 执行滤镜命令

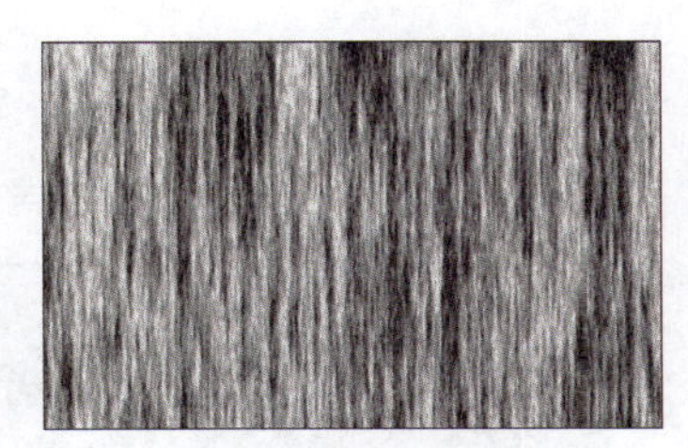
图16-44 执行滤镜渲染命令

Step 12 选择“滤镜>模糊>动感模糊”命令，弹出“动感模糊”对话框，参照图16-45所示进行设置，然后单击“确定”按钮，应用模糊效果。

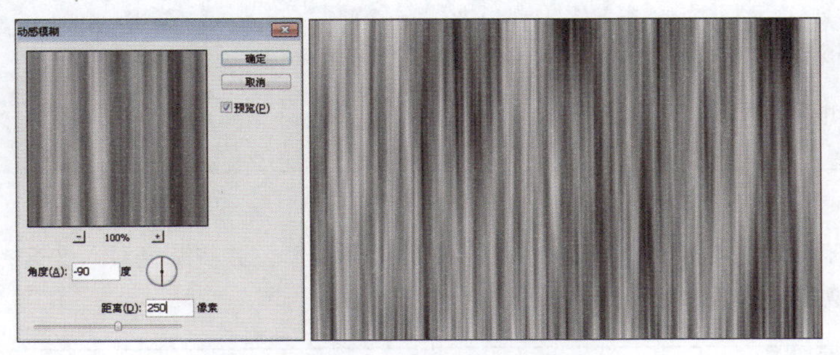

图16-45 使用“动感模糊”滤镜命令

Step 13 选择“滤镜>模糊>高斯模糊”命令，弹出“动感模糊”对话框，设置“半径”为7像素，然后单击“确定”按钮，得到如图16-46所示的效果。

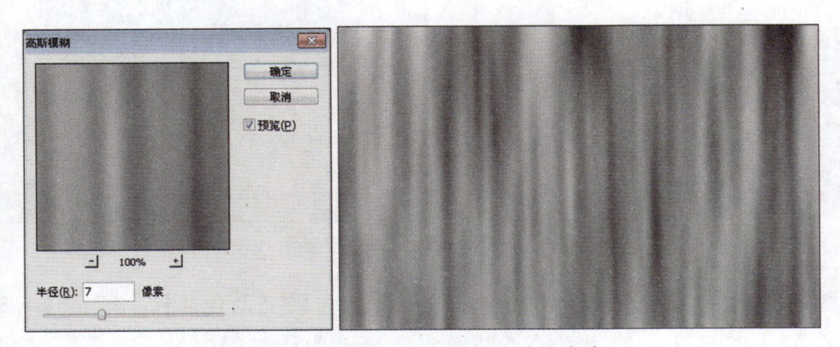

图16-46 使用“高斯模糊”滤镜命令

Step 14 选择“滤镜>扭曲>极坐标”命令，弹出“极坐标”对话框，选择“极坐标到平面坐标”单选按钮，然后单击“确定”按钮，得到如图16-47所示的效果。

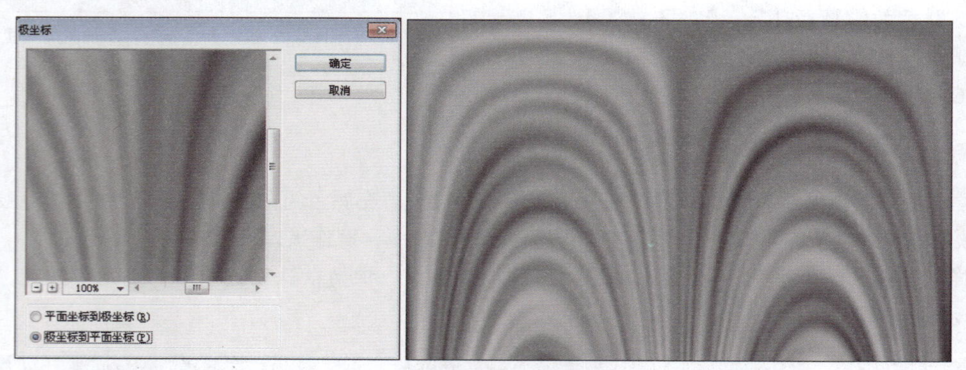

图16-47 设置扭曲效果

Step 15 选择“编辑>自由变换”命令，垂直翻转并旋转图像，如图16-48所示。

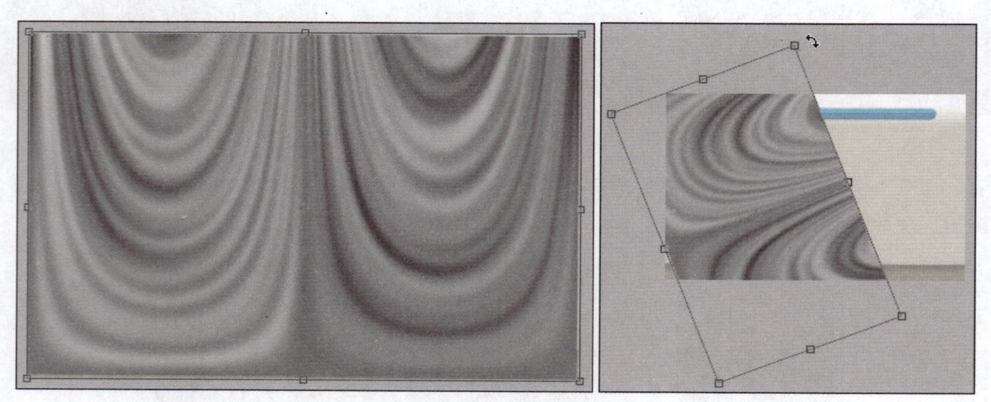

图16-48 变换图像

Step 16 使用“圆角矩形工具”绘制一个半径为0.5厘米的圆角矩形，并将路径载入选区，然后为“图层 5”图层添加图层蒙版，隐藏部分图像，如图16-49所示。

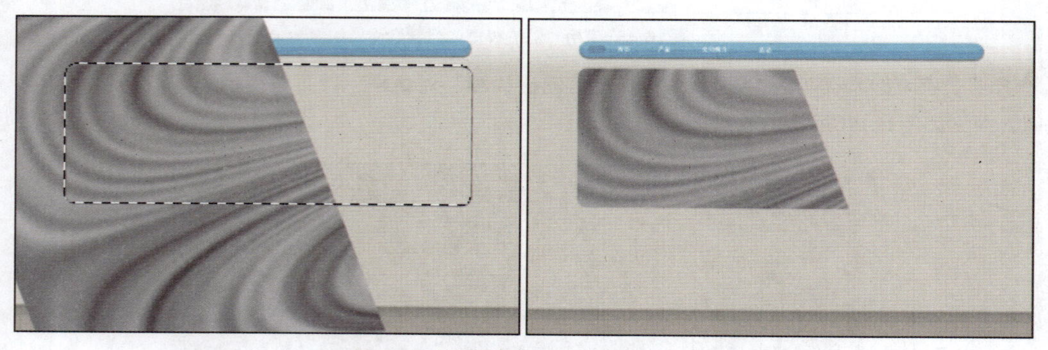

图16-49 绘制圆角矩形图像并建立选区

Step 17 将上一步骤的图层蒙版载入选区，新建“图层 6”图层，填充蓝色（R：12，G：53，B：158）到深蓝色（R：0，G：5，B：51）的渐变，并为其添加黑色混合模式为正常的内发光效果，如图16-50所示。

Step 18 使用柔边画笔在“图层 5”图层的图层蒙版上进行绘制，创建柔和的图像边缘，如图16-51所示。

Step 19 参照图16-52所示的效果，使用“横排文字工具”在视图中添加文字，然后在“字符”调板中调整文字的大小及行距，并为其添加描边效果。

图16-50 添加图层混合模式

图16-51 编辑图像边缘

图16-52 添加文字

▶▶ 制作产品图像

Step 20 新建图层，设置前景色为蓝色（R：0，G：121，B：214），使用柔边缘“画笔工具”在其选项栏中设置画笔大小为200px，在视图中单击，然后设置其图层混合模式为“颜色减淡”，如图16-53所示。

Step 21 使用“钢笔工具”绘制路径，并将路径载入选区，为其添加浅灰色（R：129，G：129，B：129）到深灰色（R：48，G：48，B：50）的渐变，然后为其添加“内阴影”和“内发光”为白色的图层样式，如图16-54所示。

图16-53 使用“画笔工具”绘制

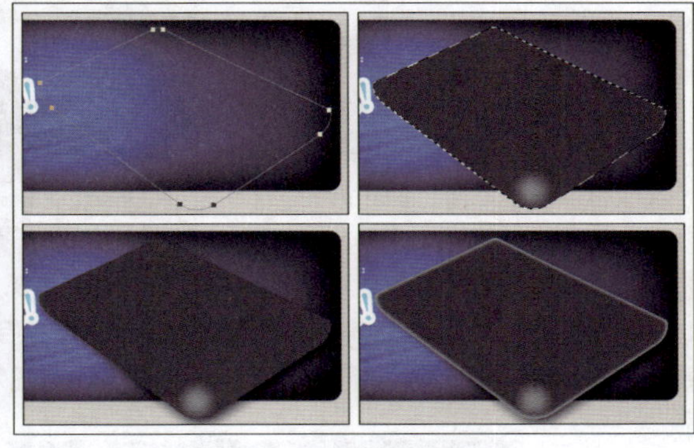

图16-54 添加图层样式

Step 22 继续使用“钢笔工具”绘制路径，将其载入选区，然后填充灰色（R：68，G：68，B：70）到白色的径向渐变，最后为图像所在图层添加“外发光”为白色的图层样式，如图16-55所示。

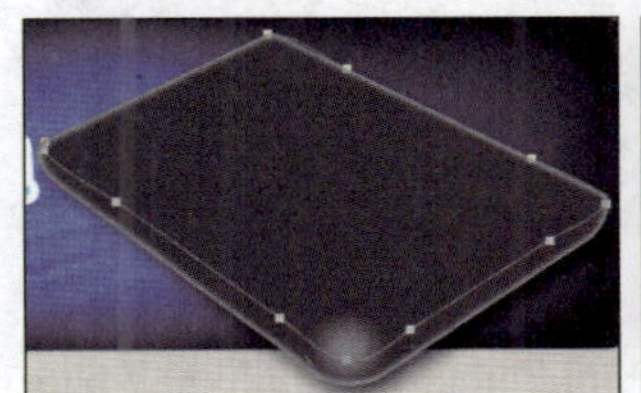

图16-55 绘制图像

Step 23 使用“圆角矩形工具”绘制圆角矩形，然后使用“直接选择工具”调整矩形形状，将矩形载入选区，并填充灰色（R：179，G：179，B：179）到黑色的径向渐变，如图16-56所示。

图16-56 绘制矩形并填充渐变

Step 24 使用“横排文字工具”添加产品名称，打开本书附带光盘中的“素材\Chapter-16\足球场地.psd”文件，将其拖至当前正在编辑的文档中.按【Ctrl+T】组合键打开变换框，配合键盘上的【Ctrl】键调整图像，并添加图层遮罩，隐藏部分图像，如图16-57所示。

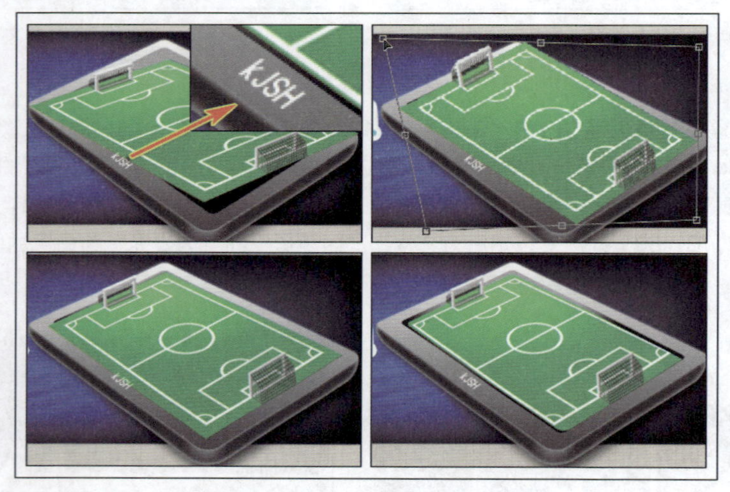

图16-57 编辑图像

Step 25 打开本书附带光盘中的“素材\Chapter-16\足球人物.psd”文件，将其放置在足球场地上，参照图16-58所示的效果，调整其大小和位置关系.然后使用“圆角矩形工具”绘制一个半径为0.2厘米的圆角矩形，并使用“直接选择工具”调整矩形形状，最后调整图层“不透明度”参数为30%。

图16-58 调整图层的不透明度

Step 26 参照图16-59所示效果，创建选区，填充颜色为白色，并调整图层的“不透明度”参数为25%，然后为上一步创建的圆角矩形添加白色“内发光”和“外发光”效果。

图16-59 绘制左侧边缘

Step 27 复制“图层 1”图层，调整图层顺序到上一步创建的矩形上方，然后调整图层混合模式为“划分”，最后将矩形载入选区。选择“选择>反向”命令，并删除“图层 1 副本”上的图像，如图16-60所示。

图16-60 调整图层混合模式

▶▶ 制作水晶按钮

Step 28 新建“组 4”图层组，首先使用“圆角矩形工具”绘制一个半径为0.5厘米的圆角矩形，其次为其添加绿色（R：61，G：137，B：0）内发光和黑色阴影效果。接下来将图像载入选区，选择“选择>变换选区”命令，调整选区的大小和位置，然后使用“渐变工具”填充白色到透明的渐变效果，移动选区至图像上方，最后按【Ctrl+J】组合键复制并创建一个新图层，如图16-61所示。

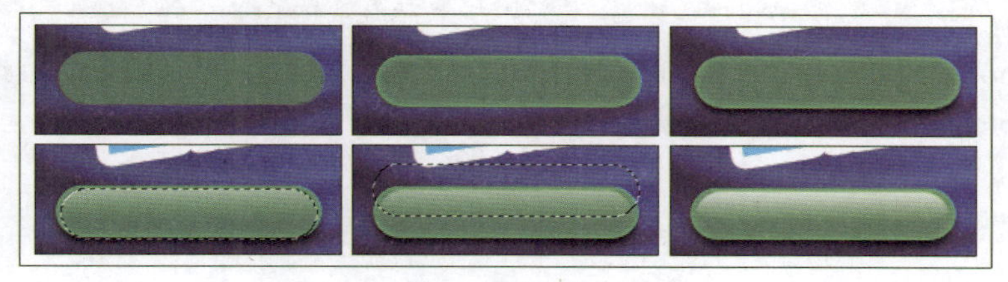

图16-61 创建图像选区

Step 29 参照图16-62所示，创建白色透明图像，使用柔边缘“画笔工具”绘制高光，然后添加文字，完成按钮的制作。

Step 30 复制两次“组 4”图层组，缩小并调整其位置，调整其颜色为蓝色，如图16-63所示。

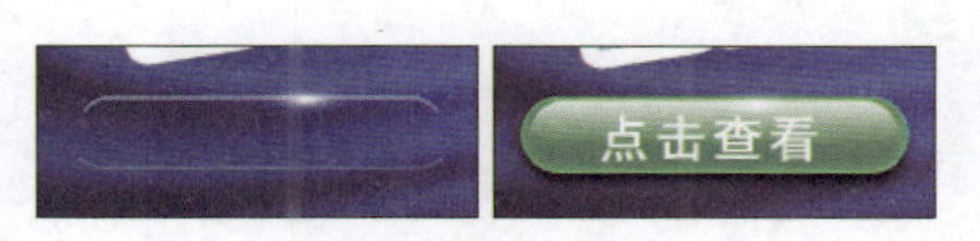

图16-62 添加文字

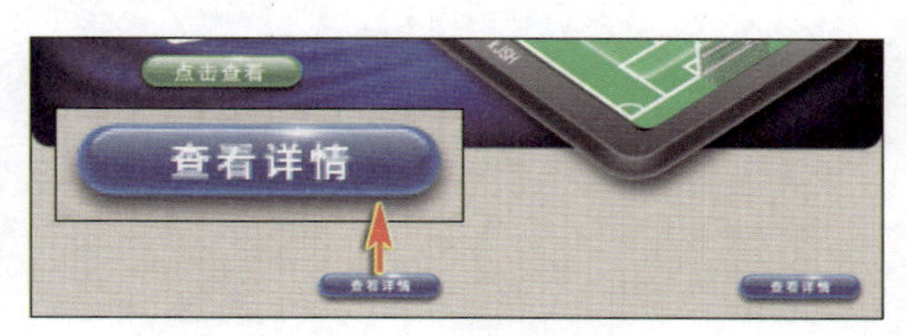

图16-63 调整图层组

Step 31 新建“组 5”图层组，打开本书附带光盘中的“素材\Chapter-16\平板电脑.psd”文件，参照图16-64的效果，将其拖至正在编辑的文件中，调整其大小和位置，然后使用“横排文字工具”添加介绍性文字。

图16-64 添加素材和文字

Step 32 打开本书附带光盘中的“素材\Chapter-16\图标.psd”文件，将其放置在视图中适当的位置，然后添加装饰性文字，如图16-65所示。

Step 33 最后使用“切片工具”为网页图像划分切片，完成整个实例的制作，如图16-66所示。

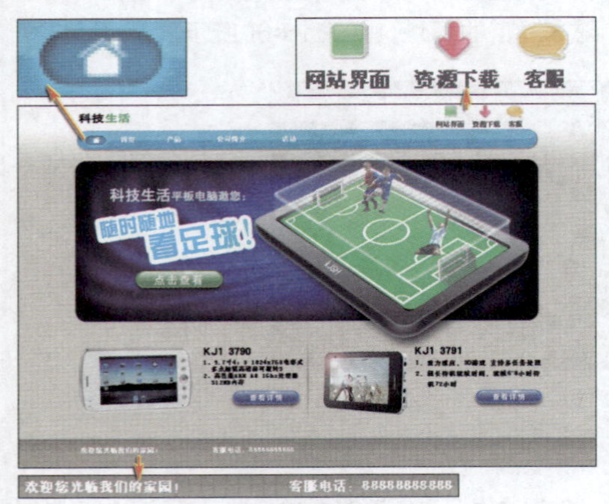

图16-65 添加相关素材

图16-66 添加切片完成制作

16.3 本章小结

本章是Photoshop篇的最后一章，主要通过两个实例对之前的内容进行了总结。希望读者能够通过这两个实例进一步掌握Photoshop在网页设计中的方法和技巧。

17 初识Flash CS5.5

Flash 是Adobe公司专门为网络设计而开发的一个交互性矢量动画设计软件。它具有交互性强、文件尺寸小、简单易学及拥有独特的流式传输方式等优点，因此受到了人们的青睐，被广泛应用于网页动画制作、网站制作、多媒体课件、MTV和在线游戏等领域。

17.1 动画制作基础

在开始学习动画制作之前，先要了解Flash 动画的类型特点及应用领域。下面将向用户进行具体介绍。

17.1.1 网页动画中的格式

动画文件有很多种，但是在网页中最常采用的只有两种，一种是Flash动画，另一种是GIF动画。这两种动画都有着不同的优势和特点。下面先来简单了解一下这两种格式的动画。

Flash动画

由于HTML语言的功能十分有限，无法达到人们的预期设计，以实现令人耳目一新的动态效果，在这种情况下，各种脚本语言应运而生，使得网页设计更加多样化。而程序设计总是不能很好地普及，因为它要求具有一定的编程能力，人们更需要一种既简单直观又功能强大的动画设计工具，而Flash的出现正好满足了这种需求，因此，Flash动画越来越受到人们的青睐。

Flash动画的主要特点可以归纳为以下几个。

（1）动画作品文件数据量非常小：由于Flash作品中的对象一般为“矢量图形”，所以即使动画内容很丰富，其数据量也非常小。

（2）交互性强：Flash制作人员可以轻松地为动画添加交互效果，让用户直接参与，从而极大地提高用户的兴趣，更好地满足所有用户的需要。用户可以通过单击、选择等动作，决定动画的运行过程和结果，这一点是传统动画所无法比拟的。

（3）适用范围广：Flash动画不仅应用于广告宣传、制作MTV、小游戏、网页制作、搞笑动画、情景剧和多媒体课件等，还可将其制作成项目文件，运用于多媒体光盘或展示。

（4）图像质量高：Flash动画大多由矢量图形制作而成，可以真正无限制地被放大而不影响其质量，因此图像的质量很高。

（5）下载时间短：Flash动画可以放在网上供人欣赏和下载，由于使用的是矢量图技术，具有文件小、传输速度快和播放采用流式技术的特点，因此可以边下载边欣赏动画，可以大大节省下载的时间。

（6）制作成本低：使用Flash制作的动画能够大大地减少人力和物力资源的消耗。同时，在制作时间上也会大大减少。另外，Flash动画在制作完成后，可以把生成的文件设置成带保护的格式，这样可以维护设计者的版权利益。

（7）可以跨平台播放：制作好的Flash作品放置在网页上后，无论使用哪种操作系统或平台，任何访问者看到的内容和效果都是一样的，不会因为平台的不同而有所变化。

GIF动画

GIF（Graphics Interchange Format）的原义是“图像互换格式”，是CompuServe公司在1987年开发的图像文件格式。GIF文件的数据是一种基于LZW算法的、连续色调的无损压缩格式，其压缩率一般在50%左右，不属于任何应用程序。目前，几乎所有的相关软件都支持它，GIF图像文件的数据是经过压缩的，而且是采用了可变长度等压缩算法。GIF格式的另一个特点是其在一个GIF文件中可以存储多幅彩色图像，如果把存在于一个文件中的多幅图像数据逐幅读出并显示到屏幕上，就可构成一种最简单的动画，如图17-1和图17-2所示。

图17-1 GIF动画第一帧

图17-2 GIF动画第二帧

不过GIF 只支持 256 色调色板，因此，详细的图片和写实摄影图像会丢失颜色信息，而看起来却是经过调色的。在大多数情况下，无损耗压缩效果不如JPEG格式或PNG格式。另外，GIF支持有限的透明度，没有半透明效果或褪色效果。

17.1.2 Flash动画的应用领域

目前，Flash被广泛应用于网页设计、网页广告、多媒体教学、动画短片、游戏设计、MTV制作和电子相册等领域。下面将向读者介绍这些应用领域。

网页设计

为了达到一定的视觉冲击力，很多企业网站往往在进入主页前播放一段使用Flash制作的欢迎页（也称引导页）。除此之外，很多网站的Logo和Banner也都是Flash动画。图17-3所示为网页的Banner动画。

当需要制作一些交互功能较强的网站时，如调查类网站，可以使用Flash制作整个网站，这样互动性更强。

网页广告

简单地说，网页广告就是在网络上做的广告，利用网站上的广告横幅、文本链接和多媒体的方法，在因特网上刊登或发布广告，通过网络传递到因特网用户的一种高科技广告运作方式。网页广告因覆盖面广、不受时间限制及针对性强等优越性，被一些企业公司广泛应用。图17-4所示为奶粉网络广告。

图17-3 网页设计

图17-4 网络广告

多媒体教学

相对于其他软件制作的课件，Flash课件具有体积小、表现力强的特点。在制作实验演示或多媒体教学光盘时，Flash动画得到了大量的引用。图17-5和图17-6所示为多媒体课件。

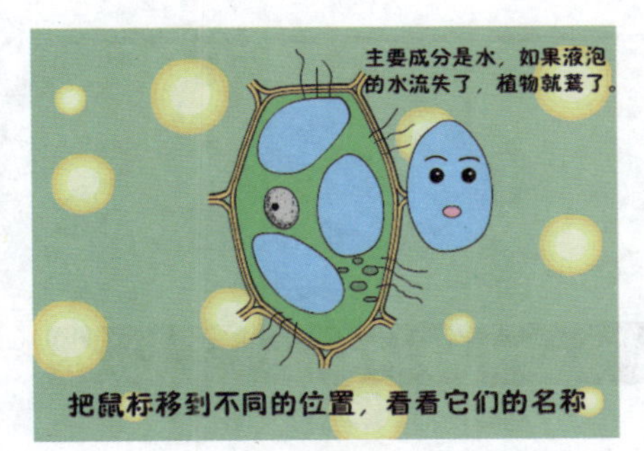

图17-5 生物教学课件

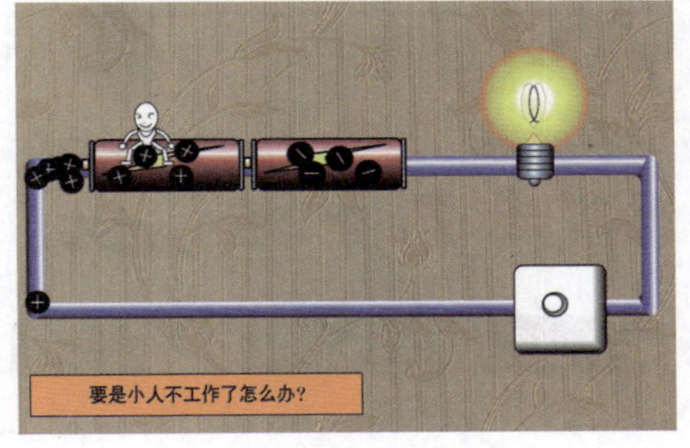

图17-6 物理教学课件

动画短片

Flash动画短片是很常见的，而且题材广泛，各种情景类型都有。它拥有的互动能力，以及动画制作的简捷性、方便的流程等功能，不仅可免去用户大量的绘制时间，更能够便于用户尽快地制作出美观的作品，如动画短片以社会热点为主题，形象地揭示了存在的社会问题，起到了教育反省的目的，如图17-7和图17-8所示。

图17-7 政府政绩动画

图17-8 社会热点动画

游戏设计

使用Flash的动作脚本功能可以制作一些有趣的在线小游戏，如看图识字游戏、贪吃蛇游戏和棋牌类游戏等，如图17-9和图17-10所示。此外，Flash游戏具有体积小的优点，一些手机厂商已在手机中嵌入Flash游戏。

图17-9 贪吃蛇游戏

图17-10 打地鼠游戏

MTV 制作

现在Flash动画在网上应用日益增多，各种Flash动画精彩纷呈，使用Flash可以根据自己的意愿来创作喜欢歌曲的MTV，制作出来的文件也非常小，能够确切地表现音乐主题。图17-11和图17-12所示为歌曲《青花瓷》的MTV。

图17-11 《青花瓷》的MTV1

图17-12 《青花瓷》的MTV2

电子相册

随着数码相机的普及，越来越多的人喜欢用拍照这种方式来记录生活。以前，照片都被冲洗出来制作成厚厚的影集供人们追忆美好时光。而现在人们有了更好的选择，那就是电子相册。与传统相册相比，电子相册具有欣赏方便、交互性强、存储量大、保存永久和欣赏性强的特点。图17-13和图17-14所示为电子相册效果。

图17-13 电子相册

图17-14 电子相册

17.2 熟悉Flash CS5.5的工作界面

在开始学习动画制作之前，先要了解Flash 动画的类型特点及应用领域。下面将向用户进行具体介绍。

启动Flash CS5.5后，最先看到的是启动界面。在该界面中，用户不仅可以从模板中创建各类动画文档（如广告、横幅、媒体播放和演示文稿等），还可以打开最近的项目或者新建一个普通Flash文件，如创建基于Actionscript3.0、Actionscript2.0或iphone OS等形式的动画文档。

同时，可以通过链接按钮，链接到相应网站学习Flash的基础知识。其中，“学习”选项组中的链接包括介绍Flash、元件、时间轴和动画、实例名称、简单交互、Actionscript，以及处理数据等，如图17-15所示。

在Flash CS5.5的启动界面中，单击“打开”链接，在弹出的“打开”对话框中选择一个Flash文件将其打开，进入中文版Flash CS5.5的工作界面，如图17-16所示。

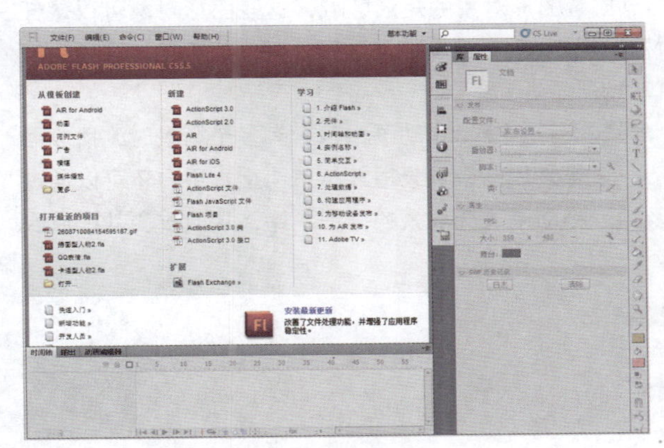

图17-15 Flash CS5.5启动界面

图17-16 Flash CS5.5的工作界面

Flash CS5.5的工作环境主要包括标题栏、菜单栏、工具箱、时间轴、舞台、工作区，以及一些常用的面板，这里主要介绍一下时间轴、舞台和工作区。

时间轴

时间轴是显示图层与帧的一个面板，如图17-17所示，其主要用于组织和控制文档内容在一定时间内播放的帧数，换句话说，时间轴控制着整个影片的播放和停止。

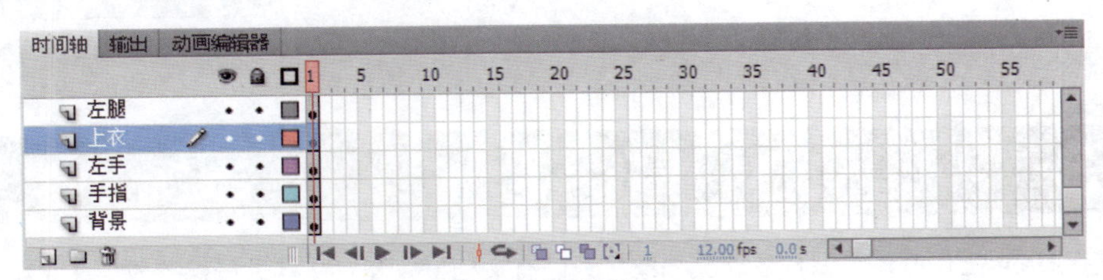

图17-17 时间轴

“时间轴”面板大致可以分为“控制区”、“图层区”和“时间区”3部分，其各自功能介绍如下。

- 控制区用于该面板的隐藏和显示，以及各场景、各元件之间的切换。双击 时间轴 名称，便可隐藏或显示“时间轴”面板。
- 图层区用于设置整个动画的“空间”顺序，包括图层的隐藏、锁定、插入和删除等。

- 时间区用于设置各图层中各帧的播放顺序，它由若干小格构成，每一格代表一个帧，一帧又包含着若干内容，即所要显示的图片及动作。将这些图片连续播放，就能观看到一个动画影片。

Flash动画与传统动画的原理相同，即按照画面的顺序和一定的速度播放影片，每一帧里包含各种不同的画面。这些画面分别是一组连贯动作的分解画面，按照一定顺序将这些画面在时间轴中进行排列，连贯起来看就好像动起来一样。时间轴上的各帧就好像电影中的胶片一样，影片的长度是由它的帧数决定的。图层就像堆叠在一起的多张幻灯片一样，每个图层都包含一个显示在舞台中的不同图像。时间轴主要由图层、帧和播放头组成。

舞台和工作区

动画是在场景中制作完成的，场景即指当前整个动画的编辑区域，用于按主题有组织地播放Flash动画。场景包含舞台和工作区，就像拍电影一样，是在一个大的摄影棚中拍摄的，这个摄影棚可以被理解为场景，而镜头对准的地方就是舞台。舞台是用户在创建Flash文档时放置图形对象的矩形区域，这些图形对象可以是任意的对象；工作区就是舞台周围的灰色区域，可以暂时性地存放对象，但是在测试影片时，处于工作区中的对象不会显示出来，显示的只是舞台区域中的对象，如图17-18所示。

需要说明的是，在一个Flash动画中，至少要有一个场景。当一个Flash动画中包含有多个场景时，播放器会在第一个场景播放结束后自动播放下一个场景中的内容，直至最后一个场景播放结束为止。用户还可以通过“场景”面板来对场景进行添加、复制和删除操作，以及通过拖动来改变场景的排列顺序，从而改变其播放次序，如图17-19所示。

图17-18 舞台

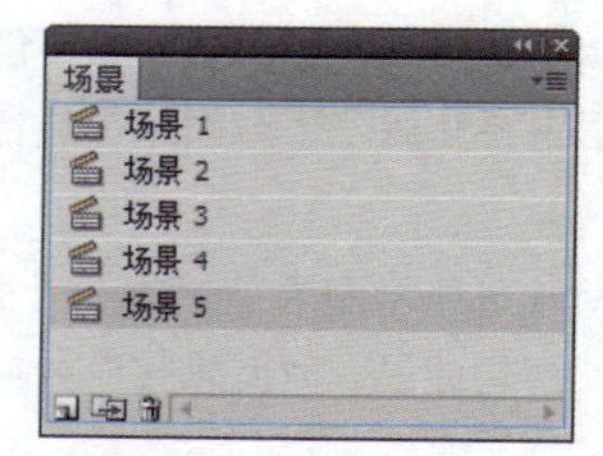

图17-19 “场景”面板

17.3 常用的文档操作

用户在使用Flash工作时，可以创建新文档或打开已有文档，以及对文档进行保存或关闭文档等。

新建动画文档

同大多数软件一样，选择“文件>新建”命令或按【Ctrl＋N】组合键，或者在主工具栏上单击“新建”按钮，都可以新建一个动画文档。

除此之外，在Flash CS5.5中还可以利用模板来创建各类动画文档，具体操作步骤如下。

Step 01 启动Flash CS5.5应用程序，在启动界面的“从模板创建”选项组中选择“动画”选项，如图17-20所示。

Step 02 弹出“从模板新建”对话框，在该对话框的“模板”选项卡中选择“雪景脚本”选项，然后单击“确定”按钮，如图17-21所示。

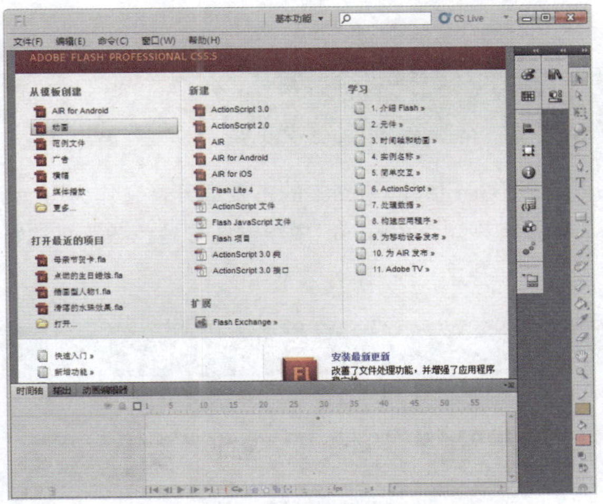

图17-20 启动界面

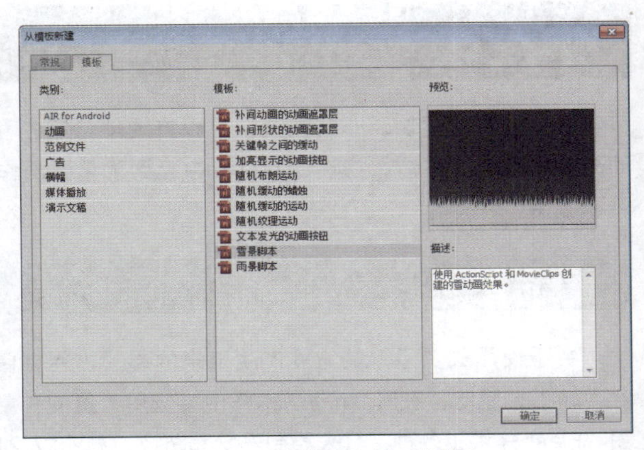

图17-21 “从模板新建”对话框

Step 03 这时，打开模板动画的工作界面，在该界面中可以看到层与时间轴的相关信息，如图17-22所示。

Step 04 选择“控制>测试场景”命令，可以测试雪景动画，如图17-23所示。

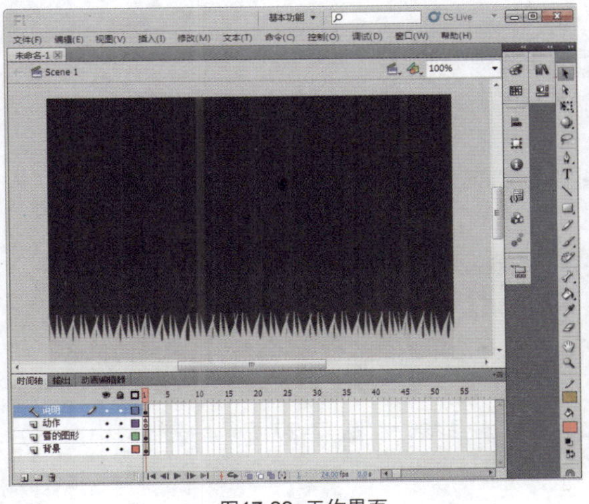

图17-22 工作界面

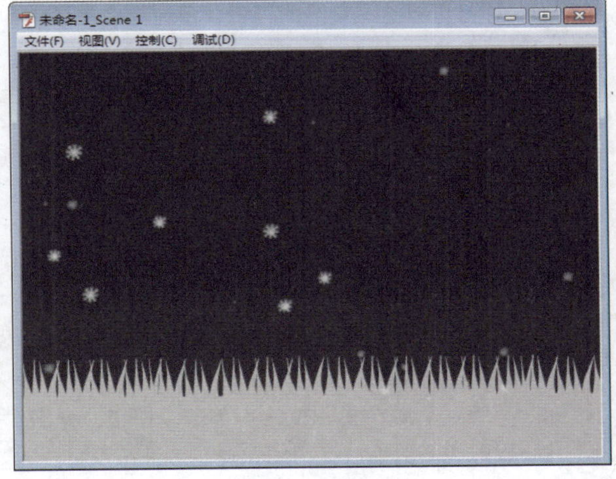

图17-23 测试场景

打开动画文档

打开文档同样有很多种方法，比如选择“文件>打开”命令，或者按【Ctrl + O】组合键，在弹出的对话框中选择要打开的文件即可。

保存动画文档

保存文件同样可以通过菜单和快捷方式保存，如选择“文件>保存”命令、“文件>全部保存”命令，或者按【Ctrl + S】组合键等都可以将文件保存，其中，执行“全部保存”命令可以保存在Flash中打开的所有文档。

关闭动画文档

与其他软件的关闭方法相同，选择 “文件>关闭” 命令，或者选择 “文件>退出” 命令等方法都可以将文件关闭。

17.4 Flash常用工具的使用

Flash 的绘图功能非常强大，可以方便地绘制各种图形。图形是Flash 动画中的主要部分，它作为Flash动画中最直观的载体，在设计的过程中起到了重要的作用。下面将具体介绍Flash 中绘制图形角色各工具的特点和应用。

17.4.1 绘图工具

由于使用矢量运算的方式产生出来的影片占用存储空间较小，因此，在Flash动画制作中会应用大量的矢量图。Flash提供了多种工具来绘制形状和路径，如图17-24所示。下面将对这些工具的使用方法进行详细介绍。

图17-24 绘图工具

线条工具

线条工具是专门用来绘制直线的工具，是Flash中最简单的绘图工具，使用线条工具可以绘制出各种直线图形，并且可以选择直线的样式、粗细程度和颜色。

选择工具箱中的“线条工具”或者按【N】键，均可调用线条工具。

选择工具箱中的“线条工具”，然后在舞台中单击鼠标并拖曳，当直线达到所需的长度和斜度时，释放鼠标即可。

在其对应的“属性”面板中可以设置线条的属性，如图17-25所示。

各选项的含义如下。

- 笔触颜色：用于设置所绘线段的颜色。单击颜色按钮，在弹出的颜色列表框中可以选择线的颜色。
- 笔触：用于设置线段的粗细。拖动滑块或在文本框中直接输入数值，可以调整线条的粗线。
- 样式：用于设置线段的样式，单击右侧的下拉按钮，在打开的下拉列表框中可以选择需要的样式，如图17-26所示。
- “编辑笔触样式”按钮：单击该按钮，弹出“笔触样式”对话框，如图17-27所示，在该对话框中可以对线条的缩放、粗细和类型等进行设置。

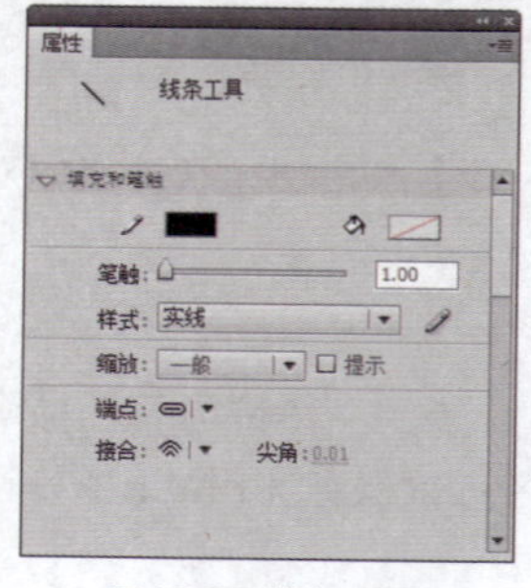

图17-25 线条工具

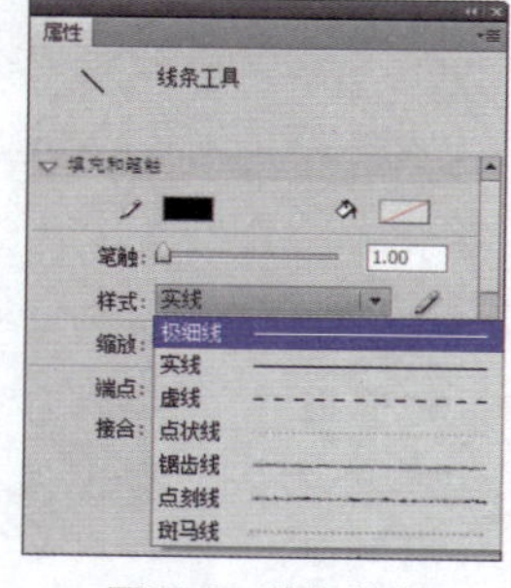

图17-26 线条样式

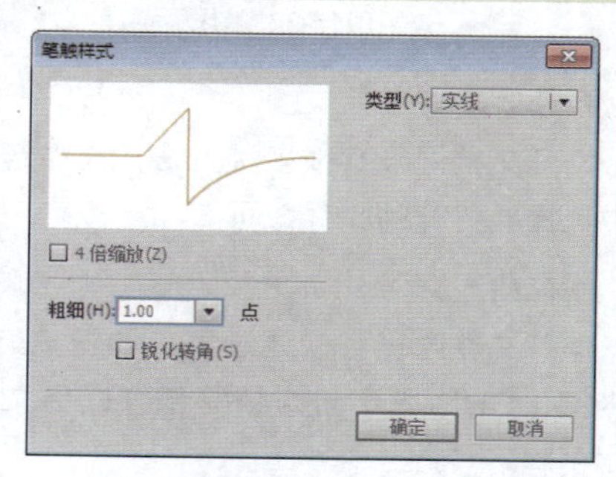

图17-27 “笔触样式”对话框

- 缩放：用于设置在Player中包含笔触缩放的类型。单击右侧的下拉按钮，在打开的下拉列表框中可以选择需要的类型，如图17-28所示。
- 提示：选择该复选框，可以将笔触锚记点保持为全像素，可防止出现模糊线。
- 端点：用于设置线条端点的形状，包括“无”、“圆角”和“方形”3种，如图17-29所示。
- 接合：用于设置线条之间接合的形状，包括“尖角”、“圆角”和“斜角”3种，如图17-30所示，当选择“尖角”选项时，可设置尖角参数。

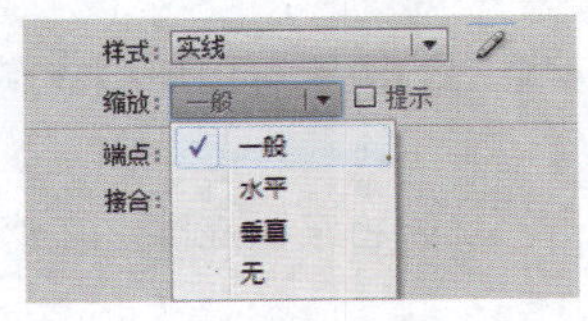

图17-28 设置缩放

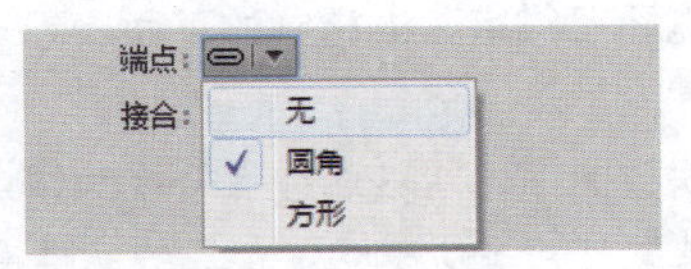

图17-29 设置端点

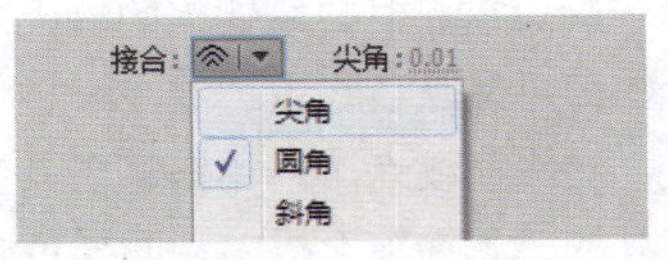

图17-30 设置接合

线条工具配合选择工具可以非常方便地绘制图形，在实际制作过程中也是很常用的。用户在绘制完一根线条后按住【Ctrl】键可以直接使用选择工具，松开按键后恢复使用线条工具或者直接使用选择工具选择线条，均可在属性面板中对线条进行修改。

钢笔工具

要绘制精确的路径（如直线或平滑流畅的曲线），可使用钢笔工具。使用钢笔工具绘画时，单击可以创建直线段上的点，而拖动可以创建曲线段上的点，并且可以通过调整线条上的点来调整直线段和曲线段。

选择工具箱中的“钢笔工具”或者按【P】键，均可调用钢笔工具。

使用钢笔工具可以对绘制的图形进行非常精确的控制，并对绘制的锚点、锚点的方向点等都可以很好地控制，因此，钢笔工具适合于喜欢精准设计的人员。图17-31所示即为使用钢笔工具所绘制的3种图形。

图17-31 使用“钢笔工具”绘制的图形

钢笔工具主要用于常见复杂的曲线条。除了具有绘制图形的功能外，使用它还可以进行路径锚点的编辑工作，如调整路径、增加锚点、将曲线点转化为锚点，以及删除锚点等。

1. 画直线

选择“钢笔工具”后，每单击一下鼠标，就会产生一个锚点，并且与前一个锚点自动用直线连接。在绘制的同时，如果按下【Shift】键，则将线段约束为45°的倍数方向上直接单击生成的锚点为角点。

结束图形的绘制可以采取以下3种方法。

- 在终点双击。
- 单击“钢笔工具”按钮。
- 按住【Ctrl】键并单击。

如果将钢笔工具移至曲线起始点处，当指针变为钢笔右下方带小圆圈时单击，即连成一个闭合曲线，并填充默认的颜色。

2. 画曲线

钢笔工具最强的功能在于绘制曲线。在添加新的线段是，在某一位置按下鼠标后不要松开，拖动鼠标，新的锚点之间与前一锚点之间将用曲线相连，并且显示控制曲率的切线控制点。

3. 曲线点与锚点转换

若要将锚点转换为曲线点，使用“部分选取工具”选择该点，然后按住【Alt】键并拖动该点来放置切线手柄；若要将曲线点转换为锚点，可用“钢笔工具”单击该点。

4. 添加锚点

若要绘制更加复杂的曲线，则需要在曲线上添加一些锚点。按住“钢笔工具”不放，将显示弹出菜单，选择“添加锚点工具”，将笔尖对准要添加锚点的位置，当指针的右上方出现一个加号标志时，单击即可添加一个锚点。

5. 删除锚点

删除锚点时，将钢笔的笔尖对准要删除了锚点，当指针的下面出现一个减号标志时，表示可以删除该点，单击即可删除该锚点。

删除曲线点时，用钢笔工具单击一次该曲线，将该曲线点转换为锚点，再单击一次，将该点删除。在钢笔工具的“属性”面板中，同样可以设置其属性，类似于线条工具的属性设置。

矩形工具组

矩形工具组包括很多几何图形绘制工具，如矩形工具、椭圆工具和多角星形工具等。使用基本矩形工具组创建图形时，与使用对象绘制模式创建的形状不同，Flash会将形状绘制为独立的对象。下面将详细介绍各种几何图形工具。

1. 矩形工具

矩形工具可以用来绘制长方形和正方形。选择工具箱中的“矩形工具”，在舞台中单击鼠标并拖曳，当达到所需形状及大小时，释放鼠标即可绘制矩形。在绘制矩形之前或在绘制过程中，按住【Shift】键可以绘制正方形。

在“属性”面板的“矩形选项”选项组中，可以设置矩形边角半径，用来绘制圆角矩形，如图17-32所示。“矩形选项”选项组中各选项的含义如下。

- 矩形角半径控件：用于指定矩形的角半径。可以在每个文本框中输入内径的数值。如果输入负值，则创建的是反半径。还可以取消选择限制角半径图标，然后分别调整每个角半径。
- 重置：单击该按钮，将重置基本矩形工具的所有控件，并将在舞台上绘制的基本矩形形状恢复为原始大小和形状。

2. 椭圆工具

椭圆工具是用来绘制椭圆和圆形的工具，选择工具箱中的“椭圆工具”，在舞台中单击鼠标并拖曳，当椭圆达到所需形状及大小时，释放鼠标即可绘制椭圆。在绘制椭圆之前或在绘制过程中，按住【Shift】键可以绘制正圆。

使用椭圆工具，还可以绘制圆、无边（线条）圆和无填充的圆，如图17-33所示。

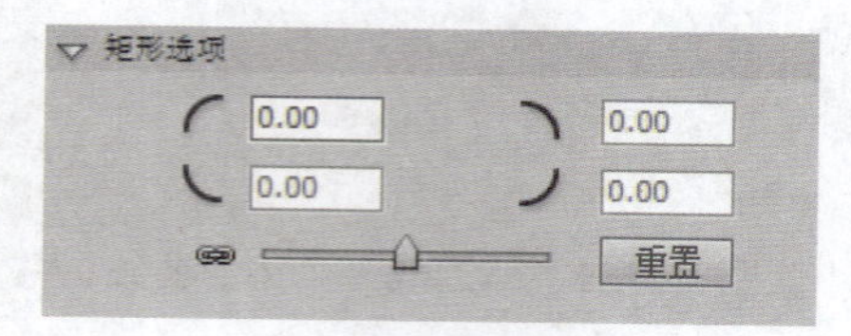

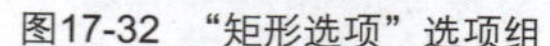

图17-32 “矩形选项”选项组

图17-33 使用“椭圆工具”绘制的圆

椭圆工具同样具有填充和笔触属性，可进行修改设置。另外，在“属性”面板的“椭圆选项”选项组中可以设置椭圆的开始角度、结束角度和内径等，如图17-34所示。

“椭圆选项”选项组中各选项的含义如下。

- 开始角度和结束角度：用来绘制扇形及其他有创意的图形。
- 内径：参数值的范围为0～99，为0时绘制的是填充的椭圆；为99时绘制的是只有轮廓的椭圆；为中间值时，绘制的是内径不同大小的圆环。
- 闭合路径：确定图形的闭合与否。
- 重置：单击该按钮，将重置椭圆工具的所有控件，并将在舞台上绘制的椭圆形状恢复为原始大小和形状。

通过在“属性”面板的“椭圆选项”选项组中设置相应的参数，可以绘制扇形、半圆形及其他有创意的形状，如图17-35所示。

3．基本矩形工具和基本椭圆工具

使用基本矩形工具或基本椭圆工具创建矩形或椭圆时，与使用对象绘制模式创建的形状不同，Flash会将形状绘制为独立的对象。基本形状工具可让用户使用属性检查器中的控件，指定矩形的角半径，以及椭圆的起始角度、结束角度和内径。创建基本形状后，可以选择舞台上的形状，然后调整属性检查器中的控件来更改半径和尺寸。

4．多角星形工具

在“矩形工具”上单击并按住鼠标不放，然后在弹出菜单中选择“多角星形工具”，此时“属性”面板即显示多角星形的相关属性，如图17-36所示。直接在舞台上拖动多角星形工具，可创建图形，默认情况下为五边形。单击“选项”按钮，弹出“工具设置”对话框，如图17-37所示。

在“样式”下拉列表框中可选择多边形和星形，在“边数”文本框中输入数据确定形状的边数，可显示效果的数值范围为3～32。还可以在选择星形时，通过改变“星形顶点大小”数值来改变星形的形状。星形顶点大小只对星形样式起作用。图17-38所示为使用多角星形工具绘制的图形。

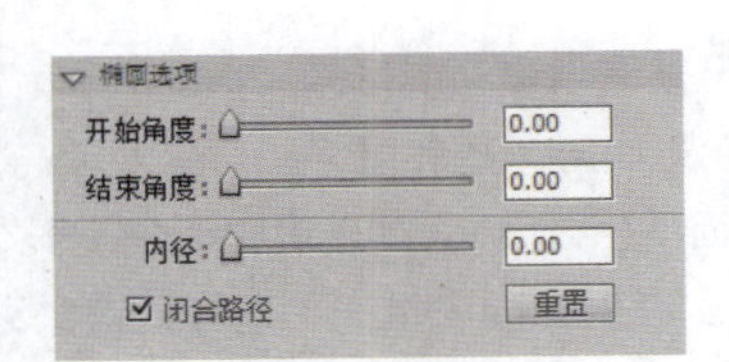

图17-34 “椭圆选项”选项组

图17-35 使用“椭圆工具”绘制的各种形状

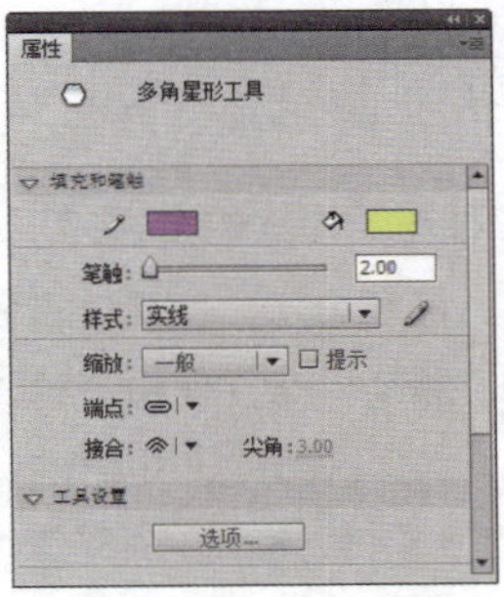

图17-36 “多角星形工具”的“属性”面板

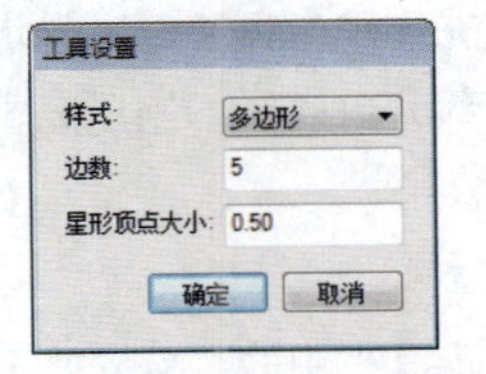

图17-37 “工具设置”对话框

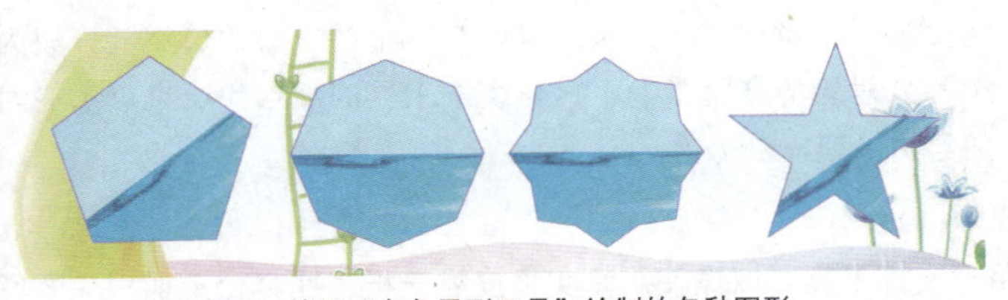

图17-38 使用“多角星形工具”绘制的各种图形

使用选择工具选择多边形或星形时，可以在“属性”面板中进一步修改其形状，或指定填充和笔触颜色。

铅笔工具

使用“铅笔工具”绘制形状和线条的方法几乎与使用真实的铅笔相同。选择工具箱中的“铅笔工具”或按【Y】键，均可调用“铅笔工具”。铅笔工具的自由度非常大，它可以在“伸直”、“平滑”和

"墨水"3种模式下进行工作，适合习惯使用手写板进行创作的人员。

单击工具栏下方中的"铅笔模式"按钮，打开如图17-39所示的下拉菜单，在该下拉菜单中，有3种模式可供选择，分别是"伸直"、"平滑"和"墨水"，用户可以选择其中的任意一种绘图模式，将其应用到形状和线条上。

铅笔工具的3种绘图模式的含义分别如下。

- "伸直"按钮：进行形状识别。如果绘制出近似的正方形、圆、直线或曲线，Flash将根据它的判断调整成规则的几何形状。
- "平滑"按钮：可以绘制平滑曲线。在"属性"面板可以设置平滑参数。
- "墨水"按钮：可较随意地绘制各类线条，这种模式不对笔触进行任何修改。

刷子工具组

使用刷子工具可以在画面上绘制出具有一定笔触效果的特殊填充。它与橡皮擦工具类似，具有非常独特的编辑模式。

选择工具箱中的"刷子工具"或者按【B】键，均可调用刷子工具。在刷子工具的选项组中，除了"对象绘制"按钮和"锁定填充"按钮以外，还包括"刷子模式"、"刷子大小"和"刷子形状"3个功能按钮。

单击"刷子模式"按钮，可以在打开的下拉菜单中选择一种绘画模式；单击"刷子大小"按钮，可以在打开的下拉菜单中选择刷子的大小；单击"刷子形状"按钮，可以在打开的下拉菜单中选择刷子的形状。如图17-40～图17-42所示。

图17-39 铅笔模式

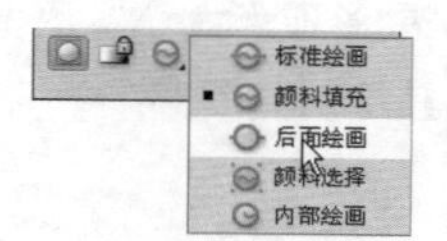

图17-40 刷子模式

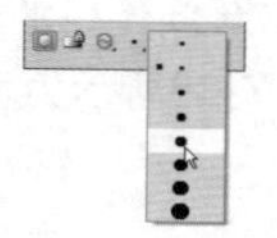
图17-41 刷子大小

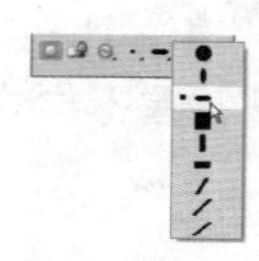
图17-42 刷子形状

各种刷子模式的含义如下。

- 标准绘画：使用该模式绘图，在笔刷所经过的地方，线条和填充全部被笔刷填充所覆盖。
- 颜料填充：使用该模式只能对填充部分或空白区域填充颜色，而不会影响对象的轮廓。
- 后面绘画：使用该模式可以在舞台上同一图层中的空白区域填充颜色，而不会影响对象的轮廓和填充部分。
- 颜料选择：必须要先选择一个对象，然后使用刷子工具在该对象所占有的范围内填充（选择的对象必须是打散后的对象）。
- 内部绘画：该模式分为3种状态。当刷子工具的起点和结束点都在对象的范围以外时，刷子工具填充空白区域；当起点和结束点当中有一个在对象的填充部分以内时，则填充刷子工具所经过的填充部分（不会对轮廓产生影响）；当刷子工具的起点和结束点都在对象的填充部分以内时，则填充刷子工具所经过的填充部分。

橡皮擦工具

使用橡皮擦工具可以像使用真实橡皮擦一样，在舞台上擦掉矢量图形。单击工具栏中的"橡皮擦工具"按钮，在工具栏的下方将显示"橡皮擦模式"、"水龙头"和"橡皮擦形状"3个按钮，其中"橡皮擦模式"和"橡皮擦形状"所对应的下拉菜单（如图17-43和图17-44所示）与刷子工具所对应的"刷子模式"和"刷子形状"相似，这里将不再赘述。

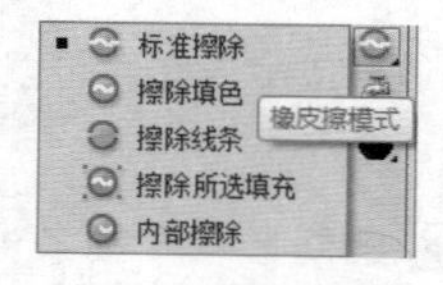

图17-43 橡皮擦模式

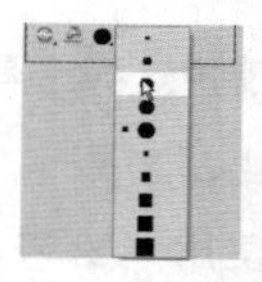
图17-44 橡皮擦形状

“水龙头”按钮的功能非常强大，单击该按钮，然后选择线条或填充图形，即可将整个线条或填充图形删除，相当于一步就执行了选择和删除两种命令。

Deco 工具

使用Deco工具可以对舞台上的选定对象应用效果。在选择“Deco工具”后，可以从“属性”面板中选择效果，如图17-45所示，然后设置相应的参数，直接在舞台上单击即可绘制图案。

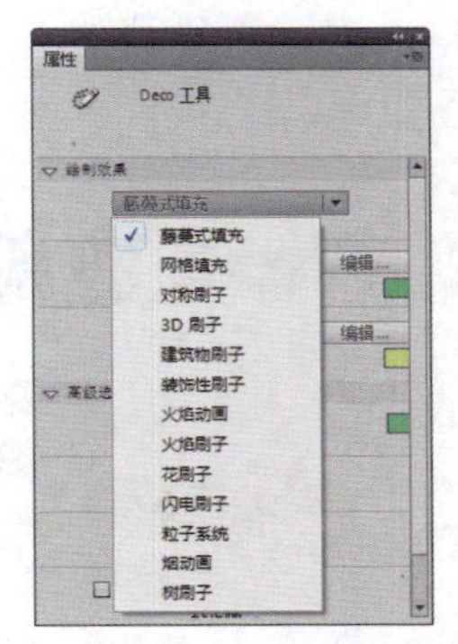

图17-45 “Deco工具”的绘制效果选项

使用Deco工具可以绘制以下13种图案效果，包括藤蔓式填充效果、网格填充效果、对称刷子效果、3D刷子效果、建筑物刷子效果和装饰性刷子效果等，并且每种效果都有其“高级选项”属性，可通过改变“高级选项”选项组中的参数来改变效果。由此可见Flash CS5.5功能非常强大。

17.4.2 颜色工具及面板

使用墨水瓶工具和颜料桶工具可以为绘制好的动画对象进行填充和轮廓上色，使用滴管工具可以从舞台中指定的位置拾取填充、位图和笔触等的颜色属性应用于其他对象上。

墨水瓶工具

墨水瓶工具可以用于给工作区中的图形绘制一个轮廓或改变形状外框的颜色、线条宽度和样式等。墨水瓶工具只影响矢量图形。

选择工具箱中的“墨水瓶工具”，即可调用墨水瓶工具。

墨水瓶工具的功能主要用于改变当前的线条的颜色（不包括渐变和位图）、尺寸和线形等，或者为无线的填充增加线条。墨水瓶工具用于为填充色描边，其中包括笔触颜色、笔触高度与笔触样式的设置。

1. 为填充色描边

在“属性”面板中设置“笔触颜色”为彩虹色，“笔触”为3，“样式”为“实线”，在场景中光标变成墨水瓶的样子，在需要描边的填充色上方单击，即可为填充色描边，如图17-46和图17-47所示。

图17-46 原图

图17-47 效果图

2. 改变笔触样式和颜色

在“属性”面板中重新设置笔触颜色、笔触和笔触样式，在包含边框的填充色上方单击，即可改变当前笔触样式。

3. 为文字描边

在“属性”面板中设置笔触颜色、笔触高度和笔触样式，在打散的文字上方单击，即可为文字描边，如

图17-48和图17-49所示。

图17-48 原图

图17-49 效果图

颜料桶工具

颜料桶工具可以用于给工作区内有封闭区域的图形填色。无论是空白区域，还是已有颜色的区域，它都可以填充。如果进行恰当的设置，颜料桶工具还可以给一些没有完全封闭但接近封闭的图形区域填充颜色。

选择工具箱中的“颜料桶工具”或按【K】键，均可以调用该工具。此时，工具箱中的选项区中除了有“锁定填充”按钮之外，还有一个“空隙大小”按钮，单击该按钮右下角的小三角形，在打开的下拉菜单中包括了用于设置空隙大小的4种模式，如图17-50所示。

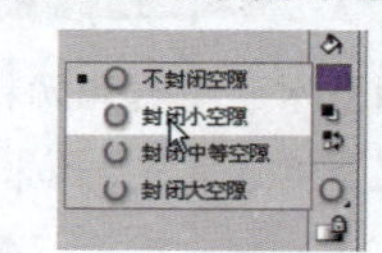

图17-50 颜料桶工具模式

各种颜料桶工具模式的含义如下。

- 不封闭空隙：选择该命令，只填充完全闭合的空隙。
- 封闭小空隙：选择该命令，可填充具有小缺口的区域。
- 封闭中等空隙：选择该命令，可填充具有中等缺口的区域。
- 封闭大空隙：选择该命令，可填充具有较大的区域。

单击“锁定填充”按钮，当使用渐变填充或者位图填充时，可以将填充区域的颜色变化规律锁定，作为这一填充区域周围的色彩变化规范。

滴管工具

滴管工具用于提取与绘制图形中的线条或填充色具有相同属性的图形，以及位图中的各种RGB颜色，不但可以用来确定渐变填充色，还可以将位图转换为填充色。滴管工具类似于经常用到的格式刷，可以使用滴管工具获得某个对象的笔触和填充颜色属性，并且可以立刻将这些属性应用到其他对象上。

选择工具箱中的“滴管工具”即可调用该工具。滴管工具采用的样式一般包含笔触颜色、笔触、填充颜色和填充样式等。在将吸取的渐变色应用于其他图形时，必须先取消“锁定填充”按钮的选中状态，否则填充的将是单色。

1. 提取线条属性

选取“滴管工具”，当光标靠近线条时单击，即可获得所选线条的属性，此时光标变成墨水瓶的样子，如果单击另一个线条，即可改变这个线条的属性。

2. 提取填充色属性

选取“滴管工具”，当光标靠近填充色时单击，即可获得所选填充色的属性，此时光标变成墨水瓶的样子，如果单击另一个填充色，即可改变这个填充色的属性。

3. 提取渐变填充色属性

选取“滴管工具”，在渐变填充色上方单击，提取渐变填充色，此时在另一个区域中单击，即可应用提取的渐变填充色。

如果发现图形好像只被一种颜色填充了一样，只是因为“锁定填充”按钮被自动激活，所以渐变填充色会延续上一个填充色的效果，此时单击工具箱中的“锁定填充”按钮，取消锁定，再次填充渐变色即可。

4. 位图转换为填充色

滴管工具不但可以吸取位图中的某个颜色，而且可以将整幅图片作为元素，填充到图形中，用位图填充图形的方法有两种，既可以利用“颜色”面板又可以利用滴管工具，但效果有所不同。

“属性”面板

使用“属性”面板可以设置笔触样式与填充样式，即图形对象的描边与填充。选择“窗口>属性”命令或者按【Ctrl＋F3】组合键，均可调用该面板。“属性”面板是动态显示的，它所显示的属性根据用户所选择的工具或对象而变化。如当选择“钢笔工具”时，此时“属性”面板中显示的是钢笔工具所对应的属性。

“颜色”面板

使用“颜色”面板可以更改图形的笔触和填充颜色。如果“颜色”面板在当前工作界面中没有显示，可以选择“窗口>颜色”命令，将其显示出来，如图17-51所示。

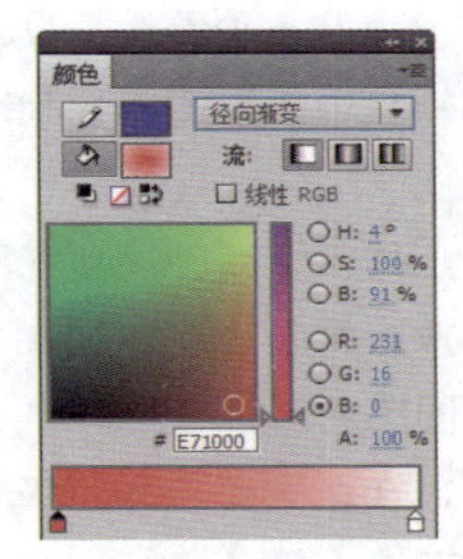

图17-51 “颜色”面板

在“颜色”面板中，各主要选项的含义分别介绍如下。

- 笔触颜色：更改图形对象的笔触或边框的颜色。
- 填充颜色：更改填充颜色。填充是填充形状的颜色区域。
- 颜色类型：用于更改填充样式。如纯色、线性渐变和位图填充等。
- RGB：可以更改填充的红、绿和蓝（RGB）的色密度。
- Alpha：可设置实心填充的不透明度，或者设置渐变填充的当前所选滑块的不透明度。如果Alpha值为0%，则创建的填充不可见（即透明）；如果Alpha值为100%，则创建的填充不透明。
- 当前颜色样本：用于显示当前所选颜色。如果从“颜色类型”下拉列表框中选择某个渐变填充样式（线性渐变或径向渐变），则“当前颜色样本”将显示所创建的渐变内的颜色过渡。
- 系统颜色选择器：使用户能够直观地选择颜色。单击“系统颜色选择器”，然后拖动十字准线指针，直到找到所需颜色为止。
- 十六进制值：显示当前颜色的十六进制值。若要使用十六进制值更改颜色，可输入一个新的值。十六进制颜色值（也称HEX值）是6位的字母数字组合，代表一种颜色。
- 溢出：使用户能够控制超出线性或径向渐变限制进行应用的颜色。

“样本”面板

“样本”面板为用户提供了最为常用的颜色，并且还能添加颜色和保存颜色。用鼠标单击可选择需要的颜色。

用户可以复制调色板中的颜色，从调色板中删除某个颜色或清除所有颜色。若要复制或删除颜色，选择“窗口>样本”命令，打开“样本”面板，单击要复制或删除的颜色，然后从该面板菜单中选择“直接复制样本”或“删除样本”命令，如图17-52所示。

复制样本时将显示颜料桶，用颜料桶在“样本”面板的空白区域单击可复制选中的颜色。

若要从调色板中清除所有颜色，在“样本”面板菜单中选择“清除颜色”命令。执行该操作将从调色板中删除除黑白两色以外的所有颜色。

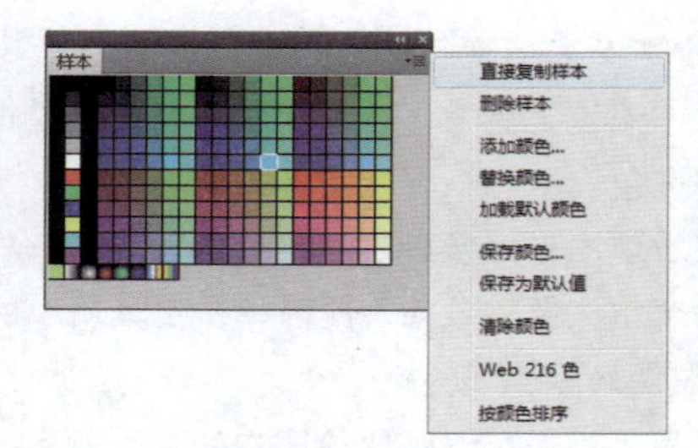

图17-52 “样本”面板

17.4.3 查看工具

工具箱的“查看”选项组中提供了两个舞台工作区的控制工具，一个是手形工具，另一个是缩放工具。在设计过程中，手形工具和缩放工具是必不可少的，经常要放大局部修正。下面将详细介绍这两种工具的使用。

缩放工具

缩放工具是一种看图工具，以一定比例放大或缩小画面。用于调整视图比例，调整视图比例的方法可以通过选择编辑栏中的视图比例列表来确定视图比例，但可选的选项非常有限，使用缩放工具可以更随意灵活地调整视图比例。

缩放工具包含两种调整视图比例的方式，分别为放大和缩小。单击选项组中的“放大”按钮，在场景中单击，即可放大视图比例（如图17-53所示），比例的范围为8%～2 000%。单击选项组中的“缩小”按钮，即可缩小视图比例。

另外，在选定“放大”按钮的情况下，按住【Alt】键不放，可缩小图像；反之，在选定“缩小”按钮的情况下，按住【Alt】键不放，可放大图像。

手形工具

手形工具用于移动工作区，调整场景中的可视区域。同样是移动工具，应注意与选择工具相区别，选择工具用于移动场景中的对象，改变对象的位置，而手形工具的移动不会影响场景中对象的位置，使用时选择“手形工具”，光标变成手的样子，在场景中单击并拖曳鼠标即可调整工作区在场景中的可视区域。画面放大后，用手形工具来移动画面，将便于操作。

选择工具箱中的“手形工具”即可调用该工具，使用非手形工具时，按住空格键后可转换成手形工具，即可移动视窗内图像的可见范围。在手形工具上双击可以使图像以最适合的窗口大小显示，在缩放工具上双击可使图像以1:1的比例显示。选择“手形工具”，鼠标移入舞台工作区后，指针变为手的形状，按下鼠标并拖曳，可以在对舞台工作区的不同部位进行查看，如图17-54所示。

图17-53 缩放工具

图17-54 手形工具

17.4.4 辅助工具

在制作动画时，有时需要对某些对象进行精确定位，这时就可使用标尺、网格和辅助线这3种辅助工具来定位对象。下面将分别进行介绍。

标尺

选择“视图>标尺”命令，或按【Ctrl＋Alt＋Shift＋R】组合键，即可将标尺显示在编辑区的上边缘和左边缘处，如图17-55所示。在显示标尺的情况下移动舞台上的对象时，将在标尺上显示刻线，以指出该对象的尺寸。若再次选择“视图>标尺”命令或按【Ctrl＋Alt＋Shift＋R】组合键，则可以将标尺隐藏。

默认情况下，标尺的度量单位是像素。如果需要更改标尺的度量单位，可选择“修改>文档”命令，弹出“文档设置”对话框，在“标尺单位”下拉列表框中选择相应的单位，如图17-56所示。

图17-55 显示标尺

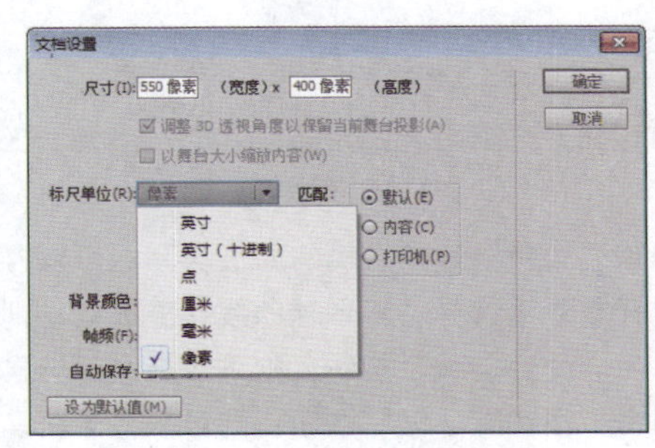

图17-56 “文档设置”对话框

网格

使用网格可以可视地排列对象，或绘制一定比例的图像，并且还可以对网格的颜色、间距等参照进行设置，以满足不同的要求。

选择“视图>网格>显示网格”命令，或按【Ctrl＋’】组合键，显示网格，如图17-57所示。再次选择命令或按【Ctrl＋’】组合键，可将网格隐藏。

选择“视图>网格>编辑网格”命令，或按【Ctrl＋Alt＋G】组合键，弹出“网格”对话框，如图17-58所示，在该对话框中可以对网格的颜色、间距等进行编辑。

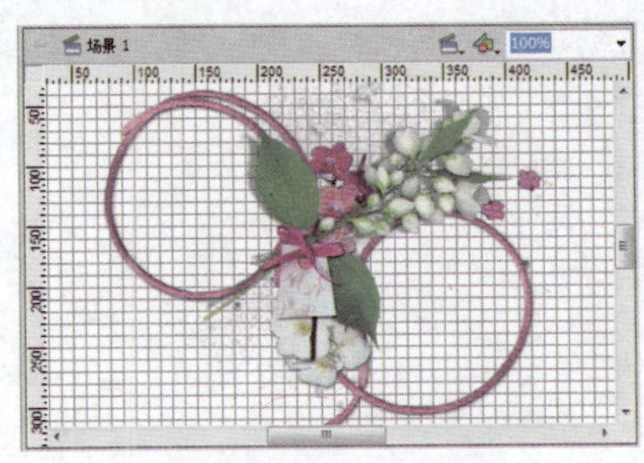

图17-57 显示网格

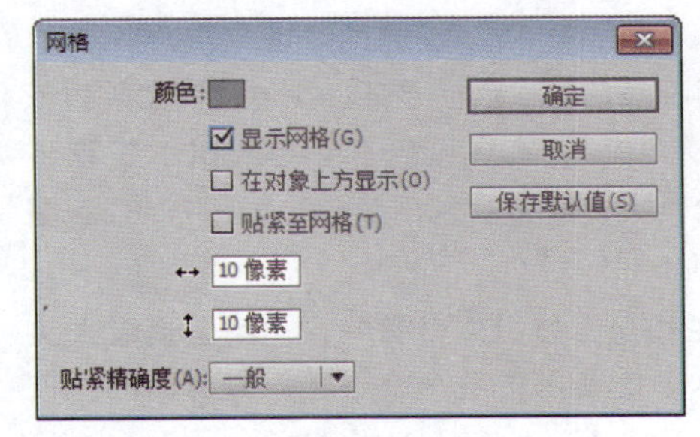

图17-58 “网格”对话框

辅助线

使用辅助线可以对舞台中的对象进行位置规划、对各个对象的对齐和排列情况进行检查，还可以提供自动吸附功能的功能。使用辅助线之前，需要将标尺显示出来。在标尺显示的状态下，使用鼠标分别在水平和垂直的标尺处向舞台中拖动，可以从标尺上将水平和垂直辅助线拖动到舞台上。

选择“视图>辅助线>显示辅助线”命令，或按【Ctrl+；】组合键，将显示辅助线，如图17-59所示。再次选择该命令或按【Ctrl+；】组合键，即可隐藏辅助线。辅助线的属性也可以进行自定义，即选择“视图>辅助线>编辑辅助线”命令，即可弹出“辅助线”对话框，如图17-60所示，在该对话框中可以对辅助线进行编辑，如锁定、隐藏、贴紧至辅助线、全部清除辅助线，以及更改辅助线颜色等。

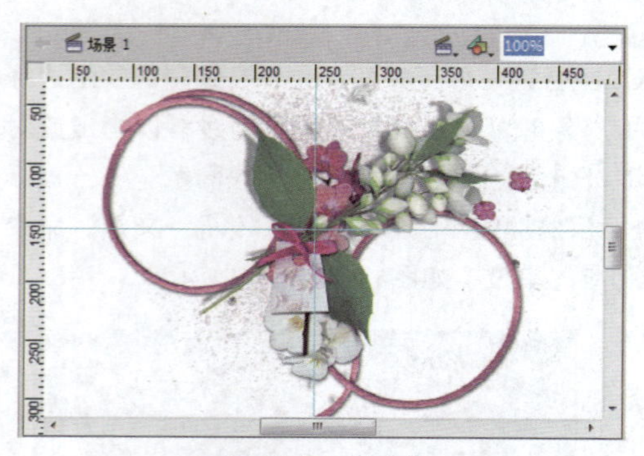

图17-59 显示辅助线

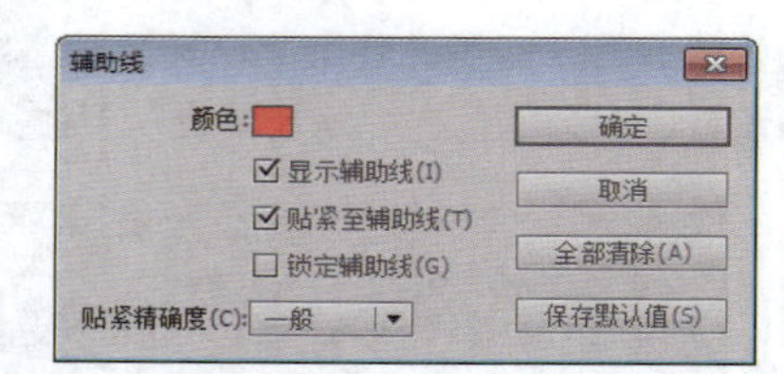

图17-60 “辅助线”对话框

若单击“颜色”选项右侧的颜色块，则可以打开调色板，从而对辅助线的颜色进行选择。

若选择或取消选择“显示辅助线”复选框，则可以实现对辅助线的显示或隐藏。

若单击“全部清除”按钮，则可以从当前场景中删除所有的辅助线。

若单击“保存默认值”按钮，则可以将当前设置保存为默认值。

17.5 实例精讲

本例将利用前面介绍的知识来绘制一个圣诞老人，同时也为第18章的贺卡实例做准备。

Step 01 新建一个空白文档，选择“文件>新建”命令，弹出“新建文档”对话框，选择“ActionScript 3.0”选项，新建一个Flash文档，如图17-61所示。

Step 02 选择“椭圆工具”，在“属性”面板中修改椭圆的填充及轮廓线颜色。因为这个椭圆代表着圣诞老人的头部，所以椭圆的颜色要接近人的肤色。这两种颜色可在色板上直接找到，填充色颜色值为FFCC99，轮廓线颜色值为996600，这两种颜色是绘制人体肤色的常用颜色，如图17-62和图17-63所示。

Step 03 在舞台上拖出一个椭圆，作为圣诞老人头部的主体，接着再拖出一个小圆，作为他的一只耳朵。选择小圆，按住【Alt】键将它拖动到头部的另一侧，这样就又复制了一只耳朵出来，如图17-64所示。

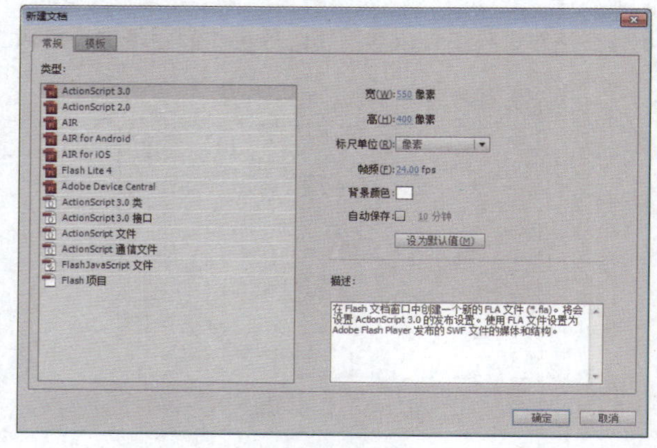

图17-61 新建Flash文档

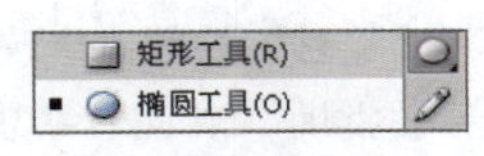

图17-62 选择工具

图17-63 设置填充颜色

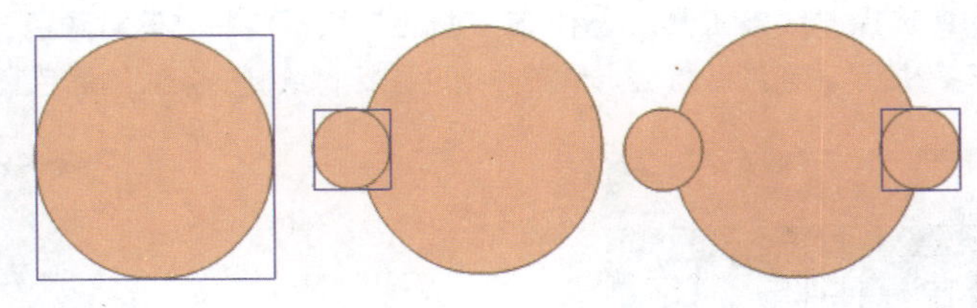

图17-64 绘制头部的主体

Step 04 按住【Shift】键的同时选择两个小圆。在两个小圆同时被选择的状态下，单击鼠标右键，在弹出的快捷菜单中选择“排列>移至底层”命令。现在，两只耳朵被排列在了头部下面，如图17-65所示。

Step 05 将耳朵的小圆用前面的方法再复制一个到头部中央，以制作鼻子。双击进入鼻子的内部编辑状态，用鼠标圈选上面的一小部分；按【Delete】键删除这部分，然后双击当前图形外任意空白处退出对象内部编辑状态，鼻子就制作完成了，如图17-66所示。

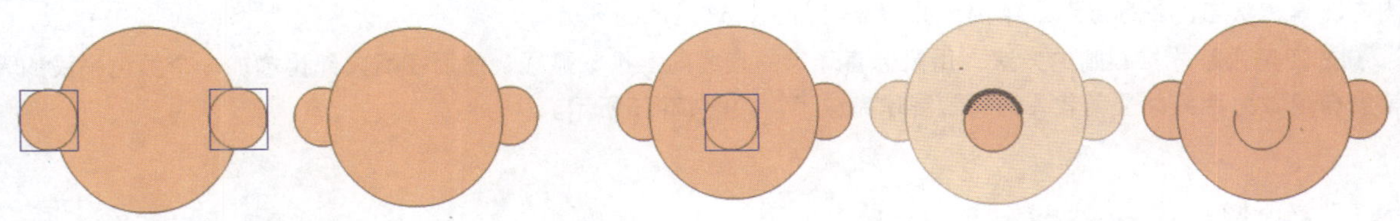

图17-65 排列图形

图17-66 绘制老人鼻子

Step 06 再复制一个耳朵的小圆出来，使用“任意变形工具”将它缩小一点，摆在鼻子旁边。现在要用渐变填充颜色来给圣诞老人制作一下他那可爱的红脸蛋，如图17-67所示。

Step 07 选择代表脸蛋的那个椭圆后，打开“颜色”面板，选择“填充颜色”选项，在色值框内全选那组色值数字，单击鼠标右键，在弹出的快捷菜单中选择“复制”命令，再修改一下填充类型，设置“颜色类型”为“径向渐变”，如图17-68所示。

Step 08 选择白色游标，全选白色数值，将刚复制的色值粘贴在这个数值框中，然后单击梯度调整栏（溢出），现在白色梯度的颜色变成了皮肤的颜色（注意，最后的单击操作绝对不能省略）。

Step 09 选择黑色游标，将这个梯度上的颜色在拾色器中选色为一种橘红色；这里数值为EE8756，如图17-69所示。

图17-67 制作红脸蛋

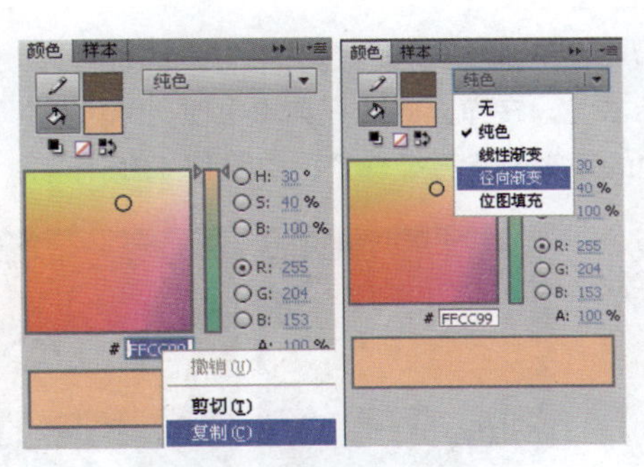

图17-68 设置填充颜色和类型

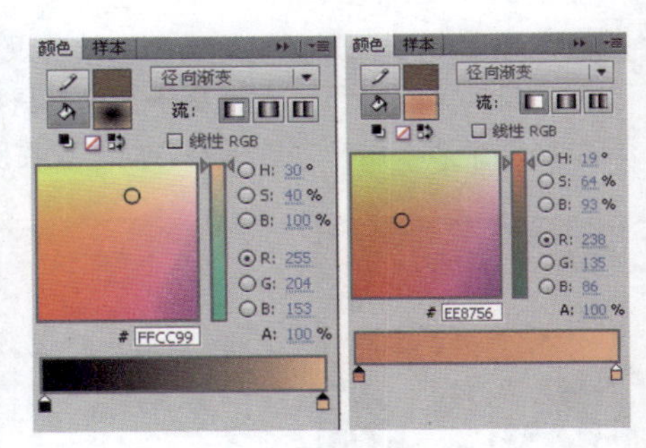

图17-69 设置渐变

Step 10 单击“填充颜色”的色块，调出色板，单击如图17-70所示的按钮，将轮廓颜色设置为“无”。

Step 11 现在，红脸蛋上的轮廓线已经消失了，复制一个到另一侧，调整一下位置，红脸蛋就制作完成了，如图17-71所示。

Step 12 选择“线条工具”，在“属性”面板中将“笔触颜色”改为黑色，并将“笔触”的数值修改为3，如图17-72所示。在红脸蛋上方单击并拖动鼠标，绘制一条短的黑色直线，作为圣诞老人的眼睛，如图17-73所示。

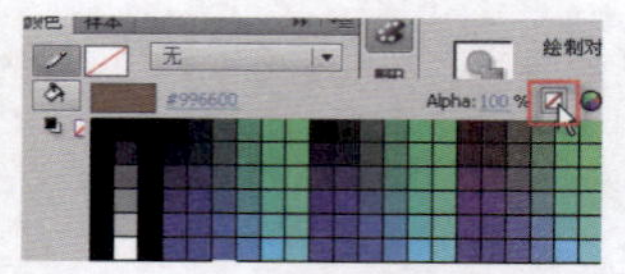

图17-70 设置轮廓色

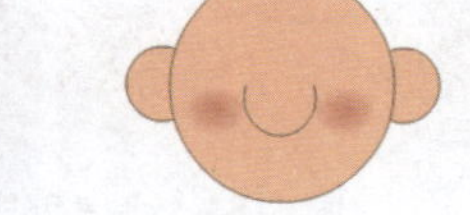

图17-71 完成脸蛋制作效果

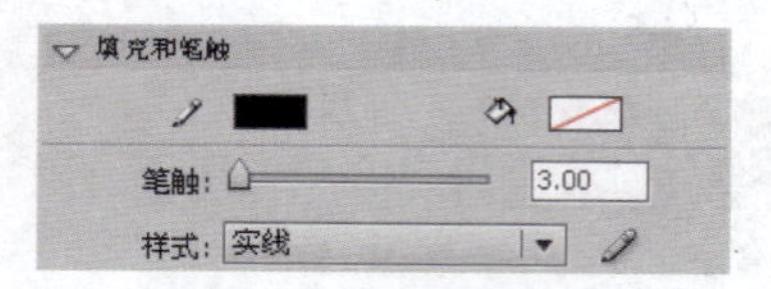

图17-72 设置填充和笔触

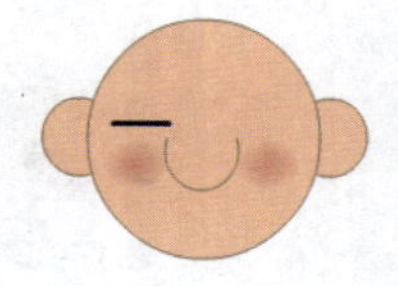

图17-73 绘制眼睛

Step 13 双击进入直线内部编辑状态，将鼠标靠近这条黑线，现在，鼠标指针发生变化，保持这种状态，用鼠标向上将黑线推起一条弧度。很显然，这是在制作一个微笑的圣诞老人。然后复制一个到另一侧，简单调整一下位置，如图17-74所示。

Step 14 下面制作角色的嘴，保持轮廓线的颜色，将填充色改为深红色，在鼻子下面绘制一个椭圆。双击进入椭圆内部编辑状态，鼠标圈选上半部分并填充为白色，这是他的牙齿。

Step 15 还是用刚才推眼睛的方法，用鼠标将牙齿的直线向上推成弧线，然后在嘴内部再增加一个颜色稍浅的无轮廓椭圆做为舌头，圣诞老人的嘴就制作完成了，如图17-75所示。

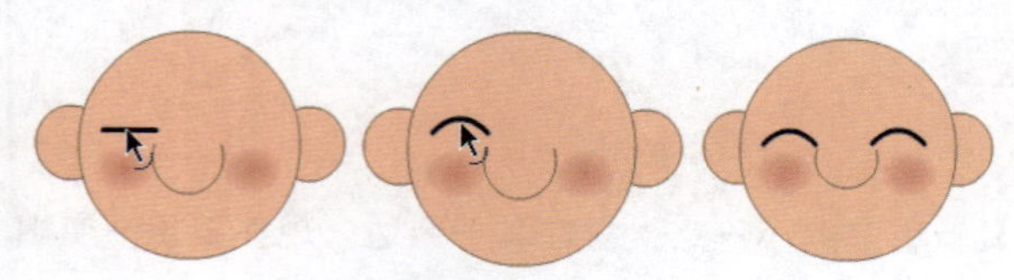

图17-74 制作眼睛

图17-75 制作嘴巴

Step 16 现在该制作他的眉毛和胡子了，由于当前的舞台背景是白色的，而圣诞老人的胡子和眉毛也是白色的，这样就不太利于制作了，所以，首先要修改背景颜色，在“属性”面板中将舞台颜色修改为白色以外的任意一种颜色即可。

Step 17 在角色鼻子下方画一个轮廓和填充均为白色的椭圆，如图17-76所示，在椭圆被选择的状态下，在“属性”面板中对轮廓线进行调整（设置“笔触”为8，“样式”为“点刻线”，并单击“编辑笔触样式”按钮，在弹出的“笔触样式”对话框将“点大小”设置为“中”，“点变化”设置为“不同大小”，“密度”设置为“非常密集”），如图17-77所示。

Step 18 现在由于使用了特殊类型的轮廓设置，胡子的毛绒感已经出来了，再复制一个到另一侧，然后用“任意变形工具”调整一下。选择鼻子，单击鼠标右键，在弹出的快捷菜单中使用“排列”命令将它排列到最顶层。再复制两个眉毛出来，并调整方向，现在脸的基本形状已经有了，如图17-78所示。

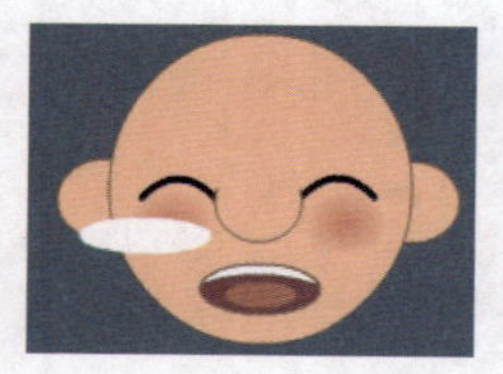

图17-76 绘制椭圆

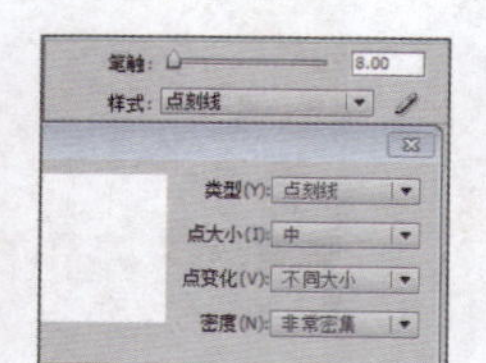

图17-77 设置轮廓

图17-78 完成脸部基本图形

Step 19 接下来制作嘴巴下面的大胡子，保持当前椭圆属性，在头部旁边创建一个比头部略大的圆，然后将这个圆移动并排列到头部下面，如图17-79所示。

Step 20 在矩形工具组中选择“基本椭圆工具”，在头部最前面创建一个“基本椭圆”，用鼠标拖动外缘的调整点将圆的外径打开，用鼠标拖动椭圆内部调整点，将圆的内径也打开，这样嘴的位置就漏出来了，如图17-80所示。

图17-79 制作大胡子部分

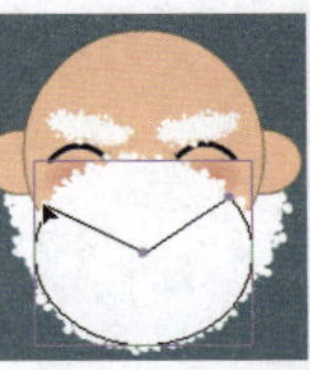

图17-80 调整图形

Step 21 选择“线条工具”，在“属性”面板中将“笔触颜色”设置改为深红，“样式”修改为极细线，如图17-81所示。使用“钢笔工具”依次在头顶部创建3个锚点，最后一个要和第一个重叠，这样它就自动闭合了。然后使用颜料桶工具，将红色填充到刚创建的三角形轮廓内，如图17-82所示。

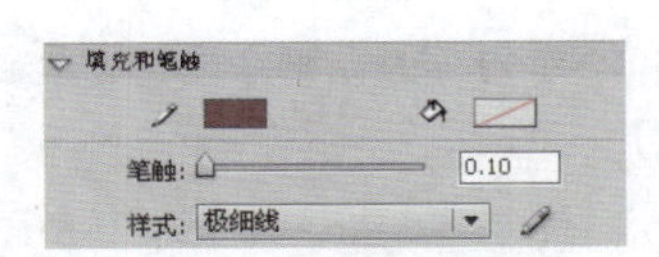

图17-81 设置填充和笔触

图17-82 绘制帽子

Step 22 还是用鼠标拖动直线的方法，将三角形的边拖出点弧度，这样圣诞老人的帽子就更真实了。然后双击进入帽子的内部编辑状态，选择最下面的一条边。在“属性”面板中将这条边加粗并将颜色改为白色，如图17-83所示。

Step 23 最后，再给老人的帽子尖上用白色无轮廓椭圆添加一个白绒球。至此，整个造型完成，如图17-84所示。最后别忘了将结果进行保存，在第18章中还要用到这个亲手制作的角色。

图17-83 调整帽子形状

图17-84 完成绘制

▶▶ 特别说明

（1）本实例中的造型基本是由几何体拼凑并稍加变形得到的。并且大量使用了笔触颜色属性设置的变化。在矢量图形中，轮廓线的属性比较特殊，有时需要将它转换为填充色才可以在动画中使用。下面举个直观的实例说明一下。

全选整个圣诞老人头部，使用“任意变形工具”将其缩小，现在画面上出现了我们意料之外的情况。角色帽子上那圈白边没有随着缩放工具而改变，而是依旧保持原有的状态，这样，整个白边就显得粗了，这样的结果如果出现在动画中一个圣诞老人由大逐渐变小的镜头中可就糟糕了。最后的结果是整个角色的头部都将被那圈白边所笼罩。

不过解决这个问题的方法很简单，撤销一步，退回到造型的原始状态。再次全选整个造型，然后选择“修改>形状>将线条转化为填充”命令就可以了。这次整个造型上所有的轮廓线都被转化成了填充色，再次缩小它，一切就正常了。

当然，也可以根据需要选择某一部分的轮廓线进行单独转换，方法是相同的，如图17-85所示。

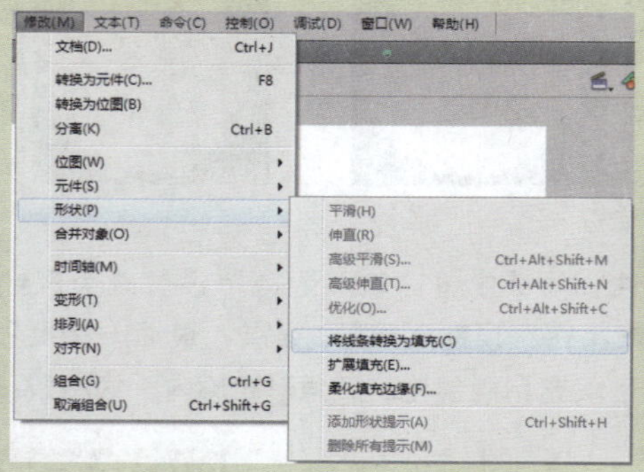

图17-85 转换线条

（2）本实例中使用了一种用鼠标改变直线弧度的方法，这是Flash中特有的一种功能，称为鼠标吸附，基本相当于简化了的钢笔调整工具，在实际操作中比钢笔工具更为常用。它的基本操作如下。

- 在黑箭头选择状态下，当鼠标指针靠近一个图形的尖角时，指针发生变化，此时拖动鼠标便会改变角顶点位置，如图17-86所示。
- 将鼠标靠近一条边，指针变化，此时拖动鼠标会改变边的弧度，如图17-87所示。
- 在对边操作的同时按住【Alt】键会在边上新增加一个锚点，如图17-88所示。

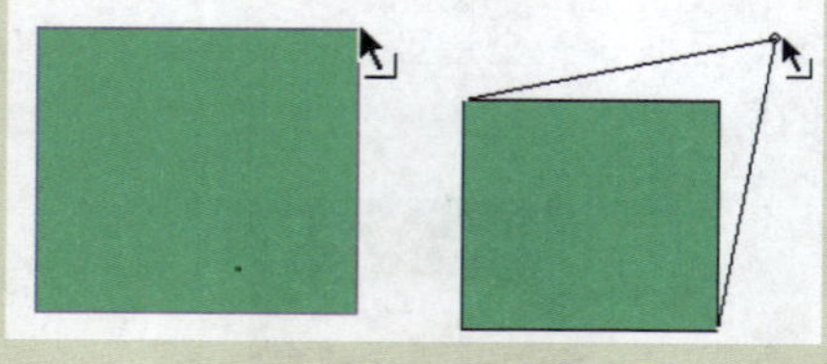

图17-86 指针变化

图17-87 改变弧度

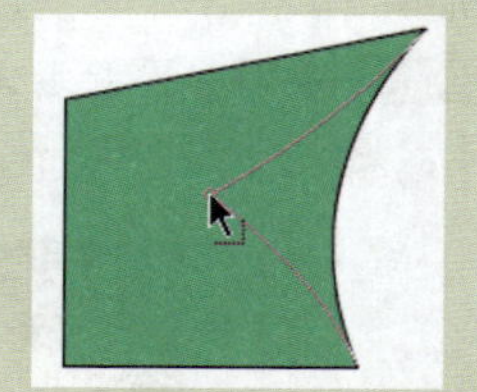

图17-88 增加锚点

掌握这3个基本操作，几乎就可以完成对一个单独几何形体的所有变形操作。

17.6 本章小结

本章从基本的知识开始对Flash进行讲解，主要内容包括动画制作基础、Flash CS5.5的工作界面、常用的文档操作，以及Flash常用工具的使用等内容，并通过一个具体实例对这些知识进行了巩固。希望读者能够对本章的基础知识有所了解，并能熟练掌握常用工具的使用方法。

18 文本与图形的编辑

文本与图形是Flash中重要的舞台对象，每个对象都有特定的动作和属性，创建各种对象后，就可以进行编辑修改操作。下面将向用户进行详细介绍。

18.1 文本的创建与编辑

使用文本工具可以创建多种类型的文本，在创建与编辑文本对象之前，先来了解可以创建的文本类型。

18.1.1 动画中使用的两种字体

当在Flash中输入文本时，Flash会将字体的相关信息存储到Flash的SWF文件中，这样就可以保证在用户浏览Flash影片时，字体能够保持正常显示。在Flash CS5.5中创建文本，既可以使用嵌入字体，也可以使用设备字体。下面分别介绍这两种字体的特点。

使用嵌入字体

在Flash影片中使用安装在系统中的字体时，Flash中嵌入的字体信息将保存在SWF文件中，以确保这些字体能在Flash播放时完全显示出来。但不是所有显示在Flash中的字体都能够与影片一起输出。为了验证一种字体是否能够与影片一起输出，以及一种字体是否能被导出，可以选择“视图>预览模式>消除文字锯齿”命令来预览文本。如果此时显示的文本有锯齿，则说明Flash不能识别字体的轮廓，表示它不能被导出。

使用设备字体

另外，还可以使用被称为设备字体的特殊字体作为导出字体轮廓信息的一种替代方式，但这仅适用于静态文本。设备字体并不嵌入Flash SWF文件中。使用通用设备字体作为嵌入式字体轮廓信息的替换字体。Flash包括3种通用设备字体：_sans（类似于Helvetica或Arial字体）、_serif（类似于Times Roman字体）和_

typewriter（类似于Courier字体）。当用户指定其中的一种字体并导出文档时，Flash Player会在用户的计算机上使用一种与通用设备字体最为接近的字体。

由于设备字体不是嵌入的，使用这种字体时会使SWF文件变小，还会使文本在磅数较少（低于10磅）时清晰度提高。但是，如果用户的计算机没有安装与设备字体对应的字体，那么文本的显示可能会与预期的不同。

此外，还可以使用影片剪辑遮罩另一个影片剪辑中的设备字体文本（不能通过在舞台上使用遮罩层来遮罩设备字体）。使用影片剪辑遮罩设备字体文本时，Flash将遮罩的矩形边框用做遮罩形状。这就是说，如果用户在Flash创作环境中为设备字体文本创建非矩形的影片剪辑遮罩，则出现在SWF文件中的遮罩将呈现为该遮罩的矩形边框的形状，而不是该遮罩本身的形状。

18.1.2 文本工具

使用Flash中的文本工具，可以创建横排文本或竖排文本。用户可以使用工具箱中的“文本工具”T或按【T】键调用文本工具。

当用户选择文本工具后，在舞台上单击，即可看到一个右上角有小圆圈的文字输入框，默认状态输入框可以随着用户的输入自动扩展（即生成文本标签），如图18-1所示。用户也可以选择文本工具后，在舞台上拖动鼠标，即可创建一个文本输入框，此时可以看到文本输入框的右上角出现了一个小方框。当输入文本时，输入框的宽度不会随着文字的输入而改变，当输入文本到达输入框的宽度时会自动换行，如图18-2所示。

图18-1 默认输入

图18-2 固定宽度

创建静态文本

静态文本就是在动画制作阶段创建、在动画播放阶段不能改变的文本。静态文本是Flash中应用最为广泛的一种文本格式，主要应用于文字的输入与编排，起到解释说明的作用，是大量信息的传播载体，也是文本工具的最基本功能，具有较为普遍的属性。此外，静态文本只能在Flash创作工具中创建。不能使用ActionScript以编程方式对静态文本进行实例化。

创建动态文本

动态文本可以显示外部文件中的文本，主要应用于数据的更新。在Flash中，界面中一些需要进行动态更新的内容及能够被浏览者选择的文本内容通常用动态文本来显示。在Flash中制作动态文本区域后，创建一个外部文件，通过脚本语言的编写，使外部文件链接到动态文本框中。

在“属性”面板的“文本类型”下拉列表框中选择“动态文本”选项，即可切换到动态文本输入状态。在选择动态文本时，其“属性”面板显示为如图18-3所示。各主要选项的含义如下。

- 实例名称：在Flash中，文本框也是一个对象，这里表示为当前文本指定一个对象名称。
- 行为：当文本包含的文本内容多于一行的时候，使用“段落”选项组中的“行为”下拉列表框，可以使用“单行”、“多行”（自动回行）和“多行不换行”进行显示。

- 将文本呈现为HTML：在“字符”选项组中单击“将文本呈现为HTML”按钮，可制定当前的文本框内容为HTML内容，这样一些简单的HTML标记就可以被Flash播放器识别并进行渲染了。
- 在文本周围显示边框：在“字符”选项组中单击“在文本周围显示边框”按钮，可显示文本框的边框和背景，如图18- 4 所示。
- 变量：在该文本框中，可为输入动态文本的变量名称。

创建输入文本

输入文本主要应用于交互式操作的实现，目的是让浏览者填写一些信息以达到某种信息交换或收集目的。例如，常见的会员注册表、搜索引擎或个人简历表等。

在输入文本类型中，对文本各种属性的设置主要是为浏览者的输入服务的，例如，当浏览者输入文字时，会按照在“属性”面板中对文字颜色、字体和字号等参数的设置来显示输入的文字。输入文本是让用户进行直接输入的地方，可以通过用户的输入得到特定的信息，比如用户名称和用户密码等。

在“属性”面板的“文本类型”下拉列表框中选择“输入文本”选项，即可切换到输入文本所对应的“属性”面板。图18-5和图18-6所示分别为静态文本和输入文本的“属性”面板。

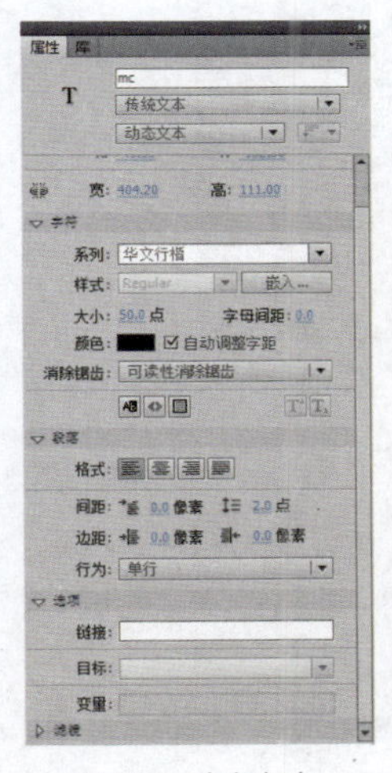

图18-3 动态文本

图18-4 显示文本框的边框和背景

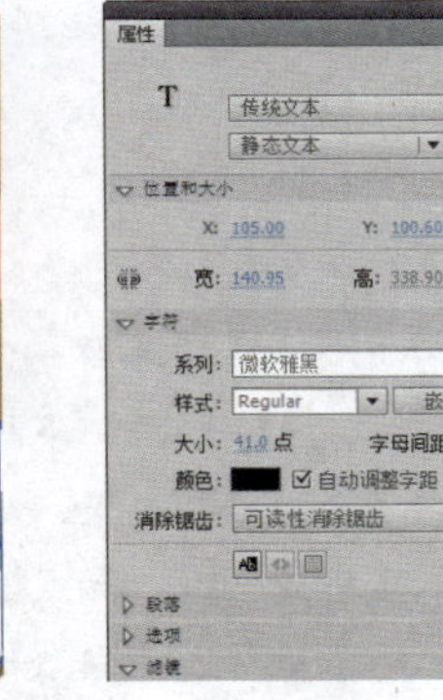

图18-5 静态文本

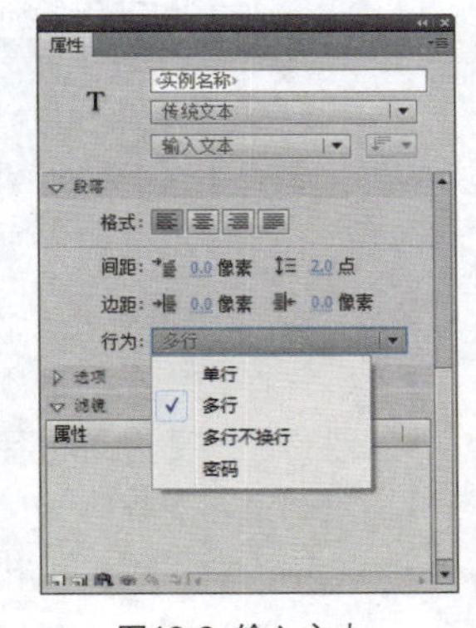

图18-6 输入文本

在输入文本中，“行为”下拉列表框中还包括“密码”选项，选择该选项后，用户的输入内容全部用“*”进行显示，而“最大字符数”则规定用户输入字符的最大数目。

创建滚动文本

通过使用菜单命令或文本字段手柄，可以使动态或输入文本字段能够滚动。此操作不会将滚动条添加到文本字段，而是允许用户使用箭头键（对于文本字段同样设置为“可选”）或鼠标滚轮滚动文本。用户必须首先单击文本字段来使其获得焦点。

在Flash CS5.5中，可以将动态文本转换为可滚动文本，可使用以下3种方法。

（1）按住【Shift】键并双击动态文本字段上的右下手柄。手柄将从空心方形（不可滚动）变为实心方形（可滚动），如图18-7所示。

（2）使用选择工具选择动态文本字段，然后选择“文本>可滚动”命令。

（3）使用选择工具选择动态文本字段，单击鼠标右键，在弹出的快捷菜单中选择“可滚动”命令，如图18-8所示。

创建TLF（Text Layout Framework）文本

使用TLF可以通过完整的排版控制设置和编辑文本实现高级的文本样式，如缩距、连字、调整字距和行间距等。Flash CS5.5支持高级的文本布局控制，如螺旋形文本块、与多列交叉的文本流和内嵌图像，可以流畅快捷地处理文本。下面将详细介绍TLF文本。

在“属性”面板的“文本引擎”下拉列表框中选择“TLF文本”选项，即可切换到TLF文本输入状态。在选择TLF文本时，文本的“属性”面板显示如图18-9所示。

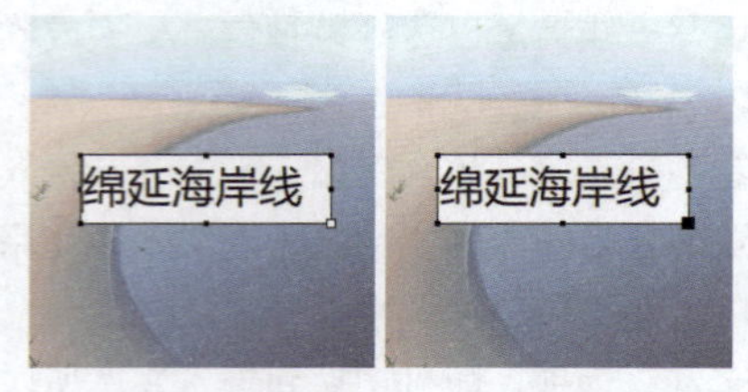

图18-7 双击动态文本字段上的右下手柄

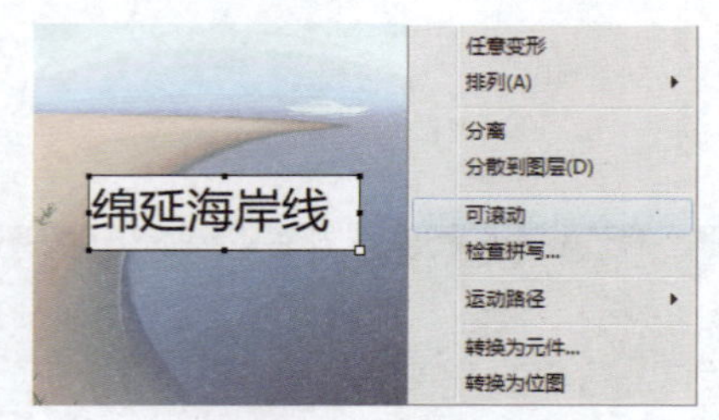

图18-8 右键快捷菜单

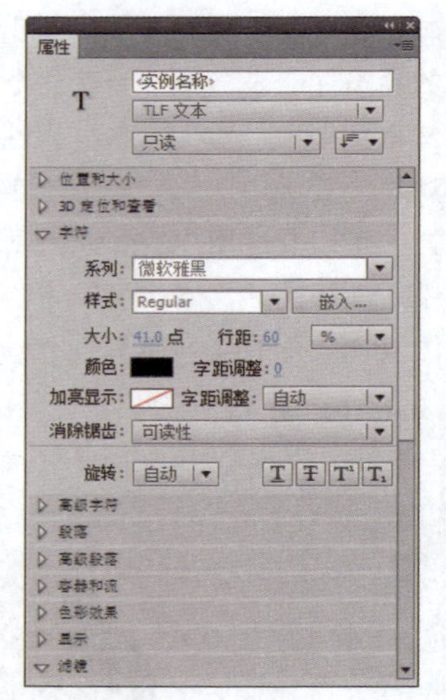

图18-9 TLF文本的“属性”面板

从“属性”面板来看，与传统文本相比，TLF文本具有以下功能。

- 字符样式更多，包括行距、连字、加亮颜色、下画线、删除线、大小写和数字格式等。
- 段落样式更多，包括通过栏间距支持多列、末行对齐选项、边距、缩进、段落间距和容器填充值等。
- 控制更多亚洲字体属性，包括直排内横排、标点挤压、避头尾法则类型和行距模型。
- 直接为TLF文本应用3D旋转、色彩效果及混合模式等属性，无须将TLF文本放置在影片剪辑元件中。
- 文本可按顺序排列在多个文本容器，这些容器称为串接文本容器或链接文本容器。
- 能够针对阿拉伯语和希伯来语文字创建从右到左的文本。
- 支持双向文本，其中从右到左的文本可包含从左到右文本的元素。当遇到在阿拉伯语或希伯来语文本中嵌入英语单词或阿拉伯数字等情况时，此功能必不可少。

18.1.3 设置文本属性

字体属性包括字体系列、磅值、样式、颜色、字母间距、自动字距微调和字符位置等。段落属性包括对齐、边距、缩进和行距等。

静态文本的字体轮廓将导出到发布的SWF文件中。对于静态文本，可以使用设备字体，而不必导出字体轮廓。

对于动态文本或输入文本，Flash存储字体的名称，Flash Player在用户系统上查找相同或相似的字体。也可以将字体轮廓嵌入到动态或输入文本字段中，嵌入的字体轮廓可能会增加文件大小，但可确保用户获得正确的字体信息。

创建新文本时，Flash使用“属性”面板中当前设置的文本属性，选择现有的文本时，可以使用“属性”面板更改字体或段落属性，并指示Flash使用设备字体，而不使用嵌入字体轮廓信息。

设置文本的基本属性

通过“属性”面板可以设置文本的基本属性，如字体的系列、样式、大小和字母间距等，如图18-10所示。

设置文本方向

用户可以通过单击“属性”面板中“静态文本”右侧的“改变文本方向”按钮，在打开的下拉列表框中选择相应的选项，如图18-11所示，即可改变文本的方向。需要注意的是只有静态文本和TLF文本才能设置文本方向，其他文本禁用。

在“改变文本方向”下拉列表框中，各选项的含义分别如下。

- 水平：选择该选项，可以使用文本从左向右水平排列（该选项为默认设置）。
- 垂直：选择该选项，可以创建从右向左垂直排列的文本，如图18-12所示。
- 垂直，从左向右：选择该选项，可以创建从左向右垂直排列的文本，如图18-13所示。

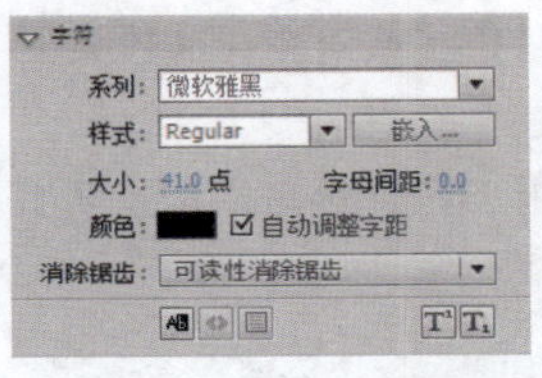

图18-10 文本的基本属性

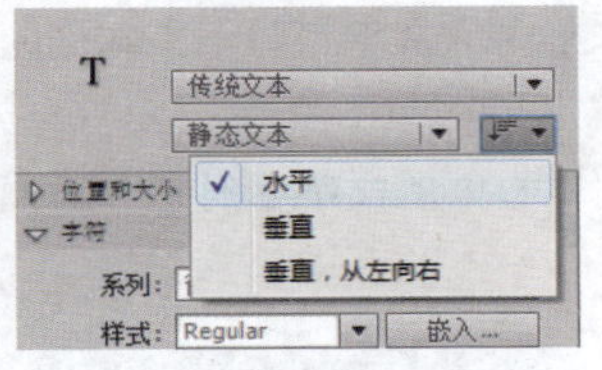

图18-11 设置文本方向选项

图18-12 文本垂直排列

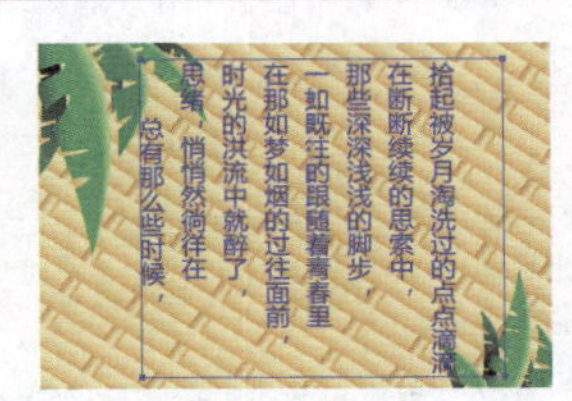

图18-13 设置文本方向

设置段落文本属性

用户可以在“属性”面板的“段落”选项组中设置段落文本的缩进、行距、左边距和右边距等，如图18-14所示。其中“边距”决定了文本字段的边框与文本之间的间隔量。缩进决定了段落边界与首行开头之间的距离。“行距”决定了段落中相邻行之间的距离。对于垂直文本，行距将调整各个垂直列之间的距离。在“行为”下拉列表框中可选择“单行”、“多行”和“多行不换行”选项，如图18-15所示。

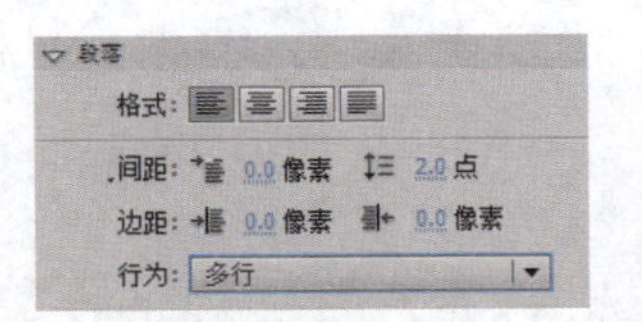

图18-14 段落属性

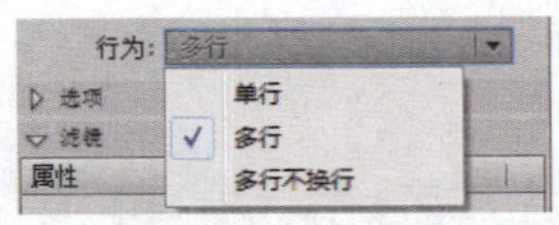

图18-15 设置行为

设置文本对齐

设置文本的对齐方式可以分为水平文本和垂直文本两种对齐方式。

如创建水平文本，在“属性”面板的“段落”选项组中，可以通过单击“左对齐”按钮、“居中对齐”按钮、“右对齐”按钮和“两端对齐”按钮来设置水平文本的对齐方式，各按钮的含义分别如下。

- “左对齐”按钮：单击该按钮，可以将文本框内的文字相对于文本框的水平位置左对齐。左对齐是文本默认的对齐方式，其对齐效果如图18-16所示。
- “居中对齐”按钮：单击该按钮，可以将文本框内的文字相对于文本框的水平位置居中对齐，其效果如图18-17所示。
- “右对齐”钮：单击该按钮，可以将文本框内的文字相对于文本框的水平位置右对齐，其效果如图18-18所示。
- “两端对齐”按钮：单击该按钮，可以将文本框内的文字相对于文本框的左右两端对齐，其效果如图18-19所示。

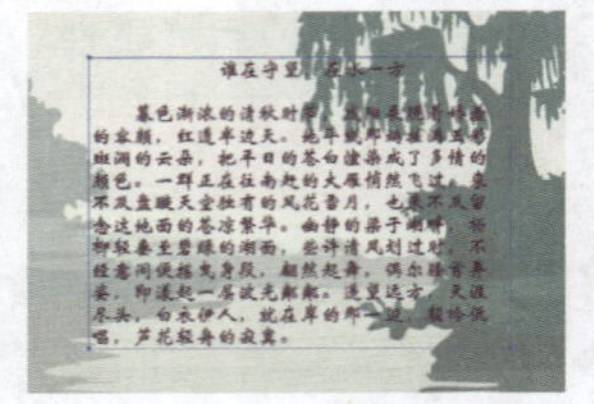
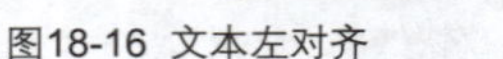
图18-16 文本左对齐

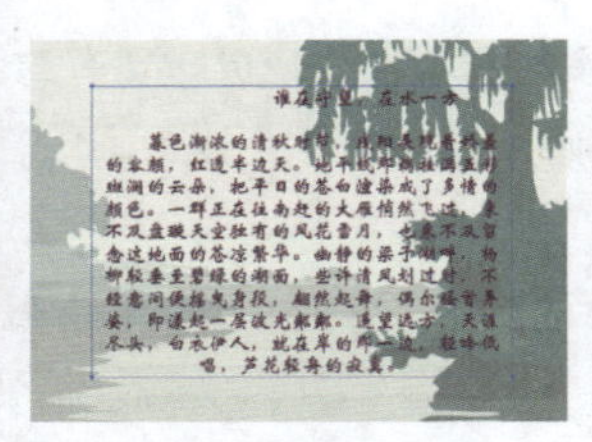
图18-17 文本居中对齐

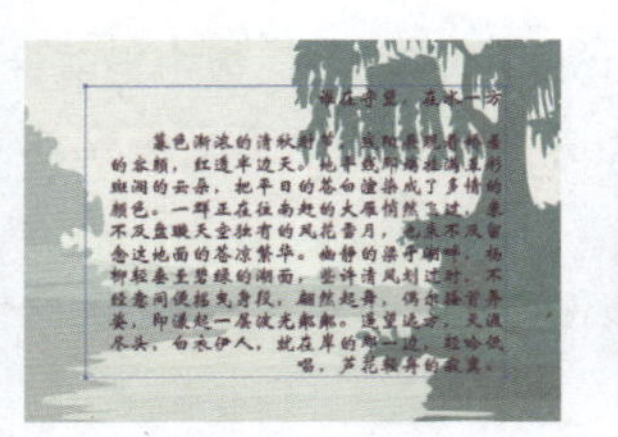
图18-18 文本右对齐

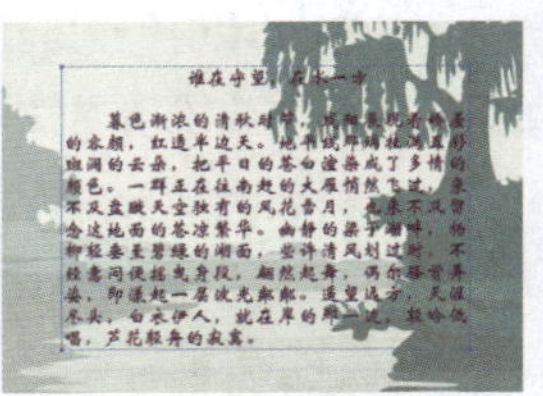
图18-19 文本两端对齐

如创建垂直文本，在“属性”面板的“段落”选项组中，可以通过单击“顶对齐”按钮、“居中”按钮、“底对齐”按钮和“两端对齐”按钮，来设置垂直文本的对齐方式，各按钮的含义分别如下。

- “顶对齐”按钮：单击该按钮，可以将文本框内的文字相对于文本框的垂直位置顶对齐。顶对齐是文本默认的对齐方式，其效果如图18-20所示。
- “居中”按钮：单击该按钮，可以将文本框内的文字相对于文本框的垂直位置居中对齐，其效果如图18-21所示。
- “底对齐”按钮：单击该按钮，可以将文本框内的文字相对于文本框的垂直位置底对齐，其效果如图18-22所示。
- “两端对齐”按钮：单击该按钮，可以将文本框内的文字相对于文本框的上下两端对齐，其效果如图18-23所示。

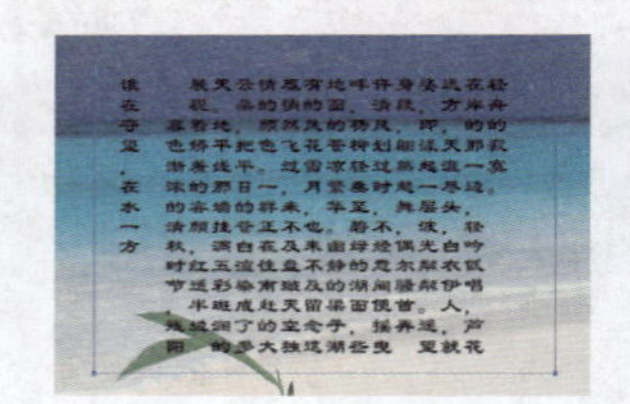
图18-20 文本顶对齐

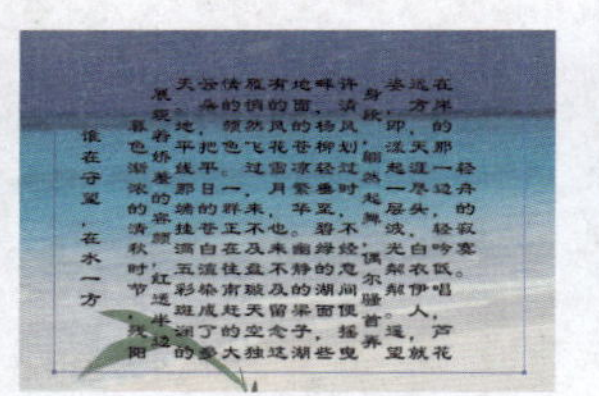
图18-21 文本居中对齐

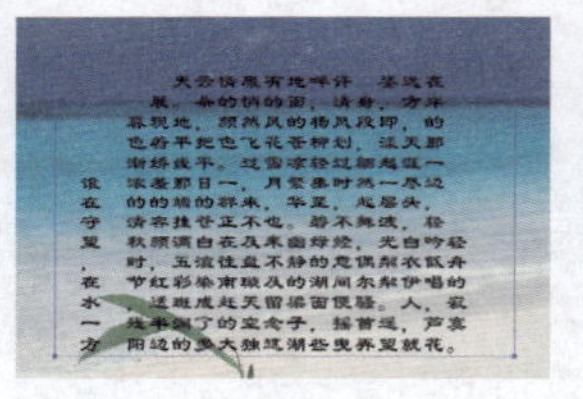
图18-22 文本底对齐

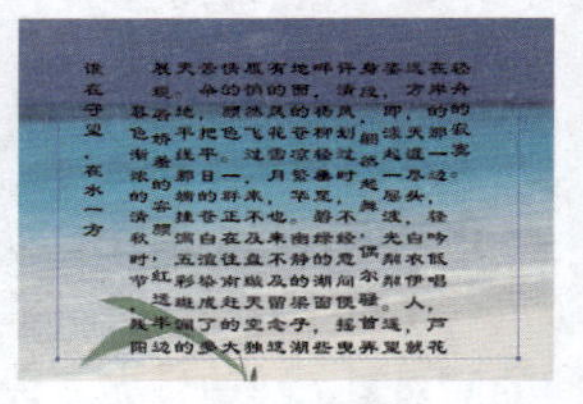
图18-23 文本两端对齐

18.1.4 变形文本

用户也可以像变形其他对象一样对文本进行变形操作。在进行动画创作过程中，可对文本进行缩放、旋转和倾斜等操作，通过将文本转换为图形，制作出更丰富的变形文字。

整体缩放文本

在Flash CS5.5中，除了通过在“属性”面板中设置字体的大小改变文本的大小外，还可以使用“任意变形工具”或选择“修改>变形”命令，在打开的子菜单中选择相应的命令来整体对文本进行缩放变形。

文字输入好后，会形成一个文字框，用户可以使用“任意变形工具”进行缩放。选择“任意变形工具”，选中文本框，此时文本框周围出现8个方形控制点，将鼠标顺着箭头方向拖动文字框上的控制点，即可自由缩放文字。图18-24和图18-25所示为文本缩放前后的对比效果。

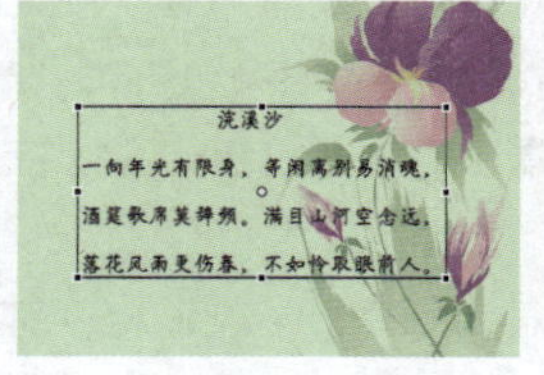
图18-24 文本缩放前

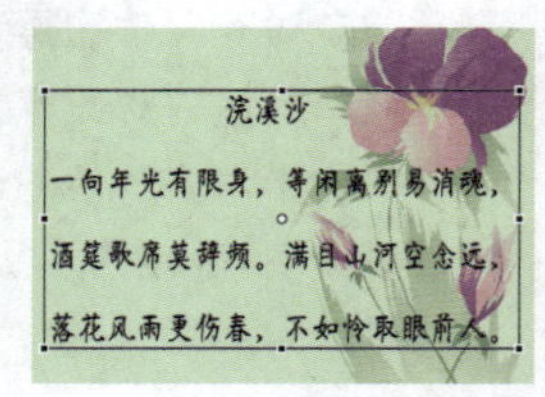

图18-25 文本缩放后

旋转与倾斜文本

在Flash CS5.5中，将鼠标指针放置在用任意变形工具选择文本块的变形框的不同控制点上，鼠标指针的形状也会发生变化。将鼠标指针放置在变形框4个角的控制点上，当鼠标指针变为↻形状时，可以旋转文本块，如图18-26所示；将鼠标指针放置在变形框的左右两边中间的控制点上，当鼠标指针变为⇅形状时，可以上下倾斜文本块，如图18-27所示；将鼠标指针放置在变形框的上下两边中间的控制点上，当鼠标指针变为⇄形状时，可以左右倾斜文本块，如图18-28所示。

图18-26 旋转文本

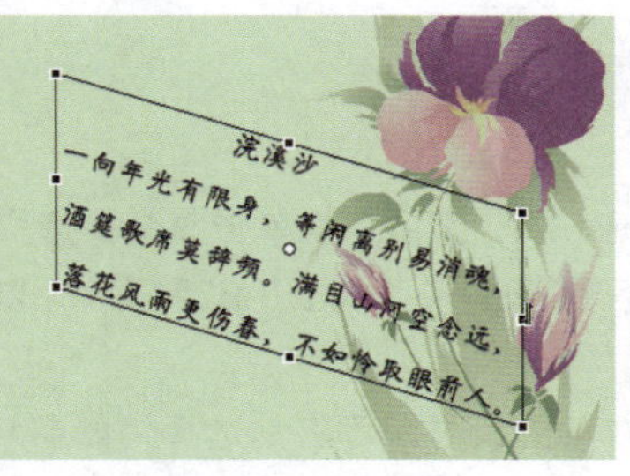

图18-27 上下倾斜

图18-28 左右倾斜

将文本转换为图形

在Flash CS5.5中，可以对文本进行一些更为复杂的变形操作，可以通过选择“修改>分离”命令，将文本转换为图形，然后通过扭曲、封套或变形文字的某个笔画、填色等操作，可以制作出更为丰富的文字效果。

若要给文字添上渐变色，就要先打散文字对象，选择“修改>分离”命令或按【Ctrl＋B】组合键，将文字打散，如图18-29所示。然后再次使用该命令，效果如图18-30所示。接着给文字填充颜色，选择工具箱中的“颜料桶工具”，在“属性”面板中选择要填充的颜色，这时文字就被填充了颜色，效果如图18-31所示。

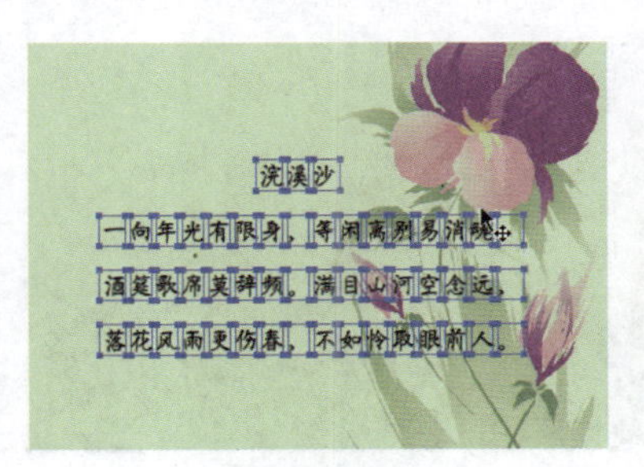

图18-29 文本分离一次

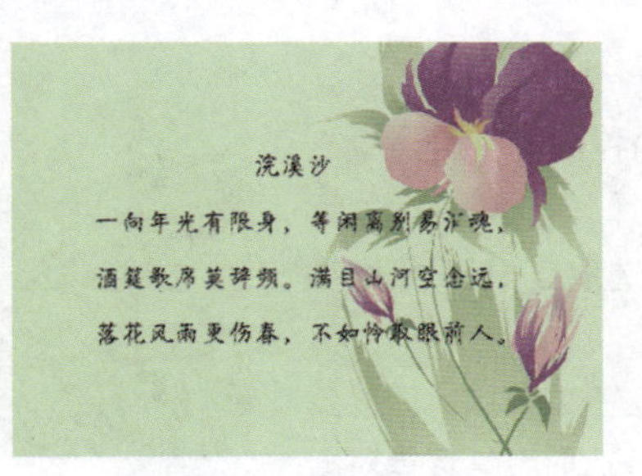

图18-30 文本分离两次

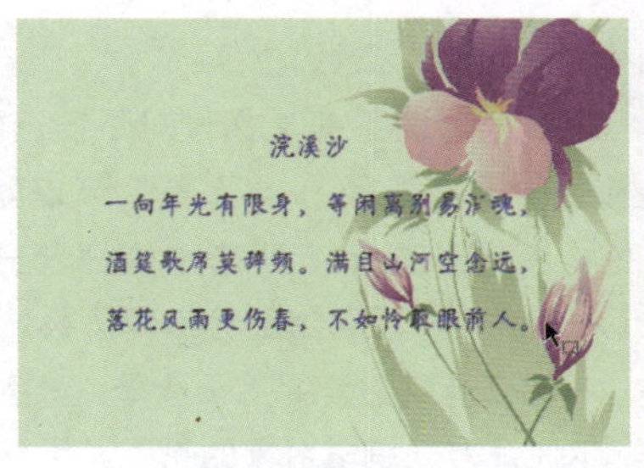

图18-31 填充颜色

18.2 图形的编辑

动画图形对象是舞台上的与元素，用户在编辑动画图形对象之前，应选择要编辑的对象，并通过不同模式预览对象。下面将进行具体介绍。

18.2.1 选择对象的工具

Flash提供了多种选择对象的方法，选取对象主要是使用工具箱中的“选择工具”、“部分选取工具”和“套索工具”进行选取。当用户要选择一个整体对象时，可以使用“选择工具”；当要选择对象的节点时，可以使用“部分选取工具”；当要选择打散对象的某一部分时，可以使用“套索工具”。

选择工具

选择工具主要用来选择物体，可以选择任何对象。还可以同时选择一个或多个对象，包括形状、组、文字、实例和位图等。选择工具箱中的“选择工具”或按【V】键，均可调用选择工具。

使用选择工具可以选择单个对象也可以同时选择多个对象，具体有以下3种方法。

1．选择单个对象

选择“选择工具”，在要选择的对象上单击即可。

2．选择多个对象

先选取一个对象，按住【Shift】键不放，然后依次单击每个要选取的对象，或按住鼠标左键，拖曳出一个矩形范围，将要选择的对象都包含在矩形范围内，如图18-32和图18-33所示。

3．双击选择图形

对于包含填充和线条的图形，在对象上双击即可将其选择，如图18-34所示；对于连着线条叠在一起的图形，双击鼠标即可选择所有线条，如图18-35所示。

图18-32 未选择任何对象

图18-33 选择多个对象

图18-34 选择图形

图18-35 选择所有线条

部分选取工具

部分选取工具通过对路径上的控制点进行选取、拖曳、调整路径方向及删除节点等操作，完成对矢量图的编辑。选择工具箱中的“部分选取工具”或按【A】键，均可调用部分选取工具。

部分选取工具用于选择矢量图形上的节点，即以贝塞尔曲线方式编辑对象的轮廓。用部分选取工具选择对象后，该对象周围将出现许多节点，可以用于选择线条、移动线条和编辑锚点等，如图18-36和图18-37所示。

图18-36 选择对象前

图18-37 选择对象后

使用部分选取工具也要注意在不同情况下鼠标指针的含义及作用，这样有利于用户快捷地使用“部分选取工具”。

- 当鼠标指针移到某个节点上时，鼠标指针变为形状，这时按住鼠标并拖动可以改变该节点的位置。
- 当鼠标指针移到没有节点的曲线上时，鼠标指针变为形状，这时按住鼠标并拖动可以移动整个图形的位置。
- 当鼠标指针移到节点的调节柄上时，鼠标指针变为形状，按住鼠标并拖动可以调整与该节点相连的线段的弯曲程度。

套索工具

套索工具主要用于选取不规则的物体，选择“套索工具”后，在工具栏的下方将出现3个按钮，分别是“魔术棒”按钮、“魔术棒设置”按钮和“多边形模式”按钮，如图18-38所示。

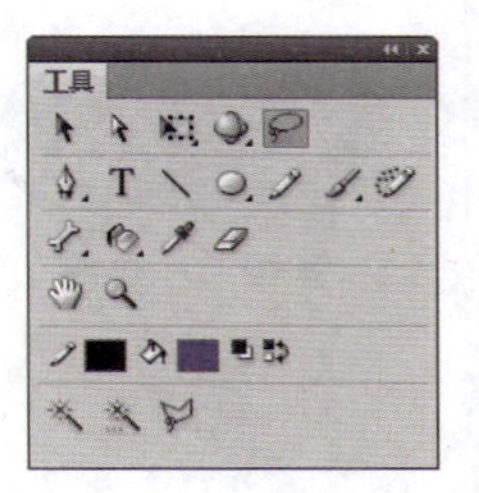

图18-38 套索工具

18.2.2 预览图形对象

在Flash CS5.5中，预览动画图形对象共有5种预览模式，通过选择“视图>预览模式”菜单中的“轮廓”、“高速显示”、“消除锯齿”、“消除文字锯齿”和“整个”命令，如图18-39所示，即可完成图形对象的预览。下面分别向用户介绍这5种预览模式的特点和具体应用。

轮廓预览图形对象

通过选择“视图>预览模式>轮廓”命令，可以只显示场景中形状的轮廓，从而使所有线条都显示为细线，如图18-40所示。这样更容易改变图形元素的形状，以及快速显示复杂的场景。

高速显示图形对象

通过选择“视图>预览模式>高速显示”命令，可以关闭消除锯齿功能，显示出绘画的所有颜色和线条样式，此时的图形对象边缘有锯齿，并且不光滑，如图18-41所示。

图18-39 “预览模式”子菜单　图18-40 轮廓预览图形对象　图18-41 高速显示图形对象

消除图形中的锯齿

通过选择“视图>预览模式>消除锯齿”命令，可以将打开的线条、形状和位图的锯齿消除。经过消除锯齿处理后，形状和线条的边缘在屏幕上显示出来会更加平滑。使用该模式绘图的速度要比在高速显示模式下慢得多。使用该预览模式显示图形的效果与在整体预览模式下显示的效果基本一致，如图18-42所示。

消除动画中的文字锯齿

通过选择“视图>预览模式>消除文字锯齿”命令，可以平滑所有文本的边缘，如图18-43所示。在该模式下预览动画中较大的文字大小效果时，如果文本数量太多，则速度会减慢，该模式是最常用的工作模式。

显示整个动画图形对象

通过选择“视图>预览模式>整个”命令，可以完全呈现舞台中的所有内容。整个视图模式是默认的视图模式，使用该模式可能会降低显示速度，但其视图效果是最好的，如图18-44所示。

图18-42 消除图形中的锯齿

图18-43 消除动画中的文字锯齿

图18-44 显示整个动画图形对象

18.2.3 图形的基本操作

图形对象是舞台中的项目，Flash允许对图形对象进行编辑选择、移动和复制等基本操作。下面将介绍这几种对图形对象进行基本操作的方法。

移动对象

移动图形不但可以使用不同的工具，还可以使用不同的方法。下面介绍几种常用的移动图形的方法。

- 使用“选择工具”：用选择工具选中要移动的图形，将图形拖动到下一个位置即可，如图18-45所示。
- 使用“部分选取工具”：用部分选取工具选中要移动的图形，其图形外框将出现一圈绿色的带节点的框线，此时，只能将鼠标移动到该框线上，将图形拖动到下一个位置即可，如图18-46所示。
- 使用“任意变形工具”：用任意变形工具选中要移动的图形，当鼠标指针变为✥时，将图形拖动到下一个位置即可，如图18-47所示。

图18-45 使用“选择工具”移动对象

图18-46 使用“部分选取工具”移动对象

图18-47 使用“任意变形工具”移动对象

- 使用快捷菜单：选中要移动的图形，单击鼠标右键，在弹出的快捷菜单中选择“剪切”命令，如图18-48所示，选中要移动到的目的方位，单击鼠标右键，在弹出的快捷菜单中选择“粘贴”命令即可。

图18-48 使用快捷菜单

删除对象

删除图形可以一次只删除一个图形对象，也可以一次删除多个图形对象。下面介绍常用的两种删除图形的方法。

- 使用“选择工具”或“任意变形工具”选择要删除的图形对象，按【Backspace】或【Delete】键，即可删除该图形。
- 使用快捷菜单：选中要删除的图形，单击鼠标右键，在弹出的快捷菜单中选择“剪切”命令，也可以删除图形。

剪切对象

要剪切图形对象，使用快捷菜单即可，选中要剪切的图形，单击鼠标右键，在弹出的快捷菜单中选择“剪切”命令，然后粘贴到其他位置。

另外，对于剪切后的对象，若不进行粘贴，即删除了此图形对象。

复制和粘贴对象

复制图形可以使用不同的工具和方法，下面介绍几种最常见的方法。

- 使用“选择工具”：用选择工具选中要复制的图形，按住【Alt】或【Ctrl】键的同时拖曳鼠标，鼠标指针的右下侧变为“+”号，将图形拖动到下一个位置即可，如图18-49所示。
- 使用“任意变形工具”：用任意变形工具选中要复制的图形，按住【Alt】键的同时，指针的右下侧变为“+”号，将图形拖动要复制到的位置即可。
- 使用快捷键：选中要复制的图形，按【Ctrl+C】组合键复制图形，然后按【Ctrl+V】组合键粘贴图形。

再制对象

选择需要再制的图形对象，选择“编辑>直接复制”命令，或按【Ctrl+D】组合键，可以快速错位地复制所选择的图形对象，如图18-50和图18-51所示。

图18-49 复制图形

图18-50 选择要再制的对象

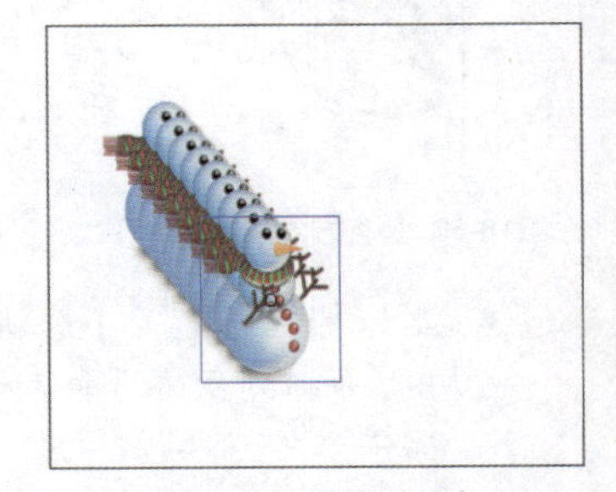

图18-51 再制对象

18.2.4 变形动画图形对象

使用“任意变形工具”，选择“修改>变形”子菜单中的命令，如图18-52所示，或者是利用“变形”面板，可以将图形对象、组、文本块和实例进行变形。根据所选元素的类型，可以变形、旋转、倾斜、缩放或扭曲该元素。在变形操作期间，可以更改或添加选择内容。

自由变换对象

在Flash CS5.5中，可以单独执行某个变形操作，也可以将移动、旋转、缩放、倾斜和扭曲等多个变形操作组合在一起执行。

在舞台上选择图形对象、组、实例或文本块，选择“任意变形工具”，在所选内容的周围移动指针，指针会发生变化，具体有以下几种情况。

- 当鼠标指针变为形状时，单击鼠标并拖曳，所选对象将按照垂直方向倾斜变形，如图18-53所示。
- 当鼠标指针变为形状时，单击鼠标并拖曳，所选对象将按照水平方向倾斜变形，如图18-54所示。
- 当鼠标指针变为形状时，单击鼠标并拖曳，所选对象将围绕变形点旋转，如图18-55所示。按住【Shift】键并拖曳鼠标，所选对象将以45°增量进行旋转；按住【Alt】键并拖曳鼠标，所选对象将以对角为中心进行旋转。
- 当鼠标指针变为或形状时，单击鼠标并拖曳，所选对象将沿对角两个方向进行缩放，如图18-56所示。按住【Shift】键并拖曳鼠标时，所选对象将按一定的宽高比例调整图形的大小。

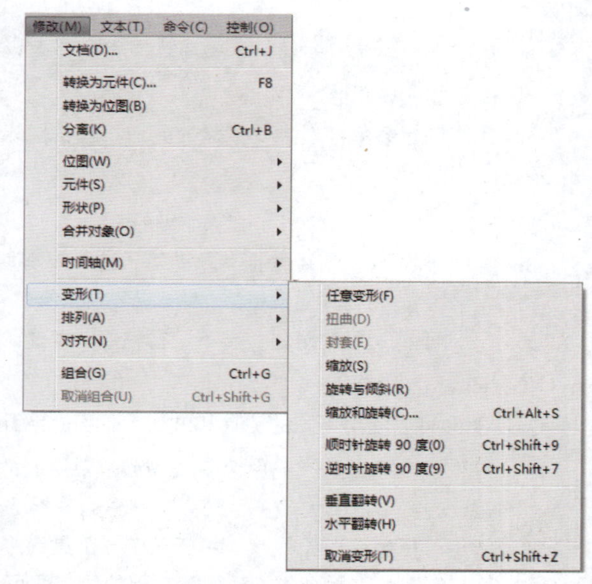

图18-52 “变形”子菜单

图18-53 垂直方向倾斜变形

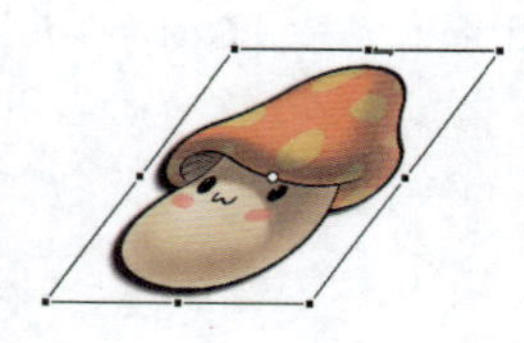

图18-54 水平方向倾斜变形

图18-55 旋转图形

图18-56 缩放图形

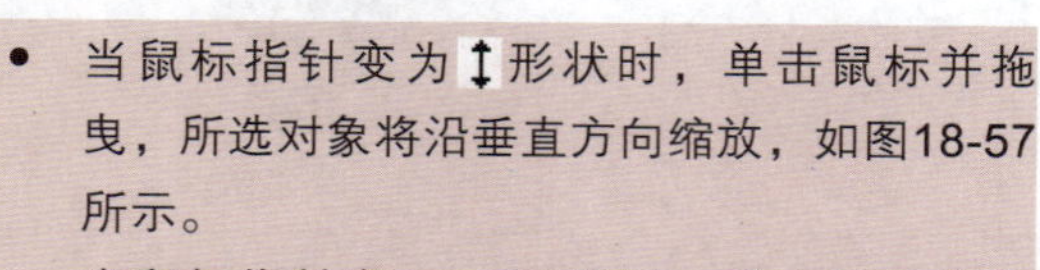

- 当鼠标指针变为形状时，单击鼠标并拖曳，所选对象将沿垂直方向缩放，如图18-57所示。

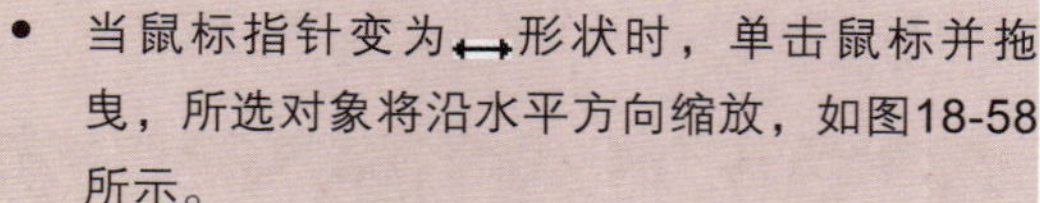

- 当鼠标指针变为形状时，单击鼠标并拖曳，所选对象将沿水平方向缩放，如图18-58所示。

图18-57 沿垂直方向缩放

图18-58 沿水平方向缩放

提 示

任意变形工具不能变形元件、位图、视频对象、声音、渐变或文本。如果多项选区中包含以上任一项，则只能扭曲形状对象。要将文本块变形，首先要将文本转换成形状对象。

扭曲对象

选择“修改>变形>扭曲”命令，可以扭曲图形对象。同时，还可以在将对象进行任意变形时扭曲它们。

对选定的对象进行扭曲变形时，可以拖动边框上的角手柄或边手柄，移动该角或边，然后重新对齐相邻的边。按住【Shift】键拖动角点可以将扭曲限制为锥化，即该角和相邻角沿相反方向移动相同距离（相邻角是指拖动方向所在的轴上的角）。按住【Ctrl】键并拖动边的中点，可以任意移动整个边，如图18-59和图18-60所示。

扭曲变形工具只用于在场景中绘制的图形，对于导入的图片或元件无效。

封套对象

封套功能允许用户弯曲或扭曲对象，制作出更加奇妙的变形效果，弥补了扭曲变形在某些局部无法达到的变形效果。封套是一个边框，其中包含一个或多个对象。更改封套的形状会影响该封套内的对象的形状。用户可以通过调整封套的点和切线手柄来编辑封套形状。

封套变形工具把图形“封”在里面，当改变封套形状时，里面的图形会适应于封套的变化。对象上的小方块是改变封套形状的节点，移动一个节点，会引起该节点前后两个节点之间这段边沿形状的改变，如图18-61和图18-62所示。

图18-59 扭曲对象前

图18-60 扭曲对象

图18-61 封套变形对象前

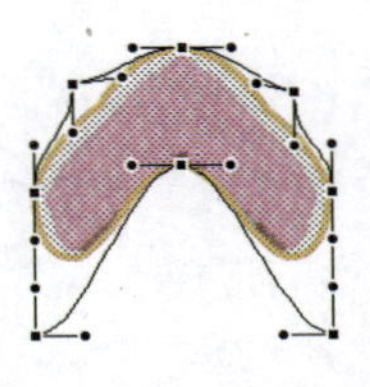

图18-62 封套变形对象

封套变形工具对图形修改有奇特的功能。但应注意此工具只用于在场景中绘制的图形，对于导入的图片或元件无效。

旋转与倾斜对象

旋转对象会使该对象围绕其变形点旋转。变形点与注册点对齐，默认位于对象的中心，用户可以通过拖动来移动该点。可以通过以下3种方法旋转对象。

- 使用“任意变形工具”拖动（可以在同一操作中倾斜和缩放对象）。
- 通过选择“修改>变形>旋转与倾斜”命令。
- 通过在“变形”面板中指定角度（可以在同一操作中缩放对象），如图18-63所示。

缩放和旋转对象

选择“修改>变形>缩放和旋转”命令，会弹出“缩放和旋转”对话框，显示缩放比例和旋转角度。用户可以通过输入数据对图形对象同时进行缩放和旋转。图18-64和图18-65所示为缩放50%、旋转60° 的前后效果对比。

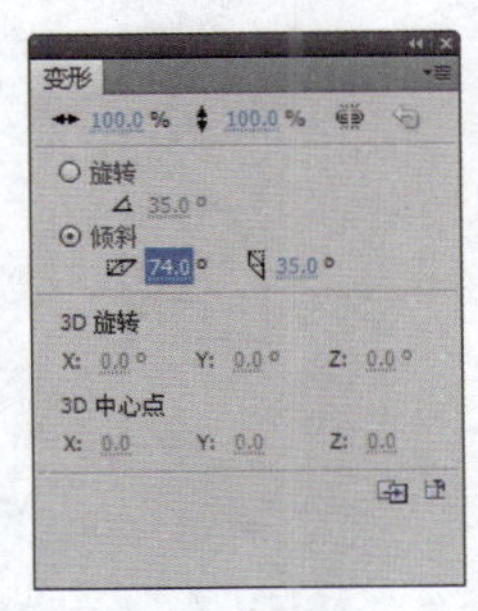

图18-63 “变形”面板

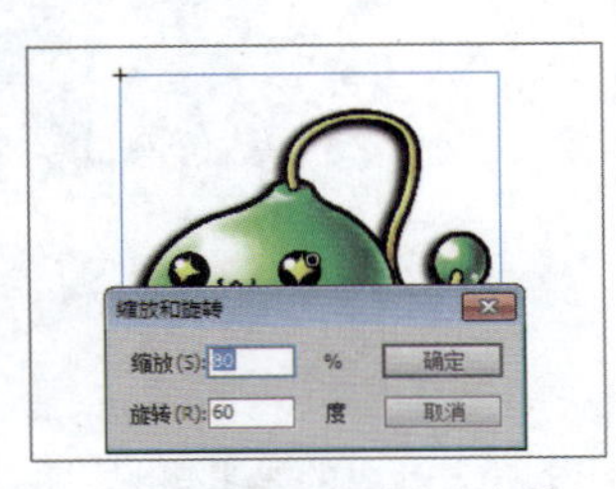

图18-64 缩放和旋转对象前

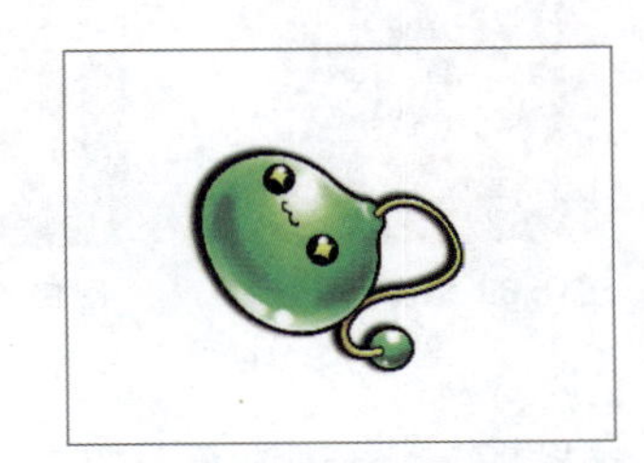

图18-65 缩放和旋转对象

翻转对象

通过菜单命令，用户可以沿垂直或水平轴翻转对象，其操作方法分别如下（图18-66所示为原图）。

- 选择需要翻转的图形对象，选择“修改>变形>垂直翻转”命令，即可将图形进行垂直翻转，如图18-67所示。
- 选择需要翻转的图形对象，选择“修改>变形>水平翻转”命令，即可将图形进行水平翻转，如图18-68所示。

图18-66 原图

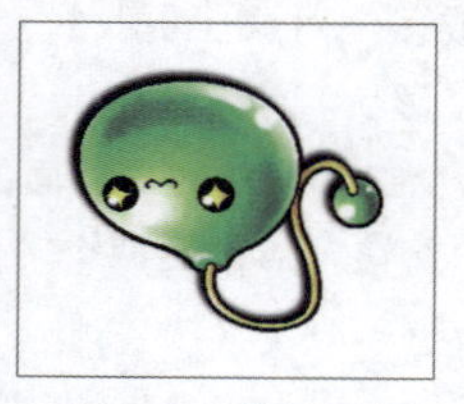

图18-67 垂直翻转

图18-68 水平翻转

取消变形操作

要取消变形操作，有以下两种方法。

- 选择“修改>变形>取消变形”命令，可以将变形的对象还原到初始状态。
- 选择“编辑>撤销”命令或按【Ctrl+Z】组合键，撤销变形操作。

18.2.5 合并图形对象

如果要通过合并或改变现有对象来创建新形状，可选择“修改>合并对象”子菜单中的“联合”、“交集”和“打孔”等命令。在一些情况下，所选对象的堆叠顺序决定了操作的工作方式。

联合对象

选择“修改>合并对象>联合”命令，可以将两个或多个形状合成一个“对象绘制”模式形状，其由联合前形状上所有可见的部分组成，且将删除形状上不可见的重叠部分的单个形状，如图18-69和图18-70所示。

交集对象

选择“修改>合并对象>交集”命令，可以创建两个或多个对象的交集的对象。生成的“对象绘制”形状由合并的形状的重叠部分组成，并且删除形状上任何不重叠的部分，生成的形状使用堆叠中最上面的形状的填充和笔触，如图18-71和图18-72所示。

图18-69 联合对象前

图18-70 联合对象

图18-71 交集对象前

图18-72 交集对象

打孔对象

选择“修改>合并对象>打孔”命令，可删除所选对象的某些部分，这些部分由所选对象与排在所选对象前面的另一个所选对象的重叠部分定义，如图18-73和图18-74所示。

选择“打孔”命令后，将删除由最上面形状覆盖的形状的任何部分，并完全删除最上面的形状。生成的形状保持为独立的对象，且不会合并为单个对象。

裁切对象

选择“修改>合并对象>裁切”命令，可以使用一个对象的形状裁切另一个对象。前面或最上面的对象定义裁切区域的形状，如图18-75和图18-76所示。

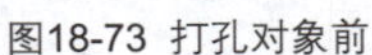

图18-73 打孔对象前

图18-74 打孔对象

图18-75 裁切对象前

图18-76 裁切对象

执行“裁切”命令后，将保留与最上面的形状重叠的任何下层形状部分，而删除下层形状的所有其他部分，并完全删除最上面的形状。生成的形状保持为独立的对象，且不会合并为单个对象。

18.2.6 排列与编辑图形对象

在对图形对象进行编辑时，经常需要将一些对象按一定的层次顺序或一定的对齐方式进行排列。下面将向用户介绍如何使用“排列”和“对齐”子菜单中的命令、“对齐”面板中的按钮，以及右键快捷菜单中的命令对图形对象进行排列、对齐或层叠。

“对齐”面板

利用“对齐”面板中的各项功能或选择“修改>对齐”子菜单中的命令可以将对象精确地进行排列，并且还可以调整对象的间距、匹配大小等功能，如图18-77所示。

使用“对齐”面板，能够沿水平或垂直轴对齐所选对象。用户可以沿选定对象的右边缘、中心或左边缘垂直对齐对象，或者沿选定对象的上边缘、中心或下边缘水平对齐对象。

选择“窗口>对齐”命令或者按【Ctrl+K】组合键，均可打开“对齐”面板，如图18-78所示。

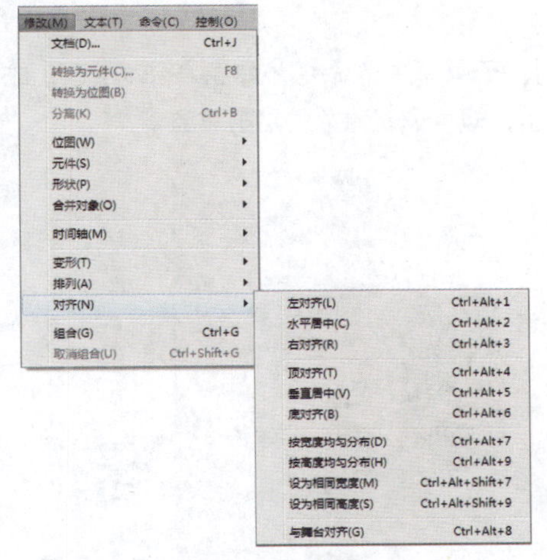

图18-77 “对齐”菜单

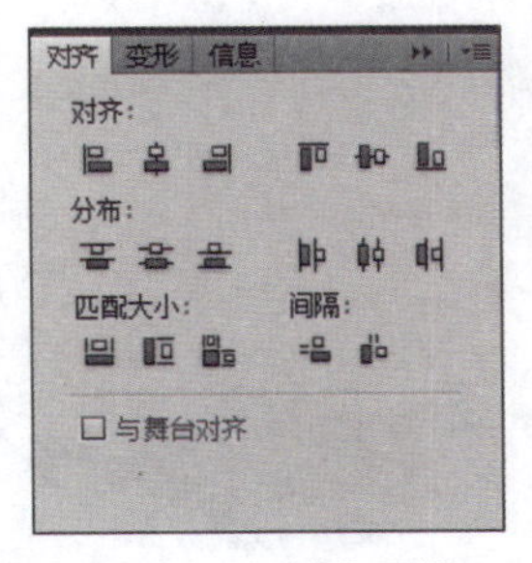

图18-78 “对齐”面板

在“对齐”面板中，包括“对齐”、“分布”、“匹配大小”、“间隔”和“与舞台对齐”5个功能区，下面将分别介绍这5个功能区中各选项的含义及应用。

- 与舞台对齐：当选择该复选框时，选择对象后，可使对齐、分布、匹配大小和间隔等操作以舞台为基准。
- 对齐：在该功能区中，通过单击“左对齐”按钮、“水平中齐”按钮、“右对齐”按钮、“顶对齐”按钮、“垂直中齐”按钮或“底对齐”按钮，可分别将对象向左、水平居中、向右、向顶、垂直居中或向底对齐。图18-79所示为原图，水平居中对齐效果如图18-80所示。
- 分布：在该功能区中，通过单击“顶部分布”按钮、“垂直居中分布”按钮、“底部分布”按钮、“左侧分布”按钮、“水平居中分布”按钮或“右侧分布”按钮，将选择的对象分别以顶部、垂直居中、底部、左侧、水平居中或右侧进行分布。垂直居中分布效果如图18-81所示，水平居中分布效果如图18-82所示。

图18-79 原图

图18-80 水平居中对齐

图18-81 垂直居中分布

图18-82 水平居中分布

- 匹配大小：在该功能区中，可通过单击“匹配宽度”按钮、“匹配高度”按钮和“匹配宽和高”按钮，可将选择的对象分别进行水平缩放、垂直缩放和等比例缩放，其中最左侧的对象是其他所选对象匹配的基准。
- 间隔：在该功能区中，通过单击“垂直平均间隔”按钮和“水平平均间隔”按钮，使选择的对象在垂直方向或水平方向的间隔距离相等。

叠放对象

在图层内，Flash会根据对象的创建顺序层叠对象，将最新创建的对象放在最上面。对象的层叠顺序决定了它们在重叠时的出现顺序，用户可以在任何时候更改对象的层叠顺序。画出的线条和形状总是在堆的组和元件的下面，要将它们移动到堆的上面，必须组合它们或者将它们变成元件。

此外，图层也会影响层叠顺序。上层的任何内容都在底层的任何内容之前，以此类推。要更改图层的顺序，可以在时间轴中将层名拖动到新位置。

选择舞台在需要排列的图形对象，选择“修改>排列”子菜单中的命令，如图18-83所示，或单击鼠标右键，在弹出的快捷菜单中选择相应的命令，如图18-84所示，即可调整对象的层叠位置。

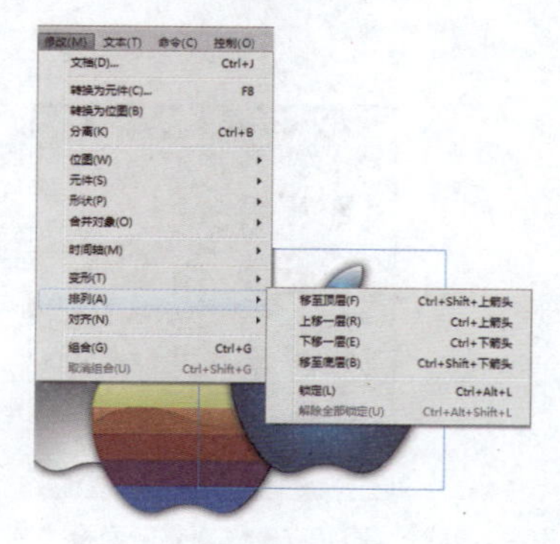

图18-83 “排列”子菜单

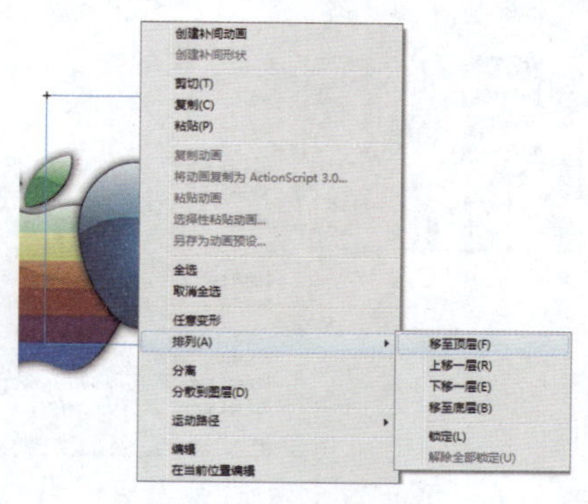

图18-84 右键快捷菜单

18.2.7 组合动画图形对象

如果将多个元素进行移动、变形等操作，可以将其进行组合，作为一个组对象来处理，这样可以节省编辑的时间。此外，也可以将组合的图形对象进行解组和分离，重新进行编辑。

组合对象

组合操作包括对图形对象的组合与解组两部分操作，组合后的对象可以被同时移动、复制、缩放和旋转等。

组的功能主要用于将多个对象归为一个临时对象，以利于移动等操作。组合的图形是独立存在的个体，它的属性就是独立存在的，可以将任意的形状组合，也可以将已经组合的图形再次组合，组合后的图形不会互相干扰，当组合后的图形之间相互重叠时，组合的图形会被遮盖，但组合的图形不会相互分割。

如果需要编辑组合对象中的某个对象，也可以在解组后再进行编辑。组合的对象不仅可以发生在对象与对象之间，而且可以发生在组与组之间。

选择“修改>组合”命令，或者按【Ctrl＋G】组合键，均可将对象组合，如图18-85和图18-86所示。

图18-85 组合对象前

图18-86 组合对象

编辑组

如果要对组中的单个对象进行编辑，可以通过选择“修改>取消组合”命令，或按【Ctrl＋Shift＋G】组合键，将组对象进行解组。此外也可以选择组对象，然后选择“编辑>编辑所选项目”命令，或在对象上双击，进入该组合的编辑状态，如图18-87所示。

组合后的对象没有笔触颜色和内部填充，只能作为图形的方式进行处理，如变形操作，如图18-88所示。如果要进行填充，需要选择“修改>分离”命令。

图18-87 进入组合的编辑状态

图18-88 整体变形操作

18.3 实例精讲

本例接着第17章的实例继续完成整个贺卡的制作，在17章中已经完成了圣诞老人的制作，本章将完成雪花、圣诞树及一些场景的制作过程，并实现一个简单的小动画。

18.3.1 绘制雪花

首先来绘制贺卡所需的雪花元件，由于这个小道具是配合着圣诞老人出现的，所以需要为他的出现制造点气氛。

Step 01 新建一个Flash文档，因为雪花是白色的，所以和前面一样首先需要修改舞台的背景颜色。在舞台上用鼠标拖出一个无轮廓白色椭圆，如图18-89所示。然后选择椭圆，用鼠标右键单击，在弹出的快捷菜单中选择“复制”命令，然后再单击鼠标右键，在弹出的快捷菜单中选择“粘贴在当前位置”命令，如图18-90所示，这样椭圆被原位粘贴了。

Step 02 选择最上面的椭圆，选择“修改>变形>缩放和旋转”命令，在弹出的对话框中将“旋转”设置为60度，然后单击“确定”按钮，如图18-91所示。

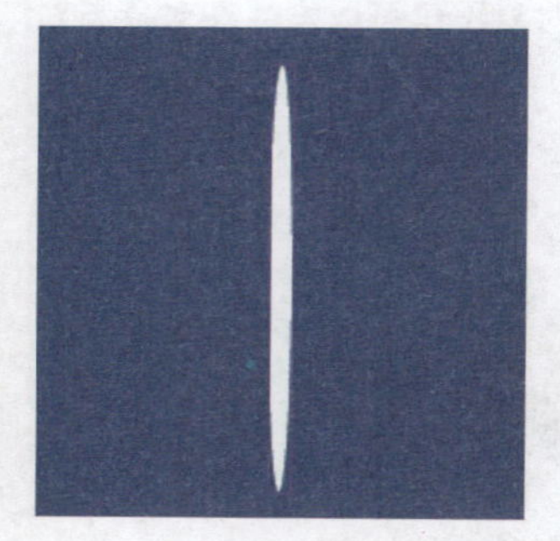

图18-89 绘制椭圆

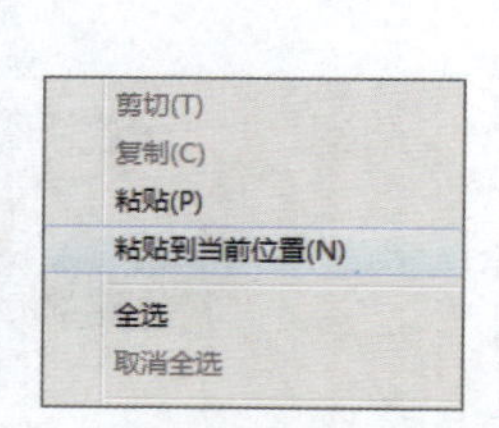

图18-90 复制椭圆

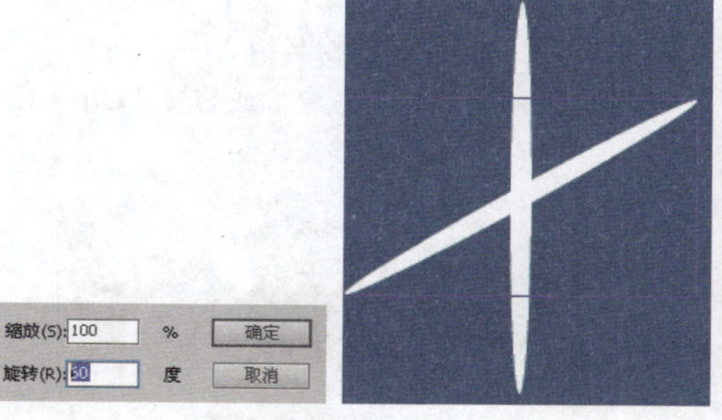

图18-91 旋转图形

Step 03 选择垂直的那个椭圆，复制并原位粘贴。再次打开“缩放和旋转”对话框，这次将“旋转”设置为-60，然后单击“确定”按钮，现在一个基本的雪花形状已经有了，如图18-92所示。

Step 04 现在的雪花还有点单薄，我们再来加工一下。在矩形工具组中选择“多角星形工具”，然后在“属性”面板中单击“选项”按钮，在弹出的对话框中将“样式”设置为“星形”，“边数”设置修改为6，单击“确定”按钮。在舞台上拖出一个六角星，并摆放到如图18-93所示的位置。

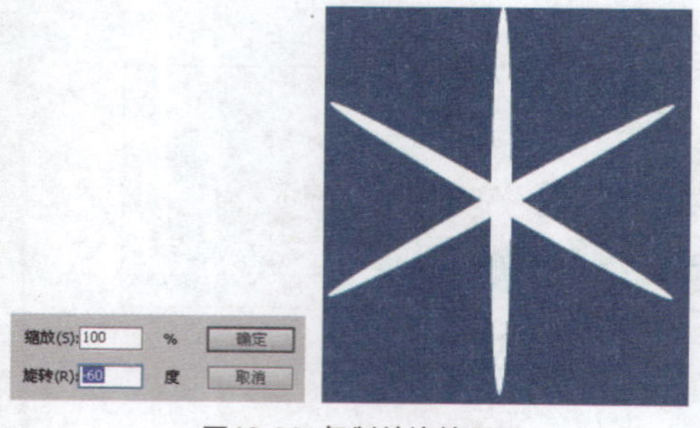

图18-92 复制并旋转图形

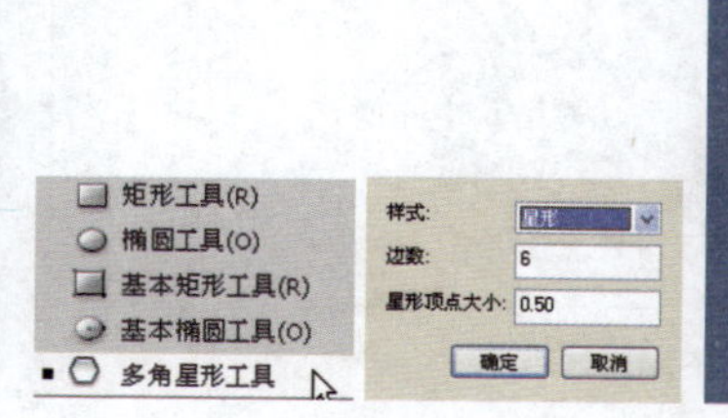

图18-93 绘制六角星形

Step 05 复制并调整六角星，将它们摆放成如图18-94的位置，然后选择椭圆工具并同时按住【Shift】键在舞台上拖出一个正圆形来，完全覆盖在雪花之上，如图18-95 所示。

Step 06 选择椭圆，打开“颜色”面板，将“颜色类型”修改为“径向渐变”。然后将梯度调整栏的两个默认梯度颜色都修改为白色，将其中的一个透明度调整为0。现在一个梦幻般的雪花制作完成了，如图18-96所示。

图18-94 复制图形

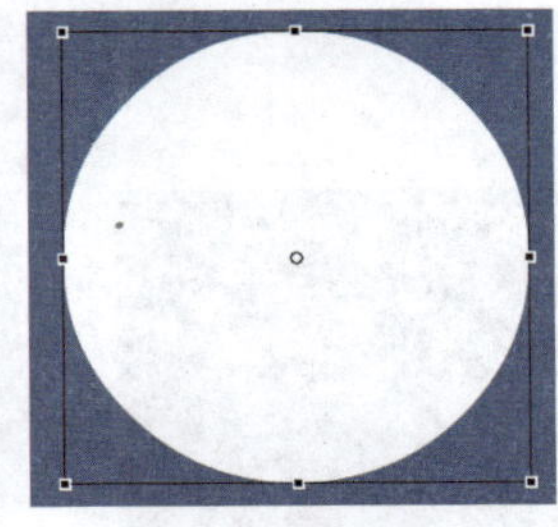

图18-95 绘制正圆

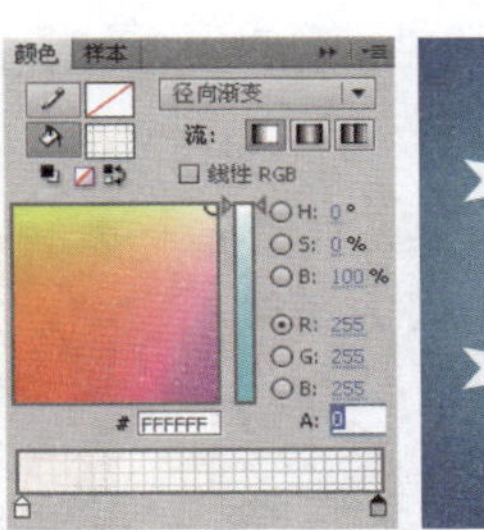

图18-96 雪花制作完成

Step 07 最后全选舞台上所有元件，选择“修改>组合”命令。将所有的雪花上的元件编为一个整体就可以使用了，再保存文件即可。

18.3.2 制作贺卡

圣诞老人和雪花都已经制作完毕，接下来，继续完成场景的制作，本例最终效果如图18-97 所示。具体操作步骤如下。

Step 01 新建一个文档（默认大小），在舞台上绘制一个与舞台大小差不多的矩形，在“颜色”面板将颜色调整为如图18-98所示的线性渐变色（这是制作一个天空背景）。

图18-97 实例效果预览

图18-98 制作天空背景

Step 02 在“时间轴”面板中单击“新建图层”按钮，在当前图层上新建一个图层，如图18-99 所示（说明一下：这个步骤主要是基于未来制作动画的方便，而非静态场景制作的必然步骤）。

Step 03 在天空背景层上，单击锁头标志下该图层上的那个小黑点将该层锁定，这样该图层上的图形就不再受其他图层操作的干扰了，如图18-100所示。

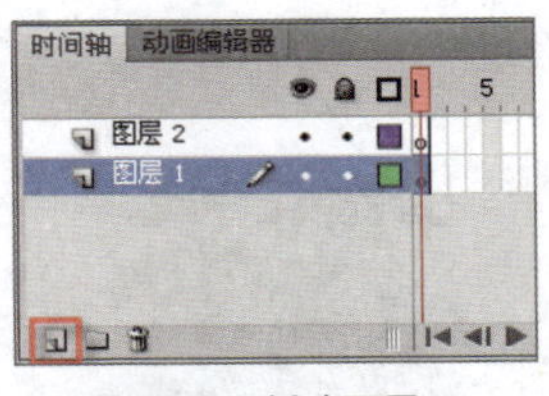

图18-99 新建图层

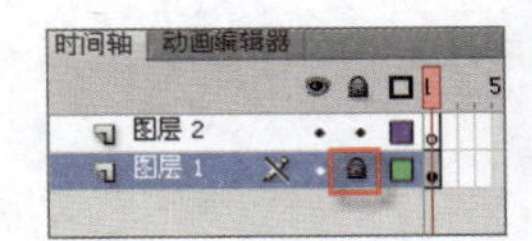

图18-100 锁定图层

Step 04 打开前面制作并保存过的“雪花.fla”文件，将雪花复制并粘贴到新文档中，复制并调整大小及位置，如图18-101所示，然后将这个图层锁定。

Step 05 再增加一个图层，用一片白色矩形在新图层上制作一个雪地，很简单，用鼠标吸附稍微向下拉出点弧度即可，如图18-102所示。

Step 06 再复制一片雪地出来，调整一下方向，然后将下面那片雪地的颜色调整成浅蓝色，这是为了增加雪地的层次，如图18-103所示。

图18-101 制作雪花效果

图18-102 制作雪地效果

图18-103 制作雪地层次效果

Step 07 现在来制作一棵圣诞树，再增加一个图层。完成后将该图层以下的各层暂时隐藏起来，方法很简单，单击眼睛图标下各层上的小黑点即可，如图18-104所示。被隐藏后，舞台上暂时恢复了原始的空白状态。

Step 08 复制一片树木出来，将颜色调得浅些，然后将它调小一些，摆在如图18-105位置。再复制一片树木出来，将颜色改为白色，再调小些，这是树上的积雪，摆在如图18-106所示的位置。

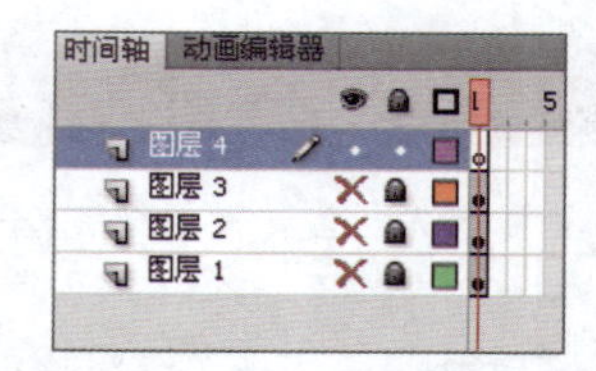

图18-104 新建图层并隐藏其他图层

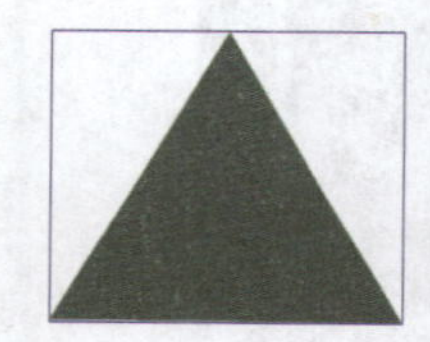

图18-105 绘制图形

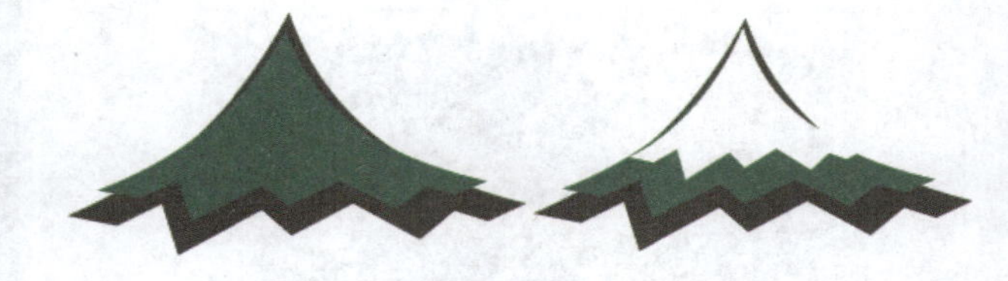

图18-106 绘制积雪

Step 09 将这3片图形组合，然后将这个组合复制一个出来。继续拖动复制并调整每个组合的大小及位置，最终效果如图18-107所示。

Step 10 现在可以解除其他图层的隐藏状态了，再次单击眼睛图标下的小黑点即可。现在，贺卡已经是初具规模了，如图18-108所示。

图18-107 复制图形

图18-108 显示被隐藏的图层

Step 11 下面再来简单地装饰一下这棵树，先用多角星形工具在树尖上增加个金色的五角星。用同样的方法，在树的其他地方也挂上几颗，不过这些星星要小些。最后再用椭圆工具制作一些彩球挂上，如图18-109所示。

Step 12 看起来还是不够“热闹”，再增加几串彩灯就更理想了。很简单，先在树上画条任意颜色的直线，稍微粗些。在“属性”面板中将“样式”修改为“点状线”，如图18-110所示。

图18-109 装饰圣诞树

图18-110 制作彩灯效果

Step 13 用鼠标将直线调整出一个弧度，用同样的方法再弄一串，然后将这两串灯转换为填充色。将整棵树组合，如图18-111所示。再复制一棵出来，然后把第17章中制作的“圣诞老人.fla”文件拖进来，调整一下画面效果，如图18-112所示。

Step 14 当前的贺卡还显得有点空，要是再写上文字“Merry Christmas!”就好了。新建一个图层，使用“文本工具”将这个词输入，在“属性”面板中将“文本类型”设置为“静态文本”。然后选择个自己喜欢的字体。最后，用任意变形工具将字体调整一下就可以了，如图18-113所示。

图18-111 编辑彩灯效果

图18-112 复制圣诞树并添加圣诞老人

图18-113 添加文本效果

Step 15 当然，最后，还可以为这个贺卡加个有个性的边框，如图18-114所示。

Step 16 接下来，我们简单地让这个贺卡有点动作。选择有雪花的那个图层，单击上面的那个关键帧，这样该帧上所有图形都被选中了，如图18-115所示。在所有雪花都被选择的状态下，同时按住【Ctrl】或【Alt】键向上拖动其中任意一片雪花，再复制一整组出来，如图18-116所示。

图18-114 为贺卡添加边框

Step 17 再次单击那个关键帧，全选舞台上所有雪花，选择“修改>转换为元件”命令，在弹出的对话框中保持默认设置。现在整组雪花被编辑成了一个影片剪辑元件，如图18-117所示。

Step 18 选择这个关键帧，单击鼠标右键，在弹出的快捷菜单中选择“创建补间动画”命令，如图18-118所示。

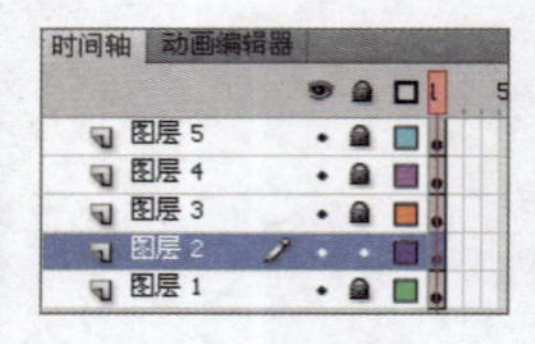
图18-115 选择图层

图18-116 复制雪花

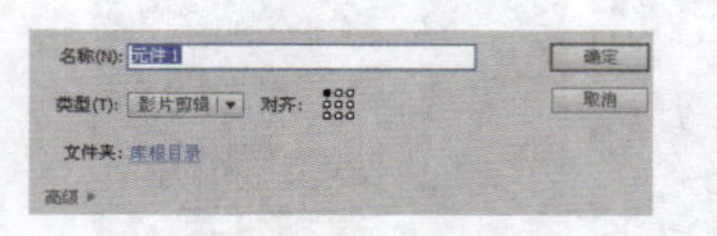
图18-117 转换元件

图18-118 创建补间动画

Step 19 现在“时间轴”面板上发生了变化，该图层上的帧延长了一块。用鼠标拖动雪花元件向下拉动，将上面的雪花完全拖入舞台内，这样一个简单的操作雪花飘落的动作就制作好了，如图18-119所示。

Step 20 按住鼠标在与“雪花”图层最后一帧对齐的位置上由上至下滑动，这样3个帧同时被选中了，单击鼠标右键，在弹出的快捷菜单中选择“插入帧”命令。现在上面4层的帧都被补齐了，如图18-120所示。

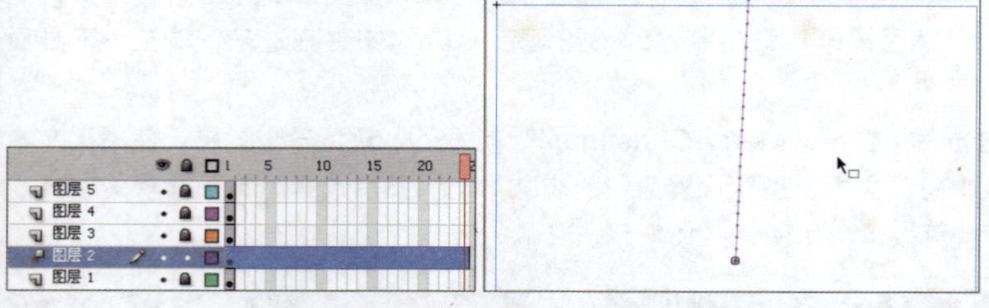
图18-119 制作雪花飘落的动作

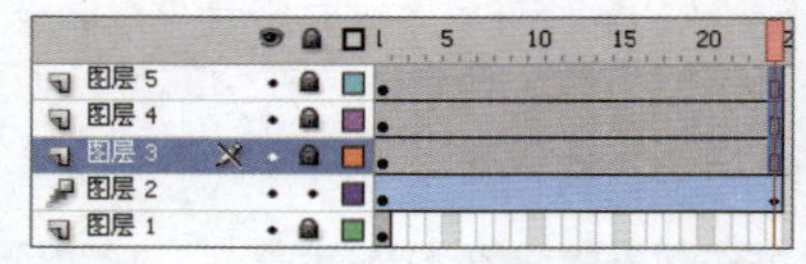
图18-120 插入帧

Step 21 将最下面的那层上的最后一帧也用 “插入帧”命令补齐，现在一切准备都完成了。最后选择“控制>测试场景”命令，就可以观看动画了。

18.4 本章小结

本章主要讲解了文本和图形的编辑方法，并利用两个实例完成了一张贺卡的制作。尽管工具的使用方法比较简单，但要想灵活运用仍需要不断地进行研究和学习。希望读者能够多多练习，尽快掌握并运用这些编辑工具。

19 元件、库与实例的应用

Flash动画中的元件就像影视剧中的演员和道具一样，它们是Flash动画影片构成的主体。Flash动画由许多元件组成，用户在创建新元件时，系统会自动将所创建的元件增加到该库中。各种元件都放在“库”面板中，本章就来学习元件、库和实例的知识。

19.1 元件的定义和类型

用户在创建好元件后，就可以在各场景中创建元件的实例。要创建元件的实例，只需将元件拖放到场景中即可。

每个实例都有其自身独立于元件的属性。用户可以改变实例的色彩、透明度、亮度，以及重新定义实例的类型等，也可以在不影响元件的情况下对实例进行变形，如倾斜、旋转或缩放等。但如果用户对元件进行变形，则其对应的实例也会相应改变。

19.1.1 元件的定义

元件是可以反复取出使用的图形、按钮或者一段小动画，元件中的小动画可以独立于主动画进行播放，每个元件可由多个独立的元素组合而成。也可以说，元件就相当于一个可重复使用的模板，使用一个元件就相当于实例化一个元件实体。使用元件的好处是，可重复利用，缩小文件的存储空间。

元件可以应用于当前影片或者其他影片，在制作Flash影片的过程中，常常可以反复应用同一个对象，此时可以通过多次复制该对象来达到创作目的。但是通过这样的操作后，每个所复制的对象都具有独立的文件信息，相应地整个影片的容量也会加大。但是如果将对象制作成元件以后再加以应用，Flash就会反复调用同一个对象，从而不会影片到影片的容量。

19.1.2 元件的类型

在FLash中，元件是构成动画的基本元素。Flash元件包括3种类型，分别是影片剪辑元件、图形元件和按钮元件。

影片剪辑元件

它是构成Flash动画的一个片段，能独立于主动画进行播放。影片剪辑可以是主动画的一个组成部分，当播放主动画时，影片剪辑元件也会随之循环播放。

影片剪辑元件在许多方面都类似于文档内的文档。此元件类型自己有不依赖主时间轴的时间轴。用户可以在其他影片剪辑和按钮内添加影片剪辑以创建嵌套的影片剪辑，还可以使用属性检查器为影片剪辑的实例分配实例名称，然后在动作脚本中引用该实例名称。

图形元件

图形元件是可反复使用的图形，它可以是影片剪辑元件或场景的一个组成部分。图形元件是含一帧的静止图片，是制作动画的基本元素之一，但它不能添加交互行为和声音控制。

图形元件很适用于静态图像的重复使用，或创建与主时间轴关联的动画。与影片剪辑或按钮元件不同，用户不能为图形元件提供实例名称，也不能在ActionScript中引用图形元件。

按钮元件

按钮元件是一种特殊的元件，具有一定的交互性，是一个具有4帧的影片剪辑。按钮元件主要用于创建动画的交互控制按钮。按钮具有弹起、指针经过、按下和点击4个不同状态的帧，如图19-1所示。可以分别在按钮的不同状态帧上创建不同的内容，既可以是静止图形，也可以是影片剪辑，而且还可以给按钮添加时间的交互动作，使按钮具有交互功能。

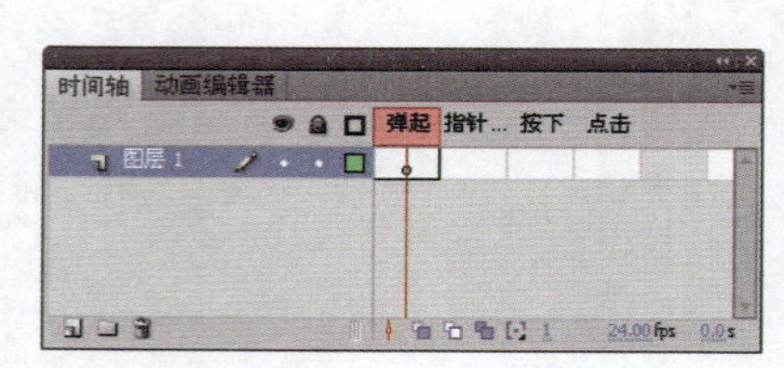

图19-1 按钮元件

按钮元件所对应时间轴上各帧的含义分别如下。

- 弹起：表示鼠标指针没有滑过按钮或者单击按钮后又立刻释放时的状态。
- 指针经过：表示鼠标指针经过按钮时的外观。
- 按下：表示鼠标单击按钮时的外观。
- 点击：表示用来定义可以响应鼠标事件的最大区域。如果这一帧没有图形，鼠标的响应区域则由指针经过和弹起两帧的图形来定义。

19.2 元件的创建与编辑

用户可以通过在舞台上选择对象来创建元件，也可以创建一个空白的元件，然后在元件编辑模式下制作或导入内容。Flash 中有3种类型的元件，每种元件都有其各自的时间轴、舞台及图层。在创建元件时首先要选择元件的类型，创建何种元件主要取决于在影片中如何使用该元件。

19.2.1 创建元件

创建新元件

创建元件的方法有很多种，可以选择“插入>新建元件”命令，或者在“库”面板的空白处单击鼠标右键，在弹出的快捷菜单中选择“新建元件”命令，都可以打开“创建新元件”对话框进行创建。

另外，单击“库”面板底部的“新建元件”按钮，或者按【Ctrl＋F8】组合键，也可以进行新元件的创建。“创建新元件”对话框如图19-2所示。

在该对话框中，各主要选项的含义如下。

- 名称：在该文本框中可以设置元件的名称。
- 类型：可以设置元件的类型，包含“图形”、“按钮”和“影片剪辑”3个选项。
- 文件夹：单击“库根目录”文字链接，弹出“移至文件夹”对话框，如图19-3所示，用户可以将元件放置在新创建的文件夹中，也可以将元件放置在现在的文件夹或库根目录中。
- 单击“高级”按钮，可以展开该面板，对元件进行高级设置，如图19-4所示。

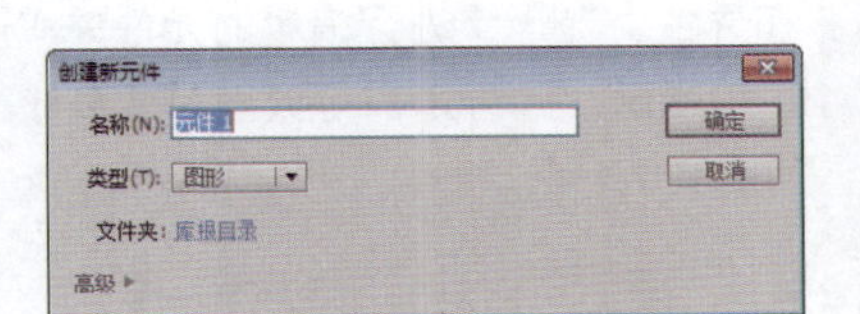

图19-2 “创建新元件”对话框

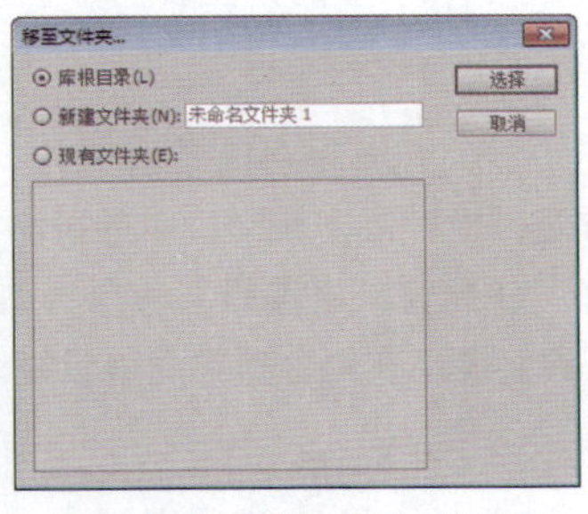

图19-3 “移至文件夹”对话框

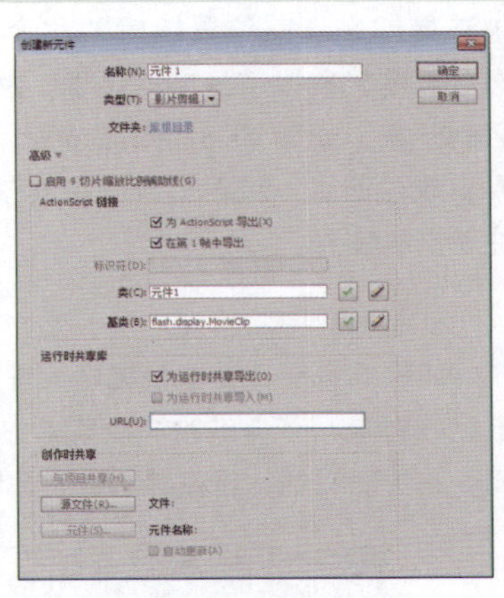

图19-4 设置“高级”选项

设置完各选项后，单击“确定”按钮，即可创建一个新元件。

转换为元件

除了新建一个元件之外，还可以直接将已有的图形转换为元件，选择要转换为元件的对象，选择“修改>转换为元件”命令，或者选择对象后按【F8】键，都可以打开“转换为元件”对话框，设置完成后单击“确定”按钮即可，如图19-5所示。

利用文件夹管理文件

利用“库”面板中的文件夹可以管理元件，也可以解决库冲突。如果要新建一个新的“库”文件夹，只需在“库”面板中单击“新建文件夹”按钮，然后输入文件夹的名称即可，如图19-6所示；如果要将元件放入文件夹中，只需拖动该元件至文件夹中即可，如图19-7所示。

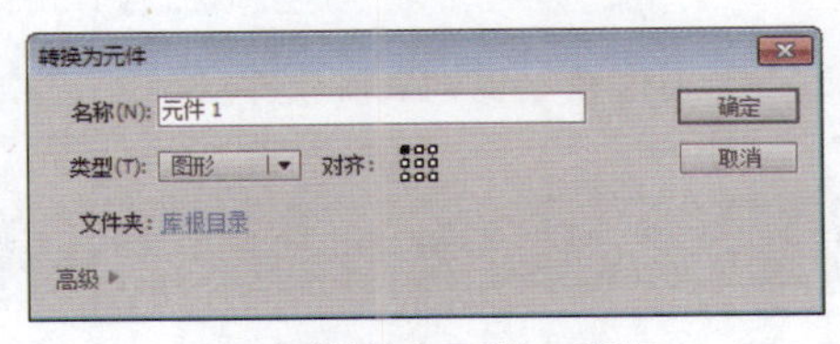

图19-5 “转换为元件”对话框

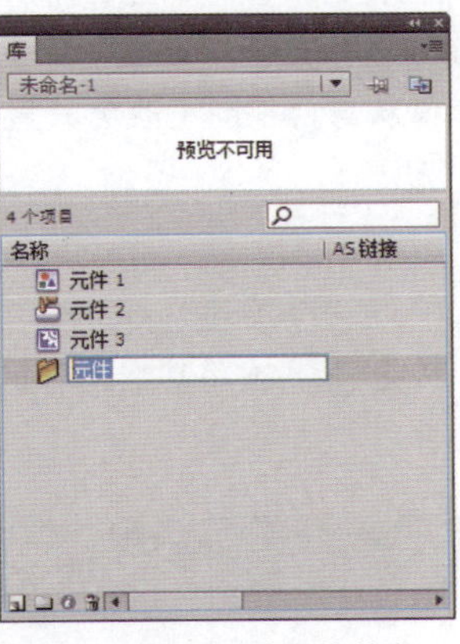

图19-6 新建“库”文件夹

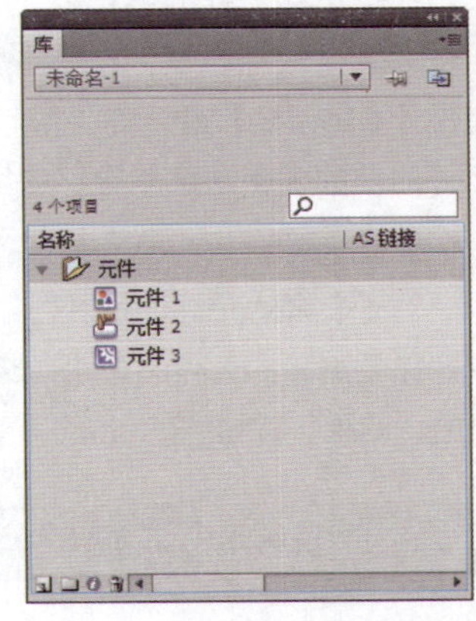

图19-7 将元件拖入文件夹中

19.2.2 编辑元件

编辑元件时，Flash会更新文档中该元件的所有实例。在Flash CS5.5中，通过在当前位置、在新窗口中和在元件的编辑模式下3种方式均可以编辑元件。下面将分别介绍这3种方式的特点及其具体操作。

在当前位置编辑元件

双击元件，或者选中元件并单击鼠标右键，在弹出的菜单中选择“在当前位置编辑”命令，都可以使元件处于编辑状态。其他对象以灰显方式出现，从而将它们和正在编辑的元件区别开来，如图19-8和图19-9所示。进入元件编辑区后，如果要更改注册点，可在舞台上拖动该元件。一个十字光标会表明注册点的位置。

图19-8 元件未处于编辑状态

在新窗口中编辑元件

如果感觉在当前位置编辑元件不方便，也可以在新窗口中进行编辑。在舞台上选择要进行编辑的元件并单击鼠标右键，在弹出的快捷菜单中选择“在新窗口中编辑”命令，如图19-10所示，此时用户可以同时看到该元件和主时间轴。正在编辑的元件的名称会显示在舞台顶部的编辑栏内，如图19-11所示。

图19-9 元件处于编辑状态

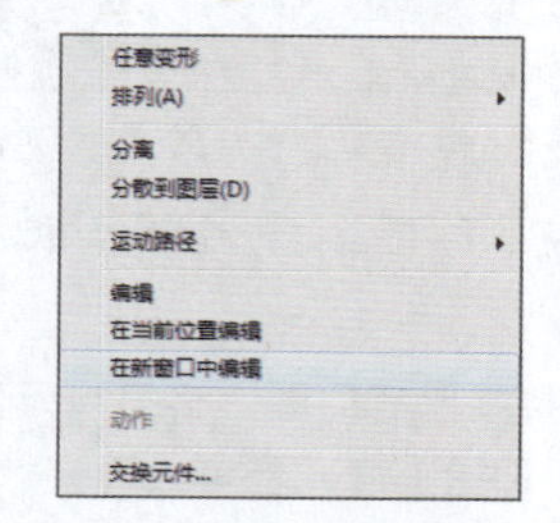

图19-10 选择“在新窗口编辑”命令

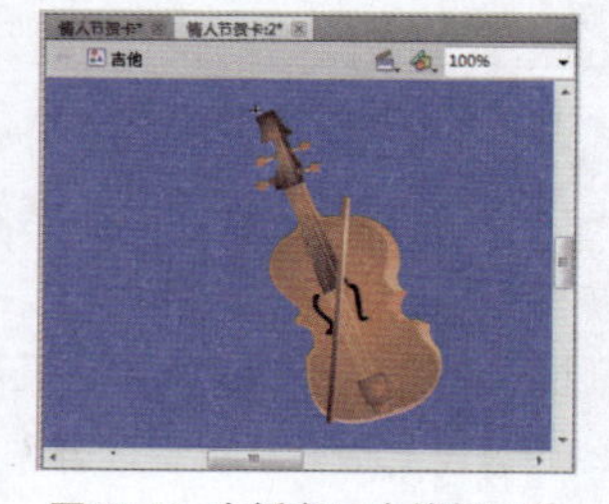

图19-11 在新窗口中编辑元件

当用户编辑元件时，Flash将更新文档中该元件的所有实例，以反映编辑的结果。编辑元件时，可以使用任意绘画工具、导入媒体或创建其他元件的实例。要退出“在新窗口中编辑元件”模式并返回到文档编辑模式，直接单击右上角的关闭按钮来关闭新窗口，然后在主文档窗口内单击以返回到编辑主文档。

在元件的编辑模式下编辑元件

如果要在元件的编辑模式下编辑元件，可以选择元件所对应的实例并单击鼠标右键，在弹出的快捷菜单中选择“编辑”命令，或者按【Ctrl+E】组合键，即可将窗口从舞台视图更改为只显示该元件的单独视图来编辑它，如图19-12所示。

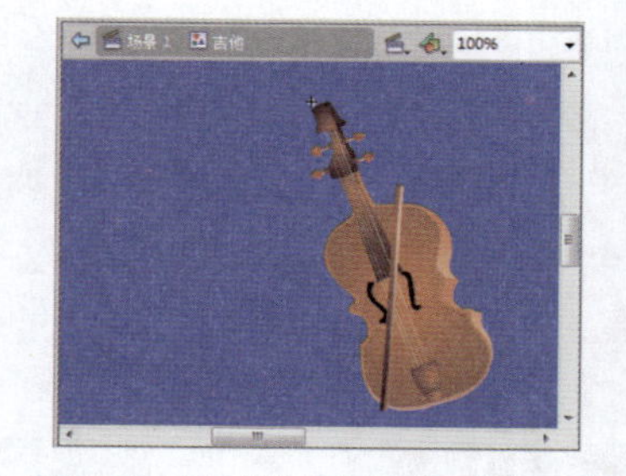

图19-12 在元件的编辑模式下编辑元件

删除元件

对于多余的元件，可以在“库”面板中将其删除。在“库”面板中选择要删除的元件，单击“删除”按钮，或将其拖曳至面板底部的“删除”按钮上，均可删除元件。

19.2.3 创建与编辑实例

将“库”面板中的元件拖动到场景或其他元件中时，实例便创建成功。也就是说，在场景或元件中的元件被称为实例。一个元件可以创建多个实例，并且对某个实例进行修改不会影响元件，也不会影响到其他实例。此外，用户还可以复制实例、设置实例的颜色样式、改变实例的类型、分离实例和交换实例等。

创建实例

创建实例的方法很简单，用户只需在“库”面板中选择元件，按住鼠标不放并将其直接拖曳至场景中，释放鼠标即可创建实例，如图19-13所示。

在创建实例时，需注意场景中帧数的设置，用多帧的影片剪辑元件和多帧的图形元件创建实例时，在舞台中影片剪辑元件设置一个关键帧即可，而图形元件则需要设置与该元件完全相同的帧数，动画才能完整地播放。

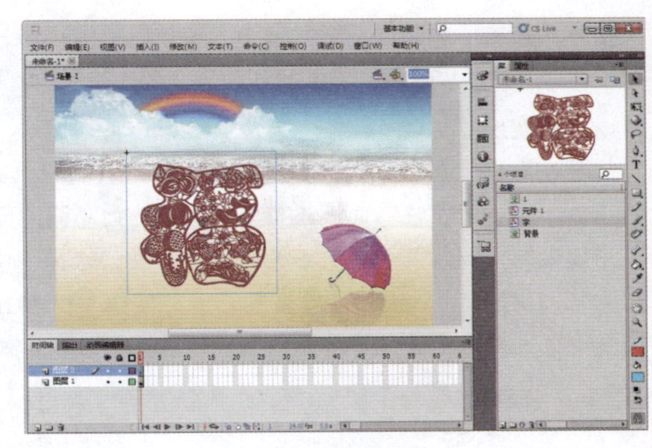

图19-13 创建实例

复制实例

对于已经创建好的实例，如果用户想直接在舞台上复制实例，可将鼠标选择要复制的实例，然后按住【Ctrl】键或【Alt】键的同时拖动实例，此时鼠标指针的右下角显示一个小“+”标识，将目标实例对象拖曳到目标位置时，释放鼠标即可复制所选择的目标实例对象。

设置实例的颜色样式

每个元件实例都可以有自己的色彩效果。使用“属性”面板，可以设置实例的颜色和透明度选项。“属性”面板中的设置也会影响放置在元件内的位图。当在特定帧中改变一个实例的颜色和透明度时，Flash会在显示该帧时立即进行这些更改。要进行渐变颜色更改，可应用补间动画。当补间颜色时，可在实例的开始关键帧和结束关键帧中输入不同的效果设置，然后补间这些设置，以让实例的颜色随着时间逐渐变化。

在舞台上选择实例，在“属性”面板的“色彩效果”选项组中，在“样式”下拉列表框中选择相应的选项，即可设置实例的颜色样式，如图19-14所示。

改变实例的类型

实例的类型是可以相互转换的，通过改变实例的类型可以重新定义它在动画中的行为。在“属性”面板的“实例行为”下拉列表框中提供了3种，分别是“影片剪辑”、“按钮”和“图形”，如图19-15所示。当改变实例的类型后，“属性”面板中的参数也将进行相应的变化。

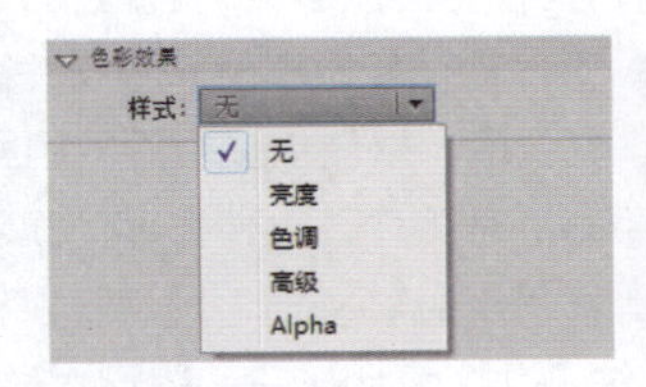

图19-14 “样式”下拉列表框

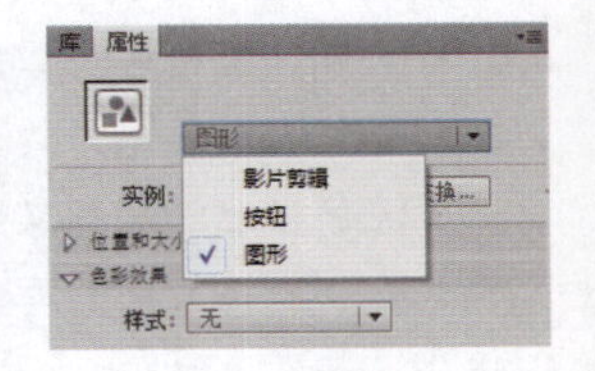

图19-15 设置实例行为

分离实例

要断开实例与元件之间的链接，并把实例放入未组合形状和线条的集合中，可以“分离”该实例，这对于充分地改变实例而不影响任何其他实例非常有用。如果在分离实例之后修改该元件，并不会用所做的更改来更新该实例。

调用其他影片中的元件

可以打开其他文件中的“库”面板，从而调用这个文档的“库”面板中的元件，这样就可以利用更多已有的素材。

选择“文件>导入>打开外部库”命令，打开外部“库”面板，选择外部库中的元件，将其直接拖曳到当前文档所对应的“库”面板或舞台中，释放鼠标即可将外部库中的元件添加到当前文档中。

此外，还可以选择“文件>导入>导入到库”命令，将其他素材直接添加到“库”面板中，应用于当前的文档。

交换实例

要在舞台上显示不同的实例，并保留所有的原始实例属性（如色彩效果或按钮动作），可为实例分配不同的元件。通过“属性”面板，可以为实例分配不同的元件。

如果制作的是几个具有细微差别的元件，选择“修改>元件>交换元件”命令，弹出“交换元件”对话框，如图19-16所示。单击“直接复制元件”按钮，弹出“直接复制元件”对话框。可以使用户在库中现有元件的基础上创建一个新元件，并将复制工作减到最少，如图19-17所示。

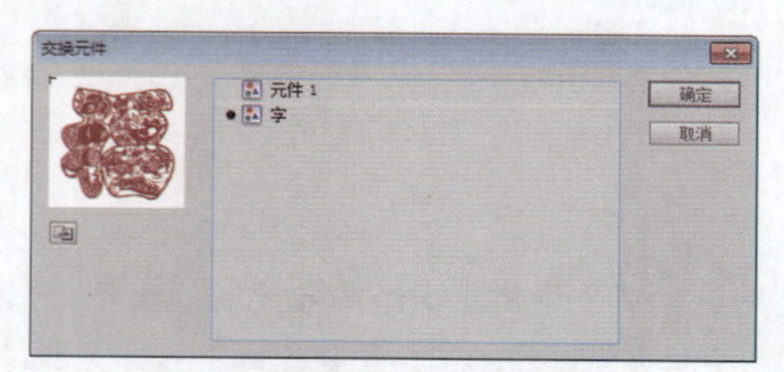

图19-16 “交换元件”对话框

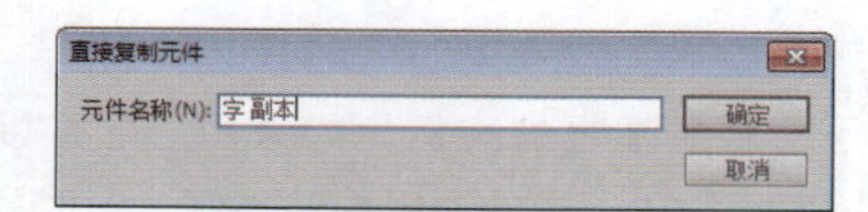

图19-17 “直接复制元件”对话框

19.3 库的常用操作

Flash 文档中的“库”面板用于存储Flash 中创建的或在文档中导入的媒体资源。在Flash 中可以直接创建矢量插图或文本，导入矢量插图、位图、视频和声音，以及创建元件。下面就来学习有关库的一些操作。

19.3.1 “库”面板的使用

使用“库”面板可以对各种可重复使用的资源进行合理的管理和分类，从而方便在编辑影片时使用这些资源。在“库”面板中可以对元件进行复制和删除等操作，可以将不同类型的元件放置在不同的文件夹中，还可以将“库”面板设置为共享资源库，以便供多个不同的影片使用。

库还包含已添加到文档的所有组件，组件在库中显示为编译剪辑。在Flash中工作时，可以打开任意Flash文档的库，将该文件的库项目用于当前文档。用户可以在Flash应用程序中创建永久的库，只要启动Flash就可以使用这些库。Flash还提供了几个包含按钮、图形、影片剪辑和声音的范例库。

此外，还可以将库资源作为SWF文件导出到一个URL，从而在运行时共享库，这样即可从Flash文档链接到这些库资源，而这些文档在运行时共享导入元件。

重命名库元素

如果要更改导入文件的库项目名称，可以直接双击项目名称进行修改，或者选择库项目并单击鼠标右键，在弹出的快捷菜单中选择“重命名”命令，然后输入新名称并按【Enter】键，即可完成项目的重命名操作。

调用库元素

公用库是Flash自带的一个素材库。使用Flash附带的公用库可以向文档添加按钮或声音，还可以创建自定义公用库。公用库共分为3种类型，分别是声音、按钮和类。

1. 声音库

选择“窗口>公用库>声音”命令，打开声音库，如图19-18所示。在该库中包含了多种类型的声音，用户可以根据自己的具体需要在声音库中选择合适的声音。

2. 按钮库

选择“窗口>公用库>按钮”命令，打开按钮库，如图19-19所示。在该库中提供了内容丰富且形式各异的按钮标本，用户可以根据自己的具体需要在按钮库中选择合适的按钮。

3. 类库

选择“窗口>公用库>类”命令，打开类库，如图19-20所示。在该库中共有3个元件，分别是“数据绑定组件”、“应用组件”和“网络服务组件”。

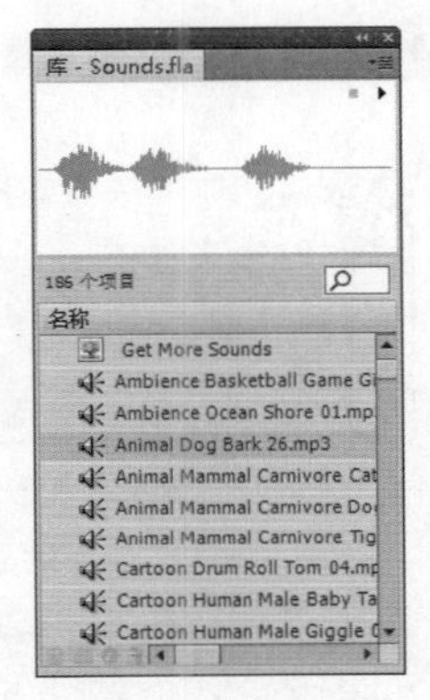

图19-18 声音库

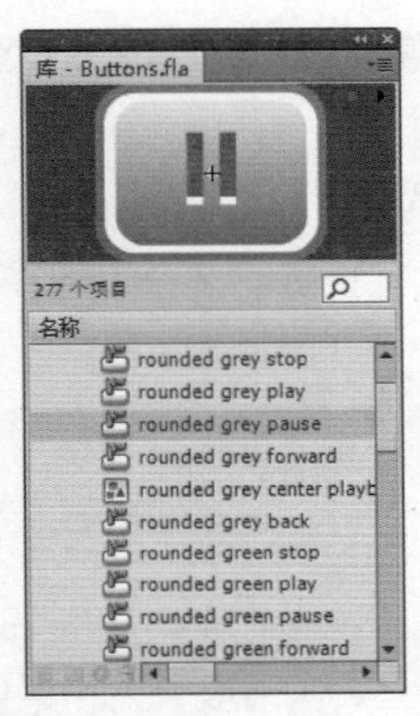

图19-19 按钮库

图19-20 类库

19.3.2 应用并共享库资源

共享库资料，可以在多个目标文档中使用源文档的资源，并可以通过各种方式优化影片资源管理。下面将介绍库资源的共享与应用。

复制库资源

在文档之间复制库资源，可以用各种方法将库从源文档复制到目标文档中。在创作期间或在运行时，用户还可以将元件作为共享库资源在文档之间共享。

1. 通过复制和粘贴来复制库资源

首先在源文档的舞台上选择资源，然后选择“编辑>复制”命令，使目标文档成为活动文档。若要将资源粘贴到可见剪贴板的中心位置，将指针放在舞台上并选择“编辑>粘贴到中心位置”命令。若要将资源放置在与源文档中相同的位置，选择“编辑>粘贴到当前位置”命令。

2. 通过拖动来复制库资源

在目标文档打开的情况下，在源文档的“库”面板中选择该资源，并将其拖入目标文档的“库”面板中。

3. 通过在目标文档中打开源文档库来复制库资源

当目标文档处于活动状态时，选择“文件>导入>打开外部库”命令，在弹出的对话框中选择源文档并单击“打开”按钮，之后将资源从源文档库拖到舞台上或拖入目标文档的库中即可。

实时共享库中的资源

对于运行时共享资源，源文档的资源是以外部文件的形式链接到目标文档中的。运行时资源在文档回放期间（即在运行时）加载到目标文档中。在创作目标文档时，包含共享资源的源文档并不需要在本地网络上。为了让共享资源在运行时可供目标文档使用，源文档必须发布到URL上。

在创作时共享库中的资源

对于创作期间的共享资源，可以用本地网络上任何其他可用元件来更新或替换正在创作的文档中的任何元件。在创建文档时更新目标文档中的元件，目标文档中的元件保留了原始名称和属性，但其内容会被更新或替换为所选元件的内容。

解决库资源之间的冲突

如果将一个库资源导入或复制到已经含有同名的不同资源的文档中，则可以选择是否用新项目替换现有项目。此选项适用于所有用于导入或复制库资源的方法。

如果在将库资源导入或复制到文档中时弹出“解决库冲突”对话框，如图19-21所示，可通过重命名的方法解决冲突。

在“解决库冲突”对话框中可执行以下操作。

- 若要保留目标文档中的现有资源，可选择“不要替换现有项目”单选按钮。
- 若要用同名的新项目替换现有资源及其实例，可选择“替换现有项目”单选按钮。

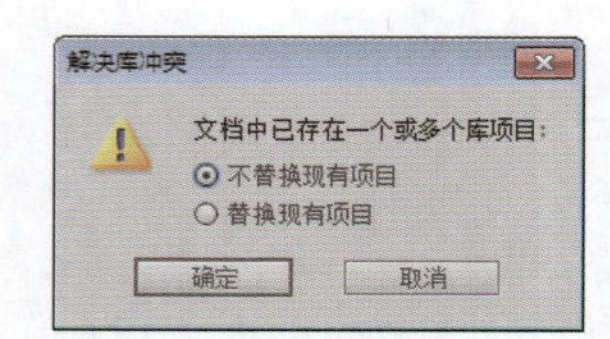

图19-21 解决库资源

19.4 实例精讲

前面介绍了元件、库和实例的应用，下面将以制作菜单导航栏动画为例，介绍元件的创建与编辑。

19.4.1 制作导航按钮

Step 01 启动Flash 应用程序，新建一个Flash 文档，设置舞台大小750 x 260像素，帧频为24，如图19-22所示，并将本书附带光盘中的“素材\Chapter-19\制作导航按钮\1.jpg”文件导入到库。

Step 02 将“图层1”图层重命名为“背景”图层，将库中的图片拖至舞台上，并与舞台对齐，如图19-23所示。

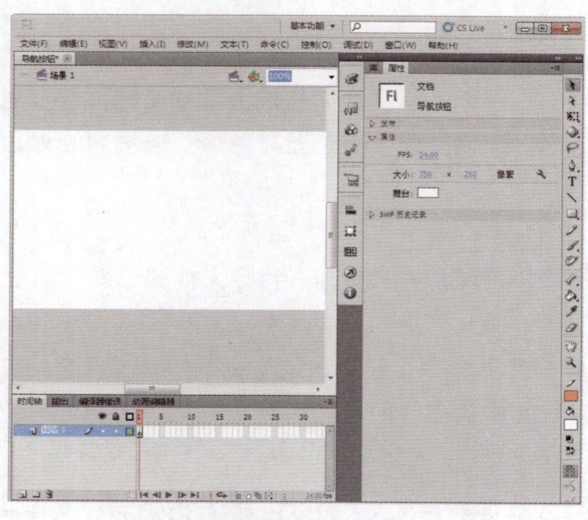

图19-22 设置文档属性

图19-23 设置背景

Step 03 选择“插入>新建元件”命令，弹出“创建新元件”对话框，在“类型”下拉列表框中选择“按钮”选项，然后单击“确定”按钮，如图19-24所示。

Step 04 进入元件编辑模式，选择工具箱中的“矩形工具”，打开“颜色”面板，在该面板的“颜色类型”下拉列表框中选择“线性渐变”选项，分别设置色标颜色为#0000FF和#7B87EE，如图19-25所示。

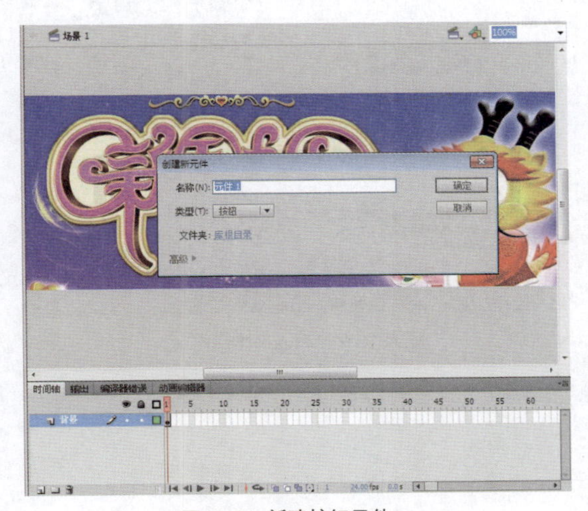

图19-24 新建按钮元件

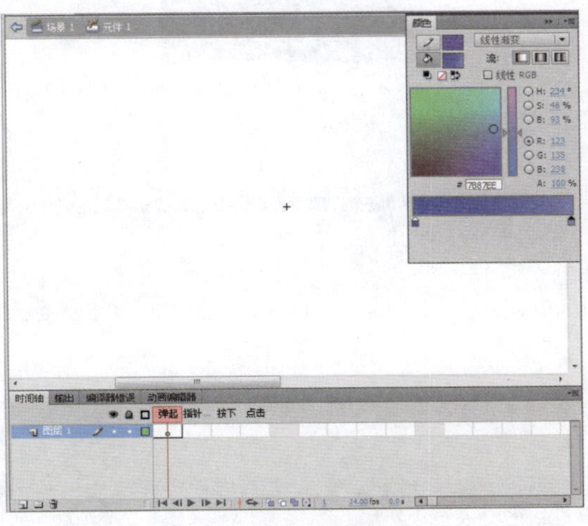

图19-25 “颜色”面板

Step 05 打开“属性”面板，设置“笔触颜色”为#0000FF，“笔触”为6，“样式”为“锯齿线”，如图19-26所示。

Step 06 在舞台中按住鼠标并拖曳绘制矩形，如图19-27所示。

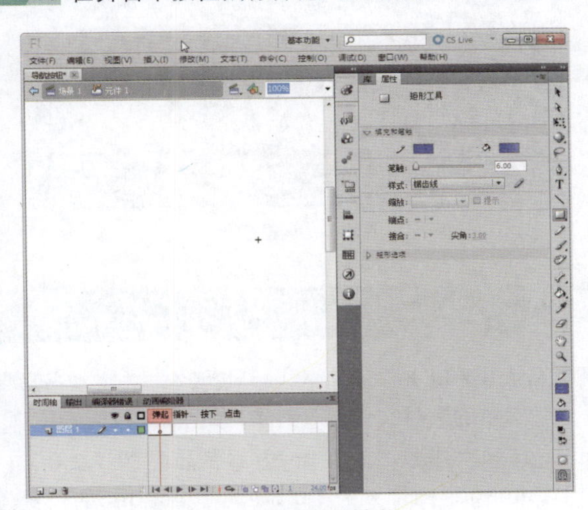

图19-26 设置笔触样式

图19-27 绘制图形

Step 07 使用任意变形工具旋转图形，或者使用渐变变形工具调整颜色，如图19-28所示。

Step 08 使用文本工具输入“春节习俗”文本，并设置其属性，如图19-29所示。

Step 09 使用同样的方法制作其他导航按钮，并分别设置其渐变颜色与文本，如图19-30所示。

Step 10 在“图层2”图层的第5帧处插入关键帧，将“按钮”影片剪辑元件适当压扁，设置其色调为白色，如图19-31所示。

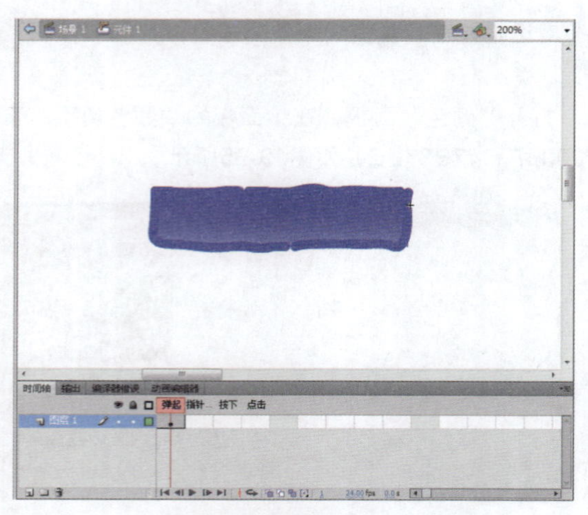
图19-28 调整图形

图19-29 输入文本

图19-30 制作其他导航按钮

图19-31 调整色调

19.4.2 制作菜单导航栏动画

Step 01 启动Flash 应用程序，新建一个Flash 文档，设置舞台大小700 X 260像素，帧频为24，并将本书附带光盘中的“素材\Chapter-19\制作菜单导航栏动画\素材”文件夹中的素材文件导入到库，如图19-32所示。

Step 02 新建“image”影片剪辑元件，将image1～image5依次排放，其中image1的位置为（0,0），image2的位置为（0,200），image3的位置为（0,400），image4的位置为（0,600），image5的位置为（0,800），如图19-33所示。

Step 03 新建“文本”影片剪辑元件，在图层1的第1帧处使用文本工具输入“网站首页”文本内容，并设置其属性，如图19-34所示。

Step 04 在第2帧处插入关键帧，将文本改为“新闻资讯”，并修改其颜色，如图19-35所示。

Step 05 在第3帧处插入关键帧，将文本改为“家居生活”，并修改其颜色，如图19-36所示。

Step 06 在第4帧处插入关键帧，将文本改为“健康养生”，并修改其颜色，如图19-37所示。

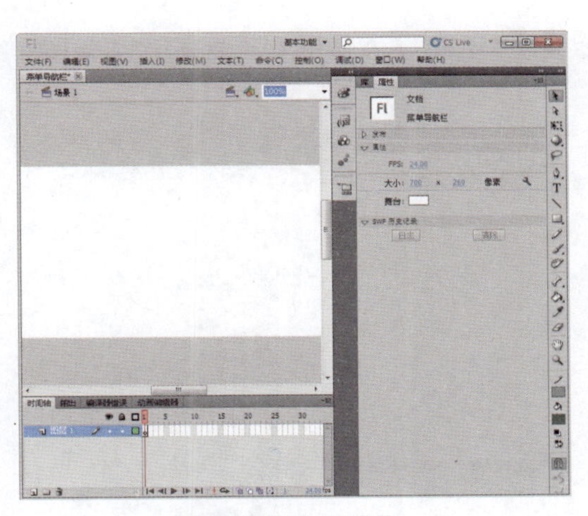

图19-32 设置文档属性

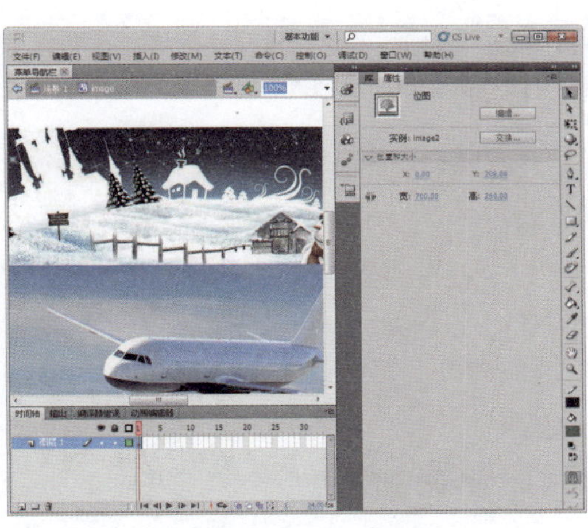

图19-33 新建影片剪辑元件

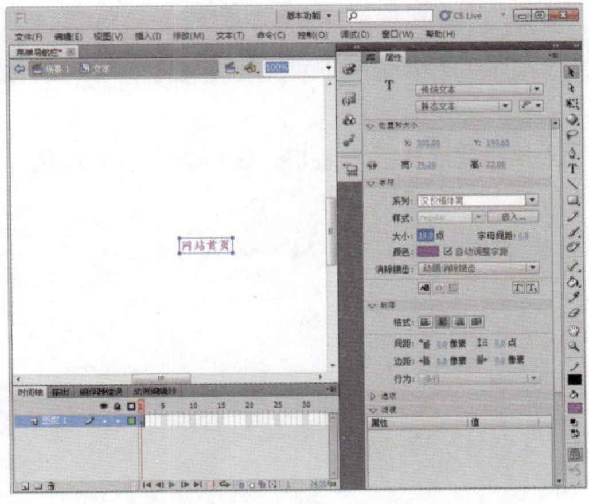

图19-34 新建“文本”影片剪辑

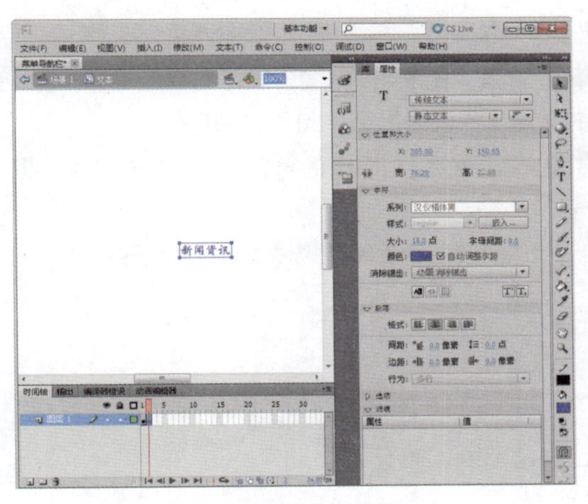

图19-35 设置文本属性

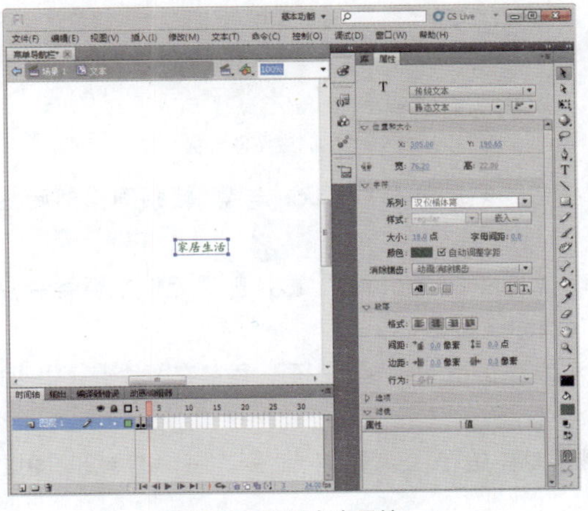

图19-36 设置文本属性

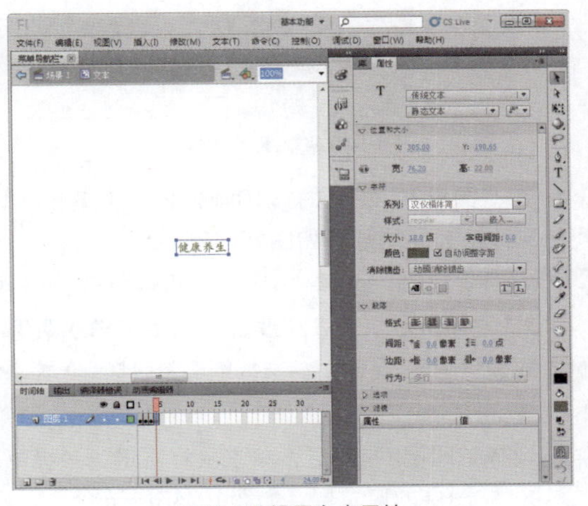

图19-37 设置文本属性

Step 07 在第5帧处插入关键帧，将文本改为“休闲娱乐”，并修改其颜色，如图19-38所示。

Step 08 新建“按钮”影片剪辑元件，将“图层1”图层重命名为“背景”，在第1帧处绘制一个白色矩形图形，其宽为110，高为30，如图19-39所示。

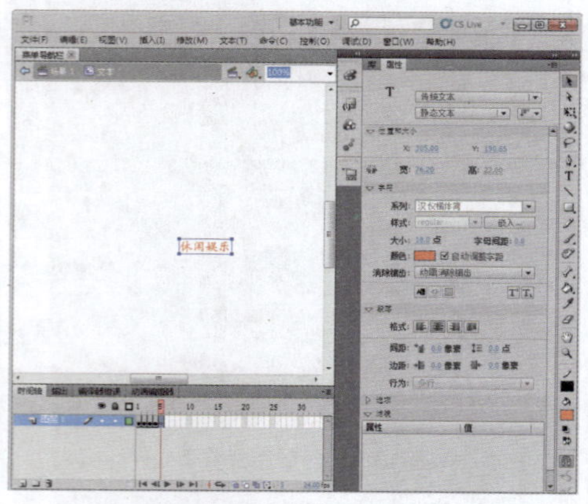

图19-38 设置文本属性

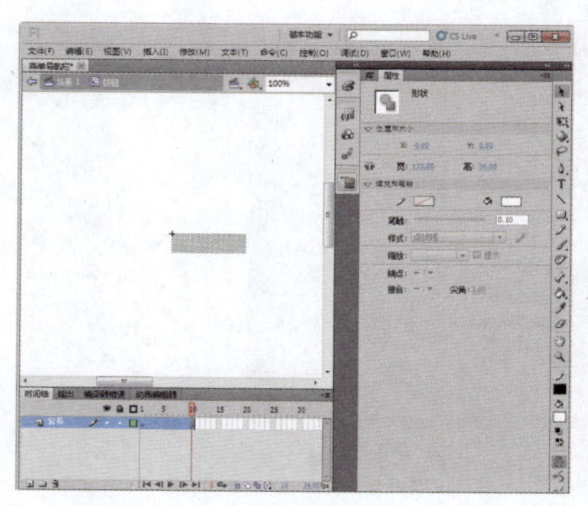

图19-39 绘制矩形图形

Step 09 新建“图层2”图层，选择第1帧，将“库”面板中的“文本”影片剪辑元件拖至矩形上，在“属性”面板中设置其色调为黑色，如图19-40所示。

Step 10 在“图层2”图层的第5帧处插入关键帧，将“按钮”影片剪辑元件适当压扁，设置其色调为白色，如图19-41所示。

图19-40 拖入影片剪辑元件

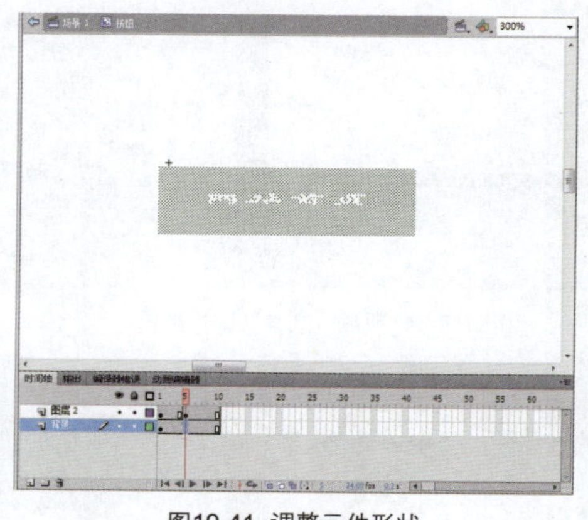

图19-41 调整元件形状

Step 11 在“图层2”图层的第10帧处插入关键帧，恢复“按钮”影片剪辑的形状。与第1帧相同，然后在各帧之间创建传统补间动画，如图19-42所示。

Step 12 返回主场景，选择“图层1”图层的第1帧，将“库”面板中的“image”影片剪辑元件拖至舞台合适位置，如图19-43所示，并在“属性”面板中输入实例名称“image2 ”。

Step 13 新建“图层2”图层，选择图层第1帧，绘制一个700 x 200像素大小的矩形图形，覆盖在图片上，如图19-44所示。

Step 14 选择“图层2”图层，单击鼠标右键，在弹出的快捷菜单中选择“遮罩层”命令，将“图层2”图层设置为“图层1”图层的遮罩层，如图19-45所示。

Step 15 新建“图层3”图层，将“库”面板中的“image ”影片剪辑元件拖至舞台，与“图层1”图层的元件重合，并在“属性”面板输入实例名称“image1 ”，如图19-46所示。

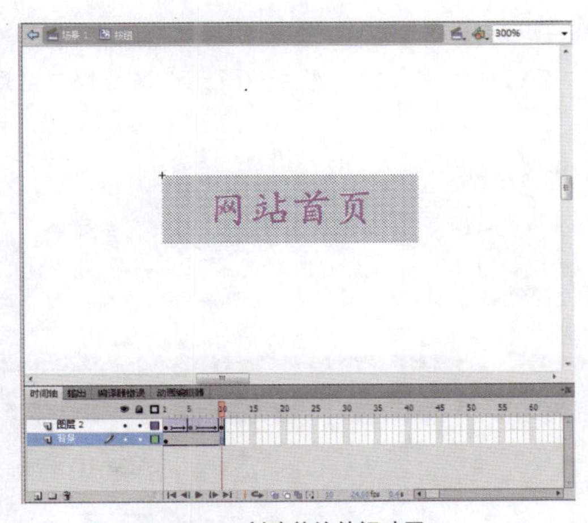

图19-42 创建传统补间动画

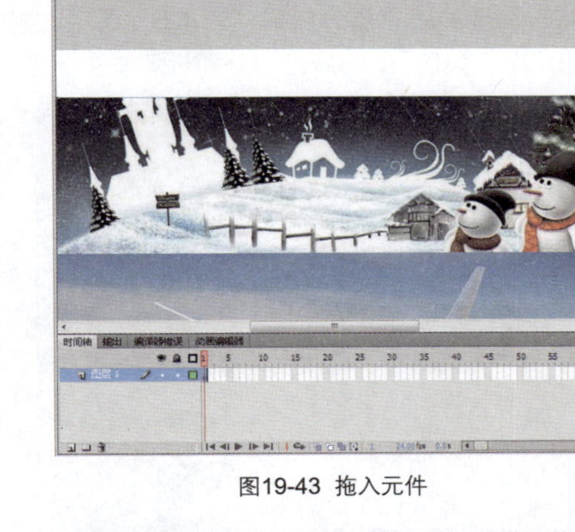

图19-43 拖入元件

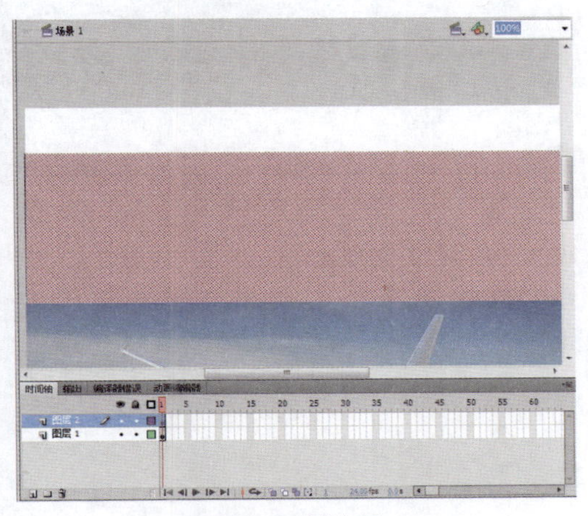

图19-44 绘制图形

图19-45 设置遮罩层

Step 16 新建“图层4”图层，使用矩形工具绘制一个700 x 40的矩形图形，并复制两次，放置在合适位置，如图19-47所示。

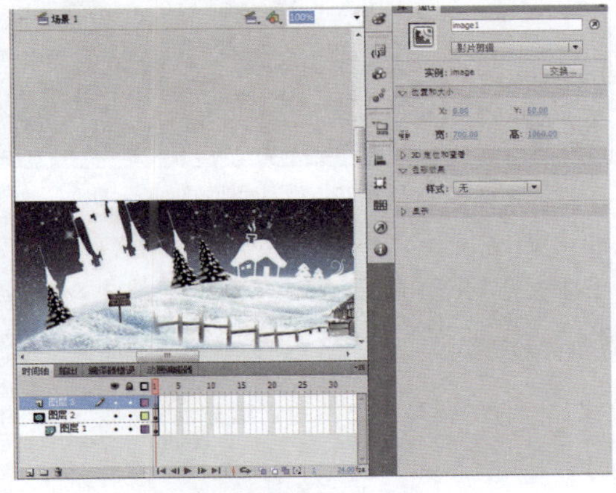

图19-46 输入实例名称

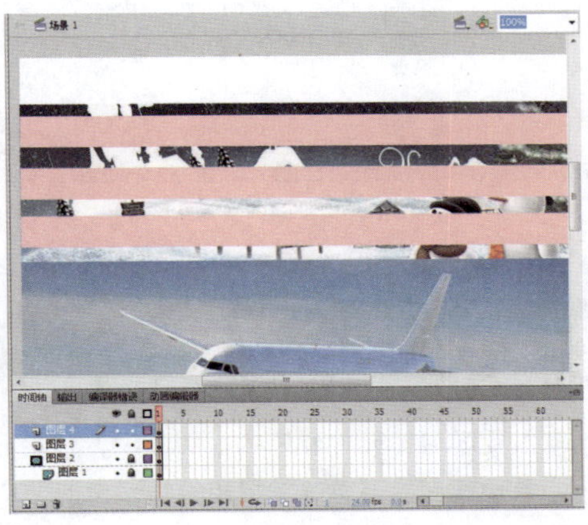

图19-47 绘制矩形图形

Step 17 在“图层4”图层上单击鼠标右键，在弹出的快捷菜单中选择“遮罩层”命令，将“图层4”图层设置为“图层3”图层的遮罩层。新建“图层5”图层，将“库”面板中的“按钮”影片剪辑元件拖至舞台合适位置，并摆放5个，如图19-48所示，分别设置其实例名称为1～5。

Step 18 新建“图层6”图层，使用铅笔工具绘制虚线，如图19-49所示。

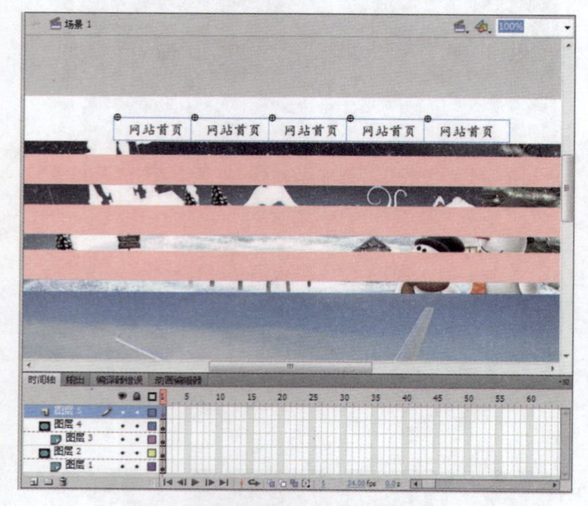

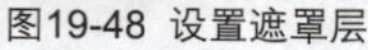
图19-48 设置遮罩层

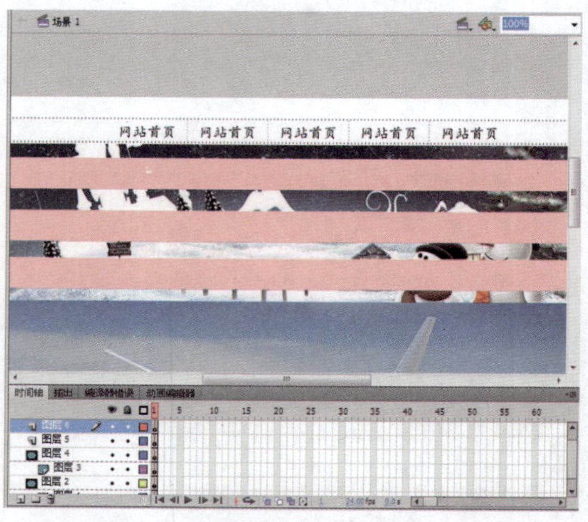

图19-49 绘制虚线

Step 19 新建“图层7”图层，打开“动作”面板，添加动作脚本，如图19-50所示。

Step 20 保存动画文件，按【Ctrl + Enter】组合键预览动画，如图19-51所示。

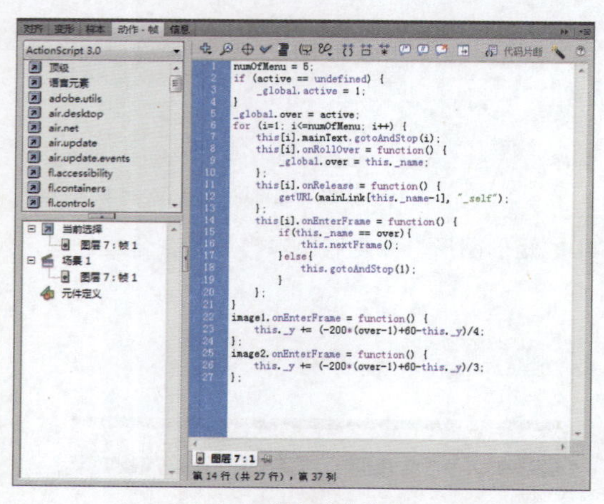

图19-50 添加动作脚本

图19-51 测试动画

19.5 本章小结

本章主要学习了元件和库的相关知识，包括元件的定义、元件的类型、元件的创建与编辑，以及库的常用操作等，希望读者能够熟练掌握相关操作技能。

20 创建网页动画

动画的基本原理是利用人的视觉暂留现象，连续播放一系列静止的画面，产生连续变化的效果。要创建网页动画，需要掌握图层、时间轴及帧的应用。本章就来正式学习各种动画的实现方法。

20.1 动画制作基础

图层与时间轴是Flash动画制作中的重要组成部分。所有动画的播放顺序、动作行为、控制命令及声音等，都是在此编排的。学会使用时间轴是制作动画的基础。图层是时间轴的一部分，在一个完整的动画中会用到多个图层，每个图层分别控制不同的动画效果。本章将向用户介绍图层和时间轴的功能特点，以及在制作动画过程中的具体应用。

20.1.1 图层和时间轴的概念

图层

使用图层有助于内容的整理。每个图层上都可以包含任何数量的对象，这些对象在该图层上又有其他自己内部的层叠顺序。图层中可以加入文本、图片、表格和插件，组成一幅幅复杂丰富的画面。每个图层都是相互独立的，拥有独立的时间轴和独立的帧，可以在一个图层上任意修改图层中的内容而不会影响到其他图层中的内容。

当创建了一个新的Flash文档之后，时间轴中仅包含一个图层。根据需要，用户可自行添加更多图层，以便在文档中组织和管理对象。用户可以对图层进行各种操作，如添加图层、切换图层的状态、更改图层的类型，以及使用图层的特殊功能制作效果等。

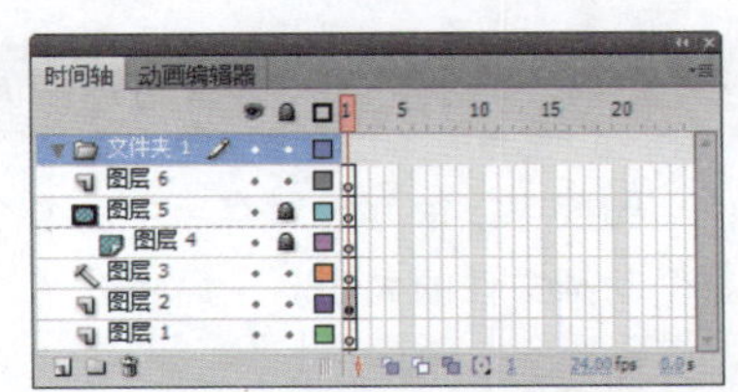

图20-1 图层的6种类型

图层可分为6种类型，如图20-1所示，各种类型的含义分别如下。

- 普通图层：普通状态下的图层，这是最常见的图层，用来显示动画的内容。
- 文件夹层：文件夹层可以将图层分组，被放到同一个文件夹中的图层可以作为整体来设置显示模式，而且还可以收起来，节省界面空间。
- 遮罩层与被遮罩层：放置遮罩的图层，其作用是可以对下一图层（即被遮罩层）进行遮盖。在遮罩层中可以绘制各种形状，无论这些形状填充什么颜色都没有关系，只有这些形状所在的位置才会显示被遮罩层中的内容。被遮罩层与遮罩层是相对应的。
- 引导层与被引导层：这种类型的图层可以设置引导线，用来引导被引导层中的图形依照引导线进行移动。当图层被设置为引导层时，在图层名称的前面会出现一个引导形状的图标，此时该引导层下方的图层被默认为被引导层。被引导层与引导层是相对应的。

时间轴

时间轴用于组织和控制一定时间内的图层和帧中的文档内容。与胶片一样，Flash文档也将时长分为帧。图层就像堆叠在一起的多张幻灯胶片一样，每个图层都包含一个显示在舞台中的不同图像。时间轴的主要组件是图层、帧和播放头。

在时间轴的左侧为“图层查看”区域，右侧为“帧查看”区域。时间轴顶部的时间轴标题指示帧编号。播放头指示当前在舞台中显示的帧。播放文档时，播放头从左向右通过时间轴。在时间轴底部显示的时间轴状态指示所选的帧编号、当前帧速率，以及到当前帧为止的运行时间。

“时间轴”面板是创建动画的基础面板，选择“窗口>时间轴”命令，或按【Ctrl+Alt+T】组合键，即可打开“时间轴”面板，如图20-2所示。

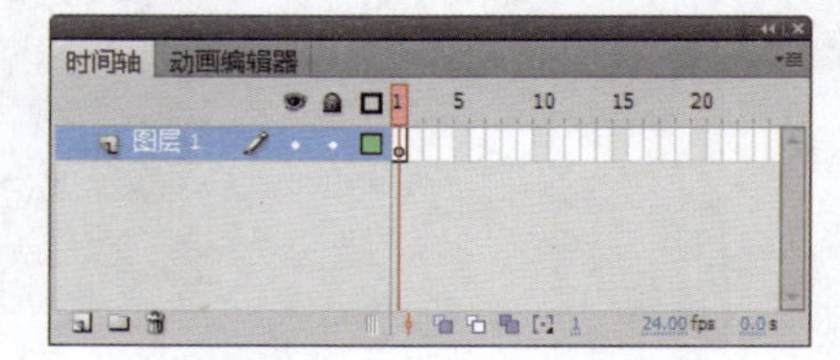

图20-2 “时间轴”面板

在“时间轴”面板中，各主要选项的含义如下。

- 图层：可以在不同的图层中放置相应的对象，从而产生层次丰富、变化多样的动画效果。
- 播放头：用于表示动画当前所在帧的位置。
- 关键帧：指时间轴中用于放置对象的帧，黑色的实心圆表示已经有内容的关键帧，空心圆表示没有内容的关键帧，也称为空白关键帧。
- 当前帧：指播放头当前所在的帧位置。
- 帧频率：指当前动画每秒钟播放的帧数。
- 运行时间：指播放到当前位置所需要的时间。
- 帧标尺：指显示时间轴中的帧所使用时间长度标尺，每一格表示一帧。

技 巧

在播放动画时，将显示实际的帧频；如果计算机不能足够快地计算和显示动画，则该帧频可能与文档的帧频设置不一致。

20.1.2 图层的基本操作

使用图层可以很好地对舞台中的各个对象分类组织，并且可以将动画中的静态元素和动态元素分割开来，减少整个动画文件的大小。下面将介绍创建、命名、选择、删除、复制和排列图层等基本操作的具体方法。

创建图层

新创建一个Flash文件时，Flash会自动创建一个图层，并命名为“图层1”。此后，如果需要添加新的图层，可以使用以下3种方法：

- 选择“插入>时间轴>图层”命令。
- 在“图层”编辑区选择已有的图层，单击鼠标右键，在弹出的快捷菜单中选择“插入图层”命令。
- 单击“时间轴”面板左侧的“新建图层”按钮。

命名图层

Flash默认的图层名是以“图层1”、“图层2”等命名的，为了便于区分各图层放置的内容，可为各图层取一个直观好记的名称，这就需要对图层进行重命名。

重命名图层有以下3种方法。

- 在图层名称上双击，使其进入编辑状态，在文本框中输入新名称，如图20-3所示。
- 选择要重命名的图层并单击鼠标右键，在弹出的快捷菜单中选择“属性”命令，弹出“图层属性”对话框，在“名称”文本框中输入名称，然后单击“确定”按钮，即可为图层重命名。

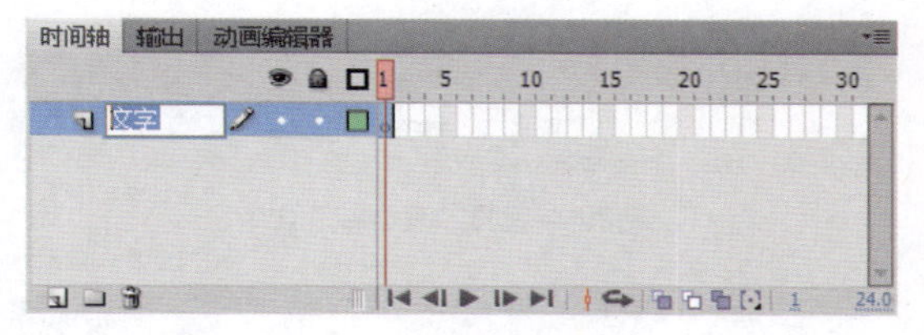

图20-3 命名图层

- 选择要重命名的图层，选择“修改>时间轴>图层属性”命令，在弹出的“图层属性”对话框中也可以对图层重命名。

选择图层

选择图层包括选择单个图层、相邻的多个图层和不相邻的多个图层3种方式。选择单个图层有以下3种方法。

- 在时间轴的“图层查看”区域中的某个图层上单击，即可将其选择。
- 在时间轴的“帧查看”区域的帧格上单击，即可选择该帧所对应的图层。
- 在舞台上单击要选择图层中所含的对象，即可选择该图层。

删除图层

对于不需要的图层中的内容，可以将其删除掉，方法主要有以下3种。

- 选择要删除的图层，按住鼠标不放，将其拖动到“删除”按钮上，释放鼠标即可删除所选图层。
- 选择要删除的图层，然后单击“删除”按钮，即可将选择的图层删除。
- 选择要删除的图层，单击鼠标右键，在弹出的快捷菜单中选择“删除图层”命令。

复制图层

要想复制某图层中的内容，可先选择要复制的图层，选择“编辑>时间轴>复制帧”命令，如图20-4所示，或在要复制的帧上单击鼠标右键，在弹出的快捷菜单中选择“复制帧”命令。然后选择要粘贴帧的新图层，选择“编辑>时间轴>粘贴帧”命令，如图20-5所示，或在要粘贴的帧上单击鼠标右键，在弹出的快捷菜单中选择“粘贴帧”命令，即可将图层中的内容进行复制。

排列图层顺序

在Flash中，可以通过移动图层来重新排列图层的顺序。选择要移动的图层，按住鼠标并拖动，将以一条粗横线表示，如图20-6所示。拖动图层到相应的位置，释放鼠标即可将图层拖动到新的位置，如图20-7所示。

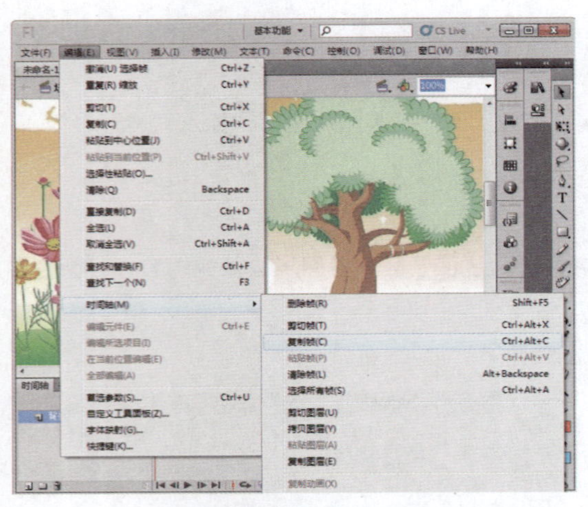

图20-4 选择“复制帧”命令

图20-5 选择“粘贴帧”命令

图20-6 拖动图层

图20-7 调整图层位置

20.1.3 查看图层的状态

用户可以查看图层的当前状态，并可以显示或隐藏图层、锁定图层，以及显示图层的轮廓。下面分别向用户介绍这几种图层状态的特点及应用。

显示与隐藏图层

当舞台上的对象太多，操作起来感觉纷繁杂乱、无从下手，但又不能删除舞台上的对象时，可以将部分图层隐藏。这样舞台就会显得更有条理，操作起来也更加方便明了。隐藏和显示图层有以下3种方法。

- 单击图层名称右侧的隐藏栏即可隐藏图层，隐藏的图层上将标记一个✕符号，再次单击隐藏栏则显示图层。
- 单击“显示或隐藏所有图层”按钮，可以将所有的图层隐藏，再次单击该按钮则显示所有图层。图层被隐藏后不能再对其进行编辑。
- 在图层的隐藏栏中上下拖动鼠标，可以隐藏多个图层或取消隐藏多个图层。

锁定图层

在Flash中，除了隐藏图层外，还可以用锁定图层的方法防止不小心修改已编辑好的图层中的内容。选定要锁定的图层，单击“隐藏或解除锁定所有图层”图标下方该层的图标，图标变为图标，表示该图层处于锁定状态，再次单击该层中的图标即可解锁。

显示图层的轮廓

图层处于轮廓显示时，舞台中的对象只显示其角色外的轮廓。当某个图层中的对象被另外一个图层中的对象所遮盖时，可以使遮盖层处于轮廓显示，以便于对当前图层进行编辑。显示轮廓有以下3种方法。

- 单击某一图层中的“轮廓显示”按钮，可以使该图层中的对象以轮廓方式显示，如图20-8所示。再次单击该按钮，可恢复图层中对象的正常显示，如图20-9所示。

图20-8 显示轮廓

图20-9 正常显示

- 单击“时间轴”面板上的“将所有对象显示为轮廓”按钮，可将所有图层中的对象显示为轮廓，再次单击该按钮可恢复显示。
- 在轮廓线列拖曳鼠标可以使多个图层中的对象以轮廓的方式显示或恢复正常显示。

每个对象的轮廓颜色和其所在图层右侧的“将所有对象显示为轮廓”图标的颜色相同，这样就可以一眼看出哪个对象属于哪个图层，从而方便对影片进行操作。

20.1.4 图层文件夹的创建与管理

利用图层文件夹可以使图层的组织更加有序，在图层文件夹中可以嵌套其他图层文件夹。图层文件夹可以包含任意图层，包含的图层或图层文件夹将缩进显示。

创建图层文件夹

通过图层文件夹，可以将图层放在一个树形结构中，这样有助于组织工作流程。要查看文件夹包含的图层而不影响在舞台中可见的图层，需要展开或折叠该文件夹。文件夹中可以包含图层，也可以包含其他文件夹，使用户可以像在计算机中组织文件一样来组织图层。

新建图层文件夹有以下3种方法。

- 选择“插入>时间轴>图层文件夹”命令。

- 选择某个图层，单击鼠标右键，在弹出的快捷菜单中选择“插入文件夹”命令，如图20-10所示。
- 单击“时间轴”面板中的“新建文件夹”按钮，如图20-11所示。

图20-10 选择“插入文件夹”命令

图20-11 单击“新建文件夹”按钮

组织图层文件夹

当文件夹的数量增多后，可以为文件夹再添加一个上级文件夹。在Flash CS5.5中，可以像编辑图层一样，对图层文件夹进行重命名、删除、复制和排列等。“时间轴”面板中的图层控制将影响文件夹中的所有图层，如锁定一个图层文件夹将锁定该文件夹中的所有图层。

可对图层文件夹进行以下编辑。

- 要将图层或图层文件夹移动到图层文件夹中，可将该图层或图层文件夹的名称拖到目标图层文件夹的名称中。
- 要更改图层或文件夹的顺序，可将时间轴中的一个或多个图层或文件夹拖到所需位置。
- 要展开或折叠文件夹，可单击该文件夹名称左侧的三角形。
- 要展开或折叠所有文件夹，可单击鼠标右键，然后在弹出的快捷菜单中选择“展开所有文件夹”或“折叠所有文件夹”命令。

分散到图层

使用“分散到图层”命令，可以自动为每个对象创建并命名新图层，并且将这些对象放置到对应的图层中。用户可以对舞台中的图形对象、实例、位图、视频剪辑和分离文本块等应用“分散到图层”命令。对于实例和位图对象，将其分散到图层后，新图层将按对象的名称命名。

在Flash CS5.5中，调用“分散到图层”命令有以下3种方法。

- 选择“修改>时间轴>分散到图层”命令。
- 按【Ctrl+Shift+D】组合键。
- 在舞台上选择要分散到图层的对象，单击鼠标右键，在弹出的快捷菜单中选择“分散到图层”命令，如图20-12所示。

图20-12 选择“分散到图层”命令

20.2 帧的操作

帧是创建动画的基础，也是构建动画最基本的元素之一。在时间轴中可以很明显地看出帧和图层是一一对应的。在时间轴中为元件设置在一定时间中显示的帧范围，然后使元件的图形内容在不同的帧中产生如大小、位置或形状等的变化，再以一定的速度从左到右播放时间轴中的帧，即可形成“动画”的视觉效果。帧在时间轴上的排列顺序决定了一个动画的播放顺序，至于每帧有什么具体内容，则需要在相应的帧的工作区域内进行制作。

20.2.1 帧的3种基本类型

在时间轴中，帧主要有两种，即普通帧和关键帧。其中关键帧有两种，一种是包含内容的关键帧，这种关键帧在时间轴中以一个实心的小黑点来表示；另一种是空白关键帧，以一个空心的小圆点来表示。在时间轴中，不同的帧其标识也不同，如图20-13所示。

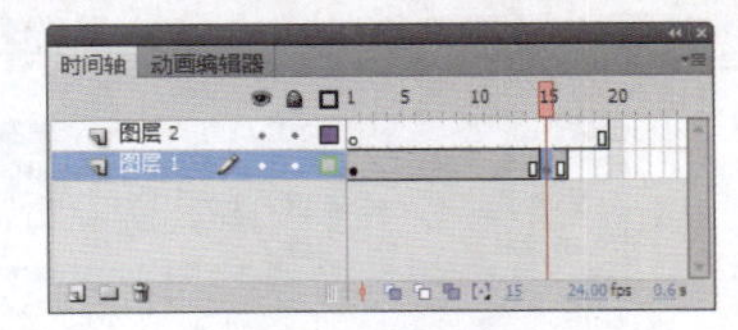

图20-13 帧的标识

- 普通帧：普通帧一般位于关键帧后方，其作用是延长关键帧中动画的播放时间，一个关键帧后的普通帧越多，该关键帧的播放时间越长。
- 关键帧：关键帧是指在动画播放过程中，呈现关键性动作或关键性内容变化的帧。关键帧定义了动画的变化环节。
- 空白关键帧：这是Flash中的另一种关键帧，这种关键帧在时间轴中以一个空心圆来表示，该关键帧中没有任何内容，其前面最近一个关键帧中的图像只延续到该空白关键帧前面的一个普通帧。

20.2.2 设置帧频

帧频是指动画播放的速度，以每秒播放的帧数（fps）为度量单位。帧频太慢会使动画看起来一顿一顿的，帧频太快会使动画的细节变得模糊。24fps的帧速率是Flash文档的默认设置，通常在Web上提供最佳效果。标准的动画速率也是24fps。在Flash CS5.5中，使用以下3种方法可以重新设置帧频。

- 在“时间轴”面板底部的“帧频率”标签上双击，在文本框中直接输入帧频。
- 在“文档设置”对话框的“帧频”文本框中直接设置帧频，如图20-14所示。
- 在“属性”面板的“FPS（帧频）”文本框中直接输入帧的频率，如图20-15所示。

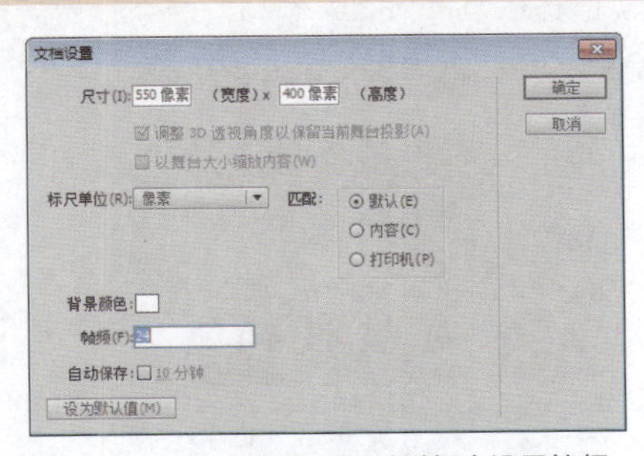

图20-14 在“文档设置”对话框中设置帧频

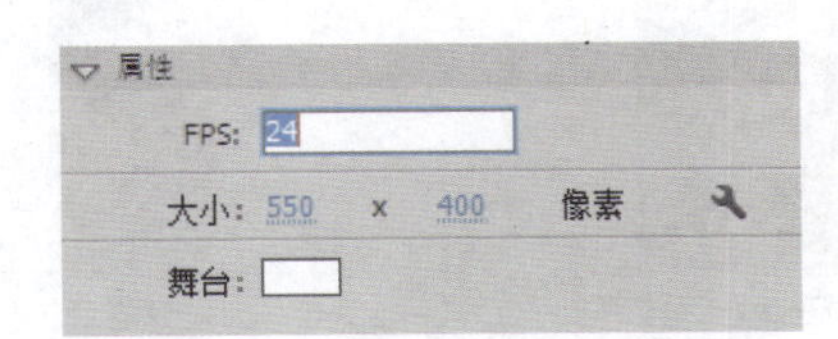

图20-15 在“属性”面板中设置帧频

动画的复杂程度和播放动画的计算机的速度会影响回放的流畅程度，若要确定最佳帧速率，可在各种不同的计算机上测试动画。

20.2.3 帧的编辑操作

在Flash CS5.5中，通过编辑帧可以确定每一帧中显示的内容、动画的播放状态和播放时间等。编辑帧包括选择帧、删除帧、清除帧、复制与粘贴帧、移动帧，以及翻转帧等操作。

选择帧

在Flash CS5.5中，选择帧的方法主要有以下3种。

- 若要选中单个帧，只需单击帧所在位置即可。
- 若要选择连续的多个帧，只需按住【Shift】键，然后分别选中连续帧中的第1帧和最后一帧即可，如图20-16所示。
- 若要选择不连续的多个帧，只需按住【Ctrl】键，然后依次单击要选择的帧即可，如图20-17所示。

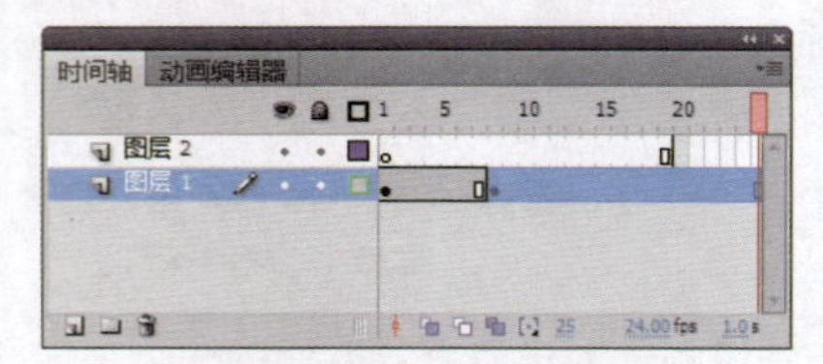

图20-16 选择连续的多个帧

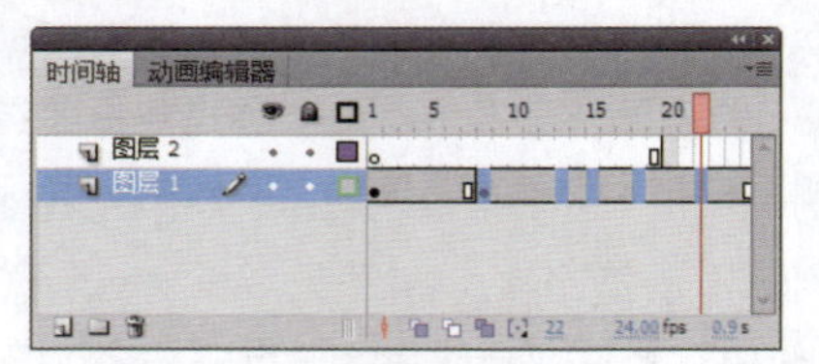

图20-17 选择不连续的多个帧

删除帧

在使用Flash制作动画的过程中，当所创建的帧不符合要求或者不需要某些帧中的内容时，就可以对其进行删除。

选择要删除的帧并单击鼠标右键，在弹出的快捷菜单中选择“删除帧”命令或按【Shift+F5】组合键，即可删除选择的帧。

清除帧

清除关键帧可以将选中的关键帧转化为普通帧。其方法是选中要清除的关键帧，然后单击鼠标右键，在弹出的快捷菜单中选择“清除关键帧”命令或按【Shift+F6】组合键。清除帧相当于转换为空白帧，而删除帧是去掉当前帧，会使动画少一帧。

复制与粘贴帧

复制帧的方法有以下两种。

- 选中要复制的帧，然后按【Alt】键将其拖动到要复制的位置。
- 在时间轴中用鼠标右键单击要复制的帧，在弹出的快捷菜单中选择“复制帧”命令，然后用鼠标右键单击目标帧，在弹出的快捷菜单中选择“粘贴帧”命令，如图20-18和图20-19所示。

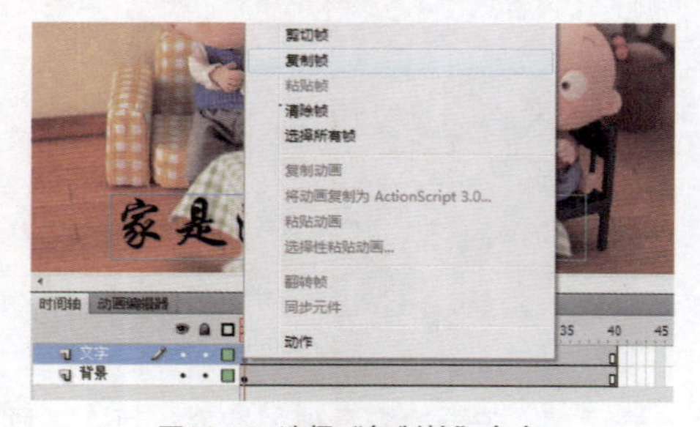

图20-18 选择“复制帧”命令

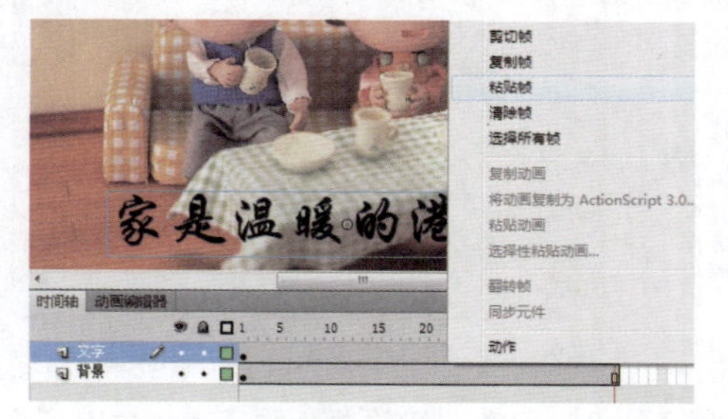

图20-19 选择“粘贴帧”命令

移动帧

移动帧的方法有以下两种。

- 选中要移动的帧，然后按住鼠标将其拖动到目标位置即可。
- 选择要移动的帧，然后单击鼠标右键，在弹出的快捷菜单中选择“剪切帧”命令，如图20-20所示，然后在目标位置再次单击鼠标右键，在弹出的快捷菜单中选择“粘贴帧”命令，如图20-21所示。

图20-20 选择“剪切帧”命令

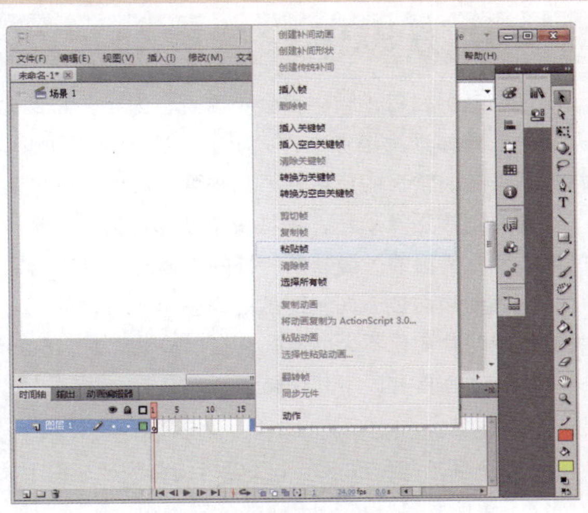

图20-21 粘贴帧

翻转帧

使用翻转帧功能，可以使选择的一组帧反序，即最后一个关键帧变为第一个关键帧，第一个关键帧成为最后一个关键帧。要翻转帧，应首先选择时间轴中的某一图层上的所有帧（该图层上至少包含有两个关键帧，且位于帧序的开始和结束）或多个帧，然后使用以下任意一种方法即可完成翻转帧的操作。

- 选择“修改>时间轴>翻转帧”命令，如图20-22所示。
- 在选择的帧上单击鼠标右键，在弹出的快捷菜单中选择“翻转帧”命令，如图20-23所示。

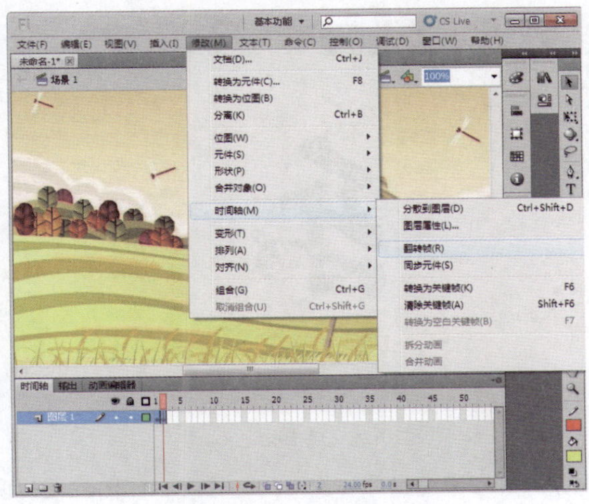

图20-22 执行菜单命令

图20-23 选择“翻转帧”命令

20.3 制作各类动画

Flash时间轴基础动画的制作包括逐帧动画、形状补间动画、补间动画和传统补间动画。前面已经介绍了时间轴、帧和图层等基础知识，下面将介绍这几种时间轴基础动画的特点及制作方法。

20.3.1 逐帧动画

逐帧动画在每一帧中都会更改舞台内容，它最适合于图像在每一帧中都在变化而不仅是在舞台上移动的复杂动画。逐帧动画增加文件大小的速度比补间动画快得多。在逐帧动画中，Flash会存储每个完整帧的值。逐帧动画具有非常大的灵活性，几乎可以表现任何想要表现的内容。

若要创建逐帧动画，请将每个帧都定义为关键帧，然后为每个帧创建不同的图像。每个新关键帧最初包含的内容和它前面的关键帧是一样的，因此可以递增地修改动画中的帧。

逐帧动画由位于同一图层的许多单个关键帧组合而成，在每个帧上都有关键性变化的动画，适合制作相邻关键帧中对象变化不大的动画。在播放动画时，Flash就会一帧一帧地显示每一帧中的内容。

逐帧动画具有以下几个特点。

- 逐帧动画会占用较大的内存，因此文件很大。
- 逐帧动画由许多单个关键帧组合而成，每个关键帧均可独立编辑，并且相邻关键帧中的对象变化不大。
- 逐帧动画中的每一帧都是关键帧，每个帧的内容都要进行手动编辑，工作量很大，因此如果不是特别需要，建议不采用逐帧动画的方式。

制作逐帧动画主要是在制作动画的过程中创建逐帧动画中每一帧的内容，这项工作是在Flash内部完成的。制作好每一帧的内容，选择“控制>播放”命令即可看到动画效果。

下面以书写毛笔字为例来讲解逐帧动画的制作过程，具体操作步骤如下。

Step 01 在Flash文档中新建“背景”图形元件，将本书附带光盘中的“素材\Chapter-20\制作各类动画\背景1.jpg”文件拖入舞台中央，如图20-24所示。新建“乐”影片剪辑元件，在舞台中央添加汉字“乐”的静态文本并打散成图形，如图20-25所示。

图20-24 新建“背景”图形元件

图20-25 打散图形

Step 02 整个动画的制作过程是利用工具箱中的橡皮擦工具按照写字笔画逆序一点点抹去该字，如图20-26所示。在该图层的第1～14帧建立用橡皮擦工具一点点抹去右边点的逐帧动画，如图20-27所示。

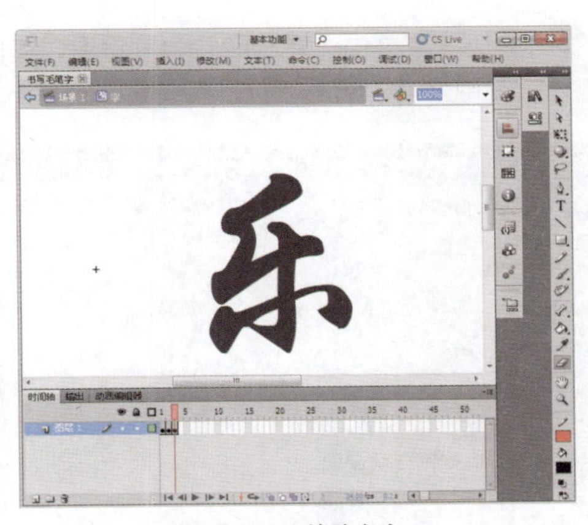
图20-26 擦除文字

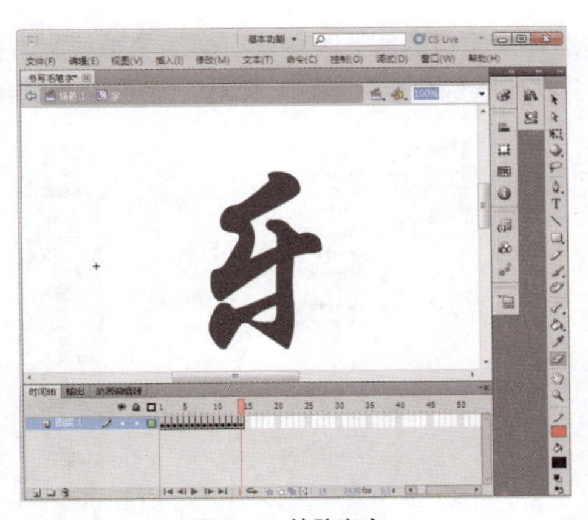
图20-27 擦除文字

Step 03 在该图层的第15～38帧建立用橡皮擦工具一点点地抹去左边点的逐帧动画，如图20-28所示。在该图层的第39～81帧建立用橡皮擦工具一点点地抹去中间竖钩部分的逐帧动画，如图20-29所示。

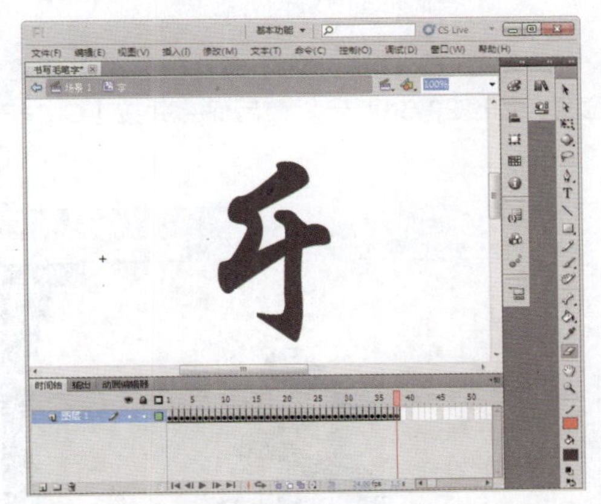
图20-28 擦除文字

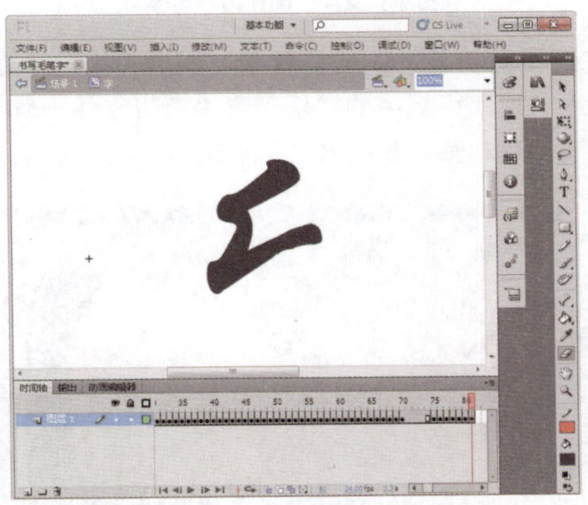
图20-29 擦除文字

Step 04 在该图层的第82～134帧建立用橡皮擦工具一点点抹去文字竖折部分的逐帧动画，如图20-30所示。在该图层的第134～150帧建立用橡皮擦工具一点点抹去文字撇部分的逐帧动画，如图20-31所示。

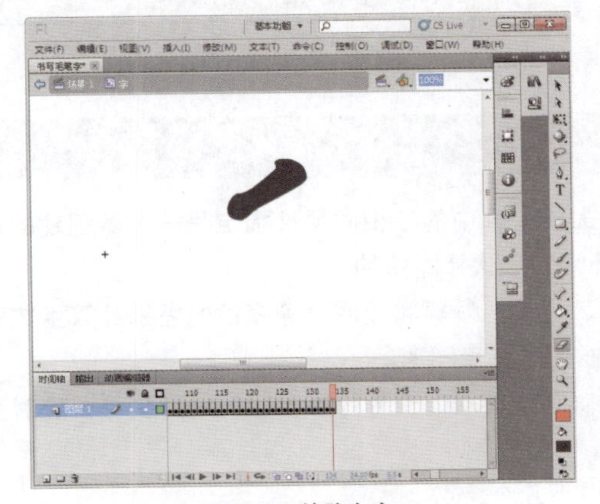
图20-30 擦除文字

图20-31 擦除文字

Step 05 选择该图层的所有关键帧，然后单击鼠标右键，在弹出的快捷菜单中选择“翻转帧”命令，如图20-32所示。并在图层的最后一帧的“动作”面板中添加stop();语句，如图20-33所示。

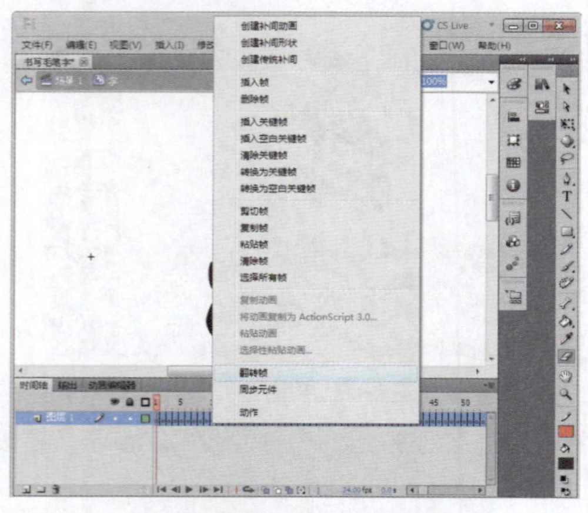
图20-32 选择“翻转帧”命令

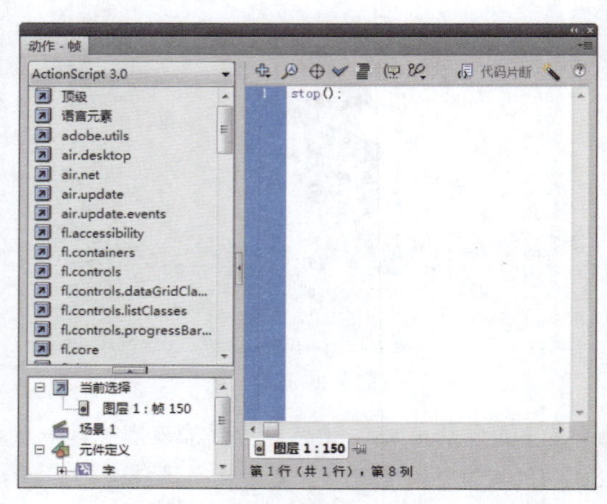
图20-33 添加动作脚本

Step 06 返回主场景，新建“背景”图层，拖入“库”面板中的“背景”图形元件于舞台中央，再新建一个图层，拖入“库”面板中的“乐”影片剪辑元件于舞台合适位置，如图20-34所示。最后保存并按【Ctrl+Enter】组合键测试该动画，如图20-35所示。

图20-34 返回主场景

图20-35 测试动画

20.3.2 补间动画

补间是通过为一个帧中的对象属性指定一个值，并为另一个帧中的该相同属性指定另一个值创建的动画，Flash自动计算这两个帧之间该属性的值。补间分为运动补间和形状补间两种。

运动补间是根据同一对象在两个关键帧中大小、位置、旋转、倾斜和透明度等属性的差别计算生成的，主要用于组、图形元件、按钮、影片剪辑及位图等，但是不能用于矢量图形。

形状补间动画适用于图形对象。在两个关键帧之间可以制作出图形变形效果，让一种形状可以随时变化成另一种形状，还可以使形状的位置、大小和颜色进行渐变。

与逐帧动画相比，运动补间动画和形状补间动画具有以下几个特点。

- 由于补间动画并不需要手动创建每个帧的内容，只需创建两个帧的内容，两个帧之间的所有动画都由Flash创建，因此其制作方法简单方便。
- 由于补间动画除了两个关键帧用手动控制外，中间的帧都由Flash自动生成，技术含量更高，因此过渡更为自然连贯，因此其渐变过程更为连贯。
- 渐变动画的文件更小，占用内存少。

下面以运动的文字为例来制作一个补间动画，具体操作步骤如下。

Step 01 启动Flash应用程序，新建Flash文档，在“文档设置”对话框中设置舞台大小和帧频，如图20-36所示。将“图层1”图层重命名为“背景”图层中，将本书附带光盘中的“素材\Chapter-20\制作各类动画\背景2.jpg”文件拖至舞台，调整图片大小并放置在合适的位置，如图20-37所示。

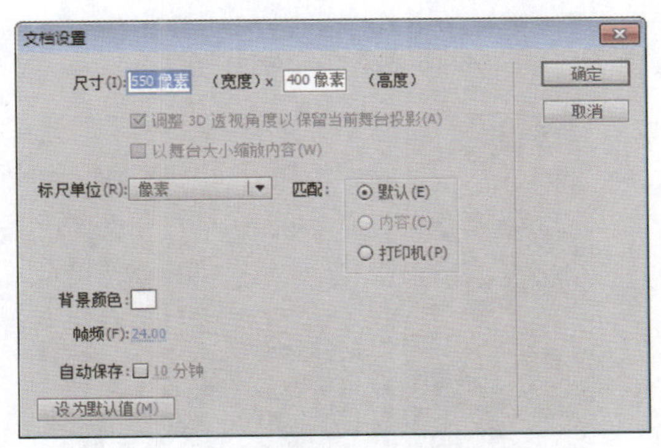

图20-36 设置文档属性

图20-37 设置背景

Step 02 新建“文字”图形元件，使用文本工具输入文字，并设置文本的属性，如图20-38所示。返回主场景，新建文字图层，在该图层的第1帧位置，将文字元件拖至舞台下方，并在“背景”图层的第40帧处插入帧，如图20-39所示。

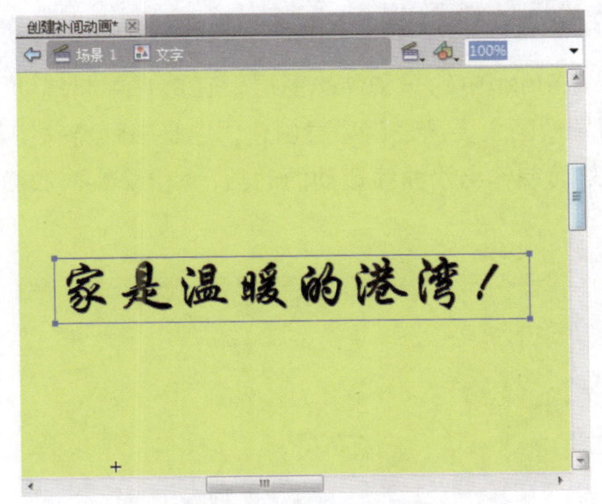

图20-38 新建文字图形元件

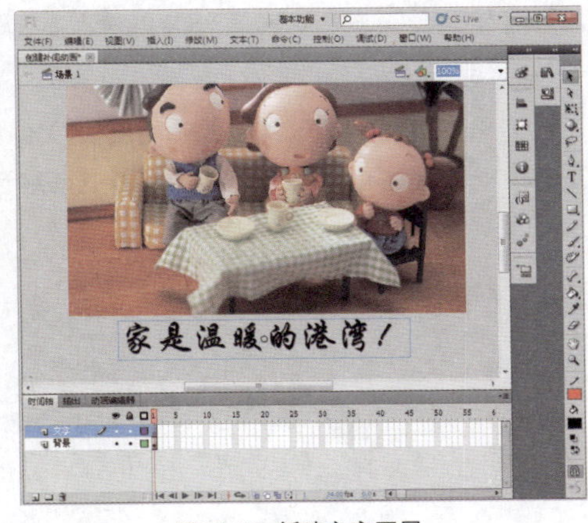

图20-39 新建文字图层

Step 03 在文字图层的第40帧处插入关键帧，并将文字图形元件往上移动，如图20-40所示。在文字图层的帧中间单击鼠标右键，在弹出的快捷菜单中选择“创建传统补间”命令，如图20-41所示。

Step 04 在文字图层的第40帧处添加动作脚本stop();，如图20-42所示。最后保存并按【Ctrl+Enter】组合键测试该动画，如图20-43所示。

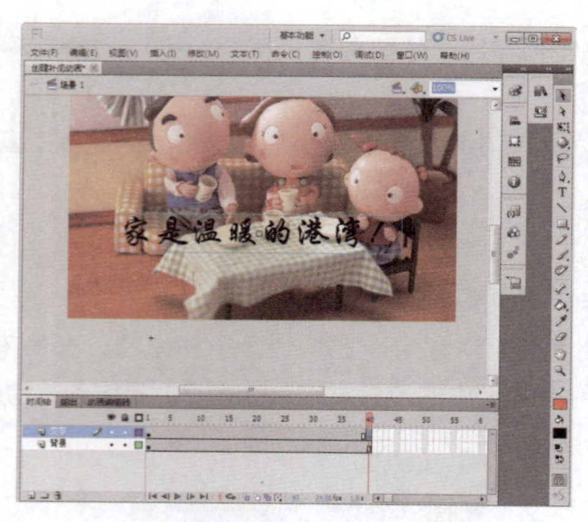

图20-40 移动文字

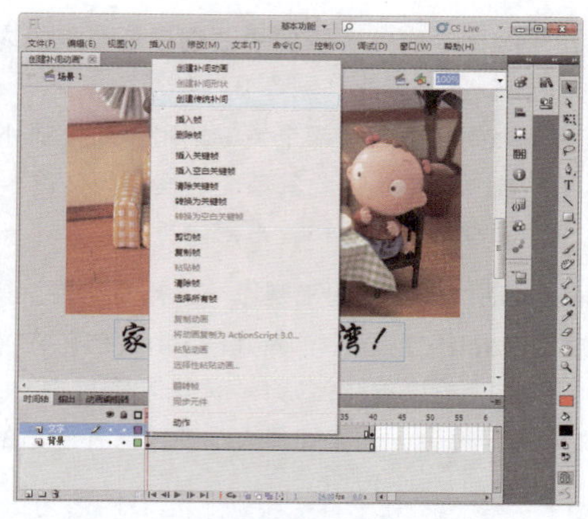

图20-41 选择“创建传统补间”命令

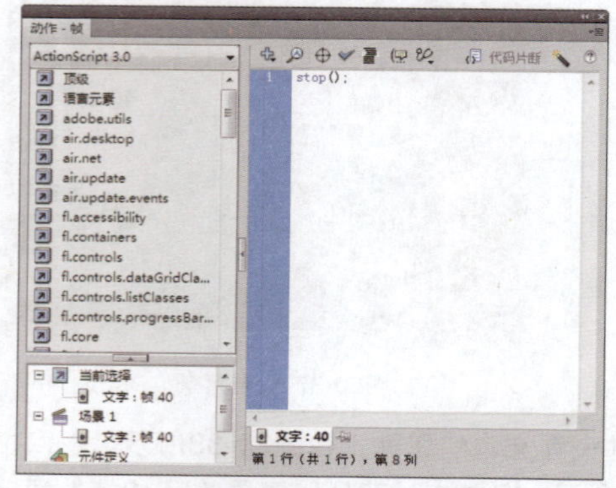

图20-42 添加动作脚本

图20-43 测试动画

20.3.3 运动引导动画

在制作运动引导动画时，必须要创建引导层，引导层是Flash中的一种特殊图层，在影片中起辅助作用。引导层不会导出，因此不会显示在发布的SWF文件中。引导动画主要通过引导层创建，它是一种特殊图层，在这个图层中有一条线，可以让某个对象沿着这条线运动，从而制作出沿曲线运动的动画，如图20-44和图20-45所示。

图20-44 第一帧

图20-45 最后一帧

多个对象的引导动画是指将多个被引导层中的对象链接到引导层中，从而引导多个对象的动画。如可以制作物体相撞的动画效果，如图20-46和图20-47所示。

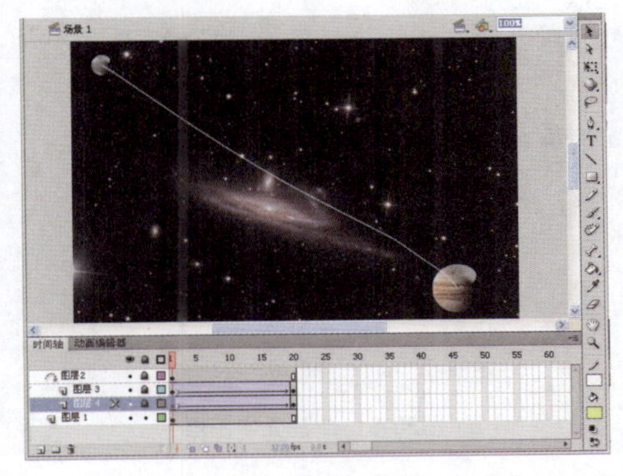
图20-46 第一帧

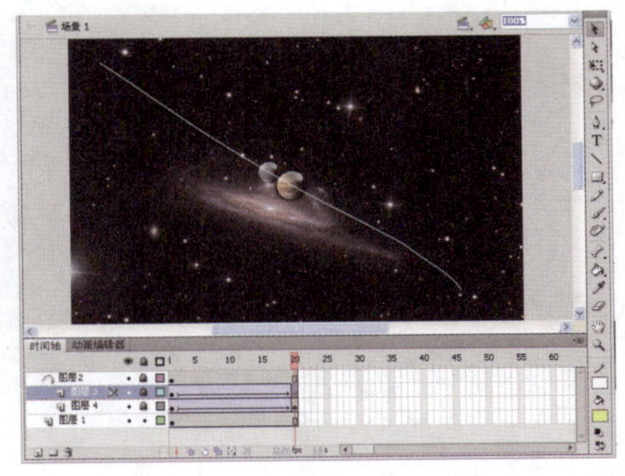
图20-47 最后一帧

20.3.4 遮罩动画

遮罩动画是指在Flash动画中至少会使用一种遮罩效果的动画。遮罩效果在Flash中的应用非常广泛。遮罩动画是Flash设计中对元件或影片剪辑控制的一个重要部分，在设计动画时，首先要分清楚哪些元件需要运用遮罩，在什么时候运用遮罩，合理地运用遮罩效果会使动画看起来更流畅，元件与元件之间的衔接时间也很准确，具有丰富的层次感和立体感。

在制作遮罩层动画时，应注意以下3点。

- 若要获得聚光灯效果和过渡效果，可以使用遮罩层创建一个孔，通过这个孔可以看到下面的图层。遮罩项目可以是填充的形状、文字对象、图形元件的实例或影片剪辑。将多个图层组织在一个遮罩层下可创建复杂的效果。
- 若要创建动态效果，可以让遮罩层动起来。
- 若要创建遮罩层，请将遮罩项目放在要用做遮罩的图层上。

下面以制作探照灯效果为例来制作一个遮罩动画，具体操作步骤如下。

Step 01 新建一个Flash文档，新建背景图层，将本书附带光盘中的“素材\Chapter-20\制作各类动画\背景3.jpg”文件拖至舞台合适位置，如图20-48所示。新建文字图形元件，使用文本工具输入文字，如图20-49所示。

图20-48 设置背景

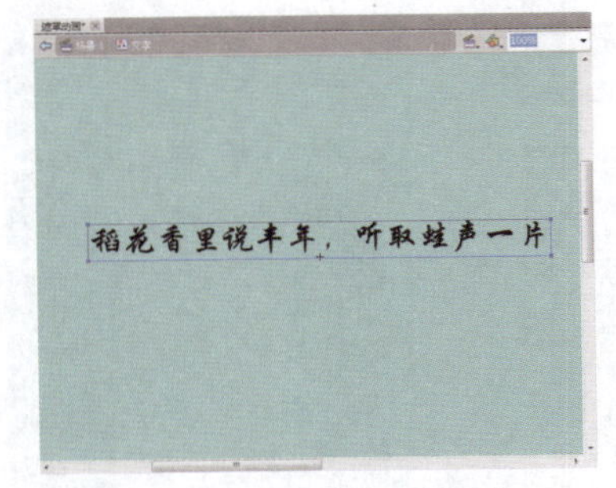

图20-49 创建文字图形元件

Step 02 新建遮罩图形元件，使用椭圆工具绘制一个正圆，如图20-50所示。返回主场景，新建文字图层，在该图层的第1帧位置将文字元件拖至舞台的合适位置，如图20-51所示。

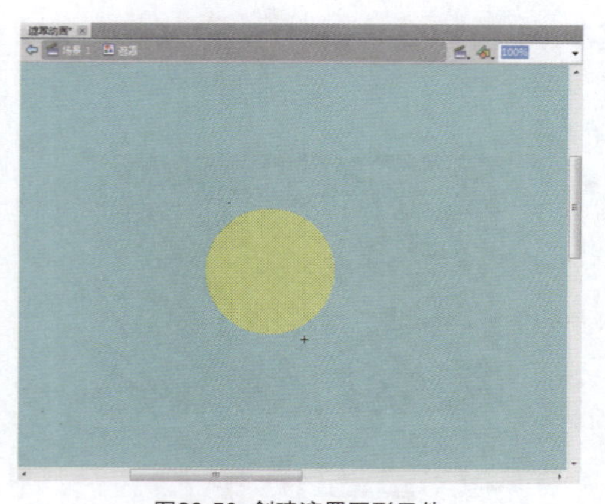

图20-50 创建遮罩图形元件

图20-51 新建文字图层

Step 03 新建遮罩层，在该图层的第1帧位置将遮罩元件拖至舞台左侧，如图20-52所示。在遮罩层的第45帧处插入关键帧，并将遮罩元件拖至舞台右侧，分别在文字和背景图层的第45帧处插入帧，如图20-53所示。

图20-52 新建遮罩层

图20-53 移动遮罩元件

Step 04 在遮罩层创建传统补间动画，然后在遮罩层上单击鼠标右键，在弹出的快捷菜单中选择“遮罩层”命令，如图20-54所示。最后保存并按【Ctrl+Enter】组合键测试该动画，如图20-55所示。

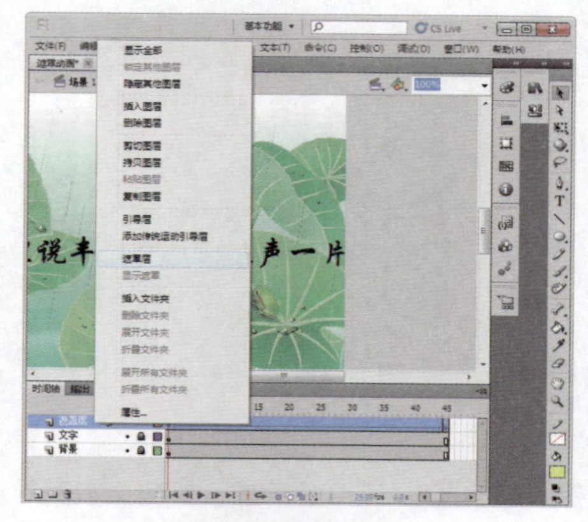

图20-54 设置遮罩层

图20-55 测试动画

20.3.5 滤镜动画

使用Flash 中的滤镜（图形效果），可以为文本、按钮和影片剪辑增添有趣的视觉效果。Flash所独有的一个功能是可以使用补间动画让应用的滤镜动起来。

用户可以直接从“属性”面板中的“滤镜”选项组中为对象添加滤镜。选择要添加滤镜的对象，在“属性”面板中展开“滤镜”选项组，在面板底部单击“添加滤镜”按钮，在打开的下拉列表框中选择一种滤镜，然后设置相应的参数即可。滤镜效果包括投影、模糊、发光、斜角、渐变发光、渐变斜角和调整颜色等效果，如图20-56所示。

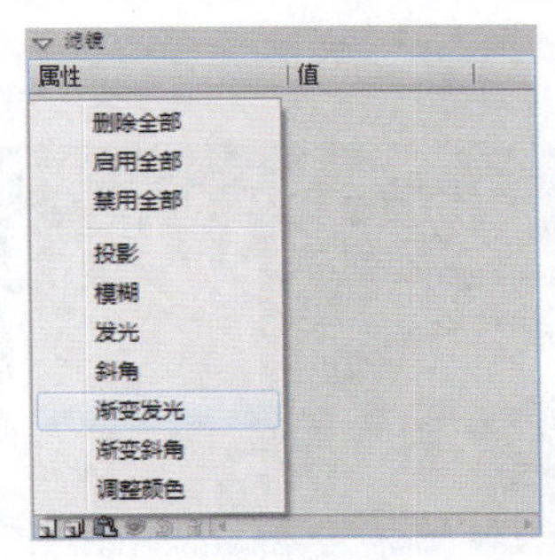

图20-56 滤镜效果

20.4 实例精讲

前面介绍了创建网页动画的相关知识，如图层、时间轴、帧，以及各种动画的制作。下面将以制作化妆品广告和网站片头为例，巩固前面所学的知识。

20.4.1 制作化妆品广告

Step 01 打开本书附带光盘中的“素材\Chapter-20\化妆品广告动画\化妆品广告动画素材.fla”文件并另存。将“图层1”图层重命名为“底”，将“库”面板中的“底.jpg”图片拖至舞台中，然后在第100帧插入普通帧，如图20-57所示。

Step 02 在“底”图层上方新建“星空”图层。将“库”面板中的影片剪辑元件“星空”拖至舞台中，设置该元件的Alpha值为50%，如图20-58所示。

图20-57 拖入背景图片

图20-58 拖入元件并设置Alpha值

Step 03 在“星空”图层上方新建“广告语”图层。在第40帧处插入关键帧，将“广告语”元件拖至舞台中，如图20-59所示。

Step 04 在“广告语”图层上方新建“星光”图层。将“库”面板中的“星光”元件拖至舞台中，并调整其位置，如图20-60所示。

图20-59 新建“广告语”图层

图20-60 新建“星光”图层

Step 05 在“星光”图层上方新建“文字”图层。在第7帧处插入关键帧，使用文本工具输入文字，如图20-61所示。

Step 06 在“文字”图层上方新建“遮罩”图层。在第7帧处插入关键帧，使用矩形工具绘制图形并填充颜色，如图20-62所示。

图20-61 新建“文字”图层

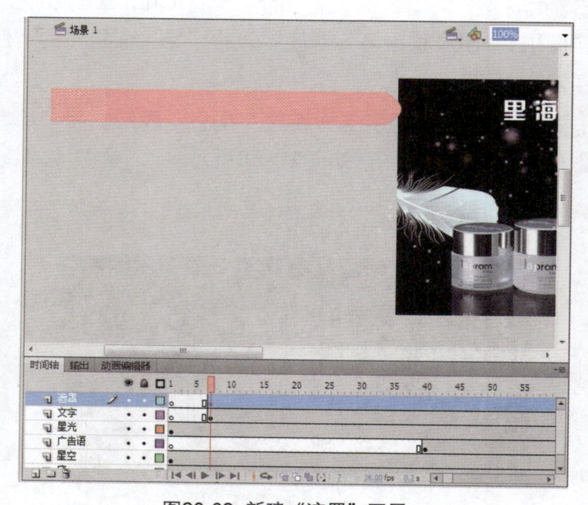

图20-62 新建“遮罩”图层

Step 07 在第90帧处插入关键帧，将图形向右移动，并在第7～90帧之间创建形状补间动画，如图20-63所示。

Step 08 在“遮罩”图层上单击鼠标右键，在弹出的快捷菜单中选择“遮罩层”命令，将该图层设置为遮罩层，如图20-64所示。

Step 09 在“遮罩”图层上方新建“声音”图层。选择第1帧，在“属性”面板中添加声音，如图20-65所示。

Step 10 保存文件，按【Ctrl + Enter】组合键测试动画，如图20-66所示。

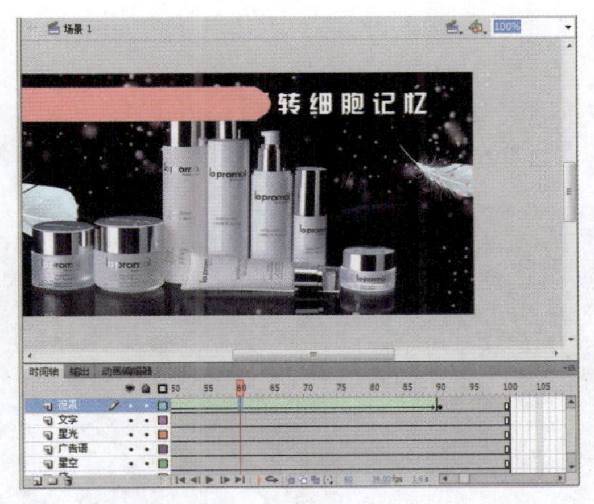

图20-63 创建形状补间动画

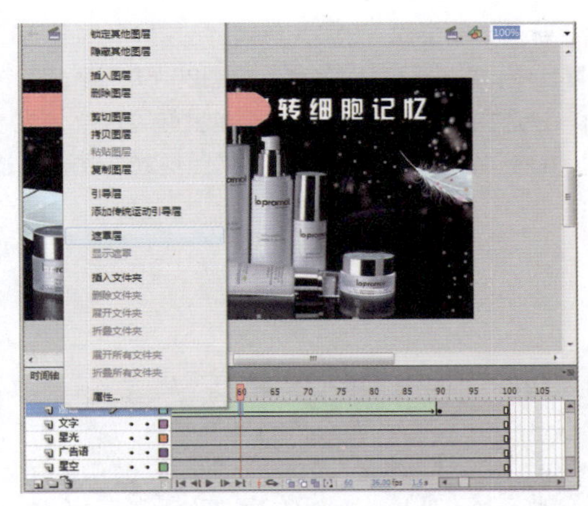

图20-64 设置遮罩层

图20-65 添加声音

图20-66 测试动画

20.4.2 制作旅游公司网站片头

Step 01 新建一个Flash文档，设置其属性后将本书附带光盘中的“素材\Chapter-20\旅游公司网站片头\素材”文件夹中的文件导入到库。接着新建图形元件“shape1”，如图20-67所示。

Step 02 新建影片剪辑元件“sprite1”，在编辑区域中输入文本“徐州古城”，如图20-68所示。

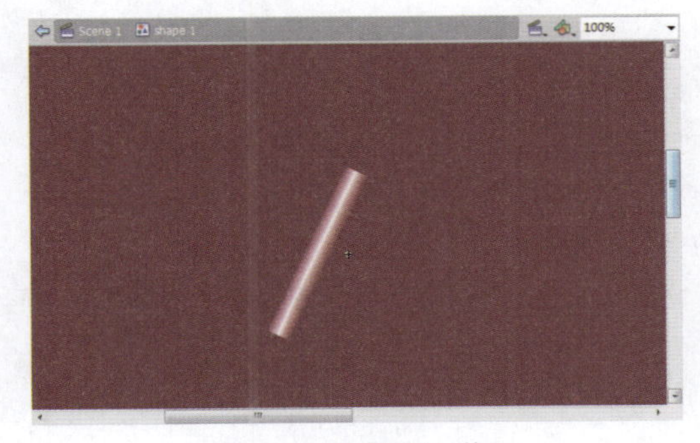
图20-67 新建图形元件

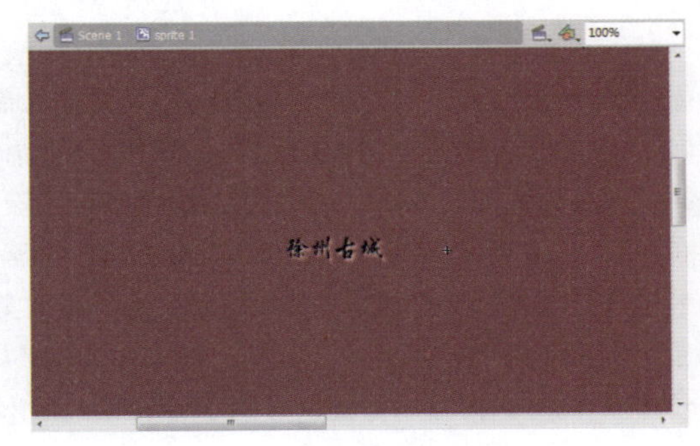

图20-68 新建影片剪辑元件

Step 03 新建“图层2”图层，复制“图层1”图层至“图层2”图层。新建“图层3”图层，将“shape1”元件拖入舞台中，并进行适当摆放，如图20-69所示。

Step 04 分别在第29、60帧处插入关键帧，改变第29帧中元件的位置。在第1～29、29～60帧间创建传统补间动画，并将“图层2”图层设置为“图层23”图层的遮罩层，如图20-70所示。

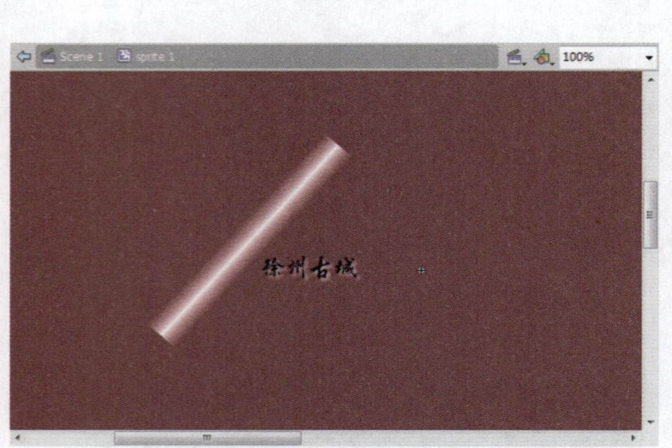

图20-69 摆放元件

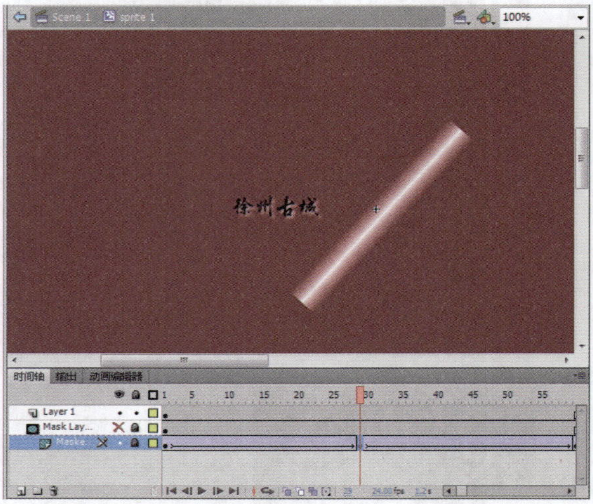

图20-70 设置遮罩层

Step 05 新建图形元件“shape2”，在编辑区域中绘制两条直线，如图20-71所示。

Step 06 新建图形元件“shape3”，在编辑区域中绘制出一个蓝色的矩形，如图20-72所示。

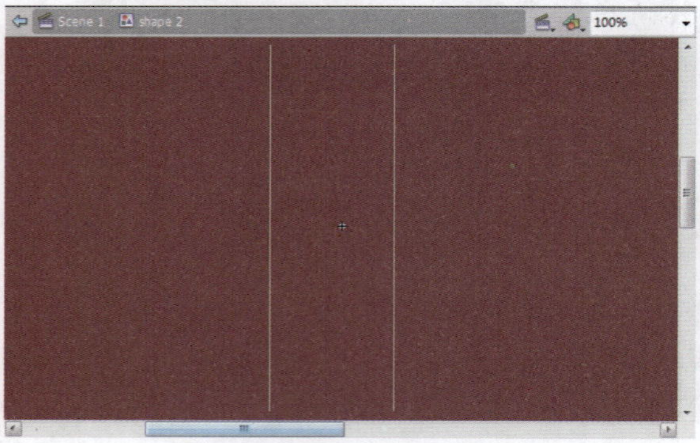

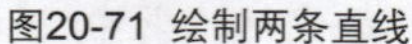

图20-71 绘制两条直线

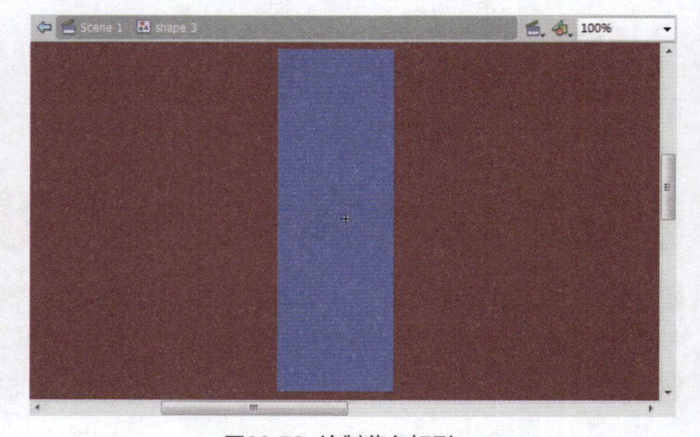

图20-72 绘制蓝色矩形

Step 07 新建图形元件“shape4”，在编辑区域中绘制一图形，如图20-73所示。

Step 08 新建影片剪辑元件“sprite2”，将图片“image1”拖至“图层1”图层中，如图20-74所示。

Step 09 新建“图层2”图层，将图片“image2”拖至合适位置，如图20-75所示。

Step 10 新建“图层3”图层，将图片“image3”拖至适当位置，并将其打散，如图20-76所示。

Step 11 新建“图层4”图层，复制“图层3”图层的第1帧至此图层，将“图层3”图层设置为“图层2”图层的遮罩层，如图20-77所示。

Step 12 使用同样的方法制作image4～image7，如图20-78所示。

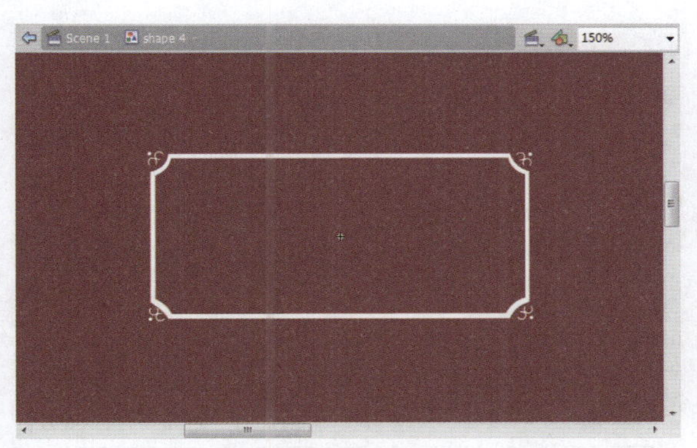

图20-73 绘制图形元件

图20-74 新建影片剪辑元件“sprite2”

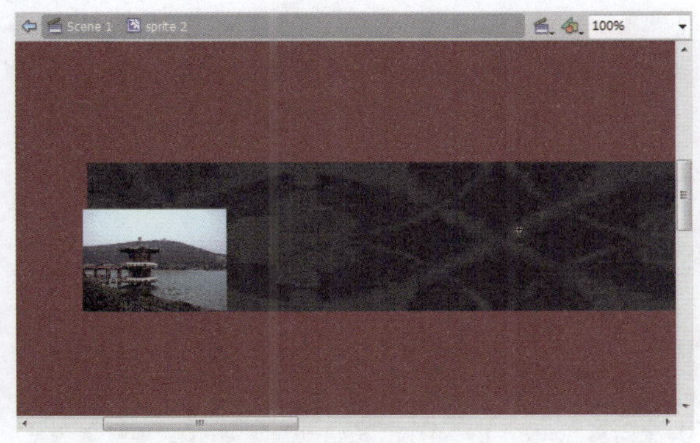

图20-75 拖入图片“image2”

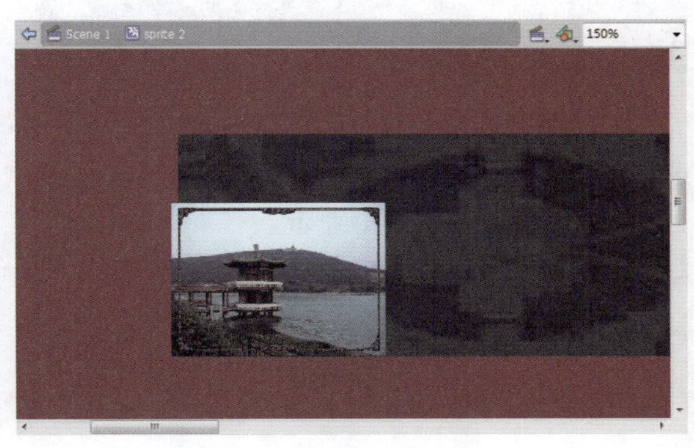

图20-76 拖入图片并打散

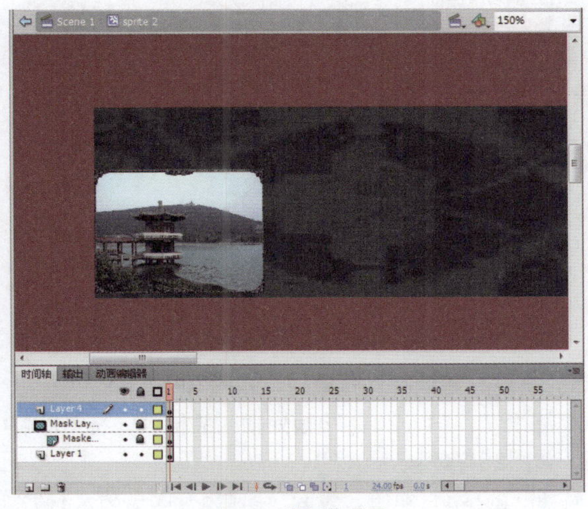

图20-77 设置遮罩层

图20-78 制作其他图片

Step 13 新建影片剪辑“sprite3”，将“sprite2”影片剪辑元件拖入到编辑区域中，如图20-79所示。

Step 14 在第400帧处插入关键帧。将“sprite2”影片剪辑元件拖至合适位置，并在第1～400帧之间创建传统补间动画，如图20-80所示。

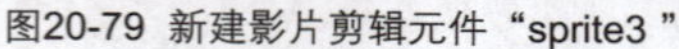

图20-79 新建影片剪辑元件“sprite3 ”

图20-80 创建传统补间动画

Step 15 新建按钮元件“button”，在编辑区中输入“进入主页”，并将其转换成元件“text2”。然后在第4帧处插入普通帧，如图20-81所示。

Step 16 分别在第2、3帧处插入关键帧，将第2帧中元件的颜色设置为灰色，如图20-82所示。

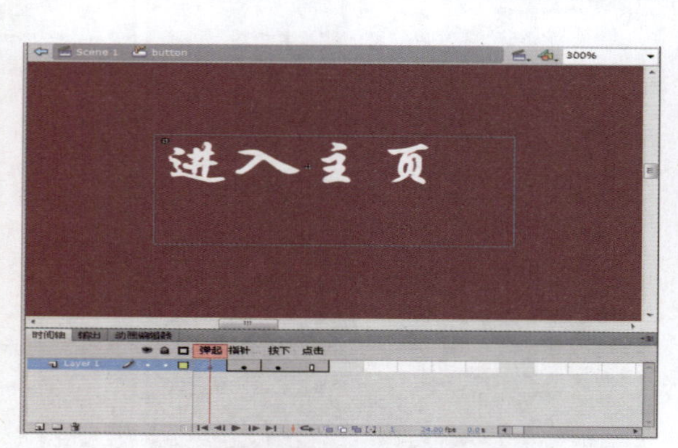

图20-81 新建按钮元件“button”

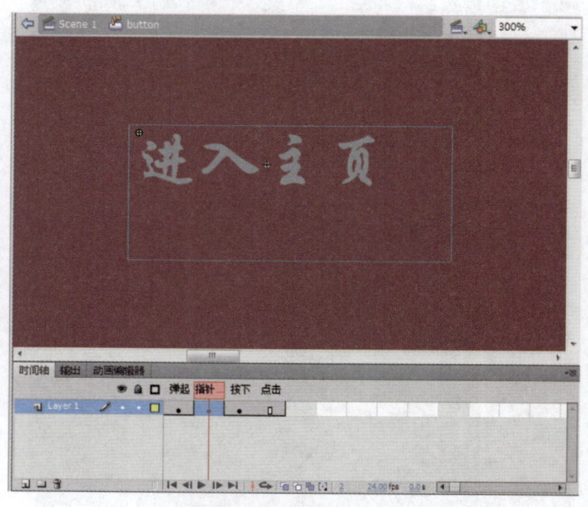

图20-82 设置颜色

Step 17 新建“图层2”图层，将图片“image4”拖至编辑区。在第27帧处插入普通帧，如图20-83所示。

Step 18 新建“图层3”图层，在编辑区域中绘制一图形。分别在第7、13、20、28帧处插入关键帧，将第20帧至第1帧处的图形逐渐减少，并在各帧间创建形状补间动画，如图20-84所示。

Step 19 将“图层3”图层设置为“图层2”图层的遮罩层。新建“图层4”图层，复制“图层2”图层的第1帧至此图层的第28帧。在第94帧处插入普通帧。在第95帧处插入关键帧，将图片“image2”拖入编辑区域。在第189帧处插入普通帧，如图20-85所示。

Step 20 在第190帧处插入关键帧。将图片“image4”拖入合适位置，并在第255帧处插入普通帧。在第256帧处插入关键帧，将图片“image5”拖至编辑区中合适位置，如图20-86所示。

图20-83 将“image4”拖至编辑区

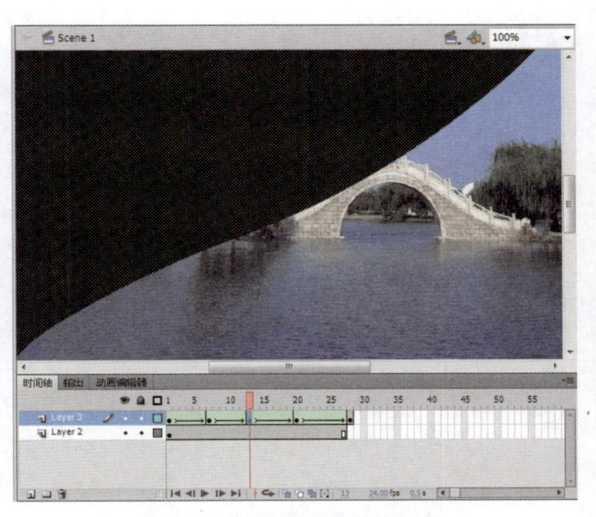

图20-84 创建形状补间动画

图20-85 设置遮罩层

图20-86 拖入图片

Step 21 在第256帧处插入关键帧。并将其转换成图形元件，并在“属性”面板中设置其Alpha值为10%。在第256～295帧间创建传统补间动画。在第296帧插入关键帧，将影片剪辑元件“sprite3”拖至适当位置，如图20-87所示。

Step 22 新建“图层5”图层，将“图层4”图层的第95帧复制到第28帧，并在第94帧处插入普通帧。在第123帧处插入关键帧。将“图层4”图层的第190帧复制到此，在第189帧处插入普通帧，如图20-88所示。

Step 23 新建“图层6”图层，在第28帧处插入关键帧，将图形元件“shape3”拖至编辑区，将其调整到左边位置。分别在第24、46帧处插入关键帧，重新调整第24帧中图形元件“shape3”的位置，如图20-89所示。

Step 24 在第80帧处插入关键帧。将图形元件“shape3”调整至合适位置。在第94帧处插入关键帧，将图形元件“shape3”调整至合适位置，并在各关键帧之间创建传统补间动画，如图20-90所示。

图20-87 拖入影片剪辑元件“sprite3”

图20-88 复制并粘贴帧

图20-89 调整元件位置

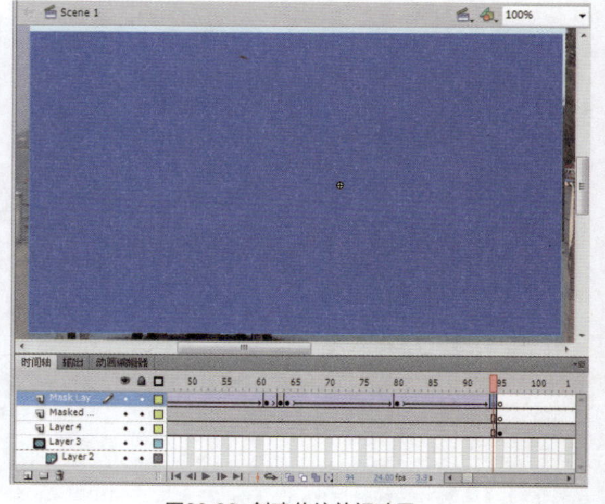
图20-90 创建传统补间动画

Step 25 在第123帧处插入关键帧。将图形元件“shape3”拖至编辑区域。用同样的方法，分别在第141、175、189帧处插入关键帧，并制作相同的动画效果，如图20-91所示。

Step 26 将“图层6”图层设置为“图层5”图层的遮罩层。新建“图层7”图层，在该图层第296帧处插入关键帧，将按钮元件“button”拖至适当位置，如图20-92所示。

Step 27 选择“图层1”图层的第1帧，将“库”面板中的图形元件“shape 4”拖至舞台合适位置，并在第296帧处插入普通帧。新建“图层8”图层，在该图层的第296帧处拖入“徐州欢迎您”元件，如图20-93所示。

Step 28 参照“图层5”图层和“图层6”图层的制作方法，在第190~255帧之间制作矩形图形移动效果，如图20-94所示。

Step 29 新建“图层12”图层，在第1帧处将“库”面板中的“徐州古城”元件拖至舞台合适位置，并在第296帧处插入普通帧，如图20-95所示。

Step 30 新建“图层13”图层，在“属性”面板中为其添加声音，如图20-96所示。

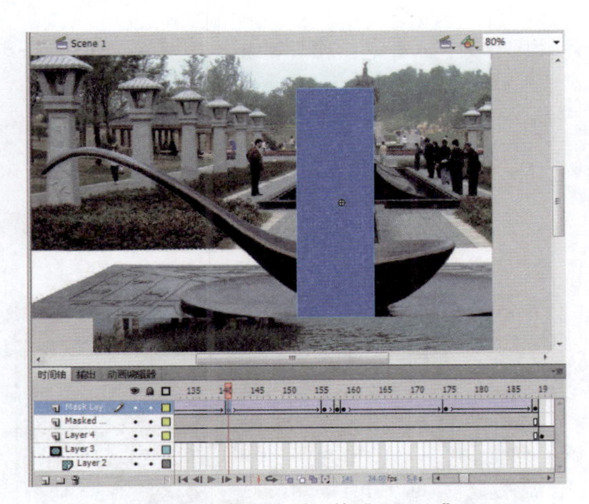
图20-91 拖入图形元件“shape3”

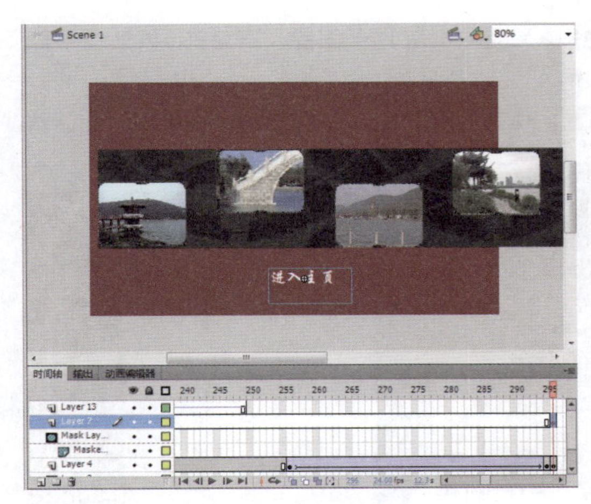
图20-92 拖入按钮元件

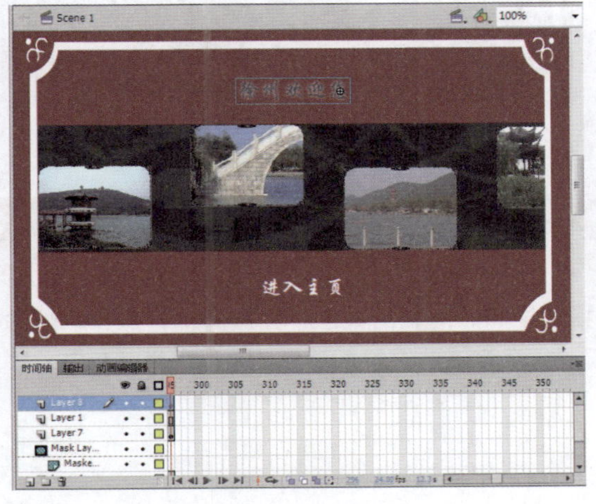
图20-93 拖入元件

图20-94 制作矩形图形移动效果

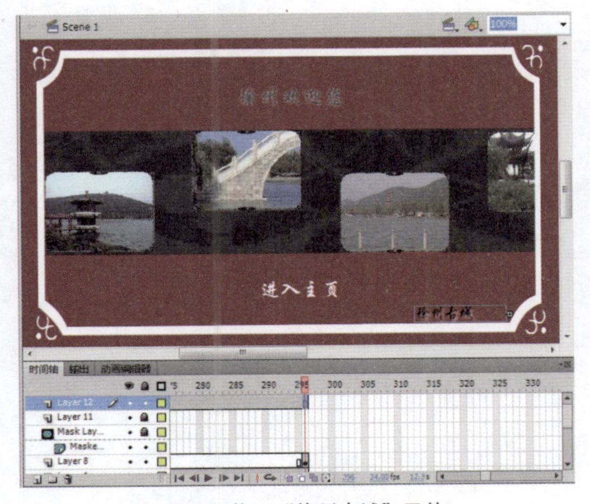
图20-95 拖入“徐州古城”元件

图20-96 添加声音

Step 31 新建“图层14”图层，在第296帧处插入普通帧，打开“动作”面板，添加stop (); 脚本，如图20-97所示。

Step 32 保存动画文件，按【Ctrl + Enter】组合键测试动画，如图20-98所示。

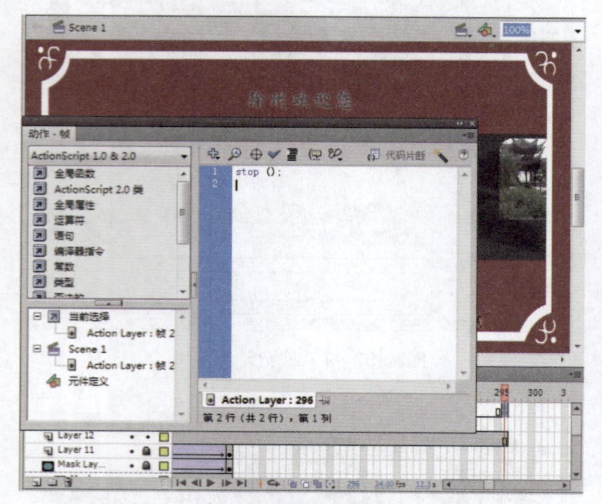

图20-97 添加动作脚本

图20-98 测试动画

20.5 本章小结

本章主要学习了各类动画的制作方法，主要内容包括图层和时间轴的概念、图层的基本操作、帧的操作，以及制作各类动画等。然后通过多个实例对相关知识进行了详细的讲解。希望读者能够举一反三，多制作作品以巩固所学知识。

21 制作公司网站

目前，几乎每个公司都有属于自己的网站，公司网站是公司在因特网上进行网络建设和形象宣传的平台。它就像是一家公司的网络名片，不仅能够很好地宣传公司的形象，还可以通过网络直接帮助公司实现产品的销售，此外，还可以利用网站来进行产品宣传、产品资讯发布和人才招聘等。

21.1 站点的建立与主页结构设计

一个公司的网站，不仅体现了公司的形象，也浓缩了公司的理念及文化背景。本章将通过一个科技公司网站的建设，详细介绍公司网站的制作方法。

21.1.1 规划和建立站点

在制作公司网站之前，需要先规划好站点，本例的站点结构如图21-1所示。

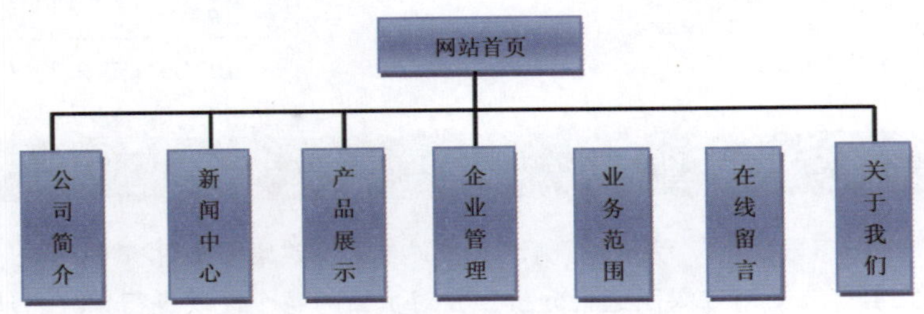

图21-1 站点结构图

建立站点的具体操作步骤如下。

Step 01 启动Dreamweaver 应用程序，然后选择“站点>新建站点”命令，如图21-2所示。

Step 02 弹出“站点设置对象”对话框，在“站点名称”文本框中输入站点名称，单击“本地站点文件夹”文本框后的“浏览文件夹”按钮，选择站点文件夹，如图21-3所示。

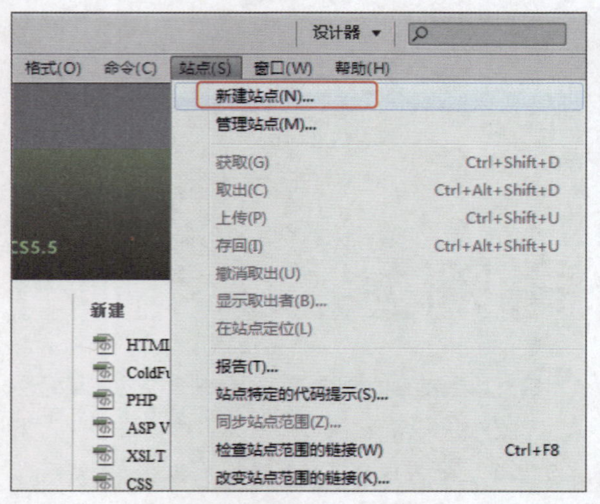
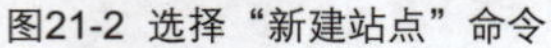
图21-2 选择“新建站点”命令

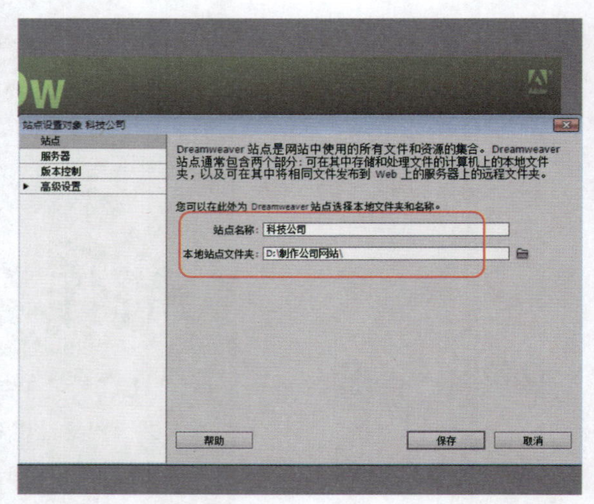
图21-3 “站点设置对象”对话框

Step 03 然后单击“保存”按钮，这样就建立好了站点，如图21-4所示。

Step 04 最后在该站点中创建所需的文件夹和文件，并将素材文件放入站点中，如图21-5所示。

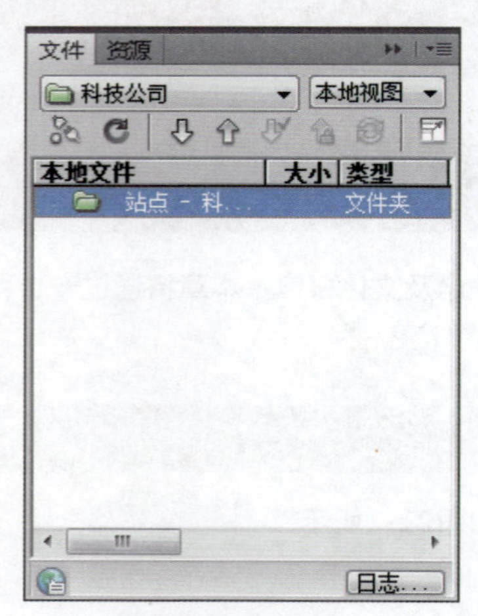
图21-4 建立站点

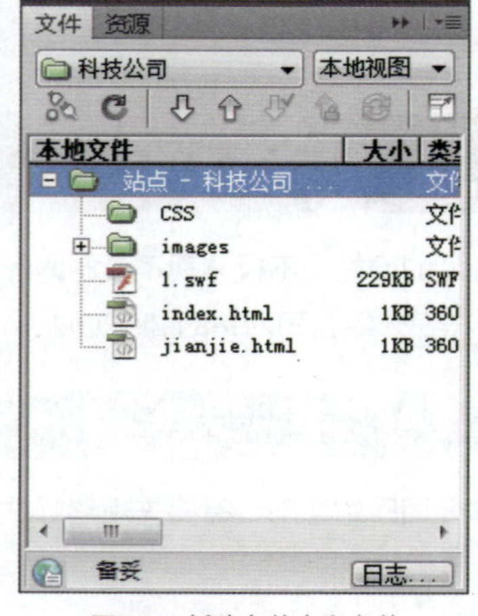
图21-5 新建文件夹和文件

21.1.2 页面结构分析

下面以“江苏汇通科技有限公司”为例进行制作，网站的页面效果图如图21-6所示。

在着手制作网站之前，先要对效果图进行分析，并对页面的各个区块进行划分。从图21-6中可以看出整个页面分为顶部区域、主体部分和底部，而主体部分又划分左侧、中间和右侧部分。整体框架结果图如图21-7所示。

图21-6 公司网站效果图

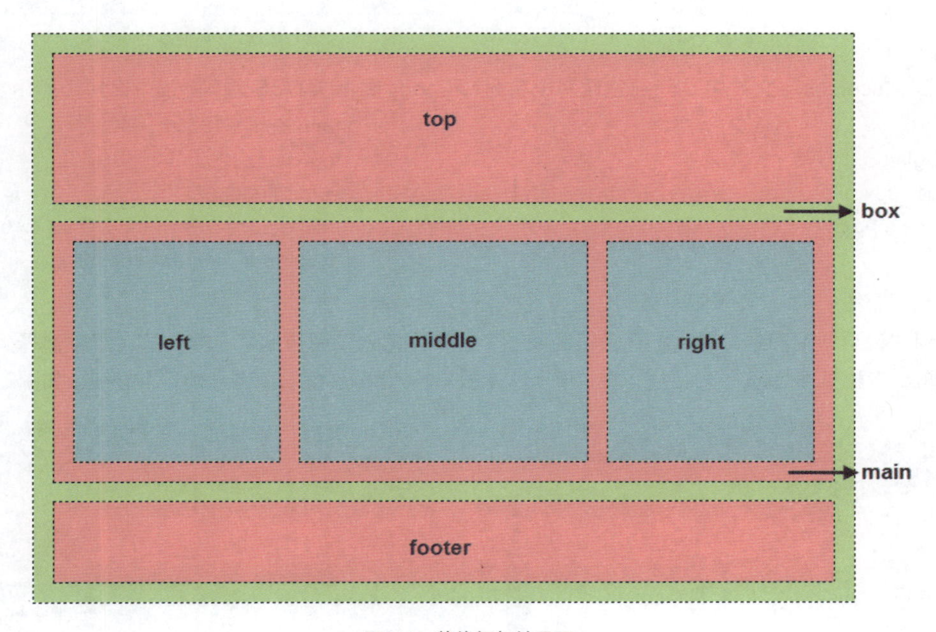

图21-7 整体框架结果图

21.2 实例制作

在对网页结构进行详细分析后，便可以开始着手制作网页了。下面将介绍页面的制作过程。

21.2.1 制作首页

Step 01 打开“index.html”文件，然后新建两个CSS文件，分别保存为“css.css”和“layout.css”，如图21-8所示。

Step 02 选择“窗口>CSS样式”命令，打开“CSS样式”面板，单击面板底部的“附加样式表”按钮，弹出“链接外部样式表”对话框，将新建的外部样式表文件“css.css”和“layout.css”链接到页面中，如图21-9所示。

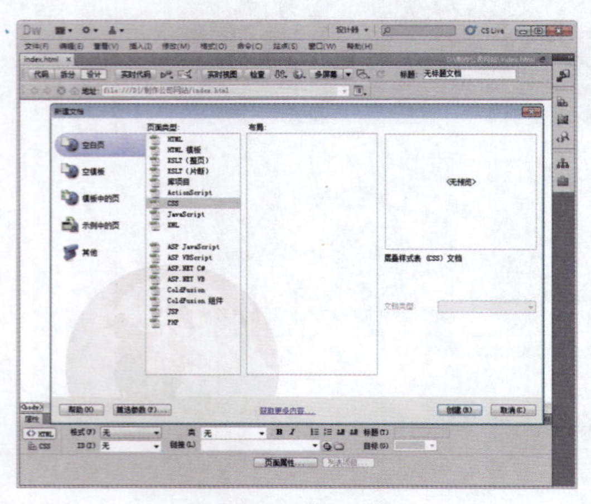

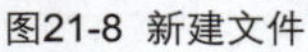

图21-8 新建文件

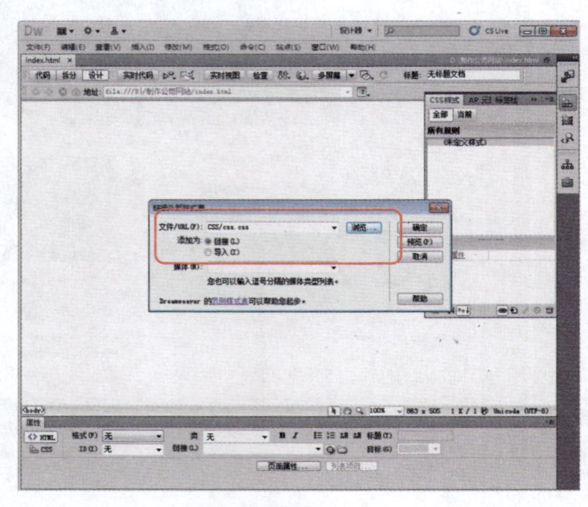

图21-9 “链接外部样式表”对话框

Step 03 切换到“css.css”文件中，分别创建两个名为* 和body 的标签CSS 规则，如图21-10所示。

```
*{
    margin:0px;
    boder:0px;
    padding:0px;
    }
body {
    font-family: "宋体";
    font-size: 12px;
    color: #666666;
    background-image: url(../images/bg.jpg);
    background-repeat: repeat-x;
  }
```

Step 04 切换到“设计”视图中，将光标置于页面视图中，在“插入”面板的“布局”选项组中选择“插入Div 标签”选项，弹出“插入Div 标签”对话框。在“ID”文本框中输入box，然后单击“确定”按钮，如图21-11所示。

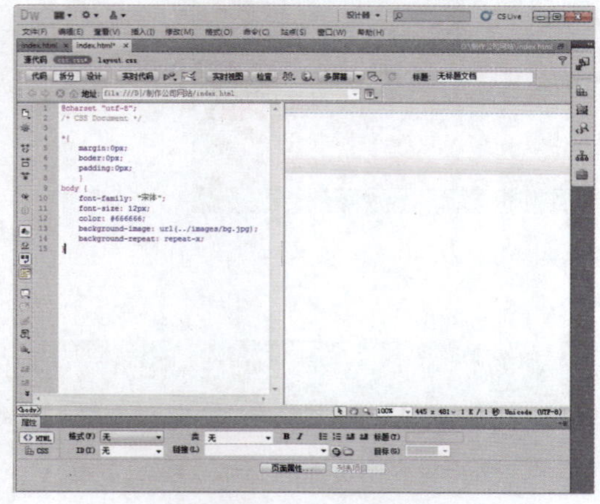

图21-10 创建CSS规则

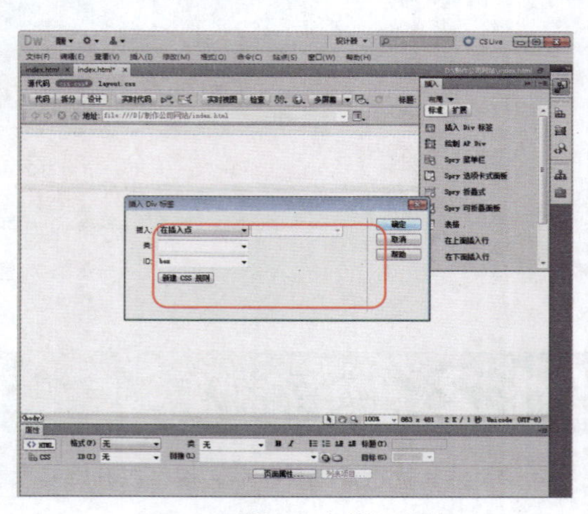

图21-11 “插入Div标签”对话框

Step 05 这样就在页面中插入了一个名为box 的Div，切换到“layout.css”文件中，创建一个名为#box 的CSS规则，如图21-12所示。

```
#box {
    margin: auto;
    width: 980px;
}
```

Step 06 将光标移至名为box 的Div 中，将多余的文本内容删除，然后在“插入”面板的“布局”选项组中选择“插入Div 标签”选项，弹出“插入Div 标签”对话框。在“插入”下拉列表框中选择“在开始标签之后”选项，在“标签选择器”下拉列表框中选择“<div id="box">”选项，在“ID”文本框中输入top，然后单击“确定”按钮，如图21-13所示。

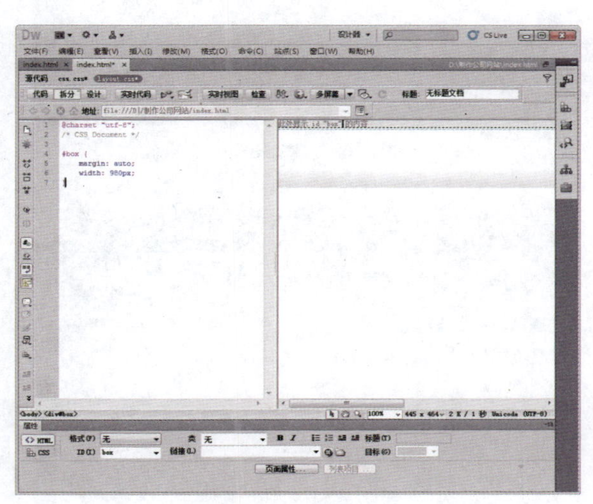

图21-12 创建CSS规则

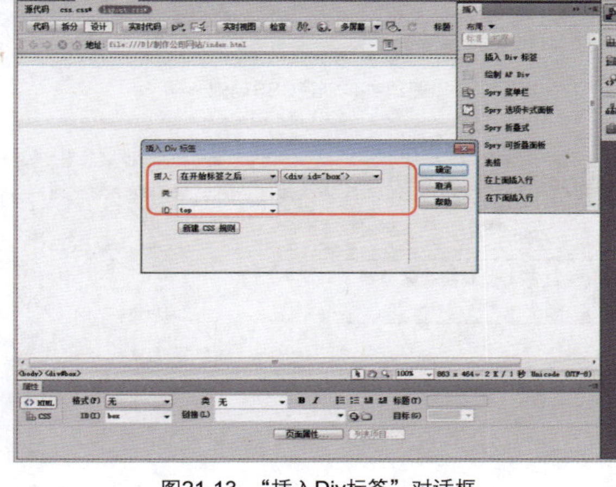

图21-13 “插入Div标签”对话框

Step 07 切换到“layout.css”文件中，创建一个名为#top 的CSS 的规则，如图21-14所示。

```
#top {
    width: 980px;
    margin-top: 15px;
}
```

Step 08 将光标定位到名为top 的Div 中，删除多余的文本内容，分别插入名为top-1和top-2的Div 标签，然后切换到“layout.css”文件中，分别创建两个名为#top-1 和#top-2 的CSS 规则，如图21-15所示。

```
#top-1 {
    height: 100px;
    float: left;
}
#top-2 {
    float: right;
    margin-top: 20px;
    margin-right: 20px;
}
```

Step 09 切换到“设计”视图中，删除名为top-1的Div 中的文本内容。选择“插入>图像”命令，按照前面介绍的方法插入logo图像，如图21-16所示。

Step 10 将光标定位在名为top-2 的Div 标签中，删除多余的文本，添加新的文本内容，如图21-17所示。

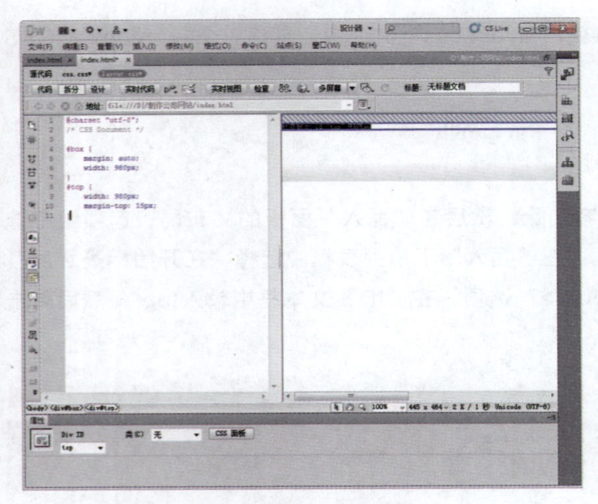

图21-14 创建CSS规则

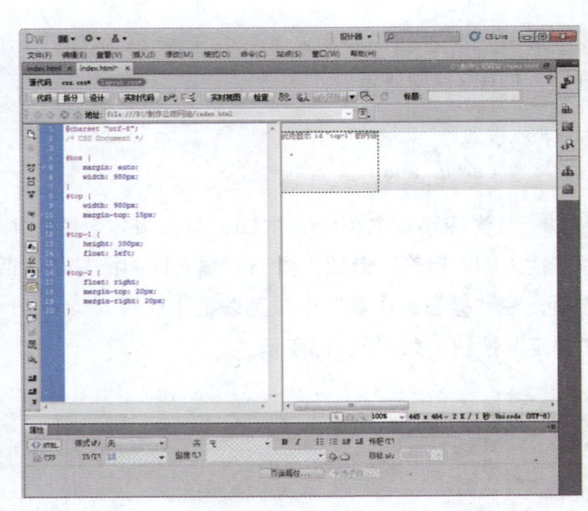

图21-15 创建CSS规则

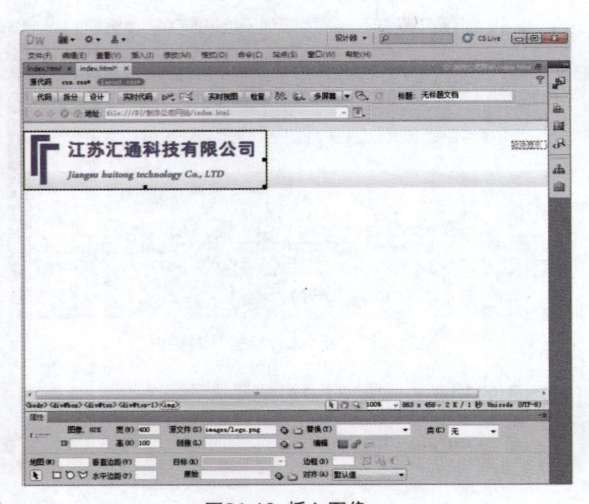

图21-16 插入图像

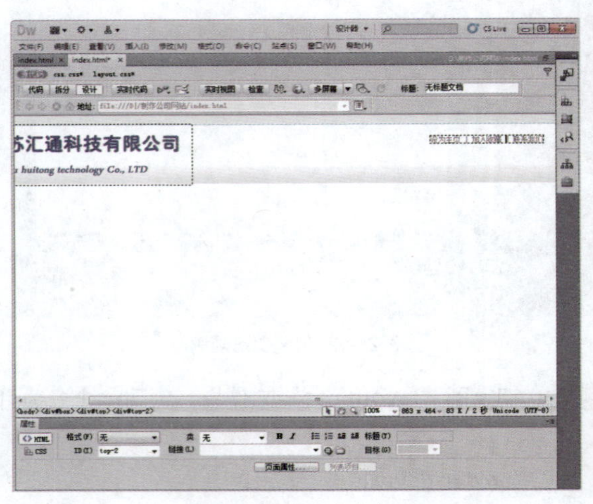

图21-17 添加文本内容

Step 11 在名为top-2的Div 标签后插入名为top-3的Div 标签，然后切换到“layout.css”文件中，创建一个名为#top-3 的CSS 规则，如图21-18所示。

```
#top-3 {
    width: 980px;
    background-image: url(../images/dh.jpg);
    height: 35px;
    float: left;
    font-family: "宋体";
    font-size: 16px;
    color: #FFF;
    text-align: center;
    margin-top: 5px;
    margin-bottom: 5px;
}
```

Step 12 切换到“拆分”视图中，在<div id="top-3"></div>标签之间添加列表代码，如图21-19所示。

```
<ul>
    <li>网站首页</li>
    <li>公司简介</li>
    <li>新闻中心</li>
    <li>产品展示</li>
    <li>企业管理</li>
```

```
        <li>业务范围</li>
        <li>在线留言</li>
        <li>关于我们</li>
    </ul>
```

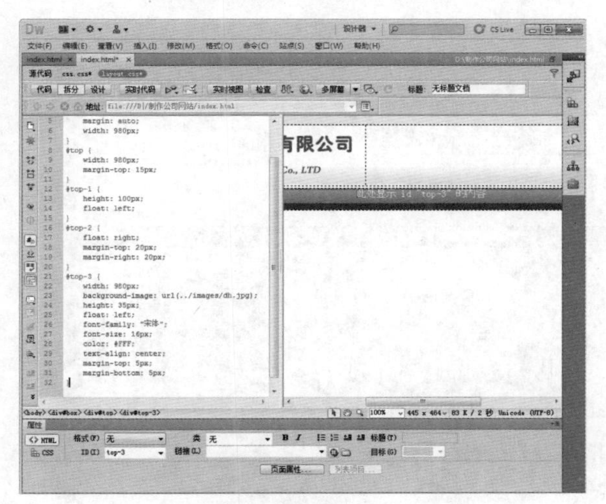

图21-18 创建CSS规则

图21-19 添加列表代码

Step 13 切换到“layout.css”文件中，创建一个名为#top-3 ul li 的CSS 规则，用来控制列表的显示，如图21-20所示。

```
#top-3 ul li {
    text-align: center;
    float: left;
    list-style-type: none;
    height: 25px;
    width: 100px;
    margin-top: 10px;
    margin-left: 20px;
}
```

Step 14 切换到“设计”视图中，在名为top-3的Div 标签之后插入一个Div 标签，删除多余的文本。选择“插入>媒体>SWF ”命令，如图21-21所示。

图21-20 创建CSS规则

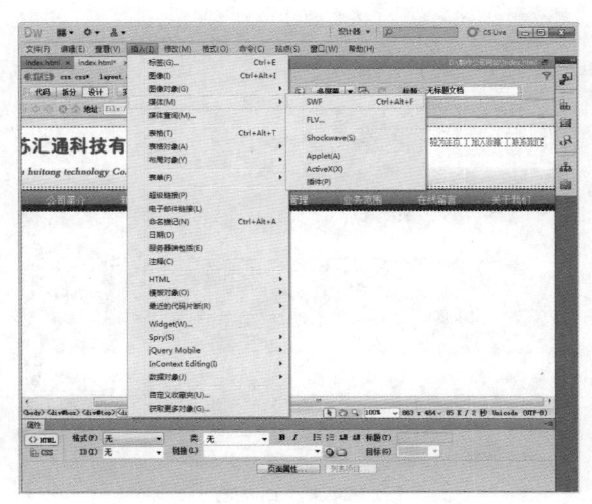

图21-21 选择“SWF”命令

Step 15 弹出“选择SWF ”对话框，选择要插入的SWF 文件，然后单击“确定”按钮，如图21-22所示。

Step 16 这时，就在网页中插入了SWF 文件，选中该文件，在“属性”面板中单击“播放”按钮，即可观看动画，如图21-23所示。

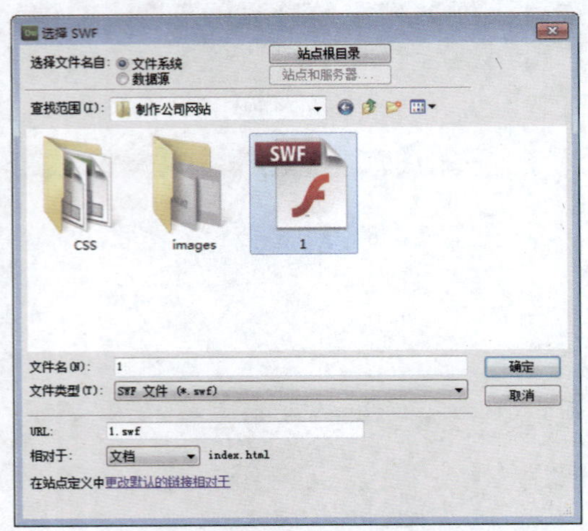
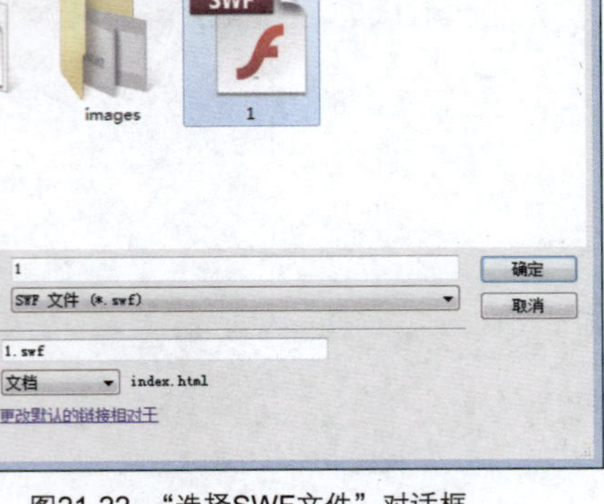

图21-22 “选择SWF文件”对话框

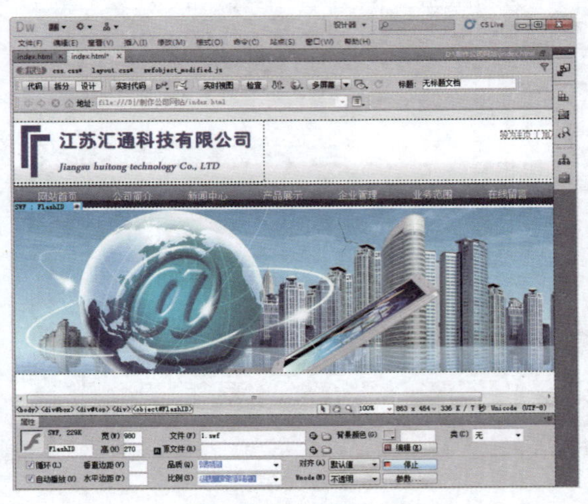

图21-23 插入SWF文件

Step 17 在“插入”面板的“布局”选项组中选择“插入Div 标签”选项，弹出“插入Div 标签”对话框，在“插入”下拉列表框中选择“在标签之后”选项，在“标签选择器”下拉列表框中选择“<div id="top">”选项，在“ID”文本框中输入main，然后单击“确定”按钮，如图21-24所示。

Step 18 切换到“layout.css”文件中，创建一个名为#main 的CSS 规则，如图21-25所示。

```
#main {
    height: 220px;
    width: 980px;
    margin-top: 10px;
    background-image: url(../images/main.jpg);
    background-repeat: repeat-x;
}
```

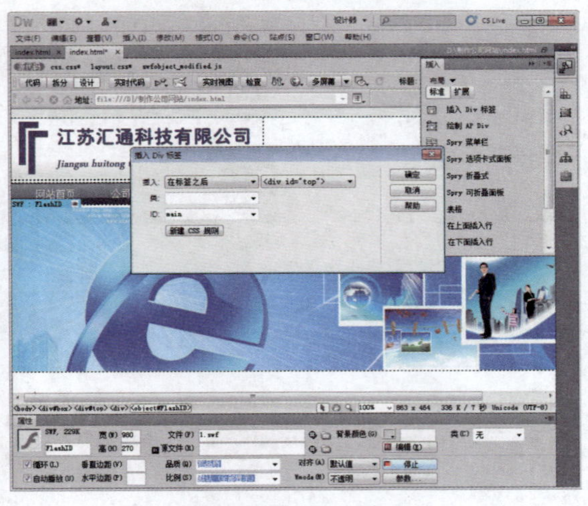

图21-24 插入Div标签

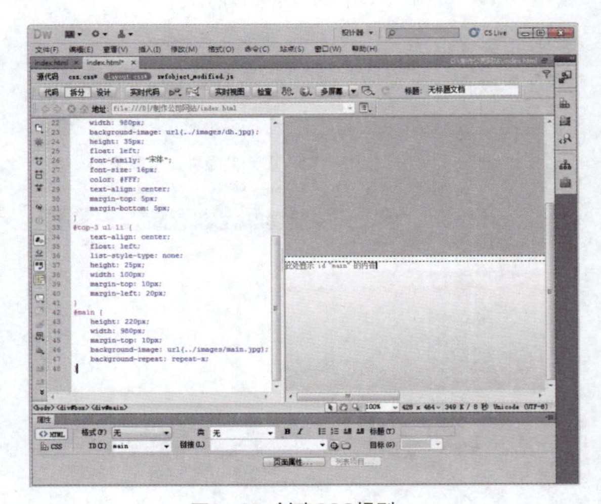

图21-25 创建CSS规则

Step 19 删除#main 中的文本内容，依次插入名为left 、middle 和right 的Div 标签，如图21-26所示。

Step 20 然后切换到“layout.css”文件中，分别创建名为#left、#middle和#right 的CSS规则，如图21-27所示。

```
#left {
    margin: 10px;
    height: 200px;
    width: 260px;
    border: 1px solid #999;
    border-radius:20px;
    float: left;
    background-image: url(../images/chanpin.png);
    background-repeat: no-repeat;
}
#middle {
    height: 200px;
    width:350px;
    border: 1px solid #999;
    border-radius:20px;
    float: left;
    margin-top: 10px;
    margin-bottom: 10px;
    background-image: url(../images/jianjie.png);
    background-repeat: no-repeat;
}
#right {
    margin: 10px;
    height: 200px;
    width: 315px;
    float: right;
}
```

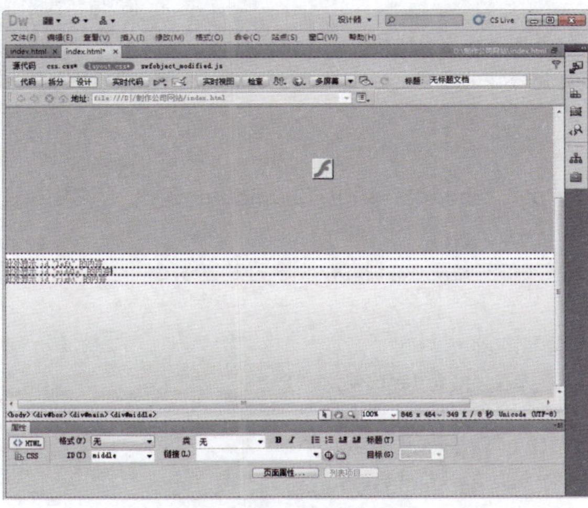

图21-26 “插入Div标签”对话框

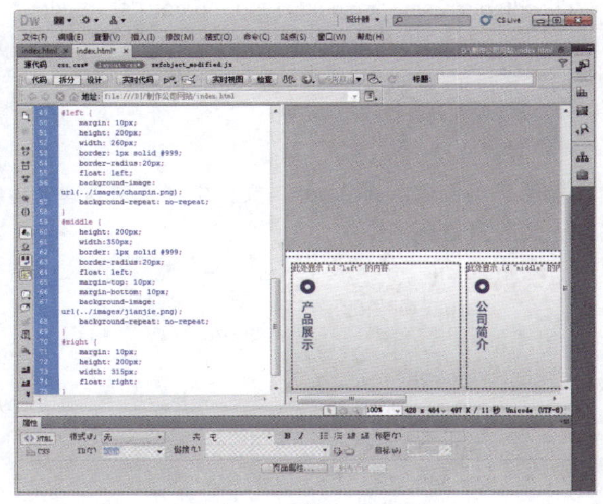

图21-27 创建CSS规则

Step 21 删除left 标签中的文本，切换到“拆分”视图中，在<div id="left">和</div> 之间添加列表代码，如图21-28所示。

```
<ul>
    <li>固态锂电防爆强光电筒</li>
    <li>ABS-8000-A GSM报警器</li>
    <li>家庭视频安防系统</li>
    <li>ABS-8000-GSM门窗报警器</li>
    <li>超小型带解码接收模块</li>
    <li>有线无线兼容型防盗报警器</li>
</ul>
```

Step 22 切换到“layout.css”文件中，创建一个名为#left ul li 的CSS 规则，控制列表显示，如图21-29所示。

```
#left ul li {
    list-style-image: url(../images/tubiao.jpg);
    line-height: 22px;
    margin-left: 100px;
    margin-top: 10px;
    color: #036;
}
```

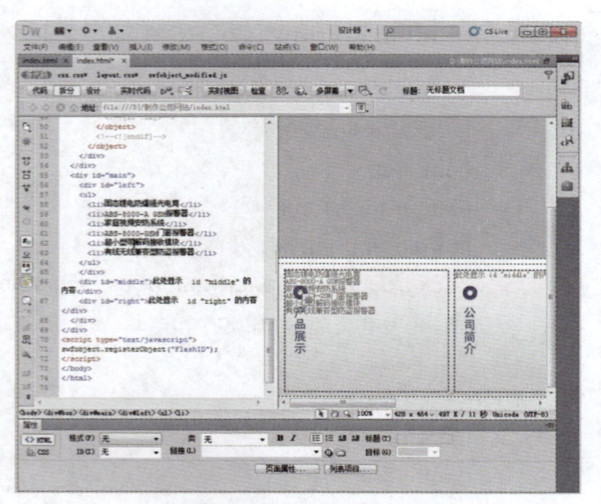

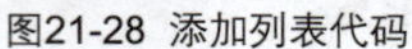

图21-28 添加列表代码

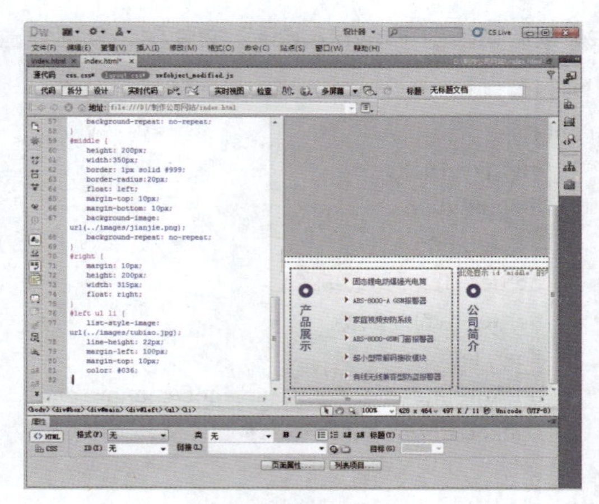

图21-29 创建CSS规则

Step 23 切换到“代码”视图中，在<div id="middle"></div> 之间添加定义列表代码，如图21-30所示。

```
<dl>
 <dt><img src="images/01.jpg" border="1" /></dt>
 <dd><p>江苏汇通科技有限公司是一家专注防盗报警系统安防产品研发、生产的企业。结合十余年安防生产的专业经验，利用珠江三角洲的电子集散地的生产优势，研发、生产出成熟稳定可靠的产品，并已经通过CE,RoHs和 3C等质量体系认证，成为国内外…</p></dd>
</dl>
```

Step 24 切换到“layout.css”文件中，分别创建名为#middle dl 、#middle dl dt 和#middle dl dd 的CSS 规则，如图21-31所示。

```
#middle dl{
    margin-top:15px;
}
#middle dl dt{
    width:150px;
    height:120px;
    float:left;
    margin-right:10px;
    margin-left:50px;
}
#middle dl dd{
    text-indent:24px;
    line-height:22px;
    margin-left: 10px;
    margin-right: 10px;
}
```

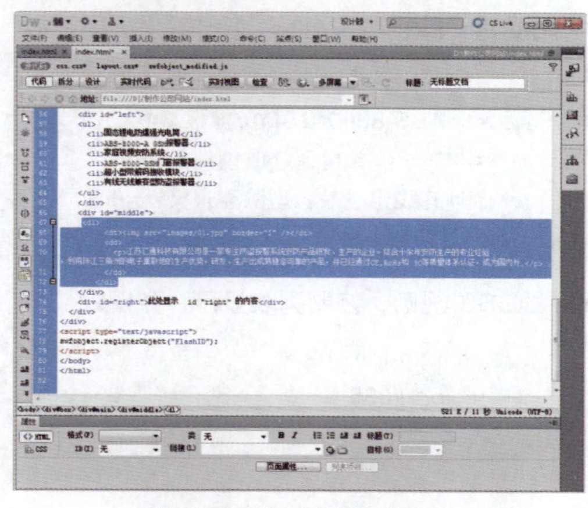

图21-30 添加定义列表代码

图21-31 创建CSS规则

Step 25 将光标定位到名为right 的Div 标签中，删除多余的文本，再在其中插入两个Div 标签，如图21-32所示。

Step 26 删除Div 标签中的文本，并分别插入图像，如图21-33所示。

图21-32 插入Div标签

图21-33 插入图像

Step 27 切换到“拆分”视图中，设置第二幅图像所在的Div 的上方外边距为10像素，代码为：style="margin-top:10px"，如图21-34所示。这样，网页的主体部分就制作完成了。下面将制作网页的版权信息部分。

Step 28 切换到“设计”视图中，在“插入”面板的“布局”选项组中选择“插入Div 标签”选项，弹出“插入Div 标签”对话框，在“插入”下拉列表框中选择“在结束标签之前”选项，在“标签选择器”下拉列表框中选择“<div id="box">”选项，在“ID”文本框中输入footer，然后单击“确定”按钮，如图21-35所示。

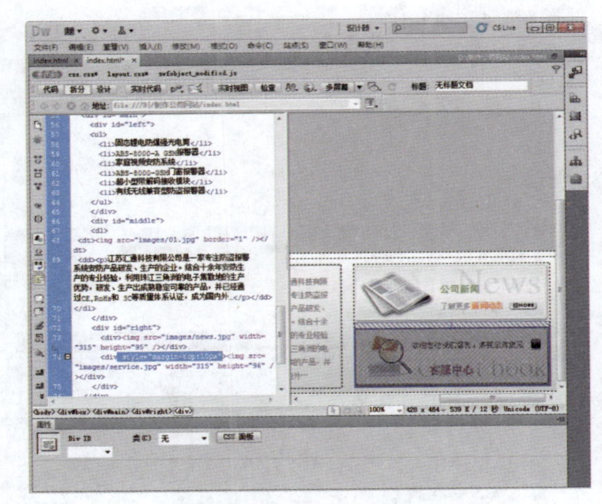

图21-34 添加代码

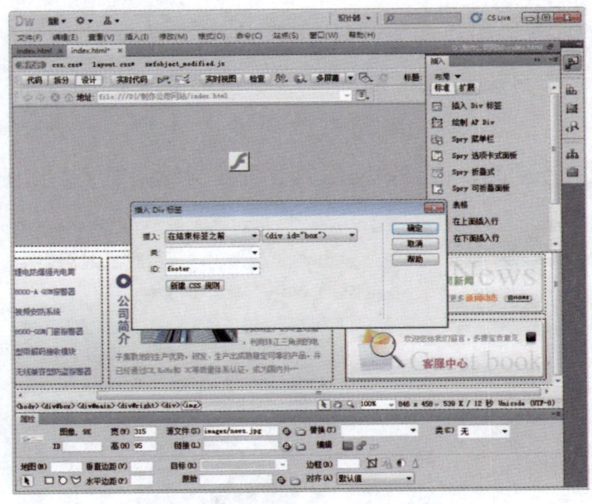

图21-35 “插入Div标签”对话框

Step 29 这样就插入了一个名为footer 的Div 标签，切换到“layout.css”文件中，创建一个名为#footer 的CSS规则，如图21-36所示。

```
#footer {
    text-align:center;
    border-top-width: 2px;
    border-top-style: solid;
    border-top-color: #559ED5;
    margin-top:15px;
}
```

Step 30 切换到“拆分”视图中，在<div id="footer"></div> 之间添加定义列表代码，如图21-37所示。

```
<dl>
  <dt>关于我们 | 版权信息 | 联系我们 | 友情链接 | 反馈问题</dt>
  <dd>Copyright &copy;2010-2012 江苏汇通科技有限公司  苏ICP备06063727号 </dd>
 </dl>
```

图21-36 创建CSS规则

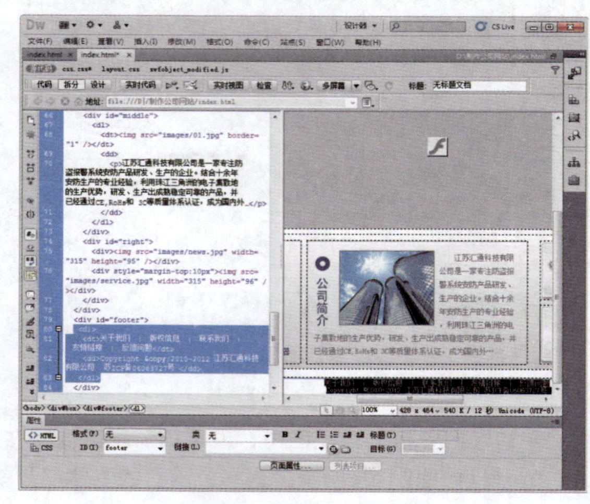

图21-37 添加定义列表代码

Step 31 切换到“layout.css”文件中，分别创建两个名为#footer dl dt 和#footer dl dd 的CSS 规则，控制列表显示，如图21-38所示。

```
#footer dl dt {
    height:30px;
    line-height:35px;
}
```

```
#footer dl dd {
    line-height:3;
}
```

Step 32 至此，该公司网站的首页就制作完成了，如图21-39所示。

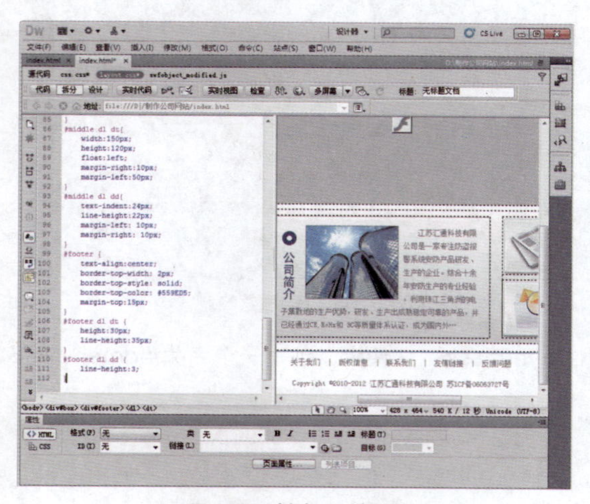

图21-38 创建CSS规则

图21-39 首页制作完成

21.2.2 制作次级页面

主页面制作完成后，下面将开始制作次级页面（这里仅以制作“公司简介”页面为例，用户可以自行尝试其他次级页面的制作），具体操作步骤如下。

Step 01 打开“index.html”文档，选择“文件>另存为模板”命令，如图21-40所示。

Step 02 弹出“另存模板”对话框，在“另存为”文本框中输入模板的名称，如图21-41所示。

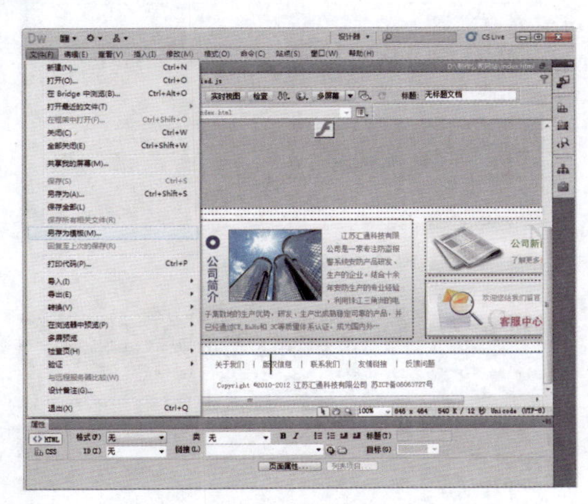

图21-40 选择“另存模板”命令

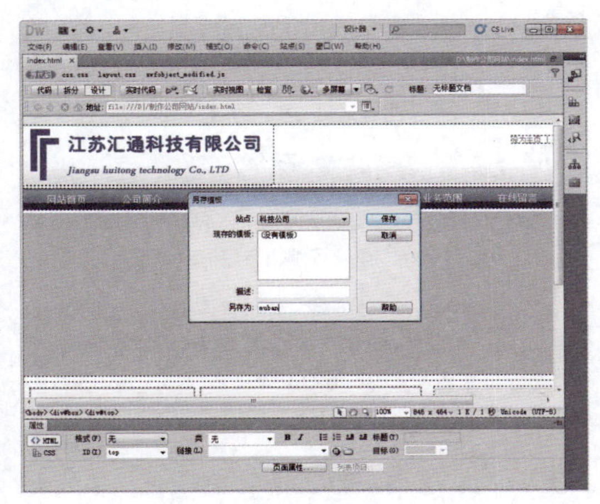

图21-41 输入模板名称

Step 03 然后单击“保存”按钮，将弹出信息提示框，单击“是”按钮，如图21-42所示。

Step 04 在模板文档中选中名为main 的Div ，选择“插入>模板对象>可编辑区域”命令，如图21-43所示。

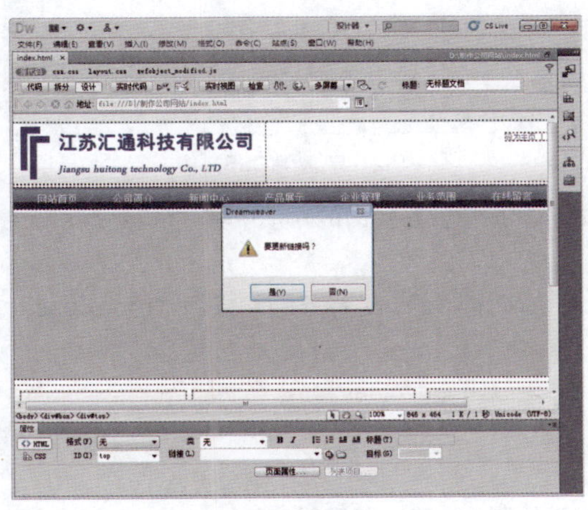

图21-42 提示信息

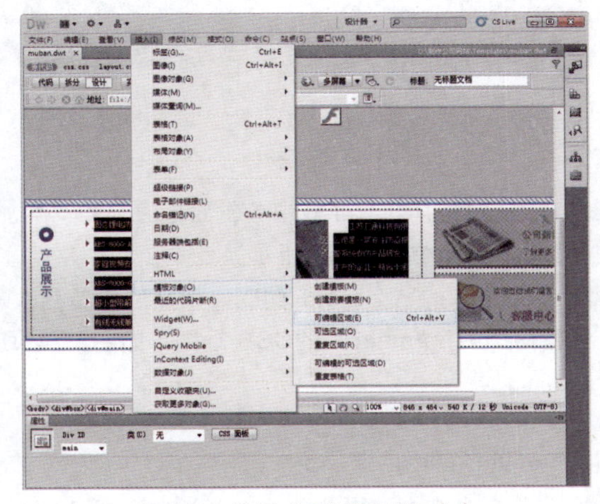

图21-43 选择“可编辑区域”命令

Step 05 弹出“新建可编辑区域”对话框，在该对话框中可以设置可编辑区域的名称，这里保持默认设置，然后单击“确定”按钮，如图21-44所示。

Step 06 此时，就在模板文件中创建了可编辑区域，如图21-45所示。

Step 07 在“文件”面板中双击“jianjie.html”文件，打开其设计界面。然后打开“资源”面板，切换到“模板”选项，选中创建的模板，单击面板底部的“应用”按钮，如图21-46所示，这样“jianjie.html”文档就应用了模板。

Step 08 新建一个CSS 文件，并保存为“inner.css”，如图21-47所示。

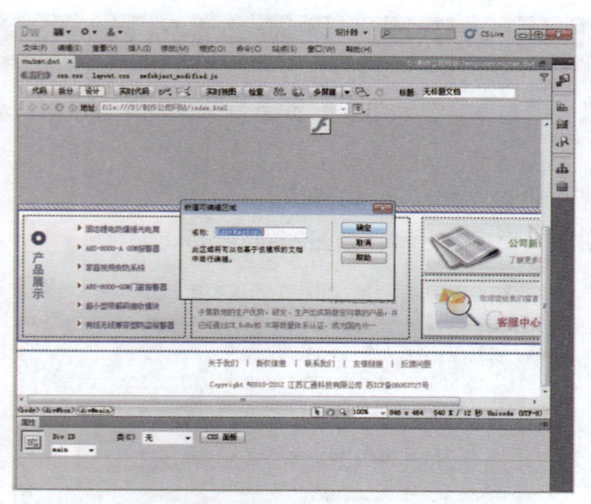

图21-44 “新建可编辑区域”对话框

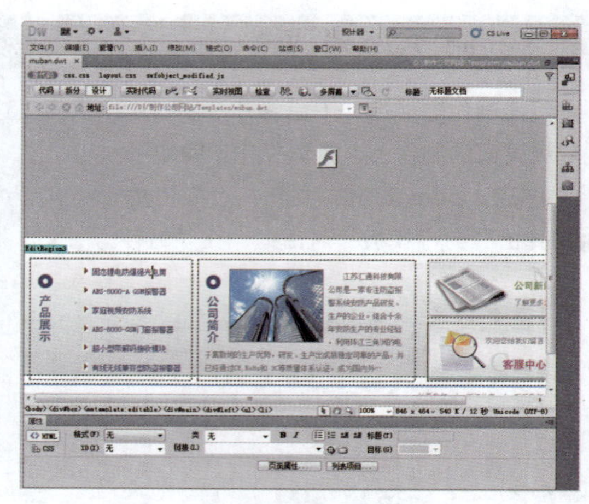

图21-45 插入可编辑区域

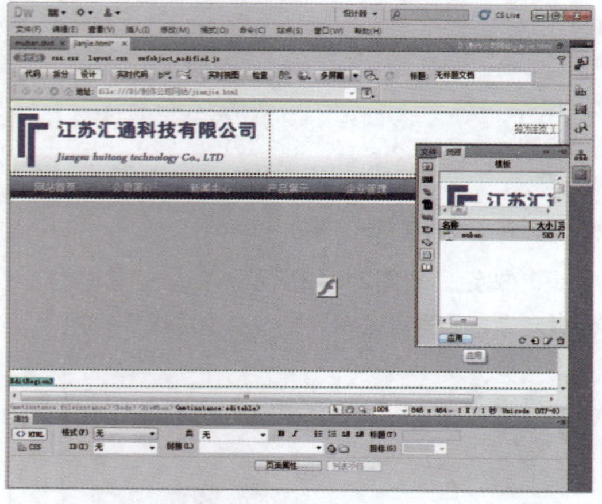

图21-46 应用模板

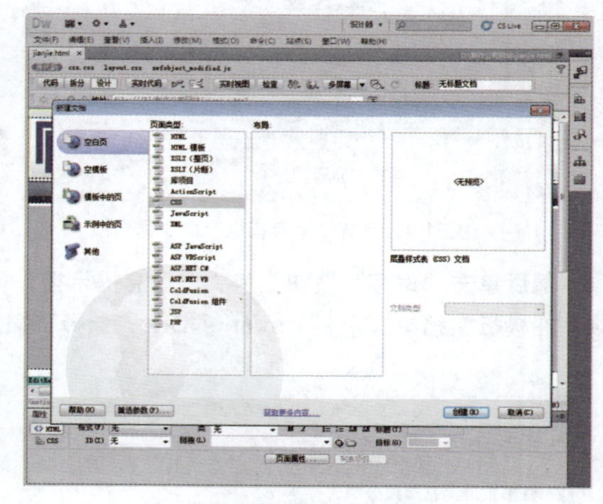

图21-47 新建CSS文件

Step 09 在“CSS 样式”面板中单击面板底部的“附加样式表”按钮，在弹出的对话中将“inner.css”文件附加到网页文档中，如图21-48所示。

Step 10 删除原有的名为main 的Div ，然后重新插入一个名为main-1的Div 标签。切换到“inner.css”文件中，创建一个名为#main-1 的CSS 规则，如图21-49所示。

```
#main-1 {
    height: 400px;
    width: 980px;
    margin-top: 10px;
}
```

Step 11 删除多余文本，再分别插入名为main-1-1和main-1-2 的Div 标签，然后创建与其对应的CSS 规则，如图21-50所示。

```
#main-1-1 {
    float: left;
    height: 400px;
    width: 220px;
    background-image: url(../images/main.jpg);
    background-repeat: repeat-x;
}
#main-1-2 {
    float: right;
    height: 400px;
    width: 740px;
}
```

Step 12 删除名为main-1-1的Div标签中的文本，再插入名为main-1-1-1 和main-1-1-2 的Div 标签，然后创建与其对应的CSS 规则，如图21-51所示。

```
#main-1-1-1 {
    height: 260px;
    margin-bottom: 8px;
}
#main-1-1-2 {
    line-height: 25px;
    color: #000;
    background-image: url(../images/main.jpg);
    background-repeat: repeat-x;
}
```

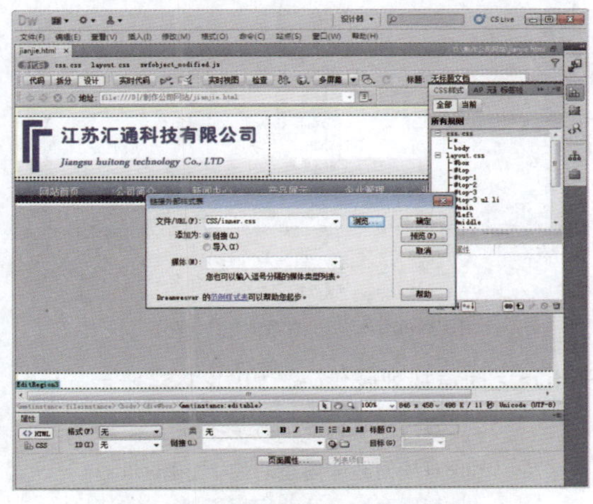

图21-48 “链接外部样式表”对话框

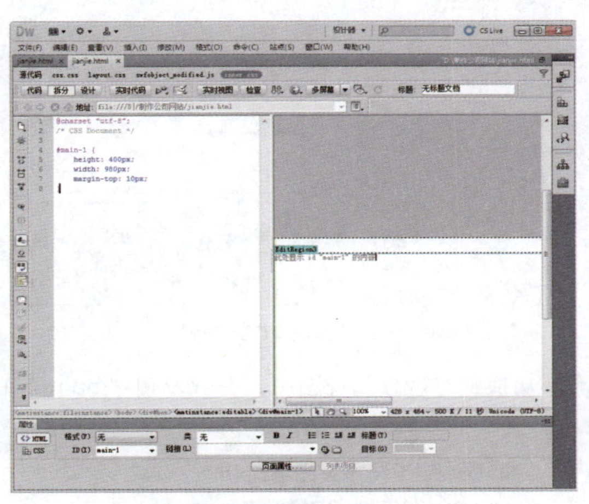

图21-49 创建CSS规则

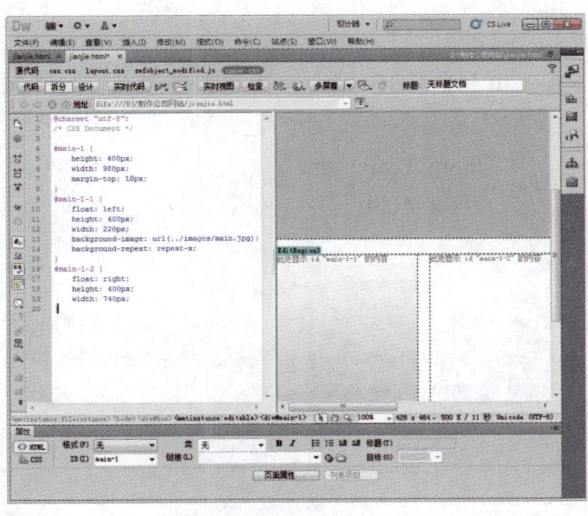

图21-50 创建CSS规则

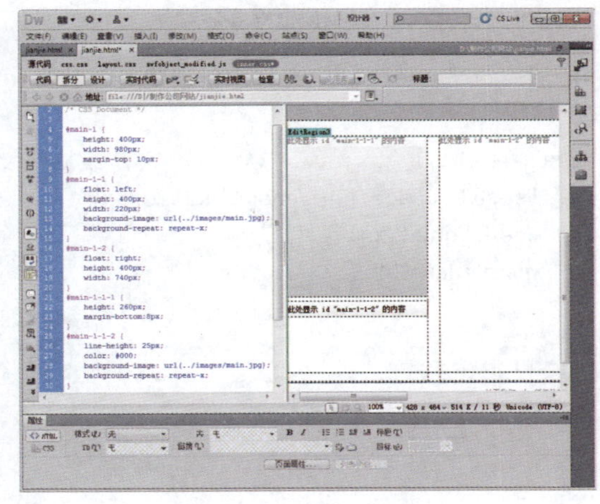

图21-51 创建CSS规则

Step 13 切换到“拆分”视图中，在<div id="main-1-1-1">后添加代码：<h2></h2>，然后切换到“inner.css”文件中，创建一个名为#main-1-1-1 h2的CSS 规则，如图21-52所示。

```
#main-1-1-1 h2 {
    height:28px;
    border-bottom:1px solid #dbdbdb;
    background-image: url(../images/dh_1.jpg);
    background-repeat: no-repeat;
}
```

Step 14 使用同样的方法制作“联系方式”部分，如图21-53所示。

```
#main-1-1-2 h2 {
    height:28px;
    border-bottom:1px solid #dbdbdb;
    background-image: url(../images/dh_2.jpg);
    background-repeat: no-repeat;
}
```

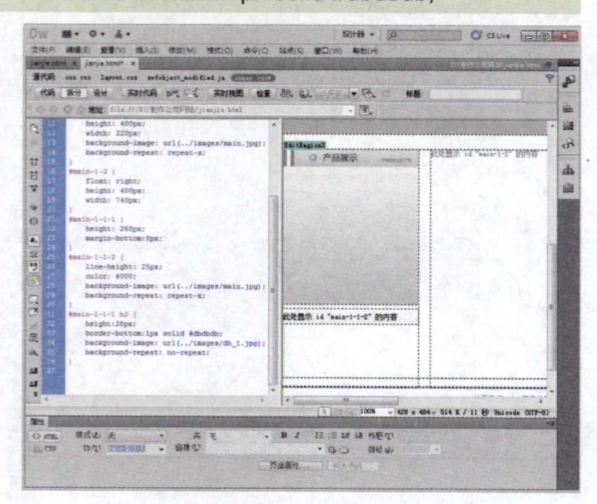

图21-52 创建CSS规则

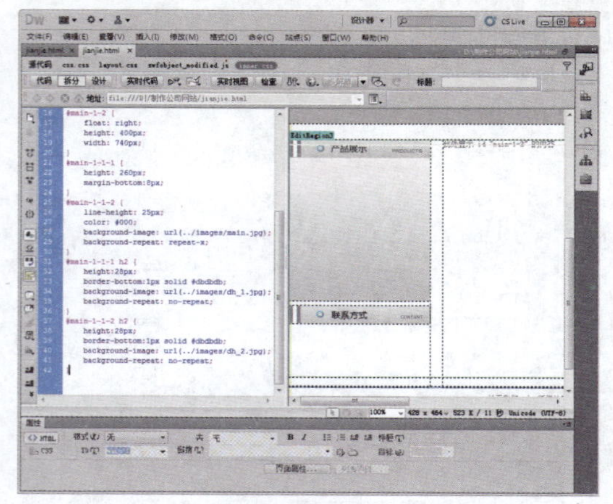

图21-53 制作“联系方式”部分

Step 15 切换到“拆分”视图中，在<div id="main-1-1-1"></div>之间添加列表代码，如图21-54所示。

```
<ul>
    <li>固态锂电防爆强光电筒</li>
    <li>ABS-8000-A GSM报警器</li>
    <li>家庭视频安防系统</li>
    <li>ABS-8000-GSM门窗报警器</li>
    <li>超小型带解码接收模块</li>
    <li>有线无线兼容型防盗报警器</li>
    <li>智能有线无线兼容报警器</li>
</ul>
```

Step 16 切换到“inner.css”文件中，创建一个名为#main-1-1-1 ul li 的CSS 规则，控制列表显示，如图21-55所示。

```
#main-1-1-1 ul li {
    list-style-image: url(../images/tubiao.jpg);
    line-height: 22px;
    margin-left: 30px;
    margin-top: 10px;
    color: #036;
}
```

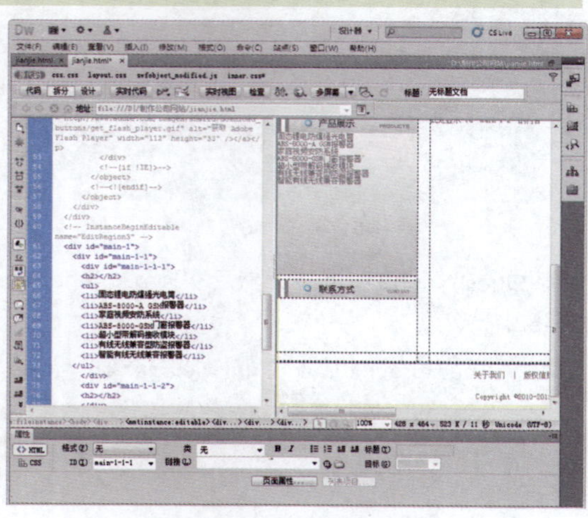

图21-54 添加列表代码

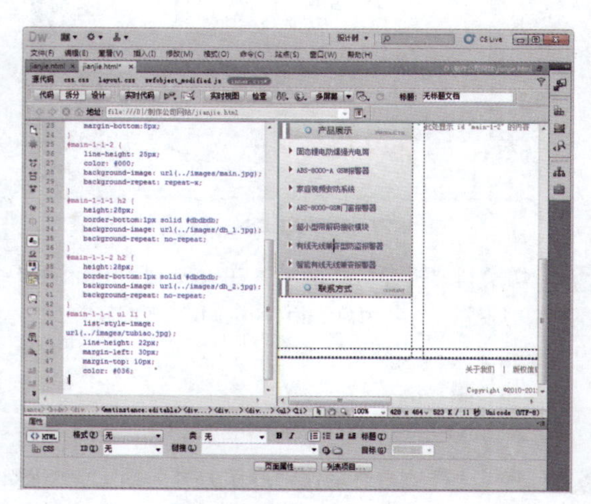

图21-55 创建CSS规则

Step 17 在“inner.css ”文件中创建一个名为.contact 的CSS 规则，如图21-56所示。

```
.contact {
    padding-left: 15px;
    padding-top: 8px;
    padding-bottom: 8px;
}
```

Step 18 然后切换到“拆分”视图中，在<div id="main-1-1-2"></div>中添加代码，如图21-57所示。

```
<p class="contact">地  址：扬州市莫山南路868号<br>
  电  话：0514-98765432  98765432<br>
  传  真：0514-98765430 <br>
  邮  箱：boss@mail.com </p>
```

图21-56 创建CSS规则

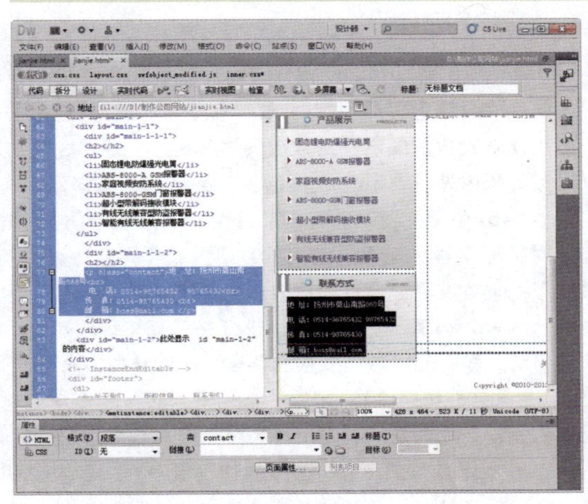

图21-57 添加代码

Step 19 删除名为main-1-2的Div标签中的文本，插入名为main-1-2-1 的Div 标签，并输入新的文本内容，如图21-58所示。

Step 20 切换到“inner.css”文件中，创建一个名为#main-1-2-1 的CSS 规则，如图21-59所示。

```
#main-1-2-1 {
    height:20px;
    border-bottom:1px solid #dbdbdb;
    background-image: url(../images/jj_bg.jpg);
    text-align: right;
    padding-top: 10px;
    padding-right: 10px;
}
```

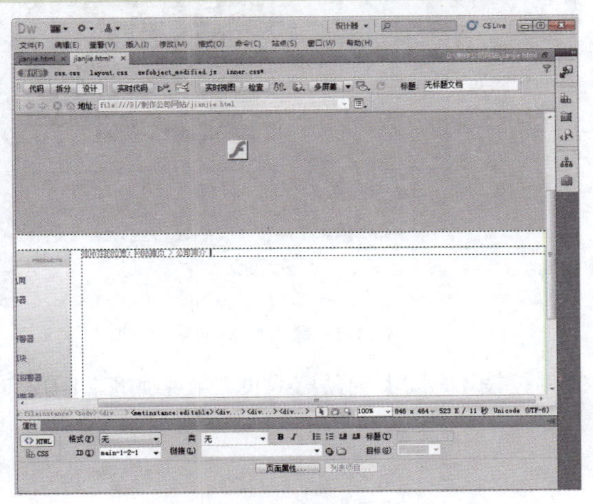

图21-58 添加文本内容

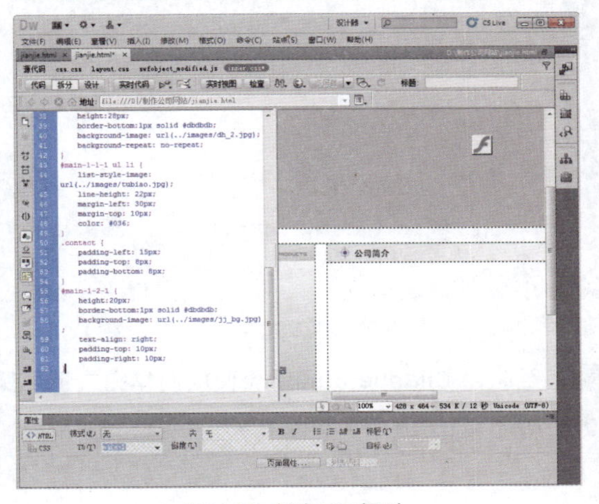

图21-59 创建CSS规则

Step 21 切换到“inner.css”文件中，创建一个名为.content 的CSS 规则，如图21-60所示。

```
.content {
    font-family: "宋体";
    font-size: 13px;
    line-height: 24px;
    color: #000;
    text-indent:24px;
    padding-top: 10px;
    padding-right:10px;
    padding-left: 10px;
}
```

Step 22 切换到“拆分”视图中，在main-1-2-1结束标签后插入Div 标签，输入文本内容，并对其应用.content 样式，如图21-61所示。

```
<div class="content">
    <p>江苏汇通科技有限公司是一家专注防盗报警系统安防产品研发、生产的企业。结合十余年安防生产的专业经验，利用珠江三角洲的电子集散地的生产优势，研发、生产出成熟稳定可靠的产品，并已经通过CE,RoHs和 3C等质量体系认证，成为国内外（中国电信/网通，Phneix，中国移动等）知名企业的长期供应商。</p>
    <p>公司主要产品有：家用/商用无线智能防盗报警器、GSM无线报警系统，无线遥控器、无线接收/发射模块、无线红外对射探测器、无线门磁、无线烟雾探测、红外燃气报警器、3G彩信报警器、电力变压器防盗报警系统、基站防盗报警系统、视频监控等；还可根据客户的需要，研发专用的无线遥控发射接收控制系统。</p>
    <p>公司产品广泛应用于汽车、摩托车、商铺、重要单位、家庭。其中，无线收发模块、无线接收控制器，广泛用于车库门、卷帘和电动门、遥感遥测、工业控制及计算机通讯等领域。</p>
    <p>公司现已拥有大型的smt流水线、生产及检测设备，拥有独立的研发团队，完善的售后服务；我们致力于为客户提供优质、高效的智能防盗报警系统、应用服务解决方案和技术支持，并以成为客户值得信赖的合作伙伴为荣。 </p>
    <p>多年来，公司形成的“实用，可靠”的核心文化，始终指导着产品的创新形式和发展走向。我们始终相信：只有高品质、可信赖的产品才能获得客户的认可！并适应日新月异的市场需求。我们也将继续秉持“科技提高品质，服务创造利润”的经营方针，竭诚为新老客户持续提供更优质的产品和服务。 </p>
</div>
```

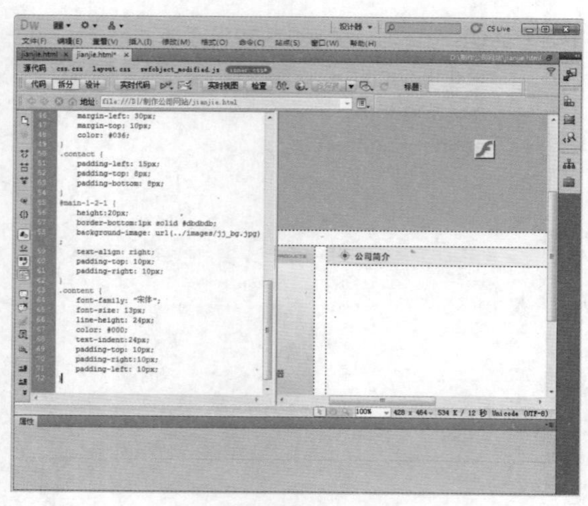
图21-60 创建CSS规则

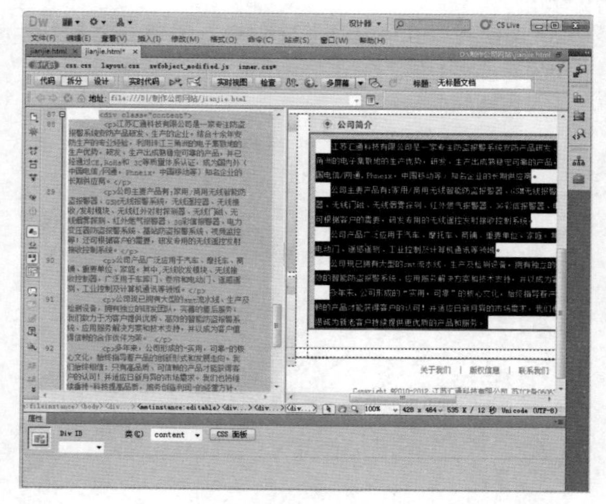
图21-61 输入文本内容

Step 23 至此，“jianjie.html”页面就制作完成了。保存文件，按【F12】键预览网页，效果如图21-62和图21-63所示。

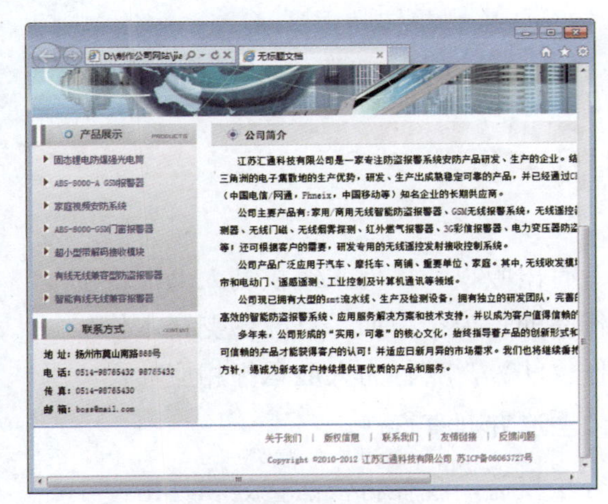

图21-62 预览网页1

图21-63 预览网页2

21.3 本章小结

本章通过制作一个科技公司的网站，简明扼要地介绍了公司网站的制作过程。实例中运用了Div+CSS布局、模板等功能，从而进一步巩固了前面所学的知识。

反侵权盗版声明